# 中亚植物资源及其利用

张元明　李耀明　沈观冕 等 编著

气象出版社
China Meteorological Press

## 内容简介

本书是在综合了大量野外科学考察成果和历史文献资料的基础上写作而成，为国内专门针对中亚地区植被及其植物资源进行系统论述的首次尝试。

全书共分7章，分别从中亚地区植物区系的发展历史、植被类型和植物资源利用等角度系统阐述了中亚地区植被的基本概况，书后并附有详细的中亚植被图、中亚植物名录和中亚木本植物红色名录列表。

本书内容丰富，资料详实，体系严谨，包含很多新观点和新内容，可供从事中亚干旱区研究的科研工作者和高等院校相关专业师生借鉴，是一本研究中亚干旱区植被不可多得的参考资料。

**图书在版编目(CIP)数据**

中亚植物资源及其利用 / 张元明等编著.
—北京：气象出版社，2012.12
(亚洲中部干旱区生态系统评估与管理)
ISBN 978-7-5029-5636-3

Ⅰ. ①中… Ⅱ. ①张… Ⅲ. ①植被－介绍－中亚 Ⅳ. ①Q948.536

中国版本图书馆CIP数据核字(2012)第287698号

Zhongya Zhiwu Ziyuan jiqi Liyong
**中亚植物资源及其利用**
张元明　等　编著

---

**出版发行**：气象出版社
**地　　址**：北京市海淀区中关村南大街46号　　**邮政编码**：100081
**总 编 室**：010-68407112　　**发 行 部**：010-68409198
**网　　址**：http://www.cmp.cma.gov.cn　　**E-mail**：qxcbs@cma.gov.cn
**责任编辑**：李太宇　王亚俊　　**终　　审**：黄润恒
**封面设计**：博雅思企划　　**责任技编**：吴庭芳
**印　　刷**：北京地大天成印务有限公司
**开　　本**：787 mm×1092 mm　1/16　　**印　　张**：21.5
**字　　数**：544千字
**版　　次**：2013年12月第1版　　**印　　次**：2013年12月第1次印刷
**定　　价**：130.00元

---

# 《亚洲中部干旱区生态系统评估与管理》丛书

## 编　委　会

# 序　一

自工业革命以来，以全球变暖为主要特征的全球气候环境变化问题日益突出，这种变化已经并将继续对自然生态系统和人类社会经济系统产生重大影响，成为人类可持续发展最严峻的挑战之一。中亚位于欧亚大陆的中心，远离海洋，气候干旱，受西风环流、北冰洋高纬气团和印度洋暖湿气流的交错作用，使得该区域温度、湿度变化较大，极端气候事件频发，生态系统脆弱，是全球变化的敏感区域。研究发现，近百年来，中亚区域地表温度呈现加速上升趋势，平均增温 0.74℃，显著高于全球百年平均值。由此，导致了天山和阿尔泰山区的冰川面积持续减小，近 40 年缩减了 15%～30%，区域水系统、农业系统和生态系统都发生了明显变化。

生态与环境问题一直是中亚各国政府关切的重要问题，中亚生态系统灾变——咸海生态危机更引起了国际社会的高度关注，联合国、上海合作组织以及中国政府都提出了相应的应对计划。2011 年 9 月，上海合作组织峰会发布了联合开展中亚区域生态系统保护的倡议。研究全球变化对中亚生态系统的影响和对策，对保障我国和中亚区域的国际生态安全、经贸通道的安全和发展意义重大，并可促进上海合作组织应对气候变化的科技合作。

《亚洲中部干旱区生态系统评估与管理》系列专著汇集了国内外 40 多家科研院校百余名科研工作者，是上海合作组织成员国第一次大型资源与环境科技合作研究成果。该系列专著对中亚区域基本气候和自然地理特征、生态系统变化规律进行了评估，内容丰富，科学性强，在我国尚属首次，具有重要的科学和实用价值，对研究全球气候变化条件下中亚地区生态系统的响应与适应特点，维护该区域生态安全具有重大的科学意义，对建设丝绸之路经济带具有重要参考价值。

秦大河

2013 年 12 月 4 日

# 序 二

新疆和中亚是亚欧内陆干旱区的主体，集中了全球90%的温带荒漠，是世界上独一无二的巨大温带荒漠生态系统，该区域独特的山地－绿洲－荒漠生态系统格局具有全球意义。亚欧内陆干旱区主要受西风环流以及北冰洋高纬气团、印度洋暖湿气流的影响，形成显著区别于非洲、美洲和大洋洲的水热组合，使其生态系统对全球气候变化响应过程独特而复杂。同时，该区域的植物是中亚植物区系与青藏、蒙古和古地中海的交汇区，对温度、水分变化十分敏感。

中亚区域生态系统十分脆弱，气候变化和人类活动影响极易引起生态系统的变化，甚至发生重大的生态灾难。中亚五国之间以及与新疆之间国际跨界河流交错，生态系统和自然地带相连贯通，局部的生态系统变化，亦可导致国际性生态问题。中亚咸海的逐步消亡成为世界著名的区域性跨国生态灾难。近年来降水和温度的变化，导致了该区域生态系统对全球变化的响应表现出更大的不确定性和复杂性，极端灾害事件更易发生。因此，深入开展全球变化背景下中亚生态系统变化和管理研究，对保障该区域生态安全、促进社会经济的可持续发展具有重大意义。

2012年我和项目组成员一起考察了中亚的巴尔喀什湖流域和咸海流域，深切感受到中亚国家对生态系统保护和修复的热切期望。《亚洲中部干旱区生态系统评估与管理》系列专著凝聚了哈萨克斯坦、吉尔吉斯斯坦、乌兹别克斯坦、塔吉克斯坦、土库曼斯坦众多科学家以及国内18家科研院校百余名科技工作者三年多的研究成果，是国际上首次对这一区域生态系统评估和管理的系统性研究成果。该系列专著对中亚区域气候、植物、动物、土壤、土地覆被变化进行了综合分析和评估，提出了中亚生态系统管理的对策和建议，资料和数据翔实，观点明确，具有重要的科学意义和应用价值，对该区域生物多样性保护、生态系统安全保障和促进上海合作组织生态与环境合作具有重大意义。

傅伯杰

2013年12月5日

# 前　言

中亚位于欧亚大陆腹地，是典型的大陆性干旱气候，占世界干旱区面积的三分之一。地理上广义的中亚地区是指里海以东的亚洲腹地地区，包括中亚五国（哈萨克斯坦、吉尔吉斯斯坦、塔吉克斯坦、乌兹别克斯坦和土库曼斯坦）以及中国、蒙古、俄罗斯、阿富汗、伊朗的部分地区。而通常意义上的中亚地区是指上述中亚五国，土地面积约 400 万 $km^2$，人口 5890 万。

中亚是全球变化的敏感地带，全球变化对中亚生态与环境产生了重大影响，生态与环境问题一直是中亚各国政府关切和研讨的重要问题，也是历届上海合作组织峰会研究的焦点，全球变化导致区域生态与环境问题对中亚社会—经济系统的影响是深远的。研究表明，中亚地区自 20 世纪初以来气温在持续上升，天山和阿尔泰山区的冰川面积持续减小，近 40 年已经缩减 15%～30%，导致了区域水系统、农业系统和生态系统的变化。同时，20 世纪初开始的大规模土地开垦引起的咸海生态危机等生态环境问题，更加剧了该地区生态与资源的竞争局面。因此，研究全球气候变化背景下的中亚地区资源与生态环境问题，对该区域生态环境保护与改善、社会经济的可持续发展意义重大，将为上海合作组织成员国生态保护与资源开发提供科学支持。

2010 年科技部设立了国家国际科技合作项目“中亚地区应对气候变化条件下的生态环境保护与资源管理联合调查与研究”、中国科学院—国家外国专家局设立了创新团队项目“中亚生态系统样带研究”、联合国 UNDP 资助项目“亚洲中部干旱区典型区域应对气候变化的生态系统管理”，由新疆维吾尔自治区科技厅组织，中国科学院新疆生态与地理研究所牵头承担，联合国内 17 家科研院校，包括：新疆大学、新疆农业大学、新疆师范大学、新疆农业科学研究院、新疆林业科学研究院、新疆畜牧科学研究院、新疆社会科学院、中国气象局乌鲁木齐沙漠气象研究所、新疆遥感中心、中亚科技经济信息中心、中国科学院地理科学与资源研究所、中国科学院南京地理与湖泊研究所、中国科学院寒区旱区环境与工程研究所、中国科学院深圳先进技术研究院、中国科学院遥感应用研究所、浙江大学、兰州大学。中亚国家参加本项目研究的合作单位 26 家，包括：哈萨克斯坦土壤与农业化学研究所、哈萨克斯坦植物研究所、哈萨克斯坦动物研究所、哈萨克斯坦地理研究所、哈萨克斯坦林业研究所、哈萨克斯坦国立大学、哈萨克斯坦农业大学，吉尔吉斯斯坦地质研究所、吉尔吉斯斯坦水问题研究所、吉尔吉斯斯坦奥什大学、吉尔吉斯斯坦农业大学、吉尔吉斯斯坦国立大学，乌兹别克斯坦遗传研究所、乌兹别克斯坦土壤研究所、乌兹别克斯坦灌溉与水问题研究所、乌兹别克斯坦植物与动物研究所、乌兹别克斯坦国立大学，塔吉克斯坦地质研究所、塔吉克斯坦植物研究所、塔吉克斯坦动物研究所、塔吉克斯坦国立大学、塔吉克斯坦农业大学、塔吉克斯坦农业科学院、塔吉克斯坦水问题研究所，土库曼斯坦沙漠与动植物研究所、土库曼斯坦国立大学。

经过三年多的合作研究，中国科学家与中亚国家科学家共同完成了前述三个项目资助的系列专著的编写，采取项目首席领导下的总主编、卷主编、章主笔负责制，共撰写专著 18 部（中文、英文、俄文）：中亚自然地理、中亚地质地貌、中亚土壤地理、中亚环境概论、中亚植物资源及其利用、中亚野生动物生态现状与保护管理（英文）、中亚生态系统演变与数据挖掘（英文）、中亚干旱生态系统对全球变化响应的模型模拟（英文）、中亚经济地理概论、中亚土地利用与土地覆被变化、气候变化对山地生态系统的影响（中文、俄文）、吉尔吉斯斯坦自然地理（中文、俄文）、哈萨克斯坦土壤与土地资源（中文、俄文）、乌兹别克斯坦水资源及其利用（中文、俄文），每部专著均有数十万字。本系列专著阐明了中亚区域气候、植物、动物、土壤和生态系统变化状况，预测了未来不同情境下生态系统变化趋势，提出了气候变化背景下中亚区域生态系统和自然资源管理的对策。

中亚干旱区资源和生态研究是一项长期的工作，本次出版的系列科学专著是对该区域气候变化下生态保护与资源管理的首次系统阐述，为中亚地区的可持续发展提供科技支撑。本项研究得到了国家科技部、中国科学院、新疆人民政府的大力支持和新疆科技厅精心的组织以及中外同行的大力协作和全体研究人员的不懈努力，研究成果是一项集体劳动的结晶，在此一并致谢。因是首次系统研究中亚资源和环境问题，难免存在不足之处，敬请指正。

2013 年 11 月 28 日

# 本卷前言

地球的表层系统是由岩石圈、大气圈、水圈、冰冻圈、生物圈和人类社会组成的一个相互渗透、相互作用的复杂巨系统。作为生物圈的重要组成部分，植被（或植物）是地球表层上地域分布广泛、季节性变化最为明显，对气候环境异常变化反映最敏感的地表覆盖物体。应该特别指出，在干旱半干旱地区植被对全球变暖的响应更敏感、更突现。

植被（或植物）是干旱半干旱区人类社会赖以生存和发展的重要物质资源和环境因素。生物资源是自然生态地理系统与环境生态的基础，是维持和发展环境友好与生态保护的控制性要素。正确认识，科学、合理、有效利用和保护干旱区生物资源环境，对干旱半干旱区实践社会经济可持续发展，生物资源可持续利用和环境生态有效保护具有重要的现实意义。

中亚的植物区系既古老又独特，具有世界干旱区最为丰富的种质与基因资源；具有全球干旱区生物多样性和独特的生境。该区植物区系包括127科、1279属和9346种（包括亚种）。中亚植物包括维管隐花植物、裸子植物和被子植物类群，以被子植物占绝对优势（99%），其中双子叶植物占被子植物总数的84%。本区仅有10种木贼和石松科植物、33种蕨类植物和32种裸子植物。

中亚是典型的内陆干旱区，荒漠和半荒漠植被占据了中亚平原地区的绝大部分面积，其植物区系的发展变化与荒漠植被的演化过程存在密切关系。冰川期结束之后的气候变化不仅在山地创造了新的植被类型，同时对平原植被的影响也具有方向性的意义。中亚植被类型的形成有两个因素，即植物区系的物种组成和自然地理条件的改变。关于物种组成是指与生存条件影响有关的植物种类的组成，植物区系不是简单的物种的集合，而是适应统一的生存环境而形成具有一定结构的种类集合。当代的植被类型是由以前存在的一个或几个类型受环境和气候条件改变的影响而形成。

中亚植物资源丰富，包括能抵抗生物和非生物逆境（抗病虫、抗寒、抗旱、抗高温、抗风沙、抗贫瘠、抗盐碱等）的优良基因资源、食用植物资源、药用植物资源、工业用植物资源、保护和改造环境植物资源、植物种质资源等。因此，从植物资源学角度研究中亚的特色植物资源，进行科学合理地分类，实施有效保育，对于保障中亚生态安全、资源安全，实现资源的可持续利用等具有重要的理论和实践意义。

本书共7章。第1章由王亚俊、胡汝骥撰写;第3章由张元明、李耀明、Olonova MARINA(俄罗斯托木斯克大学)和张道远编写;第2章、第4章至第6章由李耀明、张元明编写;第7章由张元明、沈观冕编写。中亚地区植被图由张弛、张元明和李耀明绘制。中亚种子植物拉丁名索引由张元明、Olonova MARINA 和张道远负责整理。除此之外,中国科学院新疆生态与地理研究所还有许多同事和研究生参与了资料整理和编写工作,他们是:张静、刘会良、张丙昌、周晓兵、吴林、庄伟伟、刘耀斌、李国栋、蔡明、李海燕、高贝、徐文轩、夏参军、廖灏鸿、阿布都米吉提·阿布力克木等。全书由胡汝骥、王亚俊统稿。

在编写和出版过程中,中国科学院新疆生态与地理研究所所长陈曦研究员、胡汝骥研究员、张立运研究员、潘伯荣研究员、管开云研究员、尹林克研究员、杨维康研究员、段士民副研究员、王亚俊副编审等给予了帮助和支持。在此,谨向他们致以深深的谢意!本书在编写过程中参阅了大量的文献,我们对作者表示感谢!

本书是科技部国家国际科技合作项目“中亚地区应对气候变化条件下的生态环境保护与资源管理联合调查与研究”和中国科学院与国家外国专家局创新团队项目“干旱区特殊生态过程样带”及联合国 UNDP 资助项目“亚洲中部干旱区典型区域应对气候变化的生态系统管理”成果的一部分,感谢科技部、中国科学院、国家外国专家局和联合国 UNDP 及中国科学院新疆生态与地理研究所对本项工作的支持!

本书内容仅包含中亚区域植被及其资源研究的部分阶段性成果,主要涉及该区域典型的干旱区部分,半干旱区内容较少。同时,由于中亚植被研究的资料多为俄文,加之时间仓促,研究工作较为分散、植物种类繁多,书中难免有不少错误和疏漏,恳请读者多多批评指正!

作者<br>2013年6月

# 目　　录


**序　一**

**序　二**

**前　言**

**本卷前言**

**第 1 章　中亚的地理位置与特征** …………（1）

1.1　地理位置 …………（1）

1.2　生态地理基本格局 …………（2）

1.3　社会经济概况 …………（10）

**第 2 章　植物区系发展简史及植被类型** …………（12）

2.1　砾石质荒漠植物区系 …………（12）

2.2　沙质荒漠植物区系 …………（14）

2.3　土加依林植物区系 …………（16）

2.4　植被类型分类方法和原则 …………（18）

**第 3 章　植物地理区划与地理成分分析** …………（20）

3.1　中亚植物地理区划问题的历史研究 …………（20）

3.2　中亚植物地理区划 …………（22）

3.3　中亚植物地理成分分析 …………（28）

**第 4 章　荒漠植被** …………（34）

4.1　荒漠植被的主要特征 …………（34）

4.2　盐生植物植被类型 …………（41）

4.3　沙生灌木植被类型 …………（49）

4.4　短命植物植被类型 …………（71）

**第 5 章　土加依林植被** …………（82）

5.1　典型植物的生物学特征 …………（83）

5.2　土加依林群落 …………（86）

5.3　河谷植被的动态变化 …………（87）

5.4　土加依植被的经济价值 …………（89）

**第 6 章　山地植被** …………（90）

6.1　山地植物区系和植被 …………（90）

6.2　山地半稀树草原 …………（92）

6.3　山地草原 …………（102）

6.4　山地森林 …………（112）

**第 7 章　中亚植被的经济利用** …………（125）

7.1 中亚植物资源概况 …… (125)
7.2 中亚植物资源分类 …… (125)
7.3 中亚植物资源种类及用途 …… (128)
**主要参考文献** …… (196)
**附录Ⅰ 中亚种子植物拉丁文名索引** …… (201)
**附录Ⅱ 中亚植被图(不含新疆部分)** …… (329)

# 第 1 章　中亚的地理位置与特征

## 1.1　地理位置

中亚(中亚细亚),意指亚洲(亚细亚洲)的中部地区。

关于"中亚"这一地理概念在学术界认识并不统一。在西文中有 Central Asia(中亚)、Inner Asia(内亚),Haute Asia(亚洲腹地)等;在俄语中有 Средяя Аэия(中亚)和 Центральная Азия(中央亚细亚)。

根据联合国教科文组织最初的定义,"中亚"一词所指的范围是西起里海、东到大兴安岭,北自阿尔泰山、萨彦岭,南至喜马拉雅山的区域。包括阿富汗、巴基斯坦和伊朗的北部,印度西北部,塔吉克斯坦、土库曼斯坦、乌兹别克斯坦、吉尔吉斯斯坦和哈萨克斯坦的全部,中国的新疆、西藏、青海、甘肃河西走廊,宁夏北部和内蒙古全部及蒙古国西南部地区(胡振华,2006)。

有定义"中亚"范围:西起里海、伏尔加河,东到中国的边界,北以咸海与额尔齐斯河的分水岭,并延伸至俄罗斯西伯利亚大草原的南部,南到伊朗、阿富汗的边界。包括哈萨克斯坦南部、乌兹别克斯坦、土库曼斯坦、吉尔吉斯斯坦和塔吉克斯坦全部。其地势东南高,西北低。中亚西部是图兰低地,有卡拉库姆沙漠、克孜勒库姆沙漠。北部和东北部是图尔盖台地和丘陵。平原地带海拔由−28～300 m,部分洼地低于−132 m(卡拉吉耶洼地)。中部海拔最高处阿克套山 922 m。在东南部是天山山系和帕米尔—阿赖山地,最高峰海拔 7495 m,是中亚地区的"水塔",河湖水系的源地。沿西南边界有科佩特山脉。

也有认为"中亚"范围,不仅包括上述五国的全境,还包含中国干旱区及蒙古国西南部。即西起里海、伏尔加河,东至中国贺兰山—乌鞘岭以西,北到咸海与额尔齐斯河的分水岭,并延伸至俄罗斯西伯利亚大草原南部和蒙古国西南部,南到阿富汗、伊朗边界,并延伸至中国昆仑山、祁连山。中亚西部是图兰低地,有卡拉库姆沙漠和克孜勒库姆沙漠相连。其北部与东北部是图尔盖台地和哈萨克丘陵。东部有准噶尔盆地、塔里木盆地和河西走廊。有塔克拉玛干沙漠、古尔班通古特沙漠。天山山脉横亘于中部,将其分割成生态地理环境明显差异的东西两部分。

对"中亚",还有把哈萨克斯坦排除在外的划分法。即中亚四国:乌兹别克斯坦、土库曼斯坦、吉尔吉斯斯坦和塔吉克斯坦。

本书所介绍的中亚仅限于中亚五国,即哈萨克斯坦、乌兹别克斯坦、土库曼斯坦、吉尔吉斯斯坦和塔吉克斯坦。其范围较狭义的中亚略大一点,包括了哈萨克斯坦北部地区。地理位置:46°45′28.13″～87°21′47.81″E,35°5′2.24″～52°33′30.49″N(图 1.1)。

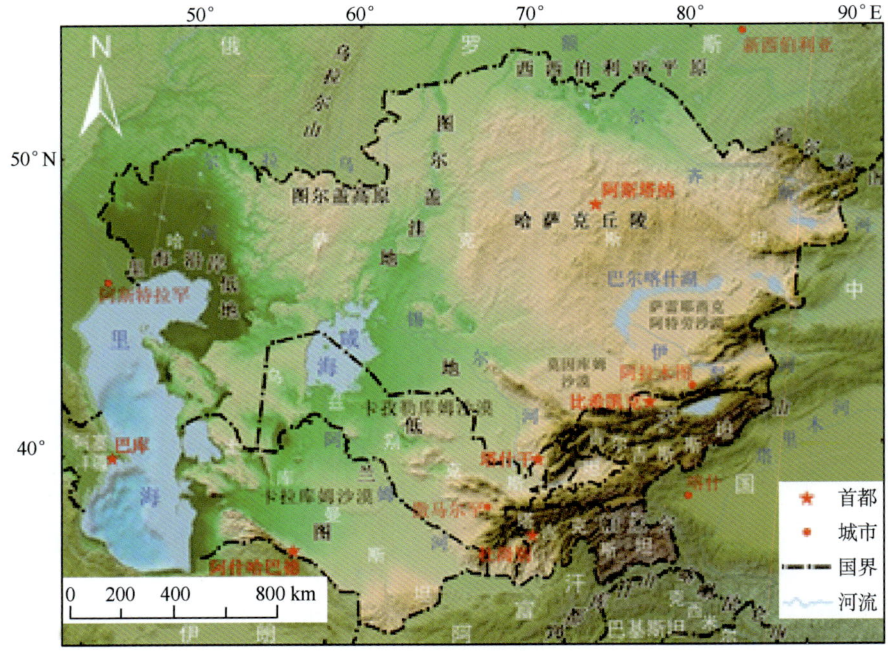

图 1.1　研究区范围

## 1.2　生态地理基本格局

中亚五国是陆地北半球温带、暖温带面积最大的世界干旱区，即亚洲中部干旱区的重要组成部分。同时，它又是世界上生态与环境十分脆弱，自然资源和能源相对富集的区域。总体上看，中亚五国的地势东南高耸，西北低下，其中塔吉克斯坦境内的帕米尔高原海拔4000～7500 m是中亚五国的制高点。帕米尔高原与分布在吉尔吉斯斯坦和哈萨克斯坦东部天山山脉相连结，犹如一条高大而又十分宽厚的“山墙”，绵延在中亚五国的东部边缘。它阻挡着西风气流，同时，截获丰富的水分，形成中亚五国唯一水源补给地区（图 1.2）。而广泛分布在海拔200～400 m平原盆地中的荒漠绿洲，主要依赖于山区河流出山口径流量维持生机。这样，山

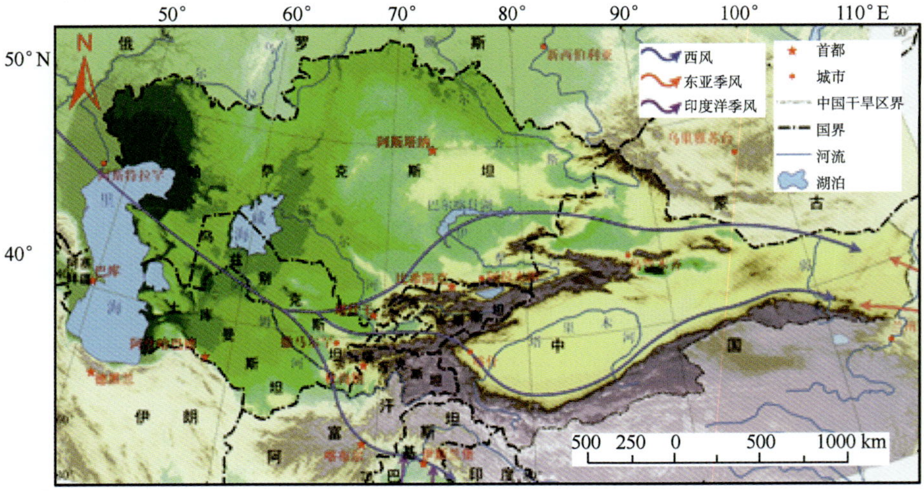

图 1.2　大气环流形势图

地森林草原—盆地平原绿洲寓于荒漠，并与荒漠共存的一幅别致的生态地理系统画卷，就构成了中亚五国生态地理基本格局(陈曦等，2013)。

### 1.2.1　高差悬殊的山盆地貌

亚洲中部干旱区的干旱地理环境由来已久，是由多种原因综合作用造成的。地质时期，强烈而又频繁的构造运动及其所产生的大型地质构造框架，为中亚五国地理环境的形成创建了先决条件。在大地构造上，亚洲中部干旱区具有若干个大型的前震旦纪古老地块和中生代地槽褶皱带，并有印度板块不停顿地向北撞击欧亚大陆板块，新构造运动活跃。前者长期处于稳定状态，而后者则是构造运动频繁演绎，经过多期(次)强烈的构造活动，在中亚五国境内产生了许多大型的地质架构，呈现出面积很大的内陆盆地和谷地，以及规模宏伟而又壮观的山系和高原，从而形成山系与山系相接，盆地、谷地与山系相间的特殊地貌景观。

在中亚五国的东南角分布的帕米尔高原是该地区的最高点(海拔 6000～7500 m)。天山山脉与帕米尔高原相接横亘于中亚五国的东部边界，同时，与东北边界的阿尔泰山相连，构成一道巨大的屏障，阻挡并拦截大量西风气流携带的水汽，在山区形成丰富的降水(雪)，构成中亚五国的水源供应基地。在这些大山系间还有费尔干纳盆地和伊赛克湖盆地及楚河谷地(又名碎叶河谷地)、阿赖谷地、恰特卡尔谷地、塔拉斯谷地、瓦赫什河谷地和伊犁河谷地等，以及阿姆河和锡尔河等的尾闾湖沼低地，还有咸海西南面的萨雷卡梅什洼地(有称盆地)，低于海平面－38 m；图兰低地位于阿姆河三角洲上，最低处卡拉吉耶洼地，海拔－132 m。有卡拉库姆沙漠、克孜勒库姆沙漠。除里海、咸海(又名阿拉尔海)、巴尔喀什湖、斋桑泊、田吉兹湖和萨瑟科尔湖大湖外，在哈萨克斯坦西北部的图尔盖地区分布着数以千计的小湖泊(吉力力·阿不都外力，等，2012)。纵观上述，中亚五国海拔 200～400 m 干旱台地和平原上的河湖水体均来自于山区河流补给。造成中亚五国干旱和极干旱区的一个重要原因，在于上述诸大山系受大陆板块撞击而大幅度隆升，成为层层屏障，阻挡了太平洋和印度洋湿润气流的侵入，微弱的湿润气流只能来自遥远的大西洋和北冰洋以及沿途的地中海，并由西风携至本地区。

这样，在大气环流和大地质地貌的共同作用下，中亚五国的主要地貌无不打上干旱的印记，沙漠、戈壁、劣地随处可见，呈现出一派荒漠地貌景观(图 1.3)。

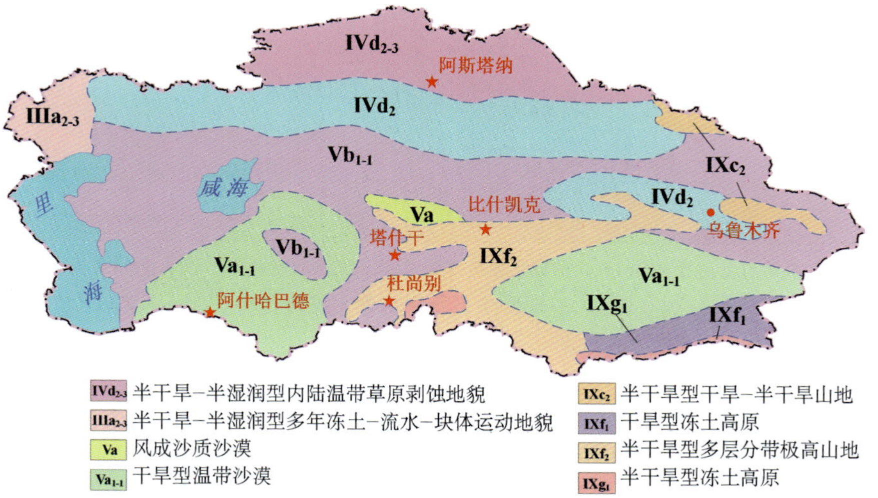


图 1.3　中亚地貌图(杨发相，2013)

### 1.2.2　典型的山地气候环境

(1)中亚五国深居欧亚大陆腹地，在地球气候系统中属西风气候区。高空西风带从北冰洋和大西洋输送来微弱的湿冷水汽，受境内垂直地形(山脉与高原)的拦截，为气流动力抬升运动及降水的形成创造了条件，降水集中分布在该区域东南、东和东北部的帕米尔—阿赖山系、天山山脉和阿尔泰山的迎风山坡。如费尔干纳的山前地带，吉尔吉斯与乌兹别克斯坦的交界地段，降水425 mm；向上海拔1000 m处降水700 mm以上；海拔1700 m处降水1000 mm以上；海拔2740～3100 m处，降水1100 mm左右。再往上年降水量可达2000 mm。据Glazyrin(2012)的研究①，阿姆河中上游年降水量有3000 mm。天山、阿尔泰山的降水量也遵循随海拔高度的升高而递增的规律。天山、阿尔泰山的森林—草原带降水量达1000 mm左右(胡汝骥，2004)。

(2)应该指出，受山地效应的影响，高大的周边山脉屏蔽了山系内部地区，锋面云在翻越山岭时消失，背风坡、谷地、盆地和峡谷的降水量急骤减少，广袤的内天山较少降水(胡汝骥，2013)，以至于许多山间盆地和谷地(阿克奇拉克、阿克赛、卡腊科尔等)以气候干燥著称。这些盆地的降水量比迎风坡少约100 mm。伊赛克湖盆地的年降水量为200～400 mm，而且南(242 mm)北(399 mm)相差较大，干旱程度明显。

(3)受青藏高原冬季风——反气旋环流的影响，吉尔吉斯斯坦和塔吉克斯坦东南部冬季低纬暖湿气流(印度洋暖湿气候)与中高纬度的干冷气流(北冰洋)汇合，从而降水增多(图1.4)。塔吉克斯坦降水在160 mm以上，吉尔吉斯斯坦100 mm左右，哈萨克斯坦东南部降水在90 mm左右，中北部为45 mm左右，伊犁河谷和额尔齐斯河谷在30 mm以上。同时，受地中海

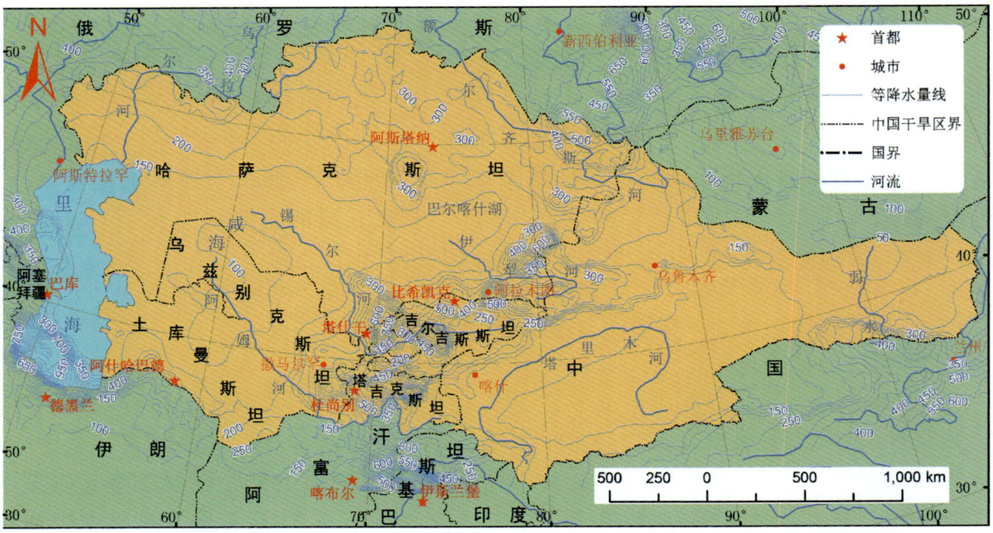


(根据日本气象局人文自然气象研究所的同化栅格数据0.25°，1950—2007修正而成，等值线间隔为50 mm)

图1.4　亚洲中部干旱区降水量等值线

---

① Glazyrin G F. The influence of deglaciation on the runoff in Central Asia. Cryosphere of Eurasian Mountains: The International Conference Devoted to the Opening of the Central Asia Regional Glaciological Centre as a Category 2 Centre under the auspices of Unesco: Almaty, 2012: 54.

气候的影响，中亚五国自西南到东北，冬春季降水量明显大于夏秋季，以夏季最小，并且降水总量自西向东逐渐减少。

(4)中亚广大平原盆地地区水热不同期是又一大气候特征。由图1.5可见，中亚年平均气温与年降水分布在地理上完全相反。在平原地区，特别在夏季，乌兹别克斯坦和土库曼斯坦及哈萨克斯坦南部降水量不足15 mm，而平均气温则高达27℃和24℃，天气干燥炎热、蒸散强烈，人类经济社会活动完全依赖于山区河流出山口径流量维系，大陆性气候特征显明(黄秋霞，2013)。应该指出，乌兹别克斯坦和土库曼斯坦冬季平均气温在0℃以上，哈萨克斯坦南部接近0℃，这有利于荒漠植物生长和人类社会活动。土库曼斯坦是中亚五国气温较高的地区，年平均气温在15℃以上，乌兹别克斯坦次之。哈萨克斯坦年平均气温与纬度高低成正比。塔吉克斯坦西部年平均气温－3℃以下，吉尔吉斯斯坦东南部在0℃以下。

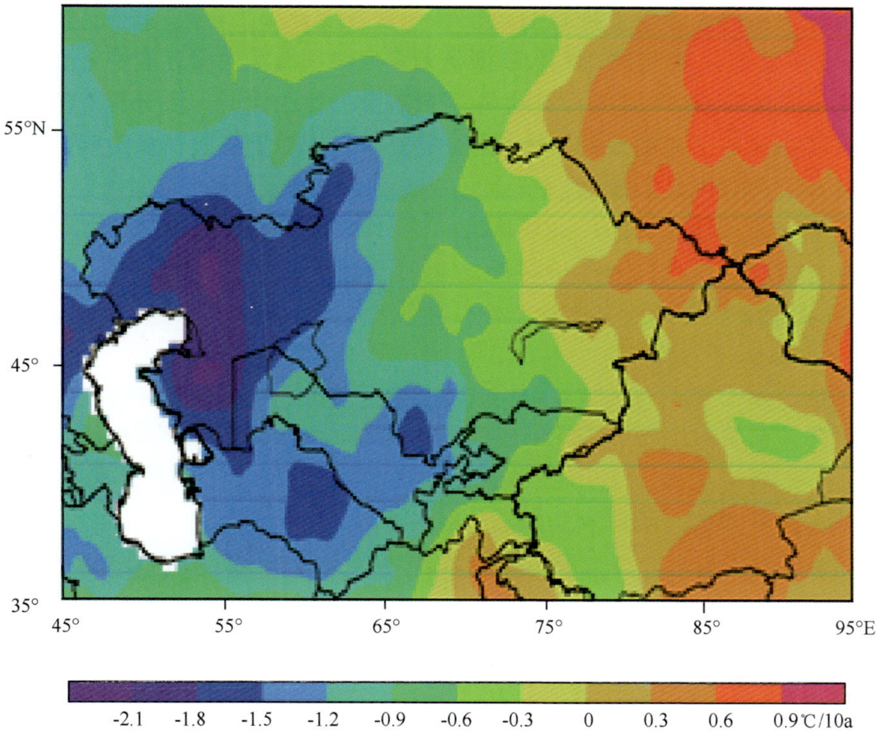


图1.5　1971—2000年中亚年平均气温平均分布

(5)光热资源丰富，但不稳定。中亚五国气温年较差小，但日较差大，一般在20～30℃。灾害天气气候种类繁多。主要有干旱、寒潮、大风、沙(盐)尘暴、低温冷冻、霜冻、冰雹、暴风雪、暴雨山洪泥石流和干热风等。

综上所述，中亚五国降水和气温在空间分布和时间演变上，既表现出地区整体性，又有其独立性。土库曼斯坦和乌兹别克斯坦及哈萨克斯坦南缘的沙漠地区，是中亚五国最为干旱地区，也是气温最高，蒸散旺盛的地区，夏季炎热，冬季温暖。塔吉克斯坦和吉尔吉斯斯坦位于青藏高原西侧，受高原动、热力作用的影响，冬季和春季降水多，而夏季降水少，是中亚五国较为湿润的地区，气温变化幅度相对较小。哈萨克斯坦大陆性气候特征较为明显，降水西多东少，主要在夏季。气温变化幅度较大，西暖东冷，西部最高气温降低，最低气温升高(胡汝骥等，2002)。中亚五国整体气温年较差小。

### 1.2.3　独特的内陆水分循环系统(模式)

基于中亚五国特殊的地理位置、地形及气候环境、降水高度集中在山区，盆地平原谷地降水稀少，且不能产生地表径流，形成了山区河流出山口径流量，成为决定盆地平原谷地一切生命赖以生存的主要因素。

中亚五国的河流都源自于山区，没有通向大洋的通道(除额尔齐斯河)。河水出山口后，除被引用发展绿洲灌溉经济外，大多潴水于平原河流的尾闾形成湖泊，少量消失于荒漠和盐沼。这样就构建成一个完整的以流域为单元的内陆水分循环系统(图 1.6)。这个系统是在全球水分循环的大背景下进行的，因此，每一条流域在陆地是封闭的，而且都拥有自身的径流形成区(山区产流区)、自己的天然河道和自己在盆地平原的尾闾水体，即内陆湖沼水域。而在空中是开放的，即返回的路径是自己定常的大气底层的山谷环流。它们携带水汽、盐粒、尘埃微粒和孢子花粉、昆虫幼体，甚至其他生物物质，由盆地平原输送到山区。

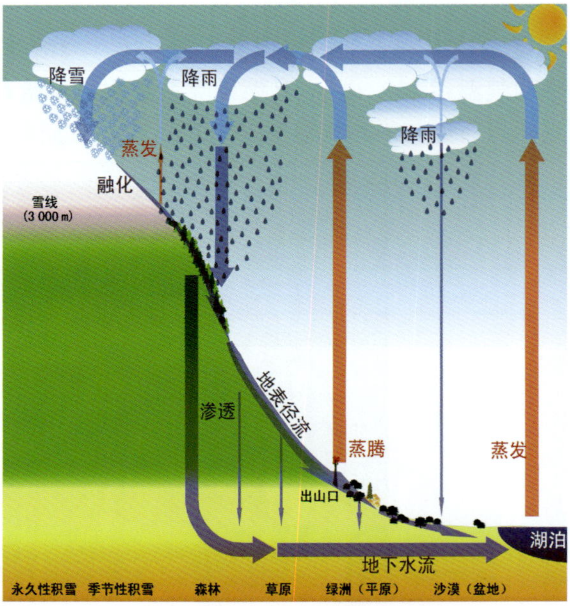

图 1.6　干旱区内陆水循环示意图(胡汝骥,2013)

中亚五国的淡水总量约 $10000\times10^8\,m^3$ 以上。根据联合国粮农组织 2004 年关于中亚五国实际水资源量的统计，为 $2213\times10^8\,m^3$，而且分布极不均匀。哈萨克斯坦、吉尔吉斯斯坦和塔吉克斯坦水资源总量相对较多，而土库曼斯坦和乌兹别克斯坦很少，其总量分别为 $14\times10^8\,m^3$ 和 $163\times10^8\,m^3$(表 1.1)，属缺水国家。其用水主要依赖发源于塔吉克斯坦的阿姆河和发源于吉尔吉斯斯坦的锡尔河。由此可以说，是这两条河流把中亚五国联系在一起了。

**表 1.1　中亚五国水资源**

| 国家 | 平均降水量/mm | 地表水资源量/$\times10^8\ m^3$ | 地下水资源量/$\times10^8\ m^3$ | 重复计算量/$\times10^8\ m^3$ | 水资源量/$\times10^8\ m^3$ | 出入境水量/$\times10^8\ m^3$ | 可利用水量/$\times10^8\ m^3$ | 人均水资源量/$m^3$ |
|---|---|---|---|---|---|---|---|---|
| 哈萨克斯坦 | 804 | 693 | 161 | 100 | 754 | 342 | 1096 | 7307 |
| 吉尔吉斯斯坦 | 1065 | 441 | 136 | 112 | 465 | −259 | 206 | 4039 |
| 塔吉克斯坦 | 989 | 638 | 60 | 30 | 668 | −508 | 160 | 2424 |
| 土库曼斯坦 | 787 | 10 | 4 | 0 | 14 | 233 | 247 | 4333 |
| 乌兹别克斯坦 | 923 | 95 | 88 | 20 | 163 | 341 | 504 | 1937 |
| 合计 |  | 1877 | 449 | 262 | 2064 | 149 | 2213 | 3788 |

由图1.7可以看出，中亚五国有大小河流上万条，流域面积在1000 $km^2$以上的大河流近10条。主要是锡尔河、阿姆河、乌拉尔河、额尔齐斯河、伊犁河、楚河和捷詹河等。其中锡尔河源于帕米尔高原，流经乌兹别克、塔吉克和哈萨克3个中亚的共和国，经过图兰低地最后注入咸海。全长3019 km，流域面积$2.19\times10^5$ $km^2$，河口多年平均流量1060 $m^3/s$，年均径流量$336\times10^8$ $m^3$；阿姆河是中亚流程最长、水量最大的内陆河，源于帕米尔高原东南部海拔4900 m的高山雪冰地带，是咸海的两大水源之一。上源位于阿富汗境内，沿克孜勒库姆沙漠和卡拉库姆沙漠之间的乌、土两国交界地带蜿蜒穿行，于乌兹别克斯坦的木伊纳克附近入咸海；河流分布极不均匀。吉尔吉斯斯坦、塔吉克斯坦和哈萨克斯坦东北部山系和高原相连，对西风气流具有抬升和拦截作用，使得降水集中形成于山区，丰富的雪冰水资源孕育了众多河流和湖泊，河网密集，成为中亚地区径流形成区域。土库曼斯坦、乌兹别克斯坦和哈萨克斯坦中、南部为平原、低地和沙漠，河网密度稀疏(姚海娇，2013)。

图1.7　中亚流域和水系分布示意图

综上所述，中亚河流的主要特征归纳为以下几点。

第一，中亚河流众多，除额尔齐斯河汇入鄂毕河注入北冰洋外，其余均为内陆河系。河流源于山区，流出出山口后部分被引用于灌溉而河流消失于荒漠－绿洲。大部分河流最后注入低地，形成大小不等，形态各异的湖泊湿地。伊塞克湖(Issyk－Kul)位于吉尔吉斯斯坦东北部的天山山脉北麓的伊塞克湖盆地，属内陆咸水湖，为天山构造陷落形成，由118条河流组成。东西长178 km，南北宽60 km，面积约6236 $km^2$，湖容1738 $km^3$，湖面海拔1608 m，平均水深278 m，最深668 m，水中盐度5.8‰，是高山不冻湖。在世界高山湖中，面积仅次于南美洲的

* 1英里＝1.609 km

喀喀湖，但湖深居第一位；巴尔喀什湖位于哈萨克斯坦共和国的东部，是一个堰塞湖，湖面海拔 340 m，湖区狭长，东西长 605 km，南北宽 9～74 km，湖水水面面积在 $1.8\times10^4$～$1.9\times10^4$ $km^2$。湖水很浅，最深为 26 m，蓄水量 $112\times10^4$ $m^3$；咸海位于哈萨克斯坦和乌兹别克斯坦之间，海拔 53 m，南北长 435 km，东西宽 290 km，总面积 $6.8\times10^4$ $km^2$，平均水深 13 m，最深处 64 m。里海是世界上最大的湖泊，属海迹湖，位于中亚西部和欧洲东南端，西面为高加索山脉。海域狭长，南北长约 1200 km，东西平均宽 320 km。总面积约 $3.86\times105$ $km^2$，相当全世界湖泊总面积（$2.70\times10^6$ $km^2$）的 14%，里海最深达 1024 m，平均水深 184 m，湖水蓄积量达 $7.6\times10^4$ $km^3$。里海在中亚地区区域交通运输网以及石油和天然气的生产中具有重要地位。在哈萨克斯坦境内就拥有数以万计的湖泊湿地（吉力力，2013）。

第二，中亚主要河流均源出于天山山脉和帕米尔西坡受湿润气流作用的极地雪冰地域。那里终年降雪，积雪覆盖大地，同时形成冰川。据不完全统计，冰川总面积约 16768 $km^2$，储水量达 $19000\times10^8$ $m^3$。雪冰融水成为河流的主要补给来源，尤其是积雪融水补给比例更大。

第三，中亚主要河流径流的季节性变化明显，但年径流 $C_V$ 值小，径流量相对稳定。河流有春汛和夏汛，而且夏汛较大。冬季寒冷漫长，多数河流有结冰期，且有凌汛发生。中亚主要河流源于山区，河道上游谷深，落差大，水流湍急，但水能资源丰富；中下游，特别是在下游地势平坦、落差小，流速平缓，湖泊湿地发育。

第四，中亚主要河流都为跨境河流。由北到南，乌拉尔河为俄罗斯与哈萨克斯坦的跨境河；伊犁河为中国和哈萨克斯坦的跨境河；楚河一塔拉斯河是吉尔吉斯斯坦和哈萨克斯坦的跨境河，锡尔河是吉尔吉斯斯坦、乌兹别克斯坦、塔吉克斯坦和哈萨克斯坦四国的跨境河流；阿姆河跨吉尔吉斯斯坦、塔吉克斯坦、乌兹别克斯坦和土库曼斯坦四国；捷詹河一哈里河是阿富汗、土库曼斯坦和伊朗的跨境河。

中亚五国同位于亚洲中部干旱区特定的山地森林草原一盆地平原绿洲寓于荒漠，并与荒漠共存的自然生态地理格局之中。由于各国在其地理格局中的地理位置不同，乌兹别克斯坦和土库曼斯坦及哈萨克斯斯坦南部分布在盆地平原绿洲荒漠地带，降水稀少，本身不产生径流，水资源完全依赖于吉尔吉斯斯坦和塔吉克斯坦，即山地森林草原带，所产生的河流出山口径流量。这样，导致了国家间水资源利用矛盾。但是，也为中亚五国团结一致发展社会、共同富裕提供了物质基础。

### 1.2.4　多样性的生物区域

基于中亚五国的地理位置、地质演变和气候变迁过程，这里既分布有第三纪，甚至是白垩纪的孑遗——古地中海干热环境下的生物后裔，而且随着第四纪以来，周边喜马拉雅山、喀喇昆仑山、昆仑山和天山山体的隆升，荒漠半荒漠植物占据了广大平原盆地，发育了中亚五国大批特有属和特有种，极大地丰富了种质与基因资源。

中亚五国景观类型差异显著。西部主要是贫瘠和多石的图尔盖高原（250～300 m）和巨大的图兰低地；沙漠分布于南部和中部。在不同的生态地理环境影响下，中亚温带荒漠植被带里，自北向南依次被分为哈萨克荒漠一草原植被区、中亚北部温带荒漠区和南部荒漠区。在这个植被带里，发育了砾石质荒漠植物、沙质荒漠植物和稀疏灌木及河谷林（又称“土加依林”）。耸立在中亚五国东南部的帕米尔世界屋脊，向北、东延伸的天山山系破坏了中亚温带荒漠植被带的东移步伐。几大山系的隆起改变了大气环流的运行过程和降水的分布模式，出现了植被类型随山地海拔高度的上升，而交替变化形成的山地垂直带谱（图 1.8）。

山地多样的生态地理环境条件，孕育了丰富的物种多样性，尤其是植物多样性。其典型垂直带谱结构自山麓平原至山顶依次是：温带荒漠带—山地（灌丛）草原带—山地落叶阔叶林带—山地暗针叶林带（有时缺失）—亚高山草甸带—高山灌丛草甸带—高山垫状植被带。在费尔干纳山、恰特卡尔山、塔拉斯山、准噶尔阿拉套山、外伊犁山、吉尔吉斯山地的北坡，其主要特征是中山带发育有落叶阔叶林。在天山西部，落叶阔叶林以野胡桃林为主，在北部则以野苹果林为主（李世英，1966；中国科学院新疆综合考察队，1978；林培钧等，2000）。在恰特卡尔山和塔拉斯山，落叶阔叶林呈不连续的斑块状，与草原植被镶嵌形成山地森林草原带。因此，中亚山地成为世界 34 个生物多样性研究热点地域之一。

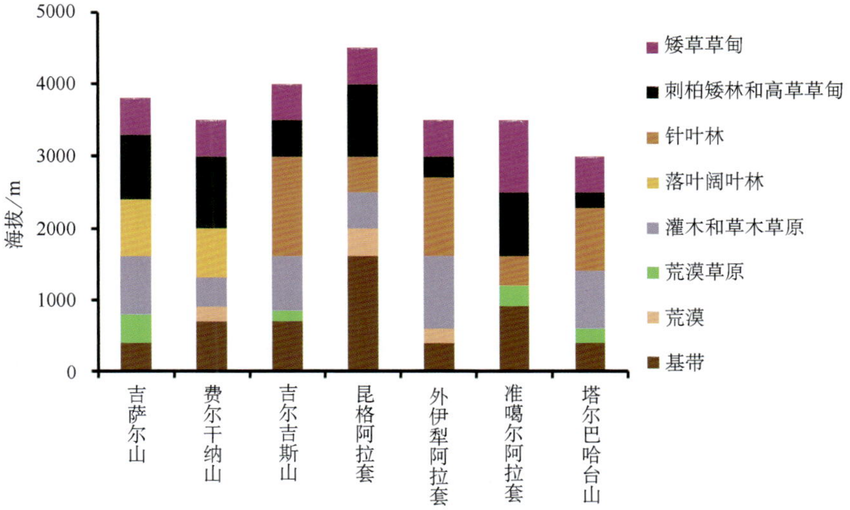


图 1.8　中亚植被垂直地带

据不完全统计，中亚地区的植物区系包含 127 科、1279 属和 9346 种（包括亚种）。其中，具有属的多样性最丰富的 10 个科分别是：菊科（181 属）、十字花科（113 属）、禾本科（111 属）、伞形科（103 属）、豆科（53 属）、紫草科（41 属）、石竹科（37 属）、毛茛科（29 属）、玄参科（22 属）和蓼科（19 属）。

对于物种的多样性而言，最丰富的前 10 科是：菊科（1520 种）、豆科（1097 种）、禾本科（640 种）、十字花科（491 种）、伞形科（418 种）、石竹科（360 种）、紫草科（248 种）、玄参科（238 种）、毛茛科（218 种）和蓼科（163 种）。上述 10 个科中包括了中亚植物区系中 55.43% 的属。此外，仅有 4.44% 的科中含有单属。

中亚植物资源丰富。有药用植物 2014 种，其中，野生种类 1451 种，农药植物 120 种以上。食用植物中，野生果树种类 103 种，大型食用真菌 200 种以上。维生素植物 50 种以上。油料植物近 100 种。蜜源植物多达 500 余种。具有观赏价值和绿化环境的植物的资源中，防护林树种 80 种以上，固沙植物 100 余种之多，观赏植物超过 300 种，仅野生花卉就有 180 种。该区天然野生牧草有 230 种。其中数量大、质量高的种类占 13.04%，计有 382 种。有 500～600 种木本植物，包括 100～150 种树木，其余为灌木，如针叶林物种（西伯利亚冷杉和雪岭云杉）、沙漠灌木（梭梭和白梭梭）。该区代表性的类群，包括沙拐枣属、柽柳属、黄耆属、枸子属、蔷薇属和山楂属等。种质植物资源中，野生谷类作物的近缘种有 87 种、野生果树近缘种 70 余种。同时，适应极端环境的耐盐、抗旱和耐寒耐病虫的种质资源也十分丰富。

## 1.3 社会经济概况

根据哈萨克斯坦、吉尔吉斯斯坦、土库曼斯坦、塔吉克斯坦和乌兹别克斯坦五国的统计资料显示，1993 年 7 月中亚地区的总人口为 $5.23\times10^7$ 人，到 2010 年 7 月达 $6.28\times10^7$ 人，平均每年增加 $6.88\times10^5$ 人，年平均增长率约为 0.48%，人口增长缓慢。中亚地区人口密度为 16 人/$km^2$，其中乌兹别克斯坦共和国的人口密度较高，为 64 人/$km^2$，人口密度最低的是哈萨克斯坦共和国，为 6 人/$km^2$。中亚是世界上民族成分最复杂的地区之一，这里分布着 100 多个大大小小的民族。中亚各国的主体民族是乌兹别克人、哈萨克人、土库曼人、吉尔吉斯人、塔吉克人，俄罗斯人在中亚占很大比例。

根据已有的数据资料对中亚五个国家的总人口现状进行分析，截至 2010 年 7 月 1 日，哈萨克斯坦全国总人口达到了 $1.61\times10^7$ 人，比 1993 年减少了 $2.5\times10^5$ 人，人口数量在独联体国家中位居第 4 位，前 3 位分别为俄罗斯、乌克兰和乌兹别克斯坦；塔吉克斯坦全国总人口为 $7.62\times10^6$ 人，与 1993 年相比，增加了 $2.04\times10^6$ 人；2010 年吉尔吉斯斯坦全国总人口数量达到了 $5.41\times10^6$ 人，仅比 1993 年增加了 $8.90\times10^5$ 人；2010 年 7 月乌兹别克斯坦全国人口数为 $2.85\times10^7$ 人，比 1993 年增加了 $6.65\times10^6$ 人，是五个国家中近 20 年来人口数量增长最快的国家，人口数量在独联体国家中位居第 3 位，仅次于俄罗斯和乌克兰；2010 年 7 月土库曼斯坦全国总人口数为 $4.61\times10^6$ 人，比 1993 年增加 $1.19\times10^6$ 人。从表 1.2、图 1.9 中的数据可以看出，在这五个国家中，乌兹别克斯坦的人口最多，其次是哈萨克斯坦；在 1993—2010 年，只有哈萨克斯坦的人口数量总体上呈现减少趋势，其他国家的人口数量呈现增加的趋势，只是各个国家人口总数增加的幅度不同，其中乌兹别克斯坦人口增加的幅度最大，吉尔吉斯斯坦人口数增加的幅度最小，17 年间仅增加了 $8.90\times10^5$ 人。

**表 1.2 中亚各个国家人口变化比较**

（单位：$10^4$ 人）

| 人口 / 国家 | 1993 年 | 2010 年 | 变化的数量 |
|---|---|---|---|
| 哈萨克斯坦 | 1638 | 1613 | −25 |
| 塔吉克斯坦 | 557 | 762 | +204 |
| 吉尔吉斯斯坦 | 452 | 541 | +89 |
| 乌兹别克斯坦 | 2185 | 2850 | +665 |
| 土库曼斯坦 | 399 | 461 | +119 |

注：数据来源于中亚地区各个国家统计年鉴

中亚地区有丰富的能源、矿产资源，被称为 21 世纪的战略能源和资源基地。从成矿特点来看，阿尔泰山、天山山脉为世界著名的金属成矿带，同时也是能源和有色金属的主要产地。特别是哈萨克斯坦，矿产品种比较齐全，其中煤探明储量为 $1.77\times10^{11}$ t(2008 年)，此外，中亚地区产出许多世界级的特大型矿床，如穆龙套、库木托尔、科翁腊德、卡利马克尔、杰兹卡兹甘等，矿种涵盖有色金属、贵金属、油气资源等(李恒海等，2010)。

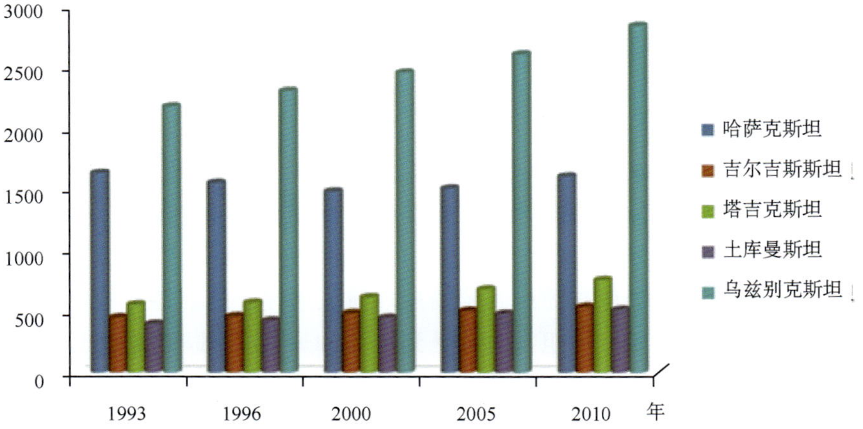


图 1.9 中亚各个国家主要年份人口总数的变化情况 单位：$10^4$人

中亚各国经济发展以农业为主，农业又以种植业和畜牧业为主。种植业主要以粮食(小麦、玉米和水稻)、油料和棉花这三类土地密集型产品为主，其他较重要的作物是甜菜及蔬菜瓜果。中亚五国普遍重视粮食生产，强调粮食自给，中亚五国的小麦产量占全球的 3.2%，其中哈萨克斯坦和乌兹别克斯坦分别列全球小麦生产国第 15 位和 24 位。中亚五国是世界重要的棉花产区之一，2004 年棉花播种面积占世界总播种面积的 7.21%，占世界棉花产量的 7.5%。棉花是乌兹别克斯坦、土库曼斯坦和塔吉克斯坦农业的支柱产业，占大田作物面积的 1/4 以上，分别列世界产棉量的第 6、11 和 14 位。乌兹别克斯坦的棉花种植面积自 1992 年至今平均保持在 $1.50\times10^6$ $hm^2$左右，播种面积占同期世界棉花播种总面积的 5%，棉花以中绒陆地棉和长绒棉为主。

# 第 2 章 植物区系发展简史及植被类型

中亚是典型的内陆干旱区,荒漠和半荒漠植被占据了中亚平原的绝大部分地区,其植物区系的发展变化与荒漠植被的演化过程存在密切关系。冰川期结束之后,气候变化不仅在山地创造了新的植被类型,同时对平原植被的影响也具有方向性的意义。

大面积低地湖沼的逐渐干涸与随后开始的地表演化过程。是第四纪中亚平原自然地理环境变化的重要阶段。地表沙黏土冲积物上层受到强烈的风化作用,随着沙土的聚集而逐渐形成了沙堆和沙丘;另一方面,随着冲积层表面水系和河谷的缩减,盐分的运移过程加速,原来因河流冲刷而深埋在土壤基质中的盐分,由于蒸发的作用开始向地表的土壤层移动,这样盐的聚集改变了地表的地球化学基础条件。第三纪不同时期,从海水下出露的高平原不断地受到周期性的侵蚀和地表冲刷作用及与之相伴随的各类风蚀活动的影响。这些因素的相对作用,虽然会因外部条件的变化而改变,但是风化的岩石产物不会长久地停留在地表,而是会迁移到低洼地带或高地之外的地方,致使地表风化物沉积很少。例如,在卡拉库姆最北部的扎文古斯高原(Zaunguz Plateau)上,见到的结核体可能是深层的土壤基质。这种形成物在地表的位置,说明在第四纪时期卡拉库姆高地已显著降低,土壤中聚集了由特殊地层而形成的大量石膏。很显然,这种积累与干旱条件下上述地层的地表被冲刷有联系。

从上述说明可以确认,后冰川期第四纪时的中亚平原植被受到了某些气候条件的影响,其在冰川期之前只影响局部地区,之后扩展到整个平原地带。有证据表明,现代荒漠植物区系的某些成分在第四纪早期即存在,例如盐生植物,稀树灌木和河谷林(中亚地区称土加依林)。随着水网退化和干旱化过程的加速,那些在这之前的荒漠化循环过程中缩减了其分布区的荒漠物种又回到了原来的地方。另一方面,新生成的大陆性气候条件,也促进了在第三纪成分的基础上产生新的原生植物。

随着气候的变化,第三纪植物区系的成分逐渐减少,但由于原生物种形成条件的改变而形成了新的物种,同时也出现了一些从其他地域迁移过来的物种,这可以和地球化学环境条件的变化联系起来,尤其是和土壤中硫酸盐的积累有关,尽管这种特性的变化在晚第三纪时期就有,但在第四纪变得更强烈,分布区域也更广。

土壤中硫酸盐的作用,使部分平原原生植物逐渐变成了特殊的喜石膏类型,而其他的大部分则消亡。另一方面,特殊的地球化学条件也为部分具有适应盐渍化潜质的物种创造了生存条件。观测显示,最适应盐渍化条件的植物是那些可以在较高浓度的土壤溶液中生存的物种,这种特性与土壤溶液的化学成分无关,所以土壤中石膏的形成为丰富植物区系中喜碳酸盐和盐生环境的成分创造了条件。

## 2.1 砾石质荒漠植物区系

在第三纪植物区系的基础上,最早发育的是碎石荒漠(也称戈壁)植被。这些石漠在现代的非洲北部和亚洲中部都广泛分布。

有些植物在分类学中占有特殊的位置，比如沙漠大蒜芥(*Sysymbrium subspinescens*)。它的种群在中亚的分布很有限，且分布区之间却相隔遥远。如两个集中生长区域：一个是乌斯秋尔特高原，另一个是费尔干纳荒原。在这类石膏荒原上，其群系成分还包含很多特有种和古遗孑种，其中有：

| 拉丁名 | 拉丁名 |
| --- | --- |
| *Cephalorrhizum oopodum* | *H. alberti-regelii* |
| *Chaetolimon sogdianum* | *Gaillonia dubia* |
| *Ch. setiferum* | *Gaillonia bucharica* |
| *Cousiniaspryginii* | *Cleome tomentella* |
| *C. dimoana* | *C. noeana* |
| *C. rubroarenosa* | *Ferula kelifi* |
| *C. badhysi* | *Ladyginia bucharica* |
| *Jurinea bucharica* | *Schrenkia insignis* |
| *Haplophyllum affine* | *Otostegia olgae* |
| *H. bucharicum* | *Salvia bucharica* |

这个原生的植物区系总成分超过400种，除部分是石膏高原区系繁荣时期的残遗种之外，还有很多的新生种类。这个植物区系中的很多成分与其周围其他植物区系的物种成分缺乏近缘关系。这在石质荒漠植被的发展历史上具有特殊的意义。可以确定它们是中亚高原植被中的早第三纪过渡层，其中的很多早期植物已经分散到形形色色的现代各类植被之中。第三纪高原上的现代石质荒漠植被具有明显的退化特性，原因是第四纪后半期极其干旱的气候，另外后期形成的新生植物对石质荒漠植物群落的侵入也具有重要意义。

石质荒漠植被形成史上最重要的是绢蒿属(*Seriphidium*)在中亚的迁居。这个旱生类型的属已从蒿属(*Artemisia*)中单独分出。有学者认为，这可能与蒿属在中亚起源中心的发展有关，但也有学者认为，这种绢蒿属就起源于中亚，然后再从中亚向东西两个方向扩散。绢蒿属是第三纪高原石质荒漠植被中的唯一的一组多形态型植物，其多样性很丰富，表现为很多因基质变化而分化出的相近物种，这说明绢蒿亚属具有相当大的适应潜力。由于早期区系中植物的消失，绢蒿属对于石质荒漠群落的发展具有决定性的因素，但是大部分的绢蒿属植物更适于在冲积层上发育。

第三纪高原石质荒漠的形成过程中，适盐植物的参与也具有重要意义，尤其是藜科的假木贼类(*Anabaseae*)内陆植物群的形成过程比较明显。假木贼属(*Anabasis*)具有明显的新生形态特征。中亚地区有21种不同的假木贼，其中有些种类非常接近，这很显然表明了其近期起源特性，对应于不同基质化学成分的差异，盐生假木贼(*A. salsa*)还表现出不同的形态。

石质荒漠植物另外一个比较重要的起源是山地旱生类植物。众所周知，山地旱生类植物是典型的第三纪古地中海植物区系的成分，这类植物从石质荒漠向中亚山地发展的线路是很清晰的，比如木蓼属(*Atraphaxis*)。木蓼属在蓼科中的地位和沙拐枣属(*Calligonum*)相当，沙拐枣在沙质荒漠替代它，与它类似的属是 *Physopyrum*，生长在西南亚地区，但现在大部分文献中都把该属按木蓼属看待。木蓼属的中心是地中海东部地区，其中包括中亚地区，一个种分布在东部的喜马拉雅地区，其分布区北部可达阿尔泰山和萨彦岭，而西部到克里米亚和伏尔加河下游。中亚地区有14个种，大部分表现为小叶旱生灌木，一般生长在荒漠草原高地的多石和碎石土壤中，某些种可生长在较低的荒漠和草原多石沙地河谷中，如 *Atraphaxis spinosa*，*A. replicata*，*A. canenscens*。

木蓼属里比较特殊的种是 *Atraphaxis muschketovii*，生长在外伊犁阿拉套山脉。它区别于该属的其他种，可以长出大型绿叶(长度达到 6 cm)，具有典型的中生植物特征，被认为是第三纪森林的残遗种，显然，此后木蓼属的发展史显示出了它已适应干旱条件，在碱性、多石、沙质平原和高地上的发展过程。

当然，一系列荒漠类植物向中亚的迁移也对石质荒漠植被的发展起了重要的作用，其中包括：锦鸡属(*Caragana*)的某些种，*Salsola laricifolia*，*Anabasis brevifolia*，*Halolachne songaricum*，*Eurotia ceratoides*，*Artemisia pectinata*，*A. macrocephala*，*Iljinia regelii*，*Lasiagrostis splendens*，*Salsoia gemmascens* 等等。

综合上述事实，可以确定第四纪石质荒漠植被的发展阶段由初期的灌木阶段逐渐被半灌木一喜石膏植物取代，到第四纪中期，石质荒漠植物进入第三阶段，即以绢蒿为主的发展阶段。

短命化过程也是石质荒漠植被发展的印迹之一。因高原上的侵蚀因素，对短命植物的形成和迁居创造了有利的条件，尽管短命植物对石质荒漠植被的发展影响较小，但在此过程中还是出现了很多喜石膏类物种，如 *Sprygínia winkleri*，*Sisymbrium heterophllum*，*Astragalus thlaspi*，*A. cornubovis*，*Chaenorrhynum spicatum*，*Cousinia eugenii*，*Lactuca glaucifolium*，*Glaucium insigne* 等等。

## 2.2　沙质荒漠植物区系

第四纪时期平原植物区系的进化发展中心从高平原转到了中亚的低平原。第三纪后期，风蚀迅速影响了广阔的地区，冲积层上沙黏土颗粒及盐的重新分配对植物生长具有重要意义，因风蚀作用引起的环境混杂性和不稳定性促进了植物形成过程，丰富了区系成分。沙地的形成是风蚀作用的产物之一，某种意义上说，它是植被发育的新基质，平原地区蒿类植物，尤其是绢蒿属的移居就是明显的例证。蒿类植物的一个生态分支是发育了特殊的荒漠、半荒漠类型，另一个分支则是在中亚的山地类型。

在相同的地形、地貌和土壤条件下发育的盐生植物群在晚第三纪末期达到了高峰期，这之后的环境变化为藜科植物的发展提供了巨大的空间。很显然，平原和河谷的冲积过程产生的新环境中，特殊的物理化学特性对喜盐植物类群的分化产生了明显的影响，并产生了特殊的分支。比如猪毛菜属(*Salsola*)植物，特别是 Physurus 组包含了很多差别细微的种，这种多样性显然与上述环境的变化相关。可以预测，上述观点也适用于藜科的其他属，如叉毛蓬(*Petrosimonia*)，*Halocharis*，盐蓬(*Halimocnemis*)等属，其中物种形成速度较快的是一些比较古老的属，如碱蓬(*Suaeda*)和滨藜(*Atriplex*)。

26 个中亚地区已知的滨藜中，第四纪时期形成的包括：*Rosea* 组和一些与 *Atriplex tatarica* 比较接近的种如 *A. ornata*(穆云库姆沙漠)，*A. multicolora* (伊朗、中亚)，*A. lasiantha* (伊朗、中亚)。属于第四纪冲积发生的是 *Patula* 组的一些种，而 *A. litoralis* 则揭示了它与冲积发生的 *A. hastata*，*A. patula* 之间的遗传联系。

某些碱蓬和滨藜的起源和古三角洲地带及上游河流阶地上气候条件的变化有关。在相同条件下产生了黑梭梭和白梭梭的分化，黑梭梭是白梭梭的衍生物，主要分布在干河谷和河流冲积阶地的上部。应该说，风和地表径流对中亚冲积植物类群的扩散起了巨大的作用。

沙质沉积物植物群的成分极为丰富，统计显示，沙生植物类群具有多样化和独特化的特征。中亚沙质荒漠总计约 350 个种，125 个属，其中包括很多特有种属，如螺喙荠（*Spirorrhynchus*），*Octoceras*，*Streptoloma*，对枝菜（*Cithareloma*），绵果荠（*Lachnoloma*）等，这些都属于十字花科。属于豆科的有 6 种银沙槐（*Ammodendron*），3 种无叶豆（*Eremosparton*），1 种 *Smirnowia*（单种属），1 种 *Ammothamnus*，还有属于蓼科沙拐枣属的众多物种。此外，沙漠的特有成分中，还包括两个黄耆属（*Astragalus*）的组，即 *Ammodendron* 和 *Eremophysa* 组。第一组 29 个种，其中 21 个种生长在沙漠上；第二组有 9 个种，除了 *A. kahiricus* 之外，其余 8 种都生长在沙漠中。

其他 152 个沙漠类群植物成分中，图兰—伊朗类(48)，图兰—高加索类(23)，欧亚类(16)，图兰—欧洲类 (12)，其余的来自阿尔泰，东帕米尔，喜马拉雅和蒙古与中国的其他地区，但其主要分布区域也在中亚。这个统计结果确定了沙漠类群植物与中亚周边植物区系的位置和关系。

此外，在研究沙漠植被的发展历史时，还需要考虑沙地环境的特性，其中之一就是沙地相对有利的湿度环境，这在植物向沙地移居和形成过程中是一个积极的因素。

中亚荒漠特有种与其他的沙漠植物类群之间有着更为紧密的遗传关系，尤其是石膏荒漠，这个关系可以通过一些关联种的存在而证实。比如沙拐枣属有为数不多的既可以生长在碎石质土壤，也可以生长在砾石荒原的关联种，它们主要来自 *Eucalligonum* 组。*Ammothamnus* 属有 2 个古老的冈瓦纳起源种，其中的 *A. lehmannii* 生长在沙漠上，而 *A. songoricus* 生长在碎石质的别特帕克—达拉和锡尔卡拉套的石质山坡上。另一个例子是黄蓍属中的沙生组 Ammodendron，该组中的物种在中亚沙漠上广泛分布，但是有些种生长在多石贫瘠荒原上，比如 *A. badghysi*；生长在沙漠上的 *A. excedens* 在石膏荒漠中被 *A. oldenburgii* 代替。另外，在其他的沙生植物组中，沙地上的灌木类猪毛菜 *Salsola richteri* 和 *S. paletzkiana* 与生长在砾石质和石膏基质上的 *S. arbuscula* 具有某些类似的特性。

旋花科中有 2 个近似的种：*Convolvulus divaricatus* 和 *C. korolkovii*，它们都是沙漠类型的代表，在石膏质砾石荒漠上与它们类似的种是 *C. hammadae*。

中亚沙生植物类群的多样性在一定程度上是受到了图兰—伊朗植物区系特殊沙生环境的影响。中亚山区的山前带旱生植物移居到低地时因环境的影响而发生变化，其中部分植物在中亚沙漠成功地生存了下来，如刺叶（*Acanthophyllum*），刺头菊（*Cousinia*），阿魏（*Ferula*），独尾草（*Eremurus*），苓菊（*Jurinea*），天芥菜（*Heliotropium*），沙穗（*Eremostachys*），郁金香（*Tulipa*），*Merendera* 等属。

刺叶属在中亚有 28 个种，其中，22 个分布在山地的山地旱生和稀树草原区域中，另外 *A. elatius*，*A. borshovii* 和 *A. korolkovii* 的分布区还包括沙漠。

独尾草属植物具有山地旱生和半稀树草原特性，沙漠中有 2 个种：*E. anisopterus* 和 *E. inderiensis*。

阿魏属在沙漠中有几个强烈退化变形的种：*F. dshaudshamyr*，*F. canescens*，*F. syreitschikovii*，但由于缺少近似种，它们与山地植物区系的联系不明显。

刺头菊属在沙漠荒地上有为数不多的种，尤以生长在沙丘上的 *C. annua* 最为典型，其他种，如 *C. dichotoma*，*C. bipinnata*，*C. sylvicola*，*C. eugenii*，*C. minuta*，*C. Tenella* 等则分属

不同的组。

对中亚沙漠植物类群进行的分析显示，除上述起源之外，盐生植物也向沙生植物类群加入了一些适应沙漠环境的植物种类，如猪毛菜（*Salsola kali*，*S. peaecox*，*S. pellucida*，*S. paulseni*）等。沙生植物类群与盐生植物类群的这种关系在藜科的其他成分中也存在。

通过上述的事实可以确定沙漠植物类群在第四纪时期形成过程的主要阶段。

第一阶段属于冰川后期，留存下来的第三纪植物在石膏平原、沿海和冲积沙丘上经受住气候条件之后，迁移到了后冰川时代的风蚀沉积物上。稍晚一些，从东方的亚洲中部荒漠迁移来各类植物，虽然经历了显著的变化，但没有完全丧失原来的遗传属性。

第二个阶段与低平原的干涸和第三纪高原的自然改造相关，石质荒漠植物区系成分进入了新的沙漠生存环境，稍晚一些沙漠植物区系成分中加入了来自冲积平原和海滨地区盐碱土上的喜盐类植物。

第三阶段是图兰一伊朗区系中山地干旱生成分向沙漠的迁移。

最后一个阶段（第四纪后半期）是植物在短命化基础上的细化分异。很多短命和类短命植物是直接加入到喜沙植物群成分中，有些则以适应沙漠环境的变形形式加入。

喜沙植物类群形成历史上重要的时刻是在其周边区域出现囊果薹草（*Carex physodes*），它类似于荒漠薹草（*C. pachystylis*），生长在平原和山前地带。最终在沙漠植被成分里出现囊果薹草是沙漠形成历史中的最后阶段，过往阶段的植被现在都由这种生草性的薹草所控制。现代沙漠植被相对的不稳定性对应上述的各个发展阶段之间的相互关系，以囊果薹草为首的短命植物使沙地失去了流动性，从而也抑制了其他发展阶段的进一步发育。

需要指出的是沙地植被上苔藓的作用，典型的如刺叶墙藓（*Tortula desertorum*）等会随着短命植物发育而移居到沙漠上并抑制其发展。

沙漠上各阶段迁入的植物的生存状态都与风蚀作用相关，其结果会对某些植物创造有利条件，而对某些植物则相反，此外，上述因素影响会促进沙漠上的物种形成过程，沙拐枣就是典型的例子。中亚荒漠沙拐枣灌木有 66 种不同类型，其中很多类型之间的相互区别不大，它们的分布主要和沙地的物理状态有密切关系。这种类似的特性也适用于针禾属（*Stipagrostis*）的两种植物，如 *Stipagrostis karelini* 生长在沙丘上，而 *S. pennata* 则在半固定沙地上生长。

最后需要指出的是，人类活动对沙漠植被的影响比其他因素的影响要大得多。很小规模的人类活动（放牧，运输等）即会引起沙漠表面的不稳定性，所以中亚现代荒漠植被的状态没有完全遵循自然规律演变，人类的影响在相当程度上掩盖了它的发展方向。

## 2.3　土加依林植物区系

对现代土加依林发育的观测表明，它们对周围的气候和物理一化学环境存在严重的依赖性。事实上，河滩地植物的水分供给状况并不能确定植物的水分利用状况，因为它不仅取决于植物生长位置的水储量，还取决于植物补偿蒸发的用水能力，所以影响蒸发程度的空气条件也具有重要作用。第四纪时期干旱气候的加剧，影响到地表径流并直接在河谷植被的表现状态上体现出来。

显然上述因素对河谷植物的区系成分比例带来了明显的变化，选择的结果是旱生植物占据了优势，与现代土加依林观察到的情况一样，这些植物都具有发达的根系和某些旱生特性，很多都是从稀树草原迁移过来的，北温带成分对干旱化的适应则比较难。

第四纪初期，径流中物理一化学成分的改变是河谷植被发展过程中的转折点。径流中携带的大量盐分尤其是钙盐使冲积层碱度升高，河漫滩植物群落中的中性植物比例超过喜酸性植物。这样，各类柳树所占的位置被柽柳（*Tamarix*）代替，替代薹草的是喜钙和喜盐类植物。现代条件下，中亚伊犁河谷还保留的一些河谷林可以见证河滩植被曾经的状态，这些地区值得加强保护并进行进一步的研究。

现代的柽柳在中亚广泛分布，但主要生长在河谷里，古干涸河道和恶劣的盐碱地是柽柳生长的极端环境，有些种类上升到山前带，在那里和柳树灌木林一起生长。在这个属的发展过程中，可以很明显地看到一些物种代表了其向喜盐化方向发展的趋势，这种渐进的发展趋势显然与河滩地的特性变化相关。

土加依林的某些柳树早在第三纪时期即已经在中亚地区分布，但是直到冰川末期当北方温带植物入侵时它们的分布范围才达到相当的规模。当时中亚低平原地区发达的水系促进了柳树的传播和物种形成。后来由于径流化学成分的改变，许多第四纪的柳属种退出了山地部分的河谷林，在那些地方它们现在形成了灌木林。在山前带，柳树分布的最佳区域也正是柽柳分布的上限。

随着柳树的减少，很显然，其他一些类似的乔一灌林（如白蜡（*Fraxinus*））和草本层植被也在退化，它们主要是北温带区系成分。这种变化首先发生在中亚南部地区的河漫滩，直到现在那里还保存了部分当时那个区系的成分，其中包括草本类的，主要是草甸类禾草，如拂子茅（*Calamagrostis epigeios*），冰草（*Agropyron sp.*）和其他一些河滩草甸类的密丛草。

大部分北方温带区系的成分保留在南方河流发源地的径流区，它们在古哈萨克山地形成并流入巴尔喀什湖。在这些河流中保留下来的温带草甸一森林物种会受到该地径流特性的限制，这种草甸型的禾本一薹草群落只是中亚河谷植被发展过程中的一个短期过渡阶段，中亚河谷植物群系在整个第四纪的发展历史都具有退化特征。主要原因是北方温带植物在适应冲积土壤的盐碱化并保障其在植被中所起的作用方面，无论是规模还是办法都表现的可塑性较小，与之相反的是，第三纪区系成分对新环境的适应性比较强，尤其是那些盐生类型的植物，现代土加依林的状态正是这些群落逐渐发展的表现。

现代中亚荒漠植物的分布具有地域性特征，不同区域之间区系成分的差别之大，甚至可以把整个中亚分为南北两个荒漠亚区来讨论。尽管上述一些物种的发展史只是中亚北部地区的情况，但实际上这些地区的植物区系特征适用于所有类型的荒漠，其中包括盐碱荒漠，其种和属成分就体现这种特征。

中亚荒漠植被形成的历史过程是建立在各种不同的生境条件及起源因素的基础上的，整个第三纪，甚至上白垩纪时期的植被发展都具有区域特性。尽管不可能把植被发展所有阶段的区域性特征与植被演化进程的关系全部展示出来，但是在一定程度上可以用气候变化和相应的地球化学状况来解释植被发展过程。

引起现代中亚荒漠植被区域差异的原因是南部和北部的气候特性不同，在中亚平原地带整体性的干旱气候条件下，南北地区表现出了不同的水热特性，南部低纬度地区冬天比较温暖，季节性的湿度差异更明显。

## 2.4　植被类型分类方法和原则

从中亚植被发展的历史概况可以看出，最主要的具有决定性意义的历史事件大致集中在第三纪末和第四纪初，该段时期植被的分化非常明显。这一时期在地球中部区域非常集中地发生了复杂的地质造山运动，同时伴有强烈冲刷和冰川作用，剧烈的气候变化及新出露大片陆地等等，所有这一系列的交替变化或同时发生的事件造成了早第三纪植被的变化，这也是造成植被向新方向发展的原因。在这一过程中可以非常清晰地展现出整体上被称作“抗旱生物发生”的发展方向，旱生条件影响的具体结果以应对湿度及其他因素综合影响的某些适应性变化形式为体现，比如表现为半干旱稀树草原和短命植物等。地球化学的影响则体现在对土壤的适应上，多生长喜盐生物、耐碱植物以及喜石膏植物。第二个发展方向我们称之为“低温生物发生”，这指的是植物对低温影响的适应性，这类适应比较典型的表现形式为乔木和灌木的落叶机制以及草本类中生植物的大量发育。

中亚植被的分类在其历史发展过程中曾存在按生态学原则和遗传学原则两种不同的观点，前者以 Докучаев В.，Келлер Б.，Спрыкин И. 和 Сукачев В. 等为代表，后者以 Каровин Е.，Овченников П. 等为代表。

按生态原则分类的侧重植被分类与其区域演变的一致性，强调以占优势地位的生命形式为主导的生态分类，在实际应用中主要考虑占优势地位植物的生命形式，这种方法适用于区域和地带性植被，但没有顾及在该区域和地带遇到的所有多样性植被，根据此方法确定的植被类型有草甸、草原和荒漠等。对于荒漠，比如指示性的类型是半灌木，但是，在荒漠植被中短命植物、盐生植物和旱生植物等也都具有非常重要的意义。

按遗传学分类的则认为生态学的方法没有考虑植被发展的历史过程，不足以全面反映植被发展的动态变化，认为在植被类型的形成过程中有一系列的因素都起着非常重要的作用，比如曾经的历史发展轨迹、现代生命活动区域的分类特点、生命的地理隔绝性和相应条件的空间扩展等。这样每一种植被类型首先是由其物种组成的特性、物种起源的统一性和其对现代条件的适应性以及与生物和非生物环境的相互关系来确定的。用这种方法除了可以区分区域和地带性植被类型外，还可以细分该地带和区域内次生的植被类型，单向的生态学原则不是总能区分出植被发展的自然阶段。

现代的中亚植被分类则结合了以上所述两种观点的优缺点，考虑了生态和区系发生的因素及其相互之间的关系。

在中亚地区作为植被类型的形成条件有两个因素，即植物区系的物种组成和自然地理条件的变化。关于物种组成，指的是与生存条件的影响有关的植物种类的确定组成，植物区系不是简单的物种集合，而是在统一的生存环境下并适应形成了具有一定结构的种类集合。当代的植被类型是由以前存在的一个或几个类型受环境条件的影响变化而生成的。植物种的适应性发生了变化，相应的物种本身也会发生改变。

植被类型的生成基本是一个原地过程。但是类型的生成不只发生在周围环境改变的地点，这一进程是复杂的，在不同阶段，从类似生存环境的其他类型中会迁移一些物种加入到这一进程中，在这种情况下，同源的类型会转变为异源的生成，在异源生成中加入的类型越多，生成类型在组成成分上越多样化。在生态细化的过程中，植被的初始类型可以成为某些类型形成的源泉。这在一系列植物生态进化研究中得到了很好的体现，另一方面，参与一个类型形成的可以是受到相似条件改变影响的几个不同的类型。

根据生态－历史原则对中亚植被进行了分类，如下所列出的类型是植被发展过程中的主要阶段，在时间和空间上具有直接的继承关系，列举如下：

干旱（荒漠）类型组：短命植物、喜石膏半灌木、沙生灌木和盐生植物。

半干旱类型组：真草原、灌木草原、干旱杂草草原（半稀树山地旱生草原）和中旱生灌木。

湿润类型组：山地针叶林、刺柏林、山地落叶林和灌木、土加依林、草甸和沼泽。

高寒类型组：高山垫状草甸和山地冰雪植物。

岩生类型组：岩生植物。

水生类型组：水生大型植物、水生微型植物。

后续的各节中将揭示出主要植被类型的结构，分析组成该类型群的植物种类组成及主要植物的生物学特征，弄清植被存在的条件和群落形成的规律性等。限于篇幅，本书主要介绍中亚地区具有地带性特征的植被类型，如荒漠和草原等。

# 第3章　植物地理区划与地理成分分析

## 3.1　中亚植物地理区划问题的历史研究

植物地理区划的主要任务是根据植被类型的趋同和差异特征及其地理分布特性，将被研究的区域划分成若干植被区域。B. 费德琴科（Федченко, 1925）首次探讨了中亚植物地理区划的问题，在他的著作中提到了中亚植物区系与植物地理区域之间的关系，将A. 恩格勒（Engler, 1924）学说中的帕米尔区（Province）和西藏区合并，并把中亚所有的平原区都划到了图兰（咸海—里海）荒漠区。

由此开始，中亚植物地理分区开始向两个方向发展：植物区系方法和地植物学方法。

区系分区方法基于植物物种的地理分布，即植物分布区。M. 波波夫（Попов, 1927）在中亚地区对这种方法进行了深入研究并首次成功地证明了中亚和地中海植物区系之间的联系。通过分析中亚植物区系与周边地区植物区系的生态历史，M. 波波夫（Попов, 1929）发现中亚与地中海和亚洲中部植物区系存在着深远的遗传联系，并把它们合并为一个统一的植物地理区域——“古地中海”，中亚地区粗略地被划分为“中亚沙漠地带”和“中亚山地地带”2个地带和24个区，如科佩特、帕米尔、准噶尔阿拉套等。M. 波波夫（Popov, 1940）明确了中亚植物区系和地中海植物区系的关系，并将其并入了伊朗区，包含伊朗、东高加索、阿富汗、俾路支斯坦和准噶尔地区，这种分区方法波波夫通过沙穗属（*Eremostachys*）植物的分布和发展历史进行了验证。

E. 科罗温（Коровин, 1941）于1941年开始尝试对中亚地区进行划分。和M. 波波夫不同的是，他把中亚划分成2个区（相对于波波夫的地带）：北部区和南部区，包括平原和山地。区分为沙漠区和山地区，每个大区又分为21个小区，这种划分方法的重要依据之一是亚寒带植物区系成分在中亚的传播和扩散。

与植物区系分区法同时发展的是地植物学分区方法，这种方法基于植被类型的差异，注意植物群落和生境之间的关系，其最直观的表现是在植被图上可以区分不同类型植物群落的分布区。这个理论是在R. 阿伯林（Аболин, 1929）的研究中逐渐形成的，他最早发现并确认了中亚地区在气候、土壤和植被上的区域性差异，在分区的时候考虑了温度、降水和土壤植被特征等因素。在此基础上，E. 科罗温和A. 罗扎诺夫（Розанов, 1938）在对中亚进行区域划分的时候又加入了土壤—植物成分分析，根据水分状况的明显差异把中亚分为2个区，对应不同的土壤—植被类型。

上述两种理论都有其优点和长处，当然也有片面性。植物区系划分理论的优点在于侧重关注区域植被的历史来源，通过分析不同区域植物区系成分的异同，证明其历史关系和相互联系，但是它没有将地理环境因素和植被内部之间的相互关系考虑进去，我们知道地理环境恰恰是造成植被分化的最重要条件。植物区系的划分在某种程度上，可用地植物学划分的理论进行补充，因为这种理论就是以地理环境及与其共存的植物形态为依据而建立的，因此当代主要的植物地理区域划分方法一般是这两种理论的综合应用。

中亚地区除了哈萨克斯坦北部地区之外，在整体上属于温带荒漠和半荒漠地带，平原和山地的植被差异明显，一般按水平划分的方法是根据自然历史条件的山地一带状分布规律，首先把平原和山地划分开。从植物地理学上来看，中亚山地和平原的植被差异很大。另外由于地质历史的差异，山地和平原植被无论从植被结构，还是区系组成上来看都适于单独讨论。

关于植物地理区划的分级问题，采用一般通用的四级划分，即地带（Region）、区（Province）、地区（District）和小区（Area）。据此，中亚地区可划分为如下几个区（图 3.1）：

Ⅰ. 图兰荒漠区

Ⅱ. 中哈萨克斯坦荒漠区

Ⅲ. 南突厥斯坦山地区

Ⅳ. 土库曼斯坦一伊朗山地区

Ⅴ. 准噶尔一天山山地区

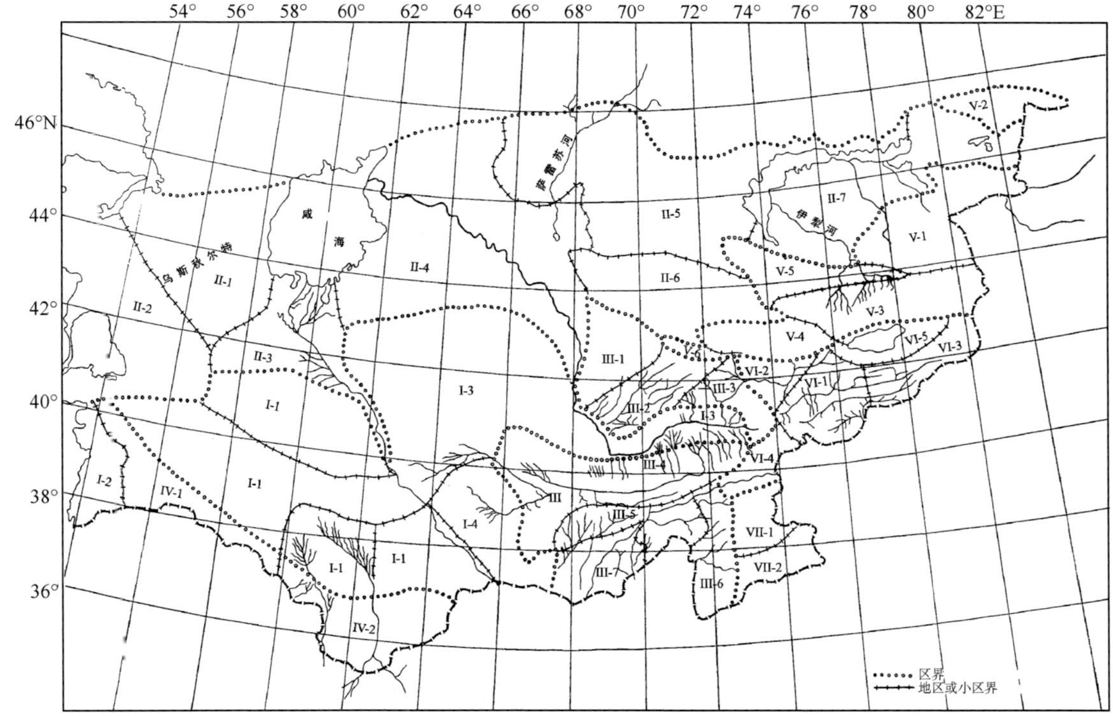


图 3.1　中亚植物地理区划图

Ⅰ. 图兰荒漠区：1. 卡拉库姆地区；2. 梅塞尔地区；3. 南克孜尔库姆地区；4. 布哈拉地区

Ⅱ. 中哈萨克斯坦荒漠区：1. 乌斯秋尔特地区；2. 曼格什拉克地区；3. 阿姆河流域地区；4. 北克孜尔库姆地区；5. 别特帕克达拉地区；6. 穆云库姆地区；7. 伊什科特拉乌地区

Ⅲ. 南突厥斯坦山地区：1. 卡拉达夫斯基地区；2. 西天山地区；3. 费尔干纳地区；4. 古赫斯坦地区；5. 吉萨尔一达尔瓦兹地区；6. 巴达赫尚地区；7. 南塔吉克斯坦地区

Ⅳ. 土库曼斯坦一伊朗山地区：1. 科佩特地区；2. 巴特黑兹地区

Ⅴ. 准噶尔一天山山地区：1. 准噶尔森林草甸地区；2. 塔尔巴哈台地区；3. 后伊犁山地区；4. 吉尔吉斯地区；5. 楚一伊犁地区；6. 塔拉斯地区

Ⅵ. 中天山高山区：1. 西南草原地区；2. 西北草甸地区；3. 东部高山地区；4. 阿赖草原地区；5. 伊塞克草甸化草原地区

Ⅶ. 帕米尔一西藏高山区：1. 东北地区；2. 东南地区

Ⅵ. 中天山高山区

Ⅶ. 帕米尔—西藏高山区

其中,图兰荒漠区和南突厥斯坦山地区及整个中天山区均在中亚范围之内,中哈萨克斯坦荒漠区的位置则向亚洲中部偏了很多,甚至可与东部的准噶尔荒漠区可连为一体,其他几个区则均已延伸至中亚之外,或者只有少部分区域属于中亚。

关于地区和小区的划分,以该区植被的变化规律为基础,山地和平原采用不同的划分标准。平原区划分为地区的依据是根据自然地理过程中确定的优势植被类型或某几种植被类型的组合来判定的;在山地则是由相对明确的植被类型作为判断标准,如中生类型、草原类型、湿旱生类型和山地旱生类型等,这些植物可以明确地反映其生长地的地形条件和窄地域性的气候条件,同时,不同地区的植物区系成分也存在差异。

至于小区的划分,在平原地区,是根据因地表结构的变化而产生的占优势地位的群系或群系组划分,地表植被会因为地表径流和风蚀的共同作用而产生分化;在山地,小区的划分是根据该地区独有的特征性植被类型来划分,比如:纳伦小区的特征是在无森林分布的塔尔巴哈台灌木草原地区生长着独有的云杉林。

## 3.2 中亚植物地理区划

### 3.2.1 平原区

**(1)图兰荒漠区**

图兰区位于中亚的南部平原,包括卡拉库姆、克孜勒库姆的南部和中部地区和沿科佩特、帕米尔—阿赖及西天山分布的山前平原。山间盆地包括米尔丘利草原(Mirzachol steppe)、卡尔希草原(Karszynski steppe)和乌兹别克斯坦南部的其他平原,另外,在该区还分布着中亚最主要的绿洲。

图兰区的边界在与山地接壤的地方,东部是锡尔卡拉套,而在费尔干纳盆地则是费尔干纳山脉。北部的边界表现得并不太明显,大致走向从沿乌斯秋尔特高原南部,沿努库斯、恰尔达利一线到到锡尔河,之后沿河到突厥斯坦。在这个方向上分布的是图兰区和中哈萨克斯坦区的过渡带。

图兰这个名字最初是由 A. 恩格勒在植物地理文献中提起的(Engler, 1924),其原意是用来命名占据中亚整个平原的咸海—里海区域的。苏联时期的土壤学家和植物学家在研究中发现中亚荒漠存在非常明显的不同,后来就把它分成了两部分"南部沙漠"和"北部沙漠",更进一步的研究证实了其生态类型的差异。现在提到的图兰荒漠指的是狭义的中亚南部荒漠。

这个区的植被在中亚比较特殊,其区系遗传特性包括以下几个主要特征:

1)大部分的物种来自于本区或地中海地区,且主要分布在南方或西南地区的一些属;

2)很多物种在东地中海地区有分布或者是其近缘种;

3)某些残遗种与南半球的植物区系存在确定的遗传关系;

4)北方寒温带植物区系对该区的影响较小,相应的物种分布在这个区不明显,区系成分的明显特征是丰富的特有属和特有种,这也表明了该区历史形成的独特性。

由于划分的差异,图兰区权威的区系统计资料还没有,在克孜勒库姆荒漠有花植物大约是

847种(Гранитов, 1958),其中的30%或者大约250种植物是地中海特有种。

据目前的统计数据证实,克孜勒库姆地区有自己独特的区系特征,很多超旱生植物在整个荒漠区都有分布,尤其是藜科植物,比如 *Piptoptera* 属。此外,这个地区还是盐蓬属(*Halimocnemis*)植物和新疆藜属(*Aellenia*)植物的发源地。下面所列举的是一些只在该区内生长的植物:*Haloharis* 属(4种),对叶盐蓬属(*Girgensohnia*)(2种),*Halanthium* 属(1种),单刺蓬属(*Cornulaca*)(1种),对节刺属(*Horaninovia*)(2种),稗属(*Echinochloa*)(3种),盐爪爪属(*Kalidium*)(1种),还有一些猪毛菜属,滨藜属等的代表性植物。

其他一些科的植物均只在荒漠南部有分布,其中较典型的有豆科的 *Smirnowia* 属,无叶豆属(*Eremosparton*),银沙槐属(*Ammodendron*);十字花科的 *Chartoloma* 属,*Lehmannianum* 属等。除此之外,还有数十种其他科属的特有植物,其中包括生长在南卡拉库姆沙地的几种沙拐枣属特有种,如 *Calligonum eriopodum*,*C. pulucherrimum*,*C. elatum*,*C. triste*,*C. arborescens* 等等。另外,如霸王(*Zygophyllum*)、阿魏(*Ferula*)、*Dorema*、黄芪(*Astragalus*)、刺头菊(*Cousinia*)、拟芸香(*Haplophyllum*)和沙穗(*Eremostachys*)等属的某些物种也只在该区有分布。南部荒漠植物区系的主要成分基本由图兰—伊朗元素组成,这也表明了图兰区和地中海之间存在的联系。

南部荒漠的气候状况和西亚的非常接近,植被特点也相似,这表现在生物的组成成分和大部分植物的生长节律上。植物群落的生长期表现为两个明显的高峰期—春季和秋季,干燥的夏季和部分秋季时段大部分植物处于热休眠状态,冬季同样也处于休眠状态,但是,一旦条件适宜,植物就会苏醒过来并继续生长。显然,春季温暖湿润,夏季干燥炎热,冬季潮湿寒冷的独特水热条件,迫使植物产生了这种适应性。在这样的环境条件下,短命和类短命植物在植被组成和地表覆盖中占有重要的作用。

从植被结构上看,主要包括两层,即春季短命植物和夏—秋季的旱生半灌木,这也是生物量累积出现两个高峰的主要原因。

图兰区植被的基本构成是草本—灌木沙生植物群系,它们也是沙漠环境中最具侵略优势的类型。另外,不同的蒿属群系在景观的形成上也占有一定的作用,它们分布在克孜勒库姆西南的白垩纪和第三纪高原及剥蚀沙漠高地上,主要是 *Artemisia kemrudica*,而 *Artemisia turanica* 比较少见。在克孜勒库姆荒漠中与上述群系伴生的还有一些特有植物群系,如准噶尔鸢尾、旋花、*Hammada* 等等,它们和蒿类植物一样喜欢富含石灰质的土壤。在图兰区,特征性的植被还包括短命植物荒漠,其植物群落可在山前平原、黄土覆盖的山间谷地等地形成。

图兰区在自然地理环境的总体作用下形成并保留下现在这些普遍的特点,但是图兰境内地区之间仍有存在差异,根据自然条件和植被的差异,可把图兰区分为:卡拉库姆地区、里海沿岸(梅塞尔)地区、南克孜勒库姆地区和布哈拉地区。

**(2)中哈萨克斯坦荒漠区**

这个区按疆域组成来说包括北部荒漠或者荒漠区北亚带,往东延伸到准噶尔地区,正好把沙漠和山地分开,包括以下几个地理区域:乌斯秋尔特、卡尔萨拜、别特帕克达拉、巴尔喀什沿岸地区、北克孜勒库姆、穆云库姆和萨雷耶希克—阿特劳,北部边界和前面提到的荒漠边界相同。

中哈萨克斯坦区系的物种组成在文献上已有记录,其中别特帕克达拉有831种,南乌斯秋尔特295种,曼格什拉克265种,西穆云库姆215种。该区最显著的特点体现在区系成分的构成上，尤其是特有种。这个问题在很多学者如波波夫、科罗温、卢布佐夫和戈鲁博夫等的著作中都有提及，植物遗传分析证实很多属的起源和发展都与哈萨克斯坦荒漠有关。藜科植物中原生于这些荒漠包括包括：假木贼（*Anabasis*）、异子蓬⁺（*Borszczowia*）、棉藜⁺（*Kirilowia*）、*Sympegma*、*Iljinia*、*Ofaiston*、*Nanophyton*、*Londesia*⁺ 等属植物，其中一些植物（标记＋的）只在这个地区和附近生长，其他一些还分布在亚洲中部荒漠（指中国和蒙古部分）和天山内部地区。哈萨克斯坦荒漠半荒漠地区的特有种还包括伞形科的阿魏（*Ferula*），*Eriosynaphe*，*Palimbia*，栓翅芹（*Prangos*）等属植物。另外，该科的西风芹属（*Seseli*）和天山西风芹属（*Seselopsis*）的特有种也较多。

哈萨克斯坦荒漠的春季植物成分不多，与图兰荒漠短命植物沙漠类型不一样，这里的沙土上也可以见到短命植物，但数量有限。沙土、灰钙土和盐碱基质的荒漠影响了该地区植被群落的成分和结构。另外，在盐生植物中还包括了特殊的碱土或碱化土植物群系。

沙土荒漠上的大部分植被和南部荒漠的植被比较相似，景观性的植物与穆云库姆和巴尔喀什湖岸地区的沙地上生长的植物类同，也是沙拐枣、银沙槐、无叶豆等属的灌木植物，只不过是另外的种。而在草本层中则出现了丛生型草本和半灌木植物，如冰草、木地肤、蒿类等，显著地改变了植被结构。影响沙地植被动态变化的因素与南部荒漠一样，但这其中短命植物已经不占据主要地位了，沙地固定的最终阶段是蒿类植物群落的形成。

石膏基质灰棕漠土植被占据了乌斯秋尔特的第三纪高原、卡尔萨拜、别特帕克达拉的大片区域和北卡拉库姆的部分高原。乌斯秋尔特高原植被主要由盐生假木贼、乌斯秋尔特猪毛菜和白茎绢蒿等四种植物组成，除此之外，还有一些锦鸡儿和刺旋花植物群落，类似的植被组合还出现在别特帕克达拉。可以说中部哈萨克斯坦的石膏基质荒漠和南部荒漠的不同就在于它们的植被主要是由低矮的小半灌木群落构成的。

中哈萨克斯坦区包括：乌斯秋尔特、曼格什拉克、阿姆河流域、北克孜勒库姆、别特帕克达拉、穆云库姆和伊什科特拉乌地区。

### 3.2.2 山区

#### (1)南突厥斯坦山地区

南突厥斯坦山地区包括锡尔卡拉套、塔什干阿拉套、恰特卡尔阿拉套、突厥斯坦山脉、阿赖山脉、泽拉夫尚山脉、吉萨尔山脉、努拉套山、库格塔格山、达尔瓦兹山和巴达赫尚山，其北界很明显从锡尔卡拉套经塔拉斯阿拉套直至至费尔干纳岭，南部边界在东西帕米尔高原之间。

南突厥斯坦山区的区系成分和植被类型非常丰富和多种多样，关于其区系成分可参照具体的山地植物研究结果。比如在安格连河（Angren River）流域记录的植物种类有 1000 多种，而泽拉夫尚河流域为 2500 多种（Закиров，1956）。这个区囊括了中亚大部分的山地植物，当然也包括很多特有植物，这里还是某些多态属植物的主要发育中心，如 *Ferula*、*Cousinia*、*Eremurus*、*Allium*、*Eremostachys*、*Phlomis*、*Astragalus* 等属。该区系大约 2/3 的物种只分布在南部山区，其中的很多特有植物也是构成山地半稀树干草原的主要成分。另外还有几十种野果类乔灌木也只在南部山区生长。

南突厥斯坦山地的植被特色不单单表现在区系成分上，其植被构成也独具特色。这里到处都可以见到由中生植物和旱生植物共同构成的群落，这是由于山地相对比较有利的湿度条件为喜湿植物的生长提供了适宜的环境，至少在春季和夏季的部分时间植物是完全按照真正的中生植物的生长型发育的，更晚一些，随着严酷的干旱条件的到来，部分植物停止生长，其他一些则继续生长，此时这些植物已不是按中生型而是按旱生型发育，这种相对比较稳定的植物形态，可以归入一个专门的生态型，即湿旱生植物。这种生态型的物种数量要远远少于真中生植物，其中也包括一些阔叶树种和草甸草本植物。

除了湿旱生植物，在突厥斯坦的高山上还生长着一类特殊的旱生植物一高山旱生植物，适宜它们生长的环境多是一些岩石山坡。

南突厥斯坦区内几乎囊括了所有中亚特色山地植被，如半稀树干草原、旱生疏林和刺柏林等。阔叶林则由一些特殊的群系构成，如核桃树、阔叶槭树和苹果树等。这个区可以分为：卡拉塔地区、西部天山地区、费尔干纳地区、库黑斯坦地区、吉萨尔一达尔瓦兹地区、巴拉克山地区和南塔吉克斯坦地区。

**(2)土库曼斯坦一伊朗山地区**

本区主要占据土库曼斯坦的山地部分，包括整个科佩特山山脉、大巴尔汉山和巴德黑兹山。研究表明，本区植被成分与西亚地区的区系成分非常相似，个别的在伊朗广泛分布的物种其边界只至科佩特山，另外一些分布在本区的则是伊朗的近似种。彼得罗夫(Петров，1945)曾指出在科佩特山的乔一灌植被中就有 17 个共有种或可替代种，它们属于不同的生态型，其中就包括山地旱生型，可以列举其中的部分：翼首花(*Pterocephalus afghanicus*，*P. fruticulosus*)，水苏(*Stachys lavandulifolia*，*S. trinervis*)，兔唇花(*Lagochilus cabulicus*)，石蚕(*Teucrium polium*)，糙苏(*Phlomis pungens*，*P. cancellata*，*P. kopetdagensis*)，山香(*Hymenocrater elegans*，*H. bituminosus*)，茜草(*Rubia florida*，*R. rechingeri*)，长柱花(*Crucianella sintenisii*，*C. gilanica*)，阿魏(*Ferula szowitsiana*，*F. gummosa*，*F. oopoda*)，*Ferulago subvelutina*，革叶荠(*Stroganowia bupleuroides*)，*Fibigia suffruticosa*，紫罗兰(*Matthiola alyssifolia*)，醉蝶花(*Cleome turkmena*)，*Buhsea coluteoides*，*B. raddeana*。另外，该区的很多物种越过伊朗和亚美尼亚可到高加索，因此，科佩特山植物区系与高加索植物区系的很多共有属表明了两者的密切关系。然而，本区植物区系的特有种属分布也具有重要的意义，其成分涉及本区几乎所有常见植物的生物类群，其中禾一灌层的特有种包括：*Acer turcomanicum*，*Crataegus turcomanica*，*Berberis turcomanica*，*Juniperus excelsa*；草本的包括：阿魏(*Ferula*)，郁金香(*Tulipa*)，小风信子(*Hyacinthella*)，鸢尾(*Iris*)，唐菖蒲(*Gladiolus*)，*Dorema*，*Mandragora* 等属植物。关于该区系的物种数量，根据统计资料，在科佩特山东部地区为 950 种，西部地区 926 种，巴德黑兹地区 554 种。

该区的植被结构与南突厥斯坦山区基本相同，但从植物的群系组成上又具有本区的一些地域性特点，可以很明显地分为两个地区：科佩特地区和巴德黑兹地区。

**(3)准噶尔一天山山地区**

准噶尔一天山区环抱北天山山系和其周边的部分山体，包括塔拉斯阿拉套的北坡。本区主要包括下列山体：塔尔巴哈台山及其南部地区，准噶尔和外伊犁阿拉套山，吉尔吉斯和塔拉斯阿拉套山，其南界可延伸至塔拉斯阿拉套山的北坡，北界限沿塔尔巴哈台山的山脊。根据斯捷潘诺娃的数据(Степанова，1950，1959 年)，塔尔巴哈台植物区系至少包括了准噶尔阿拉套山区系成分的一半物种，尽管伊塞克湖盆地及其周边的山脉与本区的关系并不明朗，但很多研究者仍认为特斯克阿拉套和昆格阿拉套应该划归中天山的范畴。

准噶尔一天山区的历史并不复杂。利普斯基早在1906年就强调了中亚南部山脉与北部山脉植被的差异，并且指出北部山脉植物区系与阿尔泰植物区系有很高的相似度（Липский，1906）。随后的研究也证实了南北山脉植物地理学的差异，上世纪中期大规模的地植物学调查（Аболин，Рубцов，Быков 等）极大地充实了天山植物区系的实地资料，证实了天山北部山脉植物地理学关系的独特性和完整性及其与荒漠植物区系的关系较远。

准噶尔一天山区植被的形成历史较短，其植被成分来源于冰河时期亚洲温带植物的迁移，受北温带气候条件的影响，在本区内形成了具有森林草甸群落特性的喜湿型植被。另外，北天山的自然地理条件促进了这种特性植被的形成，占据天山山系前哨位置的山脉拦截了从西部和西北部飘过来的湿润气流，这也是山脉边缘的上部地区相对湿润的原因。准噶尔一天山区的独特性和完整性体现在其区系组成和植被结构上。以外伊犁阿拉套的阿拉木图自然保护区为例，研究表明这个地区记录的600个物种中，20%～40%为北方寒温带成分，仅有10%属于地中海元素，这个比例在整个北天山地区基本相同。常见的北方植物包括：粟草（*Milium effusum*），俯垂臭草（*Melica nutans*）和高臭草（*M. altissima*），类雀麦（*Bromus ramosus*）和大羊茅（*Festuca gigantea*），森林短柄草（*Brachypodium silvaticum*）和羽状短柄草（*B. pinnatum*）以及其他禾草；双子叶植物常见的有鹿蹄草（*Pyrola*）（4种），婆婆纳（*Veronica*）（2种），聚花风铃草（*Campanula glomerata*），缬草（*Valeriana officinalis*）等60多种；典型的寒温带森林蕨类植物有：广布鳞毛蕨（*Dryopteris expansa*），欧洲鳞毛蕨（*D. filix-mas*），欧亚多足蕨（*Polypodium vulgare*）和扇羽阴地蕨（*Botrychium lunaria*）等。此外，在北天山除了北方寒温带成分之外还分布有很多亚洲中部和东亚成分。

外伊犁阿拉套山所体现的区系特性也适用于在本区的其他部分，尤其在准噶尔阿拉套山体现的最为显著。区系统计资料表明，本区植物区系组成约为2800种，其中外伊犁阿拉套山脉约2000种，吉尔吉斯阿拉套山脉1400种（Камелин，1990），准噶尔阿拉套山2168种（Гвоздев Е. Андрейчук А.，1989），塔拉斯阿拉套1200种，其中特有种约225种，特有属包括冰防风（*Pastinacopsis*），天山西风芹（*Seselopsis*），*Sclerotiaria* 等。

本区整体性的植被结构变化不大，几乎拥有相同的垂直带谱，其剖面可以划分出以下6个植被带：

1）蒿属一禾本类半荒漠带；

2）针茅草原带；

3）落叶林带；

4）云杉一冷杉针叶林带；

5）亚高山草甸带；

6）嵩草草甸带。

在此剖面上，落叶林和针叶林带并不总是存在，另外在准噶尔阿拉套地区的蒿属一禾本类半荒漠只呈岛状分布，并不构成一个完整的植被带。纬度较南的地区落叶林和针叶林所占的比重减少，草本类植被所占的比例增加，林地的位置被草甸群系占据，山地周围则形成了各类草原，尤其是山地上部的草原化进程有扩大的趋势，这些变化导致南部山岭的植被轮廓变得复杂，这也为本区进一步的区域划分提供了根据。

本区可划分为：准噶尔地区，外伊犁和吉尔吉斯山地区，塔尔巴哈台地区，楚一伊犁地区和塔拉斯地区。

**(4)中天山高山区**

本区由内天山或中天山山岭、部分阿赖山脉、阿赖盆地和北部的伊塞克湖盆地以及周边山坡组成。其边界走向大致为:南部沿外伊犁山脊;西部沿费尔干纳山、苏萨梅尔山至塔拉斯阿拉套山一线;北部沿塔拉斯阿拉套山、吉尔吉斯山和昆格阿拉套山一线;东部至喀什噶尔山地。

区系成分的地理分析表明,除了天山地区的成分之外,该区中还加入了相当多的蒙古区系成分(亚洲中部成分),很多共有物种表明了两种区系之间的相似性。其中一些属,如披碱草属(*Leymus*),异燕麦属(*Helictotrichon*),三毛草属(*Trisetum*),锦鸡儿属(*Astragalus*)等具有完全相同的物种构成,其他的属则有 1 种或几种相同的成分,其中针茅 4 种,毛燕麦 1 种,鹅观草 3 种,发草 2 种,黄耆 10 种等等。本区的特有属包括 *Tianschaniella*,*Prionotrichon* 等属。在特有种当中,除了小沙冬青(*Ammopiptanthus nanus*)为残遗种外,其他很多都是新成的变种,分布在葱属(*Allium*),早熟禾属(*Poa*),针茅属(*Stipa*),羊茅属(*Festuca*),紫菀木属(*Asterothamnus*)等属中。

中天山地区强烈的大陆性气候,高大的山地地形和高海拔是该地区植被特性形成的重要因素。在中天山,很多山间谷地散布在海拔 3000 m 之上,这个高度的气候具有典型的高山特点,如冬季和生长季温度低,昼夜温差大,植被生长期短等,另外降水量也相对较少。

不同类型的草原在中天山植被景观中占有优势地位。研究表明,从低海拔地带一直到现代冰川前缘,在不同海拔高度的不同地带都可形成草原群落,包括碎石质土壤上的蒿属一禾本类草原,草甸草原,蒿草一莎草草原和高山寒生垫状植被等,显然,禾本科和莎草科植物群落在天山植被中有着至关重要的意义。

相对于草原,中天山的乔灌类植被极为有限,呈碎片化分布。山地北坡可见岛状分布的云杉和冷杉林,其中最大的云杉林位于纳伦河谷中,一些较小的云杉林分布在中天山深处,有时甚至与冰川相邻,其中的大部分位于特斯克阿拉套和昆格阿拉套山。山地外围有杨树、白桦、忍冬、野杏等落叶林分布,常见于山地河谷中。

草原在垂直方向的广泛分布与一般的高山垂直带谱不同,其断面相对比较简单。中天山山系垂直方向可分为 5 个植被带:

1)蒿属一禾本类草原带;

2)针茅草原带;

3)草甸化草原和灌木带;

4)亚高山草甸和草原带;

5)蒿草草甸和寒生垫状植被带。

中天山区可划分为:西南草原地区,西北草甸地区,东部高山地区,阿赖草原地区和伊塞克草甸化草原地区。

**(5)帕米尔一西藏高山区**

帕米尔一西藏区在中亚只有一小部分,位于东帕米尔高原。其植被特性和强烈的物理一化学进程与中天山地区差别明显,在某种程度上与北极类似,所以一些研究者把北极地区与帕米尔高原进行对比也是有一定依据的,这两个地区都可称作寒漠或荒漠冻原。

据统计,帕米尔区系包含 636 种高等植物(Иконников,1963 年)。其中种类最多的是禾本类,有 96 种,然后依次是菊科植物 69 种,十字花科 67 种。植物成分的地理分析表明,本区

30%以上物种在亚洲中部地区有分布，需要注意的是，某些典型的沙漠植物如驼绒藜属（*Krascheninnikovia*）、盐生草属（*Halogoton*）及霸王属（*Zygophyllum*）的某些种也在帕米尔高原有分布，但该地区的特有种相对比较少。

干燥的气候以高海拔地势决定了帕米尔高原的植物特点。大部分的山坡和谷地的海拔在3600～4100 m之间，占优势地位的是各种类型的垫状植被，而相对干燥的位置典型分布的是半干旱荒漠类型的半灌木群落和类草原群落。与坡地和分水岭地区稀疏的斑块状植被形成鲜明对比的是帕米尔高原的河谷草甸发育比较好，这些地区也是当地主要的牧业基地。

由于帕米尔地区海拔高度和地形位置的不同，气候也存在一些差异，帕米尔地区可分为3个植被带：

1）亚高山带：最干旱的地区，主要分布驼绒藜和蒿属群系；

2）高山带：较湿润，植被结构也比较丰富；

3）冰雪带：可达6000 m，典型的寒生垫状植被，主要是和硕棘豆（*Oxytropis immerse*），四蕊山莓草（*Sibbaldia tetrandra*）等。

当然在帕米尔地区，山地河谷的河滩地植被也十分丰富，主要类型是草甸和莎草湿地，其中在草甸群系中还包括咸草甸，由薹草（*Carex*），碱茅（*Puccinellia*）以及各类杂草组成，另外，在山间谷地的冻土冻裂区还形成苔藓地衣群落。

帕米尔地区的植被分布，尤其是主要的植被类型受气候差异的影响较大。根据降雨量的差异可以把帕米尔分成两个大区：东北地区和东南地区。东北地区比较干燥，年降雨量在20～100 mm之间，地形相对比较平缓，山体高度不大，植被以驼绒藜群系为主，沙地上分布垫状植被，草原群系比较少见，山地为蒿草草甸；东南地区的降雨量是东北地区的2～3倍，高大的山体和深度的地表冲刷形成了比较复杂的地形，雪线相对于东北地区要下降500 m左右，植被整体上表现为荒漠化草原形态，在一些相对湿润的融雪性山坡上也发育草甸型植物群落。

## 3.3　中亚植物地理成分分析

中亚区域巨大隆升的山脉是众所周知的34个国际生物多样性研究的热点区域之一（Mittermeier *et al.*，2006）。中亚陆地位于伊朗－图兰和中亚植物区系的交汇区，包括2个平原区和5个山地区。另外，中亚陆地作为一个整体，属于古地中海亚界，其北部还覆盖了泛北方植物亚界的阿尔泰－萨彦区（Takhtajan，1978）。事实上，正是由于位于两个植物区系亚界的交汇区，使该区保留了部分北方植物区系亚界的元素，比如泰加林的存在。因此，这一交汇区的植物地理学的重要意义不言而喻，来自两个植物区系亚界的物种分布区交汇于此，并且其分布毋庸置疑地受到邻近植物区系的影响。R. Kamelin（1973；1998）就指出准噶尔－阿拉套包含丰富的北方植物区系物种，以北方的西伯利亚植物区系为特征，包括西伯利亚冷杉（*Abies sibirica* Ledeb.）、毛茶藨子（*Ribes hispidulum* Pojark.）、刺醋栗（*Grossularia acicularis*（Sm.）Spach）、库页悬钩子（*Rubus sachalinensis* Levl.）、欧洲荚蒾（*Viburnum opulus* L.）等；西伯利亚高山森林植物包括拂子茅（*Calamagrostis obtusata* Trin.）、高翠雀花（*Delphinium elatum* L.）、蝶须（*Antenaria dioica* L.）等；泰加林南部的草地和湿地植物包括藨草（*Scirpus sylvestris* L.）、莎草（*Carex vulpine* L.）、旋果蚊子草（*Filipendula ulmaria*（L.）Maxim.）、龙牙草（*Agrimonia pilosa* L.）和毛大戟（*Euphorbia pilosa* L.）等。Kamelin（1973；1998）的研究结果显示，一方面，亚洲中部山脉和准噶尔－天山－阿赖山脉物种多样性向北方呈逐渐减少；另一方面，此山脉复合体中西伯利亚植物区系成分也表现出向南呈逐渐减少的趋势。因此，这一山脉复合体最为丰富的物种来源于不同植物区系的交汇与渗透，这种渗透作用极大程度上影响了亚洲中部山脉和天山－阿赖山脉内部，甚至影响了昆仑山和帕米尔高原的山体联结区域。

此外，属于古地中海亚界的植物区系也不是单一组成的，它包含伊朗－图兰和中亚植物区系两个区，两个区在自然特性上是完全不同的，包括地理环境、古地质和古气候背景等等(Murzaev, 1966; Sinitsyn, 1962, 1965; Grubov, 1963; Lavrenko, 1962)。两个区自然特性上的不同，造成植物区系成分和物种多样性的不同。Popov(1931), Yunatov (1960)和Grubov(1963)等曾重点调查，试图找出这两个植物区的自然边界。但他们指出即使是同一地区的不同沙漠，由于起源不同，其所含植物区系也截然不同。Popov (1931)和 Yunatov (1960)曾强调指出中国新疆地区的准噶尔盆地和喀什噶尔盆地之间存在着巨大植物区系差异。

确实，中亚区系是丰富多样的。但遗憾的是，面对地理面积巨大的、植物区系复杂的中亚地区，我们的研究仅是初步的，并没有进行详尽的不同植物区系成分的比较分析，这将在后续研究中进一步进行。本章节将“中亚”作为一个整体进行物种多样性和植物区系的粗浅分析，为进一步深入研究其区系成分和特征奠定基础。

### 3.3.1　优势科属组成

对比中亚各国植物志、相关文献数据和 Czerepanov(1995)对前苏联地区维管植物的记录，我们进行了物种的比较、校对以及增补和进一步确认，编制了中亚地区维管植物名录(详见附录Ⅰ)。该区植物区系包括 127 科、1279 属和 9346 种(包括亚种)。比较发现中亚地区植物多样性分布极不规律：天山、高加索－达尔瓦兹、准噶尔和阿尔泰植物区系丰富多样，是生物多样性热点地区；而喀什噶尔的荒漠和石漠却基本是不毛之地。山区植被连接带明显，气候变化多样，生物多样性也很高。

中亚地区植物包括维管隐花植物、裸子植物和被子植物类群，以被子植物占绝对优势(99%)，并且其中的双子叶植物占被子植物总数的 84%。本区仅有 10 种木贼和石松科植物，33 种蕨类植物和 32 种裸子植物。被子植物中包含物种数最多的前 10 个科分别是菊科、豆科、禾本科、十字花科、唇形科、伞形科、石竹科、紫草科、玄参科和毛茛科(表 3.1)，包含了被子植物中 51.02%的物种。在包含属数量最多的科中，菊科处于领先地位，其次依次是十字花科、禾本科、伞形科、豆科、紫草科、石竹科、毛茛科、玄参科和蓼科 (表 3.2)，包含了中亚被子植物中 55.43%的属和 57.70%的种。此外，81 科(占 63.78%)中含有单属、36 科(占 28.35%)中含有单种类群。

**表 3.1　中亚植物区系含物种数最丰富的科及所含物种数量**

| N | 科 | 物种数量 | 占的百分比(%) |
|---|---|---|---|
| 1 | Asteraceae 菊科 | 1520 | 16.26 |
| 2 | Fabaceae 豆科 | 1097 | 11.74 |
| 3 | Poaceae 禾本科 | 640 | 6.85 |
| 4 | Brassicaceae 十字花科 | 491 | 5.25 |

(续表)

| N | 科 | 物种数量 | 占的百分比(%) |
|---|---|---|---|
| 5 | Lamiaceae 唇形科 | 474 | 5.07 |
| 6 | Apiaceae 伞形科 | 418 | 4.47 |
| 7 | Caryophyllaceae 石竹科 | 360 | 3.85 |
| 8 | Boraginaceae 紫草科 | 248 | 2.65 |
| 9 | Scrophulariaceae 玄参科 | 238 | 2.55 |
| 10 | Ranunculaceae 毛茛科 | 218 | 2.33 |
| | Total:全部 | 5704 | 61.02 |

中亚植物区系中每科平均的种数和属数分别为 73.31 和 10.07。属数和种数的比例可作为物种发生趋势的指示器。一个属里具有高数量的物种数暗示在区系发展过程中物种的自我拓展过程。中亚植物区系中每属平均具有 7.31 个物种,但平均值的偏差是非常大的。例如,黄耆属(豆科)在该区具有 634 种,占总物种数的 6.68% (表 3.2)。另外,该科的另一大属—棘豆属是中亚植物区系中含种数第四丰富的属,这两大属确保了豆科植物是继菊科之后含种数最多的科的地位。

**表 3.2 中亚植物区系中含属数最丰富的科及属、种的数量**

| N | 科名 | 所含属数 | 属的百分比 | 所含种数 | 种的百分比(%) |
|---|---|---|---|---|---|
| 1 | Asteraceae 菊科 | 181 | 14.15 | 1520 | 16.26 |
| 2 | Brassicaceae 十字花科 | 113 | 8.84 | 491 | 5.25 |
| 3 | Poaceae 禾本科 | 111 | 8.68 | 640 | 6.85 |
| 4 | Apiaceae 伞形科 | 103 | 8.06 | 418 | 4.47 |
| 5 | Fabaceae 豆科 | 53 | 4.14 | 1097 | 11.74 |
| 6 | Boraginaceae 紫草科 | 41 | 3.21 | 248 | 2.65 |
| 7 | Caryophyllaceae 石竹科 | 37 | 2.89 | 360 | 3.85 |
| 8 | Ranunculaceae 毛茛科 | 29 | 2.27 | 218 | 2.33 |
| 9 | Scrophulariaceae 玄参科 | 22 | 1.72 | 238 | 2.55 |
| 10 | Polygonaceae 蓼科 | 19 | 1.49 | 163 | 1.74 |
| | Total:全部 | 709 | 55.43 | 5393 | 57.70 |

总体上说,中亚植物区系含种数最丰富的属中,菊科是占绝对优势的,其中的 4 个属,刺头菊属、蒿属、苓菊属、蒲公英属,出现在前十名之列。此外,伞形科、石竹科和玄参科中也各有一个属出现(表 3.3)。值得一提的是,在地中海地区普遍分布的葱属,被 Czerepanov(1995)独立升级为葱科 Alliaceae,因含有 202 个种而排在第三的位置。在表 3.3 中所涉及的属,是这些科在区系发展过程中发生了剧烈的物种分化和形成的证据。

**表 3.3 中亚植物区系中含种数最丰富的属及所含种数**

| N | 属名 | 科名 | 所含种数 | 所占比例(%) |
|---|---|---|---|---|
| 1 | *Astragalus* 黄耆属 | Fabaceae 豆科 | 634 | 6.68 |
| 2 | *Cousinia* 刺头菊属 | Asteraceae 菊科 | 276 | 2.95 |
| 3 | *Allium* 葱属 | Alliaceae 葱科 | 202 | 2.16 |
| 4 | *Oxytropis* 棘豆属 | Fabaceae 豆科 | 180 | 1.93 |
| 5 | *Artemisia* 蒿属 | Asteraceae 菊科 | 125 | 1.34 |
| 6 | *Jurinea* 苓菊属 | Asteraceae 菊科 | 115 | 1.23 |
| 7 | *Silene* 蝇子草属 | Caryophyllaceae 石竹科 | 108 | 1.16 |
| 8 | *Taraxacum* 蒲公英属 | Asteraceae 菊科 | 106 | 1.13 |
| 9 | *Ferula* 阿魏属 | Apiaceae 伞形科 | 96 | 1.03 |
| 10 | *Scutellaria* 黄芩属 | Scrophulariaceae 玄参科 | 85 | 0.91 |
| | Total:全部 | | 1927 | 20.52 |

本节系统分析结果表明中亚植物区系物种丰富,物种多样性高。这种多样性是由多样化的生态条件所形成的。具有众多属数的豆科、唇形科和伞形科,具有众多种数的黄耆属、蒿属,以及其他一些科属,是以古地中海区系为显著特征的。

### 3.3.2 植物地理成分分析

对中亚植物区系进行植物地理分析(图 3.2A),结果显示亚洲成分(Asian)物种数最多,达 73%(此处包括亚洲中部),欧亚成分(Eurasian)和泛北极成分(Holarctic)物种数分别为 12%和 15%,仅 1%的物种属于世界广布成分(Semicosmopolitan),其分布涵盖三个大洲。这一分析仅是粗略分析。

进一步基于更详尽的数据对中亚植物区系进行分析(表 3.4),发现欧亚植物区系成分可分为中亚和欧洲(Central Asia and Europe)(不包括西伯利亚和远东)、中亚和高加索(Central Asia and Caucasus)两种成分(图 3.2B)。亚洲植物区系成分也可分为两类:广布的亚洲分布的植物区系成分(Broad Asia Area)和中亚植物区系成分(Central Asia)。其中,中亚植物区系成分仍以 65%的绝对优势而成为最主要的区系类型。它是在植物区系发展过程中物种的自我拓展的一个证据。

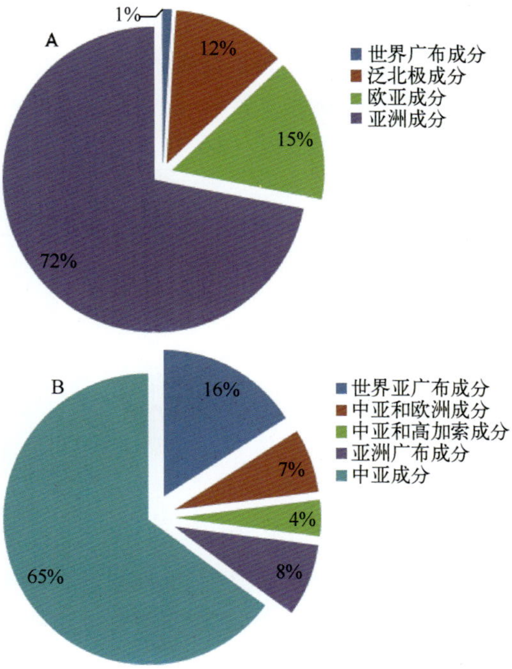


图 3.2 中亚植物区系植物地理成分分析。
A—粗略的分析,B—详细的分析

在中亚植物区系中，比较分析含种数最多的前十大科的地理分布类型是很有意义的。分析表明，在前十大科中，自我拓展的中亚植物区系成分(Central Asia)在绝对数量和比率上均占有明显的优势(图 3.3)(部分毛茛科的中亚成分的绝对数量是小于广布的菊科和禾本科，表 3.4)。豆科、唇形科和伞形科植物区系中占最大比例的是中亚植物区系成分，而禾本科中，中亚植物区系成分仅占 1/3。原因可能是豆科、唇形科和伞形科中大部分物种是古地中海植物区系起源，而禾本科中多数种几乎盛行在包括热带区系的所有区系。

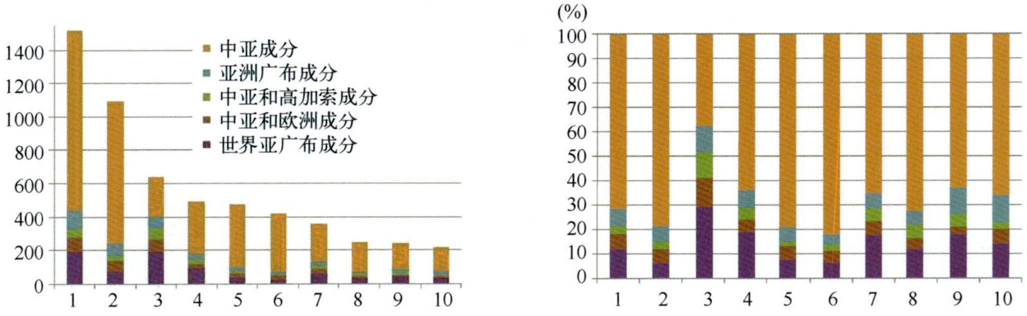


图 3.3　中亚植物区系中含种数最多的前十大科地理分布分析

A—绝对数量，B—比值：1. 菊科、2. 豆科、3. 禾本科、4. 十字花科、5. 唇形科、6. 伞形科、7. 石竹科、8. 紫草科、9. 玄参科、10. 毛茛科

此外，单种科的植物区系地理分布分析表明(图 3.4)：它们大多数种是广布的(广布的区域)，包括世界广布种(Semicosmopolitan)，泛北极植物区(Holarctic)和部分欧亚植物区(Eurasian)，占总数的 54%；再加上中亚和欧洲分布区系类型(Central Asia and Europe)，则比例增加到 88%。而中亚分布区(Central Asia)，这一在其他区系分析中占绝对优势的区系类型(见图 3.2，3.3)，在单种科的植物地理区系分布中却仅占到 3%。这一分析可用于解释一些单种科，如 *Vacciniacea* 和 *Aizoacea* 等，仅分布于其他植物区系中；而另一方面，一些广布的科，却只含有很少的物种或者单种，如睡莲科(*Nelumbonaceae*)。

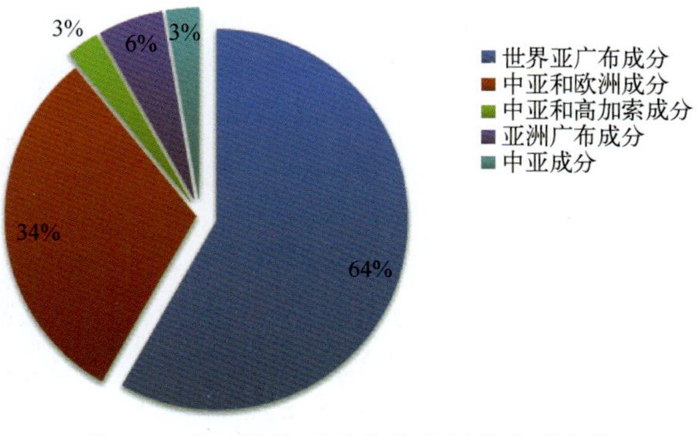


图 3.4　中亚植物区系中单种科的地理成分

上述研究分析证实：中亚植物区系是丰富的、多样的。究其原因，可能由于该区是两大植物亚界(古地中海植物亚界和泛北方植物亚界)的交汇区，植物区系来源不同的植物交汇、渗透于此；此外，中亚地区丰富多样的景观类型，特征各异的地理环境，进一步催生了该区物种的分化与形成。因此，对中亚地区进行研究及生物多样性保育，意义重大。

**表 3.4　中亚植物区系中含种数最多的 10 个大科植物地理分布**

| N | 科名 | 世界广布 | 中亚和欧洲 | 中亚和高加索 | 欧亚分布 | 亚洲广布 | 中亚分布 | 全亚洲分布 |
|---|---|---|---|---|---|---|---|---|
| 1 | Asteraceae 菊科 | 188 | 91 | 50 | 329 | 106 | 1085 | 1191 |
| 2 | Fabaceae 豆科 | 71 | 64 | 33 | 168 | 70 | 859 | 929 |
| 3 | Poaceae 禾本科 | 188 | 77 | 66 | 331 | 69 | 240 | 309 |
| 4 | Brassicaceae 十字花科 | 93 | 26 | 23 | 142 | 38 | 311 | 349 |
| 5 | Lamiaceae 唇形科 | 37 | 26 | 9 | 72 | 29 | 373 | 402 |
| 6 | Apiaceae 伞形科 | 27 | 20 | 11 | 58 | 18 | 342 | 360 |
| 7 | Caryophyllaceae 石竹科 | 64 | 20 | 20 | 104 | 23 | 233 | 256 |
| 8 | Boraginaceae 紫草科 | 30 | 11 | 14 | 55 | 14 | 179 | 193 |
| 9 | Scrophulariaceae 玄参科 | 43 | 8 | 12 | 63 | 26 | 149 | 175 |
| 10 | Ranunculaceae 毛茛科 | 31 | 14 | 5 | 50 | 25 | 143 | 168 |
|  | Total:全部 | 693 | 335 | 225 | 1372 | 401 | 3777 | 4332 |

# 第 4 章　荒漠植被

## 4.1　荒漠植被的主要特征

中亚平原地区通常被称作干燥的荒漠(Deserta arida),植被属于干旱类型组。这一名称容易使人们将植被同自然条件和地域联想到一起,实际上荒漠同草原、冻原等一样是一个复杂的概念,其本身就是建立在地理条件基础上的生物地理群落的统称。按照某些学者的观点,荒漠可以被称作生命区,或者只是生物区域,这两个术语也表明了生存环境是决定有机物生命形式和结构的条件。荒漠植被在许多方面,特别是在同周围环境的联系方式上非常独特,没有任何地方能像这个生命区域一样,植被同无机环境依赖关系表现得如此强烈。了解荒漠环境的特点可以更确切地理解荒漠植被规律性的结构及其发展过程。

### 4.1.1　中亚荒漠生态环境的主要特点

荒漠的生态特征包含很多要素如气候、土壤、地形、径流等等,所有这些因素都参与了生态环境的形成并影响了植被。在所有这些特征条件中,对中亚地区而言,干旱性是决定生存状况的决定性因素,它造就了地质条件、地球化学环境和土壤形成的独特性,对植被产生了固定而深刻的影响。

众所周知,干旱地区干旱状况的形成取决于两个条件:大气降水少和高温。中亚地区荒漠的范围通常以年降水量小于 250 mm 来界定,但实际上在中亚荒漠的大部分地区,年降水量在 100～150 mm 范围内波动。此外要说明荒漠地区的湿度条件,必须强调的是降水量的季节分布情况,降水特性和天气年际变化的稳定程度。限于资料的不完整,本书只涉及全年降雨量的分布情况,关于这方面的数据资料也比较丰富。

在中亚地区,根据降水量的分布可以很明显地划分为两种状况,这个问题在很多中亚植物学家、土壤学家和地理学家的研究中都有详细的描述(Герасимов, 1969;Розанов, 1951),一种情况是降水的分布在全年比较均匀,另一种情况则是季节性的降水(图 4.1)。很显然,由于荒漠地区最主要的水分来源是大气降水,当连续 4—5 个月没有降雨时,这种长期的干旱对植被的影响是特别巨大的。

由于荒漠地区缺乏大气降水,因此植物必须寻找其他的水源供应,其中地下水在荒漠植被的水平衡中具有某种重要意义。但是在中亚的很多荒漠地区,地下水位通常很深,大部分植物甚至所有的植物都不能获取,例如在卡拉库姆沙漠的东南部。在黏土区,水分通过毛细作用可在黏土层从地下水位上升 4 m,这对于生长在荒漠低洼地带的植被就具有非常现实的意义,因为在低洼地带的地下水位一般处于相对较浅的位置。对于沙土,毛细作用从地下水位抬升水分的高度不会超过 90 cm,显然,地下水在沙漠植被的供水中只具有局部意义。

在荒漠地区,凝结水对土壤水分状况的改变也具有重要的意义,一般认为土壤中凝结的水分来源于地表大气中的水汽(Благовещенский,1943;1946;1952)。Благовещенский 在自己的试验中，去除了土壤中大气降水的影响之后确定，土壤湿度可从表面的0.2%随深度增加到0.7%，最好的凝结作用发生在沙土中。在沙漠中，由于气温的昼夜波动和年变化都比较强烈，这有力地促进了水汽的凝结并积蓄在土壤中。

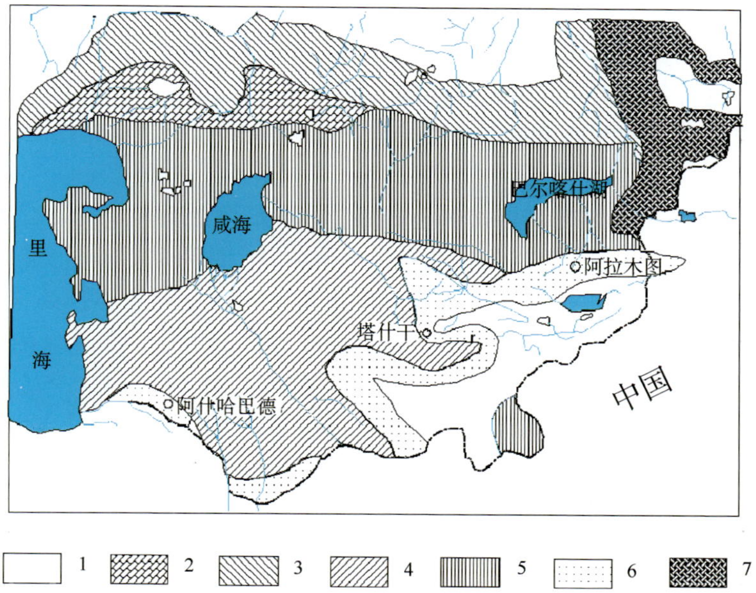


图4.1　中亚和哈萨克斯坦气候区(降雨量)

1. 山地，不确定区域；2. 半荒漠，降水量250 mm，年内均匀分布；3. 草原，降水量＞250 mm，最干旱时期为冬季；4. 图兰型荒漠，降水量250 mm，夏季降水少；5. 哈萨克斯坦型荒漠，降水量250 mm，年内均匀分布；6. 山地半稀树草原，降水量＞250 mm；7. 山地草原：降水量250 mm，年内均匀分布

干旱的特性除了水分不足之外就是高温，这无论是从影响蒸发作用还是直接对植物的作用角度来讲，温度都非常重要，因此干旱地区的实际情况取决于蒸发和降雨。由于干旱区的蒸发潜能要远高于降水，中亚地区的蒸发系数为10～12(在阿尔及利亚的撒哈拉沙漠地区为63.0)，在这种情况下，土壤中的水分会迅速流失，而实际能够到达植物的大气降水也所剩无几，这就导致植物还需要其他的水分来源补充。

夏秋月份沙漠地区长时间炎热形成的条件，几乎接近了植物生存的临界值，生长发育处于停滞状态。冬季寒冷的条件同样很严酷，但与中亚南部地区的冬季相比北部要温和一些，北部的年均温约为7℃左右，而南部地区可达17～18℃。

荒漠地区特殊生态环境的形成过程与整体的干旱特性存在密切的关系。比如在荒漠地区，从土壤中蒸发的水分要远超其从降水中获得的水分，这种水分关系使得土壤溶液从深层向上部移动，产生了土壤液流，而这种矿化状态的液流可使土壤上层的化学成分发生本质的改变。

另外，由于大气降水不足，沙漠中风化的产物特别是易溶解于水的矿物盐会淀积在土壤中，其中大部分集中在土壤的表层，形成盐渍层。

盐也是荒漠中不可或缺的因素，它对荒漠植被产生了重要的影响作用，在接下来的荒漠植被概述中，会对此进行详细的阐述。

在中亚荒漠独特的环境条件下，其土壤的生成进程比较特殊。在中亚荒漠中，与其他类型的土壤一样，尽管有机群落和物理一化学过程都会参与其中，但荒漠土壤形成过程中独有的理化进程的作用远远超过了生物作用的影响，比如龟裂土或龟裂型土的形成。这类土的形成主要依靠物理因素的作用，Розанов（1951）将龟裂土和龟裂型土的形成同黏土表面的迅速干燥结合起来，黏土表面迅速干燥并导致收缩及龟裂成为其主要特点。从化学角度看，龟裂土中腐殖质含量极少，但碳酸盐和氯化硫酸盐的含量较高。对龟裂土研究还揭示，低等有机物（藻类、菌类和地衣植被）也对龟裂土表面硬壳的形成具有重要意义。但是根据剖面结构和龟裂土形成的特点，龟裂土还属于基本的土壤基质生成物，与此类似的是沙土，其成土过程还属于最初级的阶段。

沙漠土壤的一个特殊类型是石膏灰钙土，它们在高原、风蚀雅丹地区及石质的山前平原地带形成。在这些条件下，土壤由岩石的风化侵蚀物形成，在其表层常常可形成厚度达 1 m 的石膏层，其石膏含量可从 0～30 cm 表层的百分之零点几增加到 60%。在这些土壤中，含有大量的碳酸盐，在表层能达到 20%；在深层，碳酸盐的数量通常会增加。在中亚的北部地区，灰钙土具有碱化的特点，有较高的含碱度，有时会含有碳酸钠。

中亚沙漠地区的植被与土壤形成的相互作用比较原始，生物因素对土壤的物理化学特征影响比较小。每年沙漠生物群落产生的有机物会被迅速地矿化，只留下非常少量的腐殖质（<1%）及各类盐。对荒漠植物地球化学作用的研究表明，它们参与了整体的陆地积盐过程。

河漫滩地对腐殖质在土壤中的积累提供了较有利的条件。土加依林（中亚泛滥地森林）的土壤具有某些草甸土的特征，但同时保留其富含碳酸盐的特性，这类土壤中腐殖质的含量可超过 2.5%，但有机物的进一步积累会由于植物残体的矿化过程加剧而停止。中亚河岸林地土壤通常具有不同程度的盐渍化特征，只有受到河水冲洗的新土能够避免盐渍化。

尽管生存条件比较恶劣，但中亚荒漠或者说整体上的中亚干旱区，在植物地理方面表现为并不是很贫瘠的区域，而是一个历史发展独特，植被组成比较丰富的特殊生物区域。实际上，中亚荒漠及其他地区的荒漠是某些原始植物区系的发源地，这可以从这些植物区系科属成分中的干旱发生类物种上体现出来。

植物地理学与地质学史料共同见证了中亚干旱区植物区系的古老特性，这种古老性的证据在始新世即已存在，其他如北美西南部地区的干旱条件形成于中新世时期，而南非荒漠的起源可以追溯到早第三纪或者更早的时期。很多干旱区植物区系的代表性物种，其起源至少应该在白垩纪甚至更早的时期，而且现代荒漠植物区系的成分也证实了干旱区是物种发生过程比较剧烈的区域。在中亚地区，干旱的状况稳定下来是在第三纪开始的时候，显然，中亚荒漠植被的现代生物组成是荒漠发生和对荒漠环境适应和改变的结果。

### 4.1.2 中亚荒漠植被的组成

中亚植被的形成经历了复杂的历史发展进程，尤其是与干旱环境有着特殊的联系，在这种环境下，每一次都是土壤一地质条件起到了主导作用并最终导致了物种的多样性。确定中亚荒漠植物区系组成的首次尝试在 1940 年由 Прозоровский А. 完成，当时植物区系成分被确定有 2000 种。我们根据主要的历史文献统计整理出若干地区的物种数量如下：

| 种名 | 数量 |
|---|---|
| 西卡拉库姆 | 1141 种 |
| 别特巴克达拉 | 831 种 |

西南克孜勒库姆 533 种
楚—伊犁山脉 768 种
南乌斯秋尔特 295 种
楚河河谷 655 种

表 4.1 所列区系成分中关于数量的资料来源于不同研究者的统计数据汇集。占第一位的是藜科，其次是菊科和豆科。根据荒漠植被植物遗传学分析的结论，在中亚荒漠植物区系的历史发展中，划分了下列阶段：

(1)热带稀树干草原占统治地位的始新世，其特点是几乎达到热带的湿热气候；
(2)落叶林渐新世时期，向植被中带来了第一批中生植物成分；
(3)中新世时期是干旱气候逐步加剧的地中海植物区系的形成时期；
(4)极地—高山转换的冰川时期；
(5)更新世—北温带成分侵入并出现新的山地植被的时期；
(6)全新世或者说现代时期，特点是人类对这一区域的自然环境产生了影响。

**表 4.1 中亚荒漠植物区系成分**

| 科 | 根据 Прозоровский | | 根据 Коровин | |
|---|---|---|---|---|
| | 物种数 | % | 物种数 | % |
| 藜科 | 126 | 9.5 | 256 | 16.0 |
| 菊科 | 250 | 14.7 | 160 | 12.0 |
| 豆科 | 167 | 9.8 | 148 | 9.0 |
| 十字花科 | 123 | 7.5 | 96 | 6.0 |
| 百合科 | 68 | 4.0 | 72 | 4.5 |
| 禾本科 | — | — | 63 | 4.0 |
| 蓼科 | — | — | 58 | 3.6 |
| 白花丹科 | 12 | 0.8 | 27 | 1.7 |
| 伞形科 | 76 | 4.5 | 46 | 3.0 |

实际上，在荒漠植物区系的代表性植物中找到了与第三纪森林群系有直接遗传关系的物种，而且还可见到其他几组与旱生植物以及较晚的山地旱生植物有根本性联系的植物类群。通过对荒漠植物组成进行植物遗传分析发现了几组类型，它们是在第三纪最晚的时期从周边地区进入到中亚的。

在中亚的荒漠植物区系中，首先引人注意的是它的特有种成分。在这个植物区系中，除了大量的图兰起源的种类之外，还有很多单种属。下面列举其中的一部分。

| 拉丁名 | 拉丁名 |
|---|---|
| *Spiraeanthus* | *Ferula* |
| *Niedzwedzkia* | *Iljinia* |
| *Borszczowia* | *Sympegma* |
| *Alexandra* | *Chartoloma* |
| *Piptoptera* | *Spirorchynchus* |

| | |
|---|---|
| *Londesla* | *Streptoloma* |
| *Kirilowia* | *Octoceras* |
| *Hammada* | *Lachnoloma* |
| *Ormopterum* | *Cithareloma* |
| *Schumannia* | *Sprygina* |

等等

中亚荒漠植物区系中还包括很多类型的多形态属，其起源于中亚荒漠，但也分布到了其他地区，如表 4.2 所列：

**表 4.2　中亚起源的属**

| | | | |
|---|---|---|---|
| 沙拐枣 *Calligonum* | 67 种 | 猪毛菜 *Salsola* | 54 种 |
| 黄蓍组 *Ammodendron* | 26 种 | 补血草 *Limonium* | 22 种 |
| 霸王 *Zygophyllum* | 31 种 | 柽柳 *Tamarix* | 16 种 |
| 假木贼 *Anabasis* | 20 种 | 碱蓬 *Suaeda* | 22 种 |

中亚荒漠低等植物主要由藻类、真菌类和地衣植物组成。在西土库曼斯坦龟裂地确定有 186 种藻类（Новичкова，1980）。在塔吉克斯坦的瓦赫什灰壤区记录了 171 种藻类（Мельникова，1975）。在藻类组成中，最丰富的是蓝绿藻，常见的是 *Phromidium*，*Chlorococcus*，*Pleurococcus*，*Microcoleus* 等属的物种。

在沙漠苔藓植物中记录了几十种，其中包括 *Parmelia*，*Acarospora*，*Lecanora*，*Collema*，*Diploschistes*，*Teloschistes* 等属，在土库曼南部记录了 40 多种，费尔干纳盆地也记录了大致相同数量的苔藓植物（Шафеев，1953）。

在荒漠地区真菌类的主要代表属有 *Pleospora*，*Hendersonia*，*Comarosporium*，*Strickeria*，苔藓主要是 *Tortula*，*Barbula*，*Grimmia*，*Aloina*，*Crossidium* 等属的物种。

### 4.1.3　荒漠植物主要的适应性

在生态和历史因素的影响下，在中亚干旱地区植被中形成了独特的生命形式。他们的构成形式独特且多种多样，主要的植物类型组如下。

Ⅰ. 草本植物类型组
　一年、二年生植物
　隐芽（块茎、鳞茎）植物
　主根植物
　根茎植物
　丛生植物
Ⅱ. 木本植物类型组
　半灌木
　灌木
　乔木
Ⅲ. 肉质（多汁）植物类型组
　肉茎植物
　肉叶植物
Ⅳ. 苔藓类型组
　垫状植物
Ⅴ. 叶状体类型组（地衣类和藻类）
　地表蓝绿藻
　土表壳状地衣
　岩层地衣
Ⅵ. 土壤菌类型组
　真菌类
　细菌类

植物定期的凋落大部分年生长量是干旱条件下适应反应特性之一，其最简单的形式是枯萎或者是叶子的脱落。这种生物特性在绝大多数的荒漠植被种类中都有所体现，无论他们是属于草本、灌木还是木本。叶子在春天雨季结束时开始快速的脱落，到夏天停止脱落，这时整个荒漠呈现一片灰色。

某些干旱地区的植物以另外一种方式进行年增长量的凋落。许多的荒漠灌木和半灌木每年夏天都会因为水分流失而导致新枝顶端枯死，临近春天的时候再借助于腋芽恢复，而新枝的顶端部分会变成棘突。

某些植物的一部分新枝在夏天或夏秋之际的枯死会沿着芽迹进一步伸展，侵占老枝的纵向部分，然后侵占到根，因此一株灌木就会从上到下分成几段独立的生命力顽强的树枝。这种完全分裂的现象在可达半米高的松叶猪毛菜(*Salsola laricifolia* )上体现得很明显，随着组成整株灌木的分裂，他们之间就会借助于侧面的根来互相分开，这时就可以很容易对植株进行区分。

松叶猪毛菜枝杈的分裂程度特别剧烈，这是在极端干旱环境的影响下形成的，显然在荒漠地区植物形成不是周围环境直接作用而是植物机体内部影响的结果。事实上，植物分裂成一个个单体是使他们具有一定优势的独特的营养繁殖方式。

分裂现象在中亚干旱区灌木和半灌木中很常见。蒿属植物也具有这种特性，比如滨海蒿(*Artemisia maritima*)这种矮小而结实的半灌木，每年都会“清理掉”很多当年长出来的生殖枝，深秋时节老枝和老根中的生殖枝就会枯死。但是在蒿属植物中不会出现一株蒿被完全分裂成几个单体的现象，这些不断枯死的枝茎会形成由枯死的和尚存活的纤维构成的纤维鳞茎皮(膜被)，它们可以吸收水分并保存一段时间供机体使用。

在干旱区，茎脱落现象与年增长量凋落现象类似，在乔木和灌木植物中体现得也比较明显，此现象一般在早期先于完成光合作用的当年新枝枯萎之前发生。典型的沙生灌木如沙拐枣和怪柳没有叶子，其同化作用由腋生的绿色营养枝来完成，随着炎热夏日的来临大部分的同化枝即会掉落，个别种类的沙拐枣会保留 10～15 个腋芽枝存活，这种现象在很多其他荒漠灌木上体现得也比较典型。所有这些叶脱落、茎脱落、生长枝的枯萎等现象都是植物减少表面面积的方式，也就是灌木减少水消耗的方式，植物在对周围环境的适应过程中逐步形成了这种定向的演化结构。

在荒漠地区生存的植被都要经历很长时间的干旱和酷暑，特殊的条件引发了植物特殊的夏伏现象。干旱区各个植被类群的夏伏到来时间各有不同，但是有一点相同的是它与植物的供水紧张期相伴而行。夏伏来临的先兆是叶脱落、茎脱落等现象，其实质是所有生理功能的深度减弱，首先是蒸发功能，那种形式就像是冬眠一样，在这种钝态下植物要忍受长时间的高温干旱，夏伏的含义也就在于此。

夏伏这种状态对于机体的发展有什么关系，是被迫的还是必需的？现有的试验数据显示，对一些种类来讲夏伏是被迫的，而对于另一些则是必需的。例如，郁金香、葱、阿魏、*Dorema* 属等无论其生存环境和栽培条件如何都会进入夏伏，显然这对于植物的发展是必要的阶段。而某些植物种类在自然条件下会出现夏伏，但在水分充足的条件下就不会出现这种状态。无论夏伏有什么样的自然属性，荒漠植物的这种特性为克服在干旱条件下的极端环境提供了更多的可能。

在干旱地区许多植物种类群选择另外一种适应方法，他们缩短生长周期，充分利用一年中的湿润和凉爽时期来完成生长发育，这种方式即为短命化，相应的这类植物被称为短命植物，它们主要是显花植物并具有超常的早熟性。在极端条件下短命植物的发育都很快，在春天短短的几周之内即完成生命周期，当然另外一些种类的短命植物其发育只是从秋天才开始，中间在寒冷的冬天有间歇，然后和其他的短命植物在春季一起结束生命期。早熟是一种很复杂的特性，是一年生植物的典型特征，通过这种方式保证植物可在水分条件相对充足的条件下完成生长发育，并不需要为适应干旱而进行结构上的特殊改变。

喜盐性也是干旱区植物适应环境改变的一条独特线路。这种生态趋向的萌芽和发育与土壤中盐浓度的积累有着不可分割的联系，盐浓度的改变在植物身上引起了一系列物质交换、结构和形式的特殊变化。喜盐性植物体内含有大量的叶绿素，这种叶绿素能够保证耐盐植物高效的光合作用，并积累具有亲水胶体特性的高分子碳水化合物，此外耐盐植物还能降低呼吸和蒸发的速率。

由于物质交换的特点，这种喜盐性会在植物的细胞中引起很高的渗透压，在盐的影响下植物会发生结构上的变化，比如猪毛菜属典型的多汁肉的枝。这类植物群属于更加耐旱的一类，是不多的可不进行夏伏的例外之一，此外猪毛菜还非常节水。需要指出的是，在结构上这类多水枝体保水特性的前提是其具有吸水性黏液组织。

干旱地区植物的根系结构分为两类：横向分散的和纵向茎状的，根据根围（根在土壤中的分布特点、渗入深度和根占据的空间体积）可以很容易区分。中亚荒漠地带的沙生植物是典型的分散根。茎状主根，如某些沙拐枣属的植物，深入土壤中并不深，但水平侧根则可扩展几十米，主要用来收集水分。大多数受到水分胁迫的植物都会形成集中的根系，根系的面积和长度都要超过地上部分很多倍。例如，蒿的垂直茎状根会在地表的附近分叉，深度约 1～1.5 m，这时侧根就会向四周分散 30～40 cm，形成体积为 1～1.5 $m^3$ 的根围。每年在根的近表面附近都会长出吸收表面水分的短命幼根，而蒿的植株本身平均体积约为 0.3 $m^3$。深度的根系是一种特殊的类型，地表根系吸收的水分主要是大气降水，而深度根系的水源则是地下水，而且有充足的水分供应的深度根系种类通常不会进入夏伏。

### 4.1.4　中亚荒漠植被类型

中亚地区植被类型的划分在不同的阶段根据不同的原则有很多种划分方法，这里主要介绍一些具有代表性的分类方法。

荒漠地区的外部环境如气候、土壤等对植被的胁迫作用是非常明显和直接的，而植被的结构和其生长的意义对周围环境的影响远不如前者对其的影响大，因此在分析荒漠植被时，其生长基质的物理特性和化学成分将具有非常重要的作用。

苏联植物学家 H. 巴甫洛夫 1948 年曾在《苏联植物地理学》中写道："距离南方越远，土壤基质的作用越明显，植被取决于土壤类型：黏土质，石膏质，盐土质，砂土质"。因此根据土壤基质的差异，相应的可以把中亚荒漠分为四种：黏土荒漠，沙土荒漠，石质荒漠和盐土荒漠。

更多的研究者把荒漠植被类型和自然地理地区或地区的组合结合起来，因为中亚荒漠植被的生长历史取决于自然地理条件变化的总和，取决于荒漠环境的分化作用。每一种天然的自然地理区域，如果研究其形成过程，则它就是植被向确定方向发展的反映和表现。

更广泛的植被分类必须表达出植被发展的主要方向，即按照本身的内容来讲一定是具有历史遗传性的。但是，植被的发展归根到底是由自然地理条件变化的特点来确定的，因此根据植被成分、生态功能和结构类型统一的原则，中亚荒漠可划分为如下的植被类型：

1)石膏基质半灌木型

2)盐生肉质植物型

3)沙生乔灌木型

4)短命草本型

5)土加依乔灌木和草本型

6)水生植物型

7)叶状体型

当然在大自然中这种相互区别不像在这个分类中那么明确，相反，他们经常存在过渡式的相互联系，这是由于各个群落类型之间的互相渗透出现了过渡性结构。

## 4.2　盐生植物植被类型

中亚荒漠是盐生植物发育的中心之一，植被的主要成分是 256 种藜科植物，典型的还包括白花丹科和柽柳科植物，来自其他科目的只有个别适应盐渍土的植物。

中亚盐生植物的组成部分中包括一些特有的单种属，如：异子蓬(*Borszowia aralocaspica*)、亚历山德拉蕨(*Alexandra lehmanni*)、棉藜(*Kirilowia eriantha*)、绒藜(*Londesia eriantha*)、盐千屈菜(*Halopeplis pygmea*)和 *Piptoptera turkestana* 等，只分布在中亚和伊朗荒漠地带的 *Halotis pilifera* 和 *Bienertia cycloptera* 也是其组成部分。

下列属体现了该地区特有种的多样性，如：猪毛菜属(*Salsola*)的 35 个种当中超过 20 种为特有种，碱蓬属(*Suaeda*)的 23 个种当中 9 种为特有种，滨藜属(*Atriplex*)的 21 个种当中 4 种为特有种等。此外，下列属的代表性植物也是这种类型的组成部分：兜藜属(*Panderia*，2*)，樟味藜属(*Camphorosma*，3*)，刺果藜属(*Echinopsilon*，3*)，地肤属(*Kochia*，2*)，盐爪爪属(*Kalidium*，3*)，盐穗木(*Halostachys*，1*)，盐节木属(*Halocnemum*，1*)，盐角草属(*Salicornia*，1*)，(*Seidlitzia*，1*)，假木贼属(*Anabasis*，8*)，梭梭属(*Haloxylon*，1*)，叉毛蓬属(*Petrosimonia*，10*)，(*Halocharis*，3*)，盐蓬属(*Halimocnemis*，2*)，盐生草属(*Halogeton*，2*)，霸王属(*Zygophyllum*，14*)，(*Tetradiclis*，1*)，白刺属(*Nitraria*，3*)，补血草属(*Limonium*，9*)以及红砂属(*Reaumuria*，3*)等(* 表示特有种数量)。

### 4.2.1　盐生植物的生物学特征

盐生植物适应性构造的一致性体现了这种类型植物的完整性，一般盐生植物都具有下列共性特征：肉质器官、无叶幼芽以及叶表面积缩小。

黑梭梭、无叶毒藜、盐角草属、假木贼属和其他许多植物的叶完全退化或成鳞片状，并最终形成圆柱形或线状生成物。在带叶植物当中一些种类的叶下半部贴生于茎部，诸如盐爪爪属、猪毛菜属等。叶和幼芽的合生是缩小蒸腾表面并保留同化作用的方法之一。

对盐生植物矿物成分的大量分析说明，肉质形式植物在地上器官组织叶和幼芽当中堆积了植物发育产生的各种盐分，在构造组织中产生了很高的渗透压。

木质类盐生植物(图 4.2)，如梭梭每年都会去掉外层的含有矿物盐的当年生长枝来调节存贮的盐分。草本的肉质类盐生植物(图 4.3)不具备此能力，结果在这些植物的器官组织中，如碱蓬属堆积了大量的盐分，其中 Cl 离子含量达到 18.02%；$SO_4$ 离子 2.84%，灰分可达绝对干重的 45.07%。在某些盐生植物中其活体的盐分含量非常高(对应含水量的%)，见表 4.3：

**表 4.3　植物活体盐分含量(%)**

| | $Na_2SO_4$ | NaCl |
|---|---|---|
| 短苞叉毛蓬 (*Petrosimonia oppositifolia*) | 5.38 | 5.48 |
| 盐节木 (*Halocnemum strobilaceum*) | 1.00 | 8.08 |
| 盐角草 (*Salicornia europaea*) | 1.51 | 8.60 |

图 4.2　盐节木(*Halocnemum strobilaceum*)

图 4.3　盐千屈菜(*Halopeplis pygmaea*)

第二类盐生植物具有正常的构造，可自由吸收土壤中的盐分，但植物表面有专门的腺体，通过这些腺体从细胞液向外分泌大量的可溶性盐。因此，这些腺体起到了植物盐分调节的功能。但是这些腺体并不能让植物脱离盐的影响，研究表明，生长在盐渍化的土壤里的翠枝柽柳(*Tamarix gracilis*)是具有代表性的泌盐盐生植物之一，其绿色营养枝中盐的含量为 Cl－8.40%；$SO_4$－8.33%；Na－4.96%；Mg－4.40%；K－1.34%，也就是说就抗盐性而言，它与上一组没有任何区别。其他如补血草属、红砂属以及其他一些科中的个别种类也属于泌盐盐生植物，如獐毛草(禾本科)、独行菜(旋花科)和瓣鳞花(瓣鳞花科)。

图 4.4　*Gamanthus commixtus*

具有正常构造且叶片发育良好或肉质化不太明显的植物属于第三类盐生植物(图 4.4)。滨藜属(*Atriplex*)的植物具有代表性，比如灰滨藜(*Atriplex cana*)和疣苞滨藜(*A. verrucifera*)。在强盐渍土中生存的这些植物的叶上生有大量的含水茸毛，其生物作用不是很明确。有说法是它们参与植物的水分平衡，早晨茸毛通常被细胞液充满，而接近中午时茸毛失去细胞液并成鳞片状。疣苞滨藜在当年的芽内可堆积 11.57%的 Cl，如此高的盐分含量，植物是用什么方式调节器官内盐分的堆积呢？每年落下的叶和枯死的当年幼芽在这方面具有一定的意义，如：灰滨藜落下的叶子和枯死的当年幼芽合计干重为 2 t /$hm^2$，或者每个植物约为 150 g。但是关于这些叶状的盐生植物究竟用什么方式与自身器官日益堆积的盐分进行"斗争"的问题，还需要进行更深入的研究。

盐生植物具有代表性的构造在不同的生长型如灌木（图 4.5）、半灌木、多年生（图 4.6）和一年生草本以及叶状体中都具有类似性。典型的是，盐生植物没有地下存储器官，但生长期延长，这是它们所特有的。大部分的盐生植物，包括一年生植物，生长期可一直延续到秋霜。早生的盐生植物有三种：*Tetradiclis tenella*、五蕊碱蓬（*Suaeda arcuata*）和早熟猪毛菜（*Salsola praecox*）。

图 4.5　柽柳（*Tamarix passerinoides*）

图 4.6　獐茅（*Aeluropus littoralis*）

盐生植物抗盐性的程度不同，如白刺（*Nitraria tangutorum*）在 0～10 cm 的土层中含盐量（100 g 的干土）为 Cl－7.78%；$SO_4$－12.73%的土壤里可正常生长，另外盐生植物对盐的成分要求也不同，这也是选用生物手段进行土壤改良选用植物种类的基础。

关于盐生植物生态学分异问题比较复杂，盐生植物往往在土壤里和硫酸盐、氯化物、碳酸盐甚硝酸盐同时接触。在自然界中可以看到与碱土有关的植物，如灰滨藜，这些种类非常耐碱土反应，也可以把它们称为喜碱植物。灰滨藜属于滨藜属，这个属中还有一些种类，它们选择富含硝酸盐的土壤。这些种类在河流阶地和荒漠河流的三角洲地带经常可以遇到，也可称为硝酸盐植物。

盐生植物植被类型发育的地点是被干河谷、河道和现代河流分割的古冲积平原。按其成因，主要是河流阶地的上层，由河流冲积或偶发的高位洪水所致。荒漠地区其他一些有利于盐生植物生长的地点包括在高原的低地、咸水湖和海岸边以及山前洪积平原的低地。

冲积平原是由泥沙的分层冲积形成的，黏土层中夹杂砂土层，在形成的过程中堆积了大量的可移动性盐，这些盐再根据地形在平原上重新分配，相应的地下水分布也遵从这个规律，而且矿化度比较高。

盐生植物生长的土壤一般是处于土壤形成初期的龟裂土、龟裂盐土和龟裂灰钙土，基本上或多或少地处于盐渍状态。这些土壤实质上是冲积平原土壤形成过程的各个不同阶段。龟裂土在山前平原的洪积水流条件下形成：水在山前平原的低地滞留，使黏土颗粒沉积，水分蒸发之后形成平整的黏土表面，干涸后布满多边形节理的裂纹。第二种类型的龟裂土与河流的冲积活动有关，它们在河谷或干涸三角洲的演变进程中出现在河流阶地的上层。当然，分布在沙漠丘间低地沙子深处的龟裂土是另外一种类型。

龟裂土的土壤具有密实的板结层，该板结层被裂缝分割。土壤主要是碳酸盐性质，但经常也含有硫酸盐和氯化盐。在锡尔河河谷的梭梭林中还可见到碳酸钠碱土的情况。龟裂土中腐殖质的含量极低。

冲积平原和洪积平原的龟裂状灰钙土夹杂龟裂土，它们具有可分的土壤剖面，说明土壤具有进一步的发育特征，但保留了龟裂土具有细密裂缝的地表板结层，碳酸盐含量高以及存在碱性反应等特征。龟裂状灰钙土中腐殖质的含量可达1%。

下列群系是盐生植物植被的主要组成部分：1）黑梭梭群系（*Haloxyloneta aphylae*）；2）猪毛菜群系（*Salsoleta gemmascenis*）；3）盐生假木贼（*Anabaseta salsolae*）群系；4）直立猪毛菜（*Salsoleta rigidae*）群系；5）蒿类－猪毛菜群系（*Artemiseta anabaseto－aphyllae*）；6）肉质猪毛菜群系（*Salsoleta succulenta*）。

### 4.2.2　黑梭梭林群系

中亚地区有三种梭梭，其中无叶梭梭或黑梭梭（*Haloxylon aphyllum*）是非常典型的沙漠植物。

黑梭梭是真正的树木，但在乔木系列中是很特殊的，在最佳的条件下梭梭可达14 m高，树干基径至1 m，但通常高度不超过10 m。

黑梭梭果实的形成与众不同，春天开花之后停止生长，只是在9月初胚芽又开始生长，10月初成熟而且很快脱落。果实由膜囊和覆盖薄膜的绿色螺旋状折卷胚胎组成，果实在花被内带有膜质果翅并一起脱落，果翅借助于风力促进其传播，在潮湿的天气里黏附土壤可使种子进入土壤生根。

梭梭林通常生长在古老干旱河谷地下水位不太深的黏质沙土中，土壤和地下水通常或多或少的盐渍化。如果地下水的矿化度较高则梭梭一般为灌木形式，地下水位超过10 m时主要依靠冷凝水和地表沉降水进行水分供给。

在良好的发育条件下梭梭可生长成密林，在成熟的梭梭林里根部完全是密集的，但是由于密林中没有树叶，它的林冠形成了穿通的遮荫，遮荫占不到50%的表面。在这种林子里树木改变了自身的生长方式，底部树枝稀疏，顶部分枝，树干也变得更直。

在密集的梭梭林里没有林下灌丛，也没有草本层；既没有藓、苔，也没有数量明显的地衣。梭梭丛林是一种典型的单层植物群落（图4.7），在这种植物群落里没有演替更新产生，其更新只出现在林缘和林中旷地。

类似的梭梭丛林在楚河的下游地带可以遇到，它们出现在右岸的上层阶地。这种成熟的梭梭林由同一树龄的树木组成，树木的高度为7～8 m，树干基径为10～50 cm，土壤为密实的龟裂土，表层没有其他植被。

图 4.7　中亚荒漠的梭梭群落

在卡拉库姆的东南部梭梭林保留得比较完整，在那儿梭梭林成群地占据着古巴尔赫河三角洲地带，遍布于三角洲的河汊，周围是生长着 *Seidlitzia rosmarinus* 灌木丛的盐碱地。其他地区比如在库尔干河口到塔拉斯三角洲的楚河左岸，克孜勒库姆北部古河流低地等处也都有梭梭林的分布。

在中亚的植被图上可以看到中亚平原的许多地方都有梭梭林，且主要分布在现代和古河谷之间，也就是说，梭梭发育的最佳条件是在上游河流阶地、干旱的河谷以及陆地三角洲。

当代梭梭林的分布证明，一方面，梭梭林显然属于土加依林类型；另一方面，它又属于典型的沙漠植物，其生态分布主要是在水泛地与大陆沙漠之间的过渡带位置。

关于梭梭林的分类有不同的观点和分类方法，根据土壤基质的差异可以分成如下几类：沙质黏土彐茎绢蒿梭梭林 、亚砂土针茅梭梭林、龟裂土盐生假木贼梭梭林、盐碱地猪毛菜一白刺梭梭林和亚砂土短命植物梭梭林。

南巴尔喀什湖沙漠地区的梭梭林具有不同特点。在梭梭林的下层是一般比较少见的草本层，当然其成分也因土壤基质的差异而不同。这种梭梭林的群丛包括：灰蒿梭梭林、东方猪毛菜梭梭林、猪毛菜属梭梭林、樟味藜蒿属梭梭林、短命植物梭梭林和地衣类梭梭林。

### 4.2.3　盐生类型的其他群系

#### (1)猪毛菜(*Salsola gemmascens*)群系

这个群系的优势植物猪毛菜(*Salsola gemmascens*)。这种猪毛菜是典型的近地半灌木，高度为 25～35 cm，但年生长量可以达到 40 cm 高。多年生的木质枝多聚生在表面，分散的多节状枝节较短，外形呈荫蔽状，这种生长形式是动物有规律地啃咬植物树枝的结果。每年猪毛菜发育二种枝节：生长缓慢的粗芽短枝和长的生殖枝。

短枝在下一年开始生长即变成生殖嫩枝，这些嫩枝在冬天之前彻底死亡。猪毛菜的叶不明显，为锥形鳞片状。植物的生长期始于 3 月中旬，6 月末它们开始开花，9 月份结果。猪毛菜作为优势植物形成了群落结构类似的各类不同群落，在最简单的情况下群落只由一种猪毛菜组成，这种情况可以在南卡拉库姆和穆尔加布、捷詹河冲积平原上密实的龟裂土上见到。纯猪毛菜群落的个体分布非常稀疏，在最好的情况下其盖度也不超过10%～15%。

在单优猪毛菜群落里，常见的伴生植物是合苞蓬（*Gamanthus gamocarpus*）、假木贼（*Anabasis annua*）等。春天，在猪毛菜群落里可以遇见20种不同的短命植物，并不是很多。经常见到的是独行菜（*Lepidium perforatum*）、母菊（*Matricaria lamellata*）、滨藜（*Atriplex moneta*）等。在砂质龟裂土上，猪毛菜往往和直立猪毛菜（*Salsola rigida*）同为优势植物。

单优猪毛菜群落可以在科佩特山脉的山前平原龟裂土上看到。这里的猪毛菜群落呈斑块状与蒿属－猪毛菜和红砂（*Reaumuria fruticosa*）群丛分布在一起。群落组成比较简单，除了优势种之外，仅有几种不同的短命植物，类短命植物里唯一的植物种是鳞茎早熟禾（*Poa bulbosa*）。

在克孜勒库姆的西南部也能够遇到类似的猪毛菜群落，而在乌斯秋尔特高原则明显减少，南乌斯秋尔特是其分布的北界，然后逐步与白蒿群落相连。乌斯秋尔特南缘的沙质土壤中生长的猪毛菜还经常与白蒿、灰蒿、盐生假木贼、梭梭小灌木、*Salsola chivensis*、木本猪毛菜（*Salsola arbuscula*）等混生，草本的包括鳞茎早熟禾及其他一些一年生植物。显然北界分布的猪毛菜群系失去了龟裂土植被的典型特征，生态范围逐步向石膏荒漠方向扩展，并伴生有盐生假木贼群系。

**(2)盐生假木贼(*Anabasis salsa*)群系**

图 4.8　盐生假木贼

按生活型，盐生假木贼属于小半灌木（图4.8），高度15～20 cm，30 cm的很少见，生长在枝条顶部的肉质绿色短枝构成了年生长量。当年生的营养枝顶节处有1～2对花，叶片短圆柱形属于明显的肉质类型。一年生嫩枝有蜡膜覆盖在双层表皮的外部，里层细胞比外层细胞大，再往里是储水组织，输导组织位于嫩枝的中心。

叶里同样发育有储水组织，表皮具两层厚壁细胞，气孔稀少，其下是次表皮层和二排同化细胞，叶子枯萎后不凋落。生长期结束前，储水组织和表皮一起枯萎并分离，使植物具备了硬叶旱生灌木特征。

盐生假木贼成熟植株的主根不超过10 cm深，侧根呈水平方向和倾斜向下发育良好，密集的根网可渗透到0～30 cm土壤表层 。

盐生假木贼群系发育的土壤可以为含各种机械组成的灰褐土、褐土、碱化土、盐化土、龟裂土以及石膏灰钙土，对碱性环境比较适应，其灰分含量为（绝对干物质%）：Na－2.5，K－1.0，Ca－4.5，Cl－9.0。

以盐生假木贼为主形成的景观可以在锡尔河的上游阶地、乌斯秋尔特平原或者在别特帕克－达拉看到，是冲积型龟裂土上发育的代表性植物。盐生假木贼生长的龟裂土植被盖度约在50%左右，另外其根系的栖居地可形成深度为0～30 cm的生物活性环境，为迁入其他植物创造有利条件，雨后发育的可覆盖土壤表层的蓝绿藻（*Cyanobacteria*）也具有积极的生态作用。

在其他群丛里也可以见到盐生假木贼，比如在可以很好适应龟裂土的小蓬（*Nanophyton erinaceum*）和东方猪毛菜（*Salsola orientalis*）群丛中，在这些群丛里还会有数量不多的短命植物和类短命植物。

蒿属一盐生假木贼的组合分布很广，由于土壤的发育变化，蒿属一盐生假木贼群丛的土壤没有形成密实的板结层，土壤稍微盐渍化且碱性较弱，类似于纯盐生假木贼群丛，这为其他草本植物的出现创造了条件，甚至可以多达几十种，其中包括胎生鳞茎旱熟禾（*Poa bulbosa* subsp. *vivipara*），矮小沿沟草（*Catabrosella humilis*），以及一些短命植物如旱雀麦（*Bromus tectorum*）、弯角四齿芥（*Tetracme recurvata*）、穿叶独行菜（*Lepidium perfoliatum*）、千里光（*Senecio* sp.）等。

盐生假木贼一白滨藜（*Atriplex cana*）和盐生假木贼一囊果碱蓬（*Suaeda physophora*）群丛也属于这个群系。在强盐渍土和碱土环境中可以遇到这两种植物，其中盐生假木贼一白滨藜群丛分布在荒漠和半荒漠的北部地区，土壤水分的增加可使植被盖度达到 75%。

**(3)东方猪毛菜(*Salsola orientalis*)群系**

这个群系一般和猪毛菜群系放在一起讨论，因为在自然界里它们往往生长在一起。东方猪毛菜是典型的半灌木，高度为 30～35 cm，其生长方式变化取决于动物的啃食程度，在动物有规律咬食的情况下，东方猪毛菜呈现出近地的、树枝茂密的粗糙小灌木的外形，在受保护的情况下植物形成较长的木质枝。

自然条件下，东方猪毛菜是许多群丛的组成部分，生长在荒漠高地贫瘠的石膏黏土、沙质龟裂土及冲积河谷上，为蒿属和猪毛菜群丛的组成部分，在黑梭梭和其他植物所在的冲积平原也可见到东方猪毛菜。调查显示，在广阔分布范围内，东方猪毛菜产生了很多变种，体现在其灌丛构造、叶形状、花排列的密度以及其他器官构造的变化等方面。

中亚地区，通常东方猪毛菜可在克孜勒库姆蚀剥蚀山地之间的河谷及荒漠河流河道的冲积平原上形成单独的群系，地表是以硫酸盐为主的砂质黏土层。在土库曼斯坦南部地区，东方猪毛菜的植物群落占据了生长猪毛菜的龟裂洼地的周边区域，在东方猪毛菜的外围，蒿属群丛生长在砂土中，显然，它适宜的土壤环境是介于龟裂土和灰漠土之间的过渡性土壤。

由于蒿属一东方猪毛菜植物群落具备相对有利的土壤条件，因而形成了短命植物、类短命植物和旱生草本的层片，这使植被的结构变得复杂化。在别特帕克一达拉，东方猪毛菜群系中统计有 46 种植物，其中大多数与蒿属群系的植物种相同；在克孜勒库姆由于短命植物较多，物种总体数量也多于前者，这两个地区群系之间相同的物种不很多，其中主要是多年生植物。

**(4)蒿属一无叶假木贼(*Anabasis aphylla*)群系**

在这个群系的群落中白茎绢蒿占优势，肉质盐生植物是这个群系的特点，其中就包括无叶假木贼，它具有半灌木的生长方式，高度为 30～60 cm，每年会生出多汁茂盛的嫩芽，上半部分开花。除了老枝极以外，在越冬之后剩下一年生的下半部分作为植物的骨架。

单优无叶假木贼群落可以在古阿穆尔河下游三角洲脱盐的龟裂土上看到，在其发展过程中东方猪毛菜、黑梭梭和其他植物会不断加入其中。有一个显明的特征是以骆驼刺、枸杞属和柽柳为代表的残余土加依林植物往往与无叶假木贼生长在一起，这说明了它与这类植物的密切关系。研究证实(Фисюк，1957)，无叶假木贼在自然条件下只分布靠近河谷的周边地区，其生境实际上是土加依林退化或恢复的某些阶段。

除了无叶假木贼之外，在这个群系中还能够遇到木地肤（*Kochia prostrata*）和驼绒藜（*Krascheninnikovia ceratoides*），草本型植物中最常见的是一年生猪毛菜（*Salsola crassa*，*S. turcomanica*，*S. Brachiata*，*S. foliosa*，*S. kasakorum*）、角果藜（*Ceratocarpus arenarius*）及盐蓬属（*Halimocnemis*）、对叶盐蓬属（*Girgensohnia*）、叉毛蓬属（*Petrosimonia*）植物，短命植物和类短命植物在这个群系中很少见。

这个群系的植被主要占据冲积平原的高地及其古老的地带，此外这些地区还夹杂着生长在龟裂土里的盐生假木贼群落、沙生植物以及骆驼刺群丛，这都使该群系中的群落结构体现了多样性特征。

**(5)肉质盐生植物群系**

半灌木盐节木（*Halocnemum strobilaceum*）是这个群系的代表性植物，反映了该群系的生长环境特征和植物生态学类型，但是它并不出现在所有的群丛中。

盐节木的特性与以上所提到的蒿属植物、东方猪毛菜等类似，是一种近地植物，高度通常为 20～40 cm（图 4.9）。它的短小枝干在近地表附近分枝，沙埋时可形成不定根，伴随不定根形成新的生长点和分枝点，在这种情况下，普通的盐节木小灌木变成自带根系的嫩枝群体，并可部分的独立提供养分，因此盐土里会出现盐节木塔头墩子。每年在塔头墩子的表面，因为巨大的储水组织而生出许多肥大的生殖短枝，霜冻之后，外部肉质组织会干枯、脱落。

图 4.9　盐节木植株

盐节木的常见伴生种是盐爪爪，有三个相近的种（*Kalidium caspicum*，*K. foliatum*，*K. schrenkianum*）。盐爪爪的外观和盐节木很像，除了一年生嫩枝之外，它的肉质特点还出现在叶的构造上，基部半抱茎，但不会形成不定根。

茎肉质形式还包括其他一些植物，如盐角草（*Salicornia europaea*）和盐千屈菜（*Halopeplis pygmaea*）。叶肉质形式的还有囊果碱蓬（*Suaeda physophora*）和节节木（*Arthrophytum lehmannianum*）等。与盐节木共生的其他盐生植物还包括白滨藜（*Atriplex cana*）和补血草（*Limonium suffruticosum*，*L. leptophyllum*）等。

需要说明的是，肉质盐生植物属于最耐盐的盐生植物。它们的抗盐性与这些植物器官里可储存盐分的含量有关，表 4.4 列举了某些盐生植物的氯含量数据（干重%）：

**表 4.4　盐生植物的氯（Cl）含量（%）（Шахов，1961）**

| | 灰分 | 氯 |
|---|---|---|
| 盐节木（*Halocnemum strobilaceum*） | 40.90 | 15.30 |
| 盐角草（*Salicornia europaea*） | 67.56 | 19.40 |
| 白刺（*Nitraria schoberi*） | 57.02 | 14.32 |

肉质盐生植物群落广泛地分布于中亚平原上，但所占面积都不大。比较典型的是分布在高原和冲积平原的低地，或者盐湖和浅海阶地的狭窄地带，当然也出现在灌溉区的次生盐渍土壤中。

中亚地区分布着很多干盐湖(盐沼)，由于盐分极高不能生长任何的高等植物，但在其外围随着盐分的降低开始逐步分布各类植物群落。在卡拉库姆的东南部盐角草和 *Seidlitzia rosmarinus* 是盐沼的第一批植物，在它们之后是碱蓬、盐穗木、木本补血草和其他盐生植物。在克孜勒库姆西南部的侵蚀黏土高原能够见到下列结构的盐沼：临近外缘处分布着盐节草群丛，后面是被猪毛菜(*Salsola passerina*)和节节木(*Arthrophytum lehmannianum*)群丛占据的地带，其次是红砂(*Reaumuria fruticosa*)和木本补血草(*Limonium suffruticosum*)群丛，之后下一地带紧接着的是克孜勒库姆高原代表性植物蒿属－猪毛菜植物。

白滨藜是北部荒漠地带生长在盐土上的代表性植物，在南部白滨藜分布到乌斯秋尔特中部，它分布的南界走向大约沿着楚河直到巴尔喀什湖(图 4.10)。

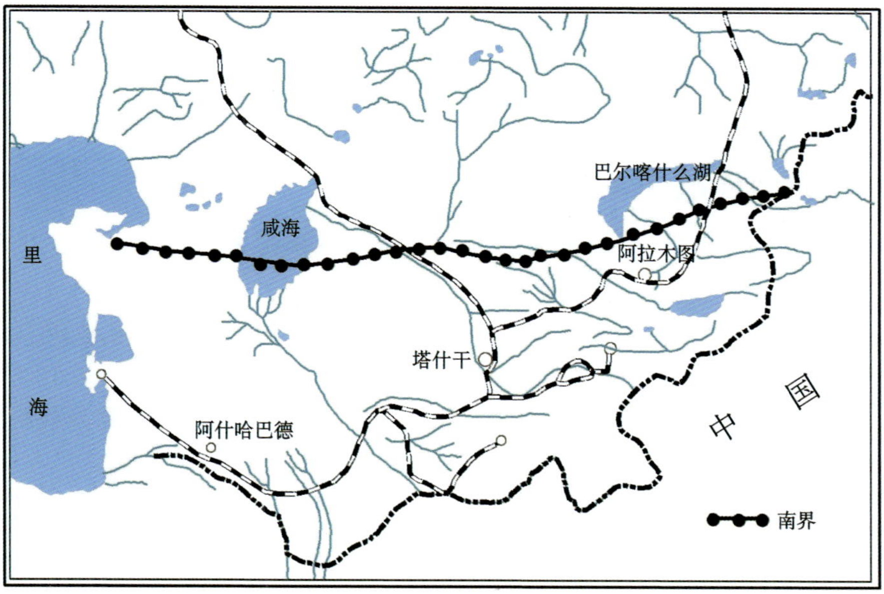


图 4.10　中亚白滨藜分布的南界

## 4.3　沙生灌木植被类型

中亚沙质荒漠的植被是所有荒漠植被中最受学者关注的，这或许是因为沙质荒漠集中了相对更丰富的植物资源，而且占据的疆域面积也最大。自古以来它们就作为牧场存在，并为人类提供可用作燃料的木材。

学者们对中亚沙质荒漠植被的研究很早，И. Борщовый(1865)在他对咸海沿岸沙漠的描述中最早提及了沙漠植物，在 В. Обручев(1890)的外里海低地和 В. Наливкин(1887)的费尔干纳盆地的研究中，也在描写沙漠的物理条件时有所提及，另外还包括 В. Дубянский(1911)针对咸海沿岸沙质土壤的研究，В. Палецкий(1914)针对卡拉库姆的研究以及 Ф. Готшалк(1915)针对费尔干纳沙漠的研究等。

苏联早期对中亚沙漠的研究工作(1920—1930 年)更多的是关注于对牧场的登记记录等应用型研究内容,约在 20 世纪 30 年代,地域性的研究开始慢慢变得系统化。

从上世纪 30 年代开始苏联的科学家们从各个方面对中亚沙漠进行了定点研究,并有许多地植物学和地理学的研究成果问世发表。内容涵盖了我们现在所熟知的中亚各类沙漠,它们从各个角度诠释了中亚各个地区的植被情况,这些学者当中包括了著名的学者如:E. Рачиковская, M. Петров, E. Коровин, B. Федорович, E. Ларенко 等等。

关于沙质荒漠的植被分类问题,许多前面提及的学者在他们的地域研究中都有所涉及。其中 Родин Л. 相对较明确地探讨了这一问题,在他的著作中提出了植被系统划分的主要观点,指出了之前研究的错误及不足,他说:“他们把植被分析和地貌学的基本单位绑在了一起”(Родин, 1948)。这里描述了沙漠植物系统分类的理论基础,总体来说所有植被包括沙漠植被都受周围环境条件的控制,可以借助植被和环境的相互作用这一点来理解这个说法。环境条件决定所在地的生态类型,而生态类型则影响植被的分化,从而对植被系统分类产生影响。如果系统分类需要知道植被和自然的关系,那它就必须可以反映出周围环境的生态特点和联系。研究人员忽略了生态理论和植物之间的矛盾。这两方面都需要在系统分类中考虑到,它包括三种类型:环境、植物的生命形式和植物群落构成。

基于以上的理论,首先应该搞清楚的是沙质荒漠中引起生态环境和植被分化的进程。

### 4.3.1 沙质荒漠中的生态环境

分析沙漠植被的生存环境,就必须要注意沙质土壤的特殊条件,它拥有相对有利于植被形成的水盐条件。卡拉库姆、克孜勒库姆等沙漠由中等粒级的沙晶构成,至于沙土的机械组成,在中亚各沙地基本一致,主要是 0.25～0.05 mm 粒级的,占 80%～90%,在沙丘上甚至可以达到 98%。沙土中如果有＜0.01 mm 的粉尘状颗粒,则一般与植被的作用相关,如 B. Дубянский(1928)发现卡拉库姆东南部生长着梭梭树丛的沙土中混杂有相当数量的细沙土,另外在一些有植被覆盖的沙漠谷地中也可以发现这种情况。

沙质土壤的这种结构十分有利于水的渗透,因此沙质土壤有很高的渗水性。据研究,水流可以在 25 min 内渗透厚约 100 cm 的沙土,而在混有黏土颗粒的沙土中同样的时间只能渗透 11 cm。对沙土来说,细沙土颗粒的含量即使只有一点变化,也会引起渗水性的大幅降低,所以大气降水只在凹地的沙土中滞留很短的时间,继而便被全部吸收。也正因为如此,沙漠无法形成地表径流,那么影响地貌形成的就是风蚀作用了。卡拉库姆(列别捷克站)沙土的物理性质见表 4.5 和表 4.6。

**表 4.5 9 月份沙土的平均湿度(%)**

| 地形 | 切面深度(cm) | | | | | | | | | |
|---|---|---|---|---|---|---|---|---|---|---|
| | 20 | 40 | 60 | 80 | 100 | 120 | 140 | 160 | 180 | 200 |
| 沙丘 | 1.4 | 2.2 | 2.3 | 2.2 | 2.0 | 2.2 | 2.1 | 2.0 | 2.0 | 1.9 |
| 谷地 | 0.5 | 0.5 | 0.7 | 0.8 | 1.0 | 1.1 | 1.4 | 1.8 | 1.4 | 1.4 |

**表 4.6　9 月份沙土的毛管作用(%)**

| 地形 | 观察时间 | | | | | | | | | | | | | |
|---|---|---|---|---|---|---|---|---|---|---|---|---|---|---|
| | min | | | | | h | | | | d | | | | |
| | 5 | 10 | 20 | 30 | 60 | 2 | 4 | 6 | 12 | 1 | 2 | 5 | 10 | 20 |
| 沙丘 | 18 | 24 | 29 | 32 | 36 | 39 | 41.4 | 42 | 43 | 44 | 44 | 46 | 49 | 50 |
| 谷地 | — | — | — | 20 | 29 | 37 | 45.0 | 49 | 54 | 61 | 66 | 74 | — | 85 |

从表 4.5 和表 4.6 中可以清楚地看到,沙丘地区上层沙土的湿度比谷地平均高出两倍。从另一方面来说,沙丘地区随着地下深度增加,湿度增加得也比谷地慢,同时干燥的过程也要慢一些。

对于纯度较高的沙土来说,它的水分提升能力在 1 m 之内都没有什么变化。因此,下层的沙土可以长时间保湿。在卡拉库姆的东南部,5 月沙土的水分存留于地表层和深度为 80～140 cm 处;6 月水分保留在深度 80～140 cm 处;8 月出现两个湿润层一地表层和深度 100 cm 处;9 月含有水分的湿润层合为一大层一20～120 cm,其中 120 cm 处是要快到春天才能达到的深度;与此同时在地表也慢慢聚集水分形成湿润层。就这样,沙丘上的沙土一年间干燥的深度不会超过 120 cm,0～40 cm 的沙土秋天的时候最干燥,沙砾松散。在某些文献中对此也有描述:沙丘一年间蒸发掉的储藏水分不超过 50%,而且大部分都是上层沙土流失的(Петров,1973),所以说,沙土中的水平衡一直处于正值。通过这种形式,沙丘中的水分得以保留,以供植物的生长需要。在卡拉库姆东南部的帕利瓦尔特区我们发现了芦苇繁茂的沙丘。通过挖掘,可以在地深 1.5 m 处发现水源,所以这种沙地也被叫做贮水地。

沙地的贮水特性早在 V. Nalivkin (1887)在对费尔干纳沙丘"湿核"的描述中就提到过,湿核的位置与沙丘的高度有关。5 月份,小型沙丘(40 cm)的湿核与大型沙丘(210 cm)相比更接近丘顶部,在沙丘的基部湿润层一般在 72 cm 以下。

上述贮水体系主要是针对中亚南方的沙地。在北方,比如说咸海附近,沙地主要有以下几个特点:水分一般可以渗透 0.5～0.7 m,沙地的干层(低含水土层,大气降水不能浸湿该层)很少会完全干燥。4 月份沙土的干燥层可达 10 cm,10 月份达 60～80 cm。沙丘的水分条件较好,没有干层存在,当然凹地的湿度条件要更好,在发育的沙地上,通常都是干燥层和湿润层交替分布。

相比与其他类型的荒漠土壤,沙土的一大优势是可以积累和贮存蒸发到大气中的水分这可以补偿大气降水的不足。沙漠地区的大气降水条件比较严酷,比较大的降水量,在个别年份可以达到 180 mm,但是也有一些年份,年降水量才不过 24 mm。这么少的降水,对其他地区,比如黏土荒漠上的植物来讲没什么意义,但是对于沙漠植被,这部分降水在生长季还是会起到一定作用。

风成沙土因为其特有的松散特性,具备有利于植物生长的水环境条件,但是在沙漠地区多风干燥的条件下,这种松散的沙土具有很强的移动性,尤其是在开阔的平原沙漠,这些因素促使沙漠中形成了强大的风蚀作用。对沙漠植物而言,风蚀是巨大的威胁,或被掩埋,或被出露,但是沙土良好的通气性使植物即使被沙土几乎全部掩埋也可以继续生长。

沙漠环境的另一个特征是温度条件。土壤的矿物组成中,热容最小,导热性最强的是石英,而沙土的主要成分就是石英,这导致土壤内部的温度梯度变化非常明显。以南卡拉库姆沙漠为例，春天正午时分表面温度可达到 46℃，而在 4 月底则能达到 52.5℃。5 月初可达 54～55.5℃，夏季列别捷克站测得的温度达到 79.4℃。而沙子本身的温度，各种测量结果显示，至少在 4 月底 5 月初这段时间，深 25 cm 处不超过 22～23℃，再晚一些，更深处的沙子也可以达到这个温度。卡拉库姆中部沙漠 5 月中旬正午的测量结果表明，深 75 cm 的沙子是这个温度。

中亚各类沙漠都有自己特有的生态特点，而每一片沙漠根据不同的起源，又有其特殊的理化特点。概括起来，中亚的沙漠可以分为如下三类：

1）风蚀沙漠，起源于冲积层或者由上新世的砂岩风蚀而成；

2）起源自河流；

3）起源自海洋。

### 4.3.2 沙生植被的组成和生物学特性

沙漠植被有自己特殊的物种构成和生物学特性，具有遗传进化的完整性和独特性。在中亚沙漠植被的发展进程中，这类植物是旱生植物适应各种沙漠生存环境的主要发展方向及趋势，另外在沙生植被成因的研究中还发现，它们生长的自然环境和喜石膏植物的环境有一定的相似性。下面具体介绍沙生植被的植物构成和特点。

在中亚主要的几处沙漠，包括卡拉库姆、克孜勒库姆、穆云库姆和萨雷耶西克阿特劳沙漠，记录过的植物种类达到 350 种，其中很多为特有植物。这些植物种群中较有代表性的是以下这些属（表 4.7）。

**表 4.7 中亚沙漠的代表性属**

| 属名 | 种数 | 属名 | 种数 |
|---|---|---|---|
| *Calligonum* | 67 | *Cryptodiscus* | 2 |
| *Ammodendron* | 3 | *Salsola* | 6 |
| *Eremosparton* | 3 | *Agriophyllum* | 4 |
| *Smirovia* | 1 | *Horaninovia* | 2 |
| *Ephedra* | 2 | *Corispermum* | 8 |
| *Astragalus sec. Ammodendron* | 26 | *Eurotia* | 1 |
| *Artemisia* | 7 | *Haloxylon* | 1 |
| *Stelleropsis* | 1 | *Acanthophyllum* | 3 |
| *Ferula* | 5 | *Streptoloma* | 1 |
| *Dorema* | 1 | *Zygophyllum* | 2 |
| *Chartoloma* | 1 | *Haplophyllum* | 2 |
| *Sameraria* | 2 | *Convolvulus* | 4 |
| *Spirorhynchus* | 1 | *Stipagrostis* | 4 |
| *Cithareloma* | 2 | *Scleropoa* | 1 |
| *Octoceras* | 1 | *Eremurus* | 2 |
| *Schummania* | 1 | | |

中亚地区的沙漠植物拥有非常丰富的生物形态，包含的类型从原植体一直到灌木和乔木植物，这为研究沙生植物的生态和生物学特性提供了充分的条件。由于贮留在沙土中的大气水分可以保障乔灌木的生长需要，因此这种广布的植被类型也构成了中亚沙漠的景观特征之一。

沙生植物中最接近乔木的是白梭梭(图 4.11)，有些研究沙漠的学者将它们划分为半木本植物。白梭梭与黑梭梭外观类似，叶片很小，看起来像鳞片，生殖枝很短，结果之后植株就不再变大。种之间的区别一般是树皮颜色的不同和一年生枝条的生化成分不同，它们会散发出不同的气味。白梭梭的特殊性在于它是沙生植物，总体来说，它属于无叶的肉质茎木本植物。其肉质成分只是一年生枝条，秋季这些枝条会丢失含水的组织而变得坚硬而木质化，还有一些一年生的绿色枝条会在秋季到来之前脱落。白梭梭一年生枝条最长的在卡拉库姆可达 73 cm (Нечаєва，1958)。

白梭梭的生长期开始于 2 月，在一些状况较好的年份，南方的白梭梭会更早一些，1 月初就开始了。株龄的第 5 年开始结果，此后的每一年都会结果。幼苗出土以后，5～10 d 内地上高度可达 5 cm，根扎深 10～12 cm。梭梭树的生长周期为 267～330 d。成熟的老梭梭可以达到黑梭梭树那么大。

银沙槐(图 4.12)也可以归属乔木，但受它们 6 m 的高度限制，按说只能算是灌木。这种树木有一个直径 5～7 cm 的主干，树皮光滑，树干中部分杈形成稀疏向下的树冠，树枝顶端是蓝色的花穗。银沙槐的刺上有两片扁平的叶片，其维管组织硬化程度很高，此叶片可在树上度过整一个夏天。银沙槐的寿命有限，差不多25～30 年，但树木生长速度很快，比如在列别捷克，一年可以长高 150 cm，在成树的侧根上经常生长出新树的萌芽。

还有一些较矮小的木本植物在沙拐枣属中。该属的 67 种植物中 *Calligonum eriopodum* (图 4.13)，*C. arborescens*，*C. elatum* 的生物形态比较像乔木。植株的大小和特点(单树干类型)都说明它们是矮高位芽植物，高度可达 7～8 m，树干直径达 30 cm，树干自中下部分杈形成稀疏的树冠。这些沙拐枣与该属的其他植物一样，每年都要生出 3 种枝条：生殖枝、生长枝和同化枝，同化枝最多，但在营养期结束时即凋落。乔木状沙拐枣的结构与其他的无叶植物一

图 4.11　*Haloxylon persicum*

图 4.12　*Ammodendron conollyi*

图 4.13　*Calligonum eriopodum*

样，没有叶片，只有叶片的演化器官，有一年生的枝，枝条生长的速度很快，而且在整个生长期都维持一开始那种柔软的结构。同化枝上的幼芽表面被覆表皮，里面依次包裹着 2 层绿色组织、树皮、中柱鞘和中柱。这样的结构说明这是一种可以发育成叶子的特殊幼芽。

卡拉库姆南部的一些沙拐枣 2 月份就开始发芽(生长期开始要更早)，到 6 月，果实即成熟，同时同化枝也会凋落。生长枝会一直保留到 10 月，长度可达 90 cm。因为种的不同生长期也在 165 天到 200 天之内不等，具有二次花期是其特征之一。

还有两种沙漠地区的木本猪毛菜也是矮高位芽植物(*Salsola richteri*，*S. paletzkiana*)。其中 *S. paletzkiana* 外形较高大，能达到 3 m，树干直径 6 cm。这两种木猪毛菜都具有半圆柱形的细长叶，叶长一般为 7～8 cm，结构肉质化，可以伴随植株的整个生长期。两种木猪毛菜都是在第 2 年或者第 3 年的时候开花，生长期一般开始于 2 月底。花期从 5 月底一直持续到 8 月并同时结果。一年生枝条长度可以达到 1 m 甚至更长。

剩下的所有木本沙生植物都可以归属于灌木，其中包括一部分前文提到的沙拐枣属植物。由于沙拐枣种类多种多样，沙拐枣这个名字一般是指这个属里的灌木类植物。沙拐枣是沙漠地区主要的景观植物，其中的大部分是比较低矮的灌木(约 1 m)。常见的一些种的区别主要体现在果实形状、老枝颜色和分枝方式上。也有一些沙拐枣的生长方式不太一样，它们拥有几个直的树干，其生长方向与和树枝一样向上生长，如 *Calligonum turkestanicum*，*C. microcarpum*(图 4.14)等，在松散的沙地上生长，当被沙子填没时，可形成大量的萌发枝。另外一些物种的特征是树干更短，它们在近地表面即分杈形成圆形的树冠，树冠由弯弯曲曲的树枝构成，枝节上生出成束的当年幼芽(可达 20 个)。这种灌丛状的沙拐枣一般出现在相对较为密实的沙地上，该属 *Pterococcus* 组的很多植物就是这种类型。

有一些沙拐枣，和大部分同类植物不同，它们在幼龄期发育有细窄的中心叶片(*C. setosum*)，其叶片形状和结构与*Salsola paletzkiana*的叶片一样，但在发育后期这类叶片会退化。

无叶豆(图 4.15)灌丛与众不同，同属三种植物的生长方式一样，成株高度约 1 m，树冠由大量直向上生长的分杈构成，一年生枝细绿色，于秋季凋落，叶片完全退化。在被沙子埋没的情况下，植物会在树干上生出不定根，然后在这些不定根上生长萌发枝并生根，当年枝在 5 月份开始产生木质层。

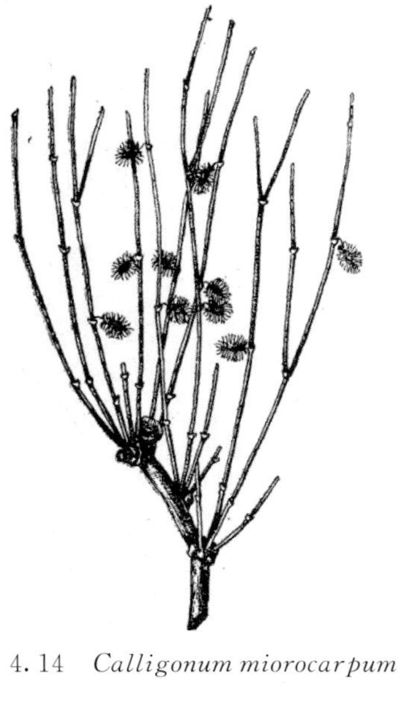

图 4.14 *Calligonum miorocarpum*

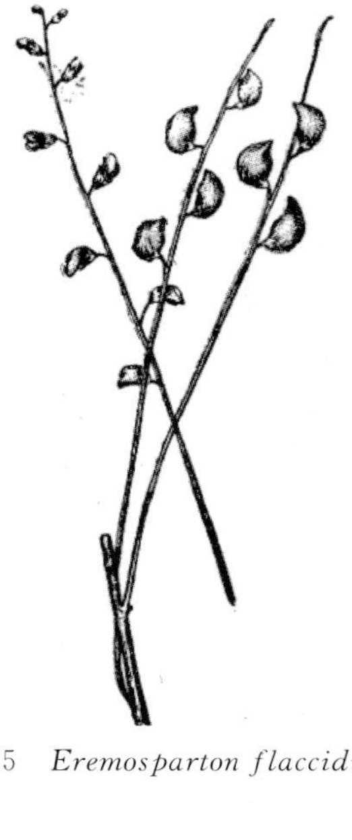

图 4.15 *Eremosparton flaccidum*

典型的沙生植物代表还有麻黄，包括球果麻黄（*Ephedra strobilacea*）（图 4.16）和窄膜麻黄（*E. Lomatolepis*）两种。球果麻黄的灌丛高度在 1 m 或其以上。幼枝因为叶的对生排列所以分节生长，叶呈鳞片状，刚长出来的嫩枝有分化功能，在它们的表皮里有 7 排含有叶绿素的细胞，其活性可以一直维持到第三年。表皮符合旱地植物生长特点：细胞壁加厚、气孔加深、表面有一层蜡膜等等。从炎热的夏天开始，麻黄属植物会脱落植株的一部分，按照成节依次脱落，顶部的生长枝会相应减少，由于麻黄的更新发育主要依靠幼枝最上节的嫩芽，这样有利保护植物。灌丛基部的次生茎发育较早，球果麻黄的当年枝到秋天可达 12 cm，三年生灌丛可以长到 1 m 的高度，一般到这个时间就开始出现根蘖。

沙生灌木还包括银沙槐属沙生组 Sect. *Ammodendron* Bunge（图 4.17）的植物。这些灌木植株较矮，高度最高可达 70～80 cm，彼此非常相似，叶为简化的小叶，在果实成熟之后随之凋落，夏季枝条基本上处于裸露状态。

上述内容展示了乔一灌类沙生植物的生物形态特点与特殊性。当然，它们能生存的前提是沙地提供的良好水分条件，因为这些植物对水分的需求量都比较大，梭梭、银沙槐、*Smirncwia*（图 4.18）、沙拐枣以及其他植物在一昼夜内会多次更换组织内储藏的水分。按耗水量排名的话，第一位是梭梭，其次是银沙槐，耗水量最少的是猪毛菜（*Salsola richteri*），沙拐枣对水分的需求和梭梭差不多。

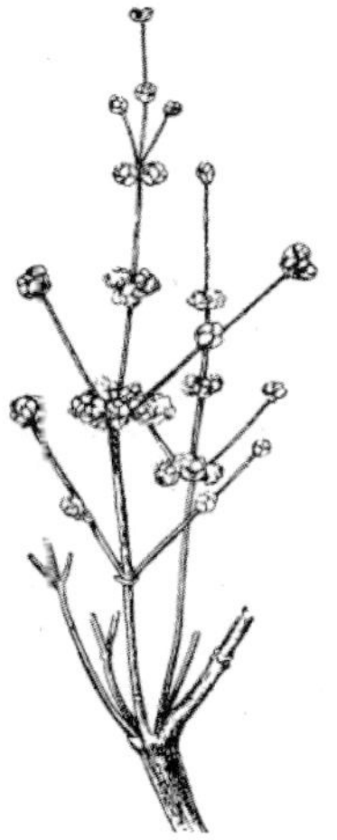

图 4.16　*Ephedra strobilacea*

图 4.17　*Ammodendron eichwaldii*

图 4.18　*Smirnowia turkestana*

植物根系特殊的结构和在沙土中的分布状况在维持水分平衡上具有重大意义。M. 彼得罗夫（Петров，1973）等学者研究了一些沙漠灌木植物的地下生活，发现有一些物种（*Calligonum caput*，*C. arborescens*）的主根不超过 2 m，但主根上可平行生出几根长达 30 m 的侧根。当地表沙土被吹开的时候，它们就都裸露在地表，看起来好像数条几十米长被拉开的绳子一样。这些灌木的水分和矿物营养的吸收都在沙土上层不超过 1 m 深范围内，但表面积却占据几百平方米。这种应对湿度不稳定性的方法在其他的沙生灌木植物身上也可以看到，一般还有一些深入沙土 2～3 m 的侧根。

根系像这样分布的还有银沙槐、无叶豆和木本猪毛菜。银沙槐大部分的侧根（60%）都集中在深度 1 m 以内的上层沙土，再深分布的就已经是第二层根系了。它们的根系分布可以覆盖 1000 $m^2$。

这种灌木根系的结构和分布应该有两种不同的作用，一是适应沙土的水分一营养特征，二是植物对水分更高的需求。

在对沙质荒漠的乔一灌木植物适应性的研究中可以看到，它们对天气变化的反映十分强烈。春季和冬季的降水和温度会影响灌木生长周期的节律，冬季的延长和春季平稳的气温及规律的降水都有利于并加速植物的发芽生长。而对于灌木植物来说，要进行良好的育种更新，必须连着 2 年条件不错的春季。4 月份的春寒（−2～5℃）会对刚长出来的新芽和正在发育的嫩枝产生灾难性的影响。干燥的春季也会大幅减弱植物一年内的生长，缩短灌木植物的生长期，同时也是导致植物成株死亡的原因之一。

一年生植物包括很多不同的植物种群。中亚沙漠有记录的一年生植物有 143 种，包括 98 种短命植物（春季型）和 45 种夏一秋型的植物，表 4.8 列出了一些典型属不同形态的种数分布。

**表 4.8　一年生荒漠植物的不同形态**

| 春季型 | | 夏一秋季型 | |
|---|---|---|---|
| *Crucianella* | 2 | *Horaninovia* | 3 |
| *Cuminum* | 1 | *Corispermum* | 8 |
| *Aphanopleura* | 1 | *Agriophyllum* | 4 |
| *Octoceras* | 1 | *Salsola* | 4 |
| *Chartoloma* | 1 | *Halothamnus* | 2 |
| *Cithareloma* | 2 | *Girgensohnia* | 1 |
| *Strigosella* | 1 | *Ceratocarpus* | 1 |
| *Isatis* | 3 | *Euphorbia* | 5 |
| *Sameraria* | 2 | *Diarthron* | 1 |
| *Pachypterygium* | 1 | *Spirorhynchus* | 1 |
| *Streptoloma* | 1 | *Scleropoa* | 1 |
| *Syrenia* | 1 | *Oligochaeta* | 1 |
| *Matthiola* | 1 | *Londesia* | 1 |
| *Astragalus* | 5 | *Kochia* | 1 |
| *Schismus* | 1 | *Kirilowia* | 1 |
| *Trisetum* | 1 | *Cousinia* | 2 |
| *Cousinia* | 4 | *Bassia* | 1 |
| *Chamaesphacos* | 1 | *Suaeda* | 1 |
| *Lallemantia* | 1 | *Chrozophora* | 2 |
| *Thuspeinantha* | 1 | *Atriplex* | 2 |
| *Nonea* | 1 | | |
| *Scorzonera* | 2 | | |

（续表）

| 春季型 | | 夏一秋季型 |
|---|---|---|
| *Erodium* | 1 | |
| *Delphinium* | 3 | |
| *Vaterianella* | 3 | |
| *Silene* | 2 | |
| *Tetraeme* | 1 | |

在南卡拉库姆沙漠，短命植物大多从 12 月—次年 1 月开始它们的发育，有 47 种植物的种子在这个时间段里开始发芽生长，其中包括禾本科、十字花科、菊科等。但是也有很多是春天才开始生长的，甚至也可以分为春播植物和越冬植物。那些秋天就开始生长的短命植物有一个优势，就是到来年春天的时候，它们基本都已经发育成形了。在卡拉库姆，最适宜种子发育的温度是 7～12℃（一般是 11—12 月，或者是来年春天），当然种子发育必须有适宜的湿度。根据种子开始发芽的时间不同，植物的生长期也各不相同，比如如下这些植物：

镰形角果毛茛 (*Ceratocephalus falcatus*) 75～159 d
条叶庭荠 (*Alyssum linifolium*) 79～162 d
荒漠旋果芥 (*Streptoloma desertorum*) 75～157 d
小花角茴香 (*Hypecoum parviflorum*) 62～162 d

以上描述的生长过程适合大部分的短命植物，但是如果有降水，部分短命植物在 7、8 月份也有可能发芽，这可以让它们能够更好地适应沙漠变化无常的天气。

许多短命矮草本植物（高度 10 cm 左右）在湿润的春天可以长到 50～70 cm 高，同样和天气有关的还可以从根系在深度不超过 15 cm 的近地表分布看出来，短命植物的主根就在地表下面一点的位置，分枝又细又少或者只有几根侧根，禾本类植物形成稀疏的须根，显然这类植物的水分补给完全依靠大气降水。

夏一秋季的一年生植物多见于松散的移动沙丘。这类植物因为其生长期包含了整个干旱少雨的夏季因而被单独列出来，例如对节刺（*Horaninovia ulicina*，*H. minor*，*H. exctllens*）和沙蓬（*Agriophyllum minus*，*A. latifolium*，*A. arenarium*，*A. laterif lorum*），它们的生长期可持续 6 个月。植株具有稀疏而硬化的叶片，至少是具有硬化的枝芽。沙蓬在沙丘的坡上扎根，须根很长（3 m），将植物固定在松散的沙子上并为其输送养分。对节刺的侧根则是从水平向垂直发展，具有类似结构的还有猪毛菜（*Salsola pellucida*，*S. praecox*）。不同于普通的短命植物，这类植物所有已知的物种都只在春天的 3 月 1 日到 4 月 6 日这段时间，温度达到 23～27℃的时候才发芽。

多年生草本植物在沙质荒漠的植被组成中占据重要地位。和一年生植物类似，部分（31 种或 10%）属于春季生长的植物，或者叫类短命植物，另一部分（75 种，22%）属于夏季生长的植物（图 4.19、4.20），如表 4.9 所示。

在沙漠的类短命植物中经济价值最高的是薹草（*Carex physoides*（图 4.21），*C. subphysodes*）。这种植物植株矮小（15～20 cm），在 5～30 cm 的沙层形成分枝的根状茎和须根，在沙土中穿梭形成一个密集的网，在松散的沙土上生根的薹草可以很快地将沙土固定不让风将其吹散。在中亚南部,薹草在秋季度过夏伏之后于 9 月底—10 月份开始新一轮的生长,老叶结束生长并长出新叶,在卡拉库姆南部有薹草秋天开花的记录。冬季薹草因为霜冻或寒冷会屡次中断生长,正常的生长期是 3 月份,到 5 月底地上部分就会枯死直到 9 月或者来年的春天。

图 4.19　*Acanthophyllum elatius*

图 4.20　*Astragalus petunnikowii*

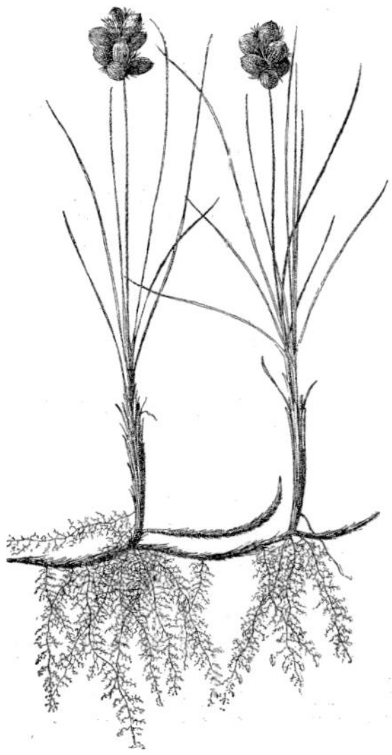

图 4.21　*Carex physoides*

**表 4.9　多年生草本的不同形态**

| 类短命植物 | | 夏季生长的植物 | |
|---|---|---|---|
| *Carex* | 1 | *Stipagrostis* | 4 |
| *Poa* | 1 | *Jurinea* | 2 |
| *Allium* | 8 | *Astragalus* | 19 |
| *Gagea* | 4 | *Eremostachys* | 5 |
| *Eremurus* | 2 | *Ammothamnus* | 1 |
| *Iris* | 2 | *Stipa* | 1 |
| *Merendera* | 1 | *Acanthophyllum* | 3 |
| *Tulipa* | 2 | *Convolvulus* | 4 |
| *Ferula* | 4 | *Cousinia* | 6 |
| *Rheum* | 2 | *Prangos* | 2 |
| *Eminium* | 1 | *Haplophyllum* | 2 |
| *Ungernia* | 1 | *Argusia* | 1 |
| *Rhinopetalum* | 1 | *Heliotropium* | 2 |
| *Leontice* | 1 | *Artemisia* | 4 |

（续表）

| 类短命植物 | | 夏季生长的植物 | |
|---|---|---|---|
| *Cistanche* | 1 | *Chondrilla* | 4 |
| *Orobanche* | 1 | *Leymus* | 1 |
| *Dorema* | 1 | *Agropyron* | 1 |
| | | *Linaria* | 2 |
| | | *Echinops* | 2 |
| | | *Gypsophila* | 1 |
| | | *Bryonia* | 1 |
| | | *Psoralea* | 1 |

沙生植物果实和种子的结构和外貌也是非常利于传播的（图 4.22）。沙漠中风力传播植物种子可以细分为以下几种：1）气球状；2）螺旋桨状；3）翅状；4）降落伞状，这些类型都常见于不同系统分类的植物。

1）属于气球状的种子一般是豆科植物。*Smirnowia* 的种子可以长达 4 cm；外观卵形，种皮薄而干燥，一般有 1～2 颗种子。*Astragalus kelifi*，*A. chivensis*，*A. maximoviczii* 的种子外观像小豆子，被外形像气球的花萼薄膜包裹，沙拐枣属植物和沙生薹草（*Carex arenaria*）的种子也属于这一类。

2）银沙槐的种子从侧面被压扁，看起来就像是螺旋桨；中间有点扁的地方有一颗种子，种子的外皮密实，强韧，长 30 mm，宽 7 mm。

3）沙漠植物中最多的就是翅状的，可以在各种甚至来自完全不同科的植物上看到，比如麻黄属、大黄属、沙拐枣属、猪毛菜属、盐节木属和 *Chartoloma* 属（十字花科）。从系统发育学的来源看，麻黄属的翅是苞叶变化而来的；大黄属和沙拐枣属的子房壁增大，发展出 4 片宽脊，沙拐枣属有两片薄膜状的翅，大大增加了种子的表面面积，提高了种子的移动性；猪毛菜和梭梭树种子的翅则来自于花被，而不是苞片和子房；木蓼属种子的翅是一部分花被的横纵向延长，而花被本身则包裹着种子，和它一起落下。

4）降落伞形状的风力传播种子主要是针禾属。花萼上的芒有三支，上面覆盖着长长的茸毛。

除了增加表面面积，减轻自身重量的结构之外，有些是减少果实里种子的数量，比如 *Smirnowia*，有些则在果实的壁上生成一层厚厚的含有空气的组织，比如 *Cryptodiscus ammophilus*，伞形科和紫草科的某些沙生植物果实是圆形的，里面填充的是海绵组织。

沙生灌木植物一般都比较高大，高大的外形使他们不易被沙土完全掩埋致死。毋庸置疑沙质荒漠灌木的生长速度很快，表 4.10 是不同的沙生灌木在实验条件下的生长数据。

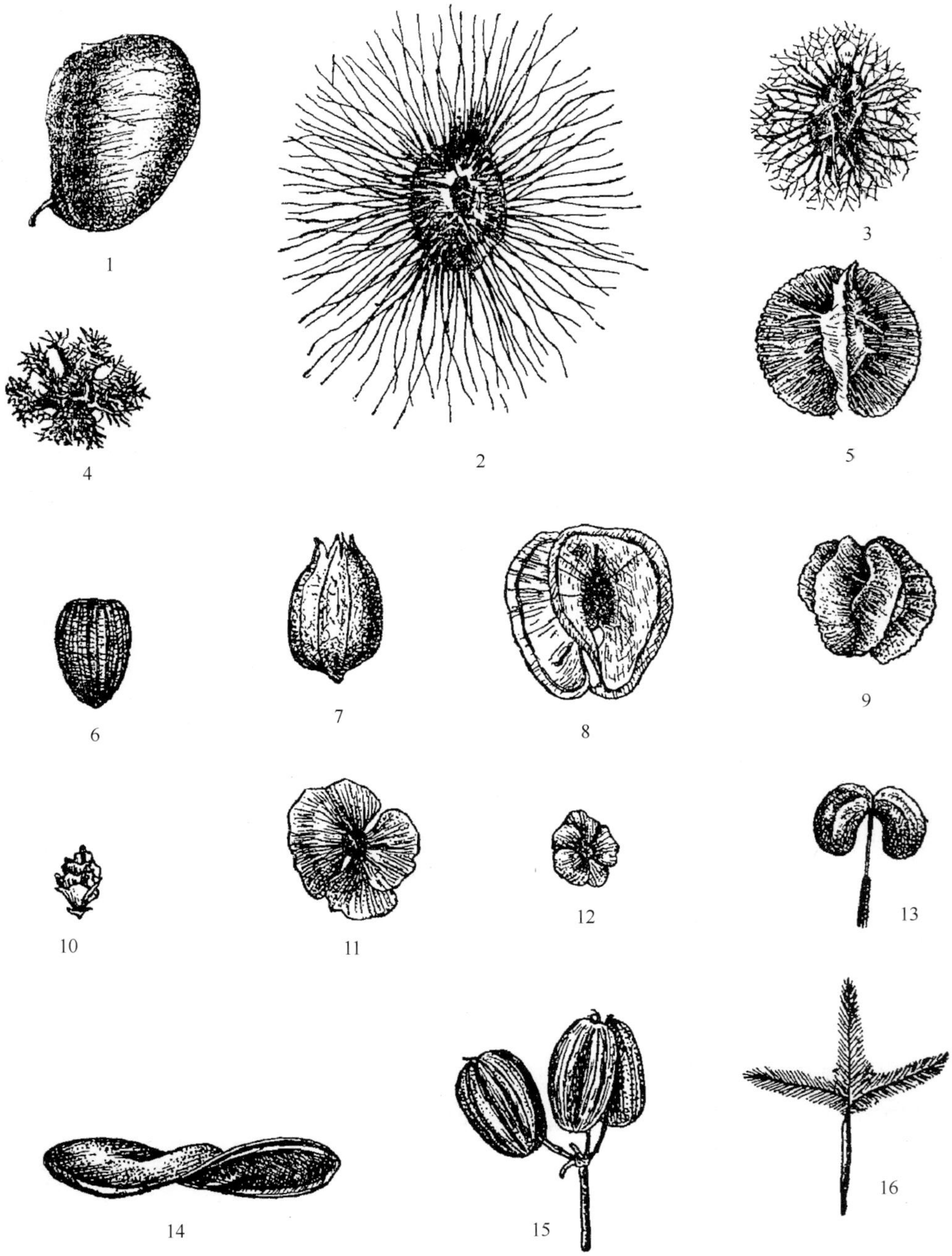


图 4.22　沙生植物的种子

1—*Smirnowia turkestana*；2—*Calligonum paletzkianum*；3—*C. caput—megusae*；4—*C. rotula*；5—*Sec. Pterococcus*；6—*Carex physodes*；7—*Astragalus chivensis*；8—*Pheum turkestanicum*；9—*Calligonum leucocladum*；10—*Ephedra strobilalacea*；11—*Salsola richteri*；12—*Haloxylon persicum*；13—*Cryptodiscus ammophilus*；14—*Ammodendron conollyi*；15—*Ferula litwinowiana*；16—*Stipagrostis karelinii*.

表 4.10　不同沙生灌木的生长特性

| 植　物 | 8 月—12 月 | 一个生长期 | | 三个生长期 | |
|---|---|---|---|---|---|
| | 芽长(cm) | 木质化芽长(cm) | 树干周长(cm) | 木质化芽长(cm) | 树干周长(cm) |
| *Calligonum eriopodum* | 105 | — | — | 92 | 5.5 |
| *C. caput Medusae* | 120 | — | — | 160 | 5 |
| *C. arborescens* | 180 | — | — | — | — |
| *C. setosum* | 65 | — | — | — | — |
| *C. turkestanicum* | — | — | — | 220 | 10 |
| *Salsola richteri* | — | 248 | 10 | — | — |
| *S. subaphylla* | — | 240 | 9 | — | — |
| *Arthrophytum persicum* | — | 90 | 3 | — | — |
| *Astragalus confirmans* | — | 160 | 4 | — | — |
| *Eremosparton flaccidum* | — | 60 | 1.5 | — | — |

在自然环境下沙生灌木生长速度甚至更快，比如 *Astragalus confirmans* 38 天就可以长高 90 cm，同样时间内，*Calligonum eriopodum* 的个别树枝甚至可以伸长 50 cm 以上。这种植物的树龄是 12～15 年，可以长到 6 m，树干直径可以达到 35 cm。

沙漠中的风吹散沙土，会对植物的生存产生不利的影响，有时候甚至会让植物整个裸露在外面。能在这种环境下生存下来的植物数量不多，它们可以用自己的枝条固定沙土从而抵抗这种毁坏性的风蚀作用。

### 4.3.3　沙质荒漠植物群系

沙漠地区的沙地一般都成特定的外观，比如中亚沙漠大部分都是起伏的沙丘和成山脊状的沙脊，这决定于风力作用的方向和强度。观察表明，沙子最容易被吹散的地方是沙丘和沙脊的顶部，而这里也正是最容易集聚沙土的地方。沙丘和沙脊斜坡承受的气流已经减弱，所以它们的表面相对来说比较稳定，而至于那些沙丘之间的凹地则是风蚀作用比较集中的地方。

根据沙丘和沙脊上的环境条件差异，风蚀作用的地方可以分为三处：松散的移动沙丘，松散的沙地和紧实的沙地。每一种都有自己特殊的湿热条件和土壤的理化构成，合在一起就构成了一个风成体系。

移动沙丘区是风蚀破坏的一个极端，它的特点是表面不稳定，各种物质不停地混合在一起，轻细的混合物被吹走。沙土构成的研究表明，这里小于 0.01 mm 的黏土颗粒占比不超过 1.5%～2%，大一点的聚合物占 98%甚至更多。从卡拉库姆南部到咸海附近的沙漠，上层植物扎根的沙土都是这样的构成比例。这些四处飘散被风力挑选出来的沙土，因为有着高度的透水性，所以水分可以进入沙土深处，也可以更久地保留水分。深度 75 cm 处全年可以保持 1%～3%的湿度。一般到年中这个深度的沙土才会变干，只有在非常特殊干旱的年份才可能干燥到 200 cm 以下。冬季和春季雨水可以浸润 200 cm 以下的沙土，在这种深度保持沙土的湿度在3%～5%之间，而上层沙土的湿度则是5%～7%。每年雨水都深度冲刷这些疏松的沙土，所以这里的沙土里已经没有存留什么可溶性物质了。松散的沙土中除了碳酸盐没有其他任何盐分，碳酸盐的含量虽然很少，但几乎都在地表，也没有任何腐殖质。

下一个风蚀区的特点是有留存下来的物质。因为沙丘坡面移动性的降低，黏土颗粒在松散的沙地中比例上升到了3%。在干旱期，沙土的湿润层在地下50 cm，这种状态大概持续7个月。其余时期沙土保持3%～5%的湿度，偶尔会达到5%～7%，但持续时间非常短。这样的沙土在部分程度上具备了灰漠土的某些特性。它的剖面上可以看到分化了的土壤层，每层的结构、颜色和物化构成都不同，费尔干纳沙漠中曾经在20～60 cm的深度发现了碳酸盐层。水溶性盐如果出现在这类沙土中的话，一般含量为0.1%，腐殖质含量达到0.5%，穆云库姆沙漠地区的沙土物理状态与此类似，但深层沙土的含碱量较高。

紧实沙地能被风吹散的沙土就更少了，因为地表含有较多的黏土颗粒(4%～4.5%)而较紧实。事实上这里的沙子已经可以算是地理学中定义的土壤了。这样的沙土可以在沙丘和沙脊坡的下半部分见到，或者在沙丘和沙脊之间的凹地也可以找到。这种土壤统称为疏松的灰漠土。A. Розанов对它们进行了描述(Розанов, 1951)：

1)形成了碳酸盐层(28～30 cm)；

2)聚集了大量的石膏(130～150 cm)；

3)上层土壤颜色呈黄褐色；

4)地表有草类生长。

在北部纬度更高的沙漠，这样的沙土含碱量高，一般很容易盐渍化，这里形成的土壤，在文献中通常被称为棕漠土。

沙土的风蚀是沙漠生态环境分化的一个主要途径。这里的植被非常分散，形成景观的形态体系主要由乔一灌类植物构成，其中包括沙生植物，但是参与植物群落构成的囊括了从地衣到树木的所有沙漠植物的生物形态。

沙生生物群落的构成，包括树木、灌木、草类和苔藓类植物，以此类推，那些生物形态类似的植物似乎应该分布在植物群落的不同层中，但是这种现象在这里并不存在。这里的植物从灌木到草本都属于可以独立存在的阳地植物，它们在群落中各自的遮光能力决定了它们的分布。这种关系当然对树木和灌木比较有利，正因此，这里植物分布才是呈平面分布，而不是垂直分布。一些生物形态相同的植物在相似的环境条件下混生并构成群落，形成了独有特色的斑块状植物混生群落。

植物在群落中占据的比例取决于它们遮光的能力和在群落中占据领土的能力。但在野外观测和实验中还发现在群落的斑块结构中，草本植物具有很强的竞争力。研究证明，薹草(*Carex* sp.)可以压制灌木种子的再生，从而限制它们的分布。

沙生植物群系多分布在沙丘和沙脊的斜坡上，一般占据斜坡的中上部。其中可见到的群系有：

1) 梭梭一薹草群系(Haloxyloneta physocaricis)；

2) 沙拐枣一薹草群系(Calligoneta physocaricis)；

3) 银沙槐一针禾群系(Ammodendroneta Stipagrostise)；

4) 沙拐枣一针禾群系(Calligoneta Stipagrostise)；

5) 驼绒藜群系(Ceratoideta physocaricis)；

6）墙藓群系（Tortuleta）。

**(1)梭梭(*Haloxylon persicum*)—薹草群系**

广泛分布在中亚的沙质荒漠中，从南方到咸海附近的卡拉库姆，远至克孜勒库姆、穆云库姆、萨雷耶西克阿特劳及其他沙漠中，以下简称为白梭梭群系。

白梭梭群系是沙质荒漠占地面积最大的生态体系，它形成了中亚沙漠最原生的地貌景观。布满白梭梭树的沙地一般是一些地势起伏较小的（卡拉库姆的低地）或者被沙脊圈出来的大片沙漠（南克孜勒库姆）。这两处沙丘的高度从 3～6 m 到 15 m，而高一些的沙脊可以达到 20 m 甚至 30 m。

白梭梭不总是受地下水分布的影响。E. Благовещенский 对卡拉库姆的白梭梭生态体系进行了研究（Благовещенский，1941），表明它们的分布只取决于沙土中的冷凝水分。但是，有些白梭梭是靠地下水的毛细管作用提供水分的，在白梭梭丛附近的地下水有淡水也有淡咸水。

白梭梭平均可以长到 3～4 m 高，但有的可以达到 7～8 m，总体来说梭梭会比周围的一些同类长得更高一些。在沙漠平原上，白梭梭树可以像黑梭梭树一样，也是可以独立形成灌木林的植物，但是这种情况只发生在有固定水源的时候，它们在沙漠中的稀疏分布就说明了这个因素的影响，另外沙土中冷凝水分的不足，是造成梭梭树丛中每 2～3 棵梭梭树就有一棵死亡的原因。

梭梭群系中常常伴随梭梭树混生的是几种沙拐枣，它们的种类随着地区不同有很大的差异。与上述两种植物常常混生的还有木本猪毛菜和蒿属。在白梭梭树丛中偶尔也能见到两种无叶豆属植物（*Eremosparton. aphyllum*，*E. flaccidum*）和 *Smirnowia turkestana*，而在穆云库姆和巴尔喀什湖附近则为 *Ammodendron sieversii*，*Stellera stachyoides* 等。同样在群系中也可以见到半灌木植物，如某些驼绒藜属（*Krascheninnikovia*）的植物、木地肤（*Kochia prostrata*）和 *Artemisia songorica* 等。

在白梭梭群系中种类最繁杂的当属草本植物，有 130～140 种。在卡拉库姆记录了 80 种。其中将近半数的草本植物（60 种）属于短命植物（图 4.23，图 4.24），如果按照这样的模式划分一下的话（按比例）：一年生植物中，45.6％的为短命植物，6.5％的为夏季生长植物，9.0％的为秋季生长植物；多年生植物中，19.0％的为类短命植物和 19.0％的生长期较长的植物。

在白梭梭林的草本植物中占总量比例最大的是短命植物，包括薹草属和早熟禾属。薹草属植物借助自己的根状茎和为数众多的气生枝形成了一层松软的植被，占据了地表的将近 30％的面积。早熟禾（*Poa bulbosa*）不是四处生长的植物，它只出现在山前荒漠沙地里，比如在克孜勒库姆南部。短命植物数量众多，但是在更加松散的沙土上分布稀疏或者是完全没有。其他较常见的短命植物种有：*Bromus tectorum*，*B. sericeum*，*B. macrostachys*，*Schismus arabicus*，*Eremopyrum Buonapartis*，*E. orientale*，*E. triticeum*，*Trisetum cavanillesii*，*Astragalus arpilobus*，*Astragalus commixtus*，*A. oxyglottis*，*A. gyzensis*，*Streptoloma desertorum*，*Meniocus linifolius*，*Strigosella grandiflora*，*Isatis emarginata*，*I. minima*，*Tetracme recurvata*，*Scorzonera hemilasia*，*S. acrolasia*，*Senecio subdentatus*，*Koelpinia linearis*，*Matricaria lamellata* 等等。

图 4.23 *Lappula semiglabra*

图 4.24 *Aphanopleura leptoclada*

白梭梭树林草本植物中还有很多夏季生长的多年生草本，它们包括 *Acanthophyllum elatius*，*Astragalusa turczaninowii*，*A. petunnikovii*，*A. chivensis*，*A. maximoviczii*，*A. turbinatus*，*A. flexus*，*Stipa hogenackeriana*，*Agropyron sibiricum*，*Chondrilla brevirostris* 等等。

样方调查的结果表明，白梭梭群系生物群落的组成物种种数一般在 15～30 个不等。

在克孜勒库姆地区，梭梭一薹草群系富含蒿类，如 *Artemisia kemrudica*。蒿类植物生长在沙脊面北的斜坡上，在这样的条件下形成梭梭树一沙拐枣一薹草种群。但是穆云库姆和哈萨克斯坦其他的沙漠中白梭梭树林的变化更大更深入。它们改变了组成成分、结构，甚至是地理分布，哈萨克斯坦梭梭群系的构成体系更为复杂，除以上所提到的植物之外还包括其他一些物种如：*Ephedra lomatolepis*，*Chondrilla brevirostris*，*Ferula dshaushamyr*，*Dendrostellera stachyoides*，*Ferula syreitschikovii*，*Haplophyllum perforatum*，*Echinops albicaulis*，*Agropyron sibiricum*，*Jurinea krascheninnikovii* 等等。

群落结构的特殊在于这里出现了下列物种的密丛形态，包括洗瀚针茅（*Stipa hohennackeriana*），准噶尔鸢尾（*Iris songarica*），冰草等。这种生长形态的外观特点相较于沙漠其实更像草原，但从另一方面来说，上面的这些物种都能适应在松散的沙土上扎根。

哈萨克斯坦梭梭林中的短命植物正好相反，无论是组成数量还是作用都大大减小。需要特别说明的是，哈萨克斯坦起伏沙丘上的梭梭树林和中亚南部沙漠不同，它们一般都生长在风蚀作用最强烈的沙丘顶部。

综上所述，梭梭一薹草群系可以分为以下几类群丛：梭梭一薹草类、梭梭一沙拐枣一薹草类、梭梭一针禾一薹草类、梭梭一苔藓一薹草类和梭梭一冰草一薹草类。

**(2)沙拐枣(*Calligonum sp.*)一薹草类群系**

这种群系和梭梭树林一样，都是在沙丘和沙脊上，占据了地形中的优势位置。它们出现的原因和沙土的物理状态有关。沙拐枣一薹草类群系一般生长在沙土较紧实的，已经具有某些灰漠土特征的地方。地下水水位较低也具有重要意义，沙拐枣和其他与其混生的灌木都可以自行寻找水源，而与此相反的梭梭树，主要依靠重力水和毛细管水。地下水位低往往是造成白梭梭树死亡的一大致死条件，但沙拐枣就没问题。比如说，在卡拉库姆东南部的沙脊上，地下水位于地下深 100 m 或者更深的地方，那里没有梭梭树，但是沙拐枣却存活了下来。

沙拐枣－薹草群系中的群落有自己固定的结构，密丛草本植物在土壤表面均匀分布，这里主要的构成植物是薹草。薹草彼此之间相距 3～5 cm 相当密集，占表面面积的 40%～45%。在最密集的情况下，比如在卡拉库姆东南部，薹草的数量达到 400～450 棵/$m^2$，地上部分干重 200 g，早熟禾的数量较少。总体来说，在这个群系中草本植物群落的构成草类还是很多样化的，在小块样地中植物种类能达到 25～30 种。

群系中短命植物群落的物种最丰富。物种数量较多的是一年生的雀麦（*Bromus* sp.）和冰草（*Agropyron* sp.），以及杂草类植物 *Koelpinia linearis*，*Strigosella grandiflora* 等，多年生草本植物的种类比较少，包括下列典型的植物（拉丁文名，下同）。

| | |
|---|---|
| *Heliotropium gymnostomum* | *Achanthophyllum stenostegium* |
| *Haplophyllum bunget* | *Astragalus maximoviczii* |
| *Eremostachys boissieriana* | *Haplophyllum pedicellatum* |
| *Psoralea drupacea* | *Bryonia monoica* |
| *Schumannia karelinii* | *Allium regelii* |
| *Asparagus popovii* | *A. caspium* |
| *Cousinia bipinnata* | *A. sabulosum* |
| *Haplophyllum perforatum* | *Merendera robusta* |
| *Gypsophylla paniculata* | *Stipagrostis pennata* |
| *Astragalus turbinatus* | *Agropyron sibiricum* |
| *A. alopecias* | *Stipa hohenackeriana* |
| *A. chivensis* | *Ferula dshaudshamyr* |
| *A. kelifi* | *Echinops albicaulis* |
| *Cousinia alata* | *Eremurus inderiensis* |
| *Chondrilla coronifera* | *E. anisopterus* |
| *Leontice eversmannii* | *Stipagrostis plumosa* |
| *Bongardia chrysogonum* | *Convolvulus korolkovii* |
| *Ranunculus leptorrhynchus* | *Astragalus flexus* |

多年生草本植物在沙拐枣－薹草形态体系中有许多不同的意义。某些条件下多年生草本植物在群落中生长得像春夏两季的一年生草本一样茂盛。沙拐枣灌木丛、麻黄或者是木本猪毛菜以间隔 2～10 m 或者更远的距离分布，它们也被称为灌木草原。

植被中地位最重要的灌木是沙拐枣。可以见到如下几种：

| | |
|---|---|
| *Calligonum caput-medusae* | *C. undulatum* |
| *C. microcarpum* | *C. alatum* |
| *C. turkestanicum* | *C. platyacanthum* |
| *C. setosum* | *C. rotula* |
| *C. densum* | *C. aphyllum* |

*C. gracile* *C. membranaceum*

除了沙拐枣还有：

*Ephedra strobilacea* *Astragalus ammodendron*

*E. lomatolepis* *A. unifoliatus*

*Dendrostellera stachyoides* *A. cognatus*

*Atraphaxis spinosa* *Artemisia eriocarpa*

*A. badhysi* *Salsola richteri*

最后是几种对群丛划分起重要作用的代表性半灌木植物：

*Artemisia arenaria* *Eurotia ceratoides*

*A. songarica* *Kochia prostrata*

*Astragalus cognatus* *Artemisia santolina*

相对于梭梭－薹草群系，沙拐枣群系中草本植物在植被结构构成中占据了更重要的地位，而灌木占的比例变小。这种比例的改变，和沙土本身的物理状态有关，也和植物生长基质的成分有关。

在中亚地区根据区域气候特征沙拐枣－薹草群系可以很明确地分成2组：图兰类和哈萨克斯坦类。它们的植物构成，结构和生物群落都有自己的特色。

第一组图兰群丛的季节变化过程有两个特点：春季可以观察到短命植物和类短命植物的生长高峰期，夏季则主要是夏、秋季草本植物和灌木的高峰期。夏季不中断生长期的植物，它们的生长期会在冬季中断一段时间，直到春天和那些春季植物一起再次生长，这样就形成了春季繁荣的生长期。这样的情况可以在卡拉库姆东南部见到。这里是典型的沙拐枣－薹草植被，在巴德黑兹沙丘带上的沙土细沙含量很高，因为有 *Poa bulbosa* 和一些短命类杂草的缘故，草类植被非常的浓密，还包括特色物种：*Ferula badhysi*，*Muretia oeroilanica*，*Dorema aitchisinii* 和灌木 *Atraphaxis badhysi*，它们表明了群落的独特性。这些植物属于沙拐枣－草本类植物种群。这一组还包括其他小种群，比如沙拐枣－针茅种群，它们在克孜勒库姆南部分布广泛，主要生长在一些比克孜勒库姆大部分地区更湿润的地方。相较一般的群系结构，这里还多出几种山麓植物，如 *Psoralea drupacea*，*Astragalus filicaulis* 等等。这个种群还包括针茅（*Stipa hohenackeriana*），在一些植被较密集的地方，它们能占据表面积的30%～40%，除针茅以外，其他地方生长着薹草。

哈萨克斯坦类群丛根据季节变化，群落结构表现更为复杂。基本的生物群上多出了半灌木植物驼绒藜、地肤和蒿类。在加入了半灌木的情况下，相较图兰类的两个季节生长期，这里还要再加一个秋季，因为半灌木的生长期可一直持续到秋季，在季节性动态变化曲线上春季短命植物的生长稍有下降。另外在穆云库姆和萨雷耶西克阿特劳沙漠分别发现有冰草、驼绒藜和针茅为优势物种的群落。

**(3)银沙槐－针禾和沙拐枣(*Calligonum eriopodum*)－针禾群系**

构成这两个群系的植物差别很大，彼此之间在群落构成上相互关系较远。典型的群组构成非常简单，即相似的生活环境和能抵抗沙土移动带来不利影响的适应力使他们能生活在一起。确定这种群系的标志是植被的稀疏性和在裸露沙土上植被成岛的情况，其中针禾（*Stipagrostis karelinii*）为这种分布起了非常重要的作用。针禾是沙漠植物中最适应在松散沙土生活的植物之一，它们可以形成密实的草丛，当被沙土掩没的时候会生出来好几层长长的不定根和沙土紧密联系在一起。

这类体系的植物生长在沙漠地区刚能形成植被的极端环境下，其边缘完全是裸露的移动沙地。银沙槐针禾群系是沙漠植被形成的前锋，这种极端风蚀结构下形成的生态环境最不利于植物生存，沙土除了它的高移动性以外，营养物质还十分贫瘠，在这种松散的沙地上唯一可以说有利于植物生长的只有它的水环境条件。

银沙槐一针禾体系和其他周边植被构成的物种不同，它们全都是适应沙漠环境的植物。在这种环境下生长的乔一灌植物有：沙拐枣、银沙槐（*Ammodendron conollyi*）等，这个群系典型的植物还包括无叶豆、*Smirnowia* 等属植物，有时也可以见到个别白梭梭，但不是这个群系的典型植物。

在移动沙地上生长不怕沙土掩埋的草本植物种类比较少，其中包括有一年生植物，如沙蓬、对节刺、几种猪毛菜和禾本类植物。多年生类植物中主要的是长根状茎的天芥菜（*Heliotropium arguzioides*）和砂引草（*Argusia sibirica*）。

这个群系中植物典型的结构和生物特点是生长有不定根和根状茎，在沙土中大范围发育自己的根系等等，这些都保证了它们在沙漠中可以抵抗风蚀和被掩埋的危险，适应性最好的是针禾（*Stipagrostis karelini*）和大赖草（*Leymus racemosus*），它们最早在沙丘上定居，其后是银沙槐和沙拐枣。

经常可以见到低矮的沙拐枣形成单优植物的灌木丛，尤其是在卡拉库姆东南部和克孜勒库姆南部沙漠的沙脊上很常见。灌木丛中树冠一般都不会互相接触，也没有草类植被，偶尔可以见到一年生雀麦（*Bromus tectorum*）。

下面列举一些在风蚀严重的沙漠地区常见的植物。

**灌木**

*Ammodendron conollyi*
*A. karelinii*
*A. bifolium*
*Eremosparton aphyllum*
*E. flacidum*
*E. songoricum*＋
*Salsola richteri*
*S. paletzkiana*
*Haloxylon persicum*
*Smirnowia turkestana*
*Ephedra lomatolepis*＋
*Calligonum eriopodum*
*C. caput-medusae*
*C. arborescens*
*C. microcarpum*
*C. ahyllum*
*C. platyacanthum*
*C. leucocladum*
*C. densum*
*C. erinaceum*
*C. turkestanicum*
*Dendrostellera stachyoides*＋
*D. arenaria*
*Astragalus ammodendron*

**多年生草本**

*Stipagrostis karelinii*
*Convolvulus erinaceus*
*C. divaricatus*
*Acanthophyllum elatius*
*Cistanche flava*
*Heliotropius arguzioides*
*Argusia sogdiana*
*A. sibirica*

*A. korolkovii*
*Artemisia dimoana*
*Chondrilla. kuznezowii*
*Ch. juncea*
*Cryptodiscus ammophilus*
*Dorema sabulorum*
*Leymus racemosus*
*Echinops albicaulis*

**一年生草本**

*Agriophyllum latifolium*
*A. laterif lorum*
*A. minus*
*Cutandia memphitica*
*Horanimovia anomala*
*H. minor*
*H. excellens*
*Corispermum lehmannii*

上面列的这些植物对这个群系只具有普遍分布的意义，具体到单个群系一般情况下构成植物不超过 10～12 种。

群系的成分变化取决于它们不同的地理位置和不同气候条件下产生的变生群丛。上述植物列表中有“+”号的说明那种植物只分布在穆云库姆和萨雷耶西克阿特劳沙漠。一些物种只分布在沙漠北部的边界，如大赖草，银沙槐（*Ammodendron bifolium*），其中大赖草在植株高矮上很适合松散沙地的环境，与针禾很像，并和它们混生在一起，其南部边界在乌斯秋尔特中部地区，在咸海附近它的作用比较大。

在卡拉库姆沙漠东南部，沙坡的上半部分由松散的沙土构成，下半部分相对比较固定覆有各种不同的植被。容易受风影响的丘顶可见分散分布的一些稀疏灌木丛，由约两人高的银沙槐树丛，个别的 *Salsola paletzkiana*、*Calligonum eriopodum* 和白梭梭构成，与这些高大的灌丛混生的还有 *Calligonum trukestanicum*，*C. microcarpum*，*Smirnowia turkestana* 和 *Astragalus confirmans* 等。这个位置完全没有草本植物，它们只能生长在没有灌木荫庇的裸露沙坡上，包括 *Heliotropius arguzioides* 和 *Argusia sogdiana* 类植物，还有个别的 *Spirorrhynchus sabulosus*、*Cousinia annua*、*Corispermum* lehmannii、*Jurinea derderioides* 和 *Stipagrostis karelinii* 等。最多的植物物种都集中在沙脊根部或者是低洼地带，这些地方的沙土上覆盖着沙生薹草（*Carex arenaria*）和其他一些植物，某些区域的植物种数可以达到 46 种。

沙漠地形的发育过程决定了上述种群的形成的条件，其中风蚀是不可小觑的一种途径。风蚀过程即便在有植被覆盖的情况下也不会停止，其中有一种风蚀的原因是因为沙鼠等一些掘土动物的活动造成的。它们在沙漠中有很大的种群，其洞穴往往相隔比较近，破坏沙土的上层土壤，吃光一处植物后，又会移居到下一处，这样在原地就只留下了裸露的沙土和无数被挖出来的孔洞，这些孔洞就成了风蚀的有利条件。

像银沙槐一针禾这种适应风蚀地的群系，一般分布在沙脊沙丘上或者是平原沙漠中，最极端的是生长在新月形沙丘上。人类活动，如过度的放牧和刈割灌木等会破坏地表植被，加速风蚀作用并形成风蚀中心，最后形成新月形沙丘。新月形沙丘大多形成在村落附近或者牲口饮水地附近即是明证，但除此之外沙漠地形的形成气候还是主要的影响因素。需要指出的是像穆云库姆和巴尔喀什湖南部的沙漠，因为它们特殊的湿度体系，让它们相较南方沙漠更能对抗风蚀，所以这种地方的移动沙地在地形的形成上只起到次要作用。

**(4)驼绒藜群系(*Krascheninnikovia sp.*)**

这种群系中占据优势的沙生植物主要是驼绒藜，其中心叶驼绒藜（*Krascheninnikovia ewersmanniana*）是一种不高的灌木（不超过 100 cm），茎比较短，从地面开始生长出来很多分枝，许多新生枝和宽叶使得植株看起来比较繁茂，毛茸茸的，带有一种亮灰色，在沙漠植被中看起来很显眼。

驼绒藜属于耐旱灌木，7 月开花，9 月才结果。在最炎热的时期，驼绒藜植株下部的叶片会枯萎以应对酷热。

驼绒藜群系在穆云库姆沙漠比较常见，在乌斯秋尔特和巴尔喀什南部地区可以在黑梭梭灌丛中见到个别驼绒藜混生在沙拐枣和白茎绢蒿群丛中。根据现有记录知道，驼绒藜种群最南分布在克孜勒库姆西南部和库里珠克套高地的北部边缘。穆云库姆东部分布着大片的驼绒藜群落（$4.0\times10^5$ $hm^2$），那里的群落特征完全可以代表了这个群系的特点。

穆云库姆的驼绒藜植被分布在曾是古楚河阶地起伏不平的沙地上，地势高低落差可以达到 3～10 m。在沙丘之间的一些较深的低地上甚至会有地下水涌出地表，稍稍打断连绵分布的驼绒藜。生长驼绒藜灌丛的土壤相较于沙拐枣生长的土壤要更紧实一些，更接近棕色土。据已知资料显示，上层沙土（0～50 cm）黏土的含量达 5.1%，同时细沙的含量也差不多，表明这里的土壤已经是亚砂土了。还有就是沙土的含碱度要高一些，表层沙土（0～10 cm）的氯含量为 0 008%，比生长沙拐枣的沙土含量要高。

在这样的条件下形成的植被能够保持大面积的均一性特征，其主要构成是作为建群种的驼绒藜和沙生薹草，这两种植物覆盖了一半以上的沙地。和驼绒藜经常混生在一起的亚优势种是黄耆灌木（*Astragalus brachypus*）和一些为数不多的地肤、麻黄和准噶尔蒿（*Artemisia songarica*）。草本植物中也包括上述群系中提到的短命植物及多年生植物，比如野黑麦（*Secale sylvestre*）、双生隐盘芹（*Cryptodiscus didymus*）、准噶尔鸢尾（*Iris songarica*）、冰草和针茅等。

驼绒藜灌木丛的植物构成在其分布区范围内总共不超过 50 种，在单独的样方中一般不超过 15 种。

克孜勒库姆的驼绒藜灌丛有一些不同，那里它们分布在山下覆盖着碎石的平原上。在和布干高原接壤的沙漠平原上生长着典型的驼绒藜灌丛，那里驼绒藜植株的生长状态符合该群系的典型特征（20～50 棵/100 $m^2$），草本层也是沙生薹草占优势，其他的杂草类也与上述所述类似。克孜勒库姆的驼绒藜灌丛与典型灌丛的区别是可以见到以下几种植物：阿魏（*Ferula foetida*）、旋花（*Convolvulus hammadae*）、木本猪毛菜（*Salsola arbuscula*）等等。

驼绒藜群系分为以下几个群丛：驼绒藜－猪毛菜、驼绒藜－白蒿、驼绒藜－冰草、驼绒藜－针茅和驼绒藜－黑梭梭。

**(5)刺叶墙藓(*Tortula desertorum*)群系**

这个群系的特点主要表现为在植被中生长有沙漠苔藓植物－刺叶墙藓（*Tortula desertorum*）和几种地衣，它们使地表呈现一种暗灰色。

墙藓属植物在中亚沙漠分布很广，可出现在各种不同类型的石质和沙质荒漠植物群系中。苔藓类植物可形成密实的垫状层出现在蒿丛、猪毛菜丛中，有效地促进了凋落物或者有机物能够在土壤中储存下来，这样的情况可以在沙脊的背阴坡经常看到，另外覆盖墙藓植被的土壤不会产生盐碱化现象。这种苔藓类植物在早春比较活跃，然后就进入热休眠状态，冬季进入解冻天气的时候也会苏醒。墙藓很少形成密闭的垫层，发育良好的苔藓类植物也不是连续分布，而是呈斑块状，被一些可能原来也生长着苔藓的裸露沙土隔开。当苔藓植物覆盖面积超过凹地谷底的 60%～70%的时候就很少有地衣混生了。

在墙藓相对稀疏的情况下偶尔会混杂少量的薹草，显示了这种植物的郁闭性。在谷地中的墙藓群落中可以见到枯死的梭梭从或是其枯枝，这说明墙藓群系事实上就是梭梭一薹草群系的延续，苔藓植物的繁茂生长抑制了灌木和草类的生长。在克孜勒库姆的实验证明，梭梭树先死亡，然后是薹草，最后是那些短命植物，所谓墙藓的各种不同群丛实际就是梭梭树一薹草群系在苔藓植物的影响下处于不同的退化程度的反映，在某些群丛中，一半以上的植物都变成了短命植物。

### 4.3.4　沙漠植被动态变化

沙漠植被在风蚀的条件下都表现出极端的不稳定性和群落的移动性，这是沙漠植被在进化过程中形成的基本属性，即沙漠植被群落的动态变化一演替过程。

中亚不同地点的沙漠，在它们最初有植被覆盖的时候，先锋植物的成分也不尽相同。穆云库姆地区是各不同的沙拐枣（*Calligonum caput-medusae*，*C. platyacanthum* 等）和银沙槐（*Ammodendron bifolium*）；巴尔喀什湖南部的沙漠是几种无叶豆；在萨姆沙漠（乌斯秋尔特）和咸海的北部地区除了针禾还有燕麦（*Avena strigosa*）。下一个阶段往往被叫做起伏沙丘阶段，从植物成分上看，这个阶段的特点是更多的物种和生物量更高的植物出现，比如梭梭一薹草群系。这一阶段的植被更加繁茂，当然对沙土的影响也更大。

研究发现，沙漠灌木丛会在其生命周期里深刻改变沙土的成分构成。比如梭梭根部周围的土壤，相较半月形沙丘来说，其细沙、腐殖质和可溶性盐的含量要高。半月形沙丘的沙土几乎完全没有<0.01 mm 的细沙，但白梭梭树下细沙的含量可保持 1.31%，0.01～0.05 mm 之间的细沙在梭梭从下可以达到 7.46%，在半月形沙丘上则只有 0.5%。部分沙土被灌木的根系固定住，形成碱黏结层，它们能保持沙土密实的状态，植物死掉以后，即便周围的沙土被风吹走，它们也能在一段时间里保持沙丘的形状，这个叫做"生长丘"，它的形成是沙生植物改变基质的证明。生长丘可以在梭梭、麻黄、沙拐枣灌丛之下形成，相应的在其他灌木下也应该可以形成。麻黄和沙拐枣根部沙土碱性离子$(HCO_3)_2Cl$ 和 $SO_4$ 的含量不超过 0.01%，腐殖质在梭梭树的生长丘里含量可以达到 0.77%。

灌木丛生长阶段对沙土的影响首先是因为它们每年都有凋萎的枝叶，这也是沙拐枣、梭梭和麻黄的特性。沙漠灌木各个器官的灰分含量很高，比如梭梭的树枝含灰量达到 17.3%，水溶性物质达到 6.7%，还有木猪毛菜（*Salsola richteri*）的含灰量可达 19.4%，稍少一些的有沙拐枣（12.9%）、银沙槐（7.8%）和麻黄（6.8%）。

除了灌木丛每年凋落的枝叶外还有植被中的草本植物，它们分布密集，种类繁多，而且含有的有机物不比灌木落叶的有机物少。

随着进入沙土的有机物的增多，相应的土壤微生物活性也在不断增加，其中就包括固氮细菌，因此灌丛下沙土的生物活性会得到极大的提高。

上述这些变化其实都反映了沙土肥力的动态变化过程。相较半月形沙丘，梭梭下面的沙土的氮含量要高出 5～6 倍甚至更多，同时磷酸的含量也从 700 mg/kg 增加到 1300 mg/kg。此外，还要考虑到沙土在植物活动作用下水环境的改变。在植物开始生长的半月形沙丘上，已经会观测到表层和深层出现干燥化现象，而在灌木阶段则已经可以清楚地看到在同样的深度会出现干层。由于灌丛的生长而造成沙漠水环境的改变，经过相当一段时间（一般是 15～20 年）后会达到一定的规模，这时即会对灌木生长和恢复更新产生不利的影响，因为降水和冷凝水已不能满足植物蒸腾作用的耗水。在水环境变化的拐点期可以看到:草本植被因薹草的生长而变得稠密,灌木和梭梭的幼苗则变得稀疏少见,出现干枯的沙拐枣树丛和枯败的梭梭。

通过大量的观察实验发现,沙漠植被的灌丛阶段持续时间不是很长,一般经过两三个世代植被就开始向新的草类阶段演化。研究沙漠地区灌木植被,按照建群种划分等级对于在沙漠地区进行的人工植物土壤改良工作具有很重要的意义。

沙漠植被的草本植被阶段由薹草和许多其他的短命植物组成。该阶段在穆云库姆和萨雷耶西克阿特劳沙漠中可以见到冰草和针茅的草丛。经过灌丛植被阶段后可使沙土产生一系列的变化:沙土中混入大量细淤性颗粒,持水量下降,碱度升高(主要是碳酸钙和部分碳酸钠),腐殖质含量增大及灌木死亡未完全分解的木质部等,总体来说土壤已经差不多形成了。

沙土中的细小颗粒在经过草类植被阶段后含量会更多,这时沙土的表层已经变成了亚砂土。由于草类植被毛细管作用和蒸腾作用的加剧导致土壤比以前干燥得更快,在这种环境下能够存活下来的植物就是那些仅凭大气降水即可满足其水分需求的种类,比如沙生薹草,有时也能见到鳞茎早熟禾(*Poa bulbosa*)。当然具体会形成哪些群落在不同的沙漠条件下会有差异,但其演化规律大致是相类似的。

相对来讲草类植被阶段比较适应当地的气候条件,持续的时间也会比较长。一般在此之前的灌木植被生长阶段即会出现改变的征兆,比如生长在沙丘和沙脊间低地的苔藓植物墙藓的发育会挤占其他植物的生存空间,这可以在卡拉库姆和克孜勒库姆沙漠的腹地观察到,在哈萨克斯坦中部沙漠,这个阶段对应的是白茎绢蒿一短命植物植被类型。

人类活动会深刻影响植被的演替进程,不仅是沙漠土壤改良过程可以快速帮助沙漠覆盖植被,其他的人类农牧业活动,尤其是过度的放牧和砍伐,也都大大加快和改变了植物群落内部演替的节奏和进程。

## 4.4　短命植物植被类型

最初短命植物植被叫做短命植物荒漠(Попов,1927),后来又有研究者把它称作短命草甸(Шенников, 1935;Прозоровский, 1940),热带稀树干草原短命草甸(Линчевский, 1935)等。这种植被的特点是植物生长期非常短,这是由植物的特殊组分结构及其生存的环境条件所决定的。

由于地形及土壤条件的差异,这种类型的植被也存在明显的差异,本书主要探讨短命植被的 3 个亚类型即:薹草一短命植被 (*Caricetalia pachystylis*)、早熟禾一猪毛菜植被 (*Caricetalia salsa*) 以及薹草一杂草植被 (*Caricetaliai mixtoherbosa*)。

### 4.4.1　薹草短命植被

这个类型的植被在锡尔河流域的荒漠草原(乌兹别克斯坦的锡尔河左岸部分)地区广泛分布。这里海拔约 225～360 m,土壤基质为黄土,由不同类型的冲积层形成,地表无径流,地下水位约 5～10 m,低洼处地下水位离地表较近。短命植物生长的土壤主要是砂质黏土,其中没有对植物有害的盐类,腐殖质含量 1%～1.5%,表层富含碳酸盐。

3 月上旬,锡尔河流域的荒漠草原上植被开始复苏。最早开始出芽的是荒漠薹草(图 4.25)和胎生鳞茎早熟禾(图 4.26)。4 月中旬,它们完全发育并且在地表覆盖上一层厚厚的草坪。很快,薹草开花,并且小鳞茎也出现在早熟禾的小穗上,同时期各种一年生十字花科植物也相继开花,而一些鳞茎类植物(鹅葱等)的生长期则接近尾声。

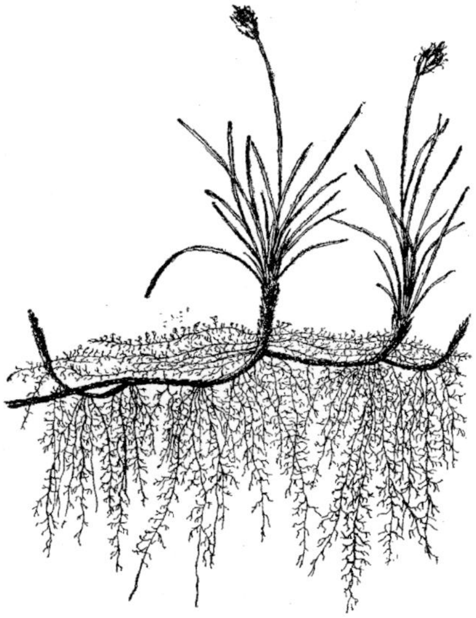

图 4.25 *Carex pachystylis* 的南方地区形态

图 4.26 *Poa bulbosa* subsp. *vivipara*

4 月下旬大部分植物种子发育成熟,但 2 种一年生植物短叶草瑞香(*Diarthron vesiculosum* )和细叶隐棱芹(*Aphanopleura capillifolia*)成熟要晚一些。这些外观并不漂亮的草会一直绽放到 5 月初,那时它周围的植被已经变黄枯萎。5 月初这些草的生长期结束,荒漠中约有 9 个月包括整个夏季,秋季和冬季都会被黄色和灰色的色调笼罩。

长期的寂静必将替代短暂的繁荣,明亮清新斑斓的植被将被干燥荒凉的土壤所替代,春季旺盛的生命会被夏季太阳灼热下完全寂静的平原所替代。短命荒漠季相就如此更替进行,这些反差是由于气候反差所造成的,即湿润多雨的春季以及干燥少雨的夏季,短命荒漠植被的生长节律与湿润周期的特点是相一致的。

春季土壤状况监测表明,黄土荒漠上的植被并不是在荒漠环境下繁殖生长。3 月初,下雨时,土壤吸入充足水分,以至于人们的脚踩在上面会留下深深的脚印。然而,这种状态持续的时间不长。随着植被的苏醒,土壤将迅速给予植被水分,特别是上层土壤很容易变得干燥,这种间歇状态在春季会持续几天,因为锡尔河流域的荒漠草原的降雨多在春季 3 到 4 月份,平均每 4~5 天降雨一次。雨后砂质黏土再次吸收水分,创造类似草甸的湿润土壤环境,到 5 月,生长短命植被的土地就已经明显干涸,此时的水分只保存在大约 50 cm 深处。

下面的一组数据是锡尔河流域的荒漠草原春季植被生长期时的土壤水分特征(Шамсутдинов З., Ибрагимов И., 1983)。

4 月 19 日—植被不完全生长期

4 月 24 日—雨后开花期

5 月 3 日—薹草首次变黄

5 月 19 日—薹草完全变色

表 4.11 和 4.12 数据显示,春季短命植物在湿润或是短时期甚至潮湿的土壤上发展成熟,到 5 月末,土地开始干燥并变得坚硬如石,降雨停止,温度骤升。

表 4.11　锡尔河流域荒漠草原春季的土壤条件

| 剖面深度(cm) | 土壤湿度(%) | | | |
|---|---|---|---|---|
| | 4 月 19 日 | 4 月 24 日 | 5 月 3 日 | 5 月 19 日 |
| 0—2 | 7.3 | 23.3 | 0.7 | 0.5 |
| 8—9 | 6.3 | 18.7 | 8.4 | 5.3 |
| 20—22 | 9.2 | 8.0 | 10.0 | 8.2 |
| 60 | 8.7 | 8.7 | 9.4 | 8.6 |
| 90 | 4.8 | 8.7 | 8.3 | 7.1 |
| 200 | 2.4 | 3.7 | 4.7 | —— |

表 4.12　正午锡尔河流域的荒漠草原短命植被下面的土壤温度(℃)

| 剖面深度(cm) | 4 月 | | | | | | 5 月 | | | | | | | | |
|---|---|---|---|---|---|---|---|---|---|---|---|---|---|---|---|
| | 20 | 22 | 24 | 26 | 28 | 30 | 2 | 4 | 6 | 8 | 10 | 12 | 14 | 16 | 18 |
| 0 | 26 | 31 | 30 | 26 | 18 | 35 | 35 | 30 | 37 | 42 | 43 | 39 | 38 | 50 | 54 |
| 5 | 20 | 28 | 22 | 28 | 28 | 30 | 31 | 27 | 29 | 34 | 36 | 30 | 31 | 40 | 45 |
| 10 | 19 | 21 | 20 | 19 | 19 | 23 | 24 | 22 | 22 | 25 | 27 | 25 | 25 | 29 | 30 |

春季荒漠的植被层主要由两种植物组成:荒漠薹草和鳞茎早熟禾。荒漠薹草在适宜生成的条件下可长到 20 cm 高,它的叶子短、窄,成线形,与其他薹草一样,荒漠薹草属于营养繁殖植物,它通过根茎进行繁殖,年增长长度为 2～8 cm。

薹草可在土壤表面形成密集的草皮层,它们彼此之间距离为 3～5 cm,并且覆盖约占土壤表层的 75%～80%。

在黄土母质土壤荒漠植物中排第二位的是鳞茎早熟禾。这种禾本科植物有 20～30 cm 高并且具有短窄且柔软的叶子。它以小藻团的形式生长(直径为 2～3 cm),由大量的营养枝和生殖枝组成。旱熟禾草簇分布在土壤表面,它产生的不是种子而是从植物花穗上长出来的"小球茎",用于繁殖的嫩枝以小球茎的形式慢慢变得粗厚,大量的小球茎可使早熟禾草簇非常密集。

鳞茎早熟禾是顽强的荒漠植物,广泛分布于干旱地区。早熟禾小球茎极耐干旱,它们持续曝露在空气中后(在植物标本中)仍然没有丧失发芽的能力,在人工高温干燥的情况下,小球茎也不丧失生存能力。

鳞茎早熟禾的生态学结构结合了草甸和荒漠的特点,这是由早熟禾生命形式的独特性所决定的。薹草也具备这种特性,它的根茎在空气干燥的条件下,仍保持有复活的能力,还能继续生长,在文献中这种生命形式也被称为类短命植物。

除薹草和早熟禾外,一些多年生植物也属于黄土荒漠植被,在锡尔河流域的荒漠草原,这类荒漠植物有 12 种,其中大多数属于地下芽植物并且能够进行营养繁殖。

营养繁殖是植物的一个重要的生物学特征,可以说它决定了物种的生存能力以及它的活力,其种群在植物群落中的分布、竞争力等。在黄土荒漠中,植物的这种生物学特点具有特殊的生态学意义。

气象条件的不稳定是荒漠地区的特点,所以对于荒漠中的植被来说,其生存环境每年都会不同。干燥的春季可延缓植物种子的繁殖，在有些年份甚至由于缺乏水分，植物枯萎而不产生花蕾，在这种情况下营养繁殖就会补偿种子繁殖的不足。

此外，在黄土荒漠的短命荒漠植被中还常见的植物包括：毛茛属，龙胆（*Gentiana olivieri*），鸢尾蒜（*Ixiolirion tataricum*）等一些植物，它们也都具有营养繁殖的特性。不能进行营养生殖的植物包括：鸦葱（*Scorzonera sericeo-lanata*），*Bunium capusii*，阿魏（*Ferula foetida*，*F. badrakema*），*Dorema aitchisonii* 等

一年生植物是短命荒漠植被组成的主要特点，他们大部分属于短命植物，在黄土平原有45～50 种，如：

*Holosteum glutinosum*
*H. umbellatum*
*Draba vvedenskyi*
*Veronica campylopoda*
*Ziziphora tenuior*
*Ceratocephalus incurvus*
*Papaver pavonium*
*Trigonella noeana*
*T. grandiflora*
*Leptaleum filifolium*
*Arenaria leptoclados*
*Euclidium syriacum*
*Cuminum setifolium*
*Nigella integrifolia*
*Phleum paniculatum*
*Consolida persica*
*Alyssum turkestanicum* var. *desertorum*
*Astragalus filicaulis*
*A. campylorrhynchus*
*Erodium cicutarium*
*Garhadiolus papposus*
*Hypecoum pendulum*
*Strigosella africana*
*S. turkestanica*
*Aphanopleura capilifolia*
*Bromus pseudodanthoniae*
*Diarthron vesiculosum*
*Koelpinia linearis*
*Parapholis longiflora*
*Arnebia paucisetosa*
*Herniariahirsuta*

关于黄土荒漠短命植物（图 4.27）的生长期，有资料显示，它们大多数生长 57～91 d，有些物种可生长 88～116 d，极少部分可生长 140～190 d。如果遭遇旱灾则会大大缩短一年生植物的生长期及其生长高度，比如大花葫芦巴（*Trigonalla grandiflora*），在非常不利的环境中，它也能完成整个生命周期，但高度仅有2 cm。其他短命植物物种对干旱的反应也比较类似。由于高度过低，生长期自然也会缩短，这种自然属性也正是短命植物的可塑性，使得这种生命形式适应生存于干旱地区。但是短命植被并不会充分利用短期的降雨而使其生长得更好，与黄土荒漠的类短命植物一样，它们的营养器官结构并不能对夏季的干旱做出相应的反应，因此它们属于典型的中生植物。

图 4.27　黄土母质荒漠短命植物

1—*Astragalus filicauiis*；2—*Holosteum glutinosum*；3—*Arenaria leptoclados*；4—*Astragalus schmalhausenii*；5—*Trigonella noena*.

在一年生植物中有两种植物比较特殊：短叶草瑞香（*Diarthron vesiculosum*）和细叶隐棱芹（*Aphanopleura* capillifolia)，它们开花非常晚，这时周围所有的植物都已干枯，土壤也已变得坚硬和干燥。短命植物和类短命植物的根系较浅达不到地下水的深度，所需水分几乎全部来源于降水，表 4.13 的数据为薹草—早熟禾群落 1 $m^3$ 地下部分的生物量分布。

短命荒漠植被的组成较单一，整个群落通常是由 10～15 个物种组成，面积 10 $m^2$。群落本身的变化主要取决于薹草和早熟禾的比例关系，相对来讲薹草的竞争力更强，它可以把早熟禾排挤成亚优势种，然而在盐渍化的土壤上，早熟禾则更占优势。

**表 4.13　薹草—早熟禾群落地下部分生物量(1 $m^3$)**

| 深度(cm) | 地下部分的总重量(g) |
| --- | --- |
| 0～10 | 20480.0 |
| 10～20 | 809.6 |
| 20～30 | 67.2 |
| 40～50 | 43.2 |
| 50～60 | 25.6 |
| >60 | 8.0 |

随着短命植物和类短命植物的生长期结束，在黄土荒漠上将会保持很长时间的枯黄期，但是 *Artemisia scopiformis* 和 *Psoralea drupacea* 这两种植物却在夏季开花和结实。这两种植物具有长长的根系，从而可以吸收地下水的水分，它们在中亚的南部地区广泛分布。在中亚南部的某些地区，比如卡尔申斯克特恩草原，分布面积较大的不是上述植物而是二年生的刺头菊，在乌兹别克斯坦分布广泛的是 *Cousinia decurrentifolia*，在土库曼斯坦是 *Lachnophyllum gossypinum* 等。这类短命植物荒漠可以沿塔拉斯阿拉套和锡尔卡拉套一直向南延伸。

短命荒漠植被在科佩特山前平原也广泛分布，其植被覆层结构与锡尔河流域的荒漠草原类似，约有 41 种植物，其中大部分(30 种)为一年生植物。在类短命植物群中，除建群种薹草和早熟禾外，还有毛茛(*Ranunculus pinnatisectus*)，顶冰花(*Gagea olgae*)，葱(*Allium griffithianum*)和 *Merendera robusta* 等。

生长在黄土基质上的薹草能形成浓密的草皮层使之成为有力的竞争者。监测显示，在黏土上薹草可逐步挤占蒿的生存空间，这是由于薹草可大量吸收大气降水所致。根据蒿属植物与薹草之间的关系可以得出结论，即黄土荒漠类短命植物植被是原生植被，这也符合所有黄土平原的自然条件。

### 4.4.2　早熟禾—盐生植被

土壤的化学和机械成分改变会引起短命荒漠植被的变化，特别是当土壤中出现对植物有害的盐类对植被的变化更明显。最轻微的表面土壤盐渍化即可出现新植物使薹草—短命植物群系的典型特点消失。

因短命植物的根系较浅，相对表层土壤盐渍化，深层土壤盐渍化对短命植物的影响比较弱。褶皱地形环境影响土壤中盐类的分布，地势较低洼处可能成为盐类的聚积点，地势越低，盐类越集中，这些决定了地表植被的复杂结构，由此出现了早熟禾一盐生植被亚型。

由土壤环境的不均匀形成的斑块化和稀疏化是早熟禾一盐生荒漠植被的特点，一般可以分为以下几个群组：

1)薹草一早熟禾群组；

2)早熟禾一盐生群组；

3)龟裂土群组；

4)盐土群组。

薹草对土壤盐渍化较为敏感，当土壤盐渍化时其生长变缓，生草层变得稀疏，当土壤中的盐浓度达到一定值的时候即会完全消失。在薹草一早熟禾群丛的两种优势种中，早熟禾更为稳定，薹草消失后早熟禾仍可继续生长，且长势良好。在很多地方，如近科佩特山前平原，早熟禾形成自己独特的群落。在土壤盐渍化的早熟禾群丛中，早熟禾虽然占优势但还没有覆盖到整个土壤表面，还生长有其他中度适盐草类。在科佩特山麓平原，包括有下列植物物种。

*Psylliostachys spicata*
*P. leptostachya*
*Consolida rugulosa*
*Plantago lachnantha*
*P. lagocephala*
*P. coronopus*
*Halocharis hispida*
*Hypogomphia turkestana*
*Heteracia szovitsii*
*Amberboa turanica*
*Matthiola odoratissima*
*Spergularia maritima*
*Aizoon hispanicum*
*Astragalus tribuloides*
*A. corrugatus*
*Lepidium perfoliatum*
*Salsola crassa*
*S. carinata*
*S. turkestanica*
*Garhadiolus papposus*
*Sclerochloa dura*
*Androsace maxima*
*Epilasia hemilasia*
*Goldbachia laevigata*
*Senecio coronopifolias*
*Tetradiclis tenella*

按物种组成，早熟禾一盐类植被群落(图 4.28)比短命荒漠植被更多样化，在一个相对较小的区域，可以发现有 25～30 种植物。除早熟禾外，包括盐生植物在内其他的都是一年生植物，盐生植物生长比较缓慢，但它们大多数在春季即可完成生命周期。

在塔吉克斯坦的喷赤和瓦赫什谷地，早熟禾一盐生植物荒漠通常由薹草一早熟禾和盐土植被等组成。

哈萨克斯坦奥特拉尔(Otrar)平原的早熟禾一盐类荒漠具有一些独特性，植被分布呈斑块状，与锡尔河流域的荒漠草原的植被很相像。在平原地势较高的地方通常是薹草和早熟禾，在低洼处则是白茎绢蒿(*Seriphidium terrae－albae*)和猪毛菜(*Salsola rigida*)，这里还有大量呈斑块状分布的早熟禾一盐生植物群落(图 4.29)，由稀疏的早熟禾和少量的一年生猪毛菜形成。早熟禾一盐生植物群体是一种过渡类型，极易变化，其最终会被薹草和早熟禾组成的植被层替代。

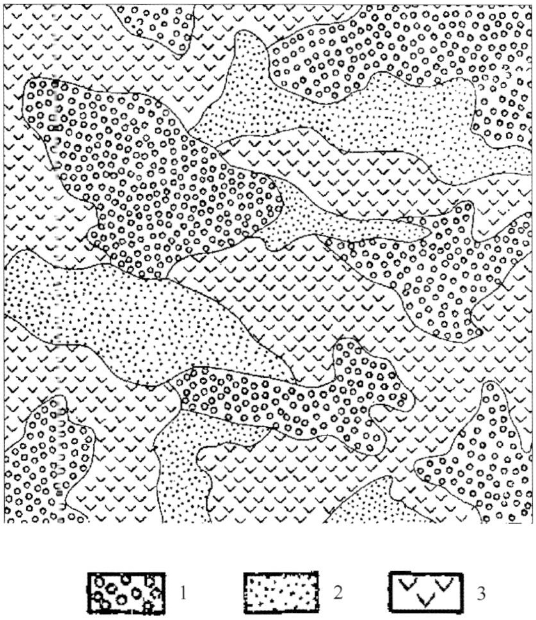


图 4.28　短命—盐生群落示意图

1—*Artemisia sieberi*；2—*Poabulbosa*；
3—*Anabasis turkestanica*

图 4.29　早熟禾—盐生短命植物群系

1—*Phleum paniculatum*；2—*Lepidium perfoliatum*；
3—*Microcephala lamellata*；4—*Psylliostachys spicata*

### 4.4.3　山地半荒漠薹草—杂草植被

短命荒漠植被在山麓平原和山间谷地表现的特点比较明显，随着向山麓地带的过渡，植被结构也发生相应的变化，一些研究者把它称为山地半荒漠地带。

短命半荒漠植被在中亚所有知名山脉都有分布，从科佩特山脉的西部一直延伸到准噶尔阿拉套山，塔什干丘利地区是这种植被的典型代表。该地区山地半荒漠植被非常丰富，在不高的带有缓坡和凸起的黄土山地丘陵地上长生，宽阔但不深的谷地把这种丘陵地彼此分开，干旱使得这里的土地很难成为旱田，所以这些地区直到现在还保存着薹草的自然植被层。山地丘陵地被典型的薹草覆盖，土质为灰钙土，比之平原土壤这种灰钙土含有更多的腐殖质，颜色更深。

春季山地丘陵地上的植被层具有短命荒漠的色调，在刚温暖的时候，土地上就长满了厚厚的薹草和早熟禾组成的植被层，与荒漠中的景象类似。夏季薹草—早熟禾干枯，由各种杂草(图 4.30，图 4.31)组成的夏季季相替代了春季季相使景观具有杂草特点，这种丘陵植被被称为薹草—杂草植被。

从卡拉套山麓开始，然后沿天山山脉向东，夏季植被季相蒿属植物逐步取代杂草，以这种变化为基础可以分为两个主要的群系：薹草—杂草群系以及薹草—蒿属群系。

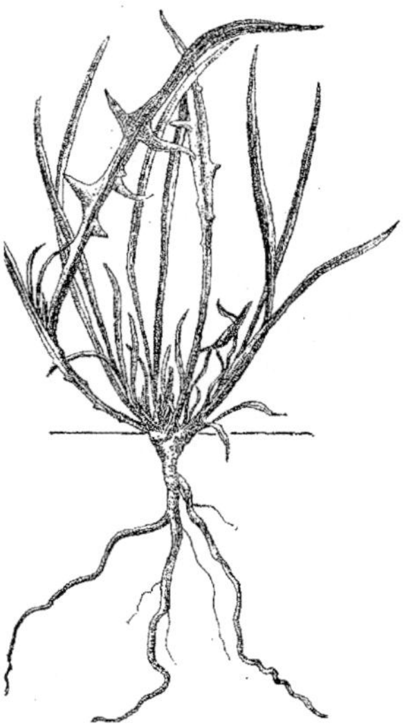

图 4.30　*Cousinia pseudomollis*

图 4.31　*Phlomoides labiosa*

**(1)薹草一杂草群系**

这种群系春季植被层与黄土平原植被相差不大,也由薹草和早熟禾组成,而且薹草相对占优势,但由于杂草成分较多,在春天相较于平原地区其色彩更丰富一些。

在山地丘陵地上还可见毛茛,龙胆,鹅葱,菟葵等早春开花植物。此外薹草一杂草群丛的地下芽植物丰富,在块茎一鳞茎类植物中包括以下这些:紫堇(*Corydalis ledebouriana*),菟葵(*Eranthis longistipitata*),银莲花(*Anemone petiolulosa*),天竺葵(*Geranium tuberosum*),大戟(*Euphorbia rapula*),针茅(*Stipa hohenackeri*),鸢尾(*Iris songorica*, *I. narbutii*, *I. orchioides*, *I. drepanophylla*),囊果草(*Leontice eversmannii*),缬草(*Valeriana chionophila*),*Bunium* (*Bunium afghanicum*, *B. chaerophylloides*),阿魏(*Ferula badrakema*),沙穗(*Eremostachys labiosa*),丝叶芹(*Elaeosticta allioides*, *S. transcaspica*)等。

薹草一杂草群系的生物成分一般为:一年生植物占 53%,多年生草本 45%(其中 22%营养繁殖,55%块茎和鳞茎繁殖,1% 半灌木),灌木 1% ,总计约 250 种。

一年生植物在丘陵地的数量非常庞大,例如,在塔什干周围小山上的 135～140 种植物中,一年生植物占 90 种,其中大多数是短命植物,下面列举的是其中的一部分。

| | |
|---|---|
| *Astragalus filicaulis* | *Alyssumszovitsianum* |
| *A. campylorrhynchus* | *Alyssum turkestanicum* var. *desertorum* |
| *A. schmalhausenii* | *A. strigosum* |
| *A. campylotrichus* | *Meniocus. linifolius* |
| *Trigonella grandiflora* | *Draba vvedenskyi* |
| *T. noeana* | *Festucamyurus* |
| *Viciamichauxii* | *F. maritima* |
| *V. peregrina* | *Elymus caninus* |
| *Euclidium syriacum* | *Triticumaegilops* |
| *E. tataricum* | *Cuminum setifolium* |

*Cryptospora falcata*
*Chorispora tenella*
*Strigosella turkestanica*
*Papaver pavonium*
*Holosteum umbellatum*
*Arenaria leptoclados*
*Hypecoum pendulum*
*Medicago minirrn*
*Scandixpecten－veneris*
*Ceratocephala testiculata*
*Consolida rugulosa*
*Nigella integrifolia*
*Lappulasquarossa*
*L. polymorpha*

可见，山地半荒漠植物群落比平原荒漠植物群落的结构更为复杂，由于季节变化而形成的两季相是其最明显的特点，这主要是由气候因素决定的。

草本层大致可分为两层：低层为春季草，平均高度不超过 15～25 cm，在春季草上面，距土壤表面 40～45 cm 处是由夏季草形成的第二层，盖度一般低于 50％。夏季草分布稀疏，每平方米大约有 1～2 株，其间隙由短命植物充满。短命植物的物种不多，但密度较大。

在塔什干周边的低山丘陵地区每平方米最多记录了 47 种植物，表 4.14，表 4.15 列举的是 2 个 1 m×1 m 样方中植物的植株个数或茎的个数。

**表 4.14　样方 1 统计数据**

| 植物名称（拉丁名） | 数量 |
|---|---|
| *Gentiana olivieri* | 42 |
| *Aegilops triucaliis* | 138 |
| *Festuca myaras* | 1060 |
| *Arenaria leptoclados* | 545 |
| *Galium tenuissimum* | 257 |
| *Carex pachystylis* | 440 |

**表 4.15　样方 2 统计数据**

| 植物名称（拉丁名） | 数量 |
|---|---|
| *Poa bulbosa* | 185 |
| *Aegilops triuncialis* | 181 |
| *Festuca myurus* | 1197 |
| *Galium subreflexum* | 100 |
| *Aphanopleura capillifolia* | 44 |
| *Carex pachystylis* | 2340 |

图 4.32 是薹草一杂草群落根系在土壤剖面分布的示意图。可见，大部分短命植物的地下器官主要在土壤下 1～10 cm 处，而个别的根能深入到土壤 100～110 cm 处。第二层由夏季繁殖的植物的根部和根茎形成，这些根和根茎能深入土壤 2 m 或是更深处。

图 4.32　山地半荒漠群落简明剖面图

1. *Carex pachystylis*, 2. *Poa bulbosa* subsp. *vivipara*, 3. *Ranunculus pinatisectus*, 4. *Elaeosticta allioides*, 5. *Haplophyllum perforatum*, 6. *Phlomis thapsoides*, 7. *Ixiolirion tataricum*, 8. *Gentiana olivieri*, 9. *Phlomoides labiosa*

最后是关于上述群系的物候情况。在很多情况下,山地丘陵地上的植被在每年的 12 月至次年的 1 月即开始生长。秋季,薹草、早熟禾及许多地下芽植物开始生长,在土库曼斯坦南部的 Badhyz 地区最早生长的是 *Merendera*、风信子;在天山地区最早生长的是番红花、鹅葱等。

3 月至 4 月初植物生长最为茂盛,此时大多数植物开始开花,如薹草、早熟禾、鸢尾、郁金香等。4 月下旬,一年生植物开始开花,而在南部花期要提前两周,之后是生长期较长的植物开始发育。

在土库曼南部的穆尔加布河和哈里河之间的山地丘陵上,密集的大型伞状阿魏丛(图 4.33)是这个地区独特地貌景观的典型代表。

**(2)薹草一蒿属群系**

广泛分布在砾质土壤中,主要的物种包括 *Artemisia maracandica*, *A. tenuisecta*, *A. ferganensis* 等,在哈萨克斯坦卡拉套山的山前黄土丘陵平原地区比较典型。这里除了薹草层之外蒿属植物还形成了单独的层,不同地区蒿的种类不同,主要由 *Artemisia cinna*, *A. leucodes*, *A. sieberi* 构成。生长这种群系的土壤脱碱化程度比较严重,不含任何易溶解的盐和石膏。

这个群系的植被在中亚各个地区都有分布:比如准噶尔阿拉套山,外伊利阿拉套山,吉尔吉斯阿拉套山,费尔干纳山脉等,基本上是沿天山山脉向准噶尔阿拉套山北部地区沿伸。

总体上这个群系的生物群落的构成与薹草一杂草的结构相似,差别只是蒿替代了杂草,在其分布区域内典型的代表植物是亚列兴蒿(*Artemisia subllesingiana*)。当然薹草一蒿属群系植被的组成是由其分布的位置决定的,其下是白茎绢蒿一盐生植被,其上则过渡到羊茅一针茅草原，群落中自然也会混杂少量的草原或荒漠成分的物种。

图 4.33　巴德黑兹(Badhyz)山地半荒漠薹草一阿魏(*Ferula badrakema*)群丛

关于薹草一蒿属群系群落的构成，可以分为两个非常完整的独立层。在底层是短命矮草层，其中薹草和早熟禾占主要部分，还有其他一些常见的一年生植物 10～15 个种；上层是亚列兴蒿，而在特尔斯克阿拉套山地区是天山蒿(*Artemisia tianschanica*)，生长期的盖度可达 50%，群落中还混杂一些针茅(*Stipa capillata*；*S. orientalis*)和羊茅(*Festuca valesiaca*)，还包括个别的冰草及其他物种，这样总盖度可高达 80%。

薹草一蒿属群系体现了荒漠与真草原相组合的特点。一般情况下，随草原类禾本科植物一起还会加入地肤和驼绒藜，这样上层组分的结构会单一化，同时下层物种数量也会有所增加，在北天山地区可达 79 种。

# 第5章　土加依林植被

河谷林植被是在与河谷附近陆地不同的特殊生态条件中生长发育的，最主要的区别是具有充足的水分保障。除降水之外，大部分的植物根系都可以利用地下水的水源，这是河谷林乔灌木植被生长发育的基础，另外由于地下水位较高，河谷中的土壤呈现明显的草甸化进程。

在中亚荒漠和山地地区分布着两种代表性的森林类型：土加依林和不同类型的山地河谷林。

土加依是荒漠地区河谷林植被的统称，在部分地理学和植物学文献中土加依指的是任何一种生长于河滩上的植被，但中亚河谷林从植物学角度来看非常特殊，所以土加依一般指的是中亚荒漠地区的河谷林(图 5.1)。

图 5.1　中亚荒漠河谷林——土加依林

几乎中亚所有较大的河流都以若断若续的狭窄水流流经土加依林，河水在某些河谷地段汇成急弯或是淤成宽阔的浅滩和岛屿，使它们具备真正森林景观的特征。

土加依林沿捷詹河呈窄条状分布，上层由一片片的胡杨构成，其下是茂密的灌木丛。穆尔加布河沿着典型的土加依林长廊穿流而过，深绿色的土加依林在河谷两旁浅黄色的沙丘中非常醒目。

阿姆河河谷保留了很多的土加依林，其中一些最大的土加依林位于瓦赫什河和喷赤河沿岸，从这里再往下到阿姆河下游地区土加依林则成岛状分布。土加依林沿锡尔河大致也如此分布，在由费尔干纳盆地流向平原的出口前的马赫拉姆、古姆别兹和阿波杜希梅德等地附近可见到土加依林，从锡尔河往北拐弯处再到下游地区，河谷主要覆盖着灌木和草类。

楚河河谷的植被特点是灌木丛占优势，间或分布胡杨林树丛和宽阔的草滩，此外伊犁河，阿亚古斯河、列普西河等地伴生的乔灌木林也可看作是土加依林的特殊类型。

## 5.1　典型植物的生物学特征

土加依林的生存依赖于流淌的河水，在河流的河谷，洪水冲击形成的阶地或者岛屿上都有土加依林。多数情况下土加依林紧靠岸边和浅滩，但如果偶有洪水经过的话它们还可继续生活在高处的阶地。每年中亚的河流会两次漫过河岸充分灌溉土加依林，洪水通过之后土壤表面会覆盖一层沉淀下来的淤泥，尤其是在春汛期间。

近地表的地下淡水可使土加依植被处于最优的土壤水分条件，在整个营养期不会经历缺水的困扰，但是中亚沙漠特有的长期干旱对土加依植被状态的影响也很明显。土加依植被，特别是木本植被的发育是在良好的土壤湿度条件和空气特别干燥的极其特殊的生态条件下进行的。这些鲜明的对照说明了土加依林的生存条件特征，也将它与其他类型的森林植被区分开。

土加依林周围空气的相对湿度较低，沙漠中夏季的相对湿度低于 30%，在强干燥风的影响下木本植被只能通过强烈的蒸腾作用而生存，正因如此土加依林中的空气有时会充满白天形成的闷热蒸汽，但是关于土加依林的微气候特征目前还没有详细的数据资料。

典型的土加依林通常理解为森林群落。在较为茂密的丛林中它具有密集的林冠，在很多时候可以百分之百地阻止直射阳光而在内部形成树荫。此外，茂密的树林使空气流动放慢，阻碍与周围空气的流通从而影响河漫滩环境，另外乔木层对灌木和草本植被的发育影响很大。

组成中亚土加依林的乔木和灌木种类并不是很多，从植物区系学来说并不丰富，这当然是由于河谷中独特的生态条件所致。常见的主要树种为胡杨(*Populus euphratica*)(图 5.2)，与胡杨一起生长的还有灰胡杨(*P. pruinosa*)(图 5.3)。此外，在捷詹河及穆尔加布河土加依林中还有东波斯胡杨(*P. ariana*)，以及在巴尔喀什湖流域的利特维诺娃胡杨(*P. litwinowiana*)。这些胡杨构成一种特殊胡杨组(Turanga)，特点是具有表面似皮革、形状不同的叶，结构特殊的花和果实。对土加依林来说其他树种中可能被提及的只有白蜡(*Fraxinus sogdiana*)，它只在萨伦河河谷中存在并与柔毛杨(*Populus pilosa*)一起形成真正的森林。

沙枣在土加依林中占用重要地位，常见的有三种：在巴尔喀什湖领域和锡尔河谷中的酸果沙枣(*Elceagnus oxycarpa*)；阿姆河谷和费尔干纳盆地的土库曼斯坦沙枣(*E. turcomanica*)和泽拉夫尚河谷的准噶尔沙枣(*E. songarica*)。

在土加依林的灌木中，按作用来讲排首位的是柽柳，这个属在中亚有 15 个种及一些中间种，有些种，比如密花柽柳(*Tamarix arceuthoides*)其分布可以上升到山前地带。大多数的柽柳都广泛分布于咸海和巴尔喀什湖流域，咸海流域有 4 种，其中的 *T. androssovii* 和 *T. kotschi* 在阿姆河流域也能见到，而 *T. karakalensis* 则仅在科佩特山地区有分布。土加依林最常见的是多枝柽柳(*T. ramosissima*)、短穗柽柳(*T. laxa*)和刚毛柽柳(*T. hispida*)。某些类型的柽柳只在春季开花，而有些则只在夏、秋季开花，所以根据物候学整个属也可分成春季和夏季两个组。

图 5.2　胡杨（*Populus euphratica*）

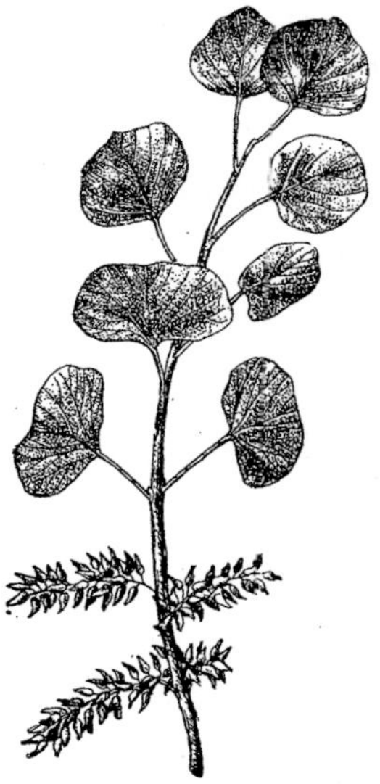

图 5.3　灰胡杨（*Populus pruinosa*）

其次是柳树，土加依林中的柳树不如柽柳数量多，而在山麓丘陵则相反其数量超过柽柳。土加依林中柳树约有 12～15 种，其中分布较广泛的是：*Salix blakii*，*S. wilhelmsiana*，*S. songarica*，*S. australior*，*S. euapiculata*；在阿姆河河滩还有 *S. oxica* 和 *S. acmophylla*；在泽拉夫尚河河滩 *S. seravchanica* 和 *S. pseudoalb*。

小灌木中属典型的土加依物种的是盐豆木（*Halimodendron halodendron*）和两种枸杞（*Lycium ruthenicum*，*L. turcomanicum*），另外还可以包括藜科的小灌木盐穗木（*Holostachys caspica*）和黑梭梭。

土加依林还包括很多的草本植物，比较常见的有 62 种，下面列出的是土加依林草本植物的代表性目录。

*Erianthus ravennae*
*Saccharum spontaneum*
*Imperata cylindrica*
*Sorghum halepense*
*Arundo donax*
*Aeluropus litoralis*
*A. repens*
*Calamagrostis dubia*
*Phragmites communis*
*Leymus multicaulis*
*Elytrigia repens*
*Scirpus tabernaemontani*
*Cynodon dactylon*
*Adiantum capillus veneris*
*Capparis spinosa*
*Karelinia caspia*
*Alhagi pseudalhagi*
*A. canescens*
*Sphaerophysa salsula*
*Glycyrrhiza glabra*
*Cynanchum sibiricum*
*Clematis orientalis*
*Custuta lehmanniana*
*Dodaitia orientalis*
*Limonium otolepis*
*Mulgedium tataricum*
*Argusia sibirica*
*Zygophyllum fabago*
*Lepidium latifolium*
*Atriplex dimorphostegia*

*Juncus compressus*
*J. gerardii*
*J. articulatus*
*J. maritimus*
*Cyperus glomeratus*
*C. fuscus*
*C. rotundus*
*Oxytropis riparia*
*Zygophyllum oxianum*
*Typha minima*
*Apocynumscabrum*
*Equisetum ramosissimum*
*Alhagi persarum*
*Lepidium draba*
*Cynomorium songaricum*
*Cistanche mongolica*
*A. tatarica*
*Convolvulus arvensis*
*C. pilosellifolius*
*Cirsium setosum*
*Thelypteris palustris*
*Marsilea aegiptiaca*
*Opyioglossum bucharicum*
*Typha elephantina*
*Mariscus hamulosus*
*Bergia koganii*
*Eulophia turkestanica*
*Asparagus persicus*
*Typha grossheimii*
*Lagonychium farctum*
*Apocynum venetum*
*Acroptilon repens*

尽管土加依植被的组成是非常多样化的，但是要了解其动态变化则最主要的是对建群植物的研究。

胡杨可适应的生态范围较大，因此其分布也比较广，北至埃姆巴河(Emba)和伊尔古兹(Irgiz)河，向南到帕米尔一阿赖山麓。灰胡杨分布在阿姆河和锡尔河三角洲，向东到喀什噶尔河和准噶尔盆地。

在中亚地区对灰胡杨的研究比较多。灰胡杨林木生长速度相对较快，不到30～40年就能达到最大高度。成树高度平均6～8 m，也可长到14 m甚至有高达38 m，树干直径约2 m的记录，成年灰胡杨强大的根系可以吸收深达8～10 m的地下水。灰胡杨根系可以利用淡水或微咸水，具有旱生和耐热植物的典型特点，灰胡杨的叶子同幼叶一样存在膨压，因而在7月白天最热的时候其形状不发生变化，但从树上折下的叶子很快会枯萎和变干燥，这证明灰胡杨的水分交换很强烈。

灰胡杨密集的水分交换兼有适应直射光照的能力，从生命初期就喜光。研究发现在成年土加依林中缺少灰胡杨幼苗，即便种子出芽，幼苗几天后就会死亡。试验发现，要使灰胡杨幼苗能生长，必须得有直射光照，少许遮荫都会延迟其发育。灰胡杨喜光还表现在叶子的结构上，其叶片两面有栅栏组织，表面覆盖有增厚角质层的表皮层。另外灰胡杨还具有一定的耐盐性，可以在地下水盐渍化的河滩上生长。

荒漠河谷中柽柳的地位大致与温带河谷中柳树的地位相当，柽柳丛是中亚土加依林独特性表现，目前对柽柳的生物学特性的研究已经很详细。柽柳是典型的灌木，通常它的地上部分能活20～30年，在适宜的条件中柽柳长得很快，年轮宽达1 cm，秋季下霜后营养枝脱落；柽柳在地下水深2～3 m的条件下长势最好，但是当地下水更深(距地表达10 m)时它仍能存活；柽柳耐盐，大量的盐被植物吸收并通过细叶和幼枝排出表面；柽柳生长发育对光照的要求也比较高，因此土加依林的灰胡杨林冠下是没有柽柳的。

柽柳具有在淤积或沙埋的情况下生成大量不定根的能力，因此沙埋的柽柳丛可以堆积成大的柽柳沙包，可达 4 m 或更高，上面是密生的柽柳。

土加依林常见的沙枣一般有 3 种，是多树干乔木，通常似灰胡杨一样高，树干直径最粗不超过 20～30 cm。根部生成蘖枝，因此常表现为树丛的形式，根上具有固氮细菌的根瘤。

对自然界中沙枣分布情况的观察表明它喜光并且具有耐盐性，与柽柳不同，生长环境中盐碱土中的盐分并不能渗透树的内部，这种特性使沙枣在非咸土及盐碱地上都能生长。

土加依林草本植被的特征之一就是其许多代表性植物的无性繁殖能力，统计结果显示约有 42 种，占总数的 73%，显然这种繁殖方法在土加依林中比种子繁殖更有效。有些品种，如甘草和苦豆子等（图 5.4）主要以无性方法繁殖，抑制其进行种子繁殖的原因主要是两点：种子发芽困难和种内竞争。

在河滩环境中进行无性繁殖是一种适应性的表现。克隆繁殖可保证其种群稳定和扩散的速度，还可以使植物不会由于河滩淤积而死亡。阿姆河及荒漠地区其他河流的洪水淤积成厚厚的淤泥层把植物深深埋入土壤，远超其正常位置，所以分蘖节向上转移，随后由分蘖节生出新的根茎及不定根，地下器官在土壤里的延伸分层还会保持一段时间，接下来大多数种类的下层死亡。这种地下器官垂直移动的能力与不定根的形成有关，不定根长在植物幼枝的一年生和多年生部分，甚至长在断枝上。

河滩上具根状茎的草类非常多，几乎所有的禾本科和莎草科植物均属此类，某些根蘖植物如甘草等，在适宜条件也会形成根状茎。蔗茅（*Erianthus*）是密丛草簇类的典型代表。

图 5.4　土加依林植物

1. 光果甘草（*Glycyrrhiza glabra*），2. 苦马豆（*Sphaerophysa salsula*）

## 5.2　土加依林群落

河谷植物具有两种共同的特点即喜光性和耐盐性，并且它们的这些生态特性表现程度也大致相同。植物的这些特性对土加依林的形成和发展具有很重要的意义，根据对土壤盐度和湿度的不同适应性土加依林植物会形成不同的群组。

中亚主要河流河滩地的植被结构和动态发展变化主要受到河谷中剧烈变化进程的影响，尤其是水一盐条件，在这两种因素的共同作用下形成了土加依林植被的主要群落。另外洪水淤积、土壤侵蚀等也都起一定的作用。

以生物类型（乔木、灌木和草本）在植被组成中的优势地位为基础可以把中亚地区的土加依林分为三个群落类型。前两个类型组成的群系是真正的土加依林。

乔木土加依群组：灰胡杨群系（*Turangeta*），沙枣群系（*Elaeagneta varia*），杨柳群系（*Fraxineta macrocarpae*），黑梭梭群系（*Haloxyloneta aphylli*）。

灌木土加依群组：柽柳群系（*Tamariceta varia*），柳群系（*Saliceta varia*），盐豆木（*Halimodendroneta*）群系。

草本土加依群组：骆驼刺群系（*Alhageta varia*），獐毛群系（*Aeluropeta*），蔗茅群系（*Eriantheta*），甘草群系（*Glycyr-rizeta*），花花柴群系（*Kareliniaeta*）。草本群系通常伴随乔灌木土加依林参与其构成，特别是在林木稀疏的情况下。除了以上所述群系，河滩上还可见与土加依林交错分布但很少进入其中的草甸类型群系，以这种关系在哈萨克斯坦的河谷中与土加依林并存的是疣苞滨藜群系和白滨藜群系。

根据灰胡杨土加依林形成、繁荣和衰退的发展阶段可以把灰胡杨群系分为三个群丛组：幼林，成熟混合林和单一退化林。

成熟的灰胡杨土加依林郁闭度很高，林下灌丛包括有不同树龄的灰胡杨幼树，非常少的柳树和柽柳幼树及枸杞等其他小灌木，缺失草本层。定期的洪水和相对稳定的 1.5～2 m 深的地下水水位为乔灌层植被的发育提供了优越的条件。灰胡杨通过种子和根蘖繁殖正常再生可在森林中形成不同高度的若干层，据研究成熟的灰胡杨土加依林寿命约为 50～60 年。

灰胡杨土加依林并不是荒漠地区河谷中唯一的植物群系，在伊犁河流域的恰伦河河滩上还可见到胡杨－白蜡群系，其中的白蜡树占据着河床附近的水泛地，土壤为沙砾质的亚黏土，表面具有盐渍化特征。在这些条件下白蜡的高度可达 16 m，树干直径达 65 cm。

中亚河谷中分布最广泛的是灌木土加依林，特别是柽柳群系。柽柳密林布满捷詹河、穆尔加布河、库什卡河、卡什卡尔河及其他许多河流的河谷，它们通常沿河床和大河支流的狭长地带分布在低阶地的潮湿土壤中。

沙枣在河谷地带很少以纯林的形式存在，在阿姆河及锡尔河河谷经常与胡杨林混生，沿伊犁河及其支流两岸形成茂密的灌木丛。同沙枣一起生长的还有柳树，鲜有柽柳，林下灌丛中有蔷薇（*Rosa laxa*）、小檗（*Berberis integerrima*）、忍冬（*Lonicera atarica*）、木莓（*Rubus caesius*）、芦苇和罗布麻等。

在荒漠地区还分布着柳树土加依林，柳丛在中亚北部半荒漠地区河滩地中分布较广。在伊犁河河谷及其支流柳树丛林与杂草草甸一起形成灌草体系，柳林中保留着来自河滩植被发展早期的草甸阶段的拂子茅、罗布麻、甘草、芦苇等，其下的土壤具有轻微的氯化物盐化特征，总碱含量随深度递减。

河滩地灌木群系还包括盐豆木灌丛，与其他灌木一样作为乔木土加依林的混生物种很常见。此外它可以在河滩地的较高地段形成单一群落，一般是与柽柳、盐穗木等构成群丛，而草类中则常与花花柴构成群丛。

## 5.3　河谷植被的动态变化

河谷植被的变化与河谷本身的演变过程是紧密相关的，这种演变过程区别于短期可观察的变化而是一种长期性的变化。河水径流的长期变化造就了河谷的横向和纵向断面：河滩和阶地的形成，河道游动，河流季节规律，冲积层的厚度、特性等都是地表径流长期变化的结果。

它们对于了解河谷植被的形成规律具有非常重大的意义。

河谷植被最完整的变化周期与现代河流的活动状况密切相关。荒漠地区的河流状态具有相当独特的“痉挛性特征”，表现为河床的不固定、游动特性、河岸线和主航道的变化以及迅猛变化的春汛等。

河岸线经常变化会直接影响到沿岸的植被，首先河岸的冲刷会侵蚀河滩上的植被，另外它还造成沿岸地带生态条件的变化。因冲积层的增加而形成的远离河道的阶地的水盐状况具有一定的特殊性，该地段的地下水与河水间的相互联系恶化，地下水位降低并明显地矿化。这两点因素会引起河滩植被发生较大的动态变化。洪水对荒漠河流变动造就的环境条件影响巨大。中亚主要河流的径流变化对应洪水周期有两个明显的流量高峰即 4 月到 5 月初和 6—7 月，周期性的泛滥对土壤的水盐状况和植被影响很大。上述这些原因使得土加依植被生存的河谷地带的环境条件十分不稳定，因此土加依林也被称作迁移林。

前述的河谷植被群落实际上代表着它的不同阶段，在土加依植被动态变化的研究中主要的困难是确定群落更替与河谷过程之间的关系。

冲积土地形成后不久，常常在春汛水位降低时其上便出现第一批植物。新鲜而潮湿的冲积层上的第一批移民是喜湿植物，甚至是典型的水生植物。最早出现的是芦苇和香蒲，如果地表凹凸不平的话可能出现其他的植物如罗布麻、假苇拂子茅（*Calamagrostis pseudophragmites*）、乳苣（*Mulgedium tataricum*）等，灌木有柳树和柽柳，还可见胡杨和灰胡杨的幼苗。最初几年冲积层上生长的主要是在土加依林区系中广泛分布的风播植物，虽然在不同流域和河谷中土加依植被这一发展阶段的构成有变化但类型是一样的。比如在阿姆河三角洲可见到狭叶香蒲，再往南些是球序香蒲（*Typha pallida*）和三角洲地区没有的白茅和甘蔗；在伊犁河河滩地则是假苇拂子茅和小香蒲（*Typha minima*）。

定居到新生冲积层上植物的地下器官将其固定并且保护新的河岸线不被冲刷开。此外生成的草丛在地面发洪水时拦住悬浮在水中的泥沙颗粒，将它们积攒起来抬高了冲积层，2～3 年后植被分布根据地表状况初步形成一定的秩序：在低处的浅滩，如果此前柳丛没有占据的话芦苇会迅速发展，而在高处则布满柽柳和胡杨。

芦苇丛或柳丛是低洼河滩植被开始形成的标志。随着陆地依靠天然河床不断延伸，这个沼泽相的群落向靠近河床移动，它们曾占据的地方便留给土加依灌木和胡杨，交错地带形成单一的草甸群系拂子茅或假苇拂子茅草丛，冲积层植被带呈条形与河岸线平行分布，而在小岛上则呈圆形分布。

随着临河河滩地带的不断发展，草甸沼泽植被消亡，土加依群落逐步发展，灌木和胡杨群落种类逐渐丰富，其中有很多典型的土加依草本植物如甘草、骆驼刺、野胡麻等和蔗茅。这一阶段在土壤表层形成的适于盐分运移和堆积的条件有利于骆驼刺和花花柴的发育。这种混合的土加依植被的继续演替过程主要受植物群落内部条件的影响，草本植被在柽柳和胡杨影响下处于退化演替的状态，最终可形成多年生柽柳林或胡杨土加依林。

胡杨林的发育一方面影响地下水的平衡，降低了水位；另一方面，胡杨每年含有钠盐和钙盐的落叶会引起土壤表层的盐碱化，已知的是灰胡杨树叶中含有的氯化物可达 0.43%，硫酸盐 0.92%，这使土壤的盐分分布结构被破坏，此外属于这种内源性因素的还有上升的水流带到地面的盐分，这种状况在干涸的或很少有洪水侵入的阶地上表现更为明显。

间或能上到高处阶地的漫灌和洪水能引起植被的发展变化，在它们的影响下土壤水文状况暂时改善，引发胡杨长出根蘖。与此同时在这种影响下表层的土壤发生暂时性的脱盐现象，它为不耐盐植物种子的萌芽提供了可能性，比如刺山柑和顶羽毛菊（*Acroptilon repens*）。但是这些暂时性的更新变化并不能持续延长土加依林植被的生命，最终的演替结果是黑梭梭群系替代乔木土加依的位置。

前述的土加依植被发展顺序对于中亚的河流有普遍性意义，尽管不同地区存在差异和偏差但至少其发展方向和主要阶段在许多河谷中都不断重复着。此外河谷的气候和发展阶段的环境差异具有很重要的作用，这种变化会引起区域性的区系特征差异，比如在巴尔喀什流域河谷的演替中草甸阶段表现得特别清晰，不是一个而是若干（3～5 个）依次替代的草甸群丛参与其中，在伊犁河中下游地区植被动态变化会经历以下阶段：芦苇－香蒲群落、柳林和草甸草类、沙枣至盐碱土上的盐豆木和柽柳，灰胡杨不参与此演替过程，演替的最后阶段是黑梭梭林。

很多南方植物在阿姆河和锡尔河三角洲地区没有分布，比如蔗茅、芦竹（*Arundo donax*）、藜科 Seidlitzia 属和豆科 Prosopis 属的群落，它们代表的是中亚南部土加依植被动态发展的某个阶段。此外中亚北部荒漠边缘地区河滩地植被发展到最后阶段的标志是形成一系列碱土植物群落，如滨藜属，樟味藜属等，而在向平地过渡地带形成盐生假木贼群落。

当然土加依植被发展周期的完整性还取决于河谷的状况，一些小河如捷詹河、穆尔加布河、阿特拉克河等一些河流的三角洲地带没有发育土加依林阶段。在捷詹河下游地区柽柳林会直接过渡到龟裂土－梭梭阶段，在其三角洲上可以看到半干的柽柳林和繁盛的梭梭林。

需要说明的是，由于现代土加依植被受人为条件的影响是深远而全面的，因此目前所观测到的那些植被变化很难说哪些属于自然因素而哪些属于受人类活动影响。

## 5.4　土加依植被的经济价值

中亚河谷植被具有重大的经济利用价值。河滩地是大量牲畜的放牧地，与荒漠地区的其他牧场不同，河谷中一年有 8～9 个月的时间动物都能找到青饲料。

土加依禾本科植物大都是优质牧草如拂子茅、假苇拂子茅、巨野麦、小獐茅、芦苇等尤其是其幼苗期；而杂草类包括骆驼刺、甘草等，虽然骆驼刺因为有刺动物不喜欢吃（骆驼除外），但加工后具有很高的营养价值。秋冬季分布在河谷中具有饲用价值的土加依林植物主要是各种猪毛菜。土加依植被有作为天然饲料基地的特点，但其劣势也很明显：大量的非饲用草掺杂其中，包括蔗茅、野大麦、花花柴、霸王及其他一些在河滩中占有明显地位的草类，另外土加依牧场上的草类在生长期结束前的茎都很高，这也降低了它们的优势。

土加依植被的经济意义很全面。乔灌木土加依是重要的经济林，不同种类的胡杨虽然没有很高的工业用性能，但是可以提供宝贵的建筑材料和燃料，最好的胡杨林 20 年树龄能产出的木材量（约 200 $m^3/hm^2$）跟欧洲山杨林相当。

除了乔木和灌木土加依林，中亚南部地区分布着巨型禾本科植物芦竹，它的多年生茎的结实度可代替中等粗细的竹子，另外蔗茅细而结实的秸秆也具有各种用途。

土加依植被在植物工业中具有很多其他有益用途，比如甘草根和无叶假木贼的嫩枝。其中甘草广泛应用于医药、糖果业、啤酒酿造和消防等行业；无叶假木贼是提取假木贼碱（新烟碱）的主要原料，还可用作杀虫剂以及制造药品等。

# 第 6 章　山地植被

## 6.1　山地植物区系和植被

中亚山地植物的多样性极为丰富，目前对各独立山系所包括的高山地区物种数量有具体的记录，但完整的山地植物区系统计数据还没有。其中北天山地区植物区系的研究最多，目前统计包含有超过 2500 个物种（Рубцов，1956）；泽拉夫尚河流域的物种统计比较完整，山地地区的物种接近 2500 种（Закиров，1969）；锡尔卡拉套地区 1666 种（Камелин，1990）；准噶尔阿拉山 2168 种（Goloskokov，1984）；外伊犁阿拉套（保护区内）1264 种（Popov，1940）；楚一伊犁山地 823 种 Храмцов，1984）；塔拉斯一苏萨梅尔地区 465 种（Popov，1940）；帕米尔高原 1567 种（Иконников，1979 年）；南阿尔泰山（哈萨克斯坦部分）2059 种（Байтулин，2011）

中亚山地地区总的物种组成大约包含有 7000 种高等植物，如果计算山前荒漠地带物种数量约为 1600 种，则山地植物区系物种不少于 5400 种，也就是超过总植物区系的 75%。这证明山地是一个物种形成的重要发源地。

中亚山地植物区系的另一个重要且突出的特点是其系统分类的组成。在中亚植物区系里的 127 个高等植物科中只有一个 Aizoaceae 科（中亚只有 1 种）在山地没有，其他科甚至具有明显荒漠起源的物种在中亚山地也会有代表性植物出现。

任何一个地区的原生物种都是其植物区系独特性的表现。作为一个整体或按独立的区域来说，中亚山地植物区系的组成具有特有物种分布率高的特点，原生物种大约占总植物区系物种组成的 65%～70%。

中亚山地的特有属并不是特别多而且按科的分布也不均，其中大部分特有属为伞形科植物（16 属），然后是十字花科植物、唇形科和菊科植物（各 6 属），桔梗科（4 属），紫草科（3 属），报春花科（1 属）等等。其他比较大的科，如豆科、禾本科、莎草科、石竹科、玄参科等没有特有属。

总体上从植物地理学的角度看中亚地区的山地可以划分为几个大的山系：天山山系、帕米尔一阿赖山系、阿尔泰山系和土库曼一霍拉桑山系。

土库曼一霍拉桑山系位于中亚山区的边缘地带，与其他中亚山系相对独立，进入土库曼斯坦境内的主要是该山系的科佩特山脉的北部，即从捷詹河沿西北方向到丘林达克高地约 500 多千米的地区。科佩特山脉平均高度约为海拔 1000 m，最高点位于其中部地区，沿卡拉库姆沙漠边缘分布的是低山丘陵带。科佩特山的东南部地区高度显著降低，被称为巴德黑兹（Bathyz）高原，分布着捷詹河、穆尔加布河和库什卡河的分水岭。从山地起源上土库曼斯坦的山地属于伊朗厄尔布尔士山系。

帕米尔一阿赖山系包括的区域占据中亚的南部地区，整个山系是一个巨大的高山隆升带，包括被称为“世界屋脊”的帕米尔高原。在北部，费尔干纳盆地把这个地区与天山相分离，在东部和南部基本上沿国家边界把它与天山相分离。帕米尔一阿赖山系主要包括：土耳其斯坦山脉，泽拉夫尚山脉，吉萨尔山脉，阿赖山脉，外阿赖山脉以及科学院山脉等。从山地的关系上看由科学院山脉以及其他一些与其平行的山脉组成的巴达赫尚区域是一个整体。帕米尔高原和分布在北部的外阿赖山脉是帕米尔一阿赖山系地质构造的中心地带，吉萨尔山以南和巴达赫尚以西的地区被称为南塔吉克低地(图 6.1)。

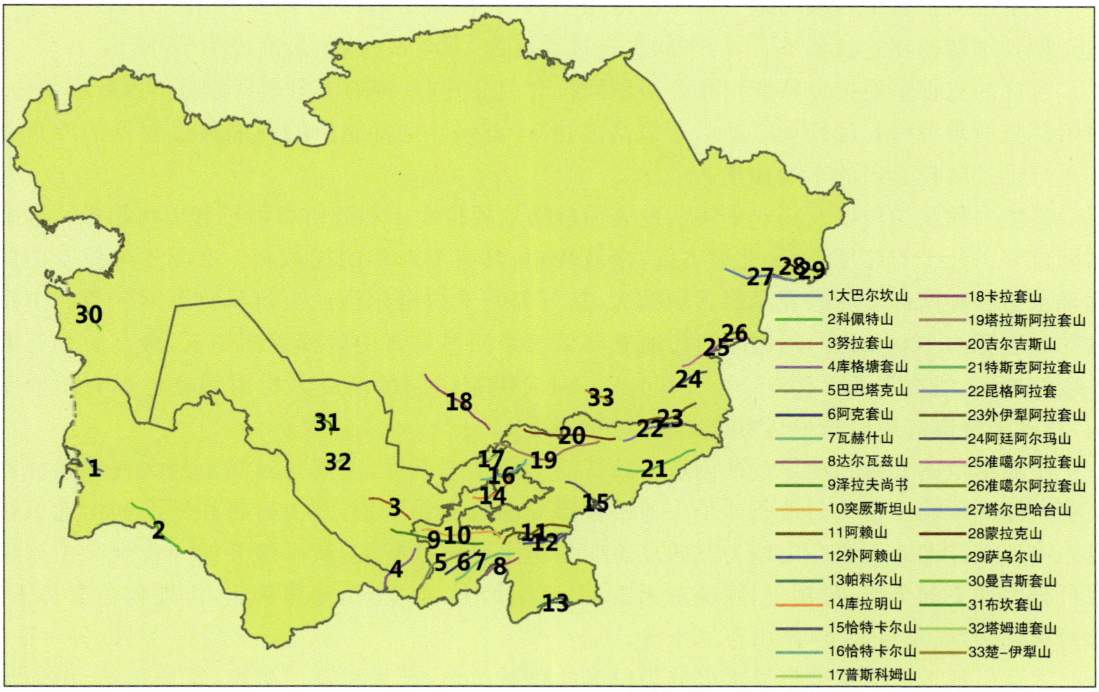


图 6.1　中亚南部主要山地分布

中亚地区费尔干纳盆地以北和以东的山地统称为天山，广义上的天山还包括北部的塔尔巴哈台山脉，是中亚地区第二大冰川中心。北部地区分布着昆格阿拉套、外伊犁阿拉套、特尔斯科阿拉套和萨雷扎斯山脉，西南方向的是因利切克陶山脉和科克沙阿尔陶山脉。昆格阿拉套和科克沙阿尔陶勾勒出天山中部或是内天山的轮廓，西部终结于由东南向西北延伸的费尔干山脉。

天山其余的部分可以被总称为外天山，这其中的一些平行山脉如卡尔然陶山，乌加姆山，普斯克姆山，桑塔拉什山以及恰特卡尔山等通常被统称作西天山。塔什干附件山脉称为环塔什干阿拉套，另外锡尔卡拉套山以及与环塔什干阿拉套山相连的塔拉斯阿拉套山也被列入西天山。在这些山脉中最长的一条是恰特卡尔阿拉套山，它几乎延伸到费尔干山脉，海拔高度可达 4500 m，在地势较低的西部可分离出单独的库拉明山地。

一些沿纬度分布的山脉如吉尔吉斯阿拉套、外伊犁阿拉套和准噶尔阿拉套山等也被称作北天山。吉尔吉斯山作为一个独立的山岭从江布尔山一直延伸到伊塞克湖，然后被博阿姆峡谷截断之后称为昆格阿拉套。山麓南北两侧分布着广阔的平原，北面宽大的山坡滋养着楚河，发育着许多楚河的支流，南部的狭长山麓地带则围绕着塔拉斯河谷。

外伊犁阿拉套山长 350 km 与吉尔吉斯山脉平行，脊峰平均高度为海拔 4000 m 左右，中间部分高达 5017 m，最高点位于外伊犁阿拉套山与昆格阿拉套的结合点上，由冰川覆盖。外伊犁阿拉套山横向不对称，北坡发育很明显，由伊犁河冲刷形成很多高度逐渐下降的宽谷，南部山麓则与抬升的奇利克河河谷大致在同一水平面上。

外伊犁阿拉套山的地形具有北天山山链中典型的梯状结构，这在其北坡表现得特别明显分为几个阶梯。最上面的阶梯位于山地河流的源头，平台区覆盖有柔软的冲积土，并且基本上重复了中天山高地平坦的地形，阶梯之上则是相对比较比较平缓的冰川层。

外伊犁阿拉套山西端与楚一伊犁山地相连，楚一伊犁山地以几个独立山岭的形式向北一直延伸到别特帕克达拉荒漠，山岭平均高海拔高度为 1000 m 左右，最高峰为 1800 m。

东部的克根盆地把克特缅山与外伊犁阿拉套山分开，克特缅山向东延伸至中国新疆境内，在哈萨克斯坦境内长度约 300 km，海拔高度达 3600 m。克特缅山的西部通过较低的库卢克陶山与昆格阿拉套山的东端相连。

斜坡的梯状结构以及相对平缓的地表使准噶尔阿拉套山和外伊犁阿拉套山很相像。准噶尔阿拉套山几乎与纬度平行，北坡宽阔，南坡较短，具有不对称的横截面。准噶尔阿拉套山的北部主山脉和南部支脉塔克瑟姆差别较大，其分界是卡拉塔尔河的支流科克苏河河谷。主山脉的北坡宽约 100 km，向阿拉库利盆地方向呈三个明显发育的阶梯逐渐降低，最高阶梯有着平缓的表面，海拔高度可达 2800～3150 m。面向伊犁山谷的塔克瑟姆山斜坡也具有阶梯结构，在苏阿特陶高地阶梯可达海拔 3900 m 的高度。

中亚山地的分布和地形特征创造了独特的山地生态条件，尤其是对高山地区气候条件和土壤条件的影响。这些山地条件是山地植被形成的最主要因素，其内容将在下面的山地植被概述中进行详细的介绍。山地土壤的显著变化与海拔高度有关，从山麓开始一直到高山冰缘区可分为如下的土壤：灰钙土，脱碱灰钙土，山地栗钙土，褐土，山地黑钙土，山地褐色森林土，山地灰化土，高山草甸土，高山苔原土等。

中亚山地地区的植被格局可以分为以下的植被类型：半稀树草原植被，草原植被，山地阔叶林，山地针叶林，刺柏林，旱生乔灌丛植被，草甸沼泽植被，山地旱生植被，岩生植被，寒生植被和水生植被等。

## 6.2　山地半稀树草原

半稀树草原最初的名称是“干旱杂草草原”（Культиасов，1927），后来有些专家从半稀树草原角度，而另一些从草原的角度分别把其命名为“短命植物草原”（Аболин，1929），“草原一稀树草原”（Коровин，1934），“半草原”（Popov，1940），“半稀树草原地”（Выходцев，1947；Рубцов，1953），“类短命植物草原”（Лавренко，1954）等。这种植被类型以旱生杂草为主，并包括短命和类短命植物，但不属于草原类型，这是因为在这类群落中完全没有欧亚大陆温带草原的典型特征：即草本群落以多年生禾本科旱生植物占优势，其中主要是窄叶密丛旱生禾本科植物。另外它与草甸或荒漠类型的区别也很明显，由于其生长特性与亚热带和热带地区的稀树草原很接近，因此在中亚地区被划分为一种特殊的植被类型，其中由短命和类短命植物构成的矮草层则把其放在荒漠植物类型中进行讨论。

### 6.2.1　山地半稀树草原的分布

山地半稀树草原主要分布在帕米尔一阿赖山脉和西天山，到塔拉斯阿拉套山之后是真正的针茅草原，而到吉尔吉斯阿拉套山的北坡又恢复为半稀树草原。在外伊犁阿拉套山分布有零星的具有半稀树草原特征的植物，这表明了其过渡性特征，在锡尔卡拉套山半稀树草原开始向针茅—羊茅草原过渡。

山地半稀树草原的分布可从山脉的低山带一直延伸到亚高山带，尤其在暗灰钙土和褐壤土分布的地区其群落密度最高，因此其分布区呈典型的带状分布，植被差异也比较明显。在低山带较为干旱的山区气候条件下形成以草本植物群落为主的开阔景观，其中在峡谷和岩石坡地段生长的是以阿月浑子（*Pistacia vera*）等为代表的旱生灌木丛。在山地较高的地带降水量增大，灌木和乔木的增多使半稀树草原植被丰富起来，形成类似于稀树草原以草本植物为主，间或夹杂单一的乔木或灌木丛的山地景观。在更高的亚高山带半稀树草原植被具有单一的草地特性。

受气候因素影响，半稀树草原在 5—6 月份的雨量比较充足，植被繁育茂盛，形成类似于草甸草原和干旱草甸的景观，这主要是因为生物组分的多样性和高大的草本层使其具有了草甸特性。

然而这种状态在低山带最多持续 1～1.5 个月，到 8 月中旬绿色即被黄色所取代，在相对较短的时间内，大部分植物会枯死不再具有草甸的外观，植被季相的对比变化非常明显，但此时植被还没有完全进入休眠状态，短命植物和类短命植物在此阶段会逐步完成它们的生长期。至 8 月末，因干旱少雨绝大部分植物进入夏伏期，只有少量伞形科的旱生植物如扁叶刺芹（*Eryngium planum*）、岩风（*Libanotis buchtormensis*）和菊科的白茎绢蒿等继续生长。大多数情况下夏秋休眠会持续至冬休眠，在秋季恢复的过程非常罕见。

### 6.2.2　山地半稀树草原生物成分

年度水热条件季节变化的强烈对比性不仅体现在植物的生长节律上，而且在植被组成的生物成分上表现出来。半稀树草原成分包含相当数量的短命植物，在旱生群系的群落中短命植物的数量可达总物种数量的一半。例如，塔什干阿拉套山半稀树草原中的短命植物占 50%，共计有 74 种，占半稀树草原植被已知成分的 17.5%。但在亚高山带短命植物所占的比例则较小。

地下芽植物是半稀树草原比较典型的生物成分，约有 73 种，占总成分的 17%。这类植物的主要特征是具有各种类型的根茎和块茎等，典型的如阿魏，丝叶芹（*Elaeosticta* sp.），*Bunium longipes* 等（图 6.2）。

典型的鳞茎和块茎地下芽植物见表 6.1。

**表 6.1　块茎和鳞茎地下芽植物（拉丁名）**

| 块茎地下芽植物 | 鳞茎地下芽植物 |
|---|---|
| *Krasnovia longiloba* | *Allium aroids* |
| *Bunium chaerophylloides* | *A. winklerianum* |
| *B. persicum.* | *A. anisotepalum* |
| *Corydalis ledebouriana* | *A. inconspicuum* |
| *Biebersteinia multifida* | *A. filidens* |
| *Anemone petiolulosa* | *A. verticellatum* |

（续表）

| 块茎地下芽植物 | 鳞茎地下芽植物 |
|---|---|
| *Euphorbia ferganensis* | *A. Alexejanum* |
| *Phlomoides labiosa* | *A. stipitatum* |
| *Ph. eriocalyx* | *A. barszczewskii* |
| *Ferula schtschurovskiana* | *Tulipaostrovskiana* |
| *F. karatavica* | *T. zenaidae* |
| *F. clematidifolia* | *T. greigii* |
| *F. tuberifera* | *T. alberti* |
| *F. kuhistanica* | *T. lanata* |
| *Korshinskya olgae* | *Gagea pseudoreticulata* |
| *Galagania tenuisecta* | *G. olgae* |
| *G. ferganensis* | *G. filiformis* |
| *Oedibasis platycarpa* | *Scilla puschkinioides* |
| *Elaeosticta transitoria* | *Crocuskorolkovii* |
| *E. fragrantissima* | *Korolkowiasewerzowii* |
| *E. hirtula* | *Iris orchioides* |
| *E. polycarpa* | *I. drepanophylla* |
| *E. alaica* | |
| *E. tschimganica* | |
| *E. ferganensis* | |
| *Hordeum bulbosum* | |
| *Astomaea galiocarpa* | |

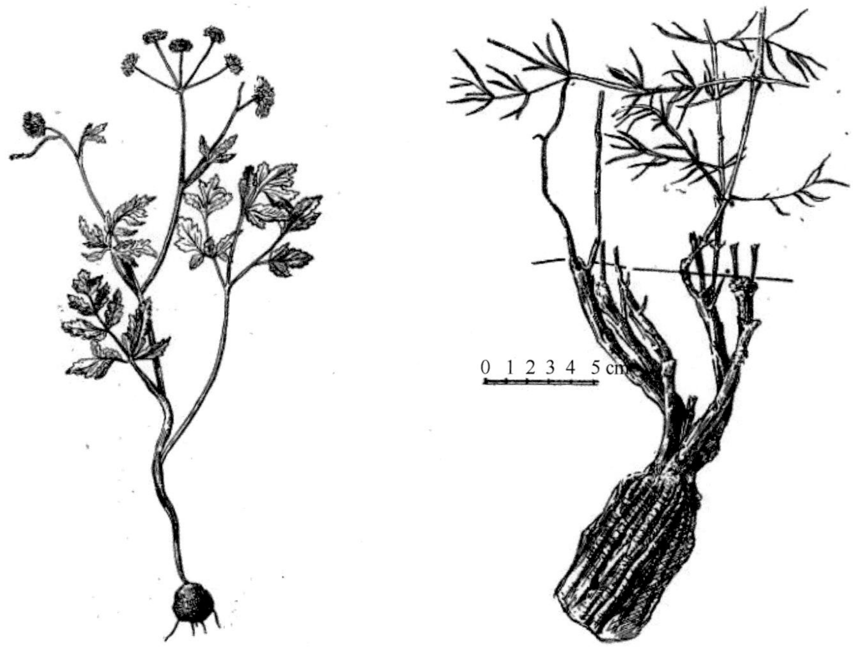


图 6.2　半稀树草原低山植物 *Krasnovia longiloba* 和 *Acanthophyllum paniculatum*

短命植物和地下芽植物在半稀树草原的的存在表明它们生长在干旱的环境中，这两类植物早于其他植物类群开始生长并形成春夏季相的群落。其他种类(约 260 种)主要是多年生草本和 2～3 种小灌木，它们的形式和结构各种各样，但生长期晚于前两类。

半稀树草原草类具有快速成长并形成高大植株的特点。它们从 4 月初开始生长到 8 月中旬结束生命期，在短时间内可以长成高大的植株。例如两节荠(*Crambe kotschyana*)，在 5 月中旬的卡拉套山丘陵地带可长出达到 1.5 m 高的茎和大型基叶，而 *Stubendorffia orientalis* 在 5 月底就长出大型基叶和 2 m 高粗壮的茎。在单位时间内可快速长大(长度和体积)的特性在阿魏属和栓翅芹属(*Prangos*)等伞形科植物和百合科独尾草属(*Eremurus*)、大型的葱属植物等的发育过程中表现的也都很明显。很显然半稀树草原植被跟典型草原的不同之处是具有快速生长的生物特征。

山地半稀树草原景观中，灌木和乔木也占用一定的地位，它们一般以单株或丛生的形式生长在草丛中表现出真正的热带稀树草原的景象。在低山带草本层间杂着野蔷薇灌木丛等，海拔更高的地区则是刺柏疏林以及山楂或槭树等。尽管在其他很多地方都有因被破坏而消失的原乔灌丛位置形成了开放的草地，但半稀树草原与这些情形不同，它并不是次生的。

### 6.2.3　山地半稀树草原的植被结构和物种组成

半稀树草原约有 420 种植物被记录，这其中包括很多的特有种和若干特有属。山地半稀树草原因位于旱耕地及垦出地范围内，人类活动在很大程度上改变了原生植被的自然景观，比较接近于原生植被的是半稀树草原植被中的混合群落类型。一般情况下，在混合群落中包括不同生活型的草本植物几十种，这说明了草原的杂草特性。典型的是在 100 $m^2$ 的样方中约有 50～60 种草本植物形成茂密的 1～1.5 m 的高草地，但是没有明显占优势的物种。在水分条件较好的年份，半稀树草原的草被会长到人肩膀或更高的高度，充分体现了山地半稀树草原的独特性。

实际上经常可见到的并不是上述的典型状况，更多的是其变化的形态，一般是较简单的单优群落。优势种主要是根茎类和须根类植物，它们的生长会抑制群落内其他植物的生长。在这些优势种之中比较活跃的是毛偃麦草(*Elytrigia trichophora*)，它常常把其他植物从群落中挤出，形成单层纯群落。*Prangos pabularia* 也可形成单优群落，这主要是由于牲畜不吃新鲜的 *Prangos pabularia*。

所处位置的海拔高度是山地半稀树草原自然变化的最主要原因，据此可以分为两个群系组：低山杂草半稀树草原和山地栓翅芹半稀树草原。属于第一组的在卡拉套山地区被称为干旱杂草草原，在科佩特山脉为冰草一杂草草原，在吉萨尔山脉为杂草一禾本类植被；属于第二组的被称为喜马拉雅草地，高草半稀树草原等，它们的共同特点是大型的伞形科植物占优势地位。

### 6.2.4　杂草群系组

杂草半稀树草原常常可以看到以下优势植物，并形成相应的群系，如：毛偃麦草(*Elytrigia trichophora*)，球茎大麦草(*Hordeum bulbosum*)，白羊草(*Bothriochola ischaemum*)，巴勒蒿(*Artemisia baldshuanica*)等。杂草群系在这个群系组中占有特殊的位置，能够比较完整地反映该群系组的特征，在此基础上低山半稀树草原可分为以下的群系：偃麦草群系，球茎大麦草群系，白羊草群系，巴勒蒿群系和杂草一短命植物群系。

**(1)偃麦草群系**

在偃麦草半稀树草原中，毛偃麦草占主导位置。这种禾本科植物在群落中的地位相当稳定并经常起建群种的作用。毛偃麦草是典型的根茎型禾本科植物，茎高为 40～50 cm，根深入地下几乎不分支，具硬纤维特性，在根茎类禾本科植物中并不常见，深度可达 150 cm 或更深。4 月中旬，偃麦草就会发芽生长，不会迟于早春的类短命植物，5 月底开花。

偃麦草群系中典型的代表植物有：球茎大麦，准噶尔蓝盆花（*Scabiosa soongorica*），大叶旋复花（*Inula grandis*,），芸香（*Haplophyllum acutifolium*，*H. perforatum*），其他植物则分布较少，如：

*Elaeosticta allioides*　　*Astragalus amygdalinus*
*S. polycarpa*　　*A. negalomerus*
*Onobrychis grandis*　　*A. macrotropis*
*Acanthophyllum paniculatura*　　*A. macronix*
*Eremostachys speclosa*　　*Eremurus regelii*
*E. labiosa*　　*Ferula karatavica*
*Convolvulus subhirsutus*　　*Phlomis salicifolial*
*Rhaponticum integrifolium*

偃麦草群系的群落成分在小区域中，一般有 25～40 个种，其中短命和类短命植物经常可占到 50%。在群落下层经常会看到由胎生早熟禾和薹草组成的近地层片，这在中亚南部地区偃麦草一杂草半稀树草原分布海拔的下界地区很常见。但需要指出的是，偃麦草和上述类短命植物之间存在明显的竞争伴生关系，在典型的偃麦草群落中，早熟禾和薹草会被偃麦草完全挤出。

总体上，在植物生长期，偃麦草一杂草半稀树草原的季相变化并不是非常地显著，但仍然可以进行区分，比如塔什干周边的半稀树草原可以分成 8 个季相：

1)4 月初，顶冰花和莵葵；
2)4 月中旬，银莲花和紫堇；
3)5 月初，早熟禾和薹草；
4)5 月中旬，球茎大麦；
5)5 月底，翠雀（*Delphinium semibarbatum*）和补骨脂（*Psoralea corylifolia*）；
6)6 月中旬，偃麦草；
7)6 月底，旋复花；
8)7 月份，大萼刺芹（*Eryngium macrocalyx*）。

费尔干纳半稀树草原大致可分为 5 个季相：

1)短命植物；
2)漏芦；
3)旋复花（图 6.3）；
4)刺芹；
5)岩风（*Libanotis*. sp.）。

上述的偃麦草一杂草半稀树草原是受人类活动影响的表现形式之一，其特征是偃麦草占完全的优势地位，偃麦草纯群落可形成于早期的山坡耕地上，它们在旱地耕作区的分布较广，当然随着时间的推移，偃麦草群落中会逐步进入其他的植物。

在集中放牧的条件下，偃麦草的位置会退让给狗牙根（*Cynodon dactylon*），这种禾草具有强壮的地下根茎和须根，能够形成密实的草根层，不怕牲畜踩踏，在山谷地区常常会在原来生长偃麦草一杂草半稀树草原的位置形成次生的纯群落。

偃麦草群系是半稀树草原分布最广泛的一种类型，沿吉尔吉斯阿拉套成带状分布，在塔什干阿拉套山脉、库拉民斯基山脉、土耳其斯坦山脉的坡地和吉萨尔山脉西部的支脉则随处可见，在疏勒赫博（Surkhob）和伽勒莫（Gharm）地区呈间断分布状态。

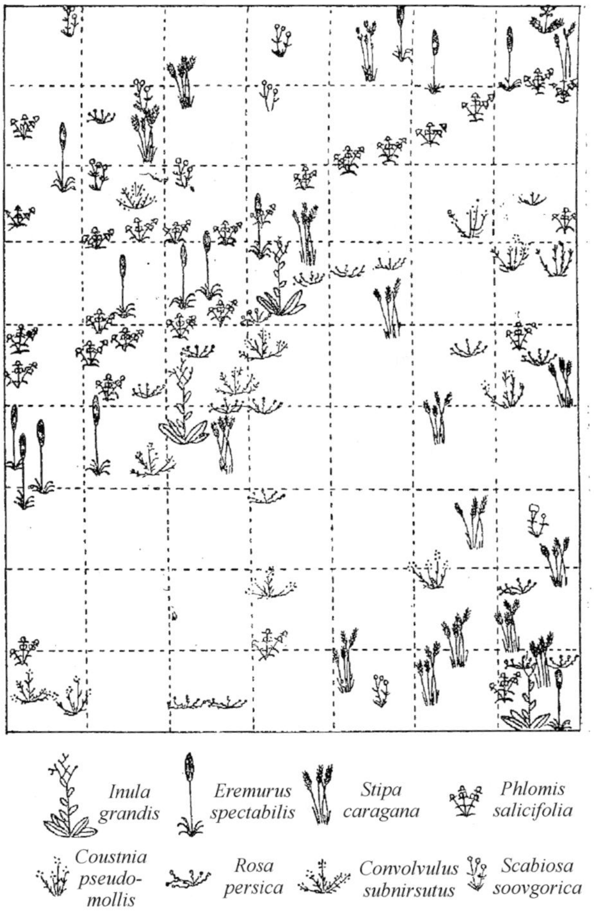


图 6.3　锡尔卡拉套低山半稀树草原旋复花群丛主要植物的水平分布

（根据 M. Культиасов，1952）

同是偃麦草草群系，但在科佩特低山地带其区系成分则有明显的不同，这里有记录的植物种类为 72 种，除了偃麦草群系常见的一般性物种如 *Eremurus olgae*，*Crambe kotschyana*，*Astragalus retamocarpus*，*Ferula diversivitiata* 等之外还有一些体现该地区群系特性的特征性植物，如：*Inula peacockeana*，*Euphorbia kopetdaghi*，*Nepeta kopetdagensis*，*Stacbys lavandulaefolia*，*Korovinia microcarpa*，*Delphinium turkmenum*，*Ferula galbaniflua*，*Phlomis cancellata*，*Gladiolus atroviolaceus*。

有意思的是偃麦草在库格坦格和吉萨尔山脉消失了，在这两个地区，偃麦草被早熟禾属和薹草替换，形成了独特的杂草一短命植物群系。

**(2)球茎大麦(*Hordeum bulbosum*)群系**

球茎大麦的分布不越过塔拉斯阿拉套山的北部，在山南部形成纯群落或混合群落，在从半稀树草原到刺柏丛的几个高度带上占有很显著的地位。这种群系在天山西部和阿赖山脉也有记录被称为“天山一阿赖大麦高草草甸草原”或“大麦草草甸”。球茎大麦草群系的特征是这种禾草在草本层占有绝对优势地位，有时甚至完全挤占其他植物的空间。一般而言，在球茎大麦草群系中也会混杂一些其他半稀树杂草草原的物种如：冰草，旋复花等，在更高的地区有：川续断（*Dipsacus* sp.），鸭茅（*Dactylis glomerata*），无芒雀麦（*Bromus inermis*），窄叶野豌豆（*Vicia angustifolia*）等，但是大麦群落中的物种数一般最多不超过 10～15 种。

**(3)白羊草(*Bothriochola ischaemum*)群系**

白羊草群系以独立的斑块状分布在费尔干纳谷地和吉尔吉斯阿拉套,在费尔干纳山脉的周边地区以该群系的特殊变形形式存在。在中天山地区,白羊草参与草原群落的构成。与针茅和羊茅共生的群落在准噶尔阿拉套山脉也比较常见,甚至在硬地旱坡上常常占优势地位。但是在半稀树草原植被的群落中白羊草只存在于费尔干纳盆地的恰特卡里阿拉套南坡。

白羊草属于短根茎禾本植物类型,与具有这类结构的其他禾本植物一样,可以在土壤表面上形成稀疏的草根层,其生长速度和特性可保证它快速地使土壤表层草根化,阻止了其他植物的进入。

在费尔干纳盆地白羊草茂密生长的原因尚没有权威的解释,在相同的黄土条件下,白羊草生长的周围是偃麦草一杂草群落,可以假设,白羊草群落的出现和山坡旱地耕作有关。

**(4)巴勒蒿(*Artemisia baldshuanica*)群系**

这个群系主要分布在吉萨尔山脉北坡的峡谷和盆地的浅土层中,群落结构成分简单,密度不大。除了巴勒蒿之外还可见:球茎大麦,旋复花,糙苏,补骨脂,天山芹(*Galagania* sp.),甘草和其他一些一年生植物。

**(5)杂草一短命植物群系**

在山地半稀树草原中杂草一短命植物群系占有特殊的地位。它的主要特征是在群落中以胎生早熟禾和薹草替代了偃麦草的位置。这种群系在库格坦格山广泛分布,在该地区土质较软的一些山坡上还生长着茂盛的旋复花灌木,高度甚至超过一般成人的身高。这种群落最大特点是它的成分不包含偃麦草,而偃麦草却是杂草半稀树草原特别固定出现的植物,这种现象在吉萨尔山脉也存在,偃麦草在这个广阔地区消失的原因还不是很清楚。

在吉萨尔半稀树草原替代偃麦草的植物与在库格坦格山脉的相同,是具有春季季相的薹草,该群系可以分成若干群丛,其中也包括大麦群丛,这些群丛都位于1200～1700 m的海拔高度之上。群系典型的群落特征是具有两层结构,地表是薹草形成的草根层,其上是高大而稀疏的杂草。群系的总成分超过100种,其中一半以上成分属于短命植物。

杂草一短命植物群系的成分中有很多植物是和偃麦草群系一样的:短命植物种类几乎是100%相同,多年生种类65%相同,这使得两个群系非常相似,但吉萨尔半稀树草原也有很多自己的特征性植物,比如以下这些:*Haplophyllum dubium*,*H. popovii*,*Iris darvasica*,*Eremostachys hissarica*,*Eremurus comosus*,*E. bucharicus*, *Ungernia tadshikorum*,*Muscari bucharicum*,*Alcea baidshuanica*,*Erianthus purpurascens*,*Glycyrrhiza violacea*,*Veronica bucharica*,*Phlomis bucharica*, *Nigella bucharica*,*Cousinia pulchra*,*Crucianella divaricata*,*Ferula gigantea*。

## 6.2.5 高草群系组

高草群系组的最显著特点是由伞形科阿魏属(*Ferula*)和栓翅芹属(*Prangos*)的大型高草构成的外部景观特征,这些大型的"伞形植物"主要是 *Prangos pabularia*, *P. tschimganica*, *Ferula tenuisecta*, *F. jaeschkeana*, *F. foliosa*, *F. diversivittata*, *F. ferganensis* 等。

大型伞形植物群系分布在山地野蔷薇灌丛及落叶林地带,上限可至亚高山带的2500～2600 m高度,土壤类型为富灰钙土或褐土。

大型杂草半稀树草原植被层结构很独特，禾本类植物起的作用是次要的，双子叶杂草植物占最重要的位置，它生产了主要的群落生物量(至 6 t/hm² 干物质)。在比较完整的群落中草本层植被盖度可达 100%，上层高度可达 1.5～2 m，下面还可以再分 2～3 层，由胎生早熟禾和薹草形成地表草根层的情况很少见。

帕米尔一阿赖山脉，包括吉萨尔山脉高草群系的植物构成比较丰富，在北部地区其成分减少，但并没有失掉自己的特征，比如西天山地区。这些地区的景观植物，比如 *Prangos pabularia* 和 *Ferula jaeschkeana* 也生长在克什米尔地区，这表明了中亚山地半稀树草原和喜马拉雅植被的关系。这些半稀树草原的生态环境相较于分布较低的杂草稀树草原来讲是比较中生的，这可从植被组成的丰度上反映出来。

以下这些植物是高草稀树草原共有的物种(拉丁文名)：

*Ferula jaeschkeana*
*Prangos pabularia*
*Bromus inermis*
*Delphinium biternatum*
*Dipsacus azureus*
*Ostrovskia magnifica*
*Trigonella popovii*
*Stachyopsis oblongata*
*Rheum maximowiczii*
*Dactylis gloraerata*
*Agropyron tianschanicum*
*Eremostachys lehmanniana*
*Allium winklerianum*
*Astragalus sieversianus*
*A. peduncularis*
*A. turkestanus*
*Dictamnus albus*
*Hypericum perforatum*

除此之外，各地区之间物种也存在差异，下面是西天山和吉萨尔地区各自特有的物种如表 6.2 所示。

**表 6.2　天山西部和吉萨尔地区特有物种(拉丁文名)**

| 西天山 | 吉萨尔山脉 |
| --- | --- |
| *Prangos tschimganica* | *Phlomis fruticetorum* |
| *Ferula tenuisecta* | *Polygonum bucharicum* |
| *F. ferganensis* | *Eremurus bucharicus* |
| *Astragalus ugamicus* | *Senecio bucharicus* |
| *Phlomis sewerzowii* | *Eremostachys baldshuanica* |
| *Schrenkia ugamica* | *Olgea baldshuanica* |
| *Haplophyllum latifolium* | *Adonis turkestanicus* |
| *Cousinia umbrosa* | *Astragalus nigrocalyx* |
| *Ferula karatavica* | *Eremurus stenophyllus* |
| *Muretia transitoria* | *Allium darvasicum* |
| *Ungernia sewerzowii* | *Incarvillea olgae* |
| *Eremostachys ebracteolata* | |

天然分布的高草半稀树草原可以分为以下群系：栓翅芹—阿魏群系和栓翅芹—偃麦草群系。

**(1)栓翅芹—阿魏群系：**

该群系的最主要的两种优势植物是 *Prangos pabularia* 和 *Ferula jaeschkeana*。*Prangos pabularia* 表现为特殊的高山形态，相比于其他草本植物具有高大的躯干和圆柱状果实。中亚阿魏属于一次性开花植物，其叶丛直径可达 1 m，高度可达 2 m。该群系中禾本类植物占次要地位，在吉萨尔山脉和卡拉特根地区可见到雀麦，冰草，鸭茅，狐尾草，落芒草等。在没有灌木覆盖的开阔山坡上，样方统计结果显示，其他杂草大约有 30 多种，其中包括：

*Stachyopsis oblongata*　*Eremerus regelli*
*Paeonia hybrida*　*E. korshinskii*
*Trigonella pamirica*　*Crepis sibirica*
*Nepeta podostachys*　*Conyza khorassanica*

该群系的分布可至亚高山带，在费尔干纳山脉的山坡已表现出明显的特征，但作为地域性景观特征仅出现在帕米尔—阿赖山脉，在突厥斯坦、阿赖和泽拉夫尚山脉没有这种类型的大型草，塔什干阿拉套山脉也无该群系。

除了上述的主要分布区之外，在库尕尔特河流域和费尔干纳山脉的阿拉布尕区域也有分布，在这些地区的栓翅芹和阿魏群落中还可见到某些真草甸草原的代表性植物。

**(2)栓翅芹—偃麦草群系：**

广泛分布在整个西天山地区，从卡拉套山南部向东南延伸到费尔干纳山脉。这个群系包含几个群丛，主要的优势植物是栓翅芹和冰草，有时也包括阿魏，短命植物占总成分的 25%左右。根据安格林河(Angren River)流域海拔 2000～2300 m 地区植被的统计约 40～50 个物种，包括：

*Prangos pabularia*　*Haplophyllum latifolium*
*Ferula tenuisecta*　*Inula grandis*
*Dipsacus azureus*　*Elaeosticta alaica*
*Cousiniasewerzowii*　*Vicia tenuifolia*
*Lindelofia anchusoides*　*Muretia transitoria*
*Agropyron trichophorum*　*Astragalus turkestanus*
*Bromus inermis*　*Onobrychis grandis*
*Dactylis glomerata*　*Scabiosa soongorica*

栓翅芹—偃麦草群系在山地的垂直分布范围较广。在锡尔卡拉套山已经出现在山前丘陵地带，但还没有形成规模性的景观，从这里开始依不同的地形条件逐步延伸到塔什干阿拉套山脉，然后是恰特卡里阿拉套山脉的亚高山带，主要包括两个群丛，即：低海拔的 Prangos—Ferula karatavica 群丛和高海拔的 Prangos—Ferula ovina 群丛。第一个群丛与半稀树偃麦草—杂草草原相接，其成分中，*Inula stubendorffia*，*Astragalus sieversianus* 及其他植物起着显著的作用。第二个群丛中包含鸭茅、无芒雀麦和偃麦草，有些情况下完全没有偃麦草出现。

需要说明的是半稀树草原植被在黏土—砾石质土壤条件下的变化。在山坡地带，如果地表径流的侵蚀过大就会使地表覆被变稀疏，植被成分向旱生方向转化，半稀树草原会丧失其某些特征,但是这种条件下产生的植物和也会和它保持一定的遗传关系,砾质黏土上可出现与半稀树草原优势植物接近的植物种类。

山地半稀树草原被侵蚀的砾质黏土山坡植被的第一个变化就是它的稀疏化;首先消失的是没有深根的鳞茎和块茎植物,主根植物和根芽植物可以坚持住;另一方面,侵蚀砾质黏土上植被的破碎化为短命植物的进入提供了空间,事实上短命植物在受侵蚀的砾质黏土群落中占有很明显的地位,在山前地带它们的数量超过短命植物在半稀树草原总成分的一半。

在强烈侵蚀的砾质黏土地带多年生植物并不多,其中比较常见的有:

| | |
|---|---|
| *Centaurea squarrosa* | *Ziziphora clinopodioides* |
| *Prangos uloptera* | *Trichodesma incanum* |
| *Stipa caragana* | *Hypericum scabrum* |

在这一地带还形成了刺扁桃、樱桃、绣线菊和其他的灌木丛,在西天山地区主要有这些种类:

| | |
|---|---|
| *Eremostachys speciosa* | *Cousinia triflora* |
| *E. angreni* | *Astragalus krausseanus* |
| *Schrenkiagolickearia* | *A. cyrtobasis* |
| *Onosma dichroanthum* | *Eremurus sogdianus* |
| *Convolvulus pseudocantabrica* | *E. comosus* |

在高海拔半稀树草原的砾石山坡上生长着其他一些物种,它们经常会形成相对比较稳定的群丛,例如塔什干阿拉套山奇尔奇克河左岸地区的 *Prangos tschimganica* 群丛,其伴生植物主要有:*Salvia schmalhausenii*,*Cicer songorica*,*Ferula samarcandica*,*Eremostaches nuda*。在帕米尔一阿赖山地的侵蚀砾石山坡上也形成了区域性的群丛特点,具体在吉萨尔山脉包括以下植物:*Ziziphora pamiroalaica*,*Chesneya hissarica*,*Leymus baldshuanicus*,*Galatella punctata*,*Conyza khorassanica*,*Astragalus seravschanicus*,*Cousinia radians*,*A. korolkovii*。

### 6.2.6　半稀树草原经济意义

谈到山地半稀树草原的经济意义,首先要提到的就是其牧草的生物量问题。如前所述,半稀树草原植被的共同特点是相对较短的生长周期和相应较长的干草期,这种特性在低山带体现得更为明显。5—6 月份的草本层地上部分柔软多汁,而次月即变粗变干,与草根一起在整个秋冬季保留下来。根据生物组分的差异,山地半稀树草原可分为两种牧草用地类型:山前偃麦草一杂草牧地和山地高草牧地。低山带半稀树草原植物可分为春季和夏季两组,早春季节主要是由旱熟禾和薹草及一些一年生短命植物构成春季的生物量,在夏季,由于草本层的生长期较短可使牧地的生物量快速增长。

低山半稀树草原在自然影响的条件下有时会具有杂草植被的特征,使其产出的生物量更高,这其中包括了各种唇形科、菊科、豆科和十字花科等其他植物构成了整个草本层。当然,这种混合型的草地面积并不大,但这显示了杂草半稀树草原的生物潜力,事实上,半稀树草原也表现为撂荒地的次生贫化植被。应当指出,在半稀树草原分布的地带发育着有利于旱地耕作较肥沃的暗灰钙土,自古以来人们就在这些地区从事谷物的耕作,不断开发荒地,又逐渐放弃野草生长的过熟地,这样在废弃的耕地上便发育了撂荒地植被。现在除了一些较近的弃耕地之外,占据撂荒地的主要是冰草和冰草一杂草牧场或割草场,也有部分是白羊草和狗牙根草场。

在冰草一杂草牧场或割草场常见的丰度较高的植物主要是禾本类的毛偃麦草、球茎大麦、白羊草(*Botriochloa ischaemum*)和狗牙根,它们都是根茎草类。冰草因其分布范围较广和饲用价值较高,多年来对其研究也比较充分,在中亚地区冰草生物量约在 2.8～3.5 t/$hm^2$之间,7 月中旬冰草的开花期产量会达到最高,饲用部分可达其总生物量的一半,到生长期结束时纤维素的含量会大幅提高,适口性也会降至最低。

球茎大麦可与其他草种混生也可形成纯群落,单独生长时其干物质产量可达 5 t/$hm^2$或者更高,它的生长周期结束比冰草要提前一个月,饲用成分与毛偃麦草相当。

生长在山前平原的须芒草饲用成分接近于球茎大麦,在半稀树草原中,该种只在费尔干纳盆地形成天然牧场。狗牙根草场的面积与球茎大麦相当,它主要分布在过牧的山沟或谷地。

在冰草牧场上适口性较好的牧草除了禾本类的之外,其他的杂草成分中还有黄蓍,丝叶芹和野苜蓿等。

高草半稀树草原尽管更适于作割草场,但常常被作为普通牧场用。草本层中主要的生物量由前述的栓翅芹和各类阿魏提供。栓翅芹的饲料营养价值较高,青饲料的适口性也比较好,其蛋白质含量可达 8.47%,阿魏的饲用特性接近于栓翅芹。除这两种植物之外,在高草半稀树草原中还可见到很多山地草甸或草原植被的代表性植物,包括无芒雀麦、鸭茅、低山早熟禾(*Poa stepposa*)、大羽针茅(*Stipa kirghisorum*)、窄叶野豌豆(*Vicia tenuifolia*)和野苜蓿等。

费尔干纳山脉高草半稀树草原干物质生产量可高达 15.2 t/$hm^2$,这是目前所知栓翅芹一阿魏群系的最高产量,一般产量在 1.5～2 t/$hm^2$之间。

## 6.3　山地草原

### 6.3.1　山地草原成分及其分布条件

草原在中亚和南哈萨克斯坦的平原地带没有分布,平原地区荒漠一草原过渡带分布的最南端大致是 48°N,再往南草原分布的海拔高度上升到山地地带。大致从阿亚古兹(654 m)所处的海拔高度开始,草原以不间断的条状沿所有天山山脉的山前带一直延伸到塔拉斯阿拉套和锡尔卡拉套,在某些地段草原分布的海拔高度更高,不过在帕米尔一阿赖山脉系统中分布的草原与上述的典型草原存在显著的差异。

在草原分布区的边界之外,草原因区域条件的差异与各种不同类型的植被相接,其中表现最突出的是我们所熟知的气候相位差异。这种差异对植被引起的巨大变化不仅表现在平原地区,在山地也有表现,这种情况在概述半稀树草原植被时就已遇到。在草原地带这种差异表现得尤其明显,可引起草原的半稀树化,在锡尔卡拉套,塔拉斯阿拉套山的西部以及费尔干纳山区可明显地看到这两种草本植被的连接线。在垂直分布的山地,草原与草甸植被的上限相接,而在帕米尔一阿赖山脉中这些草原与由大型草本类植物所组成的半稀树草原相接。

本书所指的草原即是主要由丛生禾本科旱生植物构成的植被,这种对草原的界定与一般文献中对草原植被公认的理解等同或接近。

谈到草原的特点,首先要提到的是占优势地位的密丛型禾本类植物及其丛生特性。密丛型禾草是短根茎植物,但根系比较发达,在地表形成草皮层。在天山草原中密丛型的禾草有几十种，分属不同的属，如所有的针茅和羊茅，异燕麦、落草（*Koeleria*）、碱茅以及细柄毛（*Ptilagrostis*）、落芒草等属的部分物种，还包括部分冰草、梯牧草和早熟禾。在草原群落中疏丛型的禾草较少出现。

天山草原上与丛生的禾草一起还生长着灌木和半灌木，半灌木中分布最广的是蒿属植物。山地的蒿类植物大都属于绢蒿属（*Seriphidium*），山地草原群落中出现的蒿类尽管仍然体现草原植被的特点，但却保留了旱生植物的典型特征。草原型的蒿类区别于荒漠型蒿类最明显的特征是其生殖枝的木质化，如 *Seriphidium sublessingianum* 和高山地区生长的 *Seriphidium lehmannianum* 在自身结构上都与近地表灌木相似。除蒿类之外在山地草原还会出现半灌木木地肤和驼绒藜（*Krascheninnikovia ceratoides*）。

锦鸡儿（*Caragana* sp.）是天山草原中较常见的灌木，草原形态的锦鸡儿与其他植物群系中的锦鸡儿基本没有差别，主要分布在干燥多石的山坡上，在松软的土壤上则很少出现。在外观形态上锦鸡儿与胶黄芪（*Astragalus* sp.）很相似，后者在中天山没有分布，但在帕米尔一阿赖和科佩特山脉却属特征性植物。

山地草原中还包括绣线菊和麻黄等，灌木丛的存在使山地草原群系呈现多样性，这在对草原植被进行分类时将不得不考虑到这些因素。

天山草原的分布区环境尽管多种多样的，但因降水等气候条件的影响草原植被的群落结构都具有共同的特点一稀疏性，地表盖度只有约 50%，状况较好的可达 60%～65%，在禾本类草丛之间通常会出现空地，在较低一些相对比较温暖的草原，在禾草之间会有不多的短命和类短命植物生长，而在高山寒草原带则完全消失。

除了短命植物的春季季相外，山地草原的生长没有明显的季相。5 月初首先会出现顶冰花、秋水仙和郁金香等，某些地段也会有独尾草出现，稍晚些会出现马先蒿（*Pedicularis olgae*）及其他植物。6 月中下旬是类短命和短命植物的繁盛期，禾本类植物也逐渐占据主要的地位。8 月份由于杂草的干枯而呈现淡黄色调，但这个时期羊茅、针茅和蒿类仍然处于生长季。9 月初禾本类植物停止生长，到本月末蒿类也停止生长。以上所述是低山带草原生长周期的特点，很显然海拔高度会显著影响其特性，在高山草原带禾本类植物很晚才开始生长并且停止的时间也较晚，其生长季内没有短命植物这一阶段。

### 6.3.2　中亚山地草原分类问题

上述概述表明山地草原的类型是多种多样的，这主要是由海拔高度和区域气候差异造成的。中亚山地草原的总成分超过 350 种，其中 20%属于密丛型禾本类植物，5%左右属于块茎和鳞茎植物，其他杂草中主根型草类占多数。在各类文献中不同的作者曾对中亚地区不同的山地进行过草原类别的划分，从这些区域性的草原分类材料中可以得知影响草原变化的最主要因素是其位置高度。根据这个一般规律，可以将所有各类不同的山地草原群落统一为两个组：半干旱草原（中温草原）和高寒草原。

在草原植被中针茅占据首要位置，半干旱草原群落中最主要的两个物种是 *Stipa capillata* 和 *Stipa sareptana*。这两种植物在中亚之外也广泛分布，在蒙古它们被 *Stipa grandis* 替代，在科佩特山脉是 *Stipa capillata* 和 *Stipa holosericea*。在突厥斯坦山脉的砾石山坡上生长着 *Stipa margelanica*。另外几种羽状针茅野生半干旱草原的常见种，如 *Stipa lessingiana* 和 *Stipa caucasica*，而 *Stipa szowitsiana* 则较为少见，在帕米尔一阿赖山脉草原群落中是

*Stipa trichodes*，特有种包括 *S. actauensis* 和 *S. karataviensis*。

海拔更高的山地草原优势种转变为其他的针茅，在中亚地区 *Stipa kirghisorum* 的分布较广，而在高山带，优势种为 *Stipa orientalis* 和 *Stipa glareosa*。

在山地草原中羊茅属的植物也占有重要的地位，其中包括广泛分布于天山和帕米尔阿赖山脉的 *Festuca valesiaca*，*F. kryloviana*，*F. coelestis*，*F. alaica*，*F. ganeschinii*，*F. kirghisorum*，*F. squamulosa*，*F. sulcata* 等，在科佩特山脉还可见一种特殊的羊茅 *Festuca bornmullerii*。

高寒草原的群落构成具备自己的特点，除了上述的禾本植物之外还包括早熟禾（*Poa relaxa*，*P. stepposa*），冰草（*Agropyron ferganense*，*A. alaicum*，*A. tschimganicum*），燕麦（*Avenastrum desertorum*，*A. tianschanicum*，*A. hissaricum*），细柄茅（*Ptilagrostis* sp.），三毛草（*Trisetum* sp.），梯牧草和碱茅等。

山地草原群落构成成分的多样性还包括某些蒿类的出现，其中包括 *Artemisia tianschanica*，*A. sublessingiana*，*Seriphidium karatavicum* 等。另外锦鸡儿尽管大多生长在多石的山坡上，但这种植物也是山地草原中比较固定出现的物种，中亚地区约 21 种锦鸡儿中，只有一种鬼箭锦鸡（*Caragana jubata*）出现在亚高山带，其他大都不同程度的与草原存在联系。

综上所述，中亚山地草原主要可以分为如下群系：

**A. 半干旱草原**

(1)羊茅一蒿类群系
(2)针茅一羊茅群系
(3)针茅一蒿类群系
(4)白羊草群系
(5)灌木群系

**B. 高寒草原**

(6)羽状针茅一杂草草原
(7)羽状针茅一异燕麦草原
(8)瘦瘠针茅草原
(9)镰芒针茅一羊茅草原
(10)异燕麦草原
(11)羊茅草原
(12)细柄茅草原
(13)碱茅草原
(14)银穗草草原

### 6.3.3 半干旱草原组

**(1)羊茅一蒿类草原**

这是最干旱的一个群系，是一种兼具草原和荒漠性质的植被类型。该群系的植物群落主要由蒿、羊茅和针茅构成。根据地理位置的差异蒿类主要表现为如下几种：*Artemisia tianschanica*，*A. sublessingiana*，*Seriphidium karatavicum*，*S. ferganense* 等。完全由蒿类构成的群落可广泛见于天山和帕米尔一阿赖山地的半荒漠地带，蒿类群落中草原性禾本类的加入使得其特性与草原接近，这样羊茅一蒿类群系就体现出半荒漠向草原过渡的特性，当然这种过渡的基础是其生长基质为淡栗钙土，海拔更高的地区蒿类被丛生的草原性禾本植物替代。群系中与第二位的是羊茅，在低山带主要是指 *Festuca rupicola*，占第三位的针茅则出现的几率相对较低。

针茅(*Stipa capillata*)有时会与羊茅一起形成共优植物，但也有部分植物学家认为它就是从伏尔加河下游的半荒漠地区传播到到天山的 *Stipa sareptana* 的特殊变种，只是与真正的针茅很像而已。针茅在羊茅一蒿类群系中表现为适旱形态，同羊茅相比，针茅生长的速度要慢些，但生成的草墩直径要远大于羊茅。

在羊茅一蒿类草原中，除了上述的禾草外还能见到少量的其他植物，如：落草，冰草，芨芨草，白羊草，细叶针茅，长羽针茅和薹草(*Carex lugens*，*C. turkestanica*)等。

总体上羊茅一蒿类草原在天山地区约有 80 多种植物，在突厥斯坦山脉还要增加约 20～30 种短命植物和类短命植物，其中既有荒漠型的也有草原型的，下面是天山地区的部分植物：

*Hymenolyma trichophyllum*
*H. bupleuroides*
*Oedibasis apiculata*
*Schrenkia vaginata*
*Goniolimon speciosum*
*Allium caesium*
*A. pallasii*
*A. alexandrae*
*A. fetissovi*
*Eremostachys molluceloides*
*Astragalus platyphyllus*
*A. Schanginianus*
*A. pachyrhizus*
*A. Semenovii*
*A. arganaticus*
*Scorzonera racemosa*
*Medicago falcata*
*Sedum affine*
*Polentilla bifurca*
*Artemisia dracunculus*
*Oxytropis macrocarpa*
*O. glabra*
*Helichrysum arenarium*
*Elaeosticta setacea*
*Jurinea lanipes*
*Galium verum*
*Linum perenne*
*Tulipaostrovskiana*

羊茅一蒿类群系包括羊茅一天山针茅群丛，羊茅一卡拉套针茅群丛，羊茅一亚列兴蒿群丛等。

**(2)针茅一羊茅草原**

同前述草原类型不同，这种草原的禾本类植物占优势，可达地表盖度的 80%～90%，种类也比较多，在干旱草原常见的 *Stipa sareptana* 这这里被替换为普通的 *Stipa capillata*，羊茅的类型主要是沟叶羊茅，在科佩特山脉是与其类似的狐茅。在天山地区该群系的伴生种主要是芨芨草和薹草，在准噶尔阿拉套是须芒草和细叶针茅，在科佩特山是 *Stipa holwayi*。

针茅与沟叶羊茅相似，其分布可从山前一直到高海拔的地区，在天山北部这些针茅在海拔 2000～2500 m 高度还占优势地位，其主要占据南坡的位置，在这种条件下形成的草原特点很像亚高寒草原。

针茅一羊茅草原在羊茅一蒿类草原之上，在山脉丘陵地带更高的位置或中山带地区相对比较平缓的地形上形成。在锡尔卡拉套地区与半稀树草原相接，混杂其中的某些植物使其界限并不明显，在费尔干纳山地这类草原非常典型，其界限也比较清晰可见。

针茅—羊茅草原的生物成分大约有100多种，其中的某些禾本类在较低的草原带并不分布，如赖草（*Leymus angustus*，*L. junceus*），低山早熟禾（*Poa stepposa*），费尔干偃麦草（*Elytrigia ferganensis*）、无芒雀麦等，其余大部分的植物都属双子叶杂草，部分代表性的植物如下。

| | |
|---|---|
| *Veronica spicata* | *Allium caesiun* |
| *V. spuria* | *A. splendens* |
| *Verbascum phoeniceum* | *Onobrychis viciaefolia* |
| *Eremostachys speciosa* | *Artemisia dracunculus* |
| *E. Fetissovii* | *A. sieversiana* |
| *Medicago falcata* | *A. austriaca* |
| *Lathyrus pratensis* | *Astragalus platyphyllus* |
| *L. tuberosus* | *A. schanginianus* |
| *Astragalus semenovii* | *A. laxmannii* |

针茅—羊茅草原的不同群落从外观看起来比较类似，羊茅经常与其上层的针茅生长在一起，其他的草原草类在该群系中的地位很小，但是生长在准噶尔阿拉套山的须芒草是例外。其他杂草在典型的草原群落中，一个样方中一般会有10～15种单株的杂草，杂草的数量会随着湿度的增加而提高，但在这种情况下草原群落就会转变为草甸。经常与羊茅和针茅伴生在一起的有扁叶黄芪，拉拉藤、蒿，委陵菜，块根糙苏（*Phlomis tuberosa*）及婆婆纳等。春季还可见早熟禾、薹草、郁金香、葱、葫芦巴，离子芥等。针茅—羊茅草原最适合在亚砂土质的栗钙土和暗栗钙土上生长，砾石质的土壤会使地表植被稀薄化，针茅（*Stipa capillata*）也会被镰芒针茅（*Stipa caucasica*）所替代。

**(3)针茅—蒿类草原**

在中天山地区广泛分布，尤其在纳伦河右岸地区分布面积较大，其典型的生境是发育着淡栗钙土的缓坡和干谷谷地，土壤表层为细粒径的砾石沉积物。

这个群系的优势种是镰芒针茅和蒿，其中的镰芒针茅在中亚及中亚以外的地方都广泛分布，其中包括几个不同的变种。镰芒针茅形成草墩直径较小，为5～10 cm，时间长的可达到20 cm，但这时它只是在外围和边缘还在生长，中心部分已经死亡。镰芒针茅群落的物种较少，通常为5～8种。针茅—蒿群系在天山中部地区总的组分约在40～45种之间。蒿通常与针茅伴生，根据草原的地理位置不同其种的分布也有差异。此外该群落中其他的禾草成分还有扁穗冰草、芨芨草、针茅等，杂草类包括驼绒藜、沙穗（*Eremostachys speciosa*）、天山西风芹（*Seselopsis tianschanicum*）、瓦松和其他一些砾石质植物。

针茅—蒿类群落除了在天山以外，在帕米尔—阿赖山脉也有分布。比如在突厥斯坦山脉被称为"荒漠化草原"，这里它们保持生长在斜坡上的特点，但包括了本地物种 *Stipa margelanica* 和 *S. trichodes*，它们与针茅一起构成优势种，相对来讲突厥斯坦的草原植被物种要比天山的丰富。

**(4)白羊草草原**

这种草原的面积不大，通常在山前带的针茅和羊茅草原间呈斑块状分布。这种植被在碎石山坡上体现得更为典型，这一点与针茅一蒿类草原具有类似性，群落中物种的数量和植被的地表盖度都比较低，杂草类物种主要来自于周围的其他草原，随着土壤砾质程度的增加还会出现一些山地旱生植物，甚至是灌木。这种情况在准噶尔阿拉套地区比较典型，在天山地区，白羊草被与其类似的镰芒针茅替代。

白羊草是比较耐旱的植物，正如在半稀树草原看到的那样，它既可以在禾本类草原中生长，又可以在蒿类半荒漠地带生长。

**(5)灌木草原**

在中亚地区很明显的分为以下几种类型：锦鸡儿草原、绣线菊(*Spiraea*)草原和木蓼(*Atraphaxis*)草原。锦鸡儿草原由不同种的锦鸡儿群丛构成，其中比较典型的是蒙古锦鸡儿和吉尔吉斯锦鸡儿群落，其共同特性在于生境都为坡地的黏土岩性土壤。锦鸡儿灌丛只占据地表不到一半的空间，其余位置被其他的草原植物或山地旱生植物覆盖，这为其他植物创造了水热条件相对较好的微环境，灌丛间还生长着吉尔吉斯针茅，拉拉藤，青兰(*Dracoephalum*)等。

镰叶锦鸡儿(*Caragana aurantiaca*)群丛在中天山广泛分布，这种锦鸡儿在羊茅一蒿类草原和针茅草原也可见到。在强岩性土壤中这种植物与其他山地旱生植物生长在一起，如彩花(*Acantholimon tianschanicum*)、刺旋花(*Convolvulus tragacanthoides*)、兔唇花(*Lagochilus diacanthophyllus*)、偃麦草(*Elytrigia ferganensis*)等。

在特斯克阿拉套山(Teskey Ala－Too)相似的条件下形成的是阿赖锦鸡儿(*Caragana alaica*)群丛，与其伴生的是草原型的植物，其中也夹杂一些砾石生境植物，如新塔花、白莲蒿(*Artemisia sacrorum*)、兔唇花和某些葱属植物等。

属于灌木草原的还包括一些草原性群落，比如绣线菊和木蓼就在灌木草原中占据一定的位置。在中亚地区有 9 种绣线菊，但部分种之间的差异非常小，其中的金丝桃叶绣线菊(*Spiraea hipericifolia*)在天山和帕米尔一阿赖山脉的山坡上形成灌木丛，同锦鸡儿草原灌丛相比，稍软的土壤更适合它们的生长，与其伴生的是针茅一羊茅植被。

至于木蓼草原，其分布范围很有限，包括有 6～8 种，通常分布在低山和中山草原带，其生态特性与绣线菊和锦鸡儿类似，大部分都生长在砾石质土壤上，其中的梨叶木蓼(*Atraphaxis pyrifolia*)在天山和帕米尔一阿赖比较常见。这种木蓼可以在黏土质砾石山坡上形成非常少见的灌丛，与一些禾本类草本植物共同构成木蓼群落。

### 6.3.4　寒草原组

高寒草原或高山草原的植物群系相较于半干旱草原其多样性更为丰富，这一特征在天山地区表现得非常明显。

**(1)羽状针茅－杂草草原**

这个群系的建群种是长羽针茅(*Stipa kirghisorum*)，广泛分布于天山和帕米尔一阿赖一带，包括达尔瓦兹(Darvaz)和西帕米尔地区。长羽针茅形成的草墩高度可超过 50 cm，叶子呈卷鬓毛状长 25～30 cm，其长羽状的硬芒是其区别于其他针茅的显著特征。这种草原的特性是长羽针茅完全占优势，但是在准噶尔阿拉套山，它的优势地位被针茅和与其类似的羽状针茅(*S. pennata*)替代。

在长羽针茅群落中还包括其他生草类禾草，首先要提到的是荒漠异燕麦、草原早熟禾、草原梯牧草和阿尔泰落草(*Koeleria macrantha*),除了这些禾草植物还经常会有羊茅和针茅。

羽状针茅草原主要是由以上所提到的植物构成,但是群落中其他的杂草成分同样对形成密闭的地表植被具有贡献。在外伊犁阿拉套的西部草原约有 90 种,在天山中部,各种杂草约有 83 种,一般群落中物种数量在 20～30 种之间,但是在草甸型草原中群落物种数量可达 45 种。

羽状针茅草原的物种组成具有亚高山植被的特性,下面列出的是一些典型的物种。

*Gentiana aurea*
*G. olgae*
*G. kirilovii*
*G. prostrata*
*Scabiosa alpestris*
*Leontopodium alpinum*
*Melandrium apetalum*
*Polygonum bistorta*
*P. alpinum*
*Astragalus alpinus*
*Pachypleurum mucronatum*
*Veronica spicata*
*V. spuria*
*Euphorbia alatavica*
*Aster alpinus*
*Saussurea salicifolia*
*Gvpsophila cephalotes*
*Primula algida*
*Anemone protracta*
*Campanula glomerata*
*Geranium collinum*
*Galium boreale*
*Delphinium dasyanthum*
*Pulsatilla campanella*
*Pedicularis amoena*
*P. dolichorrhiza*
*Galium verum*

**(2)针茅－异燕麦草原**

针茅(*Stipa capillata*)是形成本群系的建群种,大多数情况下针茅都与沟叶羊茅共同构成优势植物,经常与其伴生的是天山异燕麦、梯牧草和低山早熟禾。在土壤的生草层中,除了以上所述的禾本类之外还包括其他一些根茎类的,比如毛燕麦、无芒雀麦等;杂草类的包括葱(*Allium hymenorrhizum*)、鸢尾(*Iris alberti*)和众多的双子叶植物。

关于这种草原总的物种组成可以通过区域性的数据来说明。纳伦河流域记录了 79 种植物,准噶尔阿拉套山记录了 94 种植物,至于个体群落中物种的数量则大致在 25～30 种之间。

这个群系中的物种成分有很多与前一个群系是相同的,属于典型的亚高山植物,以下列出的是广泛分布于天山地区的物种。

*Leontopodium alpinum*
*Dracocephalum integrifolium*
*Gentiana aurea*
*Aconitum rotundifolium*
*A. soongoricum*
*Androsace tianschanica*
*A. villosa*
*Pachypleurum mucronatum*
*Phlomis pratensis*
*Geranium collinum*
*Artemisia sacrorum*
*A. trifida*
*Eremurus altaicus*
*Saussurea salicifolia*

**(3)镰芒针茅－羊茅草原**

按群落结构来讲这个群系与半干旱草原群系非常相似,其差别主要是在于镰芒针茅特殊的高山性状，这个群系中的另一个成分是一种特殊的聚头绢蒿（*Seriphidium compactum*）。这种绢蒿常常与针茅一起作为共优植物形成针茅－蒿群丛，这个群丛的特殊性表现在其成分都是高山植物，如 *Bupleurum densiflorum*，*Pulsatilla campanella*，*Allium polyphyllum*，*Iris tianschanica*，*Festuca coelestis* 等。

**(4)异燕麦草原**

这个群系包括三种异燕麦，即天山异燕麦（*Helictotrichon tianschanicum*）、荒漠异燕麦（*H. desertorum*）和细叶异燕麦（*H. hissaricum*）。异燕麦草原的建群种一般是天山异燕麦和细叶异燕麦，这两种都是典型的窄卷叶密丛型旱生禾本植物。天山异燕麦形成的草墩高度约为 30～45 cm，比细叶异燕麦矮一半。纯异燕麦群落很少见，一般是与羊茅以各种不同的关系共生在一起，但异燕麦总是占优势地位。

典型的异燕麦草原植被比较稀疏，地表盖度只有 60%～80%，但是在条件相对较好的情况下植被会变得更密集，其成分和结构也会更多样化。植被层一般包括 20～50 种植物，条件越好成分就越多一些，但总的成分不会超过羽状针茅草原，两者很多成分是相同的，其具体组分的变化与地理位置关系很大，一般地可把异燕麦草原分成两种：天山地区的天山异燕麦草原和帕米尔－阿赖地区的细叶异燕麦草原。

**(5)羊茅草原**

羊茅草原是高山带最明显的景观，广泛分布在天山、帕米尔－阿赖和科佩特山脉，其外观特征是在生长期呈现单调的浅灰色，末期为草黄色的，这种单色调也表明了植被成分的单一性。

羊茅草原的建群种主要就是矮羊茅（*Festuca coelestis*），其形成的草本层相对较稀疏，很少有完全覆盖地表的情况，典型的是在 1 $m^2$ 的面积约有 18～21 个草丛，而且分布比较均匀。

羊茅群落中会加入一些其他的禾草，常见的是天山异燕麦，*Poa relaxa* 和 *Koeleria macrantha* 则比较少。在湿度较高的情况下羊茅可以和小蒿草（*Kobresia humilis*）一起形成群丛。如果群落中异燕麦的数量不断增加，则羊茅草原将会逐渐表现为异燕麦草原的特点并最终变成异燕麦草原。羊茅草原群落中杂草约 15～20 种，但植株的数量较少，对地表盖度的贡献不大，杂草数量越多则草甸草原的特征就越明显，并可最终变为草甸。在外伊犁阿拉套地区的羊茅群落中物种丰度很高，在 200 $m^2$ 的范围内物种可达 40 种，这实际上已经是高山草甸了，典型的羊茅草原群落包括 10～15 个物种，除少量苔藓外，它们都分布于同一层，这些苔藓包括 *Homomallium incurvatum*，*Stegonia latifolia*，*Tortella tortuosa* 等。

典型的羊茅草原在中亚很多地区都有分布，其多样性也很丰富。以外伊犁阿拉套、中天山和科佩特山的草原为例，在外伊犁地区有 80 种开花植物，在中天山地区只有 15～18 种，这种差异是由区域性的气候和土壤特性造成的。

帕米尔－阿赖地区的羊茅草原因其自身的特点使之成为一个独立的亚群系，这种类型的草原在突厥斯坦山、泽拉夫尚山和吉萨尔山脉表现比较突出，群落多样性非常丰富，仅在突厥斯坦山脉就可以分出 30 个羊茅群丛。这种差异主要是由于山地地形的剧烈差异造成的，尤其是在南坡，此外在帕米尔－阿赖地区羊茅草原与其他类型草本群落的毗连分布也是重要的原因。

帕米尔－阿赖地区羊茅草原的总成分约为 130 种，其中半数的物种与天山地区的相同，多样性最丰富的是突厥斯坦草原,其物种数量是吉萨尔山草原的 2 倍,这一点或许可以用研究程度的差异来解释,下面是部分帕米尔一阿赖草原典型的植物:*Polygonum hissaricu*,*P. biaristatum*,*P. fibrilliferum*,*Leontopodium ochroleucum*,*Artemisia sacrorum*,*A. persica*,*A. lehmanniana*,*Cousinia splendida*,*C. hissarica*,*C. sarawschanica*,*Adonis turkestanicu*,*Eremurus korshinski*,*Trigonella popovi*,*Morina lehmanni*,*Melandrium. apetalum*,*Oxytropis darvasica*,*Pachypleurum simplex*。

帕米尔一阿赖羊茅草原的群落结构中比较复杂的是以羊茅为优势种而加入其他杂草的情况。这些群落通常形成于黏土碎石性的山坡上,主要是北坡,但没有明显的土壤流水侵蚀状况。在类似的群丛中构成群落的物种主要是密丛型的禾草,如羊茅,部分是异燕麦和早熟禾(*Poa relaxa*, *P. litwinowiana*),而冰草(*Agropyron tschimganicum*, *A. alaicum*)、梯牧草、三毛草(*Trisetum spicatum*)和大麦草(*Hordeum turkestanicum*)则比较少,在极少数情况下羊茅群落中会出现长羽针茅。

在高山草原中,除了上述群系之外,还包括细柄茅、碱茅和银穗草等群系,它们的主要分布区域为天山中部和帕米尔山的高山地带,这些群系的命名来自于地表植被的优势种属名或种名,具体情况本书不做一一详述。

### 6.3.5 草原植被的经济意义

就饲料储备来说,草原在山地植被中占据显著地位,如果再加上草原型草甸和半稀树草原的话,它作用就更加突出。根据植被组成特点和草原分布区的差异,可以将其分为低山草原和高山草原(高山牧场)。

低山草原属于最干旱的类型,覆盖天山的山前带,由于地理位置的差异和区域性干旱程度的不同其类型也比较多。作为牧场的主要植物,禾本类的有沟叶羊茅,阿尔泰落草,扁穗冰草,针茅,镰芒针茅,小芨芨草(*Achnatherum caragana*),杂草类比较贫乏,但草甸化的种类相对较多,低山带草原牧场最常见的类型是羊茅一针茅草原和针茅一羊茅草原。

尽管饲用成分季节变化较大,但羊茅在一年四季的适口性都比较好,在开花之前其营养成分最丰富,生长季的末期蛋白质含量会下降 2~2.5 倍,但脂肪含量并不减少。作为牧草针茅的其营养成分仅次于羊茅,脂肪含量比羊茅略低 1%~2%。

来自吉尔吉斯苏萨梅尔地区(Suusamyr)的数据显示,针茅一羊茅草原的干物质产量可高达 2.3 $t/hm^2$,平均产量可达 0.8~1.2 $t/hm^2$,这些数据也同样符合天山地区的其他草场。

较干旱的山前带草场的独特性还表现生长在羊茅和针茅之间的蒿类。根据苏萨梅尔地区定位站的数据,羊茅一蒿草类牧场的最大产量可达 0.9 $t/hm^2$,这是 8 月初的数据,而生长季末期,产量降至原来的一半,其中产量 65%来自于禾草,蒿类的贡献率只有约 11%。在羊茅一蒿草类牧场中还包括木地肤和驼绒藜,很显然,它们在为牲畜补充矿物质营养方面具有一定的意义。

天山和帕米尔一阿赖地区的高山草原牧场最为丰富多样,其分布面积也非常大。在高山草原牧场当中,就饲用价值来讲,羊茅牧场占据首位,尤其是高山型的羊茅其营养物质含量要高于其他类型,其产量占到了高山牧场总产量的 60%~70%。

除了羊茅之外,其他一些禾本牧草的价值也比较高,而在草甸化草原中则为其他类的杂草。在羊茅草原和草甸化草原中包括以下这些禾草:

紫羊茅(*Festuca rubra*)

爬蔓早熟禾(*Poa relaxa*)

中亚早熟禾(*P. litwinowiana*)

天山异燕麦(*Helictotrichon tianschanicum*)

土耳其雀麦(*Bromus turkestanicus*)

糙稃大麦草(*Hordeum turkestanicum*)

西山银穗草(*Leucopoa olgae*)

所有上述牧草对各类牲畜的适口性都很好,但是营养价值要逊于羊茅,其中的紫羊茅和西山银穗草属于草甸化草原的类型。

羊茅草场有两部分构成,禾草和杂草,其中禾草的经济价值比较明确,但杂草类并不是所有的都适于作为牧草。其中的某些双子叶草属于适口性差或不可食的,比如龙胆草、毛茛草、乌头草、马先蒿等。

高山羊茅牧场的产量在羊茅开花之前显著增加,可达 1.34 t/hm²,平均为 1 t/hm²,割草之后的再生草产量接近 0.4～0.6 t/hm²,这是天山地区的数据,而在帕米尔阿赖的南部山区,羊茅草场的干物质产量可达 1.64 t/hm²。

异燕麦牧场分布在天山和帕米尔一阿赖山脉,与羊茅牧场呈交错分布状,草本层主要由天山异燕麦组成,同时还掺杂着羊茅草和针茅草,其他一些禾草相对少见,如:寒生羊茅(*Fesluca krylov:ana*),爬蔓早熟禾(*Poa relaxa*),云山披碱草(*Leymus tschimganicus*),长羽针茅(*Stipa kirghi:orum*),阿尔泰落草(*Koeleria macrantha*),假梯牧草(*Phleum phleoides*),土耳其大麦草(*Hordeum turkestanicum*)。

异燕麦牧场的杂草成分接近于亚高山草甸,组成庞杂,从牧用角度看要好于纯异燕麦牧场,尽管其中包括一些适口性并不好的青饲料,但作为干草其价值则较高。异燕麦牧场的产量很高,可达 0.6～1.4 t/hm²,其植株高度可达 60 cm,比较适于刈割。

异燕麦牧场对于天山地区比较典型,其所占面积也很大,而在帕米尔阿赖地区它们所占的面积不大,且常以斑块状分布于亚高山带土质较软的山坡上。植被中还经常会见到细叶异燕麦、看麦娘以及落芒草等牧草,但是这个地区的异燕麦牧场因有刺头菊的存在而在一定程度上降低了其品质。

与异燕麦牧场同样分布于高山地带的还有羽状针茅牧场,这包括了几种由不同羽状针茅草构成的草场类型。就牧草产量来讲,长羽针茅牧场在天山和阿赖山脉的山谷地带均占据首位,其次是镰芒针茅牧场,与针茅伴生的羊茅也提供了相当的产能。除了这两种禾草外针茅牧场中还有落草、早熟禾、梯牧草、天山冰草、亚洲异燕麦(*Helictotricnon asiaticum*)、无芒雀麦等,另外还包括很多双子叶杂草。

该类牧场在阿赖山谷的最大生物量产能约为 4.5 t/hm²,而在天山中部则降至0.9～1.3 t/hm²,其中牧草产量约占总产量的 25%～50%。

镰芒针茅牧场对农牧业具有一定的意义,它们在其他植物难以进入的流水侵蚀过的干旱山坡上生长,主要包括三种植物:镰芒针茅、羊茅和蒿,形成比较稀疏的植被层。其中针茅成熟较早,夏季是羊茅的生长季,而蒿类则在秋季生长,这为草场的连续利用提供了有利条件。

## 6.4　山地森林

中亚地区的乔—灌类植物大约有500种，但是可形成森林的物种不超过10%，其中的大部分是属于非成林型，如梭梭、鼠李、山樱桃和扁桃等。

茂密的乔木林和灌木丛在中亚广泛分布范围很广，但只分散在局部地区。在平原地区主要是沿河谷分布，在山地一般以面积不很大的岛状分布，整体的大背景在平原是荒漠，而在山地则是草原，这里所说的森林是指阔叶林或落叶林。

中亚山地地区森林分布和形成的限制原因比较复杂，因为解释森林植被形成的障碍不只是水热条件，比如有些山区的大气降水在中山带为500～1000 mm/a，有些地方甚至更多，在满足森林物种的水需求量方面是十分有保障的，而且在山地也能形成较佳的温度条件，但实际情况是并不是所有水热条件良好的山地都形成了森林。其中山地地表径流和与之相伴的侵蚀对森林的形成起到了巨大的影响作用，侵蚀包括两个方面，即土壤的侵蚀和地表的冲刷，侵蚀出现的程度取决于降水量和地层特点、地貌特征以及地表草皮状况等。在帕米尔—阿赖山系的很多地区降水量超过了森林标准，出现了强烈的冲刷和剥蚀活动，剩下的是露出石头的巨大山体，但在天山山系由于特殊气候条件和地质条件，其侵蚀程度较弱，特别是北天山山脉，更有利于森林的形成。

中亚山地森林相当的丰富多样，但四种类型表现得最为显著：

1）阔叶林或落叶林；

2）云杉—冷杉林或泰加林；

3）刺柏林；

4）旱生乔灌疏林。

### 6.4.1　中亚山地阔叶林状况及其分类

#### (1)山地阔叶林及其组成和分布

本书把阔叶林和中生灌木林归为一个植被类型，这主要是由于它们的区系成分和生物、生态特性具有很多相同点，其间的差别不足以把它们完全分开来讨论。

中亚山地的阔叶林和灌木林的组成非常丰富，乔木和灌木物种数量超过100种，分属于表6.3所列的一些属：

**表6.3　中亚阔叶林成分**

| 属 | 种数 | 属 | 种数 |
|---|---|---|---|
| 槭树（*Acer*） | 5 | 悬铃木（*Platanus*） | 1 |
| 桦树（*Betula*） | 10 | 荚蒾（*Viburnum*） | 1 |
| 山楂（*Crataegus*） | 11 | 卫矛（*Euonymus*） | 3 |
| 忍冬（*Lonicera*） | 15 | 白蜡树（*Fraxinus*） | 3 |
| 苹果树（*Malus*） | 3 | 花楸树（*Sorbus*） | 2 |
| 梨树（*Pyrus*） | 5 | 六道木（*Abelia*） | 1 |

（续表）

| 属 | 种数 | 属 | 种数 |
|---|---|---|---|
| 胡桃树（*Juglans*） | 2 | 杨树（*Populus*） | 8 |
| 李树（*Prunus*） | 1 | 山杨（*Populus*） | 1 |
| 樱桃树（*Cerasus*） | 4 | 山茱萸（*Cornus*） | 2 |
| 鼠李树（*Ramnus*） | 1 | 木蓼（*Atraphaxis*） | 1 |
| 杏树（*Armeniaca*） | 8 | 茶藨子（*Ribes*） | 1 |
| 樱桃李树（*Prunus*） | 1 | 刺李（*Grossularia*） | 1 |
| 欧山楂（*Mespilus*） | 1 | 珍珠梅（*Sorbaria*） | 1 |
| 茉莉花（*Jasminum*） | 1 | 悬钩子（*Rubus*） | 3 |
| 小蘖（*Berberis*） | 6 | 葡萄树（*Vitis*） | 2 |
| 栒子（*Cotoneaster*） | 5 | 悬钩子（*Rubus*） | 1 |
| 稠李（*Padus*） | 1 | 白鹃梅（*Exochorda*） | 2 |
| 赤杨（*Alnus*） | 1 | 绣线菊（*Spiraea*） | 1 |
| 桃（*Amygdalus*） | 1 | | |

上述的所列的物种还应该加上某些柳树和野蔷薇，这些乔木或灌木的分布在中亚并不是很普遍，其中一些只在很有限的地区存在，但是像桦树、稠李、荚蒾、鼠李、山楂、胡桃和梧桐等的分布十分广泛并不仅仅局限于中亚范围之内。从分布区域上，落叶乔灌林在中亚的帕米尔一阿赖和天山西部地区最多。最大的落叶林地位于西天山山地和北天山的周缘山脉，在帕米尔一阿赖山系的泽拉夫尚和吉萨尔山脉可见面积不很大的落叶林，在东部的彼得一世山脉则分布较广。

塔什干阿拉套、恰特卡尔阿拉套、费尔干纳山脉北部，吉尔吉斯阿拉套、外伊犁阿拉套和准噶尔阿拉套是发育阔叶林的主要地带。森林在上述山脉成岛状分布，其周围则是草甸化草原。在这个森林带最主要的景观其实是杂草草原或高草草甸，它们出现在岛状森林的林边和开阔带，在生态和起源关系上与阔叶林存在紧密的关系。

西天山地区的阔叶林在费尔干纳盆地内的恰特卡尔和费尔干纳山脉的南坡上发育的面积非常大，其中一片森林面积几乎占据了滕佳克苏河流域的整个上游部分。在东部，费尔干纳森林面积缩小变窄，在库噶尔特苏河附近呈楔形分布，向西它一直间断分布到迈利赛河。此处森林的总长度，从西部到东部大约有 100 km，从北部到南部大约是 25 km，海拔上限在 1900～2000 m 处。

第二片面积巨大的林地位于恰特卡尔和乌孙一艾哈迈德山脉的山坡上。这个地段的中心位于霍扎一阿塔河河谷地区，林带沿伊塔卡尔河向东延伸，向西直到卡桑河。第三片林群位于乌加姆河、普斯克姆河和恰特卡尔河的河谷，森林沿狭窄的河谷软砾石山坡分布并覆盖这些河流的二级支流河谷。

再往北，在外伊犁阿拉套北坡也分布着成片的阔叶林，在准噶尔阿拉套呈间断性分布，一般是成带状沿山脉主方向平行延伸。

在帕米尔一阿赖山系中，阔叶林沿吉萨尔斯克山脉和泽拉夫尚山脉以岛状分布，东部的彼得一世山脉北坡森林覆盖面积相对较大，总体上，帕米尔一阿赖山区的阔叶林混杂在半稀树草原植被的大背景下，这个背景在南部山区是山地草原，而在天山地区则是草甸。

山地阔叶林在特定的地形条件下形成，常常可以在山地河谷或峡谷中见到，因为那里地下水位较高，弥补了大气降水的不足，这在中亚山脉的许多地区常见，有时也会占据陡峭北坡的下部。山坡的上部或是分水岭的顶部通常没有乔灌木植被分布，但在霍贾一阿金（Hodge-Atin）和阿尔斯兰博布（Arslanbob）地区除外，这里森林植被几乎覆盖整个流域。

总之阔叶林的分布局限中山地带，这个地带相对于山地的其他高度对森林的生长和发育具有更优越的条件。中山带通常降水最多，温度适中，年均温约 7～8℃，适于乔灌木的生长和更新。海拔更高的地区温度较低，生长期也太短，低海拔地区的限制因子是湿度不够。在帕米尔，乔灌林分布的海拔高度要远高于其他地区，如在萨雷兹湖地区的砾石河谷（拉曼伊夫河）发现有杨树林（*Populus pamirica*），海拔达 3850 m，具有典型的高山矮曲林的特征，树干弯曲、拧卷，基部多枝杈，平均直径 15 cm，高度可达 4 m。在卡赞克尔河（汇入萨雷兹湖）河谷 3710 m的高度上还生长着桦树。在相同的海拔高度上还发现了柳树（*Salix oxycaгpa*，*S. coerulea*，*S. turanica*，*S. pseudolivida*），忍冬（*Lonicera pamirica*），野蔷薇（*Rosa webbiana*），水柏枝（*Myricaria squamosa*），茶藨子（*Ribes villosum*），沙棘等。

对中亚阔叶林可以根据它们的树种构成、结构和形成条件来进行区分。山地的成林条件非常复杂，区域性的土壤一气候条件、海拔高度、地形、地质和地表径流条件等因素都会影响森林的类型。总体上可以把中亚地区主要的山地森林分为以下类型：

乔木林包括：胡桃（核桃）林、山楂一苹果林、槭树一白鹃梅林、杨树一柳树林、山杨一苹果林和桦树林；灌木林包括：混合灌木林和野蔷薇林。

**(2)胡桃林**

最完整的胡桃林在阔叶林分布的中心地区可以见到，即西天山地区的东费尔干纳、恰特卡尔和乌加姆一普斯克姆等地，这些地区的胡桃属于天然林，在森林植被中占据绝对优势。在帕米尔一阿赖山系，胡桃树分布很广，但大面积的分布很少，主要是以树丛的形式出现，而且天然林很少，保留的面积比较大的胡桃林（几平方千米）在杜莎姆宾克河（阿姆河上游支流）流域可以见到。

按生态条件来讲胡桃树属于南方喜温树种，在北方它分布在塔拉斯阿拉套山，向东分布在费尔干纳山脉，在中亚地区它们占据的区域都相当的温暖并且具有周期性的湿润气候。胡桃林发育地区的年平均温度一般为 8.3～13.1℃，最高温为 32.4℃，最低温 −20.7℃，如表 6.4 所示。

**表 6.4　奇姆甘河流域胡桃林环境条件(海拔 1433 m)**

| 月份 | 降水量(mm) | 平均相对湿度(%) | 云量(%) | 温度(℃) | | |
|---|---|---|---|---|---|---|
| | | | | 月平均 | 最大值 | 最低值 |
| 1 | 56.1 | 59 | 58 | −3.4 | 8.1 | −20.7 |
| 2 | 113.4 | 76 | 70 | −2.0 | 8.8 | −15.1 |
| 3 | 203.0 | 70 | 68 | 1.9 | 13.8 | −13.9 |

（续表）

| 月份 | 降水量(mm) | 平均相对湿度(%) | 云量(%) | 温度(℃) | | |
|---|---|---|---|---|---|---|
| | | | | 月平均 | 最大值 | 最低值 |
| 4 | 192.5 | 71 | 75 | 8.7 | 22.7 | −1.6 |
| 5 | 91.6 | 69 | 43 | 12.1 | 26.2 | −2.9 |
| 6 | 31.9 | 58 | 39 | 17.5 | 27.5 | −2.2 |
| 7 | 6.1 | 49 | 17 | 20.4 | 32.1 | 4.2 |
| 8 | 0.3 | 39 | 10 | 20.6 | 32.4 | 5.2 |
| 9 | 12.9 | 48 | 22 | 14.0 | 31.9 | 0.7 |
| 10 | 142.8 | 59 | 47 | 8.4 | 24.0 | −10.0 |
| 11 | 69.5 | 63 | 34 | 3.3 | 17.8 | −13.4 |
| 12 | 74.7 | 69 | 56 | −1.9 | 13.9 | −16.2 |

胡桃林生长的地形环境和土壤环境大体上都很相似，地势总体较平缓，地表覆盖较厚的亚黏土沉积层，土壤为暗棕色森林土，这种土壤类似黑钙土，含有丰富的腐殖质，但有时会有明显的灰化层，表 6.5 所列的是阿克套河（吉尔吉斯）上游支流库加尔特河地区的土壤剖面数据：

**表 6.5　库加尔特河地区土壤剖面**

| 距地表深度(cm) | 含量(%) | | | | |
|---|---|---|---|---|---|
| | 吸湿水 | 腐殖质 | $CO_2$ | $HCO_3$ | Cl |
| 5～13 | 6.05 | 21.20 | — | 0.0347 | 0.0043 |
| 20～30 | 2.94 | 6.87 | 0.07 | 0.0139 | 0.0014 |
| 50～60 | 2.25 | 4.11 | 0.08 | 0.0107 | 0.0014 |
| 110～115 | 2.46 | 1.21 | — | 0.0098 | 0.0029 |

中亚地区胡桃林分布最大的区域是吉尔吉斯的阿尔斯兰博布和克孜勒－温库尔河流域，总面积约有 1250 $km^2$，占据了除上游部分地区之外几乎整个流域的沟壑、山坡和分水岭等，这一大片林地也被称为阿尔斯兰博布森林。胡桃林的主要构建者是普通胡桃，即核桃（*Juglans regia*），很多研究人员把中亚的胡桃树归纳为两个类型：胡桃树（*Juglans regia*）和野胡桃（*J. fallax*），其中的第一种仅分布在科佩特山脉，第二种分布在中亚的其他地区，但分子生物学研究表明这两者之间在染色体数量、核型、同工酶以及植物形态学等方面并没有什么明显差异，这说明了野胡桃是胡桃原生种的可能性。

阿尔斯兰博布等地的胡桃林的结构组成比较简单，乔灌木类型比较单调，在中亚地区多样性丰富的乔灌植被背景下显得比较突出。胡桃林下仅有一些耐阴类型植物，包括两种卫矛（*Euonymus semenovii*，*E. koopmannii*）和一种樱桃李（*Prunus divaricata*）。两种卫矛都是胡桃林下典型的地表吸湿植物，樱桃李可以在胡桃树的树冠下见到，但要求高湿度条件，卫矛属于矮林下灌木，不能单独形成层片。

胡桃林下草本植物的组成也不是很丰富，且与森林发育的环境、密度等有很大关系。在阿尔斯兰博布和霍贾一阿金森林中总共大约有 70 种，典型胡桃林最常见的草本植物有：短柄草（*Brachypodium silvaticum*，*B. pinnatum*），臭草（*Melica altissima*），羊茅（*Festuca gigantea*），披碱草（*Leymus caninus*），雀麦（*Bromus benekenii*，*B. inermis*），早熟禾（*Poa nemoralis*），薹草（*Carex polyphylla*），葱（*Allium aflatunense*），黄精（*Polygonatum sewerzowii*），疆南星（*Arum korolkovii*）。常见的双子叶植物包括：古当归（*Archangelica decurrens*），山芎（*Conioselinum latifolium*），藁木（*Ligusticum discolor*），羊角芹（*Aegopodium podagraria*），女娄菜（*Melandrium fedtschenkoanum*），卷耳（*Cerastium davuricum*），葱芥（*Alliaria officinalis*），凤仙花（*Impaties parviflora*），千里光（*Senecio Thomsonii*），野芝麻（*Lamium album*），还阳参（*Crepis sibirica*）等等。上述这些都是阔叶林中常见的植物，是典型的吸湿植物。在林间旷地和林边的地方还能够见到阿尔斯兰博布森林特有的阿魏（*Ferula foliosa*，*F.* korshinskvi）、丝叶芹（*Elaeosticta ferganensis*）、阔叶刺头菊（*Cousinia umbrosa*）和喜马拉雅独尾草（*Eremurus robustus*）。在奇姆甘森林类似的环境条件下分布的是同类型的两种植物山蛇床阿魏（*Ferula kirialovii*）和 *Elaeosticta ugamica*。

**(3)槭树林**

中亚山地的槭树主要表现为 4 种类型：突厥槭（*Acer turkestanicum*），柔毛槭（*A. Pubescens*），天山槭（*A. semenovii*）和土库曼槭（*A. turcomanicum*）。这些槭树都有成林作用，特别是中生的前两种。天山槭和土库曼槭比较矮小并且是小叶，属旱生型，可形成类灌木丛林，其中突厥槭的分布最广泛。

突厥槭的分布区全都位于中亚的帕米尔一阿赖和西天山山脉，自然分布区北部边界是恰特卡尔阿拉套，东部边界是费尔干纳山脉，中天山地区极少。沿突厥槭边界向北和向东分布的是天山槭，在科佩特山脉则是土库曼槭。突厥槭最多的丛林是吉萨尔山脉和东部的卡拉捷金、达尔瓦扎山、彼得一世山的西部地区。在泽拉夫尚和突厥斯坦山地区只在恰特卡尔阿拉套有零星分布。

在恰特卡尔阿拉套东半部其分布区在海拔 1200～2500 m 的地带，比胡桃林位置要高；在吉萨尔山脉其分布介于 1650～2700 m 之间，总的来看槭树与胡桃树高度分布有部分重叠，但其分布上限更高。

与胡桃类似，槭树的生长环境同样对湿度要求较高，但低温下相对比较稳定，正常情况下槭树高度可达 20 m，树干直径能达到 80 cm，但是在高海拔、多风的地方槭树会变得矮小、弯曲。

在费尔干纳山脉的西南山坡、乌鲁姆一巴士河和库加尔特河流域，以及迈利赛河河谷发育着单优的槭树林，它们在山谷和山坡上形成的郁闭度很高，所处的位置比胡桃林要高。

海拔超过 2000 m，迈利赛槭树林中会加入天山桦、天山花楸、突厥花楸、叉子圆柏（*Juniperus semiglobosa*）等树种，在较低的胡桃林带与槭树一起生长的还有山楂、梨和马哈利樱桃（*Padellus mahaleb*）等，林下灌木丛里有时可见少量的忍冬、鼠李和野蔷薇等。

郁闭槭树林下的草本层与典型的胡桃林类似，几乎由同样成分的禾本类和其他一些耐阴植物组成，但发育更为不良，整体地表植被比较稀疏。

在中亚地区必须提到的是两个小叶槭树群系：天山槭树林（*Acer semenovii*）和土库曼槭树林（*Acer turcomanicum*）。它们在生物学关系上很相似，植株矮小，分枝非常多，叶子小而密，这都显示了其旱生特性。

天山槭树林基本上分布在天山山脉范围内，但绝不是均匀分布。在天山山脉的北部和中部没有这种槭树林或局部有零星的分布，最好的地区是西天山山脉（塔什干阿拉套）。天山槭树丛林处在海拔 1 600～3 000 m。天山槭不会形成大的丛林，而是分散在其他乔灌丛中以群组状存在。由于植株较小且分支多，其丛林并不太像森林，感觉更像是灌木丛或矮树林。需要指出的是，尽管天山槭具有旱生特征，但它们依然对湿度因素比较敏感。

槭树林的特殊群系由土库曼槭构成，它们在科佩特山脉的桑特一霍扎达克高地形成了面积不太大的森林。土库曼槭的生长发育条件比较独特，这是由于上述地区位于科佩特山脉最高的地区，里海季风的潮湿空气在一定程度上减弱了土库曼山脉剧烈的大陆性气候。土库曼槭树干弯曲，分支性很强，形成的丛林非常茂密，难以通行，树干表层长有很多苔藓植物，说明了较高的空气湿度。在槭树林中混生的少量其他植物还有：山楂（*Crataegus pontica*，*C. pseudoazarolus*，*C. pseudomelanocarpa*），灯台树（*Cornus controversa*），朴树（*Celtis* sp.），忍冬（*Lonicera olgae*，*L. korolkovii*），野苹果（*Malus sieversii*）和梨（*Pyrus boissieriana*）等，林间透光带可见卫矛（*Euonymus velutinus*）。

**(4)苹果和山楂林**

苹果和山楂林在山地植物中占有特殊的位置，它们的生长环境条件类似，群落结构也比较接近，可以把它们放在一起讨论。

由于中亚山地野生苹果复杂的多态性，准确的植物学分类直到今天还没有统一的意见，根据文献的记录主要包括：塞威氏苹果（*Malus siewersii*），吉尔吉斯苹果（*M. kirghisorum*），红肉苹果（*M. niedzweizkyana*）等，但由于这些种之间的差异并不大，也有学者它们都归为同一个种，即塞威氏苹果。

野苹果的多态性在其分布区的任何地区都表现得十分明显，当然胡桃也存在类似的现象，有人在乌兹别克斯坦的奇姆甘河河谷记载了数十种不同的苹果形态，它们在大小、颜色、外表形状、果实口味、早熟性和其他一些特征上都存在不同（Попов，1949），另外在比较著名的费尔干纳和阿拉木图地区野苹果树的组成更是多种多样，有理论认为苹果的多态性是由于纯野生品种、野生化栽培品种和它们之间的杂交品种形成的，但目前尚未有统一的结论。

野苹果林一般分布在山地海拔在 1100～2500 m 的中部区间内，与槭树和胡桃树大体相同，但苹果树的分布却广布在整个中亚地区，并且不受区域性的气候条件的限制。

野苹果林形不成大面积的森林（图 6.4），只是一些小树林或者在胡桃林及槭树林中形成稀疏的丛林，相较于槭树或胡桃，苹果更耐旱和喜阳，主要分布在分水岭地段和干燥的朝阳坡地。苹果与山楂树混生的情况较普遍，可以在类似的生态条件下形成混合的苹果一山楂林。

以小树林和稀疏树林形式保存最完整的野苹果树林位于外伊犁阿拉套的北坡和恰特卡尔阿拉套的南坡，在那里占优势的是 *M. kirghisorum*。另外在准噶尔阿拉套也保存着面积较大的野苹果林（*Malus siewersii*），这里苹果小树林主要分布在温和的山前带，与准噶尔山楂相伴生，林下灌木层里有常见的稠李、悬钩子和野蔷薇等。

图 6.4　西天山的野果林

在中亚的其他山地野苹果林也存在着明显的差异，与山地植被一样，在很大程度上受到区域气候条件的制约，按照这样的特点就可以区分出一定的类型，但整体上包括两个大的群系：吉尔吉斯苹果群系和塞威氏群系，后者又可以分为两个亚群系，即天山群系和费尔干纳群系。

山楂树林的所在位置与苹果有着紧密的联系，在中亚山地山楂有 9 种，几乎分布在中亚所有的山地，但大部分是在中山地带，仅有一种（*Crataegus transcaspica*）分布在山前带，部分山楂可生长在亚高山地带（海拔 2500 m）。中亚的山楂都是旱生和喜光的品种，所以其典型生存状态与苹果一样都是疏林。

**(5)杨树和桦树林**

1)杨树林：形成杨树林的主要是杨树和柳树，杨树有 7 种类型：苦杨（*Populus laurifolia*），阿富汗杨（*P. afghanica*），银白杨（*P. alba*），密叶杨（*P. talassica*），新疆杨（*P. bolleana*），黑杨（*P. nigra*），帕米尔杨（*P. pamirica*），其中分布最广的是密叶杨、阿富汗杨和帕米尔杨。

山地河谷中的柳树具有显著的类型多样性，在中亚山地，柳树的作用类似平原地区柽柳在土加依林中的作用，柳树一般与杨树或者桦树形成丛林，也可以单独形成纯林，分布较广的主要是以下这些种：

蓝叶柳（*Salix capusii*）

密穗柳（*S. pycnostachya*）

黄线柳（*S. blakii*）

南方柳（*S. excelsa*）

线叶柳（*S. wilhelmsiana*）

黄花柳（*S. caprea*）

除了柳树之外，一般杨树林的其他固定伴生植物还有天山梣（*Fraxinus sogdiana*）、梨果沙棘（*Hippophae rhamnoides*）、马哈勒樱桃等，而在北部地区是稠李、荚蒾等等，在河谷地带的杨树林中还有山楂、忍冬、野蔷薇等等。

构成森林特征的杨树林在以下地区都有记录：彼得一世山脉的坡地，吉萨尔山脉的西部支脉，安格连河河谷，塔拉斯河流域，中天山山脉、准噶尔山脉及帕米尔山脉的一些河谷。

帕米尔杨群系分布在帕米尔高原，其中一片帕米尔杨林被记录的位置是萨雷兹湖区域，高度为 3760 m。这片杨树林面积并不很大，分布在河滩砾石地上，最稠密的地段林冠密度达到了 0.6～0.7，树干直径 15 cm，高度可达 4 m。这些杨树的树干从根部开始弯曲、扭歪、多枝，树龄达 53 年，平均年增量为 10～12 cm（Гусев，1960）。

2)桦树林：中亚桦树有 8 个种，分布在从帕米尔高原准噶尔阿拉套的广大区域，下面列出中亚地区主要的桦树种及其分布区：

| | |
|---|---|
| 天山桦(*Betula tianschanica*) | (天山) |
| 萨波日尼科夫桦(*B. saposhnikovii*) | (中天山，伊尔切克河) |
| 突厥桦(*B. turkestanica*) | (天山，帕米尔一阿赖) |
| 阿赖桦(*B. Alajica*) | (阿赖山脉) |
| 弯曲桦(*B. procurva*) | (费尔干纳山脉，阿尔斯兰博布河) |
| 舒格南桦(*B. schugnanica*) | (舒格南(Shughnan)，塔吉克巴达赫尚州西南地区) |
| 帕米尔桦 (*B. Pamirica*) | (帕米尔) |

上述桦树林独立的生态群一般都分布在亚高山地带，且都在河滩地。桦树离开河滩地进入分水岭坡地的情况一般都与云杉林有关，在云杉林中桦树可以正常生长，在开阔的山坡上桦树林极少。显然，中亚的桦树大部分为中寒生植物，但生长在阿尔斯兰博布胡桃林潮湿峡谷里的弯曲桦除外。

桦树可形成混交林和纯桦林，如上面已经提到的胡桃林和杨树林中出现的桦树，桦树纯林最大的特点是郁闭度低，透光性好。其中由天山桦和突厥桦形成的桦树林分布范围最大，总体上，桦树林在帕米尔一阿赖和天山地区海拔 2 000～3 000 m 的河谷地带是固定的伴生植物，它们通常在河滩地带呈带状分布，也可以成片地占据冲积扇地区。

**(6)山杨林**

中亚地区的山杨只有一种欧山杨（*Populus tremula*），仅分布在北天山带，最南界在外伊犁阿拉套，在这个地区山杨出现在海拔 1100～1200 m 的区域，可形成 300～600 m 长的茂密的纯山杨林。这种山杨林尽管有密集的林冠，但森林内部的光线也可以满足具有森林草甸特性的丰富草本植被的生长发育，在很多情况下山杨林的群落成分都与上述槭树林里记载的植物相同。

准噶尔阿拉套山的山杨林占据的位置与苹果林和云杉林的位置几乎相同，就像在外伊犁阿拉套那样，其分布到达了泰加林带的下界。

### 6.4.2 山地针叶林状况及其分类

**(1)云杉和云杉一冷杉林**

中亚地区的暗针叶林只分布在天山山系，包括三个群系：天山云杉(*Picea schrenkiana*)，西伯利亚冷杉(*Abies sibirica*)和其亚种 *Abies sibirica subsp. semenovii*。天山云杉在中亚的分布大致在 44°～52°N 之间，是构成针叶林最主要的物种。西伯利亚冷杉仅在准噶尔阿拉套山范围内分布，而其亚种只在天山西部地区有分布，因此包括两个相近物种的天山冷杉林分布区在实际的地理位置上是非常分散的。

天山云杉长势高大、匀称，是一种外形非常漂亮的树种，具有窄圆柱状或圆锥形的树冠，广泛分布于天山地区，此外天山云杉在亚洲中部的昆仑山、贺兰山以及萨乌尔山脉也有分布。在适宜的生存条件下，天山云杉可以达到50 m高，树干直径可达1.2 m，一般常见树龄100～150年的云杉高度可达20～30 m。但云杉的高度地区差异也比较明显，在外伊犁阿拉套约30 m，中天山部分约15～20 m，最南端的部分则只有约5 m高，树干直径约10 cm。

天山云杉的分布区位于中温带的亚高山区，年降水量一般超过500 mm，7月均温约12～15℃，夏季平均温度12℃，由于云杉的中生和中温特性，它只在北坡生长，南坡极少能正常发育。区域性的温度差异体现在云杉分布的垂直高度变化上，准噶尔阿拉套地区云杉带位于1800～2900 m之间；外伊犁阿拉套在1400～1700 m之间，其下限与山杨林相接；中天山地区在1300～3000 m之间；恰特卡尔阿拉套在2000～3000 m之间，其下部边界甚至侵入了胡桃林。

天山云杉林发育的土壤主要为棕色森林土，土壤各剖面的钙含量都比较高，可吸收性钙的含量占总量的80%～90%，腐殖质含量可达6%，其中主要是胡敏酸，对云杉针叶的灰分分析表明钙的含量占总灰分的50%，这一点与西伯利亚地区的云杉存在显著差异。

天山云杉林在垂直高度上，根据其结构和成林环境条件的差异可以很容易的分为两个主要的群组：

1)中山带云杉林；

2)高山或亚高山云杉林。

中山带云杉林在绝对高度为1400 m至2500～2600 m的地区生长，这些云杉林中可以分为以下几个主要类型：

① 苔藓云杉林；

② 杂草－苔藓云杉林；

③ 灌木－高草(草甸)云杉林；

④ 混合型云杉林。

苔藓云杉林是最有特点的针叶林类型之一。它们的结构与相应的平原地区(温带)云杉林相类似，但其一系列的特性都表明了其形成的独立性。苔藓云杉林分布相当广泛，特别是北天山地区，它们占据具有粗糙砾质土壤的北坡或东北坡。林地的疏密度在0.6～0.8，林下灌木层十分稀疏，仅有少量灌木生长，苔藓层很浓密，主要由 *Thuidium*，*Hylocomium*，*Hypnum*，*Rhytidiadelphus* 等属植物组成。苔藓在天山云杉林的总成分约35种，其中超过半数的都是广泛分布在各地森林和森林草原区的物种，包括：

*Ceratodon purpureus*
*Dicranum muhlenbeckii*
*D. scoparium*
*Sanionia unciliate*
*Eucalypta ciliate*
*Erythrophyllum recurvirostrum*
*Entodon ortocarpus*
*Funaria hydrometrica*
*Madotheca platyphylla*
*Rhytidiadelphus triquetrus*
*Pogonatum alpinum*
*Polytrichum juniperinum*
*Schistidium gracile*
*Syntrichia ruralis*
*S. papillosa*
*Thuidium recognitum*

*Hypnum revolutum*

*Abieinella abietina*

*Hylocomium splendens*

*Timmia bavarica*

*Distichium capillaceum*

此外，还包括其他一些类型的苔藓，如：

*Brachythecium montanum*

*Entodon concinnus*

*Homalothecium philippeanum*

*Plagiopus oederi*

*Pseudoleskea plicata*

*Pseudostereodon procerrimum*

*Barbilophozia lycopodioides*

*Tortella tortuosa*

*Leptobryum piliforum*

*T. fragilis*

*Lescuraea saxicola*

*Thuidium abietinum*

杂草一苔藓云杉林的形成与土壤形成过程的进一步发育相关。随着成土过程的发展，土壤厚度和其营养物质的含量也相应增加，这为草本植物的侵入提供了条件。相比与纯苔藓云杉林，这类云杉林通常（除少数例外）分布在更缓的山坡上。对杂草一苔藓云杉林来说，浓密的树林（林间密度 0.6～0.8）、发育良好的草本层和苔藓层都是其典型特征。

*Atragene sibirica*

*L. stenantha*

*Berberis integerrima*

*L. microphylla*

*B. sphaerocarpa*

*Rosa alberti*

*Caragana jubata*

*R. beggeriana*

*Cotoneaster melanocarpus*

*R. pimpinellifolia*

*C. uniflorus*

*Rhamnus cathartica*

*C. multiflorus*

*Rubus idaeus*

*Euonymus semenovii*

*R. saxatilis*

*Lonicera caerulea*

*Ribes meyeri*

*L. simulatrix*

*R. saxatile*

*L. hispida*

*R. acicularis*

*L. olgae*

*R. heterotrichum*

*L. tatarica*

*Spiraea tianschanica*

*L. altmannii*

*Salix starkeana*

*L. humilis*

*S. tianschnica*

*L. karelinii*

*Abelia corymbosa*

*L. altaica*

*Louiseania ulmifolia*

灌木一高草植物（草甸）云杉林与上述两种类型相比，只由疏林组成，林间密度一般不超过 0.2～0.3。对于这种类型来说，大量的灌木存在是其特性，其中主要是忍冬（*Lonicera*）、野蔷薇（*Rosa alberti*）、茶藨子（*Ribes*），有时还有花楸（*Sorbus tianschanica*）。在准噶尔阿拉套和恰特卡尔山脉记录的林下灌木种类达到了以下 38 种。

在开阔的林中旷地，发育着草甸和森林草甸类型的浓密高草，以下是这些部分物种：

*Adenophora liliifolia*

*Aguilegia atrovinosa*

*Codonopsis clematidea*

*Trollius dschungaricus*

*Aconitum septentrionale*

*Polemonium coeruleum*

*Alfredia acantholepis*　*Cicerbita azurea*

*Doronicum altaicum*　*C. thianschanica*

*Corydalis gortschakovii*　*Brachypodium pinnatum*

混合云杉林的类型比较单一，在木本层，除了云杉之外，还有其他树种的参与，如杨树，山杨，桦树，花楸，苹果等，在天山西部地区还有胡桃树。混合云杉林主要生长在峡谷底部和河流阶地或是云杉分布下限(1400～2000 m)附近的缓斜坡上。

高山(亚高山)云杉林生长在海拔 2500 m 以上的地方，都是疏林型，这些云杉林又可分为以下几种类型：地衣云杉林，刺柏云杉林，锦鸡儿云杉林以及草甸矮草云杉林。

地衣云杉林目前只在外伊犁阿拉套山有记录，它们生长在易受冷空气影响的深峡谷上游，这些冷空气来自冰川，并沿峡谷向下流动。这类云杉林木稀疏，林冠郁闭度低，林下灌层为：刺柏(*Juniperus sibirica*)，天山茶藨子(*Ribes meyeri*)以及一些其他灌木。地衣层由 *Cladonia gracilis*，*C. crispata*，*Cetraria glauca* 等组成。

刺柏云杉林在北天山地区发育非常好，它们占据较为干燥的东坡和西坡，林木稀疏(密度为 0.1～0.2，很少 0.3)。树下灌木层由刺柏林 (*Juniperus turkestanica*，*J. sibirica*)组成。

锦鸡儿云杉林的生长环境和结构与刺柏云杉林类似，林下灌丛由一种特殊的高山锦鸡儿(*Cargana jubata*)构成。

草甸矮草云杉林生长在天山云杉分布的最上限，这里的环境恶劣，云杉生长缓慢，植株极稀疏(密度为 0.1～0.2)。林下灌丛基本不发育，在草本层中，以羽衣草(*Alchimilla*)和老鹤草(*Geranium*)为主的亚高山草甸矮草完全占主导地位。

中亚的冷杉林主要包括西伯利亚冷杉(*Abies sibirica*)及其亚种(*Abies sibirica* subsp. *semenovii*)，这两者的生物学差异很小，只体现在针叶的长度和其他一些细微的解剖结构上，其中亚种的针叶更长一些。西伯利亚冷杉只在准噶尔阿拉套西部地区有分布，其亚种可在塔拉斯阿拉套和恰特卡尔阿拉套与云杉形成云杉—冷杉林。冷杉生长的环境条件与云杉十分类似，但是在中亚范围内，冷杉从来不会形成纯林，总是与天山云杉、苹果树或者胡桃等共同生长。

中亚暗针叶林的经济价值非常巨大，它们在水土资源保护中起到的作用是最大的。除此之外，它们还是重要的建筑和燃料用木材的来源，但是作为木材来源，暗针叶林的开发应该受到严格的限制，而在一些地区，特别是侵蚀比较严重的地区，应该完全禁止采伐暗针叶林。

**(2)刺柏林**

刺柏林是由刺柏属的乔木种组成的，是中亚地区一种比较特殊的植被，广泛分布在科佩特山上及其山前地区，天山以及巴达赫尚地区，在这些地方它们主要生长在土层较薄的棕壤上。刺柏林主要分布在中山带，海拔在 1200～1400 m 至 2000 m。在更高的 2000～2500 m，分布着半球刺柏(*Juniperus semiglobosa*)，在刺柏分布的上限附近，即海拔高度为 2000～4000 m 的地方只生长着突厥斯坦刺柏(*Juniperus turkestanica*)。在中亚共有 6 种刺柏，其中 3 种为直立乔木形态，其他为匍匐状或垫状形态，详细情况如下：

1)突厥斯坦刺柏(*Juniperus turkestanica*)，阿尔泰山，塔尔巴哈台山，帕米尔—阿赖山，天山，2000～4000 m；

2)土库曼刺柏(*Juniperus turcomanica*)，科佩特山，大巴尔汗山；

3)泽拉夫尚刺柏(*Juniperus seravschanica*),楚一伊犁山地,吉尔吉斯阿拉套,卡拉套山,塔什干阿拉套,突厥斯坦山脉,泽拉夫尚山脉,吉萨尔山脉;

4)半球刺柏(*Juniperus semiglobosa*),泽拉夫尚山脉,突厥斯坦山脉,吉萨尔山脉,恰特卡尔阿拉套,塔拉斯阿拉套;

5)西伯利亚刺柏(*Juniperus sibirica*),阿尔泰山,天山,帕米尔一阿赖;

6)新疆圆柏(*Juniperus sabina*),塔尔巴哈台山,北天山。

其中研究比较多的是泽拉夫尚刺柏,半球刺柏和突厥斯坦刺柏,这三个种也是构成山地刺柏林的核心树种,它们都属于 Sabina 族。

就构成特点来说刺柏林属于疏林,树冠郁闭度通常不超过 0.5～0.6,并且常常低至 0.1～0.2。仅当在非常小的区域内,在稀疏树林间存在郁闭度为 0.8～0.9 甚至 1 的真正茂密的刺柏林地段。像这种面积不大的茂密刺柏林在乌兹别克和吉尔吉斯山区人类最不容易到达的地方还可以见到,但大多数情况下,由于过度砍伐以及随之而来的放牧等,真正的刺柏林都已经消失,但曾经的刺柏疏林比现在的分布要广得多。

刺柏林可以分为以下四种基本生态结构:草原型,半稀树草原型,山地旱生型和草甸型。

草原刺柏林生长在相对较平缓的山坡上,其草本层中草原禾本科植物占多数,主要是羊茅,另外还有落草(*Koeleria gracilis*),假梯牧草(*Phleum phleoides*),草原早熟禾(*Poa relaxa*)以及旱生杂草 *Hypericus*,*Verbascum*,*Artemisia* 等属的一些种。这种草原型刺柏林主要分布在亚高山植被边界附近的高山带。

半稀树草原型刺柏林分布在低山带。在其草本层中毛偃麦草(*Elytrigia trichophora*)和类短命伞形科植物栓翅芹(*Prangos pabularia*)为优势种。

在中亚,山地旱生刺柏林几乎是最常见的。它们广泛分布在天山,巴达赫尚,特别是在科佩特山脉的砾石质南坡,是最稀疏的林型(树冠郁闭度不高于 0.2～0.3)。下层大多是小灌木和半小灌木垫状旱生植物。科佩特砾石山坡的代表性植物是带刺的垫状植物,如 *Acanthophyllam*, *Acantholimon*, *Onobrychis cornuta*, *Gypsophlla aretioides* 及某些黄芪 *Astragalus densissimtis*, *A. piletocladus*)等。

与上述树林相比,草甸刺柏林的分布要小得多。它们生长在高湿度的环境中,一般在峡谷底部和北坡山麓附近,在这些条件下才发育浓密的草甸刺柏林。在草甸刺柏林的草本层中,主要是拂子茅(*Calamagrostis epigeios*),冰草(*Agropyron repens*),无芒雀麦(*Bromus inermis*),早熟禾等,以及其他一些草甸草类。

矮刺柏林广泛分布于天山亚高山带,而在海拔 2600～2700 m 至 3000 m 高的帕米尔一阿赖山高山带分布较少;个别刺柏林也会出现在 3000 m 以上的区域。在刺柏林中,除了占优势地位的突厥斯坦刺柏(*Juniperus turkestanica*)外,还有本属的其他种,特别是在北天山,还会有西伯利亚刺柏林(*Juniperus sibirica*)。天山矮刺柏林,大致对应于高加索山的“矮曲林”,阿尔泰山的高山白桦矮林灌木丛(*Betula rotundifolia*)以及东西伯利亚的雪松。

天山矮刺柏林生长在含泥炭的褐色草甸化草原土上,它们的特点是有暗褐色泥炭层 ,厚度为 8～10 cm,其来源与刺柏枝叶的凋萎相关。

在天山有以下几种主要的矮刺柏林类型:

1)几乎单优的茂密刺柏林灌木丛,草本层基本不发育;

2)杂草一苔藓刺柏林,它更为稀疏一些,具有草甸或是草甸化草原特点的草本层,以及一

些苔藓,如 *Abietinella abletina* , *Sariioinia uncinata* 等;

3)具有草原性杂草(*Festuca sulcata* , *Poa relaxa* 等)的草原型刺柏林;

4)岩缝中生长的岩石刺柏林。

刺柏林作为燃料来源的经济价值不大,但它的生态意义巨大,尤其在侵蚀作用比较强烈的山区对于防止水土流失具有重要作用。

# 第 7 章　中亚植被的经济利用

中亚处于各大生物区系交汇的过渡地带，植物区系组成丰富，地域性植物属种多，是世界上研究植物区系的关键地区之一。中亚地区的高山也被认为是全球生物多样性的热点区域，研究结果表明中亚是世界上 8 个作物起源和驯化中心之一。中亚约有 9300 余种维管植物，大约 10%的物种是濒危的。

## 7.1　中亚植物资源概况

现知，中亚药用植物有 2014 种，其中野生种类 1451 种，农药植物 120 种以上。目前已被收购的中草药种类即有 125 种之多。食用植物中，野生果树资源种类有 103 种，大型食用真菌 200 种以上，维生素植物 50 种以上，油料植物近百种，蜜源植物更多达 500 余种。具有观赏价值和绿化环境的植物资源中，防护林树种 80 种以上，固沙植物百余种，观赏植物超过 300 种，仅野生花卉即有 180 种之多。天然野生牧草有 2930 种，其中数量大、质量高的种类占 13.04%，计 382 种。中亚区域具有 500～600 种木本植物，包括 100～150 种树木，其余为灌木。这些物种包括针叶林物种(西利亚冷杉和雪岭云杉)和沙漠灌木(梭梭和白梭梭)。该区代表性类群包括沙拐枣属、柽柳属、黄芪属、枸子属、蔷薇属和山楂属等。种质植物资源中，野生谷类作物的近缘种有 87 种，野生果树近缘种近 70 种。另外，适应极端环境的耐盐、抗旱和耐病虫的种质资源也十分丰富。

已记录的新疆野生药用植物 120 科，405 属 619 种(不包括谷、蔬、果食用植物和观赏花卉植物)；野生观赏花卉 1000 多种(野生观赏植物观赏价值高可供园林利用的有 55 科 134 属 800 余种)；林果乔灌木约 327 种，其中乔木约 64 种，灌木 231 种，果树 26 种，其他经济树种 6 种；引进的乔灌木有 200 种以上，部分树种已有数百年至上千年的栽培历史，已被驯化成新疆的乡土树种；可供动物食用的野生植物达 2930 种，其中饲用价值较高的有 382 种；作物(谷类、油料、蔬菜类)野生近缘种 322 种；新疆野苹果、野杏、野樱桃、野核桃等果木野生近缘种 70 种；其他用途的植物种质资源植物还有芨芨草、拟南芥的近缘种小鼠耳芥比拟南芥具有较强的抗干旱、抗疾虫害极早熟的特点。

## 7.2　中亚植物资源分类

中亚地区幅员辽阔、景观多样，造就了中亚植物资源丰富多样。广袤的荒漠地区拥有众多适应干旱、半干旱地区环境的植物群体，构成了荒漠独特的植物类型。雄伟的世界屋脊，多样化的湿地环境，大面积分布的盐渍化土地，孕育了特殊的、多样化的资源植物，包括能抵抗生物和非生物逆境(抗病虫、抗寒、抗旱、抗高温、抗风沙、抗贫瘠、抗盐碱等)的优良基因资源、食用植物资源、药用植物资源、工业用植物资源，保护和改造环境植物资源，植物种质资源等。因此，从植物资源学角度研究中亚地区特色植物资源，进行科学合理分类，实施有效保育，对于保障中亚地区生态安全、资源安全，实现资源的可持续利用等均具有重要的理论和实践意义。根据吴征镒、周俊、裴盛基在中国植物学会50周年（1983年）提出的新的植物资源分类系统，中亚植物资源分为以下5大类31小类：

**(1)食用植物资源**

**淀粉植物类**　白榆（*Ulmus pumila*）、沙蓬（*Agriophyllum squarrosum*）、稻（*Oryza sativa*）、新疆小麦（*Triticum petropavlovskyi*）、粗柄独尾草（*Eremurus inderiensis*）

**植物蛋白类**　苜蓿（*Medicago sativa*）、胀果甘草（*Glycyrrhiza inflata*）、苦豆子（*Sophora alopecuroides*）

**食用油脂植物类**　胡桃（*Juglans regia*）、刺山柑（*Capparis spinosa*）、红花（*Carthamus tinctorius*）、芝麻（*Eruca sativa*）、欧洲油菜（*Brassica napas*）

**维生素植物类**　唐古特白刺（*Nitraria tangutorum*）、沙枣（*Elaeagnus angustifolia*）、沙棘（*Hippophae rhamnoides*）、落花蔷薇（*Rosa beggeriana*）、树莓（*Rubus idaeus*）

**饮料植物类**　准噶尔山楂（*Crataegus songorica*）、桑（*Morus alba*）、葡萄（*Vitis vinifera*）、石榴（*Punica granatum*）、灌木樱桃（*Cerasus fruticosa*）

**食用色素植物类**　胡萝卜（*Daucus carota*）、番茄（*Lycopersicon esculentum*）、辣椒（*Capsicum annuum*）、异柱荨麻（*Urtica dioica*）、西伯利亚接果木（*Sambucas sibirica*）

**食用香料植物类**　孜然芹（*Cumimum cyminum*）、薄荷（*Mentha haplocalyx*）、龙蒿（*Artemisia dracunculus*）、牛至（*Origanam vulgare*）、葛缕子（*Carum carvi*）

**植物甜味剂类**　甘草（*Glycyrrhiza uralensis*）、红果山楂（*Crataegus sanguinea*）、越橘（*Vaccinium* sp.）、甜菜（*Beta vulgaris*）、尖叶槭（*Acer plantanoides*）

**饲用植物类**　骆驼刺（*Alhagi sparsifolia*）、羽毛三芒草（*Aristida pennata*）、木地肤（*Kochia prostrata*）、苏丹草（*Sorghum sudanense*）、早发苔草（*Carex praecox*）

**蜜源植物类**　刺儿菜（*Cirsium setosum*）、新塔花（*Ziziphora bungeana*）、密花香薷（*Elsholtzia densa*）、沙枣（*Elaeagnus angustifolia*）、牛蒡（*Arctium lappa*）

**(2)药用植物资源**

**中草药类**　黄芪（*Astragalus membranaceus* L.）、甘草（*Glycyrrhiza uralensis*）、肉苁蓉（*Cistanche deserticola*）、中麻黄（*Ephedra intermedia*）、天山雪莲（*Saussurea involucrata*）、新疆贝母（*Fritillaria walujewii*）、新疆阿魏（*Ferula sinkiangensis*）、侧金盏花（*Adonis amurensis*）

**植物农药类**　无叶假木贼（*Anabasis aphylla*）、马齿苋（*Portulaca oleracea*）、黄花蒿（*Artemisia annua*）、龙葵（*Solanum nigrum*）、狼毒（*Stellera chamaejasme*）

**有毒植物类**　变异黄芪（*Astragalus variabilis*）、小花棘豆（*Oxytropis glabra*）、角果毛茛（*Ceratocephalus testiculatus*）（图7.1）、天山假狼毒（*Stelleropsis tianschanica*）、乌头

图7.1　角果毛茛

(*Accnitum* spp.)

**(3)工业用植物资源**

**木材类**　雪岭云杉(*Picea schrenkiana*)、西伯利亚红松(*Pinus sibirica*)、毛白杨(*Populus tomentosa*)、西伯利亚冷杉(*Abies sibirica*)、欧洲山杨(*Populus tremula*)

**纤维植物类**　芨芨草(*Achnatherum splendens*)、大叶白麻(*Poacynum hendersonii*)、芦苇(*Phragmites australis*)、香蒲(*Typha* ssp.)

**鞣料植物类**　拳蓼(*Polygonum bistorta*)、柳兰(*Epilobium angustifolium*)、大叶矶松(*Limonium gmelinii*)

**香料植物类**　沙枣(*E. angustifolia*)、沙拐枣(*Calligonum mongolicum* )、玫瑰(*Rosa rugosa*)、熏衣草(*Lavandula angustifolia*)、花叶丁香(*Syringa persica*)

**工业用油脂植物类**　苦马豆(*Sphaerophysa salsula*)、大麻(*Cannabis sativa*)、箭头唐松草(*Thalictrum simplex*)、石刁柏(*Asparagus offieinalis*)、蓖麻(*Ricinus communis*)

**植物胶类**　田菁(*Sesnania cannabina*)、膜荚黄芪(*Astragalus membranaceus*)、沙枣(*Elaeagnus angustifolia*)、山桃(*Amygdalus davidiana*)、杏(*Armeniaca vulgaris*)

**工业用植物性染料类**　菘蓝(*Isatis indigotica*)、新疆紫草(*Arnebia euchroma*)、红花(*Carthamus tinctorius*)、苏枸杞(*Lycium ruthenicum*)、春黄菊(*Anthemis tinctoria*)

**能源植物类**　宽叶香蒲(*Typha latifolia*)、梭梭(*Haloxylon ammodendron*)、柽柳(*Tamarix chinensis*)、沙拐枣(*C. mongolicum*)、琵琶柴(*Reaumuria soongoarica*)

**经济昆虫寄主植物类**　小叶白腊(*Fraxinus sodgiana*)、弯叶青藓(*Brachythe reflexum*)

**其他资源植物类**　疣枝桦(*Betula pendula*)、瓦松(*Orostachys*)、碱蓬(*Suaeda glauca*)

**(4)保护和改造环境植物资源**

**防风固沙植物类**　沙拐枣(*C. mongolicum*)、梭梭(*H. ammodendron*)、柽柳(*T. chinensis*)、蓼子朴(*Inula salsoloides*)、盐爪爪(*Kalidium foliatum*)、铃铛刺(*Halimodendron halodendron*)、西伯利亚泡泡刺(*Nitraria sibirica*)、沙漠绢蒿(*Seriphidium santolinum*)

**水土保持植物类**　白皮锦鸡儿(*Caragana leucophloea*)、柽柳(*T. chinensis*)、银沙槐(*Ammodendron bifolium*)

**绿肥植物类**　苦豆子(*Sophora alopecuroides*)、黄花苜蓿(*Medicago falcate*)、白香草木樨(*Melilotus albus*)、苦马豆(*Sphaerophysa salsula*)

**花卉植物类**　补血草(*Limonium sinense*)、刺叶(*Acanthophyllum pungens*)、耧斗菜(*Aquilegia viridiflora*)、银莲花(*Anemone cathayensis*)、铁线莲(*Clematis florida*)、鸢尾(*Iris tectorum*)、郁金香(*Tulipa gesneriana*)、点地梅(*Androsace umbellata*)

**指示植物类**　苔藓、钠猪毛菜(*Salsola nitaria*)

**抗污染植物类**　柽柳(*T. chinensis*)、新疆圆柏(*Juniperus sabina*)、水荆(*Hibiscus syriacus*)、石榴(*Punica granatum*)

**(5)植物种质资源**

**特有植物类**　布尔津柳(*Salix burqinensis*)、盐生桦(*Betula Halopyila*)、额河木蓼(*Atraphaxis jrtyschensis*)、天山蓼(*Polygonum tianxchanicum*)、新疆鹿蹄草(*Pyrola xinjian-*

gensis)、博格达西防风(*Seseli grubovii*)、天山细管芹(*Stenocoelium popovii*)、勃氏棘豆(*Oxytropis przewalskii*)、博格达山棘豆(*Oxytropis bogdoxchanica*)、中国丽豆(*Calophaca chinensis*)、乌什繁缕(*Stellaria divnogorskjae*)、南疆沙拐枣(*Calligonum roborovskii*)、喀什霸王(*Zygophyllum kaschgarica*)

**作物品种种质资源类** 节节麦(*Aegilops tauschi*)、赖草属巨叶麦(*Leymus racemosum*)、旱麦草属(*Eremopyrum*)、新源假稻(*Learsia oryzoides*)、油料作物亚麻、葱、蒜、韭蔬菜类的野生种和近缘种、百合科葱属45种;只分布于新疆的羊角芹(*Aegopodium podagraria*)、莴苣(*Lactuca sativa*)的野生近缘种阿尔泰莴苣(*Lactuca altaica*)、大头叶莴苣(*Lactuca auriculata*)、飘带莴苣(*Lactuca undulata*)和锯齿莴苣(*Lactuca serriola*)等;果树近缘种新疆野苹果(*Malus sieversii*)、野核桃(*Juglans regia*);模式基因植物拟南芥(*Arabidopsis thaliana*)的近缘种托木尔鼠耳芥(*Arabidopsis tuemurica*)和策勒鼠耳芥(*Arabidopsis qaranica*)等。

## 7.3 中亚植物资源种类及用途

中亚地区景观类型差异显著。在西部主要是贫瘠和多石的乌斯秋尔特高原和巨大的吐兰平原,卡拉库姆沙漠位于中亚南部和中部。科佩特山在中亚西南部形成土库曼斯坦和伊朗的天然屏障。西部和中部地区是面积巨大的低地,以巨大沙漠和干旱草原为主,其中升起了天山、阿尔泰山和帕米尔等高大山系。中亚地区的高大山峰是伊斯梅尔·索莫尼峰(7495 m),托木尔峰(7439 m)和列宁峰(7134 m),海拔高于3500 m,终年积雪。

中亚具有多样的自然环境条件,孕育了丰富的物种多样性,尤其是植物多样性。中亚的山区是世界34个生物多样性研究热点区域之一(Mittermeier *et al.*, 2006)。

### 7.3.1 菌类 Fungusphyta

#### 1. 麦角菌科 Clavicipitaceae

(1)真菌麦角菌 *Claviceps purpurea*(Fr.) Tulasne:有毒;药用。

(2)冬虫夏草 *Cordyceps gracilis* Dur. Mont.:药用为滋补强壮药,能益肺补肾。

#### 2. 马鞍菌科 Helvellaceae

(3)羊肚菌 *Morchella esculenta*(L.) Pers.:子实体可食,味鲜美,其营养价值很高。

#### 3. 木耳科 Auriculariaceae

(4)毛木耳 *Auricularia polytricha*(Mout.)Sacc.:食用;药用。

#### 4. 多孔菌科 Polyporaceae

(5)树舌 *Fomes applanayum*(Pers. ex Wallr.)Gill:子实体含多糖,药用,对癌细胞有抑制作用。

(6)药用层孔菌 *F. officinalis*(Vill. ex Fr.) Ames.:干燥子实体可用药,能温肺祛痰,降气平喘,利尿消肿。

#### 5. 侧耳科 Pleurotaceae

(7)刺芹侧耳 *Pleurotus eryngii* DC. ex Fr. Syst. Mycol.:食用菌,味道鲜美。

(8)阿魏侧耳 *P. ferulae* Lenzi:子实体供食用。

(9)侧耳 *P. ostreatus*(Jacq. ex Fr.) Quel.:子实体可食;也可药用,治疗腰腿痛,手足麻木,筋络不适。

(10)紫孢侧耳 *P. sapidus*(Schulz.) Sacc.:子实体可食,味鲜美。

**6. 黑伞科　Agaricaceae**

(11)四孢蘑 *Agricus campestris* L. ex Fr.:子实体可食。

**7. 灰包科　Lycoperdaceae**

(12)大马勃 *Calvatia gigantea*(Batsch. Ex Pers.) Lloyd:幼时可食,老时供药用。

(13)紫色马勃 *C. lilacina*(Mont. et Berk.) Lloyd.:幼嫩时可食,成熟后可作止血剂。

(14)脱皮马勃 *Lasiophaera fenzlii* Reich.:干燥子实体入药,能清肺,解毒,止血。

(15)网纹马勃 *Lycoperdon perlatum* Pers.:幼时可食;也可药用,能消肿,清肺,解毒。

地衣植物 Lichens

**8. 梅衣科　Parmeliaceae**

(16)冰岛衣 *Cetraria islandica*(L.) Ach.:可食用;药用能健胃,有镇静作用,并是抗生素的原料。

**9. 石蕊科　Cladoniaceae**

(17)山岭石蕊 *Cladonia alpestris*(L.) Rabh.:药用能降血压,止血。

**10. 松萝科　Usneaceae**

(18)破茎松萝 *Usnea diffracta* Vain:全草入药,治肺炎,肝炎等病。

### 7.3.2　藻类植物 Algephyta

**11. 念珠藻科　Nostocaceae**

(19)普通念珠藻 *Nostoc commune* Vauch:藻体作菜食用;亦可入药,能热明目;也可作环境防护(绿肥)。

(20)发状念珠藻 *Nostoc flagelliforme* Born. et Flah:藻体作菜食用;药用,有清热解毒,凉血明目功效。

### 7.3.3　苔藓植物 Bryophyta

**12. 珠藓科　Bartramiaceae**

(21)平珠藓 *Plagiopus oederi*(Gunn.) Limpr.:全草入药,能镇静安神,治疗痫症,中风不语等。

### 7.3.4　蕨类植物 Pteridophyta

**13. 石杉科　Huperziaceae**

(22)石杉 *Huperzia selago* (L.) Bernh. ex Schrenk et Mart.:全草入药,能止血,舒筋,治跌打损伤,外用止血;全草还可制取黄色染料。

**14. 石松科　Lycopodiaceae**

(23)多穗石松 *Lycopodium annotinum* L.:浸酒可作强壮剂,与甘草同服能止咳;还可用于环境防护(观赏)。

(24)扁枝石松 *Diphasiastrum complanatum* (L.) Holub.:全草入药能疏风胜湿,舒经活络,利尿,散瘀。

**15. 木贼科　Equisetaceae**

(25)问荆 *Equisetum arvense* L.:全草入药能清热,凉血,止咳,利尿;全草有毒;有时还可作食用

(26)木贼 *E. hyemale* L.:全草入药,能疏风散热,还可作盆栽观赏;少量用作大角牲畜和梅花鹿的饲料。

(27)犬问荆 *E. palustre* L.:全草入药能疏风,明目,活血,舒筋;有毒。

(28)草问荆 *E. pratense* Ehrh.:食用;全草亦可入药;还可作饲料;染料。

(29)节节草 *E. ramosissimum* Desf.:药用全草,祛风清热,除湿利尿;还可作饲料。

(30)林问荆 *E. sylvaticum* L.:食用;全草入药;全株为马的饲料;还可作染料。

**16. 阴地蕨科　Botrychiaceae**

(31)扇羽阴地蕨 *Botrychium lunaria*(L.) Sw.:全草入药,能清热解毒,止咳平喘。

**17. 中国蕨科　Sinopteridaceae**

(32)五角粉背蕨 *Aleuritopteris argentea*(Gmel.) Fee.:全草入药,能明目舒肝,舒筋活血,调经,止咳;还可作观赏之用。

**18. 铁线蕨科　Adiantaceae**

(33)铁线蕨 *Adiantum capillus－veneris* L.:入药能清热,消炎,利尿;也是优雅的观赏植物,长久以来引入温室栽培,用它作花束,花篮和其他的装饰物。

**19. 蹄盖蕨科　Athyriaceae**

(34)冷蕨 *Cystopteris fragilis*(L.) Bernh.:植物有毒,露天栽培时可装饰多荫的地方。

**20. 铁角蕨科　Aspleniaceae**

(35)铁角蕨 *Asplenium trichomanes* L.:药用带根的全草,清热,渗湿,止痛,散瘀;植物美观,适于盆栽。

(36)药蕨 *Ceterach officinarum* DC.:药用。

**21. 金星蕨科　Thelypteridaceae**

(37)沼泽蕨 *Thelypteris palustris*(Salisb.) Schott:环境防护(观赏);饲料。

**22. 球子蕨科　Onocleaceae**

(38)荚果蕨 *Matteuccia struthiopteris*(L.) Todaro:根茎可入药,能杀虫,清热,解毒,凉血,止血,在多荫的地方可作观赏植物。

**23. 鳞毛蕨科　Dryopteridaceae**

(39)欧洲鳞毛蕨 *Dryopteris filixmas*(L.) Scholtt:药用;有毒。

(40)香鳞毛蕨 *D. fragrans*(L.) Schott:药用;香料。

**24. 水龙骨科 Polypodiaceae**

(41)欧亚多足蕨 *Polypodium vulgare* L.:药用;有毒。

**25. 苹科 Marsileaceae**

(42)苹 *Marsilea quadrifolia* L.:药用,能清热解毒,利尿消肿;全草还可作饲料和绿肥。

**26. 槐叶苹科 Salviniaceae**

(43)槐叶苹 *Salvinia natans*(L.) All.:药用。

### 7.3.5 种子植物 Spermatophyta

**27. 松科 Pinaceae**

(44)西伯利亚冷杉 *Abies sibirica* Ledeb.:药用;还可用作木材;属观赏树木,是最耐荫的树种之一。

(45)西伯利亚落叶松 *Larix sibirica* Ledeb.:药用,树脂(松香)主要用于治风湿性和痛风疼痛的膏药中;还可作木材,是建筑和家具等的材料;树形美观可引入公园栽培(图7.2)。

图7.2 西伯利亚落叶松

(46)西伯利亚云杉 *Picea obovata* Ledeb.:木材;药用;植化原料(维生素;胶脂);油料;鞣料;环境防护(观赏)。

(47)雪岭云杉 *P. schrenkiana* Fisch. et Mey.:木材是建筑和制作家具的原材料;也作燃料。

(48)西伯利亚红松 *Pinus sibirica* Du Tour:可供建筑和特殊用材,亦可作家具等;种子可食,亦可榨油;还可引作庭院观赏树。

**28. 柏科 Cupressaceae**

(49)* 圆柏 *Juniperus chinensis* L.:叶入药,能祛风散寒,活血解毒;木材坚硬致密,耐腐力强,可供建筑;工艺品;室内安装等用,树姿优美,是珍贵的庭院树种。

(50)新疆方枝柏 *J. pseudosabina* Fisch. et Mey.:是山区珍贵的保土树种,干枝铺地,姿态美观,可供观赏。

(51)叉子圆柏 *J. sabina* L.:入药,能祛风镇静,活血止痛。

(52)西伯利亚刺伯 *J. sibirica* Burgsd.:药用,其挥发油被广泛用在油膏中,作涂擦的镇痛药和含香胶疗伤的敷布,亦可食用。

(53)* 侧柏 *Platycladus orientalis* (L.) Franco.:根皮和种子入药,有止血,祛风湿,利尿,止咳等功效;树姿优美,亦为广泛栽培的观赏树或作绿篱。

---

注:* 为栽培种,下同。

**29. 麻黄科　Ephedraceae**

(54)蛇麻黄 *Ephedra distachya* L.：药用，用于治疗风湿病，痛风，疟疾等；麻黄果实亦可食。

(55)木贼麻黄 *E. equisetina* Bge.：药用，其麻黄碱的制剂在医学实践中得到应用。

(56)蓝麻黄 *E. glauca* Rgl.：药用植物，可食。

(57)中麻黄 *E. intermedia* Schrenk et C. A. Mey.：草质茎和根药用。

(58)沙地麻黄 *E. lomatolepis* Schrenk：荒漠沙生植物，用于防风固沙。

(59)单子麻黄 *E. monospermum* C. A. Mey.：麻黄碱的含量高，茎枝供药用。

(60)膜翅麻黄 *E. przewalskii* Stapf.：全草可入药，有发汗，平喘，利尿功用；茎枝可作燃料。

(61)* 草麻黄 *E. sinica* Stapf.：药用，也作制药工业提取麻黄素的原料；饲用，在冬季羊和骆驼乐食其干草。

**30. 杨柳科　Salicaceae**

(62)银白杨 *Populus alba* L.：叶入药，祛痰，消炎，平喘，止咳；蜜源植物；可用作牲畜的饲料；亦可栽培作公园的观赏树木。

(63)* 加拿大杨 *P. canadensis* Moench.：入药能化湿止痢；可作行道树和庭荫树；树皮含鞣质，可提制栲胶；也可作黄色染料。

(64)* 山杨 *P. davidiana* Dode：药用，树根皮可化痰止咳，清湿热；木材纤维可作机制纸的原料，树皮也可作造纸。

(65)胡杨 *P. euphratica* Oliv.：供药用，清热，化痰；绿化荒漠和盐渍化地区的树种，树形美观也供观赏。

(66)苦杨 *P. laurifolia* Ledeb.：蜜源植物；适于各种木器制作；可用于阿尔泰山地河谷造林的更新树种。

(67)黑杨 *P. nigra* L.：药用，用于风湿，烧烫伤等；木材可用于造纸，制木质器具；树皮用于鞣制和皮革染色；蜜源植物。

① * 钻天杨（变种）*P. nigra* var. *italica* Munchhausen：适作行道树和护田林带树种；蜜源植物；木材供建筑，家具，造纸等用。

(68)灰叶胡杨 *P. pruinosa* Schrenk：是绿化和固定沙漠的树种，具有观赏价值；叶片及基生的嫩枝条是优良的饲草。

(69)* 毛白杨 *P. tomentosa* Carr.：树皮入药祛痰，治咳嗽痰喘；木材可供建屋，器具及各种家具；树姿雄壮，亦多栽培供庭院绿化或行道树。

(70)欧洲山杨 *P. tremula* L.：药用；木材可供造纸，器具，家具等；适于庭院绿化；美化之用。

(71)白柳 *Salix alba* L.：药用，具有收敛，止血，利尿之功效；绿化观赏树种；木材供作建筑，器具，家具等；春季重要的蜜源植物。

(72)* 垂柳 *S. babylonica* L.：药用，能祛风，利湿，止血，散瘀；嫩叶，嫩芽，嫩花序可食用；著名的观赏树种；蜜源植物。

(73)黄花柳 *S. caprea* L.：药用，树皮的煎剂作胃衰弱时的收敛剂和作代替奎宁的退热药;蜜源植物;亦可作饲用。

(74)蓝叶柳 *S. capusii* Franch.:蜜源植物;细长的杂条是编织篮筐的材料;美观,可供观赏。

(75)油柴柳 *S. caspica* Pall.:饲用,各类家畜均喜食;蜜源植物;亦可用于荒漠地区的绿化;具观赏价值。

(76)灰毛柳 *S. cinerea* L.:饲料;蜜源植物。

(77)* 爆竹柳 *S. fragilis* L.:药用,具收敛功效;嫩枝用作绵羊和山羊的饲料;蜜源植物;亦可用于固沙;具观赏价值。

(78)灰蓝柳 *S. glauca* L.:蜜源植物;叶和嫩枝可食;能固定土壤。

(79)戟柳 *S. hastata* L.:春季饲料;蜜源植物。

(80)* 旱柳 *S. matsudana* Koidz.:嫩叶或嫩枝供药用,散风,祛湿,清湿热;亦可食用;为早春的主要蜜源植物;也可作行道树,护岸林及庭院树等。

(81)五蕊柳 *S. pentandra* L.:树皮药用作收敛药;从树皮中提取水杨甙,进一步提纯可获得水杨酰酸;开花时是好的蜜源;也可作行道树,用于固沙。

(82)鹿蹄柳 *Salix pyrolifolia* Ledeb.:树皮为好的鞣料;韧皮用于编织;叶可饲用;可改良土壤,用于固沙;蜜源植物。

(83)细叶沼柳 *S. rosmarinifolia* L.:饲料;蜜源植物;可用于防风固沙。

(84)准噶尔柳 *S. songarica* Anderss:饲料;蜜源植物。

(85)细穗柳 *S. tenuijulis* Ledeb.:枝细而柔软,适用于最细的编织物;开花时是非常好的蜜源。

(86)三蕊柳 *S. triandra* L.:蜜源植物;具观赏价值;亦可以加固冲刷的土壤;堤坝等。

(87)吐兰柳 *S. turanica* Nas.:枝条适于最细的编织;树皮鞣革;叶可饲用;蜜源植物。

(88)蒿柳 *S. viminalis* L.:早春蜜源植物;叶可养柞蚕;枝条可供编织。

(89)线叶柳 *S. wilhelmsiana* M. B.:蜜源植物;枝条细软,适于篮子的编织。

### 31. 核桃科 Juglandaceae

(90)* 核桃楸 *Juglans mandshurica* Maxim.:药用,核桃楸皮清热,解毒,止痢,明目;种子仁可食用;可作褐色染料。

(91)核桃 *J. regia* L.:药用,干燥种仁能温补肺肾,定喘,化痰,润肠;核桃仁可生食,也可榨油。

(92)* 枫杨 *Pterocarya stenoptera* DC.:树皮;根;叶;果实均供药用,可治风湿筋骨疼痛,皮炎湿疹,散寒止咳;果实可作饲料及酿酒;种子可榨油;美丽的观赏树。

### 32. 桦木科 Betulaceae

(93)沼泽桦 *Betula humilis* Schrank:冬季的主要饲料。

(94)疣枝桦 *B. pendula* Roth.:药用,能清热解毒,止咳;亦可饲用,家畜乐食其绿叶;落地花序及小枝。

(95)天山桦 *B. tianschanica* Rusr.:木材;鞣料;染料。

### 33. 榛科 Corylaceae

(96)* 榛子 *Corylus heterophylla* Fisch. ex Trautv.:药用,种仁入药能调中,开胃,明目;

亦可食，果仁可生食或炒食；嫩叶晒干储藏可作为冬季牲畜饲料。

**34. 壳斗科 Fagaceae**

(97)* 夏橡 *Quercus robur* L.：药用，能起到收敛和止血之功效；木材坚硬，供建筑，桥梁，车辆，造船，器具，家具等用；树形美观，适于栽培观赏。

**35. 榆科 Ulmaceae**

(98)* 圆冠榆 *Ulmus densa* Litv.：树冠球形，枝叶繁多是很美观的观赏树种，在城市园林中已日益增多，常见作行道树栽培；种子可煮食。

(99)* 欧洲大叶榆 *U. laevis* Pall.：药用，大叶榆叶的煎剂用于病时冲洗；广泛用于绿化，是十分耐寒的观赏树；亦可作染料。

(100)* 黄榆 *U. macrocarpa* Hance：入药能杀虫，消积；榆叶、榆钱、榆花可炒食，蒸食；树皮纤维可代麻制绳也能造纸。

(101)* 榔榆 *U. parvifolia* Jacq.：药用，能利尿，治疮肿，腰背酸痛，牙痛等；嫩叶；幼果；榆花可食用。

(102)* 春榆 *U. propinqua* Koidz.：嫩果供食用；种子可榨油，酿酒或制酱油；叶可作饲料；木材供建筑；制家具等用。

(103)白榆 *U. pumila* L.：药用，入药能利水，治小便不通；可食；饲用；木质坚硬，供建筑，家具，器具等用；可作荒漠绿化的重要树种。

**36. 桑科 Moraceae**

(104)* 无花果 *Ficus carica* L.：药用，能健胃清肠，消肿解毒；成熟花托可生食，也可制果酱或果脯。

(105)* 白桑 *Morus alba* L.：药用，功能祛风清热，凉血明目；果实味甜多汁，可生食；桑叶营养丰富，适口性好，是优等饲草。

(106)* 黑桑 *M. nigra* L.：药用，可发汗，也可用于伤口和溃疡；鲜果可生食。

**37. 大麻科 Cannabaceae**

(107)野生大麻 *Cannabis ruderalis* Janisch.：药用，花序的浸剂是镇痛剂，用于胃痛和牙痛；种子所含脂肪油可以食用；茎纤维，可用以制绳索，细麻绳，麻袋等。

(108)* 大麻 *C. sativa* L.：干燥成熟的种仁入药，主治肠燥便秘；全株有毒。

(109)啤酒花 *Humulus lupulus* L.：药用，能抗菌，消炎；主要用于酿造啤酒，家庭用它制作酵母和釉；因植物茎缠绕攀援，可供观赏；可为造纸工业提供原料。

(110)* 葎草 *H. scandens* (Lour.) Merr.：全草入药，能清热，利尿，消瘀解毒；茎纤维可供造纸用，种子油供制肥皂，油墨，润滑油及其他工业用；植物缠绕攀援，可供观赏。

**38. 荨麻科 Urticaceae**

(111)墙草 *Parietaria micranthe* Ledeb.：药用，全草有拔脓消肿的功效。

(112)焮麻 *Urtica cannabina* L.：全草入药，性味有毒，治风湿疼痛，产后抽风，小儿惊风，荨麻疹等。

(113)异株荨麻 *U. dioica* L.：药用，具利尿，解热，止血，清热之功效；可食用，嫩枝和叶供作春天的绿色蔬菜。

(114)欧荨麻:*U. urens* L. :药用,可用于治疗百日咳,呼吸困难,胃病,风湿病等;可食,适合用在食物中代替菠菜;种子是家禽的饲料;染料。

**39. 蓼科　Polygonaceae**

(115)无叶沙拐枣 *Calligonum aphyllum* (Pall.) Gurke:蜜源植物;固沙植物。

(116)淡枝沙拐枣 *C. leucocladum* (Schrenk) Bge. :蜜源植物;固沙植物。

(117)沙拐枣 *C. mongolicum* Turcz. :药用,根入药作煎剂治小便混浊,带果的全草入药,治皮肤皲裂;是较好的固沙植物;亦为优等饲用植物。

(118)* 荞麦 *Fagopyrum esculentum* Moench:全草清热解毒,散瘀消肿;果实富含淀粉,可供食用;蜜源植物。

(119)* 苦荞麦 *F. tataricum* (L.) Gaertn. :药用,祛风湿,健胃,主治跌打损伤;腰腿疼痛;消化不良;可食;可作为家禽的饲料;是极好的蜜源。

(120)山蓼 *Oxyria digyna* (L.) Hill. :全草入药,治肝气不舒,肝炎,坏血病等症;叶酸,可食(图 7.3)。

图 7.3　山蓼

(121)高山蓼 *Polygonum alpinum* All. :药用,治带血的腹泻和痢疾;植物的叶和嫩茎可食;植物含鞣质;蜜源植物。

(122)两栖蓼 *P. amphibium* L. :全草药用,清热利湿;果实可提供作家禽的饲料。

(123)萹蓄 *P. aviculare* L. :药用,功能利尿,清热,杀虫;适口性良好,生育期长,各类家畜全年均可采食;植物具有耐踏损的能力,是运动场,飞机场绿化的极好材料。

(124)拳参 *P. bistorta* L. :入药,能清热,凉血,解毒;在花期是好蜜源。

(125)蔓蓼 *P. convolvulus* L. :食用,果实如荞麦可用作食物;植物的草可供作染色的原料;蜜源植物;种子可作家禽的饲料。

(126)白花蓼 *P. coriarium* Grig. :植物体柔嫩多汁,营养价值较高;植物开花时是较好的蜜源。

(127)* 虎杖 *P. cuspidatum* Sieb. et Zucc. :药用,能活血定痛,祛风利湿,止咳化痰;根茎、叶均含鞣质,可提制栲胶;嫩茎叶可当菜食用。

(128)篱蓼 *P. dumetorum* L. :药用,可作泻剂,用于治疗慢性便秘、结肠炎等;有毒;开花时是蜜源植物。

(129)水蓼 *P. hydropiper* L. :入药能除湿,化滞,用于治疗痢疾,肠炎食滞等;嫩叶可食用;饲草;黄色颜料。

(130)酸模叶蓼 *P. lapathifolium* L. :药用;鞣料;植化原料(维生素);饲料。

(131)短柄蓼 *P. nitens* (Fisch. et Mey.) V. Petr. ex Kom. :药用,能消肿止痛,清热解毒,利湿止痒;是一种优良的碳氮型牧草。

(132)* 红蓼 *P. orientale* L. :全草或带根全草药用,治风湿关节炎,疟疾,疝气等;可作庭院观赏植物,也可作为插花或装饰材料。

(133)春蓼 *P. persicaria* L.：药用，可用作轻泻剂，止血药和利尿药；是非常好的蜜源。

(134)西伯利亚蓼 *P. sibiricum* Laxm.：根状茎入药，治水肿；全草可作饲料。

(135)准噶尔蓼 *P. songaricum* Schrenk：带叶的嫩枝可食；花为好的蜜源；茎叶多，适口性中等，为良等饲用植物。

(136)珠芽蓼 *P. viviparum* L.：根茎入药，能止血，活血，止泻；可食；饲用。

(137)阿尔泰大黄 *Rheum altaicum* A. Los.：药用，用于治疗便秘，慢性肠黏膜炎；叶柄和嫩茎用于水煮，蜜饯，手工酿甜酒的制造染料；鞣料。

(138)密序大黄 *R. compactum* L.：药用，内服作泻剂和收敛剂，外用于烧烫伤治疗；可食；根茎是极好的鞣革原料；叶富含维生素C，可用于制作维生素的制剂。

(139)矮大黄 *R. nanum* Siev. ex Pall.：根茎供鞣革；饲用。

(140)圆叶大黄 *R. tataricum* L.：鞣料；饲料。

(141)天山大黄 *R. wittrockii* Lundstr.：药用，可作收敛剂，止泻剂；可食。

(142)酸模 *R. acetosa* L.：根入药，能清热，利尿，凉血，杀虫；嫩叶可作蔬菜食用；亦可作饲料；鞣质，可提制栲胶；叶可提取绿色染料(图7.4)。

图7.4 酸模

(143)小酸模 *R. acetosella* L.：药用，用于治疗小儿腹泻和妇女病；饲用，夏、秋季绵羊；采食其嫩枝叶；并可用于鞣制鞋底的皮革。

(144)水生酸模 *R. aquaticus* L.：药用，主治消化不良和急性肝炎。

(145)糙叶酸模 *R. confertus* Willd.：药用，根和种子可作收敛剂和止血剂；带种子的茎可供作食物；从根的提出物中，可获取黑色和黄色的颜料。

(146)皱叶酸模 *R. crispus* L.：药用，能清热凉血，化痰止咳，通便杀虫；叶作春天的蔬菜食用；根茎适于鞣革；果实为家禽的饲料；蜜源植物。

(147)长叶酸模 *R. x longifolius* DC.：药用，可作收敛药和止血药；鞣料。

(148)刺酸模 *R. maritimus* L.：全草药用，能杀虫，清热，凉血；全株作饲料。

(149)披针叶酸模 *R. pseudonatronatus*(Borb.) Borb. Ex Murb.：药用，用于治疗结肠炎和儿童腹泻。

(150)长根酸模 *R. thyrsiflorus* Fingeerh.：药用，可作收敛剂，用于治疗腹泻；叶可作蔬菜食用；饲用。

(151)天山酸模 *R. tianschanicus* A. Los.：鞣料。

**40. 藜科 Chenopodiaceae**

(152)侧花沙蓬 *Agriophyllum lateriflorum* (Lam.) Moq.：种子药用，味甘性凉，发表解热；种子可食和含油；作饲用植物在幼嫩时的价值高。

(153)小沙蓬 *A. minus* Fisch. et Mey.：种子可食；夏季到秋季的饲料植物；固沙植物。

(154)沙蓬 *A. squarrosum* (L.) Moq.：药用，用于发表解热，主治感冒，肾炎；是一种先锋固沙植物；嫩的植株是一种良好饲料(图 7.5)。

(155)无叶假木贼 *Anabasis aphylla* L.：药用；全株有剧毒；含生物碱(图 7.6)。

图 7.5　沙蓬

图 7.6　无叶假木贼

(156)毛足假木贼 *A. eriopoda* (Schrenk) Benth. ex Volkens：有毒；全株含生物碱。

(157)盐生假木贼 A. salsa (C. A. Mey.) Benth. ex Volkens：饲料，是骆驼主要的饲料。

(158)白滨藜 *Atriplex cana* C. A. Mey.：饲料；燃料。

(159)戟叶滨藜 *A. hastata* L.：种子具有催吐和泻的作用；嫩枝和叶作蔬菜吃。

(160)* 榆钱菠菜 *A. hortensis* L.：种子具有催吐和泻的作用；嫩的肉质叶可食；植物提供蓝色颜料；具观赏特性。

(161)滨藜 *A. patens* (Litv.) Iljin：有毒。

(162)西伯利亚滨藜 *A. sibirica* L.：果实药用，祛风，活血，清肝，明目；中等饲用植物。

(163)鞑靼滨藜 *A. tatarica* L.：可食；还可为骆驼提供抓膘的饲料；灰分含碳酸钾，可用于制造肥皂。

(164)疣苞滨藜 *A. verrucifera* M. B.：饲料；灰分含碳酸钾，可为制造肥皂提供碱的来源。

(165)雾冰藜 *Bassia dasyphylla* (Fisch. et Mey.) O. Kuntze：全草入药，能清热祛湿，治头皮屑；饲料。

(166)肉叶雾冰藜 *B. sedoides* (Pall.) Aschers.：饲料；可从灰分中获取苏打(碳酸盐)。

(167)* 甜菜 *Beta vulgaris* L.

新疆常见 3 个变种：

① 饲用甜菜 *B. vulgaris* L. var. *lutea* DC.：饲用。

② 紫菜头 *B. vulgaris* var. *rosea* Moq.：食用；染料。

③ 糖萝卜 *B. vulgaris* L. var. *saccharifera* Alef.：食用；药用；饲料。

(168)樟味藜 *Camphorosma monspeliana* L.：饲料；药用(图 7.7)。

(169)角果藜 *Ceratocarpus arenarius* L.：饲料；固沙，固土。

图 7.7　樟味藜

(170)驼绒藜 *Ceratoides latens* (J. F. Gmel.) Reveal et Holmgren:饲料;燃料;可固沙;具观赏价值。

(171)藜 *Chenopodium album* L.:全草供药用,清热,利湿,杀虫;幼苗可供食用;种子可榨油,供食用和制肥皂及其他工业用,种子亦可酿酒;枝叶可作猪饲料。

(172)刺藜 *C. aristatum* L.:全草药用,祛风止痒,治风疮疙瘩,荨麻疹;饲料(图 7.8)。

(173)香藜 *C. botrys* L.:药用,用于治疗气喘,黏膜炎,痉挛和偏头痛;有毒;饲料(图 7.9)。

图 7.8 刺藜

(174)球花藜 *C. foliosum* (Moench) Aschers.:嫩枝条和叶可食;从茎叶中可得红色颜料。

(175)灰绿藜 *C. glaucum* L.:药用;骆驼喜食的饲草,可作猪饲料;茎,叶可提起皂素。

(176)杂配藜 *C. hybridum* L.:全草药用,止血,活血;有毒植物。

(177)红叶藜 *C. rubrum* L.:药用,植物的叶外用于挫伤和创伤的治疗;植物嫩叶肉质多汁可食。

(178)小藜 *C. serotinum* L.:全草药用,祛湿解毒;亦可煮食。

(179)圆头藜 *C. strictum* Roth:食用;药用;还可用作青贮饲料。

(180)市藜 *C. urbicum* L.:植物肉质的嫩叶可食;饲料(兔)。

(181)绳虫实 *Corispermum declinatum* Steph. ex Stev.:骆驼;绵羊和山羊在牧场上喜食;能固沙,可在沙地栽培。

(182)倒披针叶虫实 *C. lehmannianum* Bge.:饲料;固沙。

(183)盐节木 *Halocnemum strobilaceum* (Pall.) M. B.:育肥的饲料;居民利用作燃料;观赏植物。

(184)白茎盐生草 *Halogeton arachnoideus* Moq.:植株烧灰可取碱;骆驼喜食。

(185)盐生草 *H. glomeratus* (M. B.) C. A. Mey.:植物有毒;饲料。

图 7.9 香藜

(186)盐穗木 *Halostachys caspica* (M. B.) C. A. Mey.:鲜草含有生物碱;被用作荒漠的燃料;有毒。

(187)梭梭 *Haloxylon ammodendron* (C. A. Mey.) Bge.:为优良的固沙植物,其根部又是传统中药材肉苁蓉(大芸)的寄主;燃料;饲料。

(188)白梭梭 *H. persicum* Bge. ex Boiss. et Buhse:为固定流动沙漠的优良树种;又是荒漠地区居民的主要燃料;当年生嫩枝是骆驼,山羊,绵羊,驴的良好饲料。

(189)里海盐爪爪 *Kalidium caspicum* (L.) Ung.-Sternb.:植物烧存灰分中含许多碳酸钾和苏打,可作肥皂用;有毒;是骆驼最喜欢的饲料,其他牲畜不吃。

(190)盐爪爪 *K. foliatum* (Pall.) Moq.:供饲用;可提取碳酸钾和碳酸钠。

(191)圆叶盐爪爪 *K. schrenkianum* Bge.:饲料;富含灰分(碳酸盐)。

(192)木地肤 *Kochia prostrata* (L.) Schrad.:比较好的饲料植物;在荒漠地区提供作燃料;植物也适于获取苏打(碳酸盐)。

(193)地肤 *K. scoparia* (L.) Schrad.:药用,用于疯狗咬伤的治疗;在荒漠地区用作燃料;亦可作观赏植物(图 7.10)。

(194)盐角草 *Salicornia europaea* L.:药用,可作利尿和抗坏血病的药;鲜盐角草可食;饲料;植化原料(碳酸盐);有毒。

(195)木本猪毛菜 *Salsola arbuscula* Pall.:饲料;燃料;鞣料;染料。

(196)散枝猪毛菜 *S. brachiata* Pall.:饲料;为肥皂作坊利用,作获取苏打的来源。

(197)猪毛菜 *S. collina* Pall.:全草药用,有降压作用;其嫩茎叶可食用,种子榨油;全株可提起绿色及黄色染料;可制碱;茎叶可作饲料。

图 7.10　地肤

(198)浆果猪毛菜 *S. foliosa* (L.) Schrad.:有毒;植化原料(碳酸盐)。

(199)短柱猪毛菜 *S. lanata* Pall.:植化原料(碳酸盐);饲料。

(200)东方猪毛菜 *S. orientalis* S. G. Gmel.:饲料;燃料。

(201)刺沙蓬 *S. ruthenica* Iljin:全草药用,平肝降压;染料;油料;燃料;饲料。

(202)苏打猪毛菜 *S. soda* L.:植物嫩的肉质枝条可食;饲料;可从植物灰分中提取苏打为制造肥皂之用。

(203)* 菠菜 *Spinacia oleracea* L.:食用;药用,能祛风明目,开通关窍,利肠胃;可食;饲料;染料。

(204)高碱蓬 *Suaeda altissima* (L.) Pall.:油料;植化原料(碳酸盐);饲料。

(205)碱蓬 *S. glauca* (Bge.) Bge.:全草入药,清热,消积;种子油可做肥皂和油漆,也可供食用;从植物灰分中可提取钾盐。

(206)小叶碱蓬 *S. microphylla* (C. A. Mey.) Pall.:饲料;植化原料(碳酸盐)。

(207)囊果碱蓬 *S. physophora* Pall.:植化原料(碳酸盐);饲料。

(208)平卧碱蓬 *S. prostrata* Pall.:适于骆驼的饲料;灰分中含碳酸钾,用来熬制肥皂。

(209)盐地碱蓬 *S. salsa* (L.) Pall.:幼苗可食用;油料;榨油的油饼可酿酒,酒糟可作猪饲料。

**41. 苋科　Amaranthaceae**

(210)* 锦锈苋 *Alternanthera bettzickiana* (Rgl.) Nichols.:全草入药有清热解毒,凉血

止血，消积逐瘀的功效；可供观赏

(211)* 尾穗苋 *Amaranthus caudatus* L. Sp. Pl.：药用，可滋补强壮；可食；亦可作牧场的和青贮的饲料，种子用作家禽；动物饲料；可栽培供观赏。

(212) 凹头苋 *A. lividus* L.：全草及种子入药，能清热解毒；嫩茎叶可食；也可作猪饲料。

(213)* 繁穗苋 *A. paniculatus* L.：茎叶可食；栽培可供观赏。

(214) 反枝苋 *A. retroflexus* L.：可食；种子为家禽提供好的饲料；亦可作观赏(图 7.11)。

(215)* 苋 *A. tricolor* L.：全草或茎梢部药用，治痢疾，吐血，血崩；茎叶为蔬菜，可食；并可供观赏。

(216) 青葙 *Celosia argentea* L.：药用，能祛风热，清肝火，明目；可食，嫩茎叶可作蔬菜，种子油可供食用；为观赏植物；饲料。

(217)* 鸡冠 *C. cristata* L.：入药能止血，止带，止痢；鸡冠花观赏期长，多用作布置花坛；花境，也可植入庭院或作盆栽。

(218)* 千日红 *Gomphrena globosa* L.：入药能祛痰，平喘；观赏植物，适宜作花坛；花境材料。

(219)* 血苋 *Iresine herbstii* Hook. f. ex Lindl.：茎叶入药治吐血；观赏植物；其叶可作染料。

**42. 紫茉莉科　Nyctaginaceae**

(220)* 紫茉莉 *Mirabilis jalapa* L.：块根，叶，种子均可入药，能利尿，泻热，活血散瘀；观赏植物，花色多样。

图 7.11　反枝苋

**43. 商陆科　Phytolaccaceae**

(221)* 商陆 *Phytolacca acinosa* Roxb.：叶可食；有毒；药用，主治水肿胀满，喉痹不通；油料；鞣料。

图 7.12　马齿苋

**44. 马齿苋科　Portulacaceae**

(222)* 大花马齿苋 *Portulaca grandiflora* Hook.：全草入药，清热，解毒；花色鲜艳，宜布置花坛外围，具有观赏价值。

(223)马齿苋 *P. oleracea* L.：药用，功能清热，解毒，散血；食用；饲料(图 7.12)。

**45. 石竹科　Caryophyllaceae**

(224)麦仙翁 *Agrostemma githago* L.：有毒；全草入药；植化原料(淀粉)；花大而美丽，宜用于花坛，花境，具有观赏价值。

(225)甘肃雪灵芝 *Arenaria kansuensis*

Maxim.：全草入药，具退烧，止咳，降血压和具滋补作用。

(226)无心菜 *A. serpyllifolia* L.：药用，功能清热，明目，解毒；饲料。

(227)狗筋蔓 *Cucubalus baccifer* L.：全草入药，能接骨生肌，祛瘀止痛。

(228)石竹 *Dianthus chinensis* L.：药用，功能清热，利水，破血，通经；香料；花色多样，色泽鲜艳，多用作布置花坛或花境，具观赏价值。

(229)瞿麦 *D. superbus* L.：药用，功能清热，利水，破血，通经；花多为淡粉红色，白色，可做观赏栽培。

(230)兴安石竹 *D. versicolor* Fisch. ex Link：药用；蜜源。

(231)高石头花 *Gypsophila altissima* L.：药用，功能祛痰，治疝。

(232)圆锥石头花 *G. paniculata* L.：药用，功能祛痰，治阴虚久疟；植化原料（皂角甙）；环境防护（固沙，观赏）；饲料。

(233)紫萼石头花 *G. patrinii* Ser.：植化原料（皂角甙）；花较大，适于作花束。

(234)治疝草 *Herniaria glabra* L.：药用，功能具利尿，解痉作用；有毒；植化原料（皂角甙）。

(235)杂性治疝草 *H. polygama* J. Gay. 药用，功能具利尿，解痉作用；有毒，香料，植化原料（皂角甙）。

(236)皱叶剪秋萝 *Lychnis chalcedonica* L.：药用，功能治腹泻，妇女病和皮肤病；可栽培做观赏植物，植化原料（皂角甙）。

(237)异株女娄菜 *Melandrium album* (Mill.) Garche：药用，功能具消炎，软化，止痛，止血，镇静和稍微催眠的作用；植物地上部分可做饲料；植化原料（皂角甙）。

(238)女娄菜 *M. apricum* (Turcz. ex Fisch. et Mey.) Rohrb.：全草入药，功能活血，调经，健脾行水。

(239)鹅肠草 *Myosoton aquaticum* (L.) Moench：全草入药，功能清热解毒，活血消肿；嫩叶可食。

(240)麦瓶草 *Silene conoidea* L.：全草入药，功能养阴，活血；幼苗可食，种子可制淀粉。

(241)山蚂蚱草 *S. jenisseensis* Willd.：全草入药，功能清热凉血，生津。

(242)香蝇子草 *S. odoratissima* Bge.：根可代银柴胡入药。

(243)蔓茎蝇子草 *S. repens* Patr.：花果入药，功能调经补血；可做地被植物和可观花；植化原料（皂角甙）。

(244)白玉草 *S. venosa* (Gilib.) Aschers.：药用，功能祛痰，治妇女病；食用；植化原料（皂角甙）；蜜源。

(245)伏尔加蝇子草 *S. wolgaensis* (Willd.) Bess. ex Spreng.：药用，功能祛痰；花，叶，茎含皂角甙；蜜源。

(246)叉歧繁缕 *Stellaria dichotoma* L.：全草入药，功能清热凉血；干草可作骆驼和牛的饲料。

(247)禾叶繁缕 *S. graminea* L.：药用，功能止痛；有毒，植物干燥后，毒性不消失。

(248)繁缕 *S. media* (L.) Cyrllus：药用，功能活血，祛瘀，下乳，催生；饲料；嫩茎叶可食；种子，茎和叶有毒；蜜源。

(249)王不留行 *Vaccaria hispanica* (Mill.) Rauschert：种子入药，功能行血通经，催生下乳，消痈肿，敛金疮；食用，种子淀粉可酿酒和制醋。

**46. 睡莲科　Nymphaeaceae**

(250)* 莲 *Nelumbo nucifera* Gaertn.：种子入药，功能补脾，养心，固精；地下茎可食；叶可作包装材料；花大色丽，清波翠盖，可作观赏植物；梗，叶，地下茎均可作饲料。

(251)欧亚萍蓬草 *Nuphar luteum* (L.) Smith：药用，功能治肠胃病，尿闭，咳嗽，热病等；食用；饲料；具观赏价值，可作池塘水景，盆栽；有毒。

(252)萍蓬草 *N. pumilum* (Timm) DC.：根状茎入药，功能补虚止血，治神经衰弱，刀伤等；食用；饲料；有毒。

(253)雪白睡莲 *Nymphaea candida* J. et C. Presl：药用；食用；饲料；染料；有毒(杀虫)；环境防护(观赏)。

(254)睡莲 *N. tetragona* Georgi：花入药，功能消暑，祛风；食用；环境防护(观赏)。

**47. 金鱼藻科　Ceratophyllaceae**

(255)金鱼藻 *Ceratophyllum demersum* L.：全草入药，功能性凉，味淡，无毒，治内伤吐血；饲料；裂片纤细秀美，可作装饰。

**48. 毛茛科　Ranunculaceae**

(256)拟黄花乌头 *Aconitum anthoroideum* DC.：药用，地上部分有毒。

(257)牛扁(变种)*A. barbatum* Pers. var. *puberulum* Ledeb.：药用，功能治妇女病，炎性硬结；有毒(杀虫)。

(258)多根乌头 *A. karakolicum* Rapaics：药用，功能可作镇痛剂，神经痛，牙痛，关节炎等症；有毒。

(259)白喉乌头 *A. leucostomum* Worosch：药用，功能神经痛，风湿，关节痛，感冒时的外用止痛药；有毒(制作毒药)。

(260)山地乌头 *A. monticola* Steinb.：全草有毒。

(261)林地乌头 *A. nemorum* M. Pop.：药用(治疟疾)；有毒。

(262)圆叶乌头 *A. rotundifolium* Kar. et Kir.：药用，功能治疟疾，治头痛，风湿病；有毒。

(263)准噶尔乌头 *A. soongaricum* Stapf：药用(少量镇痛)；剧毒。

(264)夏侧金盏花 *Adonis aestivalis* L.：药用；有毒。

(265)金黄侧金盏花 *A. chrysocyathus* Hook. f. et Thoms.：药用，功能强心，利尿；有毒。。

(266)北侧金盏花 *A. sibirica* Patr. ex Ledeb.：药用，功能治心脏病，胃病，神经机能病；有毒；蜜源植物；花大，金色，可作观赏植物。

(267)天山侧金盏花 *A. tianschanica* (Adolf.) Lipsch：药用(强心药)；有毒。

(268)毛侧金盏花 *A. villosa* Ledeb.：药用，功能治疟疾，积水，感冒等；有毒。

(269)长毛银莲花(变种)*Anemone narcissiflora* L. var. *crinita* Tamura：药用，功能抗癫痫，治风湿；伞形花序大白花，可作多年生观赏植物；蜜源植物。

(270) 疏齿银莲花(亚种)*A. obtusiloba* D. Don. subsp. *ovalifolia* Brühl：全草入药，有止血的功效。

(271)大花银莲花 *A. silvestris* L.：药用，功能治风湿，感冒；环境防护(观赏)；蜜源(图7.13)。

(272)大花耧斗菜 *Aquilegia glandulosa* Fisch. ex Link.：观赏植物，花大，蓝色，常用于花

园和花坛,灌木及乔木的边上;蜜源植物油料;蜜源。

(273)长距耧斗菜 *A. karelini* (Baker) O. et B. Fedtsch.:极好的观赏植物,可置于花坛,花境及岩石园中;染料;饲料。

(274)西伯利亚耧斗菜 *A. sibirica* Lam.:药用,功能用于肺炎,卡他性黄疸的治疗;可做多年生观赏植物;蜜源。

(275)驴蹄草 *Caltha palustris* L.:全草入药,功能祛风散寒;食用;有毒;饲料(仅绵羊吃);染料;蜜源。

图 7.13　大花银莲花

(276)角果毛茛 *Ceratocephalus orthoceras* DC.:有毒;油料;少量可食。

(277)粉绿铁线莲 *Clematis glauca* Willd.:全草药用,功能祛风湿,止痒;观赏植物(图 7.14)。

(278)东方铁线莲 *C. orentalis* L.:有毒(杀虫);环境防护,多用于攀援墙篱,凉亭,花架,花柱,拱门等园林建筑。

(279)西伯利亚铁线莲 *C. sibirica* (L.) Mill.:茎枝入药,功能清心火,泄湿热,通血脉;有毒;可作栽培。

(280)甘青铁线莲 *C. tangutica* (Maxim.) Korsh.:全草入药,功能健胃,消食,排脓,消痞之效;环境防护(多用于攀援)(图 7.15)。

图 7.14　粉绿铁线莲

图 7.15　甘青铁线莲

(281)* 飞燕草 *Consolida ajacis* (L.) Schur.:药用(主治腹痛);全草有毒;油料。

(282)塔城翠雀花 *Delphinium aemulans* Nevski:有毒(杀虫);环境防护(观赏)。

(283)三出翠雀花 *D. biternatum* Huth:药用,用于肌肉无力和降低血压;有毒;染料。

(284)长叶碱毛茛 *Halerpestes ruthenica* (Jacq.) Ovcz.:药用(治咽喉病);全草有毒。

(285)水葫芦苗 *H. sarmentosa* (Adams) Kom.:全草入药,功能利水消肿,祛风除湿;有毒。

(286)蓝堇草 *Leptopyrum fumarioides* (L.) Rchb.:药用,用于心血管病,胃肠道病,伤寒类热病。

(287)* 黑种草 *Nigella damascena* L.:药用,油料,蜜源,植化原料(挥发油)。

(288)* 腺毛黑种草 *N. glandulifera* Freyn et Sint.：种子入药，功能补肾健脑，通经，通乳，利尿；栽培植物。

(289)* 家黑种草 *N. sativa* L.：食用，香料，油料，药用，蜜源。

(290)鸭趾花 *Oxygraphis glacialis* (Fisch.) Bge.：全草入药，功能具有消炎，镇痛之效。

(291)块根芍药 *Paeonia anomala* L.：药用，功能镇静，改善消化，麻醉，止痛；食用；油料；作观赏植物；蜜源植物。

(292)窄叶芍药 *P. hybrida* Pall.：药用；食用；油料；环境防护(观赏)，蜜源(图 7.16)。

(293)* 芍药 *P. lactiflora* Pall.：药用，功能泻肝火，散恶血，养血柔肝，缓急止痛；鞣料；油料；观赏，栽培植物。

(294)新疆芍药 *P. sinjiangensis* K. Y. Pan：根入药，功能活血化瘀，解毒消肿；园林观赏植物。

(295)* 牡丹 *P. suffruticosa* Andr.：药用，功能清热凉血，活血散瘀，调经活血；号称"国色天香"，"花中之王"可作观赏植物。

图 7.16　窄叶芍药

(296)拟耧斗菜 *Paraquilegia microphylla* (Royle) Drumm. et Hutch.：药用，功能活血散瘀，止痛止血。

(297)蒙古白头翁 *Pulsatilla ambigua* Turcz. ex Pritz.：药用，功能清热凉血，解毒；有毒。

(298)钟萼白头翁 *P. campanella* Fisch. ex Rgl. et Til.：药用，清热凉血，解毒；有毒；环境防护(观赏)；蜜源。

(299)紫蕊白头翁 *P. kostyczewii* (Korsh.) Juz.：观赏植物，可在花卉园艺中利用，紫蕊白头翁分布稀少，应加以保护。

(300)肾叶白头翁 *P. patens* (L.) Mill.：药用，用于镇静，催眠和呼吸道疾病；剧毒；染料；观赏植物。

(301)细叶白头翁 *P. turczaninovii* Kryl. et Serg.：药用，功能清热凉血，解毒；饲料；有大的，蓝紫色的花，可作观赏植物。

(302)五裂毛茛 *Ranunculus acris* L.：药用，用于皮肤病，牙疼；有毒；黄色颜料。

(303)茴茴蒜 *R. chinensis* Bge.：全草入药，有消炎退肿，截疟，杀虫；全草有毒。

(304)大叶毛茛 *R. grandifolius* C. A. Mey.：药用，用于皮肤结核，狼疮；蜜源；有毒。

(305)毛茛 *R. japonicus* Thunb.：全草及根入药，治疟疾，黄疸，偏头痛，胃痛，风湿关节痛，鹤膝风，痈肿，恶疮，疥癣，牙痛，火眼等；有毒(杀虫)。

(306)匍枝毛茛 *R. repens* L.：有毒；药用，治脓肿，皮肤病；蜜源。

(307)石龙芮 *R. sceleratus* L.：全草入药，治痈疖肿毒，疟疾，下肢溃疡；全株有毒；蜜源。

(308)黄唐松草 *Thalictrum flavum* L.：有毒；药用；染料；蜜源。

(309)腺毛唐松草 *T. foetidum* L.：根入药，清热解毒。

(310)亚欧唐松草 *T. minus* L.：药用，用于心血管病，创伤，瘰疽，脓肿，挫伤，风湿病，浮肿，积水，妇女病；有毒；油料；蜜源；饲料。

(311)瓣蕊唐松草 *T. petaloideum* L.：药用，能清热解毒，消食，开胃；蜜源；春季观赏植物。

(312)箭头唐松草 *T. simplex* L.：全草入药，能清热解毒，消肿，祛湿；有毒；油料；蜜源。

(313)阿尔泰金莲花 *Trollius altaicus* C. A. Mey.：药用，能清热解毒，止血消炎，愈疮解毒；有毒；油料；花大，鲜艳，是公园和花园中比较好的观赏植物；蜜源。

(314)宽瓣金莲花 *T. asiaticus* L.：药用，用于治疗眼疾，夜盲，黄疸病；有毒；油料；观赏植物；染料；蜜源。

### 49. 小檗科　Berberidaceae

(315)* 小檗 *B. amurensis* Rupr.：药用，能清热燥湿，泻火解毒；油料；植化原料(小檗碱)；观赏灌木。

(316)黑果小檗 *B. heteropoda* Schrenk：药用，能清热燥湿，泻火解毒；浆果可食；染料(图 7.17)。

(317)喀什小檗 *B. kaschgaric* Rupr.：食用，浆果肉质可食。

(318)西伯利亚小檗 *B. sibirica* Pall.：药用，主治痛风，游痛症，秃疮，癣疥，麻风，皮肤瘙痒，毒热，鼻衄，吐血，月经过多，便血，火眼，眼白斑，肾热，遗精；染料；食用；蜜源。

### 50. 罂粟科　Papaveraceae

(319)白屈菜 *Chelidonium majus* L.：有毒；药用，功能镇痛，止咳，利尿解毒；植化原料(植物汁)；油料；染料；栽培观赏。

(320)新疆元胡 *Corydalis glaucescens* Rgl.：药用，行气，止痛，活血散瘀。

(321)薯根延胡索 *C. ledebouriana* Kar. et Kir.：药用；植化原料(生物碱)。

(322)阿山黄堇 *C. nobilis* (L.) Pers.：药用，麻醉；环境防护(观赏)。

(323)大苞延胡索 *C. sewerzowii* Rgl.：药用，治疗皮肤病，疖病；植化原料(生物碱)。

(324)短梗烟堇 *Fumaria vaillantii* Loisl.：有毒；药用(调节心脏活动)(图 7.18)。

图 7.17　黑果小檗

图 7.18　短梗烟堇

(325)海罂粟 *Glaucium fimbrilligerum* Boiss.：有毒；油料；观赏植物。

(326)新疆海罂粟 *G. squamigerum* Kar. et Kir.：有毒。

(327)角茴香 *Hypecoum erectum* L.：根，全草入药，治急性喉炎，气管炎咳嗽(图 7.19)。

(328)细果角茴香 *H. leptocarpum* Hook. f. et Thoms：药用，功能解热镇痛，消炎解毒。

(329)橙黄罂粟 *Papaver croceum* Ledeb.:有毒;药用(加强心脏功能);环境防护(观赏)。

(330)野罂粟 *P. nudicaule* L.:药用,能镇痛,止咳,定喘,止泻;有毒;广泛用作观赏植物。

(331)黑环罂粟 *P. pavoninum* Schrenk:有毒植物,类似罂丽花。

(332)* 虞美人 *P. rhoeas* L.:药用,镇痛,催眠,止泻,镇咳;油料;有毒;栽培植物。

(333)* 罂粟 *P. somniferum* L.:食用(易成瘾,不宜常服);药用,功能敛肺,止咳,濇肠,止痛;有毒;油料;饲料;栽培植物;蜜源。

(334)红花疆罂粟 *Roemeria refracta* (Stev.) DC.:有毒。

**51. 山柑科　Capparidaceae**

(335)山柑 *Capparis spinosa* L.:食用;药用,用于风湿病,糖尿病,甲状腺肿;环境防护(固土,观赏);油料;饲料;染料;蜜源。

图 7.19　角茴香

**52. 十字花科　Cruciferae**

(336)庭荠 *Alyssum desertorum* Stapf:种子有毒;饲料;油料;开花早作为公园中的观赏植物;蜜源。

(337)垂果南芥 Arabis pendula L.:药用(果实),功能清热,解毒,消肿;油料(种子)。

(338)* 辣根 *Armoracia rusticana* (Lam.) P. Gaertner et Scherb:食用;药用,用作抗坏血病,利尿药,急性肝炎;饲料;观赏植物。

(339)欧洲山芥 *Barbarea vulgaris* R. Br.:有毒;食用;油料;染料;蜜源。

(340)团扇荠 *Berteroa incana* (L.) DC.:药用,用于腹泻,妇女病,头痛,白带,分娩后的出血,神经性的呃逆;油料;蜜源。

(341)* 芸苔 *Brassica campestris* L.:食用;油料;药用,功能散血,消肿;植化原料(碳酸盐);饲料;蜜源。

(342)* 擘蓝 *B. caulorapa* Pasq.:食用;油料;药用,用于小便淋浊,大便下血,肿毒,脑痛,食积,痰积,恶疮。

(343)* 青菜 *B. chinensis* L.:食用;药用,用于解热除烦,通利肠胃。

(344)* 芥菜 *B. juncea* (L.) Czern. et Coss.:药用;食用;香料;油料;有毒;植化原料(菲丁);蜜源。

本种有三个变种在新疆有栽培。

① * 油芥菜(变种) *B. juncea* var. *gracilis* Tsen et Lee:种子榨油食用。

② * 大头菜(变种) *B. juncea* var. *megarrhiza* Tsen et Lee:块根腌制酱菜。

③ * 雪里蕻(变种) *B. juncea* var. *multiceps* Tsen et Lee:叶作蔬菜炒食,又可盐腌作冬菜食用。

(345)* 欧洲油菜 *B. napus* L.:食用;油料;饲料;有毒;蜜源。

(346)* 黑芥 *B. nigra* (L.) Koch.:药用;油料;香料;蜜源。

(347)* 甘蓝 *B. oleracea* L.

新疆栽培有 3 变种:

① * 羽衣甘蓝 *B. oleracea* var. *acephala* L. f. tricolor Hort.:观赏,栽培植物。

② * 花椰菜 *B. oleracea* var. *botrytis* L.:食用;栽培植物。

③ * 莲花白 *B. oleracea* var. *capitata* L.:食用;药用;油料;饲料。

(348)* 白菜 *B. pekinensis* (Lour.) Rupr.:食用;饲料;药用(黄芽白菜),功能养胃,利小便。

(349)* 芜菁 *B. rapa* L.:食用;药用,功能开胃下气,利湿解毒;油料;饲料。

(350)亚麻荠 *Camelina sativa* (L.) Cruntz.:油料;食用;有毒;植化原料(磷酸);蜜源(图 7.20)。

(351)荠 *Capsella bursa* - *pastoris* (L.) Medic.:食用;全草入药,能和脾,利水,止血,明目;饲料;蜜源。

(352)弹裂碎米荠 *Cardamine impatiens* L.:种子可榨油;全草供药用,民间治妇女经血不调。

(353)大叶碎米荠 *C. macrophylla* Willd.:食用;全草入药,能消肿补虚;饲料。

(354)群心菜 *Cardaria draba* (L.) Desv.:食用(种子)。

(355)两节荠 *Crambe kotschyana* Boiss.:食用(根);饲料(嫩枝和叶);蜜源。

图 7.20　亚麻荠

(356)播娘蒿 *Descurainia sophia* (L.) Webb. ex Prantl.:药用,用于消肿,治炭疽,腹泻,热病;食用;油料;饲料;有毒(图 7.21)。

图 7.21　播娘蒿

(357)芝麻菜 *Eruca sativa* Mill.:食用;油料;有毒;蜜源;药用(种子)。

(358)小花糖芥 *Erysimum cheiranthoides* L.:全草入药,功能强心利尿,健脾胃,消食;有毒;油料。

(359)灰毛糖芥 *E. diffusum* Ehrh.:种子入药,功能清血热,镇咳,强心;有毒。

(360)蒙古糖芥 *E. flavum* (Georgi) Bobr.:药用(心血管药);有毒;观赏植物。

(361)山柳菊叶糖芥 *E. hieracifolium* L.:药用,具有清血热,镇咳,强心等作用;有毒;油料(种子)。

(362)四棱芥 *Goldbachia laevigata* (M. B.) DC.:油料;饲料(中等饲用植物)。

(363)北香花芥 *Hesperis sibirica* L.:观赏植物,紫红色和白色的花,大而芳香;油料;饲料;药用,叶和种子用作利尿的和发汗的药;蜜源。

(364)三肋菘蓝 *Isatis costata* C. A. Mey.:染料;油料;饲料。

(365)菘蓝 *I. indigotica* Fortune:药用,清热,解毒,主治流感,瘟热;染料(叶子);油料(种子)。

(366)* 欧洲菘蓝 *I. tintoria* L.:药用,叶中的色素可入药,功能清热,凉血,解毒;染料;油料。

(367)独行菜 *Lepidium apetalum* Willd.:药用(种子),功能下气,行水消肿,泻肺平喘;食用;油料;饲料。

(368)宽叶独行菜 *L. latifolium* L.:全草入药,能清热燥湿;食用;植化原料(碳酸盐);有毒。

(369)抱茎独行菜 *L. perfoliatum* L.:食用(野菜);药用,有利尿和抗坏血病的作用;油料;饲料;有毒(图 7.22)。

(370)柱毛独行菜 *L. ruderale* L.:有毒;药用,功能抗疟,抗坏血病;纤维;油料。

(371)* 家独行菜 *L. sativum* L.:食用;药用,功能利尿,抗坏血病,滋补药;香料;油料。

(372)涩荠 *Malcolmia africana* (L.) R. Br.:药用,功能能祛痰定喘,泻肺行水;饲料;油料(图 7.23)。

图 7.22 抱茎独行菜

图 7.23 涩荠

(373)大果高河菜 *Megacarpaea megalocarpa* (Fisch. ex DC.) B. Fedtsch.:食用(块根);油料。

(374)吲果芥 *Neotorularia humilis* (C. A. Mey.) Hedgeet J. Leonard:全草入药,用于健

胃，解毒；饲料。

(375)球果荠 *Neslia paniculata* (L.) Desv.：油料(种子)；染料(叶)。

(376)* 萝卜 *Raphanus sativus* L.：食用；药用，功能下气，化痰，消食，解毒；饲料；油料。

(377)* 白芥 *Sinapis alba* L.：药用，功能利气豁痰，温中散寒，通络止痛；食用；油料；有毒；饲料；蜜源。

(378)田野白芥 *S. arvennsis* L.：食用；有毒(挥发的芥子油)；油料；蜜源。

(379)大蒜芥 *Sisymbrium altissimum* L.：油料；饲料；有毒。

(380)垂果大蒜芥 *S. heteromallum* C. A. Mey.：药用，治脂肪瘤；食用；油料。

(381)新疆大蒜芥 *S. loeselii* L.：饲料；油料；蜜源。

(382)棱果芥 *Syrenia siliculosa* (M. B.) Andrz.：药用(地上部分)，用于心病性气喘和心机能不全情况的治疗；有毒。

(383)菥蓂 *Thlaspi arvense* L.：药用(地上部分)，功能清肝明目，和中，解毒；食用；油料；饲料(图 7.24)。

图 7.24　菥蓂

### 53. 景天科　Crassulaceae

(384)紫景天 *Hylotelephium purpureum* (L.) Holub.：食用；药用，功能治风湿病，治肾病，膀胱病；观赏植物；蜜源。

(385)* 长药景天 *H. spectabile* (Bor.) H. Ohba：环境防护(美化，观赏)。

(386)黄花瓦松 *Orostachys spimosus* (L.) C. A. Mey.：全草入药，清热解毒，止血，利湿，消肿。

(387)异齿红景天 *Rhodiola heterodonta* (Hook. f. et Thoms) Boriss.：药用，治疗心血管病，高原缺氧反应；饲料。

(388)狭叶红景天 *R. kirilovii* (Rgl.) Maxim.：药用，能清热解毒，燥湿，。

(389)条叶红景天 *R. linearifolia* A. Bor.：药用(药用根)，能活血，止血，化瘀消肿；环境防护(观赏)。

(390)四裂红景天 *R. quadrifida* (Pall.) Fisch. et Mey.：药用(根及根茎)，治疗肺病，月经不调，头晕目眩及气管炎等疾病。

(391)红景天 *R. rosea* L.：药用。

### 54. 虎耳草科　Saxifragaceae

(392)厚叶岩白菜 *Bergenia crassifolia* (L.) Fritsch：全草入药，能治虚弱头晕，劳伤咳嗽，吐血，咯血，淋浊，白带，肿毒；食用；鞣料；环境防护(观赏)。

(393)长梗金腰 *Chrysosplenium axillare* Maxim.：全草入药，用于胆病引起的头痛发烧，胆囊炎，急性黄疸性肝炎，急性肝坏死等。

(394)裸茎金腰 *C. nudicaule* Bge.：全草入药，治疗胆病引起的发烧，头痛，急性黄疸性肝炎，急性肝坏死，亦可催吐胆汁等。

(395)梅花草 *Parnassia palustris* L.：全草入药，能清热凉血，消肿解毒；有毒；蜜源。

(396)阿尔泰醋栗 *Ribes aciculare* Smith：食用；药用(浆果和根)，治胃失调；蜜源。

(397)高茶藨子 *R. altissimum* Turcz. ex A. Pojark.：食用，用作蜜饯，果子酱，果冻过冬，果汁糖浆，果羹。

(398)臭茶藨子 *R. graveolens* Bge.：食用(饮料)，可用于甜酒和饮料的制造；蜜源。

(399)圆叶茶藨子 *R. heterotrichum* C. A. Mey.：食用(饮料)，加工成果酒和饮料；蜜源。

(400)天山茶藨子 *R. meyeri* Maxim.：食用，用于制果酱，糖果馅和甜酒及醋的生产；蜜源。

(401)黑茶藨子 *R. nigrum* L.：药用；食用；植化原料(维生素)；蜜源。

(402)* 欧洲醋栗 *R. reclinatum* L.：食用。

(403)石生茶藨子 *R. saxatile* Pall.：蜜源。

(404)山地虎耳草 *Saxifraga montana* H. Smith：全草入药，有消炎，镇痛功效。

**55. 悬铃木科　Platanaceae**

(405)* 三球悬铃木 *Platanus orientalis* L.：木材；环境防护(绿化)。

**56. 蔷薇科　Rosaceae**

(406)大花龙牙草 *Agrimonia asiatica* Juz.：药用，治肝病，淋病，胃病，风湿病；染料；鞣料；油料；蜜源。

(407)龙牙草 *A. pilosa* Ledeb.：药用(地上部分)，功能止血；鞣料；有毒(杀虫)；食用；饲料。

(408)光柄羽衣草 *Alchemilla krylovii* Juz.：药用，用来治腹泻，出血，积水；饲料。

(409)* 巴旦杏 *Amygdalus communis* L.：食用；油料；药用软化皮肤；有毒；香料；环境防护(观赏)；胶脂；蜜源。

(410)* 山桃 *A. davidiana* (Carr.) C. de Vos ex Henry：药用(种仁)，能活血祛瘀，润肠通便；食用；环境防护(绿化，观赏)。

(411)* 新疆桃 *A. ferganensis* (Kost. et Rjab.) Yü et Lu：食用，果肉多汁，微甜，有香味，可鲜食。

(412)野扁桃 *A. ledobouriana* Schlecht.：药用，消痞散结，止咳平喘润肺；食用；香料；观赏植物。

(413)* 桃 *A. persica* L.：食用；药用，生津，润肠，活血，生津涤热；造纸；油料；胶脂；有毒(杀虫)。

本种品种甚多，下面收载两个常见栽培变种：

① 离核光桃(变种) *A. persica* var. *aganonucipersica* (Schübler & Martens) Yü et Lu：鲜果生食，亦可作果脯。

② * 蟠桃 (变种) *A. persica* var. *compressa* (Loud.) Yü et Lu：鲜果生食。

(414)* 紫杏 *Armeniaca dasycarpa* (Ehrh.) Borkh.：食用，栽培植物。

(415)* 西伯利亚杏 *A. sibirica* (L.) Lam.：药用(种子)，能止咳平喘，润肠通便；食用；有毒;油料;鞣料;环境防护(观赏)。

(416)杏 *A. vulgaris* Lam.:食用;药用,能祛痰,止咳,定喘,润肠;有毒;木材;油料;香料;胶脂;栽培植物(图7.25)。

图7.25 杏

(417)* 欧洲甜樱桃 *Cerasus avium* (L.) Moench:食用;油料;香料;染料;木材;胶脂;环境防护(观赏);蜜源。

(418)* 灌木樱桃 *C. fruticosa* (Pall.) Woron.:食用;环境防护(观赏);蜜源。

(419)* 欧李 *C. humilis* (Bge.) Sok.:药用(种子),能润燥,滑肠,下气,利水;食用;栽培植物。

(420)天山樱桃 *C. tianschanica* Pojark.:食用;药用;蜜源。

(421)* 毛樱桃 *C. tomentosa* (Thunb.) Wall.:药用,能润燥,滑肠,下气,利水;食用;油料;栽培植物。

(422)* 欧洲酸樱桃 *C. vulgaris* Mill.:食用;油料;庭院观赏树种。

(423)地蔷薇 *Chamaerhodos erecta* (L.) Bge.:全草入药,祛风湿;主治风湿性关节炎。

(424)沼委陵菜 *Comarum palustre* L.:药用,治疗肺结核,血栓性静脉炎,黄疸,神经痛等;鞣料;染料;蜜源。

(425)黑果栒子 *Cotoneaster melanocarpus* Lodd.:食用;药用,用于血性腹泻;鞣料;有毒;环境防护(观赏,绿化);蜜源。

(426)多花栒子 *C. multiflorus* Bge.:环境防护(观赏);木材;纤维(编织);食用;有毒;蜜源。

(427)单花栒子 *C. uniflorus* Bge.:食用;观赏灌木;蜜源。

(428)黄果山楂 *Crataegus chlorocarpa* Lenne et C. Koch:食用,药用,功能用作神经系统上镇静剂,刺激心脏活动;蜜源;染料;鞣料;环境防护(观赏)。

(429)* 山楂 *C. pinntifida* Bge.:药用,消食化积,散瘀;食用;环境防护(观赏,绿化);蜜源。

本种还有1变种在新疆栽培。

① * 山里红(变种) *C. pinnatifida* var. *major* N. E. Br.：药用，能消肉积，散瘀滞；食用；环境防护(观赏)；蜜源。

(430)辽宁山楂 *C. sanguinea* Pall.：食用；药用，用于心脏活动机能失调；环境防护(观赏，绿化)；蜜源。

(431)准噶尔山楂 *C. songarica* C. Koch：食用；药用，用于心血管疾病；环境防护(观赏，绿化)；蜜源。

(432) * 榅桲 *Cydonia oblonga* Mill.：食用；药用，功能下气，消食；香料；油料；环境防护(观赏)。

(433)旋果蚊子草 *Filipendula ulmaria* (L.) Maxim.：药用，用于收敛药，发汗药，利尿药；鞣料；蜜源。

(434)普通蚊子草 *F. vulgaris* Moench：药用，治妇女病，白带，治痔止血药，治胃痛；食用；饲料；蜜源。

(435) * 草莓 *Fragaria anamassa* Duch.：食用；环境防护(观赏)。

(436)野草莓 *F. vesca* L.：食用；药用，用于痛风，肝结石和肾结石，维生素缺乏病，子宫出血和感冒；鞣料；油料；蜜源。

(437)绿草莓 *F. viridis* Duch.：食用；药用，多用于饮食药，发汗药；油料；蜜源。

(438)路边青 *Geum aleppicum* Jacq.：药用，能益气补血，养阴，健脾胃，润肺化痰；食用；香料；油料；鞣料；蜜源。

(439)紫萼路边青 *G. rivale* L.：药用，功能收敛，强壮，退热，耐酸；鞣料；染料；油料；香料；食用；蜜源。

(440) * 山荆子 *Malus baccata* (L.) Borkh.：食用；鞣料；油料；公园和花园中栽培作观赏植物；蜜源。

(441) * 樱桃苹果 *M. cerasifolia* Spach.：食用；环境防护(绿化，观赏)。

(442) * 红肉苹果 *M. niedzwetzkyana* Dieck：食用；环境防护(观赏)；蜜源。

(443) * 海棠果 *M. prunifolia* (Willd.) Borkh.：食用；环境防护(观赏)。

(444) * 苹果 *M. pumila* Mill.：食用；药用(皮)，功能生津，润肺，除烦，解暑，开胃，醒酒；环境防护(观赏)。

(445)新疆野苹果 *M. sieversii* (Ledeb.) M. Roem.：食用；木材；油料；鞣料；蜜源(图 7.26)。

图 7.26　新疆野苹果

(446) * 亚洲稠李 *Padus asiatica* Kom.：食用；药用(果实)，补脾，止泄泻；木材；油料；鞣料；染料；环境防护(早春观花)。

(447)欧洲稠李 *P. avium* Mill.：药用，用于利尿药和发汗药；食用；油料；鞣料；染料；木材；环境防护(观赏)；蜜源。

(448)鹅绒委陵菜 *Potentilla anserina* L.：食用，全草入药，功能收敛止血，止咳利痰;鞣料;染料;饲料;蜜源。

(449)银背委陵菜 *P. argentea* L.:药用,用于腹泻,尿血,缺酸的胃炎;染料;蜜源。

(450)亚洲委陵菜 *P. asiatica* (Ch. Wolf ) Juz.:药用,能清热,解毒,止血,清肿。

(451)二裂委陵菜 *P. bifurca* L.:药用,能凉血,止血,治子宫出血;饲料;蜜源。

(452)金露梅 *P. fruticosa* L.:环境防护(观赏);药用,清暑热,益脑清心,调经健胃,治暑热眩晕;食用;鞣料;饲料;蜜源。

(453)小叶金露梅 *P. parvifolia* Fisch.:药用,利尿消水,治寒湿脚气,痒疹,乳腺炎;饲料;环境防护(绿化,观赏)。

(454)密枝委陵菜 *P. virgata* Lehm.:药用,用作收敛剂;鞣料。

(455)* 欧洲李 *Prunus domestica* L.:食用;染料;油料;环境防护(观赏)。

(456)* 李 *P. salicina* Lindl.:食用;药用,用于清肝,生津,利水,消渴,腹水;胶脂;环境防护(观赏)。

(457)樱桃李 *P. cerasifera* Ehrhart.:食用;园林观赏树种。

(458)* 杜梨 *Pyrus betulaefolia* Bge.:食用;木材;药用,能敛肺,涩肠,治咳嗽,泻痢;鞣料;染料;环境防护(观赏)。

(459)* 白梨 *P. bretschneideri* Rehd.:食用;药用养阴清肺;环境防护(观赏)。

(460)* 西洋梨 *P. communis* L.:食用;药用,用于利尿剂,解热剂;木材;染料;油料;胶脂;蜜源。

(461)* 新疆梨 *P. sinkiangensis* Yü:食用;药用,有健胃,止渴功效。

(462)* 秋子梨 *P. ussuriensis* Maxim.:食用;药用,用于生津,润燥,清热,化痰;木材;油料;蜜源。

(463)刺蔷薇 *Rosa acicularis* Lindl.:食用;药用,用于坏血病,胃病,腹泻;油料;染料;观赏灌木;蜜源。

(464)腺齿蔷薇 *R. albertii* Rgl.:食用;药用,维生素含量高;植化原料(维生素);环境防护(观赏);饲料。

(465)弯刺蔷薇 *R. beggeriana* Schrenk:食用;药用;植化原料(维生素);环境防护(观赏)。

(466)* 月季花 *R. chinensis* Jacq.:药用,功能活血调经,消肿解毒;食用;香料;观赏价值高。

(467)樟味蔷薇 *R. cinnamomea* L.:食用;药用,用作收敛和止泻的药;香料;染料;鞣料;环境防护(观赏)。

(468)* 突厥蔷薇 *R. damascena* Mill.:香料;栽培植物。

(469)腺果蔷薇 *R. fedtschenkoana* Rgl.:食用;药用;植化原料(维生素);栽培灌木。

(470)疏花蔷薇 *R. laxa* Retz.:食用;药用,用作多种维生素剂;植化原料(维生素);环境防护(观赏)。

(471)* 野蔷薇 *R. multiflora* Thunb.:香料;药用,功能清暑,和胃,止血;环境防护(观赏,绿化)。

(472)宽刺蔷薇 *R. platyacantha* Schrenk:鞣料;饲料(少食);环境防护(绿化,观赏)。

(473)* 玫瑰 *Rosa rugosa* Thunb.:药用,能理气解郁,活血,散瘀,止痛;食用;香料;植化原料(维生素);油料;环境防护(观赏)。

(474)密刺蔷薇 *Rosa spinosissima* L.：食用(饮料)；药用(维生素含量高)；植化原料(维生素)；鞣料；环境防护(观赏，绿化)。

(475)藏边蔷薇 *Rosa webbiana* Wall. ex Royle：食用；药用；植化原料(维生素)；环境防护(观赏)。

(476)黄刺玫 *Rosa xanthina* Lindl.：食用；药用，能理气，活血，调经，健脾；造纸；香料；环境防护(观赏)。

(477)欧洲木莓 *Rubus caesius* L.：药用，用于补肾壮阳，发汗剂；食用；染料；蜜源。

(478)复盆子 *R. idaeus* L.：食用，药用，用于发汗剂，感冒，发热等；油料，环境防护(观赏)，蜜源。

(479)库页悬钩子 *R. sachalinensis* Levl.：食用；药用，能解毒，止血，祛痰，消炎，治吐血，鼻血，痢疾；蜜源。

(480)石生悬钩子 *R. saxatilis* L.：食用；药用，用于胃病和作抗坏血病的药；鞣料；蜜源。

(481)高山地榆 *Sanguisorba alpina* Bge.：药用；鞣料；饲料；观赏价值(图 7.27)。

(482)地榆 *S. officinalis* L.：药用(根)，功能凉血，止血；食用；鞣料；染料；饲料；蜜源。

(483)* 珍珠梅 *Sorbaria sorbifolia* (L.) A. Br.：药用(茎皮)，能活血，祛瘀，消肿止痛；观赏植物可植于窗前，屋后，庭院阴处。

(484)西伯利亚花楸 *Sorbus sibirica* Hedl.：食用；药用，作利尿剂，止血剂和泻剂；植化原料(维生素)；鞣料；染料；环境防护(观赏，绿化)；蜜源。

(485)天山花楸 *S. tianschanica* Rupr.：食用；药用，清肺止咳，健胃补虚；鞣料；环境防护(观赏，绿化)(图 7.28)。

图 7.27　高山地榆

图 7.28　天山花楸

(486)石蚕叶绣线菊 *Spiraea chamaedryfolia* L.：广泛用于观赏和绿化植物；蜜源。

(487)金丝桃叶绣线菊 *S. hypericifolia* L.：木材；油料；饲料；环境防护(观赏，固土)；蜜源。

(488)欧亚绣线菊 *S. media* Schmidt.：花朵较大，花丝细长，可供观赏；蜜源(图 7.29)。

(489)* 三裂绣线菊 *S. trilobata* L.：使用多地段可作观赏植物；鞣料；蜜源。

**57. 豆科　Leguminosae**

(490)* 合欢 *Albizzia julibrissin* Durazz.：药用，功能安神解郁，活血止痛，消痈肿，续筋

骨；木材；鞣料；食用；饲料；环境防护（观赏）。

（491）骆驼刺 *Alhagi sparsifolia* Shap.：饲料；药用，血痢，腹泻，腹痛，头痛；蜜源；环境防护（观赏）。

（492）银沙槐 *Ammodendron bifolium*（Pall.）Yakovl.：环境防护（固沙，观赏）；饲料；染料。

（493）* 蒙古沙冬青 *Ammopiptantus mongolicus*（Maxim. ex Kom.）Cheng f.：环境防护（固沙，观赏）；有毒；药用（枝叶），能祛风，活血，止痛；蜜源。

（494）新疆沙冬青 *Ammopiptanthus nanus*（M. Pop.）Cheng f.：环境防护（观赏）；饲料。

（495）* 紫穗槐 *Amorpha fruticosa* L.：环境防护（防风，观赏，绿肥）；药用，有使中枢神经系统安静的作用；香料；油料；纤维；饲料；蜜源（图 7.30）。

图 7.29　欧亚绣线菊

图 7.30　紫穗槐

（496）* 落花生 *Arachis hypogaea* L.：食用；油料；药用（种子），功能润肺；饲料；纤维；饲料；环境防护（改土）。

（497）* 斜茎黄芪 *Astragalus adsurgens* Pall.：饲料；药用（种子），能补肝，益肾，明目，固精；燃料；环境防护（保水，防风，固沙）；蜜源；有毒。

（498）阿克苏黄芪 *A. aksuensis* Bge.：饲料（适合大面积栽培）；药用。

（499）长尾黄芪 *A. alopecias* Pall.：饲料；药用，用于伤口的治疗。

（500）高山黄芪 *A. alpinus* L.：饲料；药用，具有抗硬化的作用。

（501）漠北黄芪 *A. austrosibiricus* Schischk.：饲料。

（502）环荚黄芪 *A. contortuplicatus* L.：优良饲草。

（503）丹麦黄芪 *A. danicus* Retz.：药用，可作滋补剂；高营养的饲用植物。

（504）丝茎黄芪 *A. filicaulis* Fisch. et Mey. ex Ledeb.：营养价值高的饲用植物；也可利用作绿肥。

（505）弯花黄芪 *A. flexus* Fisch.：饲料，属良等牧草；优良的固沙植物。

（506）帕米尔黄芪 *A. kuschakevitschii* B. Fedtsch.：饲料，属优等牧草。

（507）茧荚黄芪 *A. lehmannianus* Bge.：饲料；环境防护（固沙）。

（508）天山黄芪 *A. lepsensis* Bge.：药用。

（509）大翼黄芪 *A. macropterus* DC.：饲料。

（510）马衔山黄芪 *A. mahoschanicus* Hand. —Mazz.：饲料，属优等牧草；药用，内服利尿，

愈合血管，外用治创伤。

(511)* 黄芪 *A. membranaceus* (Fisch.) Bge.：药用，功能补气，固表，托毒；饲料。

① * 蒙古黄芪(变种) *A. penduliflorus* var. *mongholicus* (Bge.) P. K. Hsiao：药用。

(512)圆形黄芪 *A. orbiculatus* Ledeb.：饲料。

(513)类短肋黄芪 *A. pseudobrachytropis* Gontsch.：饲料，良等牧草。

(514)卡通黄芪 *A. schanginianus* Pall.：饲料，良等牧草；有毒。

(515)无毛黄芪 *A. severzovii* Bge.：饲料。

(516)绵果黄芪 *A. sieversianus* Pall.：饲料；有毒；种子可食用。

(517)纹茎黄芪 *A. sulcatus* L.：饲料，作干草；药用，具有消炎的作用。

(518)藏新黄芪 *A. tibetanus* Benth. ex Bge.：饲料，优等牧草和高营养价值的饲用植物；药用。

(519)变异黄芪 *A. variabilis* Bge. ex Maxim.：有毒。

(520)刺叶锦鸡儿 *Caragana acanthophylla* Kom.：饲料，属中等牧草；可引种作固沙植物和保持水土植物。

(521)树锦鸡儿 *C. arborescens* Lam.：药用，滋阴养血；环境防护(固沙，观赏)；种子油可做肥皂及油漆用；植化原料(维生素)；饲料；蜜源；食用。

(522)黄刺条 *C. frutex* (L.) C. Koch：药用，叶的浸剂可治瘰疬腺病；饲料；环境防护(固土，观赏)；纤维；蜜源。

(523)鬼箭锦鸡儿 *C. jubata* (Pall.) Poir.：药用，内服平血压，外用消毒散肿；纤维(编织)；环境防护(观赏)；饲料；蜜源。

(524)* 柠条锦鸡儿 *C. korshinskii* Kom.：环境防护(固沙，保土，绿肥)；饲料，中等饲用植物。

(525)白皮锦鸡儿 *C. leucophloea* Pojark.：药用，主治高血压，头痛，眩晕，肺虚久咳，小儿疳疾；饲料，中等牧草；环境防护(固沙，保土)，荒漠草原草地的建群种。

(526)* 小叶锦鸡儿 *C. microphylla* Lam.：药用；饲料，良好饲用植物；环境防护(固沙，保土，观赏)。

(527)* 紫荆 *Cercis chinensis* Bge.：药用，活血通经，消肿解毒；环境防护(观赏，绿化)。

(528)* 鹰嘴豆 *Cicer arietinum* L.：食用，含有丰富的粗蛋白质和多种氨基酸，营养价值很高，是优质的粮食作物；药用，是治疗糖尿病的食物；饲料。

(529)新疆鹰嘴豆 *C. songoricum* Steph. ex DC.：饲料；食用，鲜草可用于茶叶的酸化。

(530)* 瓜儿豆 *Cyamopsis tertragonolobus* (L.) Taub.：胶脂；饲料；食用；环境防护(改土)。

(531)* 扁豆 *Dolichos lablab* L.：药用；食用，嫩荚果供作蔬菜食用；优良饲料。

(532)准噶尔无叶豆 *Eremosparton songoricum* (Litv.) Vass.：饲料，良等牧草；有毒；优良先锋固沙植物。

(533)* 皂荚 *Gleditsia sinensis* Lam.：药用，治中风，痛风头痛，咳嗽痰喘，肠风便血；木材，可供车辆、家具用材；食用；染料，可用于化学工业；植化原料(碳酸钾)；环境防护(观赏)。

(534)* 三刺皂荚 *G. triacanthos* L.：药用，主治突然昏倒，牙关紧闭，喉中痰鸣；环境防护(观赏)；木材，纹理较粗，颇耐用；食用；饲料；蜜源。

(535)* 大豆 *Glycine max* (L.) Merr.：食用，为我国主要油料作物和经济作物，可作许多种副食；药用，有补肾养心，祛风明目，清热利水，活血解毒等效用；油料；植化原料（甾醇等）；饲料；燃料。

(536)洋甘草 *Glycyrrhiza glabra* L.：药用，初期结核病时用根作润滑和祛痰的药之一，以及作泻剂；植化原料（甘草酸）；纤维；染料；饲料，中等牧草。

(537)胀果甘草 *G. inflata* Batal.：药用，能清热解毒，止咳祛痰，补脾和胃，调和诸药；植化原料（甘草酸）；饲料，中等牧草。

(538)甘草 *G. uralensis* Fisch.：药用，主治脾虚食少便溏，劳倦发热，脘痛，口渴，咳嗽，心悸；香料；纤维，可纺织麻袋；搓绳索；植化原料（甘草酸）；饲料，中等牧草。

(539)盐豆木 *Halimodendron halodendron* (Pall.) Voss.：环境防护（观赏，绿化）；染料；饲料，中等牧草；燃料。

(540)山岩黄芪 *Hedysarum alpinum* L.：药用，具有抗病毒的作用，用于急性和再发性疱疹的治疗；饲料；植化原料（杧果甙）。

(541)华北岩黄芪 *Hedysarum gmelinii* Ledeb.：饲料，优良饲料。

(542)山地岩黄芪 *H. montanum* B. Fedtsch.：饲料，属良等牧草。

(543)红花岩黄芪 *H. multijugum* Maxim.：药用，补中升阳，固表止汗，利尿排脓；饲料，属优等饲用植物；蜜源。

(544)疏忽岩黄芪 *H. neglectum* Ledeb.：药用，植物的根用于胃肠道病和妇女病；饲料，属良等牧草；蜜源。

(545)细枝岩黄芪 *H. scoparium* Fisch. et Mey.：环境防护（固沙）；饲料，属中等牧草；木材；燃料；油料，食用；蜜源。

(546)新疆山黧豆 *Lathyrus gmelinii* (Fisch.) Fritsch：药用，植物被用于腹泻；食用；饲料，高营养的饲料植物；蜜源。

(547)矮山黧豆 *L. humilis* (Ser.) Spreng.：饲料，属良等牧草；蜜源。

(548)* 香豌豆 *L. odoratus* L.：有毒；环境防护（观赏，绿化）。

(549)欧山黧豆 *L. palustris* L.：饲料；环境防护（绿肥）；有毒。

(550)大托叶山黧豆 *L. pisiformis* L.：药用，治积水和月经过多；饲料，属良等牧草；蜜源。

(551)牧地山黧豆 *L. pratensis* L.：药用，是具温和作用的祛痰药；蜜源植物；有毒；饲料。

(552)* 家山黧豆 *L. sativus* L.：饲料；有毒；蜜源。

(553)玫红山黧豆 *L. tuberosus* L.：药用，止泻药，治腹泻；饲料；植物有鲜紫色芳香的花，可供花种。

(554)百脉根 *Lotus corniculatus* L.：药用；饲料；有毒；具根瘤菌，有改良土壤的功能；又是优良的蜜源植物之一。

(555)直立百脉根 *L. strictus* Fisch. et Mey.：饲料，属优等牧草。

(556)野苜蓿 *Medicago falcata* L.：全草入药，能宽中下气，健脾补虚，利尿，治胸腹胀满，消化不良，浮肿等症；饲料；蜜源。

(557)天蓝苜蓿 *M. lupulina* L.：全草入药能清热利湿，舒筋活络，止咳；嫩茎叶供食用；饲料；环境防护（改土）。

(558)阔荚苜蓿 *M. platycarpos* (L.) Trautv.：饲料，适口性好，各种家畜均喜食；食用。

(559)* 紫苜蓿 *M. sativa* L.：药用，清脾胃，利大小肠，下膀胱结石；优良饲料植物，又可作绿肥；重要的改土植物；蜜源植物。

(560)杂交苜蓿 *M. varia* Martyn：属优等牧草；在开花期是蜜源植物。

(561)白花草木樨 *Melilotus albus* Desr.：饲料；香料；纤维；环境防护(改土)；燃料；有毒；蜜源。

(562)草木樨 *M. officinalis* (L.) Pall.：药用，用于头痛，偏头痛，高血压和更年期的不舒服及起因于充血的精神病；香料；饲料，可作为牧草或干草；食用；环境防护(改土)，是一种水土保持，改良土壤植物；有毒；蜜源。

(563)顿河红豆草 *Onobrychis tanaitica* Spreng.：饲料，属优等牧草。

(564)驴食草 *Onobrychis viciifolia* Scop.：饲料；环境防护(改土)；蜜源。

(565)伊犁芒柄花 *Ononis antiquorum* L.：饲料，无毒。

(566)芒柄花 *O. arvensis* L.：药用，根的煎剂用作利尿的和发汗的药，对肾无害，还用来治头痛，风湿；染料；饲料；有毒。

(567)刺叶柄棘豆 *Oxytropis aciphylla* Ledeb.：药用，其茎叶捣碎煮汁可治脓疮；饲料；环境防护(固沙)；燃料。

(568)臭棘豆 *O. chiliophylla* Royle ex Benth.：药用，入药能清热解毒，生肌，用于高烧，喉炎，痢疾，创伤出血；有毒。

(569)雪地棘豆 *O. chionobia* Bge.：饲料，属良等牧草。

(570)镰荚棘豆 *O. falcata* Bge.：药用，治高烧，喉炎，黄水疮，便血，红白痢疾，炭疽，外用治刀伤等；有毒；环境防护(观赏)。

(571)小花棘豆 *O. glabra* (Lam.) DC.：药用，镇静，止痛，治关节痛，牙痛，神经衰弱，皮肤瘙痒；饲料；有毒。

(572)球花棘豆 *O. globiflora* Bge.：饲料，属优等牧草。

(573)小叶棘豆 *O. microphylla* (Pall.) DC.：药用，有止血消炎；止泻镇痛之效。

(574)黄花棘豆 *O. ochrocephala* Bge.：有毒；药用。

(575)疏花棘豆 *O. pilosa* (L.) DC.：药用，用来治妇女病；有毒。

(576)长柄棘豆 *O. podoloba* Kar. et Kir.：饲料，属优等牧草。

(577)微柔毛棘豆 *O. puberula* Boriss.：有毒。

(578) * 荷包豆 *Phaseolus coccineus* L.：花色美丽，可供观赏；荚果供食用。

(579)* 菜豆 *P. vulgaris* L.：药用，滋养，解热，利尿，消肿，治水肿，脚气病；食用；有毒。

(580)* 豌豆 *Pisum sativum* L.：药用，和中下气，利小便，解疮毒，治霍乱转筋，脚气，痈肿，内服煎汤；食用；环境防护(改土)；饲料；燃料。

(581)* 补骨脂 *Psoralea corylifolia* L.：药用，能补肾助阳，治肾虚冷泻，遗尿，滑精，小便数频，阳痿，腰膝冷痛，虚寒喘咳。

(582)* 刺槐 *Robinia pseudoacacia* L.：木材；纤维(造纸)；药用；有毒；香料；油料；鞣料；染料；环境防护(行道树，观赏，绿肥)；饲料；蜜源。

(583)* 田菁 *Sesbania cannabina* (Retz.) Pers.：药用，根治下消，妇人赤白带；叶治尿血，毒蛇咬伤；纤维(编织)；饲料；胶脂；环境防护(绿肥改土)。

(584)苦豆子 *Sophora alopecuroides* L.：药用，入药能清肠，燥湿，用于急性菌痢，肠炎；有毒。

(585)* 槐 *S. japonica* L.：药用，入药能凉血，止血，清热，风热目赤，头痛眩晕；木材；纤维（编织）；造纸；食用；香料；染料；油料；胶脂；饲料；环境防护（绿化）；饲料；蜜源；有毒。

(586)苦马豆 *Sphaerophysa salsula* (Pall.) DC.：药用，能利尿，止血，主治肾炎，肝硬化腹水，慢性肝炎浮肿，产后出血；饲料；有毒；环境防护（绿肥改土，观赏）；蜜源。

(587)高山野决明 *Thermopsis alpina* (Pall.) Ledeb.：药用，具有截疟，清热化痰，镇静，降压的功效；有毒。

(588)披针叶野决明 *T. lanceolata* R. Br.：药用，能祛痰，镇咳，主治痰喘咳嗽；环境防护（固沙）；饲料；有毒。

(589)红车轴草 *Trifolium pratense* L.：药用，内服治热病和感冒时的咳嗽，外用治外用治眼和耳病；饲料，属优等牧草；食用；有毒；环境防护（绿化）；观赏。

(590)白车轴草 *T. repens* L.：药用，治咳嗽，风湿病，癫痫，白带，子宫出血；饲料，属优等牧草；食用；染料；环境防护（绿化，改土）（图 7.31）。

图 7.31　白车轴草

(591)网脉胡卢巴 *Trigonella cancellata* Desf.：饲料，是早春牲畜恢复体膘，抓膘催乳的优等牧草。

(592)* 胡卢巴 *T. foenum－graecum* L.：药用，能补肾阳，祛寒湿，止痛，主治冷气疝瘕，腹胁胀满，寒湿脚气；香料；食用；饲料。

(593)窄叶野豌豆 *Vicia angustifolia* L. ex Reichard：饲料，属优良野生牧草；环境防护（绿肥改土，观赏）；蜜源。

(594)新疆野豌豆 *V. costata* Ledeb.：饲料，属优等牧草。

(595)广布野豌豆 *V. cracca* L.：药用，祛风湿，活血，舒筋，止痛，治风湿痛，闪挫伤，无名肿毒，阴囊湿疹；饲料，为优等饲用植物；环境防护（改土）；食用；蜜源。

(596)* 蚕豆 *V. faba* L.：食用；药用，治疗高血压和浮肿；饲料；环境防护（改土）；蜜源。

(597)多茎野豌豆 *V. multicaulis* Ledeb.：全草入药，能发汗除湿，活血止痛；饲料。

(598)* 救荒野豌豆 *V. sativa* L.：药用，能清热利湿，活血祛瘀；有毒；食用；饲料；环境防护（绿肥改土）。

(599)野豌豆 *V. sepium* L.：药用，有清热，消炎解毒之效；饲料，属优等牧草；食用；环境防护（观赏）。

(600)* 赤豆 *Vigna angularis* (Willd.) Ohwi et Ohashi：药用，能利水消肿，清热解毒；食用。

(601)* 绿豆 *V. radiata* (L.) Wilczek：药用，能清热解毒，消暑；食用；环境防护（绿肥改土）。

(602)* 豇豆 *V. sinensis* (L.) Endl.：药用，健脾补肾，治脾胃虚弱，泻痢；食用；饲料；环境防护（绿肥改土）。

**58. 酢浆草科 Oxalidaceae**

(603)白花酢浆草 *Oxalis acetosella* L.：药用，主治小便淆淋及赤白带下，煎汤洗痔痛，脱肛等；食用；有毒。

(604)酢浆草 *O. corniculata* L.：全草入药，清热利湿，凉血散瘀，消肿解毒；有毒；食用；蜜源。

**59. 牻牛儿苗科 Geraniaceae**

(605)熏倒牛 *Biebersteinia heterostemon* Maxim.：全草入药，清热解毒，用于治瘟病，热病。

(606)高山熏倒牛 *B. odora* Steph. ex Fisch.：药用，具有清热，镇静等作用；香料。

(607)芹叶牻牛儿苗 *Erodium cicutarium* (L.) L′Herit.：药用，用于各种内出血以及痉挛；饲料；蜜源。

(608)牻牛儿苗 *E. stephanianum* Willd.：药用，祛风，活血，清热解毒；油料；鞣料；染料。

(609)丘陵老鹳草 *Geranium collinum* Steph. ex Willd.：药用，根的煎剂被用于胃病；饲料；染料。

(610)草地老鹳草 *G. pretense* L.：药用，叶的水提取物具有不同程度抗菌作用；临床上用于治疗急性菌痢；染料；饲料，属良等牧草；蜜源。

(611)蓝花老鹳草 *G. pseudosibiricum* J. May.：蜜源植物。

(612)汉荭鱼腥草 *G. robertianum* L.：药用，祛风除湿，解毒；饲料。

(613)鼠掌老鹳草 *G. sibiricum* L.：药用，祛风，活血，清热解毒；环境防护(观赏)；饲料；蜜源。

(614)森林老鹳草 *G. sylvaticum* L.：药用，用于治失眠症，癫痫，热病，风湿病；染料；蜜源。

**60. 旱金莲科 Tropaeolaceae**

(615)* 旱金莲 *Tropaeolum majus* L.：药用，清热解毒，治目赤肿痛，恶毒大疮，外用捣敷；环境防护(观赏)。

**61. 亚麻科 Linaceae**

(616)阿尔泰亚麻 *Linum altaicum* Ledeb. ex. Juz.：药用，亚麻油内服作泻剂，种子的煎剂作缓和咳嗽的药，作包复剂用于肠的兴奋；油料；纤维(编织)。

(617)短柱亚麻 *L. pallescens* Bge.：纤维，适于作粗糙的布，绳索，粗线和其他；油料；药用。

(618)宿根亚麻 *L. perenne* L.：油料；纤维(编织)；造纸；环境防护(观赏)。

(619)* 亚麻 *L. usitatissimum* L.：药用，用于皮肤瘙痒，麻风，眩晕，便秘；纤维(纺织)；油料；食用；饲料；有毒。

**62. 蒺藜科 Zygophyllaceae**

(620)帕米尔白刺 *Nitraria pamirica* L. Vassil.：果实可食，带有微咸的甜味。

(621)大白刺 *N. roborowskii* Kom.：药用，果入药可治胃病；食用；饲料；环境防护(固沙)。

(622)白刺 *N. schoberi* L.：食用；植化原料；环境防护(固土，观赏)。

(623)小果白刺 *N. sibirica* Pall.：药用，健脾胃，滋补强壮，调经活血；环境防护(固沙)；食用；饲料，是沙漠和沿海地区群众养猪的抓膘饲料。

(624)唐古特白刺 *N. tangutorum* Bobr.：药用，可治肺病和胃病；环境防护(固沙)；食用，用作饮料；油料；饲料。

(625)骆驼蓬 *Peganum harmala* L.：药用，内服浸剂和煎剂用于感冒，治疟疾，热病，梅毒，外用治疥疮和皮肤病；染料；油料；有毒；饲料。

(626)霸王 *Sarcozygium xanthoxylon* Bge.：药用，根入药，行气散满；饲料，中等饲用植物；燃料。

(627)蒺藜 *Tribulus terrestris* L.：药用，功能散风，下气，明目，行血；饲料；有毒。

(628)茎细驼蹄瓣 *Zygophyllum brachypterum* Kar. et Kir.：药用，鲜叶用作贴脓肿的膏药；有毒。

(629)长梗驼蹄瓣 *Z. obliquum* M. Pop.：药用，根的浸剂被用来治风湿；有毒。

(630)大翅驼蹄瓣 *Z. macropterum* C. A. Mey.：有毒。

**63. 芸香科　Rutaceae**

(631)新疆白鲜 *Dictamnus angustifolius* G. Don fil. ex Sweet.：药用，能祛风燥湿，清热解毒；有毒；香料；油料；环境防护(观赏)；蜜源。

(632)* 黄檗 *Phellodendron amurense* Rupr.：药用，功能泻火，除湿热；木材，为上等家具用料；植化原料(小檗碱)；染料；环境防护(观赏)。

(633)* 花椒 *Zanthoxylum bungeanum* Maxim.：药用，能温中，散寒，驱虫，止痒；香料；油料；食用；饲料；环境防护(观赏，改土)。

**64. 苦木科　Simaroubaceae**

(634)* 臭椿 *Ailanthus altissima* (Mill.) Swingle：药用，功能清热，燥湿，止血；木材；造纸；鞣料；油料；有毒；环境防护(净化，绿化)。

**65. 远志科　Polygalaceae**

(635)新疆远志 *Polygala hybrida* DC.：药用，用于治结核，癌，积水，瘰疬腺病，外用治蛇咬伤；饲料。

(636)西伯利亚远志 *P. sibirica* L.：药用，能安神，祛痰，消肿。

**66. 大戟科　Euphorbiaceae**

(637)星毛戟 *Chrozophora sabulosa* Kar. et Kir.：药用，草的浸剂具温和泻下的作用；饲料；染料。

(638)乳浆大戟 *Euphorbia esula* L.：药用，能破瘀，排脓，利胆，催吐，主治肠胃湿热，黄疸；有毒；染料；油料。

(639)地锦 *E. humifusa* Willd.：药用，能清热解毒，凉血，止血；鞣料，可提制栲胶；有毒。

(640)新疆大戟 *E. jaxartica* Prokh.：有毒；胶脂。

(641)* 续随子 *E. lathyris* L.：药用，功能下水消肿，破血散症；有毒；油料。

(642)毛大戟 *E. pilosa* L.：药用，用作泻剂；有毒；染料。

(643)小萝卜大戟 *E. rapulum* Kar. et Kir.：有毒；胶脂。

(644)西格尔大戟 *E. seguieriana* Neck.：药用，作利尿药和泻药；有毒；纤维(编织)。

(645)准噶尔大戟 *E. soongarica* Boiss.：药用，主治湿性肋膜炎，肝硬化腹水，疔疮痈肿；有毒；胶脂；染料。

① 亮果大戟(亚种) *E. soongarica* subsp. *lamprocarpa* (Prokh.) Prokh.：有毒；胶脂；染料。

(646)乌拉尔大戟 *E. uralensis* Fisch. ex Link.：有毒；胶脂；染料。

(647)* 蓖麻 *Ricinus communis* L.：药用，功能消肿，追脓，拔毒；有毒；油料；纤维(编织)；环境防护(抗污染)。

(648)* 叶底珠 *Securinega suffruticosa* (Pall.) Rehd.：药用，能活血舒筋，健脾益肾；纤维；环境防护(观赏)；有毒。

**67. 岩高兰科　Empetraceae**

(649)岩高兰 *Empetrum nigrum* L.：药用，煎剂和浸剂作神经系统的药，用于疲劳和头痛；食用。

**68. 漆树科　Anacardiaceae**

(650)* 阿月浑子 *Pistacia vera* L.：药用，能补脑安心，温肾助阳，健脾胃；食用，作食品添加物；油料；木材；胶脂；染料；鞣料。

(651)* 火炬树 *Rhus typhina* L.：环境防护(观赏)。

**69. 卫矛科　Celastraceae**

(652)* 南蛇藤 *Celastrus orbiculatus* Thunb.：药用，祛风胜湿，行气散血，消肿解毒；纤维(编织)；造纸；油料；有毒；环境防护(绿化，观赏)。

(653)* 白杜 *Euonymus bungeana* Maxim.：药用，祛风湿，活血，止血；木材；油料；胶脂；环境防护(观赏；抗污染)；食用(饮料)；有毒。

(654)* 华北卫矛 *E. maackii* Rupr.：木材；胶脂；可作庭院绿化树种。

(655)中亚卫矛 *E. semenovii* Rgl.：胶脂；环境防护(观赏)。

**70. 槭树科　Aceraceae**

(656)* 茶条槭 *Acer ginnala* Maxim.：纤维(纺织)；造纸；鞣料；染料；食用(饮料)；油料，种子可榨油，供制肥皂用；环境防护(观赏)。

(657)* 色木槭 *A. mono* Maxim.：环境防护(绿化)；木材；纤维(造纸)；食用；鞣料。

(658)* 梣叶槭 *A. negundo* L.：环境防护(绿化)；木材，可供家具及一般细木工用材；蜜源。

(659)* 尖叶槭 *A. platanoides* L.：食用(糖)；染料；药用；蜜源，为蜜蜂提供花蜜和花粉；环境防护(绿化)；木材。

(660)天山槭 *A. semenovii* Rgl.：环境防护(观赏)。

(661)* 元宝槭 *A. truncatum* Bge.：食用；油料(种子)；木材；纤维；环境防护，为良好的园林绿化；环境保护和荒山造林树种。

**71. 无患子科　Sapindaceae**

(662)* 倒地铃 *Cardiospermum halicacabum* L.：药用，清热，利水，凉血，解毒；环境防护(观赏)。

(663)* 文冠果 *Xanthoceras sorbifolia* Bge.：药用，能祛风湿，消肿止痛，敛干黄水；食用；油料；木材；植化原料（糠醛；氨基酸等）；环境防护（观赏）；饲料。

### 72. 凤仙花科　Balsaminaceae

(664)* 凤仙花 *Impatiens balsamina* L.：药用，能祛风湿，活血，止痛；染料，可染指甲；油料；环境防护（观赏）；有毒。

(665)水金凤 *I. noli－tangere* L.：药用，能活血调经，舒筋活络，主治月经不调，痛经，跌打损伤；染料；环境防护（观赏）。

(666)小花凤仙花 *I. parviflora* DC.：有毒；植化原料（糖甙；醇）；药用。

### 73. 鼠李科　Rhamnaceae

(667)药鼠李 *Rhamnus cathartica* L.：药用，果实通常在晚上用作缓慢作用的泻剂，治慢性便秘；染料；蜜源，为蜜蜂提供花蜜；环境防护（观赏）。

(668)欧鼠李 *R. frangula* L.：药用；染料，树皮和浆果中具有染色的鼠李黄质；鞣料；蜜源。

(669)矮小鼠李 *R. minuta* Grub.：食用；鞣料，含鞣质。

(670)枣 *Zizyphus jujuba* Mill.：食用，可制蜜饯，果脯及各种糕点，又为酿酒原料；药用，果实为缓和强壮剂，常用为滋补药；环境防护（绿篱）；饲料；蜜源（图 7.32）。

图 7.32　枣

有两变种：

① * 无刺枣 *Z. jujuba* Mill. var. *inermis* (Bge.) Rehd.：用途同正种。

② * 酸枣 *Z. jujube* Mill. var. *spinosa* (Bge.) Hu ex H. F.：用途同正种。

### 74. 葡萄科　Vitaceae

(671)* 五叶地锦 *Parthenocissus quinquefolia* (L.) Planch.：环境防护，是优良的城市垂直绿化植物树种。

(672)* 地锦 *P. tricuspidata* (Sieb. et Zucc.) Planch.：食用，可生食亦可酿果酒；药用，祛风，止痛；环境防护(绿化，观赏)。

(673)* 山葡萄 *Vitis amurensis* Rupr.：食用，可生食和酿造红葡萄酒药用；植化原料(酒石酸)；油料；染料；饲料。

(674)* 葡萄 *V. vinifera* L.：食用；药用，可祛湿，消水肿，止呕，安胎，治吐血，目赤肿痛等病；油料；饲料；植化原料(酒石酸)。

### 75. 椴树科　Tiliaceae

(675)* 紫椴 *Tilia amurensis* Rupr.：木材；造纸；纤维(编织)；香料；油料；药用(花)，能发汗，镇静及解热；环境防护(绿化，抗污染)；蜜源。

(676)* 心叶椴 *T. cordata* Mill.：药用，是古老的发汗药之一；食用(饮料)；木材(编织)；纤维；香料；油料；燃料；环境防护(观赏)；蜜源。

### 76. 锦葵科　Malvaceae

(677)* 咖啡黄葵 *Abelmoschus esculentus* (L.) Moench：食用(饮料)；油料；环境防护(观赏)。

(678)苘麻 *Abutilon theophrasti* Medic.：药用，全草解毒，祛风；治痢疾，中耳炎，耳鸣，耳聋，关节酸痛；纤维(编织)；油料；食用。

(679)裸花蜀葵 *Althaea nudiflora* Lindl.：纤维(编织)；药用；环境防护(观赏)；蜜源。

(680)药蜀葵 *A. officinalis* L.：药用，用于慢性支气管炎，气管炎，喉炎，支气管肺炎；食用；染料；造纸；纤维(编织)；蜜源。

(681)* 蜀葵 *A. rosea* (L.) Cav.：药用，治淋病，白带，尿血，吐血，血崩，肠痈，疮肿；食用；纤维(编织)；染料；环境防护(观赏)。

(682)* 海岛棉 *Gossypium barbadense* L.：药用，种子上的棉毛入药，能止血；纤维(纺织)。

(683)* 草棉 *G. herbaceum* L.：纤维(纺织)；药用，根入药能通经止痛，止咳平喘；油料。

(684)* 陆地棉 *G. hirsutum* L.：纤维(纺织)；油料；食用；药用；饲料；植化原料(柠檬酸)。

(685)* 木槿 *Hibiscus syriacus* L.：药用，清热解毒，利湿，消肿；造纸；纤维(编织)；食用；环境防护(绿化，抗污染)。

(686)野西瓜苗 *H. trionum* L.：药用，治风热咳嗽；纤维(编织)；油料；饲料。

(687)新疆花葵 *Lavatera cashemiriana* Cambess.：纤维(编织)；药用；环境防护(观赏)；蜜源。

(688)欧亚花葵 *L. thuringiaca* L.：药用，治头痛，咳嗽和皮肤病；纤维(编织)；造纸；染料；环境防护(观赏)；蜜源。

(689) 圆叶锦葵 *Malva rotundifolia* L.：药用，根和叶的煎剂被用作呼吸道炎性过程时的含漱剂和皮肤病，瘤，痔时的罨敷用药液；食用；染料；饲料；蜜源。

(690)* 锦葵 *M. sinensis* Cavan.：药用；环境防护(观赏)。

(691)野葵 *M. verticillata* L.：药用，能清热利尿，消肿；用于尿路感染，尿闭，水肿，口渴等;食用;纤维(编织);饲料。

**77. 藤黄科(金丝桃科)　Hypericaceae**

(692)毛金丝桃 *Hypericum hirsutum* L.:药用,治胃病,用力过度,结核病,呼吸困难和感冒。

(693)贯叶金丝桃 *H. perforatum* L.:药用,清热解毒,收敛止血,利湿;食用;染料;鞣料;有毒;蜜源。

(694)糙枝金丝桃 *H. scabrum* L.:染料;药用。

**78. 柽柳科　Tamaricaceae**

(695)宽苞水柏枝 *Myricaria bracteata* Royle:有毒;药用,能补阳发散,解毒透疹,主治麻疹不透,风湿性关节炎,皮肤瘙痒,血热酒毒;食用(饮料);染料;鞣料;纤维;环境防护(观赏)。

(696)秀丽水柏枝 *M. elegans* Royle:木材;燃料;纤维(编织);造纸;药用;环境防护(观赏)。

(697)匍匐水柏枝 *M. prostrata* Hook. f. et Thoms. ex Benth. et Hook. f.:饲料,中等牧草。

(698)具鳞水柏枝 *M. squamosa* Desv.:药用,嫩枝入药,发表透疹;纤维(编织);造纸;染料;燃料;饲料。

(699)红砂 *Reaumuria songarica* (Pall.) Maxim.:药用,枝,叶入药,主治湿疹,皮炎;饲料。

(700)密花柽柳 *Tamarix arceuthoides* Bge.:木材;环境防护(固沙,绿化);燃料;饲料。

(701)* 柽柳 *Tamarix chinensis* Lour.:木材;药用,功能疏风,解表,透疹,解毒;纤维(编织);鞣料;饲料;燃料;环境防护(观赏,固沙,改土)。

(702)长穗柽柳 *T. elongata* Ledeb.:很漂亮的盐土植物,可在沙漠和沙地栽培;燃料;饲料;染料。

(703)刚毛柽柳 *T. hispida* Willd.:木材;本种为改良盐碱地和优良固沙植物;燃料;药用;饲料。

(704)短穗柽柳 *T. laxa* Willd.:为盐碱沙地优良的固沙植物;药用,树皮可作收敛药用于出血,而枝的煎剂用于风湿病;鞣料;染料;燃料;蜜源。

(705)细穗柽柳 *T. leptostachys* Bge.:可作盐渍化沙土固沙植物;染料;燃料。

(706)多枝柽柳 *T. ramosissima* Ledeb.:药用,嫩枝叶,花,树脂均供药用;环境防护(观赏,改土,固沙);纤维(编织);鞣料;染料;饲料;燃料。

**79. 半日花科　Cistaceae**

(707)半日花 *Helianthemum songaricum* Schrenk:环境防护(观赏);染料。

**80. 堇菜科　Violaceae**

(708)阿尔泰堇菜 *Viola altaica* Ker.—Gawl.:环境防护(观赏)。

(709)球果堇菜 *V. collina* Bess.:全草入药,清热解毒,消肿止血。

(710)长蔓堇菜 *V. disjuncta* W. Bckr.:药用;环境防护(观赏);蜜源。

(711)裂叶堇菜 *V. dissecta* Ledeb.:全草入药,清热解毒,消瘀散结。

(712)硬毛堇菜 *V. hirta* L.:药用;环境防护(观赏);蜜源。

(713)* 香堇菜 *V. odorata* L.：香料；环境防护(观赏)。

(714)野生香堇菜 *V. suavis* M. B.：植化原料(维生素)；香料；染料。

(715)* 三色堇 *V. tricolor* L.：药用；环境防护(观赏)。

**81. 瑞香科　Thymelaeaceae**

(716) 阿尔泰瑞香 *Daphne altaica* Pall.：有毒；药用；环境防护(观赏)。

(717) 囊管草瑞香 *Diarthron vesiculosum* (Fisch. et Mey.) C. A. Mey.：有毒；药用。

(718) 阿尔泰假狼毒 *Stelleropsis altaica* (Thieb.) Pobed.：药用；有毒。

**82. 胡颓子科　Elaeagnaceae**

(719) 沙枣 *Elaeagnus angustifolia* L.：食用；药用，用于胸闷气短，胃腹胀痛，咳嗽，食欲不佳；木材；胶脂；香料；染料；鞣料；饲料；环境防护(固沙，观赏)；蜜源。

(720) 尖果沙枣 *E. oxycarpa* Schlecht.：食用；药用；木材；燃料；胶脂；香料；染料；鞣料；饲料；防风固沙林和绿化的优良树种；蜜源。

(721)沙棘 *Hippophae rhamnoides* L.：药用，能止咳祛痰，消食化滞，活血散瘀；食用；油料；染料；鞣料；木材；饲料；植化原料(维生素，碳酸盐)；环境防护(固土，固沙，观赏)；蜜源。

**83. 千屈菜科　Lythraceae**

(722)千屈菜 *Lythrum salicaria* L.：药用，清热，凉血；治痢疾，血崩，溃疡；鞣料；染料；环境防护(观赏)；蜜源。

**84. 石榴科　Punicaceae**

(723)* 石榴 *Punica granatum* L.：药用，功能濇肠，止血，驱虫；用煎剂作滋补的药；食用；染料；鞣料；胶脂；木材；有毒；环境防护(观赏，抗污染)。

**85. 菱科　Trapaceae**

(724)新疆菱角 *Trapa saissanica* (Fler.) V. Vassil.：药用，果实被用于治腹泻，痢疾，治狂犬病和有毒动物的咬伤；食用。

**86. 柳叶菜科　Onagraceae**

(725)柳兰 *Chamaenerion angustifolium* (L.) Scop.：药用，能下乳，润肠；食用；油料；鞣料；纤维(编织)；饲料；蜜源(图 7.33)。

(726)柳叶菜 *Epilobium hirsutum* L.：药用，活血止血，消炎止痛；鞣料；有毒；蜜源(图 7.34)。

(727)沼生柳叶菜：*E. palustre* L.：药用，治风热咳嗽，声嘶，咽喉肿痛，支气管炎，高热下泻，风湿关节炎等；饲料。

(728)* 月见草 *Oenothera biennis* L.：药用，有强筋骨，祛风湿之效，可治风湿病，筋骨痛；食用；油料；纤维；香料；饲料；环境防护(观赏)。

图 7.33　柳兰

图 7.34　柳叶菜

**87. 小二仙草科　Haloragaceae**

(729)穗状狐尾藻 *Myriophyllum spicatum* L.:药用,有清热解毒之效,可用于治慢性痢疾;染料;饲料;环境防护(观赏)。

**88. 杉叶藻科　Hippuridaceae**

(730)杉叶藻 *Hippuris vulgaris* L.:药用,清热凉血,生津养液;饲料。

**89. 锁阳科　Cynomoriaceae**

(731)锁阳 *Cynomorium songaricum* Rupr.:药用,能补肾阳,益精血,润肠通便;食用;染料;鞣料;饲料。

**90. 五加科　Araliaceae**

(732)* 西洋参 *Panax quinquefolium* L.:药用,益肺阴,清虚火,生津止渴;植物化学原料(人参皂甙)。

**91. 伞形科　Umbelliferae**

(733)东北羊角芹 *Aegopodium alpestre* Ledeb.:药用,治小儿高烧,腹泻,淋病,高血压等;食用;染料;饲料;蜜源。

(734)羊角芹 *A. podagraria* L.:药用,治痛风;食用;饲料;蜜源。

(735)塔什克羊角芹 *A. tadshikorum* Schischk.:饲料;食用。

(736)* 莳萝 *Anethum graveolens* L.:药用,能温脾肾,开胃,散寒,行气,解鱼肉毒;香料;食用;油料。

(737)* 白芷 *Angelica dahurica* (Fisch.) Benth.:药用,功能祛风散湿,活血排脓,生肌止痛;油料。

(738)林当归 *A. silvestris* L.:药用,作解痉的和刺激消化的药;食用;香料;饲料;蜜源。

(739)三小叶当归 *A. ternata* Rgl. et Schmalh. :药用;食用;饲料;有毒。

(740)刺果峨参 *Anthriscus nemorosa* (M. B.) Spreng. :有毒。

(741)峨参 *A. sylvestris* (L.) Hoffm. :药用,治脾虚食胀,四肢乏力,肺虚咳喘,老人夜尿,并消水肿;食用;有毒;染料;饲料;蜜源。

(742)细叶隐棱芹 *Aphanopleura capillifolia* (Rgl. et Schmalh.) Lipsky:香料。

(743)* 旱芹 *Apium graveolens* L. :药用,平肝清热,祛风利湿;食用;香料;油料。

(744)短茎古当归 *Archangelica brevicaulis* (Rupr.) Rchb. :药用,能祛风,除湿,止痛,用于风湿性关节炎,腰脚冷痛,风火牙痛;饲料。

(745)下延叶当归 *Angelica decurrens* Ledeb. :药用,用作利胆的,祛痰的,利尿的,芳香的和健胃的药;香料;油料;蜜源。

(746)金黄柴胡 *Bupurum aureumle* Fisch. :药用;饲料。

(747)* 北柴胡 *Bupleurum chinense* DC. :药用,和解表里,疏肝,升阳。

(748)多脉柴胡 *B. multinerve* DC. :药用,用于预防和治疗与血管(各种出血和其他)渗透性同时发生的疾病。

(749)葛缕子 *Carum carvi* L. :药用,能驱风祛寒,健脾开胃,治寒滞腰痛,胃寒呕逆;香料;食用;饲料。

(750)空棱芹 *Cenolophium denudanum* (Fisch. ex Hornem.) Tutin:香料;饲料;蜜源。

(751)新疆细叶芹 *Chaerophyllum prescottii* DC. :有毒;食用;蜜源。

(752)毒芹 *Cicuta virosa* L. :药用,用于癫痫,分娩时的惊厥,破伤风的痉挛,偏头痛,百日咳和其他;有毒。

(753)* 蛇床 *Cnidium monnieri* (L.) Cuss. :药用,能温肾壮阳,燥湿,祛风,杀虫;香料;有毒(杀虫)。

(754)鞘山芎 *Conioselinum vaginatum* (Spreng.) Thell. :药用,散风寒湿邪,果实被用于慢性结肠炎和小肠结肠炎。

(755)毒参 *Conium maculatum* L. :有毒;药用。

(756)* 芫荽 *Coriandrum sativum* L. :药用,发汗透疹,消食下气;治麻疹,食物积滞;食用;香料;油料。

(757)* 孜然芹 *Cuminum cyminum* L. :药用,驱风散寒,暖胃健脾,利尿逐水,散结消肿;香料。

(758)野胡萝卜 *Daucus carota* L. :药用,用于肝脏和肾脏病,急性和慢性胆囊炎,各种尿石的和胆结石的病和其他;食用;香料;油料;饲料。

有1变种:

① * 胡萝卜(变种) *D. carota* L. var. *sativa* Hoffm. :食用;药用。

(759)扁叶刺芹 *Erygium planum* L. :药用,治百日咳,咳嗽,酸痛,失眠和刺伤;蜜源。

(760)里海阿魏 *Ferula caspica* M. B. :饲料;药用。

(761)圆锥茎阿魏 *F. conocaula* Korov. :药用,理气消胀,活血消痞,祛痰和兴奋神经;胶脂。

(762)沙生阿魏 *F. dubjanskyi* Korov. ex Pavl. :食用。

(763)多伞阿魏 *F. ferulaeoides* (Steud.) Korov. :饲料;药用;胶脂;燃料。

(764)阜康阿魏 *F. fukanensis* K. M. Shen:药用,用于肉食积滞,腹中痞块,肝脾肿大,脘腹冷痛,虫积腹痛;胶脂。

(765)中亚阿魏 *F. jaeschhkeana* Vatke:药用,树脂用来治癌和其他的肿瘤;饲料;油料;染料。

(766)山蛇床阿魏 *F. kirialovii* M. Pimen. :胶脂;植化原料(挥发油,酒精)。

(767)新疆阿魏 *F. sinkiangensis* K. M. Shen:药用,用于肉食积滞,肝脾肿大,脘腹冷痛,虫积腹痛;食用;胶脂;饲料。

(768)准噶尔阿魏 *F. soongarica* Pall. ex Spreng. :药用,用来治风湿病,以及作收敛剂和胃药;纤维;植化原料(胶脂)。

(769)麝香阿魏 *F. sumbul* (Kauffm.) Hoor. f. :药用,香料。

(770)* 茴香 *Foeniculum vulgare* Mill. :全草入药,有消炎,通鼻气,利九窍,吐风痰,去目翳等功效;食用;香料;油料;饲料。

(771)* 珊瑚菜 *Glehnia littoralis* Fr. Schmidt. ex Miq. :药用,功能清肺泻火,养阴止嗽;食用。

(772)兴安独活 *Heracleum dissectum* Ledeb. :药用,浸剂用于神经,肠胃疾病,风湿病的治疗;食用;饲料;蜜源。

(773)裂叶独活 *H. millefolium* Diels:全草入药,治创伤及麻风病。

(774)* 欧当归 *Levisticum officinale* Koch:药用,作利尿,健胃,祛痰;香料;食用。

(775)岩风 *Libanotis buchtormensis* (Fisch.) DC. :药用,根入药能发散风寒,祛风湿,镇痛,健脾胃,止咳,解毒;蜜源。

(776)密花岩风 *L. condensata* (L.) Crantz. :植物化学原料(挥发油);蜜源。

(777)亚洲岩风 *L. sibirica* (L.) C. A. :香料;药用;蜜源。

(778)伊犁岩风 *L. iliensis* (Lipsky) Korov. :药用,作中药防风,为地区性习惯用药。

(779)* 川芎 *Ligusticum chuanxiong* Hort. :药用,能活血行气,祛风止痛,胸胁痛,经闭腹痛,风湿痛,跌打损伤等。

(780)准噶尔前胡 *Peucedanum morisonii* Bess. :药用,驱风散寒,理气止痛;治胃寒胀痛,风寒感冒。

(781)柔毛胀果芹 *Phlojodicarpus villosus* (Turcz. ex Fisch. et Mey.) Turcz. ex Ledeb. :药用,用于血管末梢的痉挛,痉挛型的动脉内膜炎,莱茵河病和轻型慢性的冠状衰竭。

(782)* 茴香 *Pimpinella anisum* L. :药用,驱风散寒,消食健胃,止喘镇咳,消肿利尿;香料;饲料。

(783)乌拉尔棱子芹 *Pleurospermum uralense* Hoffm. :药用,用以活血,补血,养血;食用;饲料;蜜源。

(784)饲用栓翅芹 *Prangos pabularia* Lindl. :药用,具有杀螨虫的和杀虫的作用;香料;饲料。

(785)* 防风 *Saposhnikovia divaricata* (Turcz.) Schischk. :药用,用于感冒头痛,风湿痹痛,风疹瘙痒,荨麻疹,破伤风;饲料。

(786)球根阿魏 *Schumannia karelinii* (Bge.) Korov. :食用;药用;饲料。

(787)欧泽芹 *Sium latifolium* L. :有毒;蜜源。

(788)新疆泽芹 *Sium sisaroideum* DC.:饲料;食用;植化原料(挥发油);油料。

(789)迷果芹 *Sphallerocarpus gracilis* (Bess.) K.－Pol.:全草入药,祛风除湿;主治风湿性关节痛;食用;饲料。

(790)* 阿米糙果芹 *Trachyspermum ammi* (L.) Sprague:药用,能祛寒除湿,理气开胃,止痛;食用;香料;油料。

(791)刺果芹 *Turgenia latifolia* (L.) Hoffm.:有毒;食用;药用。

### 92. 鹿蹄草科　Pyrolaceae

(792)圆叶鹿蹄草 *Pyrola rotundifolia* L.:药用,全草入药,功能祛风湿,解毒,强筋骨,止血;食用(饮料)。

### 93. 杜鹃花科　Ericaceae

(793)北极果 *Arctous alpinus* (L.) Niedenzu.:有毒;鞣料;染料。

(794)黑果越橘 *Vaccinium myrtillus* L.:药用,用于口腔炎和咽喉炎,出血,鳞屑性皮癣和其他病;食用;染料;鞣料;油料;蜜源。

(795)红莓苔子 *V. oxycoccus* L.:药用,用于治感冒,胃灼热,煤气中毒;食用。

(796)笃斯越橘 *V. uliginosum* L.:药用,在心脏病时喝枝叶的煎剂;浆果用于痢疾;叶的煎剂作温和的泻剂;食用;鞣料;染料;蜜源。

(797)越橘 *V. vitis－idaea* L.:药用,用于肾结石,胃痛,腹泻和风湿;食用;环境防护(观赏);蜜源。

### 94. 报春花科　Primulaceae

(798)北点地梅 *Androsace septentrionalis* L.:药用,草的浸剂和煎剂治心痛,疝,癫痫。

(799)海乳草 *Glaux maritima* L.:饲料;有毒;食用。

(800)毛黄连花 *Lysimachia vulgaris* L.:药用,草的煎剂用于各种出血,作收敛药用于腹泻,治坏血病,作伤口愈合药;染料。

(801)长葶报春 *Primula longiscapa* Ledeb.:观赏植物。

(802)硕萼报春 *P. macrocalyx* Bge.:药用,用于治疗感冒,偏头痛,眩晕;失眠等症;食用;染料;环境防护(观赏);蜜源。

(803)天山报春 *P. nutans* Georgi:药用,其根具强烈的催吐和祛痰的作用;观赏植物;蜜源。

(804)阿尔泰报春 *P. pallasii* Lehm.:药用,能祛痰,消炎,利尿;食用;观赏植物;蜜源植物;饲料。

### 95. 白花丹科　Plumbaginaceae

(805)驼舌草 *Goniolimon speciosum* (L.) Boiss.:药用,用于治疗肝病;观赏植物,还可作干花束。

(806)黄花补血草 *Limomium aureum* (L.) Hill.:药用,能止痛,消炎,补血;饲料。

(807)大叶补血草 *L. gmelinii* (Willd.) Ktze.:全草入药,能止血散瘀;鞣料;染料;蜜源。

(808)繁枝补血草 *L. myrianthum* (Schrenk) Ktze.:鞣料;染料。

(809)耳叶补血草 *L. otolepis* (Schrenk) Ktze.:鞣料;染料;饲料;蜜源。

(810)木本补血草 *L. suffruticosum* (L.) Ktze.:根用于制革和染料,也可药用,可作收敛剂;鞣料;染料;饲料。

(811)鸡娃草 *Plumbagella micrantha* (Ledeb.) Spach:全草入药,治神经性皮炎,牛皮癣,头癣,手癣,足癣,疣痣。

**96. 木犀科　Oleaceae**

(812)* 连翘 *Forsythia suspensa* (Thunb.) Vahl.:入药能清热解毒,散结消肿;种子油可制香皂及化妆品,也是制造油漆的原料;具观赏价值,是园林中早春的观花灌木。

(813)* 美国白蜡树 *Fraxinus americana* L.:栽培植物,多作行道树栽培;木材可制作器具;鞣料。

(814)* 苦枥白蜡树 *F. rhynchophylla* Hance:药用,主治热痢下重,目赤肿痛,迎风流泪;种子油供制肥皂用;木材供建筑;制车辆、农具等用;亦为行道;护堤树种。

(815)* 小叶白蜡树 *F. sogdiana* Bge.:观赏的乔木,用于中亚和哈萨克斯坦城市的绿化;木材;鞣料。

(816)* 紫丁香 *Syringa oblata* Lindl.:药用;可为庭院绿化观赏树种;蜜源植物(图 7.35)。

(817)* 花叶丁香 *S. persica* L.:药用,温胃散寒,降逆止呕;花可提取芳香油;观赏花木;蜜源。

(818)* 欧丁香 *S. vulgaris* L.:药用,主要作利尿剂用于肾病;最具观赏的乔木状灌木之一;香料;有毒;蜜源。

**97. 龙胆科　Gentianaceae**

(819)美丽百金花 *Centaurium pulchellum* (Sw.) Druce:药用,治胃灼热,肝和胆管病,感冒和热病。

(820) 高山龙胆 *Gentiana algida* Pall.:全草供药用,泻肝胆实火,清湿热,镇咳,健胃;有毒植物;观赏植物(图 7.36)。

图 7.35　紫丁香

图 7.36　高山龙胆

(821)达乌里龙胆 *G. dahurica* Fisch.:药用,能清肺,止咳,解毒;主治肺热咳嗽,支气管炎,天花,咽喉肿痛。

(822)斜生龙胆 *G. decumbens* L. f.:药用,根入药,祛风湿;退虚热;舒筋止痛。

(823)狭翅龙胆 *G. kaufamaniana* Rgl. et Schmalh.:药用;观赏植物。

(824)秦艽 *G. macrophylla* Pall.:药用,功能祛风,除湿,清热,利尿,活血,舒筋;饲料。

(825)集花龙胆 *G. olivieri* Griseb.:药用。

(826)蓝花龙胆 *G. pneumonanthe* L.:药用,用于治疗肝病,中毒和流行性的疾病;观赏;蜜源;从花中获得天蓝色颜料染毛料。

(827)鳞叶龙胆 *G. squarrosa* Ledeb.:全草供药用,清热解毒;有毒;饲料。

(828)天山龙胆 *G. tianschanica* Rupr.:药用;观赏植物。

(829)新疆龙胆 *G. walujewii* Rgl. et Schmalh.:药用。

(830)扁蕾 *Gentianopsis barbata* (Froel.) Ma:药用,用于治疗胃病和刺激食欲。

(831)椭圆叶花锚 *Halenia elliptica* D. Don.:全草入药,具有清热,利湿,平肝,利胆之效。

(832)睡菜 *Menyanthes trifoliatum* L.:药用,能润肺,止咳;消肿,降血压;饲料。

(833)莕菜 *Nymphoides peltatum* Ktze.:全草供药用,清热,利尿,消肿,解毒;全株可食;可栽培于水坛供观赏。

(834)岐伞獐牙菜 *Swertia dichotoma* L.:全草入药,能清热,健胃,利湿。

**98. 夹竹桃科 Apocynaceae**

(835)罗布麻 *Apocynum venetum* L.:药用,能平肝安神,清热利水;良好的蜜源植物;观赏植物;燃料;饲料。

(836)* 长春花 *Catharanthus roseus* G. Don.:药用,有降低血压之效;适合盆栽,也可作花坛,花径的材料;有毒。

(837)大叶白麻 *Poacynum hendersonii* (Hook. f.) Woodson:药用;纤维;环境防护(观赏);蜜源;饲料。

(838)白麻 *P. pictum* (Schrenk) Baill.:叶入药;纤维;环境防护(观赏);蜜源。

**99. 萝藦科 Asclepiadaceae**

(839)喀什牛皮消 *Cynanchum kashgaricum* Liou f.:药用,功能祛风解毒,行气消肿。

(840)戟叶鹅绒藤 *C. sibiricum* Willd.:全草及果实入药,能补肺气,清热降火,生津止渴,消炎止痛;幼果可食;种毛可作填充料;饲料。

(841)地梢瓜 *C. thesioides* (Freyn) K. Schum.:药用;食用;胶脂;纤维(填充物);饲料。

(842)隔山消 *C. wilfordii* (Maxim.) Forb.:药用,是滋养,强壮,补血药,并能收敛精气,乌须黑发。

**100. 旋花科 Convolvulaceae**

(843)打碗花 *Calystegia hederacea* Wall.:全草或根茎入药;全草为优良饲料;根状茎和淀粉,可食用。

(844)篱打碗花 *C. sepium* (L.) R. Br.:药用,可被用作泻药,利尿药,止痛药;有毒;含生物碱。

(845)田旋花 *Convolvulus arvensis* L.:全草;花和根入药,能活血调经,止痒,祛风;有毒;饲料。

(846)线叶旋花 *C. lineatus* L.:药用;饲料。

(847)直立旋花 *C. pseudocantabrica* Schrenk:药用;有毒;植化原料(生物碱)。

(848)南方菟丝子 *Cuscuta australis* R. Br.:药用(图 7.37)。

(849)菟丝子 *C. chinensis* Lam.：全草入药，能清热，凉血，利水，解毒。

(850)欧洲菟丝子 *C. europaea* L.：种子入药，有益精壮阳，补肝肾，止泻之功效；香料。

(851)金灯藤 *C. japonica* Choisy：种子为滋养性强壮收敛药；香料。

(852)* 番薯 *Ipomoea batatas* (L.) Lam.：药用，能补中活血，益气生津，宽肠胃，通便秘；优良的饲料；可食。

(853)* 牵牛 *Pharbitis nil* (L.) Choisy：种子可入药；种子油可作润滑油或制肥皂；全草有毒；牵牛可用于棚架绿化，也可盆栽。

(854)* 圆叶牵牛 *P. purpurea* (L.) Voigt：药用，功能泻水，下气，杀虫；种子油用以制皂或作机械润滑油；植物有毒；花色多样，长久开花，为公园和庭院常见的观赏植物。

图 7.37　南方菟丝子

**101. 花荵科　Polemoniaceae**

(855)花荵 *Polemonium coeruleum* L.：药用；好蜜源，能提供大量的花蜜和花粉；多年生观赏植物；有毒植物。

**102. 紫草科　Boraginaceae**

(856)意大利牛舌草 *Anchusa italica* Retz.：药用；蜜源植物；有毒。

(857)软紫草 *Arnebia euchroma* (Royle) Johnst.：药用，功能凉血，活血，滑肠；染料。

(858)黄花软紫草 *A. guttata* Bge.：药用，能清热凉血，消肿解毒，透疹，润燥通便。

(859)大果琉璃草 *Cynoglossum divaricatum* Steph. ex Lehm.：药用，能清热解毒。

(860)红花琉璃草 *C. officinale* L.：药用，能清热利尿，补虚止血；有毒；染料。

(861)蓝蓟 *Echium vulgare* L.：药用，可作镇静药和祛痰药；有毒；食用；染料；可供观赏；蜜源(图 7.38)。

(862)鹤虱 *Lappula myosotis* V. Wolf：药用，能杀虫，治虫积腹痛；果实可食；油料。

(863)卵盘鹤虱 *L. redowskii* (Hornem.) Greene：药用，主治蛔虫病；绕虫病；虫积腹痛。

(864)田紫草 *Lithospermum arvense* L.：药用，温中健胃，消肿止痛；染料；油料；食用；饲料；蜜源。

(865)小花紫草 *L. officinale* L.：药用，可治感冒；染料；油料。

(866)狼紫草 *Lycopsis orientalis* L.：药用，能收敛，止泻，清热解毒；种子富含油脂；种子可榨油供食用。

(867)黄花滇紫草 *Onosma gmelinii* Ledeb.：染料。

(868)疏毛滇紫草 *O. irritans* M. Pop. ex N. Pavl.：染料。

图 7.38　蓝蓟

(869)腺毛肺草 *Pulmonaria mollissima* Kern.：药用；食

用;可栽培作观赏;早春蜜源植物。

(870)聚合草 *Symphytum officinale* L.:用于呼吸道病和腹泻,以及作止血药;植物有毒;蜜源。

(871)附地菜 *Trigonotis peduncularis* (Trev.) Benth. ex Baker et Moore:全草入药,治遗尿,赤白痢,发背,热肿,手脚麻木;嫩叶可供食用;花美观可用以点缀花园。

**103. 马鞭草科 Verbenaceae**

(872)马鞭草 *Verbena officinalis* L.:功能凉血,破血,杀虫,消胀;全草有毒;含颇多的挥发油;蜜源植物。

**104. 唇形科 Labiatae**

(873)* 藿香 *Agastache rugosa* (Fisch. et Mey.) O. Ktze.:入药能祛暑解表,化湿和胃;果可作香料;叶及茎均含挥发性芳香油,有浓郁的香味,为芳香油原料。

(874)水棘针 *Amethystea caerulea* L.:饲料;药用。

(875)大花毛建草 *Dracocephalum grandiflorum* L.:观赏植物;蜜源植物。

(876)白花枝子花 *D. heterophyllum* Benth.:全草入药,平肝,清热;食用;饲料。

(877)无髭毛建草 *Dracocephalum imberbe* Bge.:观赏植物;挥发油具有抗菌的作用。

(878)全缘叶青兰 *D. integrifolium* Bge.:药用,能止咳,祛痰,平喘。

(879)* 香青兰 *D. moldavicum* L.:入药能泻肝火,清暑热,止血;蜜源植物。

图 7.39 垂花青兰

(880)垂花青兰 *D. nutans* L.:药用;蜜源(图 7.39)。

(881)宽齿青兰 *D. paulsenii* Briq.:饲料;食用(饮料);药用。

(882)刺齿枝子花 *D. peregrinum* L.:药用,用于治疗胃肠道功能失调和消炎;观赏植物;蜜源植物;饲料;挥发油可用于制作消除臭味的香皂。

(883)青兰 *D. ruyschiana* L.:药用,能镇痛,解热;蜜源植物;观赏植物。

图 7.40 密花香薷

(884)香薷 *Elsholtzia ciliate* (Thunb.) Hyland.:主治肠胃炎,腹泻,头痛,发热等疾病;种子可以榨油,可作机器的润滑油;嫩叶可作饲料。

(885)密花香薷 *E. densa* Benth.:全草入药,发汗,解暑,利尿(图 7.40)。

(886)鼬瓣花 *Galeopsis bifida* Boenn.:有毒;油料;药用;蜜源。

(887)欧活血丹 *Glechoma hederacea* L.:药用,用于改善食欲,作胃病的镇痉剂和呼吸器官疾病时的润滑剂;长久开花的蜜源植物。

(888)硬尖神香草 *Hyssopus cuspidatus* Boriss.:药用全草,镇咳祛痰,清热利湿,杀菌;可作观赏植物而栽培;蜜源。

(889)* 神香草 *H. officinalis* L.:药用,能祛痰;发汗;健胃;祛风;驱虫;利尿;可作观赏植物;蜜源。

(890)硬毛兔唇花 *Lagochilus hirtus* Fisch. et Mey.:药用,对高血压,癫痫,皮肤病和青光眼的治疗有效;植化原料(挥发油);观赏植物。

(891)夏至草 *Lagopsis supina* (Steph.) Ik. —Gal. ex Knorr.:药用,草入药,性味苦平,毒性小,具养血调经之效。

(892)扁柄草 *Lallemantia royleana* (Benth.) Benth.:药用,能解热,镇静,利尿。

(893)短柄野芝麻 *Lamium album* L.:药用,可作祛痰剂,用于治疗皮肤病,湿疹;蜜源植物;嫩枝条可食;香料。

(894)宝盖草 *L. amplexicaule* L.:全草入药,祛风,通络;消肿;止痛。

(895)* 薰衣草 *Lavandula angustifolia* Mill.:香料。

(896)益母草 *Leonurus artemisia* (Lour.) S. Y. Hu:药用,能补血,利尿,治眼疾。

(897)突厥益母草 *Leonurus turkestanicus* V. Krecz. et Kupr.:药用;蜜源。

(898)欧地笋 *Lycopus europaeus* L.:药用,可用于止血;染料植物;蜜源植物。

(899)欧夏至草 *Marrubium vulgare* L.:药用植物,可用于治疗呼吸道的疾病;染料;蜜源。

(900)薄荷 *Mentha haplocalyx* Briq.:药用,功能消风,散热;蜜源植物;嫩茎叶供食用;香料(图 7.41)。

(901)欧薄荷 *M. longifolia* (L.) Huds.:药用,用于结核病,胃炎的治疗;食用;蜜源。

(902)* 辣薄荷 *M. piperita* L.:药用;香料;蜜源。

(903)* 留兰香 *M. spicata* L.:全草入药,治伤风感冒,跌打损伤,全身麻木;香料;食用;蜜源。

(904)* 石香薷 *Mosla chinensis* Maxim.:全草入药,祛暑,活血,理气,化湿。

图 7.41　薄荷

(905)荆芥 *Nepeta cataria* L.:全草入药,能驱风发汗,解热,透疹,止血;香料;蜜源。

(906)直齿荆芥 *N. pannonica* L.:药用;蜜源。

(907)大花荆芥 *N. sibirica* L.:香料;观赏植物;蜜源(图 7.42)。

(908)* 罗勒 *Ocimum basilicum* L.：药用，能疏风行气，化湿消食，活血，解毒；香料；食用。

(909)牛至 *Origanum vulgare* L.：药用，能清暑解表，利水消肿；香料；食用；染料；蜜源。

(910)小花牛至 *O. tyttanthum* Gonysch.：香料；药用；染料；蜜源。

(911)* 紫苏 *Perilla frutescens* (L.) Britt.：入药能降气消痰，平喘，润肠；全草可提取芳香油；可食；紫苏花蜜量大，是优良的蜜源植物；紫苏秸秆粉可做奶牛等的精饲料。

(912)块根糙苏 *Phlomis tuberose* L.：药用，能祛风清热，止咳化痰，生肌敛疤；块茎烘烤和煮熟均可用作食物；好的蜜源；饲料。

(913)夏枯草 *Prunella vulgaris* L.：药用，功能清肝火，散郁结；嫩茎叶供食用；蜜源植物(图 7.43)。

图 7.42　大花荆芥

图 7.43　夏枯草

(914)新疆鼠尾草 *Salvia deserta* Schang：油料；药用；蜜源(图 7.44)。

(915)* 丹参 *S. miltiorrhiza* Bge.：入药能祛瘀止痛，活血调经，养心除烦。

(916)* 撒尔维亚 *S. officinalis* L.：香料；药用。

(917)* 麝香鼠尾草 *S. sclarea* L.：香料；油料；种子的油渣是有营养的饲料。

(918)小裂叶荆芥 *Schizonepeta annua* (Pall.) Schischk.：香料；植化原料(百里香酚)。

(919)多裂叶荆芥 *S. multifida* (L.) Briq.：药用，能镇痛，祛痰，抗菌；香料；食用；蜜源。

图 7.44　新疆鼠尾草

(920)* 裂叶荆芥 *S. tenuifolia* (Benth.) Briq.：药用，主治感冒风寒发热，头痛，咽喉肿痛等；全草富含芳香油，可提制芳香油。

(921)* 黄芩 *Scutellaria baicalensis* Georgi：药用，功能除湿热，泻实火，安胎。

(922)* 半支莲 *S. barbata* D. Don：入药能清热解毒，活血祛瘀。

(923)盔状黄芩 *S. galericulata* L.：药用，外用或内服治各种出血；染料。

(924)并头黄芩 *S. scordifolia* Fisch. ex Schrenk：全草入药，能清热解毒，利尿；食用(饮

料)。

(925)山地硬萼草 *Sideritis montana* L.:香料;有毒。

(926)沼生水苏 *Stachys palustris* L.:药用,用于创伤和溃疡的治疗;油料;有毒;蜜源。

(927)林地水苏 *S. sylvatica* L.:药用,可作治创伤,痛风,癫痫,胃病和肝病的药;有毒;染料;蜜源。

(928)沼泽香科科 *Teucrium scordioides* Schreb.:药用;香料;食用。

(929)蒜味香科科 *T. scrdium* L.:药用价值很高,主要用于防腐,强壮,驱虫,防鼠疫以及治疗肺病。

(930)异株百里香 *Thymus marschallianus* Willd.:香料;药用;鞣料;蜜源。

(931)百里香 *T. mongolicus* (Ronn.) Ronn.:入药能祛风解表,行气止痛;香料;饲料;夏季主要的蜜源植物。

(932)乌恰百里香 *T. seravshanicus* Klok.:香料;食用。

(933)新塔花 *Ziziphora bungeana* Juz.:药用;香料。

(934)芳香新塔花 *Z. clinopodioides* Lam.:入药,强心利湿,理气化痰,消炎散结;香料;食用;蜜源(图 7.45)。

(935)南疆新塔花 *Z. pamiroalaica* Juz. ex Nevski:药用,可作滋补剂;香料;饲料。

(936)小新塔花 *Z. tenuior* L.:香料;食用;药用;饲料;蜜源(图 7.46)。

图 7.45　芳香新塔花

图 7.46　小新塔花

**105. 茄科　Solanaceae**

(937)* 颠茄 *Atropa belladonna* L.:药用,功能解除平滑肌痉挛,抑制腺体分泌;有毒;油料。

(938)* 辣椒 *Capsicum annuum* L.:食用;果实入药,温中,散寒,开胃,消食;香料。

(939)毛曼陀罗 *Datura innoxia* Mill.:药用,功能平喘,止咳,定痛;有毒;植化原料(生物碱)。

(940)曼陀罗 *D. stramonium* L.:药用;有毒;油料。

(941)天仙子 *Hyoscyamus niger* L.:入药能解痉,止痛,安神;有毒;油料;植化原料(生物碱)(图 7.47)。

(942)* 宁夏枸杞 *Lycium barbarum* L.：药用，功能滋肾，润肺，益肝，明目；食用；油料；饲料。

(943)* 枸杞 *L. chinense* Mill.：药用；食用；种子油可制润滑油；饲料；可作花卉盆景供观赏。

(944)黑果枸杞 *L. ruthenicum* Murr.：药用，可作滋补强壮以及降压药；饲料；有毒。

(945)* 番茄 *Lycopersicon esculentum* Mill.：入药，生津止渴，健胃消食；食用；油料；燃料；有毒。

图 7.47　天仙子

(946)* 假酸浆 *Nicandra physaloides* (L.) Gaertn.：植物的全草，果实，花亦供药用，能镇静，祛痰，清热，解毒；有毒；油料；染料；观赏植物。

(947)* 黄花烟草 *Nicotiana rustica* L.：有毒；油料；植化原料(柠檬酸，芳香物质)。

(948)* 烟草 *N. tabacum* L.：入药，行气止痛，解毒杀虫；有毒；油料；植化原料(柠檬酸)。

(949)挂金灯(变种) *Physalis alkekengi* L. var. *francheti* (Mast.) Makino：药用，能清热解毒，利咽，化痰，利尿；食用；染料；油料。

(950)泡囊草 *Physochlaina physaloides* (L.) G. Don：药用有镇痛，镇静，解痉之功效；有毒；植化原料(阿托品)。

(951)马尿泡 *Przewalskia tangutica* Maxim.：种子及根入药，镇痛消肿；有毒。

(952)黄花刺茄 *Solanum cornutum* Lam.：有毒；有害。

(953)* 茄 *S. melongena* L.：根，茎，叶入药，为收敛剂，有利尿之效，叶也可作麻醉剂；果可供蔬食。

(954)龙葵 *S. nigrum* L.：药用，能清热解毒，消肿散结，消炎利尿；有毒；食用；染料。

(955)* 阳芋 *S. tuberosum* L.：块茎入药，补气，健脾，消炎；食用；有毒；植化原料(龙葵碱)；饲料。

**106. 玄参科　Scrophulariaceae**

(956)野胡麻 *Dodartia orientalis* L.：全草入药，治老年慢性气管炎，小儿肺炎，支气管炎等；有毒；胶脂；饲料。

(957)短腺小米草 *Euphrasia regelii* Wettst.：全草入药，清热，除烦，利尿，治热病口渴，头痛，小便不利。

(958)药用水八角 *Gratiola officinalis* L.：药用，能驱虫，治疗痛风，积水，肝病等，有毒。

(959)短穗兔耳草 *Lagotis brachystachya* Maxim.：全草入药，清肺，胃瘀血，排脓，可治高血压，肺炎等症；饲料。

(960)短筒兔耳草 *Lagotis brevituba* Maxim.：入药能清热解毒，行血调经。

(961)柳穿鱼 *Linaria vulgaris* Mill.：全草入药能清热，散瘀，治流行性感冒，黄疸，风湿性心脏病，汤火烫伤等；有毒；观赏；蜜源。

(962)疗齿草 *Odontites serotina* (Lam.) Dumort：全草入药，能清热燥湿，凉血止痛；有

毒；饲料。

(963)毛穗马先蒿 *Pedicularis dasystachys* Schrenk：药用，可治疗急性的坐骨神经痛和腰痛；有毒。

(964)轮叶马先蒿 *P. verticillata* L.：入药，能大补元气，生津安神，强心。

(965)砾玄参 *Scrophularia insisa* Weinm.：药用，能透疹，清热，主治麻疹，天花，水痘，猩红热。

(966)准噶尔毛蕊花 *Verbascum songoricum* Schrenk ex Fisch. et Mey.：有毒；药用，可利用叶汁治肿瘤和烧烫伤。

(967)毛蕊花 *V. thapsus* L.：全草入药，清热解毒，止血散瘀；有毒；染料；观赏植物；蜜源。

(968)北水苦荬 *Veronica anagallis－aquatica* L.：全草入药，清热利湿，止血化痰；嫩苗可蔬食。

(969)直立婆婆纳 *V. arvensis* L.：全草入药，治疟疾。

(970)纤毛婆婆纳 *V. ciliata* Fisch.：全草入药，具有清热解毒，祛风利湿之效。

(971)婆婆纳 *V. didyma* Tenore：全草入药，治疝气，腰痛，白带；茎叶味甜，可食；饲料。

(972)兔儿尾苗 *V. longifolia* L.：药用，用于治疗感冒，头痛，肺结核，膀胱疾病，胃失调；嫩苗可食；各地庭院常栽培供观赏；蜜源植物。

(973)阿拉伯婆婆纳 *V. persica* Poir.：全草入药，治肾虚腰痛，风湿疼痛。

(974)小婆婆纳 *V. serpyllifolia* L.：全草入药，活血止血，清热解毒。

(975)卷毛婆婆纳 *V. teucrium* L.：全草入药，能清热解毒，祛风除湿，主治风湿疼痛，流感，尿道炎。

### 107. 紫葳科　Bignoniaceae

(976)* 梓树 *Catalpa ovata* G. Don.：药用，清热，解毒，杀虫；有毒；全株树姿优美，树种可供园林绿化；又能抗二氧化硫的毒气，故又可为工矿绿化的抗污染树种。

### 108. 胡麻科　Pedaliaceae

(977)* 胡麻 *Sesamum indicum* L.：药用，功能补肝肾，润五脏，主治肝肾不足，头风眩晕，风痹瘫痪；食用；从种子中可获得高质量的芝麻油，用于制造人造奶油和用在肥皂制造中；香料；纤维；饲料(图 7.48)。

### 109. 列当科　Orobanchaceae

(978)肉苁蓉 *Cistanche deserticola* Y. C. Ma：入药，补肾阳，益精血，润肠；食用。

(979)盐生肉苁蓉 *C. salsa* (C. A. Mey.) G. Beck：入药，补肾阳，益精血，润肠；食用。

(980)管花肉苁蓉 *C. tubulosa* (Schrenk) R. Wight：药用；食用。

(981)弯管列当 *Orobanche cernua* Loefl.：全草入药为强壮剂，补肾助阳，强筋骨，润肠。

图 7.48　胡麻

(982)列当 *O. coerulescens* Steph.：全草入药为强壮剂，补肾助阳，强筋骨，润肠。

**110. 车前科　Plantaginaceae**

(983)车前 *Plantago asiatica* L.：入药功能清热，利尿，凉血，祛痰；食用；饲料；油料；胶脂。

(984)平车前 *P. depressa* Willd.：全草入药，治肠热腹痛，腹泻，肾脏病，尿血等症；饲料。

(985)长叶车前 *P. lanceolata* L.：药用；饲料。

(986)大车前 *P. major* L.：药用，根的煎剂用来治咳嗽和肾病；食用；油料；饲料；蜜源。

(987)中车前 *P. media* L.：药用，用于挫伤，切伤和脓肿；鞣料；蜜源。

**111. 茜草科　Rubiaceae**

(988)拉拉藤 *Galium aparine* L.：全草入药，清湿热，散瘀，消肿，解毒；食用(代咖啡)；染料；饲料。

(989)北方拉拉藤 *G. boreale* L.：全草药用治肺炎；染料；饲料；蜜源。

(990)香拉拉藤 *G. odoratum* (L.) Scop.：药用，根和根茎用来治腹泻和急性肠胃黏膜炎，作收敛和包复药香料。

(991)蓬子草 *G. verum* L.：全草入药，清热解毒，行血，止痒；染料；饲料；蜜源。

(992)长叶茜草 *Rubia dolichophylla* Schrenk：染料。

(993)染色茜草 *R. tictorum* L.：药用，用于肾结石病的治疗；染料；鞣料；蜜源。

**112. 忍冬科　Caprifoliaceae**

(994)阿尔泰忍冬(变种) *Lonicera caerulea* L. var. *altaicus* Pall.：药用，能利尿，强壮全身；食用；蜜源；环境防护(观赏)。

(995)刚毛忍冬 *Lonicera hispida* Pall. ex Roem.：药用，具清热解毒之效，主治上呼吸道感染，扁桃体炎，急性乳腺炎等；环境防护(观赏)；蜜源。

(996)小叶忍冬 *L. microphylla* Willd. ex Roem. et Schult.：观赏灌木，还可做水土保持及园林绿化树种；蜜源。

(997)新疆忍冬 *L. tatarica* L.：非常美观的植物；蜜源；有毒。

(998)西伯利亚接骨木 *Sambucus sibirica* Nanki：药用；食用；香料；染料；环境防护(观赏)；蜜源。

(999)欧洲荚蒾 *Viburnum opulus* L.：药用，可作维生素剂，强壮剂，发汗剂和泻剂；食用；木材；染料；蜜源。

**113. 败酱科　Valerianaceae**

(1000)中败酱 *Patrinia intermedia* (Horn.) Roem. et Schult.：药用，可被用作镇静药；食用(饮料添加剂)；植化原料(皂角甙)。

(1001)西伯利亚败酱 *P. sibirica* (L.) Juss.：药用，可作镇静的和强心的药。

(1002)新疆缬草 *Valeriana fedtschenkoi* Coincy：饲料；药用；蜜源。

(1003)毛茛叶缬草 *V. ficariifolia* Boiss.：药用；蜜源。

(1004)缬草 *V. officinalis* L.：根及根茎入药，治心神不安，胃弱，腰痛，月经不调，跌打损伤；香料；油料。

(1005)芥叶缬草 *V. sisymbriifolia* Vahl.：药用；蜜源。

### 114. 川续断科　Dipsacace

(1006)* 川续断 *Dipsacus asper* Wall. ex DC.：药用，功能补肝肾，续筋骨，通血脉。

(1007)准噶尔蓝盆花 *Scabiosa songarica* Schrenk：药用，可治疗各种感冒病，呼吸道伴随的病，以及结核病。

### 115. 葫芦科　Cucurbitaceae

(1008)* 冬瓜 *Benincasa hispida*（Thunb.）Cogn.：药用，功能清热润肺，行水消肿，消痰，清热，解毒；食用。

(1009)* 西瓜 *Citrullus lanatus*（Thunb.）Matsum. et Nakai：药用，能清热解暑，除烦止渴，热盛津伤，小便不利，喉痹，口疮；食用；油料；造纸。

(1010)* 甜瓜 *Cucumis melo* L.：药用，功能消瘀，排脓，清肺，润肠；食用；有毒；油料；饲料。

(1011)* 黄瓜 *C. sativus* L.：药用，除热，利水，解毒；食用；油料；蜜源。

(1012)* 南瓜 *Cucurbita moschata*（Duch. ex Lam.）Duch. ex Poir.：果实入药，补中益气，消炎止痛，解毒杀虫；食用；油料；染料；造纸；饲料；蜜源。

(1013)* 西葫芦 *C. pepo* L.：药用；果实作蔬菜，也可作饲料食用。

(1014)* 喷瓜 *Ecballium elaterium*（L.）A. Rich.：药用，用于治疗恶性的肿瘤；各植物园及花圃多喜栽培玩赏；有毒。

(1015)* 葫芦 *Lagenaria siceraria*（Molina）Standl.：药用，能利尿消肿，用于四肢，面目浮肿，积水；幼嫩时可供菜食；攀缘的观赏植物；油料；有毒。

除上述，新疆常见栽培的还有 3 个变种：

① * 瓠瓜（变种）*L. siceraria* var. *depressa*（Ser）Hara：利尿消肿；嫩时亦可作蔬菜食用；也供作乐器。

② * 瓠子（变种）*L. siceraria* var. *hispida*（Thunb.）Hara：果实嫩时柔软多汁，作蔬菜。

③ * 小葫芦（变种）*L. siceraria* var. *microcarpa*（Naud.）Hara：干果作小型容器；为庭院常见的攀援观赏植物；果实药用；种子油可制肥皂。

(1016)* 丝瓜 *Luffa cylindrica*（L.）Roem.：入药能通经络，行血脉；嫩的绿色果实作蔬菜食用；种子可榨油，供食用或工业用；还可作观赏植物。

(1017)* 苦瓜 *Momordica charantia* L.：药用，能清热解毒，益气壮阳；果实味苦，作蔬菜食用。

(1018)* 栝楼 *Trichosanthes kirilowii* Maxim.：药用，功能生津止渴，降火润燥，排脓消肿；油料。

### 116. 桔梗科　Campanulaceae

(1019)喜马拉雅沙参 *Adenophora himalayana* Feer：根入药，有清肺热，养阴，祛痰，止咳，强心及抗真菌的作用。

(1020)新疆沙参 *A. lillifolia*（L.）Bess.：药用，有降低血压，强心，抗真菌的作用；食用；胶脂。

(1021)聚花风铃草 *Campanula glomerata* L.：药用；饲料。

(1022)新疆党参 *Codonopsis clematidea*（Schrenk）Clarke：药用（图 7.49）。

(1023)* 党参 *C. pilosula* Nannf.：干燥根入药，功能和脾胃，补中益气，生津，主治脾胃虚弱，肺气不足，体倦无力，食少，口渴；种子还可榨油。

(1024)* 桔梗 *Platycodon grandiflorus* (Jacq.) A. DC.：根入药，功能宣肺，散寒，消痰，排脓，主治外感咳嗽，咽喉肿痛，肺痈咳吐脓血；食用(图 7.50)。

### 117. 菊科　Compositae

(1025)亚洲蓍 *Achillea asiatica* Serg.：药用，能消肿，止痛，主治关节肿痛，疖疮肿毒；香料；饲料。

(1026)蓍 *A. millefolium* L.：药用，具有止血，消肿，抗炎，健胃，清热解毒，降低血压，止痛调经，发汗，强壮，收敛等疗效；食用；香料；油料；饲料；有毒。

(1027)顶羽菊 *Acroptilon repens* (L.) DC.：药用，能清热解毒，活血消肿；有毒；饲料；胶脂。

(1028)灌木亚菊 *Ajania fruticulosa* (Ledeb.) Poljak.：饲用；香料；有毒(杀虫)。

(1029)蝶须 *Antennaria dioica* (L.) Gaertn.：药用。

(1030)* 春黄菊 *Anthemis tinctoria* L.：药用；染料；有毒；也是很好的园林花卉；适宜布置花坛及点缀岩石园，也可供切花用。

(1031)牛蒡 *Arctium lappa* L.：药用，对心血管有保护作用，可降低胆固醇，促进血液循环，预防中风；食用；饲料；油料；纤维；蜜源。

(1032)毛头牛蒡 *A. tomentosum* Mill.：药用，可用于新陈代谢破坏时，作发汗的，清血的，轻泻的药；食用；饲料；蜜源。

(1033)中亚苦蒿 *Artemisia absinthium* L.：叶和花枝入药，清热燥湿，杀虫止痒，主治关节炎；香料；有毒；蜜源。

(1034)碱蒿 *A. anethifolia* Web. ex Stechm.：嫩茎叶入药，能清热利湿，治湿热黄疸，小便不利；饲料。

(1035)莳萝蒿 *A. anethoides* Mattf.：药用；饲料。

(1036)黄花蒿 *A. annua* L.：药用，功能泻热，清暑，理劳；油料；纤维；饲料。

(1037)银蒿 *A. austriaca* Jacq.：入药作驱虫药；香料；饲料。

(1038)纤杆蒿 *A. demissa* Krasch.：药用。

(1039)沙蒿 *A. desertorum* Spreng.：本种在固定沙

图 7.49　新疆党参

图 7.50　桔梗

丘，荒漠草原上常大片生长，有良好的固沙作用；在秋季也是各类牲畜采食的良好牧草。

(1040)龙蒿 *A. dracunculus* L.：药用，治暑湿发热，虚劳等；食用；香料；饲料(图 7.51)。

图 7.51　龙蒿

(1041)冷蒿 *A. frigida* Willd.：全草入药，清热，利湿，退黄；植物化学原料(龙脑)；饲料。

(1042)细裂叶莲蒿 *A. gmelinii* Web. ex Stechm.：幼嫩枝叶入药，主治黄疸型肝炎，胆囊炎，胆结石，小便不利等症；香料；饲料。

(1043)盐蒿 *A. halodendron* Turcz. ex Bess.：嫩枝叶入药，能祛痰，平喘，解表；固沙性能强，为良好的固沙植物之一；饲料。

(1044)臭蒿 *A. hedinii* Ostenf.：入药，有清热，解毒，凉血，消炎，除湿之效；还可用作杀虫药。

(1045)野艾蒿 *A. lavandulaefolia* DC.：入药，有散寒，祛湿，温经，止血作用；嫩苗作蔬菜或腌制酱菜食用；鲜草作饲料。

(1046)白叶蒿 *A. leucophylla* Turcz. ex C. B. Clarke：入药，有温气血，逐寒湿，止血，消炎的作用。

(1047)大花蒿 *A. macrocephala* Jacq. ex Bess.：入药，外用治疮痈，湿疹等；全草含挥发油，可提芳香油；为牧区牲畜中等营养价值的饲料。

(1048)中亚旱蒿 *A. marschalliana* Spreng.：染料；纤维；饲料。

(1049)蒙古蒿 *A. mongolica* (Fisch. et Bess.) Nanki：全草入药，有温经，止血，散寒，祛湿等功效；可提取芳香油，用于配制香精；在秋季常被牛，羊采食；茎皮含纤维，可作造纸用。

(1050)黑沙蒿 *A. ordosica* Krasch.：根，茎，叶，种子均可入药，茎，叶能祛风湿，清热消肿；优良固沙植物；又为家畜冬春主要饲草。

(1051)柔毛蒿 *Artemisis pubescens* Ledeb.：药用；饲料。

(1052)岩蒿 *A. rupestris* L.：药用，能清热解毒，消食健胃，利胆，解蛇毒；饲料。

(1053)香叶蒿 *A. rutifolia* Steph. ex Spreng.：饲料。

(1054)白莲蒿 *A. sacrorum* Ledeb.：香料；植物化学原料(维生素)；饲料。

(1055)猪毛蒿 *A. scoparia* Waldst. et Kit.：全草入药，有发汗，解热，利尿的作用；饲料；香料。

(1056)大籽蒿 *A. sieversiana* Ehrh. ex Willd.：全株入药，有消炎，清热，解毒，燥湿，健胃，

止血，消肿，止痛之效；油料；食用；香料；植物化学原料（挥发油）；饲料。

（1057）圆头蒿 *A. sphaerocephala* Krasch.：瘦果入药，有消炎，消肿，利气，杀虫之效；为西北，华北沙荒地区良好的固沙植物之一；油料；纤维；饲料。

（1058）毛莲蒿 *A. vestita* Wall. ex Bess.：全草入药，有清热，解毒，利湿，健胃，祛风，止痒之效；治瘟疫内热，四肢酸痛，骨蒸发烧。

（1059）北艾 *A. vulgaris* L.：入药能理血气，逐寒湿，温经，止血，安胎；食用；香料；染料；饲料。

（1060）内蒙古旱蒿 *A. xerophytica* Krasch.：本种根系粗大，深长，耐干旱，抗风沙，在荒漠与半荒漠地区作防风固沙的辅助性植物；也是良好的饲用植物。

（1061）高山紫菀 *Aster alpinus* L.：药用，具有祛痰作用；环境防护（观赏）；蜜源。

（1062）萎软紫菀 *A. flaccidus* Bge.：全草入药，能清热解毒，止咳，明目；可用于引种栽培作观赏；蜜源。

（1063）大羽鬼针草 *Bidens radiata* Thuill.：药用；染料；蜜源。

（1064）狼把草 *B. tripartita* L.：全草入药，能清利湿热；染料；油料；饲料。

（1065）* 金盏花 *Calendula officinalis* L.：花和根入药，能凉血，止血；染料；油料；观赏植物；蜜源。

（1066）节毛飞廉 *Carduus acanthoides* L.：药用。

（1067）丝毛飞廉 *C. crispus* L.：全草入药，能祛风，清热，利湿，凉血散瘀；食用；油料；饲料；蜜源。

（1068）飞廉 *C. nutans* L.：饲料；食用；油料；蜜源。

（1069）天名精 *Carpesium abrotanoides* L.：干燥成熟果实入药，功能杀虫；主治虫积腹痛；有毒。

（1070）* 红花 *Carthamus tictorius* L.：红花花药用；果实油能食用；油渣可作肥料（图 7.52）。

图 7.52 红花

（1071）* 矢车菊 *Centaurea cyanus* L.：环境防护（观赏）；药用；染料；油料；有毒；蜜源。

（1072）欧亚矢车菊 *C. ruthenica* Lam.：食用；油料；胶脂；饲料；蜜源。

（1073）* 果香菊 *Chamaemelum nobile*（L.）All.：香料；药用；间或植花坛间观赏。

（1074）沙地粉苞菊 *Chondrilla ambiqua* Fisch. ex Kar.：胶脂；饲料。

（1075）短喙粉苞菊 *C. brevirostris* Fisch. et Mey.：胶脂；饲料。

（1076）少花粉苞菊 *C. pauciflora* Ledeb.：胶脂；饲料。

（1077）* 蒿子杆 *Chrysanthemum carinatum* Schousb.：食用；全草入药，能和脾胃，利二

便，消痰饮；观赏植物。

(1078)* 腺毛菊苣 *Cichorium glandulosum* Boiss. et Huet：入药能清热解毒，利尿消肿，健胃。

(1079)菊苣 *C. intybus* L.：药用，用于改善食欲，胃和其他消化器官的机能状态，轻微刺激肠的蠕动；食用；油料；饲料；蜜源。

(1080)丝路蓟 *Cirsium arvense* (L.) Scop.：有毒；油料；蜜源；药用。

(1081)莲座蓟 *C. esculentum* (Sievers) C. A. Mey.：全草入药，能散瘀消肿，排脓托毒，止血；治肺脓肿，疮痈肿毒，皮肤病，肝热，各种出血。

(1082)堆心蓟 *C. helenioides* (L.) Hill.：药用；嫩枝叶可食；饲料；蜜源。

(1083)刺儿菜 *C. setosum* (Willd.) M. B.：全草入药，功能行瘀，凉血，止血；食用；饲料。

(1084)小蓬草 *Conyza canadensis* (L.) Cronq.：全草入药，消炎止血，祛风湿，治血尿，水肿，肝炎，胆囊炎，小儿头疮等症；植化原料(挥发油)；饲料；绿肥。

(1085)西伯利亚还阳参 *Crepis sibirica* L.：药用；饲料；蜜源。

(1086)甘菊 *Dendranthema lavandulifolium* (Fisch. ex Trautv.) Kitam.：药用，能清肝明目，治感冒，肝炎。

(1087)* 菊花 *D. morifolium* (Ramat) Tzvel.：药用，功能散风，清热，明目，解毒；环境防护(观赏)。

(1088)白茎蓝刺头 *Echinops albicaulis* Kar. et Kir.：油料；有毒。

(1089)砂蓝刺头 *E. gmelinii* Turcz.：根入药，能清热解毒，排脓，通乳；治疮痈肿痛，乳腺炎，乳汁不通，淋巴结结核，痔漏。

(1090)硬叶蓝刺头 *E. ritro* L.：根入药，清热解毒，消肿排脓，下乳，通筋脉；环境防护(观赏)；有毒；油料；植化原料(生物碱)；蜜源。

(1091)蓝刺头 *E. sphaerocephalus* L.：药用；有毒；植化原料(生物碱)；蜜源。

(1092)长茎飞蓬 *Erigeron elongates* Ledeb.：全草入药，能解毒消肿，活血。

(1093)近似鼠麴草 *Gnaphalium affine* D. Don.：全草入药，能祛痰，止咳，平喘，祛风湿；食用；饲料。

(1094)林地鼠麴草 *G. silvaticum* L.：药用，用于治疗癫痫，麻痹，疝，心脏病。

(1095)* 向日葵 *Helianthus annuus* L.：根及茎髓入药，能清热利尿，止咳平喘；食用；油料；染料；胶脂；植化原料(菲丁)；造纸；纤维(编织)；饲料；蜜源(图 7.53)。

图 7.53　向日葵

(1096)* 菊芋 *H. tuberosus* L.：药用，是治疗糖尿病的良药；食用；纤维；饲料；蜜源。

(1097)沙生蜡菊 *H. arenarium* (L.) Moench.：药用，用于治疗肝病和肠胃病；染料；环境防护(观赏)。

(1098)阿尔泰狗哇花 *Heteropappus altaicus* (Willd.) Novopokr.：花或全草供药用，清热降火，排脓；饲料；环境防护(观

赏)。

(1099)山柳菊 *Hieracium umbellatum* L.:药用,其根茎可用作收敛和止血的药;染料;饲料;蜜源。

(1100)欧亚旋复花 *Inula britannica* L.:药用,能降气,消痰,行水;蜜源。

(1101)土木香 *I. helenium* L.:药用,能降气,化痰,止咳,行水;食用;香料;染料;蜜源;

(1102)总状土木香 *I. racemosa* Hook. f.:药用,能健脾和胃,调气解郁,止痛。

(1103)蓼子朴 *I. salsoloides* (Turcz.) Ostenf.:药用;环境防护(固沙);饲料。

(1104)中华小苦荬 *Ixeridium chinensis* (Thunb.) Tzvel.:全草供药用,清热解毒,泻肺火,凉血,止血,止痛,调经,活血,化腐生肌;食用;饲料。

(1105)蒙新苓菊 *Jurinea mongolica* Maxim.:全草性凉,可以消肿。

(1106)* 莴苣 *Lactuca sativa* L.:药用,可治小便不利,尿血,乳汁不通;食用;饲料。

常见作蔬菜有下列两个变种。

① 莴苣 *L. sativa* var. *angustata* Irish ex Bremer:主食茎,嫩叶也食用。

② 玻璃生菜 *L. sativa* var. *crispa* L. 主食叶。

(1107)野莴苣 *L. serriola* Torner.:饲料;有毒;油料;胶脂;食用。

(1108)山野火绒草 *Leontopodium campestre* (Ledeb.) Hand. -Mazz.:药用;饲料;环境防护(观赏)。

(1109)火绒草 *L. leontopodioides* (Willd.) Beauv.:全草入药,能清热凉血,益肾利水。

(1110)大叶橐吾 *Ligularia macrophylla* (Ledeb.) DC.:药用,温肺下气,消炎,止咳;有毒;饲料。

(1111)母菊 *Matricaria recutita* L.:头状花序可入药,有发汗和镇痉作用;香料;染料;环境防护(观赏)。

(1112)大翅蓟 *Onopordum acanthium* L.:油料;食用。

(1113)蚤草 *Pulicaria prostrata* (Gilib.) Ascher.:有毒(杀虫);药用。

(1114)伞房匹菊 *Pyrethrum parthenifolium* Willd.:香料;可栽培作观赏植物。

(1115)草地风毛菊 *Saussurea amara* (L.) DC.:全草入药,消肿,清热,解毒;饲料。

(1116)鼠麴雪兔子 *S. gnaphalodes* (Royle) Sch. -Bip.:全草入药具有明显的抗菌,降压,镇静,解痉作用。

(1117)雪莲花 *S. involucrata* (Kar. et Kir.) Sch. -Bip.:药用,能祛寒,壮阳,调经,止血;香料;有毒。

(1118)宽叶风毛菊 *S. latifolia* Ledeb.:药用,具有止血作用;饲料。

(1119)小果雪兔子 *S. simpsoniana* (Field. et Gardn.) Lipsch.:药用,可用于治疗蛇咬伤,传染病,妇女病等症。

(1120)草甸雪兔子 *S. thoroldii* Hemsl.:全草入药,有除湿,壮阳,调经,止血之效。

(1121)鸦葱 *Scorzonera austriaca* Willd.:全草入药,消炎散肿,解毒接骨;饲料。

(1122)剑叶鸦葱 *S. ensifolia* M. B.:饲料;环境防护(固沙)。

(1123)蒙古鸦葱 *S. mongolica* Maxim.:全草入药,清热解毒,利尿;饲料;有毒。

(1124)块根鸦葱 *S. tuberosa* Pall.:食用;环境防护(固沙)。

(1125)新疆千里光 *Senecio jacobaea* L.:药用,用于治疗慢性咳嗽,赤痢,可作止血药;有毒;蜜源。

(1126)林荫千里光 *S. nemorensis* L.:全草入药,能清热解毒;有毒;胶脂。

(1127)小针裂叶绢蒿 *Seriphidium amoenum* (Poljak.) Poljak.:药用;植化原料。

(1128)博乐塔绢蒿 *S. borotalense* (Poljak.) Ling et Y. R. Ling:饲料。

(1129)* 蛔蒿 *S. cinum* (Berg. ex Poljak.)Poljak.:药用;香料;植化原料;有毒。

(1130)聚头绢蒿 *S. compactum* (Fisch. et Bess.) Poljak.:药用;植化原料。

(1131)费尔干绢蒿 *S. ferganense* (Krasch. ex Poljak.) Poljak.:饲料;植化原料(樟脑)。

(1132)纤细绢蒿 *S. gracilescens* (Krasch. et Iljin) Poljak.:饲料,适口性较差,属良等牧草。

(1133)三裂叶绢蒿 *S. junceum* (Kar. et Kir.) Poljak.:药用;植化原料(挥发油)。

(1134)新疆绢蒿 *S. kaschgaricum* (Krasch.) Poljak.:饲料。

(1135)球序绢蒿 *S. lehmanniana* (Bge.) Poljak.:香料;饲料。

(1136)西北绢蒿 *S. nitrosum* (Web. ex Stechm.) Poljak.:饲料。

(1137)高山绢蒿 *S. rhodanthum* (Rupr.) Poljak.:具有较高的饲用价值,属良等牧草。

(1138)沙漠绢蒿 *S. santolinum* (Schrenk) Poljak.:饲料,为沙漠中的良等牧草;环境防护(固沙)。

(1139)白茎绢蒿 *S. terrae—albae* (Krasch.) Poljak.:杀虫;饲料;环境防护(固沙)。

(1140)伊犁绢蒿 *S. transiliense* (Poljak.) Poljak.:药用;植化原料;饲料。

(1141)伪泥胡菜 *Serratula coronata* L.:药用,用于治疗黄疸,腹泻,咽喉疾病;染料;饲料;蜜源。

(1142)薄叶麻花头 *S. marginata* Tausch.:药用,可用于神经系统的疾病,在癫痫,心理障碍时作镇痉药。

(1143)* 水飞蓟 *Silybum marianum* (L.) Gaertn.:药用,有解毒的功能,可治急性肝炎,肝硬变,脂肪肝,胆囊炎等症;油料;食用。

(1144)加拿大一枝黄花 *Solidago canadensis* L.:环境防护(观赏);有毒。

(1145)毛果一枝黄花 *S. virgaurea* L.:药用;有毒;染料;蜜源。

(1146)苣荬菜 *Sonchus arvensis* L.:全草入药,能清湿热,消肿排脓,化瘀解毒;食用;油料;饲料;蜜源。

(1147)苦苣菜 *S. oleraceus* L.:药用,清热,凉血,解毒;食用;饲料;蜜源。

(1148)鹿草 *Stemmacantha carthamoides* (Willd.) Dittrich:药用,对改善血液循环和调节血压具有良好的作用;食用;香料;饲料;蜜源;

(1149)* 万寿菊 *Tagetes erecta* L.:药用,能平肝清热,祛风,化痰;香料;染料;环境防护(观赏)。

(1150)* 孔雀草 *T. patula* L.:全草入药,能清热利湿,止咳;香料;环境防护(观赏)。

(1151)菊蒿 *Tanacetum vulgare* L.:药用;有毒。

(1152)橡胶草 *T. kok—saghyz* Rodin:胶脂;植化原料(橡胶;酒精)。

(1153)药用蒲公英 *T. officinale* Wigg.:药用,能增加消化机能的紧张度和刺激食欲;食用;饲料;蜜源。

(1154)黄花婆罗门参 *Tragopogon orientalis* L.:药用,可用于妇女病和风湿病;蜜源。

(1155)新疆三肋果 *Tripleurospermum inodorum* (L.) Sch. －Bip.：有毒(杀虫)；油料；饲料。

(1156)款冬 *Tussilago farfara* L.：药用，功能润肠下气，化痰止咳，主治咳逆，喘息，喉痹，肺痈，咳吐脓血；食用；饲料；蜜源。

(1157)* 驱虫斑鸠菊 *Vernonia anthelmintica* (L.) Willd.：药用果实，利湿消肿，驱虫镇痛，用于痰饮浮肿，湿痹疼痛，肠内寄生虫。

(1158)苍耳 *Xanthium sibiricum* Patrin. ex Widd.：果实入药，能散风湿，通鼻窍；有毒；食用；油料；染料；蜜源。

**118. 香蒲科　Typhaceae**

(1159)长苞香蒲 *Typha angustata* Bory et Chaub.：药用，功能凉血，活血，消瘀；食用；

(1160)水烛 *T. angustifolia* L.：药用，能止血，化瘀，通淋；食用；饲料；纤维(填塞，编织)；造纸。

(1161)达香蒲 *T. davidiana* (Kronf.) Hand. －Mazzin：药用，内服为消炎利尿剂，外用为止血剂，对咳血，吐血，尿血，崩漏，痛经及跌打损伤等病症有效；纤维(编织，填塞)。

(1162)宽叶香蒲 *T. latifolia* L.：食用；药用；纤维(编织，填充)；造纸；饲料；蜜源。

(1163)小香蒲 *T. minima* Funk ex Hoppe：食用；药用；纤维(编织，填充)；造纸；饲料；蜜源

**119. 黑三棱科　Sparganiaceae**

(1164)小黑三棱 *Sparganium simplex* Huds.：块茎入药，功能破血，行气，消积，通经，止痛。

(1165)黑三棱 *S. stoloniferum* Buch. －Ham.：药用，能破血，行气，消积，止痛；饲料；纤维(编织)；造纸；燃料。

**120. 眼子菜科　Potamogetonaceae**

(1166)浮叶眼子菜 *Potamogeton natans* L.：全草供药用，有解热，利水，止血，补虚，健脾之效；食用；饲料。

(1167)篦齿眼子菜 *P. pectinatus* L.：全草药用，可清热解毒，内服治肺炎，熬膏外用治疮疖等；食用；饲料；环境防护(绿肥)。

**121. 水麦冬科　Juncaginaceae**

(1168)海韭菜 *Triglochin maritimum* L.：全草清热养阴，生津止渴；饲料；有毒；植化原料(苏打)。

(1169)水麦冬 *T. palustre* L.：全草入药，可清热，利湿，消炎，消肿；饲料；有毒；植化原料(苏打)。

**122. 泽泻科　Alismataceae**

(1170)东方泽泻 *Alisma orientalis* (Sam) Juz.：药用；有毒。

(1171)泽泻 *A. plantago－aquatica* L.：块茎入药，功能渗湿热，利小便；有毒；饲料；食用。

(1172)欧洲慈菇 *Sagittaria sagittifolia* L.：球茎入药，行血通淋；食用；饲料。

(1173)野慈菇 *S. trifolia* L.：植物的块茎可食；饲料。

**123. 花蔺科　Butomaceae**

(1174)花蔺草 *Butomus umbellatus* L.：纤维(编织)；食用；饲料；蜜源。

**124. 水鳖科　Hydrocharitaceae**

(1175)苦草 *Vallisneria spiralis* L.：药用；饲料。

**125. 禾本科　Gramineae**

(1176)醉马草 *Achnatherum inebrians* (Hance) Keng：有毒；全草及根，能解毒消肿，治腮腺炎。

(1177)芨芨草 *A. splendens* (Trin.) Neviski：茎，花及种子入药，利尿；纤维(编织)；造纸；饲料；环境防护(改土)。

(1178)黄花茅 *Anthoxanthum odoratum* L.：药用；香料；饲料。

(1179)羽毛三芒草 *Aristida pennata* Trin.：环境防护(固沙)；饲料(图 7.54)。

图 7.54　羽毛三芒草

(1180)荩草 *Arthraxon hispidus* (Thunb.) Mak.：全草入药，能止咳，定喘，杀虫；染料；饲料。

(1181)* 莜麦 *Avena chinensis* (Fisch. ex Roem. et Schult.) Metzg.：食用；全草亦为优等饲用植物。

(1182)野燕麦 *A. fatua* L.：茎叶入药，能补虚损，治吐血，出虚汗及妇女红崩；食用；饲料。

(1183)* 燕麦 *A. sativa* L.：饲料；食用。

(1184)菵草 *Beckmannia syzigachne* (Steud.) Fernald：饲料；纤维(编织)。

(1185)白羊草 *Bothriochloa ischaemum* (L.) Keng：饲料；香料；纤维(制刷)。

(1186)无芒雀麦 *Bromus inermis* Leyss.：饲料；固定沙丘先锋植物。

(1187)雀麦 *B. japonicaus* Thunb. Ex Murr：造纸；食用(酿酒)；饲料；药用，治汗出不止。

(1188)拂子茅 *Calamagrostis epigeios* (L.) Roth.：饲料；纤维(编织；造纸)。

(1189)假苇拂子茅 *Calamagrostis pseudophragmites* (Hall f.) Koel.：饲料；造纸；环境防护(固堤)。

(1190)大叶章 *C. purpurea* (Trin.) Trin.：饲料；纤维(编织)；造纸。

(1191)* 薏苡 *Coix lacryma*－*jobi* L.：药用，能健脾，补肺，清热，利水；食用；造纸；饲料；工艺。

(1192)狗牙根 *Cynodon dactylon* (L.) Pers.：全草入药，祛风，活络，解热，止血，生肌；饲料；环境防护(保土；绿化)。

(1193)鸭茅 *Dactylis glomerata* L.：饲料。

(1194)发草 *Deschampsia caespitosa* (L.) Beauv.：饲料；纤维(编织)。

(1195)马唐 *Digitaria sanguinalis* (L.) Scop.:饲料;食用;造纸;环境防护(固沙)。

(1196)稗 *Echinochloa crusgalli* (L.) Beauv.:食用;饲料;药用。

(1197)水田稗 *E. oryzoides* (Ard.) Fritsch.:饲料;食用;植物原料(酒精)。

(1198)偃麦草 *Elytrigia repens* (L.) Nevski:饲料;药用。

(1199)大画眉草 *Eragrostis cilianensis* (All.) Link. ex Vign. —Lut.:全草及花序入药,能疏风清热,利尿,主治尿路感染。

(1200)小画眉草 *E. minor* Host.:饲料;环境防护(观赏)(图 7.55)。

(1201)画眉草 *E. pilosa* (L.) Beauv.:全草入药治跌打损伤;饲料。

(1202)沙生蔗茅 *Erianthus ravennae* (L.) Beauv.:纤维(建筑,编织,制刷);造纸;燃料;饲料;是较好的固沙植物。

(1203)水甜茅 *Glyceria maxima* (Hartm.) Holmb.:食用(糖);饲料;纤维;有毒。

图 7.55 小画眉草

(1204)折甜茅 *G. plicata* (Fries) Fries:饲料;食用。

(1205)茅香 *Hierochloe odorata* (L.) Beauv.:药用;香料;饲料;纤维(编织);环境防护(固土)。

(1206)* 大麦 *Hordeum vulgare* L.:药用,可消肿,利湿,理气,治小便不通;食用;柔嫩多汁,适口性好,营养丰富,是极好的精饲料;纤维(编织);造纸。

有 2 变种:

① * 青稞(变种) *H. vulgare* var. *nudum* Hook. f.:食用;饲料。

② * 三叉大麦(变种) *H. vulgare* var. *trifrcatum* (Schlecht.) Alef.:饲料。

(1207)* 白茅(变种) *Imperata cylindrica* Beauv. var. *major* (Nees) Hubb. et Vaugh.:药用;食用;纤维(编织);造纸;饲料。

(1208)窄颖赖草 *Leymus angustus* (Trin.) Pilger:饲料;造纸。

(1209)大赖草 *L. racemosus* (Lam.) Tzvel.:饲料;食用;环境防护(固沙)。

(1210)赖草 *L. secalinus* (Georgi) Tzvel.:饲料;药用。

(1211)* 黑麦草 *Lolium perenne* L.:饲料;环境防护(草坪)。

(1212)欧毒麦 *L. persicum* Boiss.:有毒。

(1213)毒麦 *L. temulentum* L.:有毒。

(1214)粟草 *Milium effusum* L.:饲料;食用;纤维(编织)。

(1215)* 稻 *Oryza sativa* L.:食用;药用;植化原料(糠醛等);纤维(编织);造纸;油料;饲料;燃料。

(1216)* 稷 *Panicum miliaceum* L.:食用;饲料;药用。

(1217)虉草 *Phalaris arundinacea* L.:饲料。

(1218)梯牧草 *Phleum pratense* L.:饲料;有毒。

(1219)芦苇 *Phragmites australis* (Cav.) Trin. ex Steud.:纤维(编织;建筑);造纸;环境防护(固沙;固堤);饲料;药用;食用。

(1220)早熟禾 *Poa annua* L.:饲料;环境防护(草坪)。

(1221)草地早熟禾 *P. pratensis* L.:饲料;纤维(编织);环境防护(草坪)。

(1222)金色狗尾草 *Setaria glauca* (L.) Beauv.:饲料;食用。

(1223)* 梁 *S. italica* (L.) Beauv.:药用,入药和中,益肾,除热,解毒,治脾胃虚热,反胃呕吐;食用;饲料;有毒。

(1224)狗尾草 *S. viridis* (L.) Beauv.:药用,能清热解毒,渗湿利水;饲料;纤维(造纸);食用。

(1225)* 高梁 *Sorghum cernuum* (Ard.) Host.:食用;药用,可治霍乱,下痢及湿热小便不利;造纸;饲料;有毒。

(1226)* 甜秆高梁 *S. saccharatum* (L.) Moench:食用;饲料;纤维(制刷)。

(1227)* 苏丹草 *S. sudanense* (Piper) Stapf.:饲料;食用;有毒。

(1228)针茅 *Stipa capillata* L.:饲料;环境防护(装饰,观赏);有毒。

(1229)* 普通小麦 *Triticum aestivum* L.:药用,除热,止渴,治脏躁,烦热,消渴,泻痢,痈肿,外伤出血,可止虚汗;食用;纤维(编织);造纸;饲料。

(1230)* 玉米 *Zea mays* L.:食用;纤维(造纸,编织);药用,调中开胃,益肺宁心,健胃,亦有利尿之功;饲料;植物化学原料(草酸,淀粉,葡萄糖)。

(1231)* 茭笋 *Zizania caduciflora* (Turcz. Ex Trin.) Hand. —Mazz.:食用;药用,能解热毒,除烦渴,利二便;饲料;染料。

**126. 莎草科　Cyperaceae**

(1232)刺叶苔草 *Carex acutiformis* Ehrh.:纤维(编织);造纸;饲料。

(1233)柄状苔草 *C. pediformis* C. A. Mey.:纤维(编织);饲料。

(1234)早发苔草 *C. praecox* Schreb.:饲料;纤维(编织;填充物)。

(1235)大穗苔草 *C. rhynchophysa* C. A. Mey.:纤维(编织);造纸;饲料。

(1236)泽生苔草 *C. riparia* Curt.:饲料;纤维(编织);造纸。

(1237)狐狸苔草 *C. vulpina* L.:纤维(编织);造纸;饲料。

(1238)密穗莎草 *Cyperus difformis* L.:药用。

(1239)* 油莎草 *C. esculentus* L.:食用;油用;饲料。

(1240)头穗莎草 *C. glomeratus* L.:药用;造纸;饲料。

(1241)旋鳞莎草 *C. michelianus* (L.) Link:药用,全草入药,养血调经;行气调经。

(1242)两岐飘拂草 *Fimbristylis dichotoma* (L.) Vahl.:全草入药,能利小便,煎水饮;饲料。

(1243)萤蔺 *Scirpus juncoides* Roxb.:纤维(编织);造纸;药用,有清热解毒,凉血利尿,止咳明目之效。

(1244)沼生藨草 *S. lacustris* L.:纤维(编织);造纸;食用。

(1245)滨海藨草 *S. maritimus* L.:食用;纤维(编织);饲料。

(1246)扁秆藨草 *S. planiculmis* Fr. Schmidt.:饲料;纤维(编织);造纸;植化原料(淀粉酿造);块茎可作药用,有止咳;破血通经。

(1247)球穗藨草 *S. strobilinus* Roxb.：食用；饲料。

(1248)林生藨草 *S. sylvaticus* L.：饲料；纤维（编织）；造纸。

(1249)水葱 *S. tabernaemontani* Gmel.：食用；纤维（编织）；药用，茎有除湿利尿作用，可治水肿，胀满，小便不利。

(1250)藨草 *S. triqueter* L.：纤维（编织）；造纸；饲料。

**127. 天南星科　Araceae**

(1251)菖蒲 *Acorus calamus* L.：根茎入药能温胃，消炎，止痛，用于补胃阳，消化不良，食物积滞，白喉，炭疽等；香料；鞣料；有毒。

**128. 浮萍科　Lemnaceae**

(1252)浮萍 *Lemna minor* L.：全草供药用，能发汗，祛风，行水，清热，解毒；饲料。

(1253)品萍 *L. trisulca* L.：饲料。

(1254)紫萍 *Spirodela polyrrhiza* (L.) Schleid.：干燥全草入药，能散风，透疹，利尿，可用于治疗麻疹不透，风疹瘙痒，水肿尿少；饲料；环境防护（绿肥）。

**129. 灯心草科　Juncaceae**

(1255)黑头灯心草 *Juncus atratus* Krock.：纤维（制刷）。

(1256)团花灯心草 *J. gerardii* Lois.：饲料；纤维（编织，制刷）；造纸。

(1257)片髓灯心草 *J. inflexus* L.：饲料；纤维（制刷）。

**130. 百合科　Liliaceae**

(1258)阿尔泰葱 *Allium altaicum* Pall.：鳞茎和叶可食用；药用，能开胃，消食，杀虫，主治消化不良，不思饮食；饲料；蜜源。

(1259)蓝苞葱 *A. atrosanguineum* Schrenk：食用。

(1260)* 洋葱 *A. cepa* L.：食用（蔬菜）；鳞茎入药，治疗创伤，溃疡等；染料。

(1261)镰叶韭 *A. carolinianum* DC.：食用。

(1262)棱叶韭 *A. caeruleum* Pall.：食用；鳞茎可以入药，主治肠炎，痢疾等疾病；饲料。

(1263)* 葱 *A. fistulosum* L.：食用；药用，能祛风发汗，解毒消肿。

(1264)实葶葱 *A. galanthum* Kar. et Kir.：食用。

(1265)长喙葱 *A. globosum* M. Bieb. ex Redoute：植化原料（维生素）；饲料。

(1266)北韭 *A. lineare* L.：食用；饲料；蜜源。

(1267)蒙古韭 *A. mongolicum* Rgl.：饲料；食用（调料，蔬菜）；药用，能开胃，消食，杀虫，主治消化不良，不思饮食等。

(1268)齿丝山韭 *A. nutans* L.：食用；饲料；环境防护（观赏）。

(1269)高葶韭 *A. obliquum* L.：食用。

(1270)碱韭 *A. polyrhizum* Turcz. ex Rgl.：食用；饲料。

(1271)青甘韭 *A. przewalskianum* Rgl.：食用。

(1272)野韭 *A. ramosum* L.：食用（蔬菜）；饲料；蜜源。

(1273)* 蒜 *A. sativum* L.：食用；药用。

(1274)北葱 *A. schoenoprasum* L.：食用；饲料；蜜源；环境防护（观赏）。

(1275)山韭 *A. senescens* L.：食用；饲料。

(1276)* 韭 *A. tuberosum* Rott. ex Spreng.：食用；药用，韭菜温中，行气，散血，解毒；饲料。

(1277)石刁柏 *Asparagus officinalis* L.：食用(蔬菜，饮料)；药用，可用于治疗心血管系统疾病，肾病，痢疾，癫痫，利尿；油料；染料；饲料；环境防护(观赏)；蜜源。

(1278)阿尔泰独尾草 *Eremurus altaicus* (Pall.) Stev.：食用；胶脂。

(1279)异翅独尾草 *E. anisopterus* (Kar. et Kir.) Rgl.：胶脂；食用；环境防护(固沙；观赏)。

(1280)粗柄独尾草 *E. inderiensis* (M. Bieb.) Rgl.：胶脂；环境防护(固沙，观赏)。

(1281)新疆猪牙花 *Erythronium sibiricum* (Fisch. et Mey.) Kryl.：食用；块茎用来治肠虫，绞痛和癫痫；饲料；环境防护(观赏)。

(1282)戈壁贝母 *Fritillaria karelinii* (Fisch.) Boker：鳞茎入药，作贝母用。

(1283)伊贝母 *F. pallidiflora* Schrenk：干燥鳞茎入药，能止咳，化痰，清肺，散结。

(1284)黄花贝母 *F. verticillata* Willd.：药用；环境防护(观赏)。

(1285)新疆贝母 *F. walujewii* Rgl.：药用。

(1286)* 萱草 *Hemerocallis fulva* L.：干燥根及根茎入药功能利水，凉血，主治水肿沙淋，小便不通；有毒；环境防护(观赏)。

(1287)* 小黄花菜 *H. minor* Mill.：食用；药用；有毒；饲料。

(1288)新疆野百合 *Lilium martagon* L.：食用；药用；染料；环境防护(观赏)；饲料；蜜源。

(1289)北重楼 *Paris quadrifolia* L.：根茎入药，清热解毒，平喘止咳；饲料；有毒；染料；植化原料(皂角甙)。

(1290)新疆玉竹 *Polygonatum roseum* (Ledeb.) Kunth.：根茎入药，能平肝熄风，养阴明目，清热凉血；环境防护(观赏)。

(1291)阿尔泰郁金香 *Tulipa altaica* Pall. ex Spreng.：食用；环境防护(观赏)。

(1292)伊犁郁金香 *T. iliensis* Rgl.：鳞茎入药，散结，化瘀；食用；饲料(图 7.56)。

(1293)垂蕾郁金香 *T. patens* Agardh. ex Schult.：食用；环境防护(观赏)。

(1294)准噶尔郁金香 *T. schrenkii* Rgl.：食用；有毒；环境防护(观赏)；饲料。

(1295)单花郁金香 *T. uniflora* (L.) Bess. ex Baker：环境防护(观赏)；食用。

(1296)阿尔泰藜芦 *Veratrum lobelianum* Bernh.：药用，可作解热药，用于治疗肺炎，伤寒类热病和急性风湿病。

图 7.56　伊犁郁金香

**131. 石蒜科　Amaryllidaceae**

(1297)鸢尾蒜 *Ixiolirion tataricum* (Pall.) Herb.：环境防护(观赏)；饲料(图 7.57)。

**132. 薯蓣科　Dioscoreaceae**

(1298)* 薯蓣 *Dioscorea opposite* Thunb.：药用，治皮肤湿疹；食用(蔬菜)。

**133. 鸢尾科　Iridaceae**

(1299)* 射干 *Belamcanda chinensis* (L.) DC.：干燥根茎入药，能清热解毒，消痰利咽；有毒；环境防护(观赏)。

(1300)白番红花 *Crocus alatavicus* Rgl. et Semen.：药用；染料；有毒。

(1301)* 番红花 *C. sativus* L.：干燥的柱头入药，功能活血，解郁，主治心忧郁结，气闷不散，伤寒发狂，惊怖恍惚；香料。

图 7.57　鸢尾蒜

(1302)* 唐菖蒲 *Gladiolus gandavensis* Van.：环境防护(观赏)；有毒。球茎可入药，有清热解毒的功效，用于治腮腺炎，淋巴腺炎及跌打劳伤等。

(1303)玉蝉花 *Iris ensata* Thunb.：药用；纤维(编织)；造纸；油料；环境防护(观赏)；饲料。

(1304)* 德国鸢尾 *I. germanica* L.：环境防护(观赏)；香料；植化原料(抗坏血酸)。

(1305)喜盐鸢尾 *I. halophila* Pall.：种子入药，有清热，利湿，止痛，解毒之功效；环境防护(绿化，观赏)(图 7.58)。

图 7.58　喜盐鸢尾

(1306)白花马蔺 *I. lactea* Pall.：种子入药；饲料；纤维(捆扎)；造纸环境防护(水土保持)。

本种中的一变种为传统中药马蔺子的原植物，在新疆亦有分布。

① 马蔺(变种)*I. lacteal* var. *chinensis* (Fisch.) Koidz.：纤维(编织)；造纸；食用；药用，有驱虫的功效，能治阑尾炎，蛔虫和蛲虫病；油料；环境防护(水土保持)；饲料。

(1307)天山鸢尾 *I. loczyi* Kanitz.：药用，有凉血，止血，清热利尿之效；饲料；环境防护(水土保持)。

(1308)紫苞鸢尾 *I. ruthenica* Ker.－Gawl.：香料；纤维(编织)；环境防护(观赏)；饲料；有毒；蜜源。

(1309)膜苞鸢尾 *I. scariosa* Willd. ex Link.：根入药，治疗咽喉肿痛；环境防护(观赏)；植化原料(维生素)。

(1310)* 西伯利亚鸢尾 *I. sibirica* L.：药用，根茎可用作促进儿童出牙的药；香料；环境防护(观赏)；染料；饲料。

(1311)准噶尔鸢尾 *I. songarica* Schrenk：纤维；有毒；饲料。

(1312)细叶鸢尾 *I. tenuifolia* Pall.：纤维；有毒(图 7.59)。

图 7.59　细叶鸢尾

**134. 兰科　Orochidaceae**

(1313)凹舌兰 *Coeloglossum viride* (L.) Hartm.：块根药用，能大补元气，安神增智。

(1314)火烧兰 *Epipactis helleborine* (L.) Crantz.：药用，根入药，清肝肺热，止咳化痰。

(1315)小斑叶兰 *Goodyera repens* (L.) R. Br.：全草药用，治肺结核，支气管炎，淋巴结核，外用治蛇咬伤，痈疖疮疡。

(1316)紫斑红门兰 *Orchis fuchsii* Druce：药用，用来治腹泻，乳房疼痛，妇女病，儿童各种疝；蜜源。

(1317)宽叶红门兰 *Orchis latifolia* L.：块茎药用，有补益气血，生津止渴，治肺虚咳喘，虚劳消瘦，神经衰弱；蜜源。

(1318)四裂红门兰 *Orchis militaris* L.：药用：块根的粉剂和它含黏液的浸剂作消炎的，敷用的和润滑的药，用于肠胃病，上呼吸道，口腔病时作解毒剂；食用；蜜源。

(1319)阴生红门兰 *Orchis umbrosa* Kar. et Kir.：药用。

(1320)绶草 *Spiranthus sinensis* (Pers.) Ames：全草供药用，有清热凉血，消炎止痛和止血的作用。

# 主要参考文献


陈曦,姜逢清,王亚俊,等.2013.亚洲中部干旱区生态地理格局研究.干旱区研究 **30**(3):385－390.

胡汝骥,姜逢清,王亚俊.2002.新疆气候由暖干向暖湿转变的信号及其影响.干旱区地理,**25**(3):194－200.

胡汝骥.2013.中国积雪与雪灾防治.北京:中国环境科学出版社.

胡汝骥.2004.中国天山自然地理.北京:中国环境科学出版社.

胡振华.2006.中亚五国志.北京:中央民族大学出版社.

黄秋霞,赵勇,何倩.2013.基于 CRU 资料的中亚地区气候特征.干旱区研究,**30**(3):396－403.

吉力力·阿不都外力,等.2012.干旱区湖泊与盐尘暴.北京:中国环境科学出版社.

李恒海,邱瑞照.2010.中亚五国矿产资源勘探开发指南.北京:中国地质大学出版社.

王献溥,刘玉凯编著.1994.生物多样性的理论与实践.北京:中国环境科学出版社,119－122.

新疆植物志编辑委员会.1992—2011.新疆植物志.乌鲁木齐:新疆科技卫生出版社.

姚海娇,周宏飞,苏风春.2013.从水土资源匹配关系看中亚地区水问题.干旱区研究,**30**(3):391－395.

张新时.2007.中国植被及其地理格局 中华人民共和国植被图(1:1000000)说明书.北京:地质出版社.

中国植被编辑委员会.1980.中国植被.北京:科学出版社.

Agahanjantz O E. 1981. Arid mountains of the USSR: Nature and geographical models of florogenesis. Moscow, Mysl. p. 270.

Conspectus florae Asiae Mediae. 1968—1993. Editio Academiae Scientiarum Uz. SSR. Taschkent. V. 1－10.

Czerepanov S. 1995. Vascular plants of Russia and adjacent states(the former USSR). New York: Cambridge University Press.

Engler A. 1924. Über Herkunft, Alter und Verbreitung extremer xerotermier Pflanzen, Sitzungsberichte des K. Preuss. Acad. Der Wissensch, Bd 20.

Flora of China. 1994—2006. Beijing: Science Press, St. －Louis: Missuri Botanical Garden Press. V. 4, 5, 8, 9, 13, 14, 17, 18, 22, 24.

Flora of Kazakhstan. 1956—1966. Ed. AN KazSSR. Alma－Ata. V. 1－9.

Flora of Khirgizian SSR. 1950—1970. Ed. AN Kirg. SSR. , Frunze. V. 1－11.

Flora of Tadjikian SSR. 1957—1991. Leningrad, Nauka. V. 1－10.

Flora of Turkmenia 1932—1960 Ed. AN Turkm. SSR. Ashkhabad. V. 1－7.

Flora of Uzbekistan. 1941—1962. Ed. AN Uzb. SSR. Tashkent. V. 1－6.

German D A, Shmakov A I, Zhang X－Ch, Chen W L, Smirnov S V, Xie L, Kamelin R V, Wang J. 2006. Some new floristic finding in Xinjiang, China. *Acta Phytotaxonomica Sinica*. **44.** (5):598－603.

Goloskokov D G. 1984. Flora of Dzhungarian Alatau(konspekt and analysis). Alma－Ata, Nauka.

Golub V. 1995. Halophetic, desert and semidesert plant communities on the territory of the former USSR. Togliatti.

Grubov V I. 1963. Botanico － geographical division of Central Asia. Plantae Asia Centralis, Introduction. Moscow－Leningrad, V. 1. p. 10－61.

Grubov V I. 1982. Guidebook for identification of plants of vascular plants of Mongolia. Leningrad, Nauka.

Gubanov I A. 1996. Konspect of Flora of Mongolia(vascular plats). Moscow, Valang. pp:1－136.

Guide book for identification of plants of Middle Asia: Critical konspect of flora of Middle Asia. 1968—

1987. Tashkent, FAN. V. 1—9.

Ivaschenko A A. 2005. Tulips and other bulbs plants of Kazakhstan. Almaty: Two Capitals. 192 pp.

Kamelin R V. 2005. Brief characteristics of natural conditions and vegetation of Altai Mountain Country. Flora Altaica. V. 1. Barnaul. Azbuka. p. 68—97.

Kamelin R V. 1968. Florocoenotypes of vegetation of Mongolian Pop. Republic. Bot. Jurn. , **72**:1580—1594.

Kamelin R V. Florogenetical. 1973. Analysis of natural flora of mountain Middle Asia. Leningrad. Nauka.

Kamelin R V. 1998. Materials on the history of Asian flora. (Altai Mountain Country) . Altai State Univ. Barnaul.

Mittermeier R A, Gil P R, Hoffman N, Pilgrim J, Brooks T, Goettch—Mittermeier C, Lamoreux J, da Fonseca G A B. 2006. Hotspots revisited: Earth's biologically richest and most threatened terrestrial ecoregions. UNESCO—UNF Conservation International. pp: 343.

Nikitin V V. Geldykhanov A M. 1988. Guidebook for identification of plants of Turkmenistan. Leningrad, Nauka.

Olonova M V, Zhang D Y, Duan Sh-M, Yin L-K, Pan B-R. 2010. Rare and endangered plant species of Chinese Altai Mountains. *Journal of Arid Lands*. **2**(2): 222—230.

Ovchinnikova S V, Pjak A I, Ebel A L. 2004. Novelties in the genus Lappula(Borraginaceae) of the Altai Mountain system. *Turzcaninovia*. **7** (2): 5—13.

Piak A I, Shaw S C, Ebel A L. *et al*. 2008. Endemic plants of the Altai Mountain country. London: Wild Guides. 320 pp.

Plants of Central Asia. 1963—2006. Leningrad— S. —Petersburg. V. 1—15.

Popov M G. 1928. The main features of the history of the flora of Middle Asia development// Bull. SAGU. N. 15. pp. 239—292.

Popov M G. 1940. The vegetation cover of Kazakhstan. Tr. KazFAN SSSR. N. 18. pp. 1—216.

Rachkovskaya E. *et al*. , 2003. Botanical geography of Kazakhstan and Middle Asia. Saint—Petersburg.

Sun H—L. (ed. ) 2005. Ecosystems of China. Beijing, China: Science Press.

Tang Zh, Wang Zh, Zheng Ch et Fang J. 2006. Biodiversity in China's mountains. Front. *Ecol. Environ.* **4**(7): 347—352.

Wu Y H. 1992. Two new species of Leymus Hochst. from Xinjiang. *Bulletin of Botanical Research*. **12**(4): 343—345.

Yunatov A A. 1960. O nekotoryh ecologo-geograficheskih zakonomernostiah rastitelnogo pokrova Sintszian-Uygurskogo avtonomnogo raiona. *Prirodniye usloviya Sintsziana*. *Moskwa*: 8—40.

Байтенов М И Д Р. 1969—1972. Иллюстрированный определитель растений Казахстана. Том 1 — 2. Алма — Ата: Изв. Наука.

Байков К С. 2007. Молочаи Северной Азии. Новосибирск: Наука. 362 с.

Благовещенский Э. 1946. Некоторые данные по изучению водного баланса пустынных почвогрунтов. Изв. Туркменского филиала АН СССР. № 2. С. 32—38.

Благовещенский Э. 1943. Водообеспеченность кустарниковых пустынь Средней Азии в связи с вопросами их восстановления. Докл. АН СССР. Т. 48. № 4. С. 153—155.

Благовещенский Э. 1941. Саксаульники низменных Каракумов. Известия географического общества. М. — Л. Изд—во АН СССР. Т. 73, Вып. 2. С. 34—90.

Байтулин И О, Котухов Ю А. 2011. Флора сосудистых растений Казахстанского Алтая. Алматы. 159 с.

Герасимов И. 1969. Природные условия и естественные ресурсы СССР — Казахстан. Москва: Изв. Наука.

Гранитов И И. 1958. Эндемики во флоре Юго — Западных Кызыл — Кумов. Труды САГУ. Новая серия,

Вып. 14，кн. 8.

Гончаров П Л. 1972. Итоги и основные направления селекционно－семеноводческой работы с многолетними травами в Восточной Сибири. Селекция и семеноводство зерновых и кормовых культур. М.：Колос,. С. 333－345.

Герасимов. И. 1933. О почвенно － климатических фациях равнин СССР и прилегающих стран. Труды почвенного ин－та АН СССР. Т. 8. Вып. 5.

Гаджиев И.，Королюк А. 2002. Степи Центральной Азии. Новосибирск：Изв. СО РАН.

Выходцев И В. 1947. Эфемерово－эфемероидная растительность Тянь－Шаня и Алая. Известия КиргФАН СССР. Вып. 4 С. 53－60.

Быков Б. и др. 1966. Растительный покров Казахстана Том 1. Алма－Ата：Изв. Наука.

Быков Б. 1950. Еловые леса Тянь － Шаня их история，особенности и типология. Алма － Ата：Изв. АН КазССР.

Благовещенский Э. 1952. Исследование почвенной влажности в Восточных Каракумах. Изв. АН Туркменской ССР. № 4. С. 43－48.

Грубов В и др. Вып. 1 － 16. 1963—2008. Растения Центральной Азии. Моска － Ленинград：Изв. Наука и КМК.

Закиров К. 1958. Материалы к флоре бассейна р. Зеравшан. Распределение видов растений по биогеоценозам. Труды Узбекского ун－та. Новая серия. Вып. 89. Изв. Ботаника.

Камелин Р. 1973. Флорогенетический анализ естественной флора горной Средней Азии. Ленинград：Изв. Наука.

Коровин Е. 1961. Растительность Средней Азии и южного Казахстана. Том 1. Ташкент：Изв. АН УзССР.

Лавренко Е. 2000. Избранные труды. С.－Петербург：Изв. СПбГУ.

Макунина А. 1985. Физическая география СССР. Москва：Изв. Моск. ун－та.

Мурзаев Э. М. 1966. Природа Синьцзяна и формирование пустынь Центральной Азии. Москва，Наука. 382 с.

Новичкова － Иванова Л Н. 1980. Почвенные водоросли Сахаро － Гобийской пустынной области. Л.：Наука，250с.

Павлов Н В. 1948. Ботаническая география СССР. Алма－Ата. Изв. АН КазССР. 704с.

Попов М Г. 1929. Дикие плодовые Средней Азии. Труды по прикладной ботанике，генетике，селекции，Т. 22.

Ревушкин А С，Пяк А И，Эбель А Л. 1997. Флористические находки в Горном Алтае. Бот. журн. Т. 82. № 8. С. 32－46.

Родин Л. Е. 1948. Материалы к познанию растительности Северных и Заунгузских Кара－Кумов. Тр. БИН АН СССР. Сер. 3. Геоботаника. Л.，Вып. 5. С. 121－272.

Прозоровский А В. 1940. Полупустыни и пустыни СССР. Растительность СССР. М.；Л.：Изв. АН СССР. Т. 2. С. 207－480.

Попов М Г. 1931. Между Монголией и Ираном：Основные ботанико－географические черты Синьцзяна. Труды по прикладной ботанике，генетике и селекции. Т. 26. № 3. С. 45－84.

Попов М Г. 1927. Основные черты развития флоры Средней Азии. Бюллетень САГУ. Вып. 15.

Петров М. 1973. Пустыни земного шара. Ленинград：Изв. Наука.

Петров М. 1945. Геоботаническое районирование Туркмении. Известия Туркм. ФАН СССР. № 2.

Павлов В. 1980. Растительный покров Западного Тяшь－Шаня. Москва：Изв. МГУ.

Олонова М В. Чжанг Д，Бекет У. 2013. Материалы к выделению ключевых ботанических территорий Алтайской Горной Страны. Вестник Томского гос. ун－та. Биология. № 1(21). С. 59－73.

Огуреева Г. 1980. Ботаническая география Алтая. Москва：Изв. Наука.

Новичкова Л Н. 1955. Сообщества низших растений такыров подгорной равнины Копет Дага. Автореф. канд. дисс. Л，21 с.

Никитин В，Гельдиханов А. 1988. Определитель растений Туркменистана. Ленинград：Наука.

Нечаева Н Т. 1958. Динамика пастбищной растительности Каракумов под влиянием метеорологических условия. Ашхабад：Изв—во АН ТССР. 214 с.

Мельникова В. В. 1975. Почвенные и скальные водоросли юга Средней Азии. Душанбе：Изв. Дониш. 211с.

Мельникова В В. 1955. О флоре водорослей сероземных почв Южного Таджикистана. Изв. АН ТаджССР. Отд. естест. наук. Вып. 9. С. 131—141.

Маматкулов У и др. 1998. Мохообразные Средней Азии и Казахстана. Алматы：ТОО《ГРИДАН》.

Липский И. 1906. По горным областям Русского Туркестана（Тянь—Шань）. Известия РГО. Т. 22.

Левина Ф. 1964. Растительность полупустыни северного Прикаспия и ее кормовое значение. Л. ：Изв. Наука.

Красная книга Казахской ССР. 1981. Редкие и находящиеся под угрозой исчезновения виды животных и растений. 1981. Ч. 2. Растения. Алма—Ата：Изв—во《Наука》Казахской ССР. 260 с.

Котухов Ю А. 2005. Список сосудистых растений Казахстанского Алтая. Ботанические исследования Сибири и Казахстана . Барнаул：Изв—во Алтайского ун—та. Вып. 11. С. 11—83.

Котухов Ю. и др. 2002. Флора сосудистых растений Западно—Алтайского заповедника. Алматы：Научное Общество Тетис.

Коровин Е. 1962. Растительность Средней Азии и южного Казахстана. Том 2. Ташкент：Изв. АН УзССР.

Коровин Е. 1941. Ботанико—географические районы Узбекистана и особенности его растительности，В кн. "Флора Узбекистана"，Т. 1，Ташкент.

Камелин Р. 1998. Материалы по истории флоры Азии（Алтайская горная страна）. Барнаул：Изв. Алт. ун—та.

Камелин Р. 1990. Флора Сырдарьинского Каратау：Материалы к Флористическому районированию Средней Азии. Ленинград：Наука.

Иконников С С. 1979. Определитель высших растений Бадахшана. Ленинград：Наука.

Иконников С С. 1963. Определитель растений Памира. Труды Памирской биологической станции Бот. ин—та Тадж. ССР. Т. 20. 282 с.

Дубянский В А. 1928. Песчаная пустыня Юго—восточные Каракумы，ее естественные районы，возможности их сельскохозяйственного использования и значение для ирригации. Труды по прикладной ботанике，генетики，селекции. Т. 19. № 4. 285 с.

Джунгарский заповедник. 1989. Перспективы формирования природно — заповедного фонда Казахстана. Отв. редак. Гвоздев Е. В. Андрейчук А. Л. Алмата：Наука. С. 31—34.

Розанов А. Н. 1951. Сероземы Средней Азии. М. Изв—во. АН СССР.

Синицын В. М. 1960. Палеогеография Азии. Москва—Ленинград. Изв—во АН СССР. 268с.

Степанова. Е. 1950. Растительность Западного Тарбагатая. Известия АН Каз ССР. Серия ботаническая. Вы. 5. № 98.

Тахтаджян А Л. 1979. Флористические области Земли. Ленинград. Наука. 247с.

Федченко Б А. 1925. Очерк растительности Туркестана. Ленинград. Изв. АН СССР. 56с.

Черпанов С. 1995. Сосудистые растения России и сопредельных государств. С. —Петербург：Мир и семья.

Шамсутдинов З Ш，Ибрагимов И О. 1983. Долголетние пастбищные агрофитоценозы в аридной зоне Узбекистана. Ташкент：Фан. 167 с.

Шахов А А. 1961. Приспособления к засоленности почв у растений. Растения и среда. М. ：Изв—во АН СССР. С. 116—142.

Шенников А П. 1935. Принципы ботанической классификации лугов. Советская ботаника. №5. С. 35—49.

Чупахин В. 1987. Высотно—зональные геосистемы Средней Азии и Казахстана. Алма—Ата: Изв. Наука.

Храмцов В Н. 1984. Растительность Чу—Илийских гор. Автореферат кандидатской диссертации. Ленинград.

Степанова. Е. 1959. Миндальники Тарбагатая. Труды Ин—та ботаники АН Каз ССР. Т. 6.

Синицын В. М. 1965. Древние климаты Евразии. Ч. 1. Палеоген и неоген. Ленинград, Изв—во Ленинградского ун—та. 168с.

Розанов А. Н. 1938. Пески Ферганской долины. Труды Почвенного ин—та АН СССР. Т. 17. С. 121—272.

Аболин Р И. 1929. Основы естественно—исторического районирования Советской Средней Азии. Труды САГУ, Сер. 12—а, вып. 2.

Котухов Ю А. 2003. Новые виды рода Allium L. ( Alliaceae J. Agardh. ) из Восточного Казахстана. Turczaninovia. Т. 6. № 1. С. 5—10.

Фисюк В В. 1957. Условия произрастания аннабазиса безлистного в некоторых районах Южно—Казахстанской области. Труды Ин—та ботаники АН КазССР. Т. 5. С. 163—171.

Шафеев Н Г. 1953. К познанию лишайников Ферганской долины. Ботанические материалы Отдела Споровых Растений Ботанического Института им. В. Л. Комарова Академии Наук СССР. Т. 9. С. 17—26.

Культиасов М. 1927. Вертикальные растительные зоны в Западном Тянь—Шане. Бюллетень САГУ. № 14—15. С. 66—80.

Попов М Г. 1940. Опыт монографии рода Eremostachys Bge. , Новые мемуары МОИП. Т. 19.

Байтенов М. 2001. Флора Казахстана. Т. 2. Родовой комплекс флоры. Алматы: Изв. Gylym.

Байтенов М. 1999. Флора Казахстана. Т. 1. Иллюстрированный определитель семейств и родов. Алматы: Изв. Gylym.

Гусев Ю Д, Сидоров Л Ф. 1960. К экологии Populus pamirica Kom. На верхнем пределе его произрастания. Бот. Журнал СССР. Т. 44. № 3. С. 19—21.

Линчевский И А. 1935. Растительность Западного Копет—Дага. Растительные ресурсы Туркменской ССР. Т. 1— Л. : Изв—во ВАСХНИЛ. С. 17—78.

Камахина Г. 2005. Флора и растительность Центрального Копетдага (настоящее, прошлое и будущее). Ашхабад: WWF.

# 附录Ⅰ 中亚种子植物拉丁名索引

**Abelia** R. Br.
*Abelia corymbosa* Rgl. et Schmalh.
**Abies** Mill.
*Abies semenovii* B. Fedtsch.
*Abies sibirica* Ledeb.
**Abutilon** Hill.
*Abutilon theophrasti* Medik.
**Acanthocephalus** Kar. et Kir.
*Acanthocephalus amplexifolius* Kar. et Kir.
*Acanthocephalus benthamianus* Rgl.
**Acantholepis** Less.
*Acantholepis orientalis* Less.
**Acantholimon** Boiss.
*Acantholimon afanassievii* Lincz.
*Acantholimon alaicum* Czerniak.
*Acantholimon alatavicum* Bge.
*Acantholimon alberti* Rgl.
*Acantholimon alexandri* Fed.
*Acantholimon alexeenkoanum* Czerniak. ex Ikonn.
*Acantholimon annae* Lincz.
*Acantholimon anzobicum* Lincz.
*Acantholimon auganum* Bge
*Acantholimon auleatense* Czerniak.
*Acantholimon avenaceum* Bge.
*Acantholimon balchanicum* Korov.
*Acantholimon blandum* Czerniak.
*Acantholimon borodinii* Krassn.
*Acantholimon compactum* Korov.
*Acantholimon diapensioides* Boiss.
*Acantholimon ekatherinae* (B. Fedtsch.) Czerniak.
*Acantholimon erinaceum* (Jaub. et Spach) Lincz.
*Acantholimon erythreum* Bge.
*Acantholimon fetissovii* Rgl.
*Acantholimon gaudanense* Czerniak.
*Acantholimon gontscharovii* Czerniak.
*Acantholimon hedinii* Ostenf.
*Acantholimon hilariae* Ikonn.
*Acantholimon hissaricum* Lincz.
*Acantholimon karadarjense* Lincz.
*Acantholimon karatavicum* Pavl.
*Acantholimon katrantavicum* Lincz.
*Acantholimon khorassanicum* Czerniak.
*Acantholimon kjurendagii* Mestscherjakov
*Acantholimon knorringianum* Linzc.
*Acantholimon kokandense* Bunge
*Acantholimon komarovii* Czerniak. ex Lincz.
*Acantholimon korolkovii* (Rgl.) Korov.
*Acantholimon korovinii* Czerniak.
*Acantholimon kuramense* Lincz.
*Acantholimon langaricum* O. et B. Fedtsch.
*Acantholimon laxiusculum* Khassanov et Maltzev
*Acantholimon laxum* Czerniak.
*Acantholimon linczevskii* Pavl.
*Acantholimon litvinovii* Lincz.
*Acantholimon lycopodioides* (Girard) Boiss.
*Acantholimon majevianum* Rgl.
*Acantholimon margaritae* Korov.
*Acantholimon mikeschinii* Lincz.
*Acantholimon minshclkense* Pavl.
*Acantholimon muchamedshanovii* Lincz.
*Acantholimon nabievii* Lincz.
*Acantholimon nikitinii* Lincz.
*Acantholimon nuratavicum* Zak.
*Acantholimon pamiricum* Czerniak.
A *Acantholimon parviflorum* Rgl
*Acantholimon pavlovii* Lincz.
*Acantholimon popovii* Czerniak.
*Acantholimon procumbens* Czerniak.
*Acantholimon pskemense* Lincz.
*Acantholimon pterostegium* Bge.
*Acantholimon pulchellum* Korov.
*Acantholimon purpureum* Korov.
*Acantholimon raddeanum* Czerniak.
*Acantholimon raicoviae* Czerniak. ex Lincz.

*Acantholimon ruprechtii* Bge.
*Acantholimon sackenii* Bge.
*Acantholimon sarawschanicum Rgl*
*Acantholimon sarytavicum* Lincz.
*Acantholimon schachimardanicum* Lincz.
*Acantholimon squarrosum* Pavl.
*Acantholimon strictum* Czerniak.
*Acantholimon subavenaceum* Lincz.
*Acantholimon tarbagataicum* Camajun.
*Acantholimon taschkurganicum* Lincz. et Akshig.
*Acantholimon tataricum* Boiss.
*Acantholimon tianschanicum* Czerniak.
*Acantholimon titovii* Lincz.
*Acantholimon varivtzevae* Czerniak. ex Lincz.
*Acantholimon velutinum* Czerniak. ex Lincz.
*Acantholimon virens* Czerniak.
*Acantholimon vvedenskyi* Lincz.
*Acantholimon zaprjagaevii* Lincz.
**Acanthophyllum** C. A. Mey.
*Acanthophyllum aculeatum* Schischk.
*Acanthophyllum adenophorum* Freyn
*Acanthophyllum albidum* Schischk.
*Acanthophyllum borszowii* Litv.
*Acanthophyllum brevibracteatum* Lipsky
*Acanthophyllum coloratum* Schischk.
*Acanthophyllum crassinodum* Jukhananov et J. Edmondson
*Acanthophyllum cyrtostegium* Vved.
*Acanthophyllum elatius* Bge.
*Acanthophyllum glandulosum* Bge.
*Acanthophyllum gracile* Boiss
*Acanthophyllum korolkowii* Rgl. et Schmalh.
*Acanthophyllum korshinskyi* Schischk.
*Acanthophyllum krascheninnikovii* Schischk.
*Acanthophyllum laxiusculum* Schiman-Czeika
*Acanthophyllum lilacinum* Schischk.
*Acanthophyllum microcephalum* Boiss.
*Acanthophyllum mikeschinianum* Jukhananov et Kuvajev
*Acanthophyllum pachistegium* Rech. fil.
*Acanthophyllum pulchrum* Schischk.
*Acanthophyllum pungens* (Bge.) Boiss.
*Acanthophyllum schugnanicum* (Preobr.) Schischk.
*Acanthophyllum sarawschanicum* Golenk.
*Acanthophyllum schugnanicum* Schischk.
*Acanthophyllum sordidum* Bge.
*Acanthophyllum speciosum* Rech. fil. et Schiman-Czeika
*Acanthophyllum stenostegium* Freyn
*Acanthophyllum subglabrum* Schischk.
*Acanthophyllum tenuifolium* Schischk.
**Acer** L.
*Acer negundo* L.
*Acer pubescens* Franch.
*Acer semenovii* Rgl. et Herd.
*Acer turkestanicum* Pax.
**Achillea** L.
*Achillea biebersteinii* Afan.
*Achillea bucharica* C. Winkl.
*Achillea micrantha* Willd.
*Achillea nobilis* L.
*Achillea* stepposa Klok. et Kryzka.
*Achillea taurica* Bieb.
*Achillea wilhelmsii* C. Koch.
**Achnatherum** Beauv.
*Achnatherum botschantzevii* Tzvel.
*Achnatherum bromoides* (L.) Beauv.
*Achnatherum caragana* (Trin.) Nevski
*Achnatherum saposhnikovii* (Roshev.) Nevski
*Achnatherum sibiricum* (L.) Keng ex Tzvel.
*Achnatherum splendens* (Trin.) Nevski
*Achnatherum turcomanicum* (Roshev.) Tzvel.
**Achoriphragma** Sojak
*Achoriphragma albidum* (M. Pop.) Sojak
*Achoriphragma album* (E. Nikit.) Czer.
*Achoriphragma angrenicum* (Botsch. et Vved.) Sojak
*Achoriphragma asperrimum* (B. Fedtsch.) Sojak
*Achoriphragma australe* (Pavl.) Czer.
*Achoriphragma beketovii* (Krasn.) Sojak
*Achoriphragma botschantzevii* (Pachom.) Sojak
*Achoriphragma darvasicum* (Botsch. et Vved.) Sojak
*Achoriphragma fruticulosum* (Rgl. et Schmalh.) Sojak
*Achoriphragma korovinii* (A. Vassil.) Sojak

*Achoriphragma kuramense* (Botsch.) Sojak
*Achoriphragma lancifolium* (M. Pop.) Sojak
*Achoriphragma longicarpum* (Krasn.) Sojak
*Achoriphragma maidantalicum* (M. Pop. et P. Baran.) Sojak
*Achoriphragma minutum* (Botsch. et Vved.) Czer.
*Achoriphragma nudicaule* (L.) Sojak
*Achoriphragma nuratense* (Botsch. et Vved.) Sojak
*Achoriphragma pavlovii* (A. Vassil.) Sojak
*Achoriphragma pasijae* (Pachom.) Sojak
*Achoriphragma pinnatifidum* (Kar. et Kir.) Sojak
*Achoriphragma pjataevae* (Pachom.) Sojak
*Achoriphragma popovii* (Botsch.) Sojak
*Achoriphragma pulvinatum* (M. Pop.) Sojak
*Achoriphragma runcinatum* (Rgl. et Schmalh.) Sojak
*Achoriphragma saposhnikovii* (A. Vassil.) Sojak
*Achoriphragma sauricum* (Pachom.) Sojak
*Achoriphragma saxifragum* (Botsch. et Vved.) Sojak
*Achoriphragma schugnanum* (Lipsch.) Sojak
*Achoriphragma simulatrix* (E. Nikit.) Sojak
*Achoriphragma stenocarpum* (Kar. et Kir.) Sojak
*Achoriphragma stenophyllum* (M. Pop.) Czer.
*Achoriphragma subsiliquosum* (M. Pop.) Sojak
*Achoriphragma tianschanicum* (E. Nikit.) Sojak
*Achoriphragma turkestanicum* (Korsh.) Sojak
*Achoriphragma villosulum* (Botsch. et Vved.) Czer.
**Acinos** Moench
*Acinos rotundifolius* Pers.
**Aconitella** Spach.
*Aconitella barbata* (Bge.) Sojak
**Aconitum** L.
*Aconitum angusticassidatum* Steinb.
*Aconitum apetalum* (Huth) B. Fedtsch.
*Aconitum karakolicum* Rapaics
*Aconitum krylovii* Steinb.
*Aconitum leucostomum* Worosch.
*Aconitum nemorum* M. Pop.
*Aconitum rotundifolium* Kar. et Kir.
*Aconitum rotundifolium subsp. iliense* Worosch.
*Aconitum seravschanicum* Steinb.
*Aconitum soongaricum* Stapf
*Aconitum talassicum* M. Pop.
**Aconogonon** (Meissn.) Reichenb.
*Aconogonon alpinum* (All.) Schur
*Aconogonon bucharicum* (Grig.) Holub
*Aconogonon coriarium* (Grig.) Sojak
*Aconogonon hissaricum* (M. Pop.) Sojak
*Aconogonon songaricum* (Schrenk) Hara
*Aconogonon zaravschanicum* (Zak.) Sojak
**Acorus** L.
*Acorus calamus* L.
**Acroptilon** Cass.
*Acroptilon australe* Iljin
*Acroptilon repens* (L.) DC.
**Adenophora** Fisch.
*Adenophora himalayana* Feer
*Adenophora lamarckii* Fisch.
*Adenophora liliifolia* (L.) Bess.
**Adianthum** L.
*Adianthum capillus- veneris* L.
**Adonis** L.
*Adonis aestivalis* L.
*Adonis chrysocyathus* Hook. fil. et Thoms.
*Adonis coerulea* Maxim.
*Adonis leiosepala* Butk.
*Adonis parviflora* Fisch. ex DC.
*Adonis persica* Boiss.
*Adonis sibirica* Patr. ex Ledeb.
*Adonis tianschanica* (Adolf) Lipsch.
*Adonis turkestanica* (Korsh.) Adolf
*Adonis vernalis* L.
*Adonis wolgensis* Stev.
**Adoxa** L.
*Adoxa moschatellina* L.
**Aegilops** L.
*Aegilops biuncinalis* Vis.
*Aegilops crassa* Boiss.
*Aegilops cylindrica* Host
*Aegilops juvenalis* (Thell.) Eig.
*Aegilops neglecta* Req. ex Bertol.
*Aegilops tauschii* Coss.
*Aegilops triuncialis* L.
**Aegopodium** L.

*Aegopodium alpestre* Ledeb.
*Aegopodium kashmiricum* (R. P. Stewart ex Dunn.) M. Pimen.
*Aegopodium tadshikorum* Schischk.
**Aeluropus** Trin.
*Aeluropus badghyzi* Tzvel.
*Aeluropus intermedius* Rgl.
*Aeluropus korshinskyi* Tzvel.
*Aeluropus littoralis* (Gouan) Parl.
*Aeluropus pilosus* (X. L. Yang) S. L. Chen et X. L. Yang
*Aeluropus pungens* (Bieb.) C. Koch
*Aeluropus repens* (Desf.) Parl.
**Aesculus** L.
*Aesculus hippocastanum* L.
**Aethionema** R. Br.
*Aethionema kopertdaghii* Lipski
*Aethionema transhyrcanum* (Czerniak.) N. Busch
**Ageratum** L.
*Ageratum houstonianum* Mill.
**Agrimonia** L.
*Agrimonia aitchisonii* Schonbeck-Temesy
*Agrimonia asiatica* Juz.
**Agriophyllum** M. B..
*Agriophyllum lateriflorum* (Lam.) Moq.
*Agriophyllum latifolium* Fisch. et Mey.
*Agriophyllum minus* Fisch. et Mey.
*Agriophyllum paletzkianum* Litw.
*Agriophyllum squarrosum* (L.) Moq.
**x Agropogon Fourn.**
*Agropogon littoralis* (Smith) C. E. Hubb.
**Agropyron** Caertn.
*Agropyron badamense* Drob.
*Agropyron cristatum* (L.) Gaertn.
*Agropyron desertorum* (Fisch.) Schult.
*Agropyron fragile* (Roth) Nevski
*Agropyron kazachstanicum* (Tzvel.) Peschkova
*Agropyron krylovianum* Schischk.
*Agropyron pectinatum* (Bieb.) Beauv.
*Agropyron tarbagataicum* N. Plotnikov
*Agropyron trichophorum* (Link.) Rich.
**Agrostemma** L.
*Agrostemma githago* L.
**Agrostis** L.
*Agrostis agrostidiformis* (Roshev.) Bor
*Agrostis angrenica* (Butk.) Tzvel.
*Agrostis gigantea* Roth
*Agrostis hissarica* Roshev.
*Agrostis nevskii* Tzvel.
*Agrostis pamirica* Ovcz.
*Agrostis paulsenii* Hack. ex Pauls.
*Agrostis stolonifera* L.
*Agrostis subaristata* Aitch.
*Agrostis transcaspica* Litv.
*Agrostis turkestanica* Drob.
**x Agrotrigia Tzvel.**
*Agrotrigia androssovii* (Roshev.) Tzvel.
**Ailanthus** Desf.
*Ailanthus altissima* (Mill.) Swingle
**Aizoon** L.
*Aizoon hispanicum* L.
**Ajania** Poljak.
*Ajania abolinii* Kovalevsk.
*Ajania fastigiata* (C. Winki.) Poljak.
*Ajania fruticulosa* (Ledeb.) Poljak.
*Ajania gracilis* (Hook. fil. et Thoms.) Poljak.
*Ajania korovinii* Kovalevsk.
*Ajania qiraica* Z. X. An et Dilxat.
*Ajania scharnhorstiii* (Rgl. et Schmalh.) Tzvel.
*Ajania tibetica* (Hook. fil. et Thoms.) Tzvel.
*Ajania trilobata* Poljak.
**Ajuga** L.
*Ajuga glabra* C. Presl
*Ajuga turkestanica* (Rgl.) Briq.
**Alajja** Ikonn.
*Alajja afganica* (Rech. fil.) Ikonn.
*Alajja anomala* (Juz.) Ikonn.
*Alajja romboidea* (Benth.) Ikonn.
**Albizia** Durazz.
*Albizia julibrissin* Durazz.
**Alcea** L.
*Alcea angulatla* (Freyn) Freyn et Sint. ex Iljin
*Alcea antoninae* Iljin
*Alcea baldshuanica* (Bornm.) Iljin
*Alcea freyniana* Iljin
*Alcea froloviana* (Litv.) Iljin

*Alcea karakalensis* Freyn
*Alcea kopetdaghensis* Iljin
*Alcea lenkoranica* Iljin
*Alcea litvinovii* (Iljin) Iljin
*Alcea nikitinii* Iljin
*Alcea nudiftora* (Lindl.) Boiss.
*Alcea popovii* Iljin
*Alcea rhyticarpa* (Trautv.) Iljin
*Alcea sycophylla* Iljin et Nikit.
*Alcea talassica* Iljin
*Alcea tiliacea* (Bornm.) Zonary
*Alcea turcomanica* Iljin
**Alchemilla** L.
*Alchemilla austroaltaica* V. Tichomirov
*Alchemilla biradiata* Ovcz.
*Alchemilla bungei* Juz.
*Alchemilla carviformis* Ovcz.
*Alchemilla chionophila* Juz.
*Alchemilla cyrtopleura* Juz.
*Alchemilla fontinalis* Juz.
*Alchemilla goloskokovii* Juz.
*Alchemilla hissarica* Ovcz et Koczk.
*Alchemilla humilicaulis* Juz.
*Alchemilla isfarensis* Ovcz et Koczk.
*Alchemilla jaroschenkoi* Grossh.
*Alchemilla krylovii* Juz.
*Alchemilla lipschitzii* Juz.
*Alchemilla michelsonii* Juz.
*Alchemilla murbeckiana* Bus.
*Alchemilla obtusa* Bus.
*Alchemilla retropilosa* Juz.
*Alchemilla rubens* Bus.
*Alchemilla sauri* Juz.
*Alchemilla scalaris* Juz.
*Alchemilla sibirica* Zam.
*Alchemilla tianschanica* Juz.
*Alchemilla transiliensis* Juz.
*Alchemilla verae* Ovcz et Koczk.
**Aldrovanda** L.
*Aldrovanda vesiculosa* L.
**Alexandra Bge.**
*Alexandra lehmanni* Bge.
**Alfredia** Cass.
*Alfredia acantholepis* Kar. et Kir.
*Alfredia aspera* Shih
*Alfredia cernua* (L.) Cass.
*Alfredia fetissovii* Iljin
*Alfredia integrifolia* (Iljin) Tuljaganova
*Alfredia nivea* Kar. et Kir.
**Alhagi** Hill
*Alhagi canescens* (Rgl.) Shap.
*Alhagi kirghisorum* Schrenk
*Alhagi persarum* Boiss. et Buhse
*Alhagi pseudalhagi* (Bieb.) Fisch
*Alhagi sparsifolia* (Shap.) Shap.
**Alisma** L.
*Alisma lanceolatum* Wither.
*Alisma gramineum* Lej.
*Alisma nanum* D. F. Cui
*Alisma plantago- aquatica* L.
**Alliaria** Heist. ex Fabr.
*Alliaria petiolata* (Bieb.) Cavara et Grande
**Allium** L.
*Allium afganicum* Wendelbo
*Allium aflatunense* B. Fedtsch.
*Allium alaicum* Vved.
*Allium albanum* Grossh.
*Allium alexandrae* Vved.
*Allium alexejanum* Rgl.
*Allium altaicum* Pall.
*Allium altissimum* Rgl.
*Allium ampeloprasum* L.
*Allium anisopodiurn* Ledeb.
*Allium anisotepalum* Vved.
*Allium aroides* M. Pop. et Vved.
*Allium atroviolaceum* Boiss.
*Allium baitulinii* Bait. et Kamenetzkaja
*Allium baissunense* Lipsky
*Allium barszczewskii* Lipsky
*Allium baschkyzylsaicum* Krassovskaja
*Allium bellulum* Prokh.
*Allium bideatatum* Fisch. ex Prokh.
*Allium blandum* Wall.
*Allium bogdoicolum* Rgl.
*Allium boissieri* Rgl
*Allium borszczowii* Rgl.

*Allium botschanzevii* R. Kam.
*Allium brachyodon* Boiss.
*Allium brachyscapum* Vved.
*Allium brevidens* Vved.
*Allium brevidentiforme* Vved.
*Allium bucharicum* Rgl.
*Allium caeruleum* Pall.
*Allium caesium* Schrenk
*Allium caespitosum* Severs ex Bong. et Mey.
*Allium caspium* (Pall.) M. B.
*Allium cepa* L.
*Allium chinense* G. Don fil.
*Allium clathratum* Ledeb.
*Allium clausum* Vved.
*Allium collis- magni* R. Kam.
*Allium confragosum* Vved.
*Allium costatovaginatum* R. Kam. et Levichev
*Allium cristophii* Trautv.
*Allium crystallinum* Vved.
*Allium cupuliferum* Rgl.
*Allium darvasicum* Rgl.
*Allium dasyphyllum* Vved.
*Allium decipiens* Fisch. ex Roem.
*Allium delicatulum* Siev. ex Roem. et Schult.
*Allium dolichomischum* Vved.
*Allium dolichostylum* Vved.
*Allium drepanophyllum* Vved.
*Allium drobovii* Vved.
*Allium eduardii* Stearn
*Allium elatum* Rgl.
*Allium elegans* Drob.
*Allium eremoprasum* Vved.
*Allium eriocoleum* Vved.
*Allium eugenii* Vved.
*Allium fedtschenkoanum* Rgl.
*Allium ferganicum* Vvcd.
*Allium fetissovii* Rgl.
*Allium fibrosum* Rgl.
*Allium filidens* Rgl.
*Allium filidentiforme* Vved.
*Allium flavellum* Vved.
*Allium flavidum* Ledeb.
*Allium galanthum* Kar. et Kir.
*Allium giganteum* Rgl.
*Allium glaciale* Vved.
*Allium globosum* M. B. ex Redoute
*Allium glomeratum* Prokh.
*Allium goloskokovii* Vved.
*Allium grassilimum* Vved.
*Allium griffithianum* Boiss.
*Allium grisellum* J. M. Xu
*Allium gultschense* B. Fedtsch.
*Allium guzaricum* Rgl.
*Allium gypsaceum* M. Pop. et Vved.
*Allium gypsodictium* Vved.
*Allium helicophyllum* Vved.
*Allium hexaceras* Vved.
*Allium hyssaricum* Vved.
*Allium hymenorrhizum* Ldb.
*Allium iliense* Rgl.
*Allium iliense subsp. nuratense* R. Kam.
*Allium inaequale* Janka
*Allium inconspicuum* Vved.
*Allium inderiense* Fisch. ex Bge.
*Allium inops* Vved.
*Allium insufficiens* Vvcd.
*Allium jaxarticum* Vved.
*Allium jodantum* Vved.
*Allium jucundum* Vved.
*Allium karataviense* Rgl.
*Allium karelinii* Poljak.
*Allium kasteki* M. Pop.
*Allium kaufmanii* Rgl.
*Allium kirindicum* Bornm.
*Allium kokanicum* Rgl.
*Allium komarovii* Lipsky
*Allium kopetdagense* Vved.
*Allium korolkowii* Rgl.
*Allium kujukense* Vved.
*Allium kurssanovii* M. Pop.
*Allium kyzylkumi* R. Kam.
*Allium lasiophyllum* Vved.
*Allium lehmannianum* Merckl.
*Allium lenkoranicum* Miscz. ex Grossh.
*Allium leptomorphum* Vved.
*Allium leucosphaerum* Aitch. et Baker

*Allium lineare* L.
*Allium longicuspis* Rgl.
*Allium longiradiatum* Vved,
*Allium lutescens* Vved.
*Allium majus* Vved.
*Allium margaritae* B. Fedtsch.
*Allium margaritiferum* Vved.
*Allium microdictyon* Prokh.
*Allium minutum* Vved.
*Allium mogoltavicum* Vved.
*Allium monophyllum* Vved.
*Allium nutans* L.
*Allium obliquum* L.
*Allium oliganthum* Kar. et Kir.
*Allium ophiophyllum* Vved.
*Allium oreophiloides* Rgl.
*Allium oreophilum* C. A. Mey.
*Allium oreoprasoides* Vved.
*Allium oreoprasum* Schrenk
*Allium oreoscordum* Vved.
*Allium oschaninii* O. Fedtsch
*Allium pallasii* Murr.
*Allium pamiricum* Wendelbo
*Allium pangasicum* Turakulov
*Allium paradoxum* (Bieb.)G. Don fil.
*Allium parvulum* Vved.
*Allium petraeum* Kar. et Kir.
*Allium platyspathum* Schrenk
*Allium polyrrhizum* Turcz. ex Rgl.
*Allium* p *opovii* Vved.
*Allium praemixtum* Vved.
*Allium proliferum* (Moench)Schrad. ex Willd.
*Allium pseudozeravschanicum* M. Pop. et Vved.
*Allium pskemense* B. Fedtsch.
*Allium ramosum* L.
*Allium rhodanthum* Vved.
*Allium roborowskianum* Rgl.
*Allium robustum* Kar. et Kir.
*Allium rosenhachianutn* Rgl.
*Allium rubens* Schrad. ex Willd.
*Allium rudolfii* Turakulov
*Allium sahuosum* Stev. ex Bge.
*Allium saposhnikovii* E. Nikit.
*Allium sarawschanicum* Rgl.
*Allium sativum* L.
*Allium scabriscapum* Boiss. et Kotschy.
*Allium schachimardanicum* Vved.
*Allium schoenoprasoides* Rgl.
*Allium schoenoprasum* L.
*Allium schrenkii* Rgl.
*Allium schubertii* Zucc.
*Allium schugnanicum* Vved.
*Allium scrobiculatum* Vved.
*Allium semenovii* Rgl.
*Allium sergii* Vved.
*Allium setifolium* Schrenk.
*Allium sewertzowii* Rgl.
*Allium sordidiflorum* Vved.
*Allium stephanophorum* Vved.
*Allium stipitatum* Rgl.
*Allium strictum* Schrad.
*Allium subtilissimum* Ledeb.
*Allium sulphureum* Vved.
*Allium suvorovii* Rgl.
*Allium taeniopctalum* M. Pop. et Vved.
*Allium talassicum* Rgl.
*Allium tenuicaule* Rgl.
*Allium teretifolium* Rgl.
*Allium tianschanicum* Rupr.
*Allium x tokaliense* R. Kam et Levichev
*Allium trachyscordum* Vved.
*Allium transvestiens* Vved.
*Allium trautvetterianum* Rgl.
*Allium tschingamicum* B. Fedtsch.
*Allium tulipifolium* Ledeb.
*Allium turcomanicum* Rgl.
*Allium turkestanicum* Rgl.
*Allium turtschucum* Rgl.
*Allium tytthanthum* Vved.
*Allium umbilicatum* Boiss.
*Allium valentinae* Pavl.
*Allium vavilovii* M. Pop. et Vved.
*Allium verticillatum* Rgl.
*Allium veschnjakovii* Rgl.
*Allium victoris* Vved.
*Allium vvedenskyanum* Pavl.

*Allium warsobicum* R. Kam.
*Allium weschnjakowii* Rgl.
*Allium winklerianum* Rgl.
*Allium xiphopetalum* Aitsh. et Baker.
*Allium yatei Aitch.* Et Barker
*Allium zaissanicum* Kotukh.
*Allium zaprjagajevii* Kassacz.
**Allochrusa** Bge.
*Allochrusa gypsophiloides* (Rgl.) Schischk.
*Allochrusa paniculata* (Rgl.) Ovcz et Czuk.
*Allochrusa tadshikistanica* Schischk.
**Alnus**Hill
*Alnus glutinosa* (L.) Gaertn.
**Alopecurus** L.
*Alopecurus aequalis* Sobol.
*Alopecurus apiatus* Ovcz.
*Alopecurus arundinaceus* Poir.
*Alopecurus borii* Tzvel.
*Alopecurus glaucus* Less.
*Alopecurus himalaicus* Hook. F.
*Alopecurus mucronatus* Hack. ex Pauls.
*Alopecurus myosuroides* Huds.
*Alopecurus pratensis* L.
*Alopecurus tiflisensis*( Westb.) Grossh.
**Althaea** L.
*Althaea armeniaca* Ten.
*Althaea broussonetiifolia* IIjin.
*Althaea cannabina* L.
*Althaea hirsuta* L.
*Althaea ludwigii* L.
*Althaea officinalis* L.
**Althenia** F. Petit
*Althenia filiformis* F. Petit *subsp. betpakdalensis* Tzvel.
*Althenia filiformis* F. Petit *subsp. orientalis* Tzvel.
**Alyssopsis** Boiss.
*Alyssopsis trinervis* Botsch et Sejfulin
**Alyssum** L.
*Alyssum dasycarpum* Steph.
*Alyssum fedtscheakoanum* N. Busch.
*Alyssum inflatum* E. I Nyarady
*Alyssum lanceolatum* Baumgartner
*Alyssum lenense* Adams.
*Alyssum obovatum* (C. A. Mey.) Turcz.
*Alyssum parviflorum* Fisch. ex Bieb.
*Alyssum stapfii* Vierh.
*Alyssum stenostachium* Botsch. et Vved.
*Alyssum strigosum* Banks et Soland.
*Alyssum szarabiacum* E. I Nyarady
*Alyssum szovitsianum* Fisch. et Mey.
*Alyssum tortuosum* Waldst. et Kit. ex Willd.
*Alyssum turkestanicum* Rgl. et Schmalg.
**Amaranthus** L.
*Amaranthus albus* L.
*Amaranthus blitoides* S. Wats.
*Amaranthus blitum* L.
*Amaranthus caudatus* L.
*Amaranthus deflexus* L.
*Amaranthus graecizans* L.
*Amaranthus retroflexus* L.
*Amaranthus thellungianus* Nevski
*Amaranthus tricolor* L.
*Amaranthus tuberculatus* (Moq.) Sauer
**Amberboa** (Pers.) Less.
*Amberboa amberboi* (L.) Tzvel
*Amberboa bucharica* Iljin
*Amberboa turanica* Iljin
**Ambrosia** L.
*Ambrosia artemisifolia* L.
**Amelanchier** Medik.
*Amelanchier turkestanica* Litv.
**Amethystea** L.
*Amethystea caerulea* L.
**Ammannia** L.
*Ammannia auriculata* Willd.
*Ammannia baccifera* L.
*Ammannia multiflora* Roxb.
*Ammannia verticillata* (Ard.) Lam.
**Ammodendron** Fisch.
*Ammodendron bifolium* (Pall.) Yakovl.
*Ammodendron conollyi* Bge.
*Ammodendron eichwaldii* Ledeb.
*Ammodendron karehinii* Fisch. et Mey.
**Ammopiptanthus** Cheng fil.
*Ammopiptanthus nanus* Cheng fil.

**Ammothamnus** Bge.
*Ammothamnus lehmannii* Bge.
*Ammothamnus songoricus* (Schrenk) Lipski ex Pavl.
**Amoria** C. Presl
*Amoria bonannii* (C. Presl) Roskov
*Amoria fragifera* (L.) Roskov
*Amoria hybrida* (L.) C. Presl
*Amoria montana* (L.) *Sojak*
*Amoria repens* (L.) C. Presl
*Amoria resupinata* (L.) Roskov
**Amorpha** L.
*Amorpha fruticosa* L.
**Ampelopsis** Michx.
*Ampelopsis aegirophylla* (Bge.) Planch.
*Ampelopsis chondisensis* (Vass. et L. Vassil.) *Tuljaganova*
*Ampelopsis japonica* (Thunb.) Makino
*Ampelopsis tadshikistanica* V. Zarp.
**Amygdalus** L.
*Amygdalus bucharica* Korsh.
*Amygdalus communis* L.
*Amygdalus ledebouriana* Schlecht.
*Amygdalus nana* L.
*Amygdalus petunnikowii* Litw.
*Amygdalus* x *saviczii* Pachom.
*Amygdalus scoparia* Spach
*Amygdalus spinosissima* Bge.
*Amygdalus susacensis* Vass.
*Amygdalus turcomanica* Lincz.
*Amygdalus* x *usbekistanica* Sabirov
*Amygdalus vavilovii* M. Pop.
**Anabasis** L.
*Anabasis annua* Bge.
*Anabasis aphylla* L.
*Anabasis aphylla subsp. australis* Iljin
*Anabasis aphylla subsp. rubra* Iljin
*Anabasis brachiata* Fisch. et Mey. ex Kar. et Kir.
*Anabasis brevifolia* C. A. Mey.
*Anabasis cretacea* Pall.
*Anabasis ebracteolata* Korov. ex Botsch.
*Anabasis elatior* (C. A. Mey.) Schischk.
*Anabasis eriopoda* (Schrenk) Benth. ex Volkens
*Anabasis ferganica* Drob.
*Anabasis gypsicola* Iljin
*Anabasis jaxarctica* (Bge.) Benth. ex Volkens
*Anabasis korovinii* Iljin ex A. Vassil.
*Anabasis pelliotii* Danguy
*Anabasis salsa* (C. A. Mey.) Benth. ex Volkens
*Anabasis tianschanica* Botsch.
*Anabasis truncata* (Schrenk) Bge.
*Anabasis turgaica* Iijin et Krasch.
*Anabasis turkestanica* Korov. et Iljin
**Anacamptis** Rich.
*Anacamptis pyramidalis* (L.) Rich.
**Anacantha(Iljin) Sojak**
*Anacantha darwasica* (C. Winkl.) Sojak
*Anacantha jucunda* (C. Winkl.) Sojak
*Anacantha mira* (Iljin) Sojak
**Anagallidium** Griseb.
*Anagallidium dichotomum* (L.) Griseb.
**Anagallis** L.
*Anagallis arvensis* L.
*Anagallis foemina* Mill.
**Anaphalis DC.**
*Anaphalis darwasica* Boriss.
*Anaphalis depauperata* Boriss.
*Anaphalis garanica* Boriss.
An *a* phalis *latifolia* Kinz. et Vainberg
*Anaphalis racemifera* Franch.
*Anaphalis roseoalba* Krasch.
*Anaphalis sarawschanica* (C. Winkl.) B. Fedtsch.
*Anaphalis scopulus* Boriss.
*Anaphalis subtilis* Kinz. et Vainberg
*Anaphalis tenuicaulis* Boriss.
*Anaphalis velutina* Krasch.
*Anaphalis virgata* Thomas.
**Ancathia** DC.
*Ancathia igniaria* (Spreng.) DC.
**Anchusa** L.
*Anchusa azurea* Mill.
**Andrachne** L.
*Andrachne asperula* Nevski.
*Andrachne fedtschenkoi* C. Koss.
*Andrachne pusilla* Pojark.

*Andrachne pygmaea* C. Koss.
*Andrachne rotundifolia* C. A. Mey.
*Andrachne stenophylla* C. Koss.
*Andrachne vvedenskyi* Pazij
**Androsace** L.
*Androsace aflatunense* Ovcz.
*Androsace akbaitalensis* Derg.
*Androsace alaica* Ovcz. et Astan.
*Androsace bryomorpha* Lipsky
*Androsace caduca* Ovcz.
*Androsace darvasica* Ovcz.
*Androsace dasyphylla* Bge.
*Androsace fedtschenkoi* Ovcz.
*Androsace filiformis* Retz.
*Androsace flavescens* Maxim.
*Androsace lehmanniana* Spreng.
*Androsace maxima* L.
*Androsace ovczinnikovii* Schischk. et Bobr.
*Androsace pavlovskii* Ovcz.
*Androsace septentrionalis* L.
*Androsace sericea* Ovcz.
*Androsace taurica* Ovcz.
**Anemonastrum** Holub
*Anemonastrum protractum* Holub
**Anemone** L.
*Anemone almaatensis* Juz.
*Anemone baissunensis* Juz. ex Scharipova
*Anemone bucharica* (Rgl.) Fin. et Gagncp.
*Anemone eranthioides* Rgl.
*Anemone gortschakovii* Kar. et Kir.
*Anemone obtusiloba* D. Don.
*Anemone oligotoma* Juz.
*Anemone petiolulosa* Juz.
*Anemone seravschanica* Kom.
*Anemone silvestris* L.
*Anemone tschernjacwii* Rgl.
*Anemone verae* Ovcz. et Scharipova
**Anemonoides** Mill.
*Anemonoides umbrosa* (C. A. Mey) Holub
**Anethum** L.
*Anethum gravcoldns* L.
*Anethum involucratum* Korov.
*Aneurolepidium ugamicum* (Drob.) Nevski.
**Angelica** L.
*Angelica brevicaulis* (Rupr.) B. Fedtsch.
*Angelica komarovii* (Schischk.)V. Tichomirov
*Angelica multicaulis* M. Pimen.
*Angelica ternata* Rgl. et Schmalh.
*Angelica tschimganica* (Korov.)V. Tichomirov
**Anisantha C. Koch**
*Anisantha rubens* (L.) Nevski
*Anisantha sericea* (Drob.) Nevski
*Anisantha sterilis* (L.) Nevski
*Anisantha tectorum* (L.) Nevski
**Anogramma** Link
*Anogramma leptophylla* (L.) Link
**Antennaria Gaertn.**
*Antennaria dioica* (L.) Gaertn.
**Anthemis** L.
*Anthemis altissima* L.
*Anthemis austriaca* Jacq.
*Anthemis candidissima* Willd. ex Spreng.
*Anthemis coelopoda* Boiss.
*Anthemis coelopoda var. bourgaei* Boiss.
*Anthemis deserticola* Krasch. et M. Pop.
*Anthemis hirtella* C. Winkl.
*Anthemis linczevskyi* Fed.
*Anthemis microcephala* (Schrenk) B. Fedtsch.
*Anthemis odontostephana* Boiss.
*Anthemis subtinctoria* Dobrocz.
*Anthemis trotzkiana* Claus ex Bge.
**Anthochlamis** Fenzl
*Anthochlamis polygaloides* (Fisch. et S. A. Mey.) Fenzl
*Anthochlamis tjanschanica* Iljin ex Aell.
*Anthochlamis turcomanica* Iljin
**Antonina** debilis Vved.
*Antonina debilis* (Bge.) Vved.
**Anthoxanthum** L.
*Anthoxanthum alpinum* A. et D. Love
**Anthriscus** (Pers.) Hoffm.
*Anthriscus cerefolium* (L.) Hoffm.
*Anthriscus glacialis* Lipsky.
*Anthriscus silvestris* (CL.) Holfm.
**Anura(Juz.) Tscherneva**
*Anura pallidivirens* (Kult.) Tscherneva

**Apera** Adans.
*Apera interrupta* (L.) Beauv.
*Apera maritima Klok*.
*Apera spica-venti* (L.) Beauv.
**Aphanopleura** Boiss.
*Aphanopleura capillifolia* (Rgl. et Schmalh.) Lipsky.
*Aphanopleura leploclada* (Aitch. et Hemsl.) Lipsky.
**Aphragmis** Andrz.
*Aphragmis oxicarpus* (Hook. fil. et Thoms.) Jafri
**Apium** L.
*Apium graveolens* L.
*Apium nodiflorum* (L.) Lag.
**Apluda** L.
*Apluda mutiga* L..
**Aquilegia** L.
*Aquilegia atrovinosa* M. Pop. ex Gamajun.
*Aquilegia coelestis* Fed.
*Aquilegia darwasi* Korsh.
*Aquilegia glandulosa* Fisch. ex Link.
*Aquilegia karatavica* Mikesch.
*Aquilegia karelinii* (Baker) O. et B. Fedtsch.
*Aquilegia lactiflora* Kar. et Kir.
*Aquilegia microphylla* (Korsh.) Ikonn.
*Aquilegia sibirica* Lam.
*Aquilegia tianschanica* Butk.
*Aquilegia vicaria* Nevski
*Aquilegia vitalii* Gamajun.
**Arabidopsis** (DC.) Heynh.
*Arabidopsis bactriana* Ovcz. et Junussov
*Arabidopsis korshinskyi* Botsch.
*Arabidopsis mollissima* (C. A. Mey.) N. Busch.
*Arabidopsis ovczinnikovii Botsch*.
*Arabidopsis parvula* (Schrenk) O. E. Schulz.
*Arabidopsis pumila* (Steph.) N. Busch.
*Arabidopsis thaliana* (L.) Heynh.
*Arabidopsis toxophylla* (M. B.) N. Busch.
*Arabidopsis wallichii* (Hook. fil. et Thoms.) N. Busch.
**Arabis** L.
*Arabis aucherii* Boiss.
*Arabis fruticulosa* C. A. Mey.
*Arabis kamelinii* Botsch.
*Arabis karategina* Lipsky.
*Arabis kokanica* Rgl. et Schmalh.
*Arabis mindshilkensis* Bajt et Myrzakulov
*Arabis pendula* L.
*Arabis popovii* Botsch. et Vved.
*Arabis recta* Vill.
*Arabis sagittata* (Bertol.) DC.
*Arabis tianschanica* Pavl.
*Arabis tibetica* Hook. fil. et Thoms.
**Arceuthobium** Bieb.
*Arceuthobium oxycedri* (DC.) Bieb.
**Arctium L.**
*Arctium lappa* L.
*Arctium x lelobardanum* Juz. et Serg.
*Arctium lelospermum* Juz. et Serg.
*Arctium sardaimionense* Rassulova et B. Schairova.
*Arctium tomentosum* Mill.
**Arctopoa**(Grieseb.) Probat.
*Arctopoa tibetica* (Munro ex Stapf) Probat.
**Arctostaphylos** Adans.
*Arctostaphylos uva-ursi* (L.) Spreng.
**Arctous** (A. Gray) Niedenzu
*Arctous alpina* (L.) Niedenzu
**Arenaria** L.
*Arenaria leptoclados* (Reichenb.) Guss.
*Arenaria potanii* Schischk.
*Arenaria rotundifolia* M Bieb.
*Arenaria serpillifolia* L.
*Arenaria turlanica* Bajt.
**Argusia** Boem.
*Argusia sibirica* (L.) Dandy
*Argusia sogdiana* (Bge.) Czer.
**Aristida** L.
*Aristida heymannii* Regel.
**Armeniaca** Hill
*Armeniaca kostiniae* E. Lomakin
*Armeniaca sogdiana* Kudr.
*Armeniaca vulgaris* Lam.
*Armeniaca vulgaris subsp. pubescens* Kudr.
**x Armeniaco-prunus** Cinovskis
*Armeniaco-prunus dasicarpa* (Ehrh.) Cinovskis
**Armoracia** Gaertn., Mey. et Scherb.

*Armoracia rusticana* Gaertn. , C. A. Mey. et Scherb.
**Arnebia** Forrsk.
*Arnebia coerulea* Schipcz.
*Arnebia decumbens* (Vent. ) Coss. et Kral.
*Arnebia grandiflora* (Trautv. ) M. Pop.
*Arnebia guttata* Bge.
*Arnebia minima* Wettst.
*Arnebia obovata* Bge.
*Arnebia pausisetosa* A. Li
*Arnebia tibetana* Kurz.
*Arnebiatranscaspica* M. Pop.
**Arrhenatherum** Beauv.
*Arrhenatherum elatius* (L. ) I. et C. Presl.
**Artemisia** L.
*Artemisia abrotanum* L.
*Artemisia absinthium* L.
*Artemisia alcockii* Pamp.
*Artemisia argyrophylla* Ledeb.
*Artemisia amoena* Poljak.
*Artemisia annua* L.
*Artemisia aralensis* Krasch.
*Artemisia arenaria* DC.
*Artemisia arenicola* Krasch. ex Poljak.
*Artemisia aschurbajevii* C. Winkl.
*Artemisia austriaca* Jacq.
*Artemisia badhysi* Krasch. et Lincz. ex Poljak.
*Artemisia balchanorum* Krasch.
*Artemisia baldshuanica* Krasch. et Zapr.
*Artemisia bargusinensis* Spreng.
*Artemisia borotalensis* Poljak.
*Artemisia camelorum* Krasch.
*Artemisia cina* Berg. et Poljak.
*Artemisia ciniformis* Krasch. et M. Pop. ex Poljak.
*Artemisia compacta* Fisch. ex DC.
*Artemisia czukavinae* Filat.
*Artemisia depauperata* Krasch.
*Artemisia deserti* Krasch.
*Artemisia diffusa* Krasch. et Poljak.
*Artemisia dimoana* M. Pop.
*Artemisia dracunculus* L.
*Artemisia dubjanskyana* Krasch. ex Poljak.
*Artemisia dumosa* Poljak.
*Artemisia elongata* Filat. et Ladygina
*Artemisia eremophyla* Krasch. et Butk. ex Poljak.
*Artemisia fedtschenkoana* Krasch.
*Artemisia ferganensis* Krasch. ex Poljak.
*Artemisia frigida* Willd.
*Artemisia fulvella* Filat. et Ladygina
*Artemisia galinae* Ikonn.
*Artemisia glabella* Kar. et Kir.
*Artemisia glanduligera* Krasch. ex Poljak.
*Artemisia glauca* Pall. ex Willd.
*Artemisia glaucina* Krasch. ex Poljak.
*Artemisia gmelinii* Web.
*Artemisia gorjaevii* Poljak.
*Artemisia gracilescens* Krasch. et Iljin
*Artemisia gurganica* (Krasch. ) Filat.
*Artemisia gypsacea* Krasch. M. Pop. et Lincz. ex Poljak.
*Artemisia halophila* Krasch.
*Artemisia hedinii* Ostenf.
*Artemisia heptapotamica* Poljak.
*Artemisia hippolyti* Butk.
*Artemisia issykulensis* Poljak.
*Artemisia juncea* Kar. et Kir.
*Artemisia karatavica* Krasch. et Abol. ex Poljak.
*Artemisia kaschgarica* Krasch.
*Artemisia kelleri* Krasch.
*Artemisia kemrudica* Krasch.
*Artemisia knorringiana* Krasch.
*Artemisia kochiiformis* Krascli. et Lincz. ex Poljak.
*Artemisia kopetdaghensis* Krasch. ex Poljak.
*Artemisia korovinii* Poljak.
*Artemisia korshinskyi* Krasch. et Poljak.
*Artemisia kulbadica* Boiss. et Buhse
*Artemisia kuschakewiczii* C. Winkl.
*Artemisia latifolia* Ledeb.
*Artemisia lehmanniana* Bge.
*Artemisia lerchiana* Web.
*Artemisia lessingiana* Bess.
*Artemisia leucodes* Schrenk
*Artemisia leucotricha* Krasch. et Ladygina
*Artemisia lipskyi* Poljak.
*Artemisia macrocephala* Jacq.

*Artemisia maracandica* Bunge
*Artemisia marschalliana* Spreng.
*Artemisia mogoltavica* Poljak.
*Artemisia mucronulata* Poljak.
*Artemisia namanganica* Poljak.
*Artemisia nigricans* Filat. et Ladygina
*Artemisia nitrosa* Web.
*Artemisia nutans* Willd.
*Artemisia obtusiloba* Ledeb.
*Artemisia oliveriana* J. Gayex Bess.
*Artemisia pamirica* C. Winkl.
*Artemisia pauciflora* Web.
*Artemisia persica* Boiss.
*Artemisia pewzowii* C. Winkl.
*Artemisia polysticha* Poljak.
*Artemisia pontica* L.
*Artemisia porrecta* Krasch. ex Poljak.
*Artemisia prasina* Krasch. ex Poljak.
*Artemisia prolixa* Krasch. ex Poljak.
*Artemisia pycnorhyza* Ledeb.
*Artemisia quinqueloba* Trautv.
*Artemisia rhodantha* Rupr.
*Artemisia rupestris* L.
*Artemisia rutifolia* Staph. ex Spreng.
*Artemisia saissanica* (Krasch.) Filat.
*Artemisia santolina* Schrenk
*Artemisia santolinifolia* Turcz. ex Bess.
*Artemisia santonica* L.
*A saposhnikovii* Krasch. ex Poljak.
*Artemisia schrenkiana* Ldb.
*Artemisia scoparia* Waldst. et Kit.
*Artemisia scopiformis* Ledeb.
*Artemisia scotina* Nevski
*Artemisia sericea* Web.
*Artemisia serotina* Bge.
*Artemisia sieversiana* Willd.
*Artemisia sogdiana* Bge.
*Artemisia songarica* Schrenk
*Artemisia stenocephala* Krasch. et Poljak.
*Artemisia subchrysolepis* Filat.
*Artemisia sublessingiana* (Kell.) Krasch. ex Poljak.
*Artemisia subsalsa* Filat.
*Artemisia succulenta* Ledeb.
*Artemisia tecti-mundi* Podlech.
*Artemisia tenuisecta* Nevski
*Artemisia terrae-alba* Krasch.
*Artemisia tianschanica* Krasch. et Poljak.
*Artemisia tomentella* Trautv.
*Artemisia tournefortiana* Rchb.
*Artemisia transiliensis* Poljak.
*Artemisia turanica* Krasch.
*Artemisia turcomanica* Gand.
*Artemisia vachanica* Krasch. et Poljak.
*Artemisia verlotiorum* Lamotte
*Artemisia viridis* Willd.
*Artemisia vulgaris* L
**Arthraxon** Beauv.
*Arthraxon centrasiaticus* (Grieseb) Gamajun
*Arthraxon langsdorfii* (Trin.) Roshev.
**Arthrophytum** Schrenk
*Arthrophytum balchanense* (Iljin) Botsch.
*Arthrophytum betpakdalense* Korov. et Miron.
*Arthrophytum iliense* Iljin
*Arthrophytum korovini* Botsch.
*Arthrophytum lehmannianum* Bge.
*Arthrophytum longibracteatum* Korov.
*Arthrophytum pulvinatum* Litv.
*Arthrophytum subulifolium* Schrenk
**Arum** L.
*Arum jacquemontii* Blume
*Arum korolkowii* Rgl.
**Arundo** L.
*Arundo donax* L.
**Asparagus** L.
*Asparagus angulofractus* Iljin
*Asparagus botschanzevii* Vlassova
*Asparagus brachyphyllus* Turcz.
*Asparagus bucharicus* Iljin
*Asparagus ferganensis* Vved.
*Asparagus gypsaceus* Vved.
*Asparagus inderiensis* Blum ex Pacz.
*Asparagus neglectus* Kar. et Kir.
*Asparagus officinalis* L.
*Asparagus pachyrrhyzus* Ivanova ex Vlassova
*Asparagus persicus* Baker

*Asparagus turkeslanicus* M. Pop.
*Asparagus verticillatus* L.
*Asparagus vvedenskyi* Botsch.
**Asperuginoides** axillaris Rauschert
*Asperuginoides axillaris* (Boiss. et Hohen.) Rauschert
**Asperugo** L.
*Asperugo procumbens* L.
**Asperula** L.
*Asperula albiflora* M. Pop.
*Asperula badachschanica* Pachom.
*Asperula balchanica* Bobr.
*Asperula botschantzevii* Pachom.
*Asperula ciliatula* Pachom.
*Asperula congesta* Tscherneva
*Asperula czukavinae* Pachom. et Karim.
*Asperula danilevskiana* Basin.
*Asperula fedtschenkoi* Ovcz. et Tscherneva
*Asperula ferganica* Pobed.
*Asperula glabrata* Tscherneva
*Asperula gypsacea* Pachom.
*Asperula insoluta* Pachom.
*Asperula karategini* Pachom. et Karim.
*Asperula kirghisorum* Filat.
*Asperula kovalevskiana* Pachom.
*Asperula laevis* Schischk.
*Asperula nuratensis* Pachom.
*Asperula oppositifolia* Rgl. et Schmalh.
*Asperula pamirica* Pobed.
*Asperula pauciflora* Tscherneva
*Asperula petraea* V. Krecz. ex Klok.
*Asperula pseudoglomerata* Pachom.
*Asperula pugionifolia* Tscherneva
*Asperula scabrella* Tscherneva
*Asperula setosa* Jaub. et Spach
*Asperula strishovae* Pachom. et Karim.
*Asperula turcomanica* Pobed.
**Asplenium** L.
*Asplenium adiantum- nigrum* L.
*Asplenium haussknechtii* Godet et Reut.
*Asplenium pseudofontanum* Koss.
*Asplenium rutamuraria* L.
*Asplenium samarkandense* C. Koss.
*Asplenium septentrionale* (L.) Hoffm
*Asplenium trichomanes* L.
*Asplenium trichomanes subsp. quadrivalens* D. E. Mey.
*Asplenium viride* Huds.
**Aster** L.
*Aster alpinus* L.
*Aster bessarabicus* Bernh. ex Reichenb.
*Aster novae-angliae* L.
*Aster novi-belgii* L.
*Aster serpentimontanus* Tamamsch
*Aster tolmatschevii* Tamamsch
*Aster vvedenskyi* Bondar.
**Asterothanmus** Novopokr.
*Asterodianmus fruticosus* (C. Winkl.) Novopokr.
*Asterodianmus schischkinii* Tamamsch.
**Asthenatherum** Nevski
*Asthenatherum forskahlii* (Vahl) Nevski
**Astomaea Reichenb.**
*Astomaea galiocarpa* (Korov.)M. Pimen. et Kljuykov
**Astracantha** Podlech
*Astracantha alexeenkoana* (B. Fedtsch. et Ivanova) Podlech
*Astracantha asaphes* (Bge.) Podlech
*Astracantha cerasocrena* (Bge.) Podlech
*Astracantha chionocalix* (Nevski) Czer.
*Astracantha asaphes* (Bge.) Podlech
*Astracantha chodsha-bakirganica* (B. Kom.) Czer.
*Astracantha consentanea* (Boriss.) Czer.
*Astracantha densissima* (Boriss.) Czer
*Astracantha denudata* (Stev.) Podlech
*Astracantha devia* (Boriss.) Czer
*Astracantha dissecta* (B. Fedtsch. et Ivanova) Podlech
*Astracantha dolona* (Rassulova et Scharipova) Czer.
*Astracantha flexilispina* (Boriss.) Podlech
*Astracantha hilariae* (Boriss.) Czer.
*Astracantha intermixta* (Boriss.) Czer.
*Astracantha karakalensis* (Freyen et Sint.) Podlech
*Astracantha kuhitangi* (Nevski) Podlech
*Astracantha kuramensis* (Boriss.) Podlech
*Astracantha longiramosa* (Boriss.) Czer.

*Astracantha macrantha* (Boriss.) Podlech
*Astracantha meana* (Boriss.) Podlech
*Astracantha meraca* (Boriss.) Podlech
*Astracantha meschchedensis* (Bge.) Podlech
*Astracantha microcephala* (Willd.) Podlech
*Astracantha multifoliolata* (Boriss.) Podlech
*Astracantha nuratavica* (Boriss.) Czer.
*Astracantha oleifolia* (DC.) Podlech
*Astracantha paliurus* (Boriss.) Czer.
*Astracantha piletoklada* (Freyn et Sint.) Czer.
*Astracantha plumata* (Boriss.) Podlech
*Astracantha promines* (Boriss.) Podlech
*Astracantha pterocephala* (Bge.) Podlech
*Astracantha pulvinata* (Boriss.) Podlech
*Astracantha pycnantha* (Boriss.) Podlech
*Astracantha rubens* (B. Fedtsch. et Ivanova) Podlech
*Astracantha stipulosa* (Boriss.) Podlech
*Astracantha tenuispina* (Boriss.) Czer.
*Astracanthatheodoriana* (Fed. et Rzazade.) Czer.
*Astracantha transoxana* (Fisch.) Podlech
*Astracantha turkmenorum* (Boriss.) Podlech
*Astracantha unduiculata* (Boriss.) Czer.
**Astragalus** L.
*Astragalus abbreviatus* Kar. et Kir.
*Astragalus abolinii* M. Pop.
*Astragalus abramovii* Gontsch.
*Astragalus acanthocarpus* Boriss.
*Astragalus ackerbergensis* Freyn
*Astragalus acormosus* Basil.
*Astragalus adpressipilosus* Gontsch.
*Astragalus adsurgens* Pall.
*Astragalus aemulans* (Nevski) Gontsch.
*Astragalus aflatunesisis* B. Fedtsch.
*Astragalus aksaicus* Schischk.
*Astragalus aksuensis* Bge.
*Astragalus aktauensis* Gontsch.
*Astragalus aktauensis subsp. chodshamastonicus* Rassulova
*Astragalus alaarczensis* Vass.
*Astragalus alabugensis* B. Fedtsch.
*Astragalus alaicus* Freyn
*Astragalus alatavicus* Kar. et Kir.
*Astragalus albertii* Bge.
*Astragalus albertoregelia* C. Winkl. et B. Fedtsch.
*Astragalus albicans* Bong.
*Astragalus aleschii* Bondar.
*Astragalus alexeenkoi* Gontsch.
*Astragalus alexeji* Gontsch.
*Astragalus alitschuri B.* Fedtsch.
*Astragalus allotricholobus* Nabiev
*Astragalus alopecias* Pall.
*Astragalus alopecurus* Pall.
*Astragalus alpinus* L.
*Astragalus alpinus subsp. alascanus* Hult.
*Astragalus altaicus* Bge.
*Astragalus amabilis* M. Pop.
*Astragalus amarus* Pall.
*Astragalus ambigens* M. Pop.
*Astragalus ammodendron* Bge.
*Astragalus ammodytes* Pall.
*Astragalus ammophilus* Kar. et Kir.
*Astragalus ammotrophus* Bge.
*Astragalus amygdalinus* Bge.
*Astragalus andarabicus* Podlech
*Astragalus andaulgensis* B. Fedtsch.
*Astragalus androssovianus* Gontsch.
*Astragalus angreni* Lipsky
*Astragalus angustidens* Freyn et Sint.
*Astragalus angustissimus* Bge.
*Astragalus anisomerus* Bge.
*Astragalus ankylotus* Fisch. et Mey.
*Astragalus antoninae* Grig.
*Astragalus aphanassjievii* Gontsch.
*Astragalus apiculatus* Gontsch.
*Astragalus arbuscula* Pall.
*Astragalus arcuatus* Kar. et Kir.
*Astragalus arganaticus* Bge. ex Rgl et Herd.
*Astragalus arianus* Gontsch.
*Astragalus arkalycensis* Bge.
*Astragalus artemisiiformis* Rassulova
*Astragalus arvatensis* Gontsch.
*Astragalus aschuturi* B. Fedtsch.
*Astragalus* asterias Stev. ex Ldb.
*Astragalus atraphaxifolius* Rassulova
*Astragalus atrovinosus* M. Pop.

*Astragalus aulieatensis* M. Pop.
*Astragalus auratus* Gontsch.
*Astragalus austriacus* Jacg.
*Astragalus austrodshungaricus* Golosk.
*Astragalus austroferganensis* R. Kam et R. Vinogradova
*Astragalus austrosibiricus* B. Schischk.
*Astragalus babatagi* M. Pop.
*Astragalus babatagi subsp. indurescens* Rassulova
*Astragalus bachardeni* R. Kam. et Kovalevsk.
*Astragalus badachschanicus* Boriss.
*Astragalus badamensis* M. Pop.
*Astragalus badghysi* M. Pop.
*Astragalus baissunensis* Lipsky
*Astragalus bakaliensis* Bge.
*Astragalus balchanensis* Boriss.
*Astragalus balchaschensis* Boriss.
*Astragalus baldshuanicus* M. Pop.
*Astragalus baranovii* M. Pop.
*Astragalus barrowianus* Aitch. et Baker
*Astragalus basilii* R. Kam. et Kovalevsk.
*Astragalus basineri* Trautv.
*Astragalus beketovii* (Krassn.) B. Fedtsch.
*Astragalus bibracteatus* Ovcz. et Rassulova
*Astragalus bischkendicus* Gontsch.
*Astragalus bobrovii* B. Fedtsch.
*Astragalus bogensis* Rassulova
*Astragalus bor-bulakensis* Rassulova
*Astragalus borissianus* Gontsch.
*Astragalus bornmuellerianus* B. Fedtsch.
*Astragalus borodinii* Krassn.
*Astragalus bosbutooensis E.* Nikit. et Sudn.
*Astragalus bossuensis* M. Pop.
*Astragalus botschantzevii* R. Kam. et Rassulova
*Astragalus brachylobus* Fisch.
*Astragalus brachypetalus* Trautv.
*Astragalus brachypus* Schrenk.
*Astragalus brachyrachis* M. Pop.
*Astragalus brevicarinus Bajt.*
*Astragalus brevidens* Freyn et Sint.
*Astragalus brevifolius* Ldb.
*Astragalus breviscapus* B. Fedtsch.
*Astragalus brotherusii* Podlech
*Astragalus bucharicus* Regel.
*Astragalus buchtormensis* Pall.
*Astragalus burtschumensis* Saposhn.
*Astragalus butkovii* M. Pop.
*Astragalus caespitosulus* Gontsch.
*Astragalus camptoceras* Bge.
*Astragalus campylorrhynchus* Fisch. et Mey.
*Astragalus campylotrichus* Bge.
*Astragalus candidissimus* Ledeb.
*Astragalus canoflavus* M. Pop.
*Astragalus cartilagineus* Gontsch.
*Astragalus caudicosus* Galkina et Nabiev
*Astragalus caulescens* (Gontsch.) Abduss.
*Astragalus centralis* Sheld.
*Astragalus ceratoides* M. B.
*Astragalus cernuiflorus* Gontsch.
*Astragalus chadjanensis* Franch.
*Astragalus chaetodon* Bge.
*Astragalus chaetolobus* Bge.
*Astragalus chaeturus* M. Pop.
*Astragalus chakassiensis* Polozh.
*Astragalus chingoanus* R. Kam.
*Astragalus chionanthus* M. Pop.
*Astragalus chiwensis* Bge.
*Astragalus chlorodonthus* Bge.
*Astragalus chodshamastonicus* Pachom.
*Astragalus chodshenticus* B. Fedtsch.
*Astragalus chomutovii* B. Fedtsch.
*Astragalus chorgossicus* Lipsky
*Astragalus chrysomallus* Bge.
*Astragalus chrysostachys* Boiss.
*Astragalus citoinflatus* Bondar.
*Astragalus cognatus* Schrenk
*Astragalus coluteocarpus* Boiss.
*Astragalus commixtus* Bge.
*Astragalus compositus* N. Pavl.
*Astragalus consanguineus* Bong. et Mey.
*Astragalus contortuplicatus* L.
*Astragalus cornu*- bovis Lipsky
*Astragalus cornutus* Pall.
*Astragalus corrugatus* Bert.
*Astragalus corydalinus* Bunge
*Astragalus cottonianus* Aitch. et Bak.

*Astragalus cristophii* Trautv.
*Astragalus cupulicalicinus* S. B. Ho et Y. C. Ho
*Astragalus curvipes* Trautv.
*Astragalus cyrtobasis* Bge. ex Boiss.
*Astragalus cysticalyx* Ledeb.
*Astragalus cystocarpus* Boriss.
*Astragalus cytisoides* Bge.
*Astragalus czilduchtaroni* R. Kam.
*Astragalus danicus* Retz.
*Astragalus darvasicus* Basil.
*Astragalus dasyglottis* Fisch.
*Astragalus degilmonus* Rassulova
*Astragalus dendroides* Kar. et Kir.
*Astragalus densiflorus* Kar. et Kir.
*Astragalus densus* M. Pop.
*Astragalus devestitus* Pazij et Vved.
*Astragalus dianthoides* Boriss.
*Astragalus dianthus* Bge.
*Astragalus dictamnoides* Gontsch.
*Astragalus dignus* Boriss.
*Astragalus dilutus* Bge.
*Astragalus dipelta* Bge.
*Astragalus discessiliflorus* Gontsch.
*Astragalus distentus* Boriss.
*Astragalus djilgensis* Franch.
*Astragalus dolichocarpus* M. Pop.
*Astragalus dolichophyllus* Pall.
*Astragalus dolychopodus* Freyn
*Astragalus drobovii* M. Pop. et Vved.
*Astragalus dschangartensis* Sumn.
*Astragalus dsharfii* B. Fedtsch.
*Astragalus dsharkenticus* M. Pop.
*Astragalus dshimensis* Gontsch.
*Astragalus duanensis* Saposhn. et Sumn.
*Astragalus dubius* Krasn.
*Astragalus elbrusensis* Boiss.
*Astragalus ellipsoideus* Ledeb.
*Astragalus ephemeretorum* Gontsch.
*Astragalus ephemeretorum* Gontsch.
*subsp. bilobulatus* Rassulova
*Astragalus eremospartoides* Rgl.
*Astragalus eriocarpus DC.*
*Astragalus erioceras* Fisch. et May.
*Astragalus exasperatus* Basil.
*Astragalus excedens* M. Pop. et Kult.
*Astragalus excelsior* M. Pop.
*Astragalus exilis* A. Korol.
*Astragalus eximius* Bge.
*Astragalus falcigerus* M. Pop.
*Astragalus farctissimus* Lipsky
*Astragalus farctus* Bge.
*Astragalus fedtschenkoanus* Lipsky
*Astragalus ferganensis*(*M. Pop.*) B. Fedtsch. ex A. Korol.
*Astragalus fetissowii* B. Fedtsch.
*Astragalus filicaulis* Fisch. et Mey.
*Astragalus flavidus* M. Pop.
*Astragalus flexus* Fisch.
*Astragalus floccosifolius* Sumn.
*Astragalus fuhsii* Freyn et Sint.
*Astragalus galegiformis* L.
*Astragalus gardanikaphtaricus* Rassulova
*Astragalus gaudanensis* B. Fedtsch.
*Astragalus gawrilowii* Krasn.
*Astragalus gebleri* Fisch. ex Bong. et C. A. Mey.
*Astragalus glabrescens* Gontsch.
*Astragalus globiceps* Bge.
*Astragalus glycyphyllus* L.
*Astragalus gracilipes* Benth. ex Bunge
*Astragalus hamosus* L.
*Astragalus harpilobus* Kar. et Kir.
*Astragalus harpocarpus* W. Melf.
*Astragalus hebecorpus* Cheng. f. ex C. B. Ho
*Astragalus hemiphaca* Kar. et Kir.
*Astragalus heptapotamicus* Sumn.
*Astragalus heterodontus* Boriss.
*Astragalus heterotrichus* Gontsch.
*Astragalus hissaricus* Lipsky
*Astragalus holargireus* Bunge
*Astragalus ikonnikovii* Podlech
*Astragalus iliensis* Bge.
*Astragalus inaequalifolius* Basil.
*Astragalus indurescens* Gontsch.
*Astragalus inflatus* DC.
*Astragalus infractus* Sumn.
*Astragalus inominatus* Boriss.

*Astragalus insignis* Gontsch.
*Astragalus intarrensis* Franch.
*Astragalus intermedius* Kar. et Kir.
*Astragalus involutivus* Sumn.
*Astragalus irinae* B. Fedtsch.
*Astragalus irisuensis* Boriss.
*Astragalus ishkamishensis* Podlech
*Astragalus iskanderi* Lipsky
*Astragalus isphahanicus* Boiss.
*Astragalus isphairamicus* B. Fedtsch.
*Astragalus jagnobicus* Lipsky
*Astragalus janischewskii* M. Pop.
*Astragalus jarmolenkoi* Gontsch.
*Astragalus jaxarticus* Pavl.
*Astragalus jolderensis* B. Fedtsch.
*Astragalus juniperetorum* Gontsch.
*Astragalus juratzkanus* Freyn. et Sint.
*Astragalus kabadianus* Lipsky
*Astragalus kahiricus* DC.
*Astragalus karabilicus* M. Pop.
*Astragalus karakugensis* Bunge
*Astragalus karataviensis* Pavl.
*Astragalus karategini* Golosk.
*Astragalus karatjubeki* Golosk.
*Astragalus karkarensis* M. Pop.
*Astragalus kasachstanicus* Golosk.
*Astragalus kaschkadariensis* Gontsch.
*Astragalus kazymbeticus* Saposchn. et Sumn.
*Astragalus kelifi* Lipsky
*Astragalus kelleri* M. Pop.
*Astragalus keminensis* K. Isakov
*Astragalus kendyrlyk* i M. Pop.
*Astragalus kenkolensis* B. Fedtsch.
*Astragalus kessleri* Trautv.
*Astragalus kirghisorum* Gontsch.
*Astragalus kjurendaghi* V. V. Nikit.
*Astragalus knorringianus* Boriss.
*Astragalus koikitaensis Rassulova*
*Astragalus kokandensis* Bge.
*Astragalus komarovii* Lipsky
*Astragalus kopalensis* Lipsky ex R. Kam.
*Astragalus kopetdaghi* Boriss.
*Astragalus korolkovii* Bge.
*Astragalus korotkovae* R. Kam. et Kovalevsk.
*Astragalus korovinianus* Barneby
*Astragalus krascheninnikovii* R. Kam.
*Astragalus krasnovii* M. Pop.
*Astragalus krauseanus* Rgl.
*Astragalus kronenburgii* B. Fedtsch.
*Astragalus kschtutensis* Rassulova
*Astragalus kucanensis* Rech. fil.
*Astragalus kudrjaschovii* A. Korol.
*Astraalus kugartensis* Boriss.
*Astragalus kulabensis* Lipsky
*Astragalus kurdaicus* Saposhn. ex Sumn.
*Astragalus kurgankolensis* Ovcz. et Rassulova
*Astragalus kurtschumensis* Bunge
*Astragalus kusschakewiczi* B. Fedtsch.
*Astragalus kuschkensis* Boriss.
*Astragalus kushmasarensis* Vass.
*Astragalus kusnetzovii* M. Pop.
*Astragalus kustanaicus* M. Pop.
*Astragalus laceratus* Lipsky
*Astragalus lachnolobus* Kovalevsk. et Vved.
*Astragalus lactiflorus* Ledeb.
*Astragalus lancifolius* Gontsch.
*Astragalus lanuginosus* Kar. et Kir.
*Astragalus lasiocalyx* Gontsch.
*Astragalus lasiopetalus* Bge.
*Astragalus lasiophyllus* Ledeb.
*Astragalus lasiosemius* Boiss.
*Astragalus lasiostylus* Fisch.
*Astragalus lavrenkoi* R. Kam.
*Astragalus laxmannii* Jacq.
*Astragalus lehmannianus* Bge.
*Astragalus leiophysa* Bge.
*Astragalus leiosemius* (Lipsky) M. Pop.
*Astragalus lentilobus* R. Kam. et Rassulova
*Astragalus lentilobus subsp. biiobatoalatus* Rassulova
*Astragalus lepsensis* Bunge
*Astragalus leptocaulis* Ledeb.
*Astragalus leptophysus* Vved.
*Astragalus leptostachys* Pall.
*Astragalus leucocalyx* M. Pop.
*Astragalus leucocladus* Bunge

*Astragalus lipschitzii* Pavl.
*Astragalus lipskyi* M. Pop.
*Astragalus lithophilus* Kar. et Kir.
*Astragalus litwinowianus* Gontsch.
*Astragalus longipes* Kar. et Kir.
*Astragalus longipetiolatus* M. Pop.
*Astragalus longisepalus* Rassulova
*Astragalus longistipitatus* Boriss.
*Astragalus lorinserianus* Freyn
*Astragalus mackeviczii* Gontsch.
*Astragalus macrocladus* Bunge
*Astragalus macronyx* Bge.
*Astragalus macropetalus* Schrenk
*Astragalus macropodium* Lipsky
*Astragalus macropus* Bunge
*Astragalus macrotropis* Bge.
*Astragalus madruschkendicus* Ovcz. et Rassulova
*Astragalus mailiensis* B. Fedtsch.
*Astragalus majevskianus* Kryl.
*Astragalus managildensis* B. Fedtsch.
*Astragalus marguzaricus* Lipsky
*Astragalus maverranagri* M. Pop.
*Astragalus maximowiczii* Trautv.
*Astragalus medius* Schrenk
*Astragalus megalomerus* Bge.
*Astragalus melanocladus* Lipsky
*Astragalus melanocomus* M. Pop.
*Astragalus melanostachys* Benth. ex Bge.
*Astragalus merkensis* R. Kam.
*Astragalus michaelis* Boriss.
*Astragalus mirabilis* Lipsky
*Astragalus mirabilis subsp. chodshamastonicus* Rassulova
*Astragalus mirabilissubsp*. Czargicus Rassulova
*Astragalus mironovii* Pachom. et Rassulova
*Astragalus modestii* R. Kam.
*Astragalus mogoltavicus* M. Pop.
*Astragalus mokeevae* M. Pop.
*Astragalus mongholicus* Bge.
*Astragalus mongutensis* Lipsky
*Astragalus mucidus* Bge.
*Astragalus mugodsharicus* Bge.
*Astragalus muschketowii* B. Fedtsch.
*Astragalus namanganicus* M. Pop.
*Astragalus nematodes* Bge. ex Boiss.
*Astragalus neo- lipskyanus* M. Pop.
*Astragalus neo-popovii* Golosk.
*Astragalus nephtonensis* Freyn
*Astragalus neurophyllus* Franch.
*Astragalus nevskii* Gontsch.
*Astragalus nicolai* Boriss.
*Astragalus nigricans* Barneby.
*Astragalus nigriceps* M. Pop.
*Astragalus nigrvestitus* Podlech
*Astragalus nigrocalyx* Slob.
*Astragalus nigrocarpus* Chasanov et I. *Maltsev*
*Astragalus nigromontanus* M. Pop.
*Astragalus nikitinae* B. Fedtsch.
*Astragalus ninae* Pavl.
*Astragalus nivalis* Kar. et Kir.
*Astragalus nobilis* Bge. ex B. Fedtsch.
*Astragalus nuciferus* Bge.
*Astragalus nucleosus* M. Pop.
*Astragalus nuratensis* M. Pop.
*Astragalus ochranthus* Gontsch.
*Astragalus odoratus* Lam.
*Astragalus oldenburgii* B. Fedtsch.
*Astragalus olgae* Bge.
*Astragalus onobrychis* L.
*Astragalus omissus* Pachom.
*Astragalus ophiocarpus* Benth. ex Boiss.
*Astragalus onobrichis* L.
*Astragalus ophiocarpus* Benth. ex Boiss.
*Astragalus orbiculatus* Ldb.
*Astragalus ornithorrhynchus M. Pop.*
*Astragalus ortholobus* Bunge
*Astragalus ortholobiformis* Sumn.
*Astragalus oxyglottis* Stev. ex Bieb.
*Astragalus oxypterus* Boriss.
*Astragalus pachyrhizus* M. Pop.
*Astragalus patentivillosus* Gontsch.
*Astragalus paucijugus* Schrenk
*Astragalus pauper* Bge.
*Astragalus pauperiformis* B. Fedtsch.
*Astragalus pauperiformis subsp. flavescens Rassulova*

*Astragalus pavlovianus* Gamajun
*Astragalus peduncularis* Royle
*Astragalus pedunculosus* M. Pop.
*Astragalus pendulinus* M. Pop. et B. Fedtsch.
*Astragalus petkoffii* B. Fedtsch.
*Astragalus petraeus* Kar. et Kir.
*Astragalus petri-primi* Rassulova et Strizhova
*Astragalus petropylensis* Bge.
*Astragalus petunnikovii* Litv.
*Astragalus physocarpus* Ldb.
*Astragalus pischtovensis* Gontsch.
*Astragalus platyphyllus* Kar. et Kir.
*Astragalus plumbens* (Nevski) Gontsch.
*Astragalus podolobus* Boiss. et Hohen.
*Astragalus polyceras* Kar. et Kir.
*Astragalus polytimeticus* M. Pop.
*Astragalus polyzigus* M. Pop.
*Astragalus popovii* Pavl.
*Astragalus propinquus* Schischk.
*Astragalus psammophilus* Golosk.
*Astragalus pschuknurensis* Golosk.
*Astragalus pseudanthylloides* Gontsch.
*Astragalus pseudoamygdalinus* M. Pop.
*Astragalus pseudobabatagi* Pachom. et Rassulova
*Astragalus pseudoborodinii* S. B. Ho
*Astragalus pseudocytisoides* M. Pop.
*Astragalus pseudodianthus* Nabiev
*Astragalus pseudoeremophysa* M. Pop.
*Astragalus pseudotesticulatus* Sancz. et Ulzij.
*Astragalus pseudomacropteris* Karmyscheva
*Astragalus pseudomegalomerus* M. Pop.
*Astragalus pseudonobilis* M. Pop.
*Astragalus psrudopendulinus* R. Kam.
*Astragalus pseudorhacodes* Gontsch.
*Astragalus pseudoscoparius* Gontsch.
*Astragalus pseudotetrastichus* Abdullaeva
*Astragalus psilolobus* Putschkova
*Astragalus psilophus* Schrenk
*Astragalus pskem* ensis M. Pop.
*Astragalus pulcher* Korov.
*Astragalus pulposus* M. Pop.
*Astragalus pycnolobus* Bunge
*Astragalus quisqualis* Bge.
*Astragalus quisqualis subsp. congregatus* Rassulova
*Astragalus quisqualis subsp. kuhifrushensis* Rassulova
*Astragalus quisqualis subsp. longiscapus* Rassulova
*Astragalus raddei* Basil.
*Astragalus ramitensis* Rassulova
*Astragalus rariflorus* Ledeb.
*Astragalus rarissimus* M. Pop.
*Astragalus rawlinsianus* Aitch. et Baker
*Astragalus remanes* Nabiev
*Astragalus retamocarpus* Boiss. et Hohen.
*Astragalus reticulatus* M. B.
*Astragalus reverdattoanus* Sumn.
*Astragalus rhacodes* Bge.
*Astragalus roschanicus* B. Fedtsch.
*Astragalus roseus* Ledeb.
*Astragalus rotundus* Gontsch.
*Astragalus rubellus* Gontsch.
*Astragalus rubescens* Kovalevsk. et Vved.
*Astragalus rubrifolius* V. V. Nikit. ex Kovalevsk.
*Astragalus rubrigalli* M. Pop.
*Astragalus rubrivenosus* Gontscb.
*Astragalus rubromarginatus* Czernjak.
*Astragalus rubzovii* Boriss.
*Astragalus rumpens* Meff.
*Astragalus rupifragiformis* M. Pop.
*Astragalus rupifragus* Pall.
*Astragalus subternatus* Pavl.
*Astragalus sabuletorum* Ledeb.
*Astragalus saccocalyx* Schrenk
*Astragalus salsugineus* Kar. et Kir.
*Astragalus sandaloschensis* E. Nikit.
*Astragalus saratagius* Bge.
*Astragalus saratagius subsp. artschmajdanii* Rassulova
*Astragalus saratagius subsp. sarimensis* Rassulova
*Astragalus sarbasnensis* B. Fedtsch.
*Astragalus sarchanensis* Gontsch.
*Astragalus sardaimionensis* Ovcz. et Rassulova
*Astragalus sarygorensis* Rassulova
*Astragalus sarypulensis* B. Fedtsch.
*Astragalus sarytavicus* M. Pop.
*Astragalus satteotoichus* Gontsch.

*Astragalus scaberrimus* Bge.
*Astragalus scabrisetus* Bong.
*Astragalus schachdarinus* Lipsky
*Astragalus schachimardanus* N. Basil.
*Astragalus schahrudensis* Bge.
*Astragalus schanginianus* Pall.
*Astragalus schanginianus subsp. neo-schanginianus* Golosk.
*Astragalus scheremetevianus* B. Fedtsch.
*Astragalus schmalhauseni* Bge.
*Astragalus schrenkianus* Fisch. et Mey.
*Astragalus schugnanicus* B. Fedtsch.
*Astragalus schutensis* Gontsch.
*Astragalus scleropodius* Ledeb.
*Astragalus scleroxylon* Bge.
*Astragalus scoparius* Schrenk
*Astragalus sealei* Lepage
*Astragalus secundiflorus* Rassulova
*Astragalus semenovii* Bge.
*Astragalus semideserti* Gontsch.
*Astragalus sericeopuberulus* Boriss.
*Astragalus sericopetalus* Trautv.
*Astragalus sesamoides* Boiss.
*Astragalus severzovii* Bge.
*Astragalus sieversianus* Pall.
*Astragalus sisyrodites* Bge.
*Astragalus skorniakovil* B. Fedtsch.
*Astragalus sogdianus* Bge.
*Astragalus sogotensis* Lipsky
*Astragalus spartioldes* Kar. et Kir.
*Astragalus speciosissimus* Pavl.
*Astragalus sphaerocystis* Bge.
*Astragalus sphaerophysa* Kar. et Kir.
*Astragalus spinescens* Bge.
*Astragalus spongocarpus* W. Meff.
*Astragalus spryginhi* M. Pop.
*Astragalus squarrosus* Bge.
*Astragalus stalinskii* Sirj.
*Astragalus steinbergianus* Sumn.
*Astragalus stenanthus* Bge.
*Astragalus stenocarpus* Gontsch.
*Astragalus stenoceras* C. A. Mey.
*Astragalus stenocerioides* Boriss.
*Astragalus stenocystis* Bge.
*Astragalus stephenianus* Aitsch. et Baker.
*Astragalus stipitatus* Benth. ex Bge.
*Astragalus striatellus* Pall. ex M. B.
*Astragalus strictilobus* Barneby
*Astragalus subalabugensis* M. Pop.
*Astragalus subangustidedens* V. V. Nikit.
*Astragalus subarcuatus* M. Pop.
*Astragalus subauriculatus* Gontsch.
*Astragalus subbarbellatus* Bge.
*Astragalus subbijugus* Ldb.
*Astragalus subdjenarensis* L. Vassil.
*Astragalus subexcedens* Gontsch.
*Astragalus subinduratus* Gonisch.
*Astragalus submaculatus* Boriss.
*Astragalus subrosularis* Gonisch.
*Astragalus subscaposus* M. Pop. ex Boriss.
*Astragalus subschachimardanus* M. Pop.
*Astragalus subspinescens* M. Pop.
*Astragalus subspondocarpus* Ovcz. et Rassulova
*Astragalus substenoceras* Boriss.
*Astragalus substipitatus* Gontsch.
*Astragalus subternalis* Pavl.
*Astragalus subtrijugus* M. Pop.
*Astragalus subverticillatus* Gontsch.
*Astragalus sulcatus* L.
*Astragalus sumbari* M. Pop.
*Astragalus sumneviczi* Pavl.
*Astragalus supralanatus* Freyn
*Astragalus surchobi* Gontsch.
*Astragalus syreitschikovii* Pavl.
*Astragalus talassicus* M. Pop.
*Astragalus taldycensis* Franch.
*Astragalus tanae* Sosn.
*Astragalus tanchasi* Gontsch.
*Astragalus taschkendicus* C. Bge.
*Astragalus tashkutanus* V. Nikit.
*Astragalus tatjanae* Lincz.
*Astragalus tecti- mundi* Freyn
*Astragalus tekessicus* Bajt.
*Astragalus tekutjevii* Gontsch.
*Astragalus temirensis* M. Pop.
*Astragalus tenuifolius* L.

*Astragalus terekliensis* Gontsch.
*Astragalus terektensis* Fisjun
*Astragalus terrae-rubrae* A. Butk.
*Astragalus testiculatus* Pall.
*Astragalus tetrastichus* Bge.
*Astragalus thlaspi* Lipsky
*Astragalus tianschanicus* Bge.
*Astragalus tibetanus* Benth. ex Bge.
*Astragalus titovii* Gontsch.
*Astragalus tolmatschevii* Jurtz.
*Astragalus toksuensis* S. B. Ho
*Astragalus trachycarpus* Gonisch.
*Astragalus transnominatus* Abdullaeva
*Astragalus trautvetteri* Bge.
*Astragalus tribuloides* Delile
*Astragalus trichanthus* Golosk.
*Astragalus tscharynensis* M. Pop.
*Astragalus tschimganicus* M. Pop.
*Astragalus tschuensis* Bunge
*Astragalus tulinovii* B. Fedtsch.
*Astragalus tupalangi* Gontsch.
*Astragalus turajgyricus* Golosk.
*Astragalus turbinatus* Bge.
*Astragalus turcomanicus* Bge.
*Astragalus turczaninovii* Kar. et Kir.
*Astragalus turkestanus* Bge.
*Astragalus turlanicus* Bajt. et Myrzakulov
*Astragalus tyttocarpus* Gonisch.
*Astragalus ufraensis* Freyn et Sint.
*Astragalus ugamicus* M. Pop.
*Astragalus ujalrnsis* Gontsch.
*Astragalus unifoliolatus* Bge.
*Astragalus unijugus* Bge.
*Astragalus unilateralis* Kar. et Kir.
*Astragalus unilocularis* R. Kam. et Pachom.
*Astragalus uninodus* M. Pop. et Vved.
*Astragalus urgutinus* Lipsky
*Astragalus urmiensis* Bge.
*Astragalus ustiurtensis* Bge.
*Astragalus variegatus* Franch.
*Astragalus variocarinus* A. Klock.
*Astragalus varius* S. G. Gmel.
*Astragalus varzobicus* Gontsch.
*Astragalus vassilczenkoanus* Golosk.
*Astragalus vassilczenkoi* Berdyev
*Astragalus vegetior* Gontsch.
*Astragalus velatus* Trautv.
*Astragalus veresczaginii* Kryl. et Sumn
*Astragalus vicarius* Lipsky
*Astragalus villosissimus* Bge.
*Astragalus virens* N. Pavl.
*Astragalus viridiflorus* Boriss.
*Astragalus vulpinus* Willd.
*Astragalus vvedenskyi* M. Pop.
*Astragalus wachschii* B. Fedtsch.
*Astragalus willisii* M. Pop.
*Astragalus winkleri* Trautv.
*Astragalus wulumugianus* Wang et Tang ex K. T. Fu
*Astragalus xanthomeloides* Korov. et M. Pop.
*Astragalus xiphidioides* Freyn et Sint.
*Astragalus xipholobus* M. Pop.
*Astragalus zaissanensis* Somn.
*Astragalus zaprjagaevii* Gontsch.
*Astragalus zarokoensis* Rassulova
*Astragalus zerabulaki* M. Pop.
**Asyneuma** Criseb. et Schenk
*Asyneuma argutum* (Rgl.) Bornm.
*Asyneuma baldshuanicum* (O. Fedtsch.) Fed.
*Asyneuma debile* Fed.
*Asyneuma pulchellum* (Fisch. et C. A. Mey.) Bornm.
*Asyneuma ramosum* N. Pavl.
*Asyneuma thompsonii* (Hook Fil.) Bornm.
*Asyneuma trautvetteri* (B. Fedsich.) Bornm.
**Atalanthus D. Don**
*Atalanthus acanthoides* (Boiss.) Kirp.
**Atelanthera** Hook. F. et Thoms.
*Atelanthera perpusilla* Hook. F. et Thoms.
**Athyrium** Roth
*Athyrium filix-femina* (L.) Roth
**Atragene** L.
*Atragene sibirica* L.
**Atraphaxis** L.
*Atraphaxis avenia* Botsch.
*Atraphaxis badhysi* Kult.

*Atraphaxis canescens* Bge.
*Atraphaxis compacta* Ldb.
*Atraphaxis decipiens* Jaub. et Spach
*Atraphaxis frutescens* (L.) C. Koch
*Atraphaxis jrtyschensis* C. Y. Yang et Y. L. Han
*Atraphaxis karataviensis* Lipsch. et Pavl.
*Atraphaxis kopetdagensis* Kovalevsk
*Atraphaxis laetevirens* (Ledeb.) Jaub. et Spach
*Atraphaxis muschketovii* Krasn.
*Atraphaxis pyrifolia* Bge.
*Atraphaxis replicata* Lam.
*Atraphaxis rodinii* Botsch.
*Atraphaxis seravschanica* Pavl.
*Atraphaxis spinosa* L.
*Atraphaxis vivipara* (L.) S. F. Gray
**Atriplex** L.
*Atriplex altaica* Sukhor.
*Atriplex aucheri* Moq.
*Atriplex cana* C. A. Mey.
*Atriplex centralasiatica* Iljin
*Atriplex crassifolia* C. A. Mey.
*Atriplex dimorphostegia* Kar. et Kir.
*Atriplex flabellum* Bge.
*Atriplex fominii* Iljin
*Atriplex hortensis* L.
*Atriplex iljinii* Aell.
*Atriplex laevis* C. A. Mey.
*Atriplex lasiantha* Boiss.
*Atriplex megalotheca* M. Pop.
*Atriplex micrantha* C. A. Mey.
*Atriplex moneta* Bge.
*Atriplex oblongifolia* Waldst. et Kit.
*Atriplex oliveri* Moq.
*Atriplex ornata* Iljin
*Atriplex pamirica* Iljin
*Atriplex patens* (Litv.) Iljin
*Atriplex patula* L.
*Atriplex prostrata* Boucher ex DC.
*Atriplex prostrata subsp. deltoidea* (Bab.) Rauschert
*Atriplex prostrata subsp. latifolia* (Wahlenb.) Rauschert
*Atriplex prostrata subsp. triangularis* (Willd.) Rauschert
*Atriplex pungens* Trautv.
*Arthrophytum sagittata* Borkh.
*Atriplex schugnanica* Iljin
*Atriplex sibirica* L.
*Atriplex sphaeromorpha* Iljin
*Atriplex tatarica* L.
*Atriplex thunbergiifolia* (Boiss. et Noe) Boiss.
*Atriplex tianschanica* Pratov
*Atriplex turcomanica* (Moq.) Boiss.
**Atropa** L.
*Atropa komarovii* Blin. et Shal.
**Aulacospermum** Ledeb.
*Aulacospermum alaicum* M. Pimen. et Kljuykov
*Aulacospermum anomalum* Ledeb.
*Aulacospermum darwasicum* (Lipsky) Schischk.
*Aulacospermum dichotomum* (Korov.) Kljuykov, M. Pimenov et V. Tichomirov
*Aulacospermum gonocaulum* M. Pop.
*Aulacospermum gracile* M. Pimen. et Kljuykov
*Aulacospermum roseum* Korov.
*Aulacospermum simplex* Rupr.
*Aulacospermum tenuisectum* Korov.
*Aulacospermum tianschanicum* (Korov.) C. Norm.
*Aulacospermum turkestanjcum* (Franch.) Schischk.
*Aulacospermum vesiculoso-alatum* (Rech. fil.) Kljuykov, M. Pimenov et V. Tichomirov
**Autumnalia M. Pimen**
*Autumnalia botschantzevii* M. Pimen.
*Autumnalia innopinata* M. Pimen.
**Avena** L.
*Avena barbata* Pott ex Link
*Avena byzantina* C. Koch
*Avena chinensis* (Fisch. ex Rhoem. et Schult.) Metzg.
*Avena clauda* Durieu
*Avena eriantha* Durieu
*Avena fatua* L.
*Avena georgica* Zuccagni
*Avena grandis* Nevski
*Avena macrantha* (Hack) Nevski
*Avena meridionalis* (Malz.) Roshev.
*Avena orientalis* Schreb.

*Avena persica* Steud.
*Avena sativa* L.
*Avena sterilis* L.
*Avena trichopbylla* C. Koch
*Avena wiestii* Steud.
**Axyris** L.
*Axyris amaranthoides* L.
*Axyris hybrida* L.
*Axyris prostrata* L.
**Baeothryon A. Dietr.**
*Baeothryon pumilum* (Vahl) A. et D. Love
**Baccharis L.**
*Baccharis halimifolia* L.
**Barbarea** R. Br.
*Barbarea minor* C. Koch
*Barbarea stricta* Andrz.
*Barbarea vulgaris* R. Br.
**Bassia** All.
*Bassia dasyphylla* (Fisch. et Mey.) O. Kuntze
*Bassia hirsuta* (L.) Aschers.
*Bassia hyssopifolia* (Pall.) O. Kuntze.
*Bassia sedoides* (Pall.) Aschers.
**Batrachium(DC.)** S. F. Gray
*Batrachium circinatum* (Sibth.) Spach
*Batrachium pachycaulon* Nevski
*Batrachium rionii* (Lag.) Nym.
*Batrachium trichophyllum* (Chaix) Bosch.
**Beckmannia** Host.
*Beckmannia eruciformis* (L.) Host.
*Beckmannia syzigachne* (Steud.) Fern.
**Bellevalia** Lapeyr.
*Bellevalia atroviolacea* Rgl.
*Bellevalia inconspicua* Vved.
*Bellevalia saviczii* Woronow
**Berberis** L.
*Berberis densiflora* Boiss. et Buhse
*Berberis heterobotris* E. Wolf
*Berberis iberica* Stev. et Fisch. ex DC.
*Berberis iliensis* M. Pop.
*Berberis integerrima* Bge.
*Berberis karkaralensis* Kornilova et Potapov
*Berberis kaschgarica* Rupr.
*Berberis multispinosa* V. Zapr.
*Berberis nummularia* Bge.
*Berberis orthobotrys* Bien. ex Aitch.
*Berberis sibirica* Pall.
*Berberis sphaerocarpa* Kar. et Kir.
*Berberis stolonifera* Koehne et E. Wolf
*Berberis turcomanica* Kar.
**Bergenia** Moench
*Bergenia hissarica* Boriss.
*Bergenia ugamica* V. Pavl.
**Bergia** L.
*Bergia ammannioides* Heyne et Roth.
*Bergia koganii* V. V. Nikit. et Tuljaganova
**Berteroa** DC.
*Berteroa incana* (L.) DC.
**Berula** Hoffm. et Bess.
*Berula erecta* (Huds.) Cov.
**Beta** L.
*Beta vulgaris* L.
*Beta vulgaris subsp. cicla* (L.) Schueb. l et Martens
*Beta vulgaris subsp. esculenta* Guerke
**Betula** L.
*Betula alajica* Litv.
*Betula coriaceifolia* V. Vassil.
*Betula czatkalensis* V. Vassil.
*Betula darvasica* Ovcz., Czuk. et Schibk.
*Betula dolicholepis* Ovcz., Czuk. et Schibk.
*Betula fedtschenkoana* V. Vassil.
*Betula ferganensis* V. Vassil.
*Betula halophila* Ching ex P. C. Li
*Betula heptopotamica* V. Vassil.
*Betula jarmolenkoana* Golosk.
*Betula karagendensis* V. Vassil.
*Betula kirghisorum* Sav.-Rycz.
*Betula korshinskyi* Litv.
*Betula lipskyi* V. Vassil.
*Betula margusarica* V. Vassil.
*Betula murgabica* V. Vassil.
*Betula ovczinnikovii* V. Vassil.
*Betula pamirica* Litv.
*Betula pendula* Roth.
*Betula potamophila* V. Vassil.
*Betula procurva* Litv.
*Betula psammophila* V. Vassil.

*Betula pyrolifolia* V. Vassil.
*Betula regeliana* V. Vassil.
*Betula saposhnikovii* Sukacz.
*Betula schugnanica* (B. Fedtsch.) Litv.
*Betula seravschnica* V. Vassil.
*Betula talassica* Poljak.
*Betula tianschanica* Rupr.
*Betula turkestanica* Litv.
*Betula tuturinii* V. Vassil.
*Betula zinserlingii* V. Vassil.
**Beruniella** Zak. et Nabiev
Beruniella micrantha (Pall.) Zak. et Nabiev
**Bidens** L.
*Bidens cernua* L.
*Bidens frondosa* L.
*Bidens minor* (Wimm. et Grab.) Worosch.
*Bidens radiata* Thuill.
*Bidens tripartita* L.
**Biebersteinia** Steph.
*Biebersteinia multifida* DC.
*Biebersteinia odora* Steph.
**Bienertia** Bge.
*Bienertia cycloptera* Bge.
**Bifora** Hoffm.
*Bifora testiculata* (L.) DC.
**Blysmus** Panz. ex Schult
*Blysmus compressus* (L.) Link
*Blysmus rufus* (Huds.) Link
*Blysmus sinocompressus* Tang et Wang
**Boehmeria** Jacq.
*Boehmeria nivea* (L.) Gaud.
**Boissiera** Hochst. et Steud.
*Boissiera squarrosa* (Banks et Soland.) Nevski
**Bolbosaponaria** Bondar.
*Bolbosaponaria babatagi* (Ovcz.) Bondar.
*Bolbosaponaria bucharica* (B. Fedtsch.) Bondar.
*Bolbosaponaria intricata* (Franch.) Bondar.
*Bolbosaponaria kafirniganica* V. A. Schulz
*Bolbosaponaria severzovii* (Rgl. et Schmalh.) Bondar.
*Bolbosaponaria villosa* (Barkoudah) Bondar.
**Bolboschoenus** (Aschers.) Palla
*Bolboschoenus koshewnikowii* (Litv.) A. E. Kozhevnikov
*Bolboschoenus maritimus* Palla
*Bolboschoenus popovii* Egor.
**Bongardia** C. A. Mey.
*Bongardia chrysogonum* (L.) Spach
**Borago** L.
*Borago officinalis* L.
**Borsczowia** Bge.
*Borsczowia aralocaspica* Bge.
**Bothriochloa** O. Kuntze
*Bothriochloa bladhii* (Retz.) S. T. Blake
*Bothriochloa ischaemum* (L.) Keng
**Bothriospermum** Bge
*Bothriospermum tenellum* (Hornem.) Fisch. et C. A. Mey.
**Botrychium** Sw.
*Botrychium lunaria* (L.) Sw.
**Botschantzevia** Nabiev
*Botschantzevia karatavica* (Lipsch. et Pavl.) Nabiev
**Brachanthemum** DC.
*Brachanthemum fruticulosum* (Ledeb.) DC.
*Brachanthemum kasakhorum* Krasch.
*Brachanthemum kirghisorum* Krasch.
*Brachanthemum titovii* Krasch.
**Brachiaria** (Trin.) Criseb.
*Brachiaria eruciformis* (Smith) Criseb.
**Brachycodonia Fed.**
*Brachycodonia fastigiata* (Duf. ex A. DC.) Fed.
**Brachypodium** Beauv.
*Brachypodium pinnatum* (L.) Beauv.
*Brachypodium silvaticum* (Huds.) Beauv.
**Brassica** L.
*Brassica campestris* L.
*Brassica juncea* (L.) Czern.
*Brassica napus* L.
*Brassica nigra* (L.) Koch
*Brassica oleracea* L.
*Brassica rapa* L.
*Brassica sisimbrioides* (Fisch.) Grossh.
**Braya** Sternh. et Hoppe
*Braya aenea* Bge.
*Braya aenea subsp. pseudoaenea* Petrovski

*Braya pamirica* (Korsh.) O. Fedtsch.
*Braya rosea* Bge.
*Braya scharnhorstii* Rgl. et Schmalh.
*Braya siliquosa* Bge.
**Bromopsis** Fourr.
*Bromopsis angrenica* (Drob.) Holub.
*Bromopsis benekenii* (Lange) Holub.
*Bromopsis fedtschenkoi* (Tzvel.) Czer.
*Bromopsis inermis* (Leyss.) Holub.
*Bromopsis kopetdagensis* (Drob.) Holub.
*Bromopsis pamirica* (Drob.) Holub.
*Bromopsis paulsenii* (Hack.) Holub.
*Bromopsis turkestanica* (Drob.) Holub.
*Bromopsis tyttolepis* (Nevski) Holub.
**Bromus** L.
*Bromus anatolicus* Boiss. et Heldr.
*Bromus arvensis* L.
*Bromus briziformis* Fisch. et Mey.
*Bromus commutatus* Schrad.
*Bromus danthoniae* Trin.
*Bromus gedrosianus* Penzes
*Bromus japonicus* Thunb.
*Bromus lanceolatus* Roth
*Bromus macrostachys* Desf.
*Bromus oxydon* Schrenk
*Bromus pseudodanthoniae* Drob.
*Bromus racemosus* L.
*Bromus scoparius* L.
*Bromus severtzovii* Rgl.
*Bromus squarrosus* L.
*Bromus tytthantus* Nevski
*Bromus wolgensis* Fisch. ex Jacg. fil.
**Broussonetia** L'Her ex Vent.
*Broussonetia papyrifera* (L.) Vent.
**Bryonia** L.
*Bryonia alba* L.
*Bryonia dioica* Jacq.
*Bryonia lappifolia* Vass.
*Bryonia melanocarpa* Nabiev
*Bryonia monoica* Aitch. et Hemsl.
**Bufonia** L.
*Bufonia oliveriana* Ser.
*Bufonia sintenisii* Freyn
**Buglossoides** Moench
*Buglossoides arvensis* (L.) Johnst.
*Buglossoides tenuiflora* (L. fil.) Johnst.
**Buhsea Bunge**
*Buhsea coluteoides* (Boiss.) Bunge
*Buhsea raddeana* (Trautv.) Boriss.
**Bungea** C. A. Mey.
*Bungea vesiculifera* (Herd.) Schischk.
**Bunias L.**
*Bunias cochlearioides* Murr.
**Bunium** L.
*Bunium afghanicum* Beauverd.
*Bunium angreni* Korov.
*Bunium badachschanicum* R. Kam.
*Bunium capusii* (Franch.) Korov.
*Bunium chaerophylloides* (Rgl. et Schmalh.) Drude
*Bunium fedtschenkoanum* Korov. ex R. Kam.
*Bunium hissaricum* Korov.
*Bunium intermedium* Korov.
*Bunium kopetdagense* Geldykhanov
*Bunium korovinii* R. Kam. et Geldykhanov
*Bunium kuhitangi* Nevski
*Bunium latilobum* Korov.
*Bunium longipes* Freyn
*Bunium persicum* (Boiss.) B. Fedtsch.
*Bunium salsum* Korov.
*Bunium seravschanicum* Korov.
*Bunium setaceum* (Schrenk) H. Wolff
*Bunium vaginatum* Korov.
**Bupleurum** L
*Bupleurum aitchisonii* (Boiss.) H. Wolff
*Bupleurum badachschanicum* Lincz.
*Bupleurum densiflorum* Rupr.
*Bupleurum exaltatum* M. B.
*Bupleurum exaltatum var. czimganicum* (Lincz.) M. Pimen. et Sdobnina
*Bupleurum ferganense* Lincz.
*Bupleurum gerardii* All.
*Bupleurum gulczense* O. et B. Fedtsch.
*Bupleurum isphairamicum* M. Pimen.
*Bupleurum krylovianum* Schischk. ex Kryl.
*Bupleurum lancifolium* Hornem.
*Bupleurum linczevskii* M. Pimen. et Sdobnina

*Bupleurum lipskyanum* (K.-Pol.) Lincz.
*Bupleurum longifolium* L. subsp. aureum (Fisch. ex Hoffm.) Soo
*Bupleurum longiinvolucratum* Kryl.
*Bupleurum rotundifolium* L.
*Bupleurum semicompositum* L.
*Bupleurum tianschanicum* Freyn
**Buschia** Ovcz.
*Buschia lateriflora* (DC.) Ovcz.
**Butomus** L.
*Butomus junceus* Turcz.
*Butomus umbellatus* L.
**Buxus** L.
*Buxus sempervirens* L.
**Caccinia** Savi
*Caccinia dubia* Bge.
*Caccinia macranthera* (Banks et Soland) Brand
**Caerophyllum** L.
*Caerophyllum bulbosum* L.
*Caerophyllum khorossanicum* Czerniak. et Schischk.
*Caerophyllum macrospermum* (Willd. Ex Spreng.) Fisch. et C. A. Mey.
*Caerophyllum prescottii* DC.
**Caesalpinia** L.
*Caesalpinia gilliesii* (Hook.) Dietr.
**Calamagrostis** Adans.
*Calamagrostis alajica* Litv.
*Calamagrostis alopecuroides* Rosbev.
*Calamagrostis anthoxanthoides* (Munro) Rgl.
*Calamagrostis compacta* (Munro ex Hook. fil.) Hack.
*Calamagrostis dubia* Bge.
*Calamagrostis epigeios* (L.) Roth
*Calamagrostis hedinii* Pilg.
*Calamagrostis holciformis* Jaub. et Spach
*Calamagrostis korshinskyi* Litv.
*Calamagrostis laguroides* Rgl.
*Calamagrostis neglecta* (Ehrh.) Gaertn., Mey. et Scherb.
*Calamagrostis pamirica* Litv.
*Calamagrostis teberdensis* Litv.
*Calamagrostis tianschanica* Rupr.
*Calamagrostis turkestanica* Hack.
**Calendula** L.
*Calendula alata* Rech. fil.
*Calendula gracilis* DC.
*Calendula karakalensis* Vass.
*Calendula persica* C. A. Mey.
**Calepina** Adans.
*Calepina irregularis* (Asso) Thell.
**Calispepla** Vved.
*Calispepla aegacanthoides* Vved.
**Callianthemum** C. A. Mey.
*Callianthemum altavicum* Freyn
*Callianthemum angustifolium* Witas.
**Callicephalus** C. A. Mey.
*Callicephalus chinensis* (L.) Nees
**Calligonum** L.
*Calligonum acanthopterum* Borszcz.
*Calligonum aphyllum* (Pall.) Guerke
*Calligonum aphyllum subsp. heptapotamicum* Sosk.
*Calligonum arborescens* Litv.
*Calligonum* x *barsukiense* Sosk.
*Calligonum* x *bubyrii* B. Fedtsch. ex Pavl.
*Calligonum* x *calcareum* Pavl.
*Calligonum cancellatum* Mattei
*Calligonum caput-medusae* Schrenk
*Calligonum cordatum* Korov. ex Pav.
*Calligonum crispum* Bge.
*Calligonum densum* Borszcz
*Calligonum drobovii* Bondar.
*Calligonum dubjanskyi* Pavl.
*Calligonum ebi-nuricum* Ivanova
*Calligonum elegans* Drob.
*Calligonum eriopodum* Bge.
*Calligonum eriopodum subsp. turkmenorum* Sosk. et Astan.
*Calligonum griseum* Korov. ex Pav.
*Calligonum jionunaicum* Z. M. Mao
*Calligonum junceum* (Fisch. et Mey.) Litv.
*Calligonum koslovii* Losinsk.
*Calligonum kuerlese* Z. M. Mao
*Calligonum leucocladum* (Schrenk) Bge.
*Calligonum leucocladum subsp. persicum* (Boiss. et Buhse) Sosk.

*Calligonum litwinowii* Drob.
*Calligonum* x *macrocarpum* Borszcz.
*Calligonum matteianum* Drob.
*Calligonum microcarpum* Borszcz.
*Calligonum muravljanskyi* Pav.
*Calligonum murex* Bge.
*Calligonum* x *paletzkianum* Litv.
*Calligonum patens* Litv.
*Calligonum platyacanthum* Borszcz.
*Calligonum przewalskii* Losinsk.
*Calligonum pumilum* A. Los.
*Calligonum roborovskii* A. Los
*Calligonum rotula* Borszcz.
*Calligonum rubescens* Mattei
*Calligonum rubicundum* Bge.
*Calligonum rucqiangense* Liou.
*Calligonum santoanum* Korov.
*Calligonum setosum* (Litv.) Litv.
*Calligonum spinulosum* Drob.
*Calligonum squarrosum* Pavl.
*Calligonum trifarium* Z. M. Mao
*Calligonum triste* Litv.
*Calligonum yingisarcum* Z. M. Mao
*Calligonum zaissano-muravljanskyi* Sosk.
*Calligonum zakirovii* (Chalkuziev) Czer.
**Callipeltis** Stev.
*Callipeltis aperta* Boiss. et Buhse
*Callipeltis cucullaria* (L.) Stev.
**Callistephus** Cass.
*Callistephus chinensis* (L) Nees
**Callitrich** e L.
*Callitriche hermaphroditica* L.
*Callitriche palustris* L.
**Calophaca** Fisch.
*Calophaca chinensis* Boriss.
*Calophaca grandiflora* Rgl.
*Calophaca pskemica* Gorbunova
*Calophaca reticulata* Sumn.
*Calophaca sericea* B. Fedtsch. ex Boriss.
*Calophaca soongorica* Kar. et Kir.
**Caltha** L.
*Caltha palustris* L.
**Calymmatium** O. E. Schulz
*Calymmatium draboides* (Korsh.) O. E. Schulz
**Calystegia** R. Br.
*Calystegia hederacea* Wall.
*Calystegia sepium* (L) R. Br.
**Camelina** Crantz
*Camelina microcarpa*. Andrz.
*Camelina microphylla* Z. X. An
*Camelina rumelica* Velen
*Camelina sativa* (L.) Cranz
*Camelina silveslris* Wallr.
*Camelina transcaspica* Fritsch
**Campanula** L.
*Campanula* alberti *Trautv.*
*Campanula* altaica Ledeb.
*Campanula* austro-xinjiangsis *Y. K. Yang*
*Campanula bononiensis* L.
*Campanula* capusii (*Franch.*) *Fed.*
*Campanula eugeniae* Fed.
*Campanula evolvulacea* Royle
*Campanula glomerata* L.
*Campanula hissarica* R. Kam.
*Campanula incanescens* Boiss.
*Campanula lehmanniana* Bge.
*Campanula lehmanniana* Bge.
*Campanula lehmanniana* Bge. *subsp. integerrima R. Kam.*
*Campanula lehmanniana* Bge.
*subsp. pseudohissarica* R. Kam.
*Campanula rapunculoides* L.
*Campanula sibirica* L.
*Campanula wolgensis* Smirn.
**Camphorosma** L.
*Camphorosma lessingii* Litv.
*Camphorosma monspeliaca* L.
*Camphorosma soongorica* Bge.
**Campsis** Lour.
*Campsis radicans* Lour
**Campyloptera** Boiss.
*Campyloptera carnea* (Banks et Soland.) Botsch. et Vved.
**Cancrinia** Kar. et Kir.
*Cancrinia chrysocephala* Kar. et Kir.
*Cancrinia discoidea* (Ledeb.) Poljak.

*Cancrinia tianschanica* (Krasch.) Tzvel.
**Cancriniella** Tzvel.
*Cancriniella krascheninnikovii* (N. Rubtz.) Tzvel.
**Cannabis** L.
*Cannabis ruderalis* Janiach.
*Cannabis sativa* L.
**Capparis** L.
*Capparis herbacea* Willd.
*Capparis rosanoviana* B. Fedtsch
**Capsella** Medik.
*Capsella bursa-pastoris* (L.) Medik.
**Capsicum** L.
*Capsicum annuum* L.
**Caragana** Lam.
*Caragana acanthophylla* Kom.
*Caragana alaica* Pojark.
*Caragana alexeenkoi* R. Kam.
*Caragana arborescens* Lam.
*Caragana aurantiaca* Koehne
*Caragana balchaschensis* (Kom.) Pojark
*Caragana bongardiana* (Fisch. et Mey.) Pojark.
*Caragana camilli-schneideri* Kom.
*Caragana frutex* (L.) C. Koch
*Caragana grandiflora* (M. B.) DC.
*Caragana jubata* (Pall.) Poir.
*Caragana kirghisorum* Pojark.
*Caragana laeta* Kom.
*Caragana leucophloea* Pojark.
*Caragana leucospina* Kom.
*Caragana pleiophylla* (Rgl.) Pojark.
*Caragana polourensis* Franch.
*Caragana pruinosa* Kom.
*Caragana soongorica* Grub.
*Caragana tragacanthoides* (Pall.) Poir.
*Caragana turkestanica* Kom.
**Cardamine** L.
*Cardamine densiflora* Gontsch.
*Cardamine hirsuta* L.
*Cardamine parviflora* L.
*Cardamine seravschanica* Botsch.
**Cardaria** Desv.
*Cardaria draba* (L.) Desv.
**Carduus** L.
*Carduus arabicus* Jacq.
*Carduus beckerianus* Tamamsch.
*Carduus cinereus* M. B.
*Carduus crispus* L.
*Carduus hystrix* C. A. Mey.
*Carduus nutans* L.
*Carduus pycnocephalus* L.
*Carduus seminudus* Bieb.
*Carduus thoermeri* Weinm.
*Carduus transcaspicus* Gaud.
*Carduus uncinatus* M. B.
**Carex** L.
*Carex acuta* L.
*Carex acutiformis* Ehrh.
*Carex alajica* Litv
*Carex alba* Scop.
*Carex alexeenkoana* Litw.
*Carex aneurocarpa* V. Krecz.
*Carex anisoneura* V. Krecz.
*Carex aspratilis* V. Krecz.
*Carex aterrima* Hoppe
*Carex atheroides* Spreng.
*Carex atrofusca* Schkuhr
*Carex bohemica* Schreb.
*Carex brunnescens* (Pers.) Poir.
*Carex bucharica* Kuk.
*Carex buxbaumii* Wahl.
*Carex capillaris* L.
*Carex cariophyllea* Latourr.
*Carex caespitosa* L.
*Carex caucasica* Stev.
*Carex chordorrhiza* Ehrh. ex L. fil.
*Carex cinerea* Poll.
*Carex colchica* J. Gay
*Carex diandra* Schrank
*Carex diluta* M. B.
*Carex disticha* Huds.
*Carex divisa* Huds.
*Carex divulsa* Stokes
*Carex enervis* C. A. Mey.
*Carex fedia* Nees ex Wight
*Carex fedtscheokoana* Kuk.
*Carex grilffthii* Boott

*Carex infuscata* Nees ex Wight
*Carexknorringiae* Kuk.
*Carex koshewnikowii* Litw.
*Carex lasiocarpa* Ehrh.
*Carex ledebouriana* C. A. Mey ex Trev.
*Carex litwinowii* Kuk.
*Carex loliacea* L.
*Carex macroura* Meinsh.
*Carex media* R. Br. in Richards
*Carex melanantha* C. A. Mey.
*Carex melananthacfortnis* Litv.
*Carex melanocephala* Turcx.
*Carex melanostachya* M. B. ex Willd.
*Carex microglochin* Wahl.
*Carex minutiscabra* Kuk. ex V. Krecz.
*Carex obtusata* Liljebl.
*Carex oederi* Retz.
*Carex orbicularis* Boott.
*Carex otrubae* Podp.
*Carex pachystylis* J. Gay
*Carex pallescens* L.
*Carex pamirensis* Clarke ex B. Fedisch.
*Carex panicea* L.
*Carex parva* Nees
*Carex pauciflora* Lightf.
*Carex physodes* M. B.
*Carex polyphylla* Kar. et Kir.
*Carex praecox* Schreb.
*Carex pseudo-cyperus* L.
*Carex pseudo-foeiida* Kuk.
*Carex pycnostachya* Kar. et Kir.
*Carex regeliana* (Kuk.) Litw.
*Carex riparia* Curt.
*Carex rostrata* Stokes
*Carex sabulosa* Turcz. ex C. A. Mey.
*Carex secalina* Willd. ex Wahl.
*Carex serotina* Merat
*Carex songorica* Kar. et Kir.
*Carex stenocarpa* Turcz. ex V. Krecz.
*Carex stenophylla* Wahl.
*Carex supina* Willd. ex Wahl.
*Carex tianschanica* Egor.
*Carex titovii* V. Krecz.
*Carex tomentosa* L.
*Carex turkestanica* Rgl.
*Carex ungurensis* Litv.
Carex vesicaria L.
*Carex* v *ulpina* L.
**Carlina** L.
*Carlina bieberschteinii* Bernh. ex Hornem
*Carlina intermadia* Schur.
**Carpesium L.**
*Carpesium cernuum* L.
**Carthamus** L.
*Carthamus gypsicola* Iljin
*Carthamus lanatus* L.
*Carthamus oxyacanthus* M. B.
*Carthamus tinctorius* L.
*Carthamus* x *turkestanicus* M. Pop.
**Carum** L.
*Carum carvi* L.
**Caryopteris** Bge.
*Caryopteris mongholica* Bge
**Catabrosa** Beauv.
*Catabrosa aquatica* (L.) Beauv.
*Catabrosa capusii* Franch.
**Catalpa** Scop.
*Catalpa bignonioides* Walt.
*Catalpa ovata* D. Don fil
*Catalpa speciosa* (Warder ex Barney) Warder ex Engelm.
**Catenulina** Sojak
*Catenulina hedysaroides* (Botsch.) Sojak
**Caucalis** L.
*Caucalis platycarpos* L.
**Caulinia** Willd.
*Caulinia graminea* (Delile) Tzvel.
*Caulinia minor* (All.) Coss. et Germ.
**Celosia** L.
*Celosia argentea* L.
*Celosia cristata* L.
**Celtis** L.
*Celtis caucasica* Willd.
*Celtistupalangi* Vass.
**Cenolophium Koch**
*Cenolophium denudatum* (Hornem.) Tutin

**Centaurea** L.
*Centaurea adpressa* Ledeb.
*Centaurea alaica* Iljin
*Centaurea androssovii* Iljin
*Centaurea behen* L.
*Centaurea belangeriana* (DC.) Stapf
*Centaurea cyanus* L.
*Centaurea depressa* M. B.
*Centaurea dschungarica* Scih
*Centaurea gontscharovii* Iljin
*Centaurea iberica* Trev.
*Centaurea iljinii* Czerniak.
*Centaurea kasakorum* Iljin
*Centaurea kopetdaghensis* Iljin
*Centaurea kryloviana* Serg.
*Centaureakultiassovii* Iljin
*Centaurea lasiopoda* M. Pop. et Kult.
*Centaurea modesti* Fed.
*Centaurea phyllopoda* Iljin
*Centaurea rhizantha* C. A. Mey.
*Centaurea ruthenica* Lam.
*Centaurea sergii* Klok.
*Centaurea sintenisiana* Gand.
*Centaurea solstitialis* L.
*Centaurea squarrosa* Willd
*Centaurea taliewii* Kleop.
*Centaurea turgaica* Klok.
*Centaurea turkestanica* Franch.
*Centaurea wolgensis* DC.
**Centaurium** Hill
*Centaurium erythrea* Rafn
*Centaurium meyeri* (Bge.) Druce
*Centaurium pulchellum* (Sw.) Druce
*Centaurium spicatum* (L.) Fritsch
*Centaurium uliginosum* (Waldst et Kit.) G. Beck ex Ronn
**Cephalanthera** Rich.
*Cephalanthera longifolia* (L.) Fritsch.
*Cephalanthera rubra* (L.) Rich.
**Cephalaria** Schrad. ex Roem. et Schult.
*Cephalaria sublanata* (Bornm.) Szabo
*Cephalaria syriaca* Schrad. ex Roem. et Schult.
**Cephalophilon** (Meissn.) Spach
*Cephalophilon nepalense* (Meissn.) Tzvel.
*Cephalophilon runcinatum* (Buch.-Ham. ex D. Don) Tzvel.
**Cephalopodum Korov.**
*Cephalopodum badachschanicum* Korov.
*Cephalopodum hissaricum* M. Pimen.
**Cephalorrhizum** M. Pop. et Korov.
*Cephalorrhizum micranthum* Lincz.
*Cephalorrhizum oopodum* M. Pop. et Korov.
*Cephalorrhizum popovii* Lincz.
**Cephalorrhynchus** Boiss.
*Cephalorrhynchus brassicifolius* (Boiss.) Tuisl.
*Cephalorrhynchus kossinskyi* (Krasch.) Kirp.
*Cephalorrhynchus polycladus* (Boss.) Kirp.
*Cephalorrhynchus soongoricus* (Rgl.) S. Kovalevsk.
*Cephalorrhynchus subplumosus* S. Kovalevsk.
**Cerasolouiseania** E. Lomakin et Yushev
*Cerasolouiseania cziczanica* E. Lomakin et Yushev
**Cerastium** L.
*Cerastium alexeenkoanum* Schischk.
*Cerastium arvense* L.
*Cerastium balearicum* F. Herm.
*Cerastium borisii* Zak.
*Cerastium bungeanum* Vved.
*Cerastium davuricum* Fisch. ex Spreng.
*Cerastium dichotomum* L.
*Cerastium glomeratum* Thuill.
*Cerastium holosteoides* Fries
*Cerastium inflatum* Gren.
*Cerastium lithospermifolium* Fisch.
*Cerastium pauciflorum* Stev. ex Ser.
*Cerastium perfoliatum* L.
*Cerastium pusillum* Ser.
*Cerastium taschkendicum* Adylov et Vved.
*Cerastium tianschanicum* Schischk.
**Cerasus** Hill
*Cerasus alaica* Pojark.
*Cerasus amygdaliflora* Nevski
*Cerasus austera* (L.) Borkh.
*Cerasus avium* (L.) Moench
*Cerasus blinovskii* Totschilina
*Cerasus* x *chodsaatensis* Pjat. et Lincz.

*Cerasus collina* Lej. et Court.
*Cerasus erythrocarpa* Nevski
*Cerasus fruticosa* Pall.
*Cerasus griseola* Pachom
*Cerasus austera* (L.) Borkh.
*Cerasus microcarpa* (C. A. Mey.) Boiss.
*Cerasus pseudoprostrata* Pojark.
*Cerasus tadshikistanica* Vass.
*Cerasus tianschanica* Pojark.
*Cerasus turcomanica* Pojark.
*Cerasus verrucosa* (Franch.) Nevski
**Ceratocarpus** L.
*Ceratocarpus arenarius* L.
*Ceratocarpus utriculosus* Bluk.
**Ceratocephala** Moench
*Ceratocephala falcata* (L.) Pers.
*Ceratocephala testiculata* (Crantz) Bess.
**Ceratochloa** Beauv.
*Ceratochloa catharctica* (Vahl) Herter
*Ceratochloa polyantha* (Scribn.) Tzvel.
**Ceratophyllum** L.
*Ceratophyllum demersum* L.
*Ceratophyllum oryzetorum* Kom.
*Ceratophyllum submersum* L.
*Ceratophyllum tanaiticum* Sapjeg.
**Cercis** L.
*Cercis griffithii* Boiss.
*Cercis siliquastrum* L.
**Cerinthe** L.
*Cerinthe majnor* L.
**Cervaria Gaertn.**
**Cervaria cervarifolia(C. A. Mey.) M. Pimen.**
**Ceterach** Willd.
*Ceterach officinarum* Willd.
**Chaenorrhinum** Lange
*Chaenorrhinum persicum* (Chav.) O. et B. Fedtsch.
*Chaenorrhinum spicatum* Kotov.
**Chaerophyllum** L.
*Chaerophyllum bulbosum* L.
*Chaerophyllum khorossanicum* Czerniak. ex Schischk.
*Chaerophyllum macrospermum* (Willd. ex Spreng.) Fisch. et C. A. Mey.
*Chaerophyllum prescottii* DC.
**Chaetolimon** (Bge.) Lincz.
*Chaetolimon limbatum* Lincz.
*Chaetolimon setiferum* (Bge.) Lincz.
**Chaiturus** Willd.
*Chaiturus marrubiastrum* (L.) Reichenb
**Chalcanthus** Boiss.
*Chalcanthus renifolius* (Boiss.) Boiss.
**Chamaegeron** Schrenk
*Chamaegeron bungei* (Boiss.) Botsch.
*Chamaegeron oligocephalus* Schrenk
**Chamaenerion** Hill.
*Chamaenerion angustifolium* (L.) Scop.
*Chamaenerion latilolium* (L.) Th. Fries et Lange
**Chamaerhodos** Bge.
*Chamaerhodos altaica* (Laxm.) Bge.
*Chamaerhodos sabulosa* Bge.
*Chamaerhodos songarica* Juz.
**Chamaesphacos** Schrenk
*Chamaesphacos ilicifolius* Schrenk
**Chardinia** Desf.
*Chardinia orientalis* (L.) Kuntze
**Chartolepis** Cass.
*Chartolepis intermedia* Boiss.
**Chartoloma** Bge.
*Chartoloma platycarpum* (Bge.) Bge.
**Cheilanthes** Sw.
*Cheilanthes acrosticha* (Bald.) Tod.
*Cheilanthes persica* (Bory) Mett. ex Kuhn
**Chelidonium** L.
*Chelidonium majus* L.
**Chenopodium** L.
*Chenopodium acuminatum* Willd.
*Chenopodium album* L.
*Chenopodium badachschanicum* Tzvel.
*Chenopodium botrys* L.
*Chenopodium chenopodioides* (L.) Aell.
*Chenopodium ficifolium* Smith.
*Chenopodium foliosum* Aschers.
*Chenopodium glaucum* L.
*Chenopodium hybridum* L.
*Chenopodium hybridum subsp. gigantospermum* (Aell.) Hult.

*Chenopodium iljinii* Golosk.
*Chenopodium murale* L.
*Chenopodium opulifolium* Schrad.
*Chenopodium pamiricum* Iljin
*Chenopodium prostratum* Bge.
*Chenopodium prostratum subsp. karoi* (J. Murr) Lomonosova
*Chenopodium rubrum* L.
*Chenopodium strictum* Roth
*Chenopodium urbicum* L.
*Chenopodium vulvaria* L.
**Chesneya** Lindl.
*Chesneya antoninae* Rassulova et Scharipova
*Chesneya astragalina* Jaub. ex Spach
*Chesneya badachschanica* Boriss.
*Chesneya borissovae* Pavl.
*Chesneya botschantzevii* R. Vinogradova
*Chesneya crassipes* Boriss.
*Chesneya darvasica* Boriss.
*Chesneya dshungarica* Golosk.
*Chesneya ferganensis* Korsh.
*Chesneya gracillis* (Boriss.) R. Kam.
*Chesneya hissarica* Boriss.
*Chesneya isfarensis* Tarakulov
*Chesneya karatavica* R. Kam.
*Chesneya kopetciaghensis* Boriss.
*Chesneya kschtutica* Rassulova et Scharipova
*Chesneya latefoliolata* Rassulova et Scharipova
*Chesneya linczevskyi* Boriss.
*Chesneya neplis* Boriss.
*Chesneya quinata* Fed.
*Chesneya tadzhikistana* Boriss.
*Chesneya ternata* (Korsh.) M. Pop.
*Chesneya tribuloides* Nevski
*Chesneya trijuga* Boriss.
*Chesneya turkestanica* Franch.
*Chesneya villosa* (Boriss.) R. Kam.
**Chloris** Sw.
*Chloris virgata* Sw.
**Chondrilla** L.
*Chondrilla acantholepis* Boiss.
*Chondrilla ambigua* Fisch. ex Kar. et Kir.
*Chondrilla aspera* (Schrad. ex Willd.) Poir.
*Chondrilla bosseana* Iljin
*Chondrilla brevirostris* Fisch. et Mey.
*Chondrilla canescens* Kar. et Kir.
*Chondrilla gibborostris* M. Pop.
*Chondrilla juncea* L.
*Chondrilla kusnezovii* Iljin
*Chondrilla laticoronata* Leonova
*Chondrilla latifolia* M. B.
*Chondrilla lejosperma* Kar. et Kir.
*Chondrilla macra* Iljin
*Chondrilla macrocarpa* Leonova
*Chondrilla maracandica* Bunge
*Chondrilla mujunkumensis* Iljin et Igolk.
*Chondrilla ornata* Iljin
*Chondrilla pauciflora* Ledeb.
*Chondrilla phaeocephala* Rupr.
*Chondrilla piptocoma* Fisch. et Mey.
*Chondrilla roulilieri* Kar. et Kir.
*Chondrilla tenuiramosa* Pratov et Tagaev
**Chorispora** R. Br. ex DC.
*Chorispora bungeana* Fisch. et Mey.
*Chorispora elegans* Cambess.
*Chorispora greigii* Rgl.
*Chorispora insignis* Pachom.
*Chorispora macropoda* Trautv.
*Chorispora pamirica* Pachom.
*Chorispora sibirica* (L.) DC.
*Chorispora songarica* Schrenk
*Chorispora tenella* (Pall.) DC.
**Christolea** Cambess.
*Christoleacrassifolia* Cambess.
*Christoleapamirica* Korsh.
**Chrozophora** Adr. Juss.
*Chrozophora cordifolia* Pazij
*Chrozophora gracilis* Fisch. et Mey. ex Ldb.
*Chrozophora hierosolymitana* Spreng.
*Chrozophora lepidocarpa* Pazij
*Chrozophora mujukumi* Nassimova
*Chrozophora obliqua* (Vahl) Adr. Juss. ex Spreng.
*Chrozophora sabulosa* Kar. et Kir.
*Chrozophora tinctoria* (L.) Adr. Juss.
**Chrysanthemum** L.
*Chrysanthemum coronarium* L.

**Chrysaspis** Desv.
*Chrysaspis campestris* (Schreb.) Desv.
*Chrysapsus karatavica* (Pavl.) Roskov
**Chrysosplenium** L.
*Chrysosplenium nudicaule* Bge.
*Chrysosplenium thianschanicum* Krasn.
**Cicer** L.
*Cicer acanthophyllum* Boriss
*Cicer arietinum* L.
*Cicer baldshuanicum* (M. Pop.) Lincz.
*Cicer chorassanicum* (Bge.) M. Pop.
*Cicer fedtschnkoi* Lincz.
*Cicer flexuosum* Lipsky
*Cicer grande* (M. Pop.) Korotk.
*Cicer inkanum* (M. Pop.) Korotk.
*Cicer kopctdaghense* Lincz.
*Cicer korshinskyi* Lincz.
*Cicer laetum* Rassulova et B. Scharipova
*Cicer luteum* Rassulova et B. Scharipova
*Cicer macracanthum* M. Pop.
*Cicer microphyllum* Royle
*Cicer mogoltavicum* (M. Pop.) A. Korol.
*Cicer paucijugum* Nevski
*Cicer pungens* Boiss.
*Cicer rassulovae* Lincz.
*Cicer songaricum* Steph. ex DC.
**Cicerbita** Wallr.
*Cicerbita azurea* (Ledeb.) Beauverd
*Cicerbita kovaicvskiana* Kirp.
*Cicerbita rosea* (M. Pop. et Vved.) S. Kovalevsk.
*Cicerbita tianschanica* (Rgl. et Schmalh.) Beauverd
*Cicerbita zeravschanica* M. Pop. ex S. Kovalevsk
**Cichorium** L.
*Cichorium intybus* L.
*Cichorium intybus subsp. glabrum* (C. Presl.) Arcang.
**Cicuta** L.
*Cicuta virosa* L.
**Circaea** L.
*Circaea lutetiana* L.
**Circaeaster**
*Circaeaster agrestis* Maxim.
**Cirsium** Mill.
*Cirsium alatum* (S. C. Gmel.) Bobr.
*Cirsium alberti* Rgl. et Schmalh.
*Cirsium badakhschanicum* Charadze
*Cirsium bornmulleri* Sint. ex Bornm.
*Cirsium brevipapposum* Tschern.
*Cirsium congestum* Fisch. et C. A. Mey. ex DC.
*Cirsium esculentum* (Sievers) C. A. Mey.
*Cirsium glaberrimum* (Petrak) Petrak
*Cirsium glabrifolium* (C. Winkl.) O. et B. Fedtsch.
*Cirsium helenioides* (L.) Hill
*Cirsium incanum* (S. G. Cmel.) Fisch. ex M. B.
*Cirsium lamyroides* Tamamsch.
*Cirsium libanoticum* DC.
*Cirsium ochrolepideum* Juz.
*Cirsium polyacanthum* Kar. et Kir.
*Cirsium pscudolappaceum* Char.
*Cirsium rassulovae* B. Scharipova
*Cirsium rhizocephalum* C. A. Mey.
*Cirsium sairamense* (C. Winkl.) O. et B. Fedisch.
*Cirsium semenovii* Rgl. et Schmalh.
*Cirsium setosum* (Willd.) M. B.
*Cirsium turkestanicum* (Rgl.) Petrak
*Cirsium vulgare* (Savi) Ten.
**Cistanche** Hoffmgg. et Link
*Cistanche ambigua* (Bge.) G. Beck
*Cistanche deserticola* Ma
*Cistanche fissa* (C. A. Mey.) G. Beck
*Cistanche flava* (C. A. Mey) Korsh.
*Cistanche jodostoma* Butk. et Vved.
*Cistanche mongolica* G. Beck
*Cistanche ridgewayana* Aitch. et Hemsl.
*Cistanche salsa* (C. A. Mey.) G. Beck.
*Cistanche speciosa* Butk.
*Cistanche stenostachia* Butk.
*Cistanche trivialis* (Trautv.) Korsh.
**Cithareloma** Bge.
*Cithareloma lehmannii* Bge.
*Cithareloma vernum* Bge.
**Citrullus** Forsk.
*Citrullus colocynthus* (L.) Schrad.
**Cladium** R. Br..
*Cladium martii* (Roem. et Schult) K. Richt.

**Cladrastis** Rafin.
*Cladrastis kentukea* (Dum.-Cours.) Rudd.
**Clausia** Korn.-Tr.
*Clausia aprica* (Steph.) Korn.-Tr.
*Clausia kasakhorum* Pavl.
*Clausia robusta* Pachom.
**Claytonia** L.
*Claytonia joanneana* Schult.
**Cleistogenes** Keng
*Cleistogenes kitagawae* Honda
*Cleistogenes serotina* (L.) Keng
*Cleistogenes songorica* (Roshev.) Ohwi
*Cleistogenes squarrosa* (Trin.) Keng
**Clematis** L.
*Clematis asplenifolia* Schrank
*Clematis glauca* Willd.
*Clematis hilariae* Kovalevsk.
*Clematis integrifolia* L.
*Clematis ispahanica* Boiss.
*Clematis orieritalis* L.
*Clematis sarezica* Ikonn.
*Clematis songarica* Bge.
*Clematis tangutica* (Maxim.) Korsh.
**Clementsia Rose**
*Clementsia smenovii* (Rgl et Herd.) Boriss.
**Cleome** L.
*Cleome ariana* Hedge et Lamond
*Cleome fimbriata* Vicary
*Cleome gordjaginii* M. Pop.
*Cleome khorassanica* Bunge et Bien.
*Cleome lipskyi* M. Pep.
*Cleome quinquenervia* DC.
*Cleome rostrata* Bobr.
*Cleome tomentella* M. Pop.
*Cleome turkmena* Bobr.
**Climacoptera** Botsch.
*Climacoptera affinus* (Mey.) Botsch.
*Climacoptera ambliostegia* (Botsch.) Botsch.
*Climacoptera aralensis* (Iljin) Botsch.
*Climacoptera brachiata* (Pall.) Botsch.
*Climacoptera bucharica* (Iljin) Botsch.
*Climacoptera cracca* (Pall.) Botsch.
*Climacoptera czelekenica* Pratov
*Climacoptera ferganica* (Drob.) Botsch.
*Climacoptera glaberrima* Botsch.
*Climacoptera intricata* (Iljin) Botsch.
*Climacoptera kasakorum* (Iljin) Botsch.
*Climacoptera korshinskyi* (Drob.) Botsch.
*Climacoptera lachnophylla* (Iljin) Botsch.
*Climacoptera lanata* (Pall.) Botsch.
*Climacoptera longistylosa* (Iljin) Botsch.
*Climacoptera malyginii* (Korov. ex Botsch.) Botsch.
*Climacoptera merkulowiczii* (Zak.) Botsch.
*Climacoptera minkwitzae* (Korov.) Botsch.
*Climacoptera narymensis* Pratov
*Climacoptera obtusifolia* (Iljin) Botsch.
*Climacoptera olgae* (Iljin) Botsch.
*Climacoptera oxyphylla* Pratov
*Climacoptera pjataevae* Pratov
*Climacoptera ptiloptera* Pratov
*Climacoptera subcrassa* (M. Pop.) Botsch.
*Climacoptera sukaczevii* Botsch.
*Climacoptera sysamyrica* Pratov
*Climacoptera transoxana* (Iljin) Botsch.
*Climacoptera turcomanica* (Litv.) Botsch.
*Climacoptera turgaica* (Iljin) Botsch.
*Climacoptera tyshchenkoi* Pratov
*Climacoptera ustjurtensis* Pratov
*Climacoptera vachschi* Pratov
**Clinopodium** L.
*Clinopodium integerrimum* Boriss.
**Clypeola** L.
*Clypeola aspera* (Grauer) Turrill
*Clypeola jonthiaspi* L.
**Cnicus** L.
*Cnicus benedictus* L.
**Cnidiocarpa M. Pimen.**
*Cnidiocarpa alaica* M. Pimen.
**Codonocephalum** Fenzl
*Codonocephalum paecockianum* Aitch. et Hemsl.
**Codonopsis** Wall.
*Codonopsis clematidea* (Schrenk) Clarke
**Coeloglossum** C. Hartm.
*Coeloglossum viride* (L.) C. Hartm.
**Coix** L.

*Coix lacryma-jobi*. L.

**Colchicum** L.

*Colchicum kesselringii* Rgl.

*Colchicum luteum* Baker

*Colchicum szovitsii* Fisch et C. A. Mey.

**Collomia** Nutt.

*Collomia linearis* Nutt.

**Colutea** L.

*Colutea arborescens* L.

*Colutea atabaevii* B. Fedtsch.

*Colutea brachyptera* Sumn.

*Colutea buhsei* (Boiss.) Shap.

*Colutea gracilis* Freyn et Sint.

*Colutea guntensis* Rassulova et B. Scharipova

*Colutea jarmolenkoi* Shap.

*Colutea paulsenii* Freyn et Sint.

**Comarum** L.

*Comarum salesovianum* (Steph.) Aschers. et Graebn.

**Comastoma** (Wettst.) Toyokuni

*Comastoma falcatum* (Turcz.) Toyokuni

*Comastoma irinae* (Pachom.) Czer.

*Comastoma tenellum* (Rottb.) Toyokuni

**Conioselinum** Fisch.

*Conioselinum schugnanicum* B. Fedtsch. *Conioselinum* tataricum Hoffm.

**Conium** L.

*Conium maculatum* L.

**Conringia** Adans.

*Conringia clavata* Boiss.

*Conringia orientalis* (L.) Dumort.

*Conringia persica* Boiss.

*Conringia planisiliqua* Fisch. et Mey.

**Consolida** (DC.) S. F. Gray

*Consolida ajacis* (L.) Schur

*Consolida camptocarpa* (Fisch. et C. A. Mey.) Nevski

*Consolida divaricata* (Ldb.) Schroding.

*Consolida leptocarpa* Nevski

*Consolida orientalis* (J. Gay) Schroding.

*Consolida paradoxa* (Bge.) Nevski

*Consolida rugulosa* (Boiss.) Schroding.

*Consolida stocksiana* (Boiss.) Nevski.

**Convolvulus** L.

*Convolvulus ammanii* Desr.

*Convolvulus arvensis* L.

*Convolvulus ascabadensis* Bornm. et Sint. ex Bornm.

*Convolvulus calverti* Boiss.

*Convolvulus campanulatus* Zapr.

*Convolvulus divaricatus* Rgl. et Schmalh.

*Convolvulus erinaceus* Ledeb.

*Convolvulus fruticosus* Pall.

*Convolvulus gortschakovii* Schrenk

*Convolvulus hamadae* (Vved.) V. Petrov

*Convolvulus korolkovii* Rgl. et Schmalh.

*Convolvulus krauseanus* Rgl. et Schmalh.

*Convolvulus leiocalycinus* Boiss.

*Convolvulus lineatus* L.

*Convolvulus olgae* Rg. et Schmalh.

*Convolvulus persicus* L.

*Convolvulus pilosellifolius* Desr.

*Convolvulus pseudocantabrica* Schrenk

*Convolvulus snipifer* M. Pop.

*Convolvulus stocksii* Boiss.

*Convolvulus subhirsutus* Rgl. et Schmalh.

*Convolvulus subsericeus* Schrenk.

*Convolvulus tragacanthoides* Turcz.

*Convolvulus tschingamicus* M. Pop. et Vved.

*Convolvulus tijuntauensis* Kinizikaeva

**Corallorhiza** Rupr. ex Gagnebin

*Corallorhiza trifida* Chatel.

**Corchorus** L.

*Corchorus capsularis* L.

*Corchorus olitorius* L.

**Coreopsis** L.

*Coreopsis grandiflora* Hoog.

*Coreopsis tinctoria* Nutt.

**Coriandrum** L.

*Coriandrum sativum* L.

**Corispermum** L.

*Corispermum aralo- caspicum* Iljin

*Corispermum caucasicum* (Iljin.) Iljin

*Corispermum chinganicum* Iljin

*Corispermum declinatum* Steph. ex Iljin

*Corispermum gelidum* Iljin

*Corispermum heptapotamicum* Iljin
*Corispermum hilariae* Iljin
*Corispermum hyssopifolium* L.
*Corispermum korovinii* Iljin
*Corispermum laxiflorum* Schrenk
*Corispermum lehmannianum* Bge.
*Corispermum marschallii* Stev.
*Corispermum nitidum* Iljin
*Corispermum orientale* Lam.
*Corispermum pamiricum* Iljin
*Corispermum papillosum* (Kuntze) Iljin
*Corispermum piliferum* Iljin
*Corispermum tibeticum* Iljin
**Cornulaca** Delile
*Cornulaca korshinskyi* Litv.
**Coronaria** L.
*Coronaria coriacea* (Moench) Schischk. et Gorschk.
**Coronopus** Zinn
*Coronopus squamatus* (Forssk.) Aschers.
**Cortaderia** Stapf
*Cortaderia selloana* (Schult. et Schult. fil.) Aschers. et Graebn.
**Cortusa** L.
*Cortusa brotheri* Pax ex Lipsky
*Cortusa semenovii* Herd.
*Cortusa turkestanica* Losinsk.
**Corydalis** DC.
*Corydalis aitchisonii* M. Pop.
*Corydalis bucharica* M. Pop.
*Corydalis bulbosa* (L.) DC.
*Corydalis capnoides* (L.) Pers.
*Corydalis chionophila* Czerniak.
*Corydalis darvasica* Rgl. ex Prain
*Corydalis fimbrillifera* Korsh.
*Corydalis glaucescens* Rgl.
*Corydalis glaucescens subsp. pamiroalaica* Sosk.
*Corydalis gortschakovii* Schrenk
*Corydalis gypsophila* Mikhailova
*Corydalis heterophilla* Mikhailova
*Corydalis inconspicua* Bge.
*Corydalis kamelinii* Kurbanov
*Corydalis kaschgarica* Rupr.
*Corydalis krasnovii* Mikhailova
*Corydalis ledehouriana* Kar. et Kir.
*Corydalis macrocalix* Litv.
*Corydalis macrocentra* Rgl.
*Corydalis maracandica* Mikhailova
*Corydalis microphylla* Mikhailova
*Corydalis nevski* M. Pop.
*Corydalis nobilis* (L.) Pers.
*Corydalis nudicaulis* Rgl.
*Corydalis onobrychis* Fedde
*Corydalis paniculigera* Rgl. et Schmalh.
*Corydalis popovii* Nevski ex M. Pop.
*Corydalis pseudoadunca* M. Pop.
*Corydalis pseudoalpestris* M. Pop.
*Corydalis pseudostricta* M. Pop.
*Corydalis rarissima* Mikhailova
*Corydalis schanginii* (Pall.) B. Fedtsch.
*Corydalis schelesnowiana* Rgl. et Schmalgh.
*Corydalis semenovii* Rgl.
*Corydalis sewerzowii* Rgl.
*Corydalis stricta* Steph.
*Corydalis stricta subsp. pamirica* Mikhailova
*Corydalis transalaica* M. Pop.
*Corydalis zeravschanica* Mikhailova
**Coryli s L.**
*Corylis avellana* L.
**Cosmos** Cav.
*Cosmos bipinnatus* Cav.
**Cotoneaster** Medik.
*Cotoneaster alatavicus* M. Pop.
*Cotoneaster allochrous* Pojark.
*Cotoneaster discolor* Pojark.
*Cotoneaster ignavus* E. Volf
*Cotoneaster insignis* Pojark.
*Cotoneaster caratavicus* Pojark.
*Cotoneaster krasnovii* Pojark.
*Cotoneaster melanocarpus* Fisch. ex Blytt.
*Cotoneaster multiflorus* Bge.
*Cotoneaster neo-antoninae* A. Vassil.
*Cotoneaster neopopovii* Czer.
*Cotoneaster numullarioides* Pojark.
*Cotoneaster numullarius* Fisch. et C. A. Mey.
*Cotoneaster oliganthus* Pojark.
*Cotoneaster ovatus* Pojark.

*Cotoneaster poiarkovae* Zak.
*Cotoneaster polyanthemus* E. Wolf.
*Cotoneaster popovii* Pojark.
*Cotoneaster roborovskii* Pojark.
*Cotoneaster soongoricus* (Regel et Herd.) M. Pop.
*Cotoneaster suavis* Pojark.
*Cotoneaster subacutis* Pojark.
*Cotoneaster submultiflorus* M. Pop.
*Cotoneaster talgaricus* M. Pop.
*Cotoneaster turcomanicus* Pojark.
*Cotoneaster tyttocarpus* Pojark.
*Cotoneaster uniflorus* Bge.
*Cotoneaster zeravschanicus* Pojark.
**Cousinia** Cass.
*Cousinia abbreviata* Tscherneva
*Cousinia abolinii* Kult. ex Tsheroeva
*Cousinia acrodroma* Tscherneva
*Cousinia adenophora* Juz.
*Cousinia affinis* Schrenk
*Cousinia agelocephala* Tscherneva
*Cousinia aitchinasonii* C. Winkl.
*Cousinia alaica* Juz. ex Tscherneva
*Cousinia alata* Schrenk
*Cousinia alberti* Rgl. et Schmalh.
*Cousinia aalbertoregelia* C. Winkl.
*Cousinia albiflora* (Bornm. et Sint.) Bornm.
*Cousinia allolepis* Tscherneva
*Cousinia alpestris* (Bonrm.)Juz.
*Cousinia alpina* Bge.
*Cousinia ambigens* Juz.
*Cousinia amoena* C. Winkl.
*Cousinia androsovii* Juz.
*Cousinia angreni* Juz.
*Cousinia angusticeps* Juz.
*Cousinia anomala* Franch.
*Cousinia antonowii C. Winkl.*
*Cousinia aplculata* Tscherneva
*Cousinia arachnoidea* Fisch. et Mey.
*Cousinia arctioides* Schrenk
*Cousinia arctioides* Schrenk
*Cousinia arctotidifolia* Bunge
*Cousinia aspera* (Kult.) Karamyscheva
*Cousinia astracanica* (Spreng) Tamamsch.
*Cousinia* x *atripurpurea* Juz.
*Cousinia aurea* C. Winkl.
*Cousinia badghysi* Kult.
*Cousinia baranosu* Juz. ex Tscherneva
*Cousinia batalinii* C. Winkl.
*Cousinia beckeri* Trautv.
*Cousinia bobrovii* Juz.
*Cousinia bonvalotii* Franch.
*Cousinia botschantzevii* Juz. ex Tscherncva
*Cousinia bungeana* Rgl. et. Schmalh.
*Cousinia buphtalmoides* Rgl.
*Cousinia butkovii* Tscherneva et Vved.
*Cousinia caespitosa* C. Winkl.
*Cousinia calva* Juz.
*Cousinia campyloraphis* Tscherneva
*Cousinia* x *cana* Juz.
*Cousinia candicans* Juz.
*Cousinia carduncelloidea* Rgl. et Schmalh.
*Cousinia centauroides* Fisch. et Mey.
*Cousinia ceratophora* Kult.
*Cousinia chaetocephala* Kult.
*Cousinia chlorantha* Kult.
*Cousiniachejrabadensis* Kult.
*Cousinia* chlorantha Kult.
*Cousinia chrysantha* Kult.
*Cousinia coerulea* Tscherneva
*Cousinia congesta* Bge.
*Cousinia coronata* Franch.
*Cousinia corymbosa* C. Winkl.
*Cousinia cryptadena* Juz.
*Cousinia cynaroides* (M. B.) C. A. Mey.
*Cousinia daewasica* C. Winkl.
*Cousinia decurrentifolia* Juz. ex Tscherneva
*Cousinia dichotoma* Bge.
*Cousinia dichromata* Kult.
*Cousinia dimoana* Kult.
*Cousinia dissecta* Kar. et Kir.
*Cousinia dissectifolia* Kult.
*Cousinia divaricata* C. Winkl.
*Cousinia dolichoclada* Juz.
*Cousinia dolicholepis* Schrenk
*Cousinia dolichophylla* Kult.
*Cousinia dshisakensis* Kult.

*Cousinia* x *dualis* Juz.
*Cousinia dubia* M. Pop.
*Cousinia egens* Juz.
*Cousinia egregia* Juz.
*Cousinia erectispina* Tscherneva
*Cousinia eriotricha* Juz.
*Cousinia eryngioides* Boiss.
*Cousinia eugenii* Kult.
*Cousinia fallax* C. Winkl.
*Cousinia fascicularis* Juz.
*Cousinia fedtschenkoana* Bornm.
*Cousinia ferganensis* Bornm.
*Cousinia ferruginea* Kult.
*Cousinia fetissowii* C. Winkl.
*Cousinia finitima* Juz.
*Cousinia franchetii* C. Winkl.
*Cousinia freynii* Bornm.
*Cousinia glabriseta* Kult.
*Cousinia glandulosa* Kult.
*Cousinia glaphyrocephala* Juz. ex Tscherneva
*Cousinia glochidiata* Kunt.
*Cousinia gnezdilloi* Tscherneva
*Cousinia gomolitzkii* Juz. ex Tscherneva
*Cousinia gontscharowii* Juz.
*Cousinia grandifolia* Kult.
*Cousinia grigoriewii* Juz.
*Cousinia grisea* Kult.
*Cousinia gulczensis* Kult.
*Cousinia haesitabunda* Juz.
*Cousinia hamadae* Juz.
*Cousinia hastifolia* C. Winkl.
*Cousinia* x *heterogenetos* Bornm.
*Cousinia* x *heteromorpha* Bornm.
*Cousinia hilariae* Kult.
*Cousinia hoplophylla* Tscherneva
*Cousinia horrescens* Juz.
*Cousinia horridula* Juz.
*Cousinia hypopolia* Bornm. et Sint.
*Cousinia integrifolia* Franch.
*Cousinia* x *iskanderi* Bornm.
*Cousinia jassyensis* C. Winkl.
*Cousinia juzepczukii* Tscherneva
*Cousinia karatavica* Rgl. et Schmalh.
*Cousinia kazachorum* Juz. ex Tscherneva
*Cousinia knorringiae* Bornm.
*Cousinia kokanica* Rgl. et Schmalh.
*Cousinia komarowii* (Kuntze) C. Winkl.
*Cousinia korolkovii* Rgl. et Schmalh
*Cousinia korshinskyi* C. Winkl.
*Cousinia kovalevskiana* Tscherneva
*Cousinia krauseana* Rgl. et Schmalh.
*Cousinia kuekenthalii* Bornm.
*Cousinia laetevirens* C. Winkl.
*Cousinia lanata* C. Winkl.
*Cousinia laniceps* Juz.
*Cousinia lappacea* Schrenk
*Cousinia lasiophylla* Shih.
*Cousinia leiocephala* (Rgl.) Juz.
*Cousinia leptacantha* (Bornm.) Juz.
*Cousinia leptacma* Tscherneva
*Cousinia leptocampyla* Bornm.
*Cousinia leptocephala* Fisch. et Mey.
*Cousinia leptoclada* Kult.
*Cousinia leptocladoides* Tscherneva
*Cousinia leucantha* Bornm. et Sint.
*Cousinia linczewskii* Juz.
*Cousinia lindbergii* Rech.
*Cousinia litvinovii* Kult. ex Juz.
*Cousinia lyrata* Bge.
*Cousinia macilenta* C. Winkl.
*Cousinia magnifica* Juz.
*Cousinia maracandica* Juz.
*Cousinia margaritae* Kult.
*Cousinia margiana* Juz.
*Cousinia medians* Juz.
*Cousinia microcarpa* Boiss.
*Cousinia mindshelkensis* B. Fedtsch.
*Cousinia minkwitziae* Bornm
*Cousinia mogoltaica* Tscherneva et Vved
*Cousinia mollis* Schrenk
*Cousinia mucida* Kult.
*Cousinia mulgediifolia* Bornm.
*Cousinia multiloba* DC.
*Cousinia murgabica* Tscherneva
*Cousinia neglecta* Juz.
*Cousinia newesskiana* C. Winkl.

*Cousinia ninae* Juz.
*Cousinia olgae* Regel et Schmalh.
*Cousinia omphalodes* Tscherneva
*Cousinia onopordioides* Ledeb.
*Cousinia oopoda* Juz.
*Cousinia oreodoxa* Bornm. et Sint.
*Cousinia oreoxerophila* Kult.
*Cousinia orthacantha* Tscherneva
*Cousinia ortholepis* Juz. ex Tscherncva
*Cousinia outichaschensis* Franch.
*Cousinia ovczinnikovii* Tscherneva.
*Cousinia oxiana* Tscherneva
*Cousinia oxytoma* Rech. Fil.
*Cousinia pannosa* C. Winkl.
*Cousinia pannosiformis* Tscherneva
*Cousinia x paraatripurpurea* R. Kam.
*Cousinia patentispina* Tscherneva
*Cousinia pauciramosa* Kult.
*Cousinia peduncularis* Juz. ex Tscherneva
*Cousinia pentacantha* Rgl. et Schmalh.
*Cousinia pentacanthoides* Juz. ex Tscherneva
*Cousinia perovskiensis* (Bornm.) Juz. ex Tscherneva
*Cousinia platylepis* Schrenk
*Cousinia platystegia* Tscherneva
*Cousinia podophylla* Tscherneva
*Cousinia polycephala* Rupr.
*Cousinia polytimetica* Tscherneva
*Cousinia praestans* Tscherneva et Vved.
*Cousinia princeps* Franch.
*Cousinia prolifera* Jaub. Et Spach
*Cousinia proxima* Juz.
*Cousinia psammopbila* Kult.
*Cousinia pseudarctium* Bornm.
*Cousinia pseudoaffinis* Kult.
*Cousinia pseudodshisakensis* Tscherneva et Vved
*Cousinia pseudolanata* M. Pop. ex Tscherneva
*Cousinia pseudomollis* C. Winkl.
*Cousinia pterolepida* Kult.
*Cousinia pulchella* Bunge.
*Cousinia pulchra* C. Winkl.
*Cousinia pungens* Juz.
*Cousinia pusilla* C. Winkl.
*Cousinia picnocephala* Rech. fil.
*Cousinia pygmaea* C. Winkl.
*Cousinia raddeana* C. Winkl.
*Cousinia radians* Bunge.
*Cousinia ramulosa* Rech. fil.
*Cousinia rava* C. Winkl.
*Cousinia refracta* (Bornm) Juz.
*Cousinia regelii* C. Winkl
*Cousinia resinosa* Juz.
*Cousinia rhodantha* Kult.
*Cousinia rigida* Kult.
*Cousinia rosea* Kult.
*Cousinia rotundifolia* C. Winkl.
*Cousinia serawschanica* C. Winkl.
*Cousinia scabrida* Juz.
*Cousinia schepsaica* Karmyscheva
*Cousinia schischkinii* Juz.
*Cousinia schistoptera* Juz.
*Cousinia schmalgausenii* C. Winkl.
*Cousinia schtschurowskiana* Rgl. et Schmalh.
*Cousinia schugnanica* Juz.
*Cousinia scleracantha* Kult. ex Tscherneva
*Cousinia sclerolepis* Shih.
*Cousinia sclerophylla* Juz.
*Cousinia semidecurrens* C. Winkl.
*Cousinia semilacera* Juz.
*Cousinia severtzovii* Rgl.
*Cousinia simulatrix* C. Winkl.
*Cousinia smirnowii* Trautv.
*Cousinia sogdiana* Bornm.
*Cousinia sororia* Juz.
*Cousinia speciosa* C. Winkl.
*Cousinia spiridonovii* Juz.
*Cousinia splendida* C. Winkl.
*Cousinia sporadocephala* Juz.
*Cousinia sprygінii* Kult.
*Cousinia stahliana* Bornm. et Gauba
*Cousinia stellaris* Bornm.
*Cousinia stenophylla* Kult.
*Cousinia stephanophora* C. Winkl.
*Cousinia stricta* Tscherneva
*Cousinia strobilocephala* Tscherneva et Vved.
*Cousinia subappendiculata* Kult.

*Cousinia subcandicans* Tscherneva
*Cousinia submutica* Franch.
*Cousinia sylvicola* Bge.
*Cousinia syrdariensis* Kult.
*Cousinia talassica* (Kult.) Juz. ex Tscherneva
*Cousinia tamarae* Juz.
*Cousinia tedshenica* Tscherneva
*Cousinia tenella* Fisch. et Mey.
*Cousinia tenuisecta* Juz.
*Cousinia tianschanica* Kult.
*Cousinia tomentella* C. Winkl
*Cousinia trachyphylla* Juz.
*Cousinia transiliensis* Juz.
*Cousinia transoxana* Tscherneva
*Cousinia* x *triacantha* Kult.
*Cousinia triceps* Kult.
*Cousinia trichopora* Kult.
*Cousinia triflora* Schrenk
*Cousinia tscherneviae* Beldiev
*Cousinia turcomanica* C. Winkl.
*Cousinia turkestanica* (Rgl.) Juz.
*Cousinia turkmenorum* Bornm.
*Cousinia ugamensis* Karmyscheva
*Cousinia ulotoma* Bornm.
*Cousinia umblicata* Juz.
*Cousinia umbrosa* Bge.
*Cousinia vavilovii* Kult,
*Cousinia verticillaris* Bge.
*Cousinia vicaria* Kult.
*Cousinia vvedenskyi* Tscherneva
*Cousinia waldheimiana* Bornm.
*Cousinia xanthina* Bornm.
*Cousinia xantiocephala* Tscherneva
**Cousiniopsis** Nevski
*Cousiniop* sis *atractyloides* (C. Winkl.) Nevski
**Crambe** L.
*Crambe edentula* Fisch. et Mey. ex Korsh.
*Crambe gordjaginii* Spryg. et M. Pop.
*Crambe kotschyana* Boiss.
*Crambe orientalis* L.
*Crambe schugnana* Korsh.
*Crambe tataria* Sebeok
**Crataegus** L.
*Crataegus almaatensis* Pojark.
*Crataegus androssovii* Essenova et Kerimova
*Crataegus chlorocarpa* Lenne et C. Koch
*Crataegus dzhairensis* Vass.
*Crataegus ferganensis* Pojark.
*Crataegus hissarica* Pojark.
*Crataegus isfajramensis* Pachom.
*Crataegus knorringiana* Pojark.
*Crataegus korolkovii* L. Henry
*Crataegus monticola* Cinovskis
*Crataegus necopinata* Pojark.
*Crataegus nikitinii* Essenova
*Crataegus pamiroalaica* V. Zapr.
*Crataegus pontica* C. Koch
*Crataegus pseudoambigua* Pojark.
*Crataegus pseudoazarolus* M. Pop.
*Crataegus pseudomelanocarpa* M. Pop. ex Pojark.
*Crataegus pseudosanguinea* M. Pop. ex Pojark.
*Crataegus remotilobata* Raik. ex M. Pop.
*Crataegus rubens* Cinovskis
*Crataegus songorica* C. Koch
*Crataegus songuinca* Pall.
*Crataegus songarica* C. Koch
*Crataegus theodorii* Essenova
*Crataegus tianschanica* Pojark.
*Crataegus transcaspica* Pojark
*Crataegus trilobata* V. Tkatschenko
*Crataegus turcomanica* Pojark.
*Crataegus turkestanica* Pojark.
**Crepis** L.
*Crepis alaica* Krasch.
*Crepis chrysantha* (Ledeb.) Turcz.
*Crepis corniculata* Rgl. et Schmalh.
*Crepis darvazica* Krasch.
*Crepis flexuosa* (Ledeb.) Clarke
*Crepis integrifolia* Shih.
*Crepis karelinii* M. Pop. et Schischk.
*Crepis khorassanica* Boiss.
*Crepis kotschyana* Boiss.
*Crepis lactea* Lipsch.
*Crepis melantherus* Z. X. An
*Crepis micrantha* Czer.
*Crepis multicaulis* Ledeb.

*Crepis nana* Richardson
*Crepis oreades* Schrenk
*Crepis pulchra* L.
*Crepis pulchra* L. subsp. turkestanica Babc.
*Crepis shawanica* Shih.
*Crepis sibirica* L.
*Crepis sogdiana* (Krasch.) Czer.
*Crepis tectorum* L.
*Crepis tianshanica* Shih.
*Crepis trichocephala* (Krasch.) V. V. Nikit.
*Crepis willemetioides* Boiss.
**Cressa** L.
*Cressa cretica* L.
**Crocus** L.
*Crocus alatavicus* Rgl. et Semen.
*Crocus korolkowii* Rgl. et Maw
*Crocus michelsonii* B. Fegtsch.
**Crotalaria** L.
*Crotalaria juncea* L.
**Crucianella** L.
*Crucianella baldshuanica* Krasch.
*Crucianella bucharica* B. Fedtsch.
*Crucianella chlorostachys* Fisch. et Mey.
*Crucianella divaricata* Korov.
*Crucianella exasperata* Fisch. et Mey.
*Crucianella filifolia* Rgl. et C. Winkl.
*Crucianella gilanica* Trin.
*Crucianella sabulosa* Korov. et Krasch.
*Crucianella schischkinii* Lincz.
*Crucianella sintenisii* Bornm.
**Cruciata** Hill
*Cruciata kopetdaghensis* (Pobed.) Pobed.
*Cruciata pedemontana* (Bell.) Ehrend.
**Crupina** Cass.
*Crupina vulgaris* Cass.
**Crypsis** Ait.
*Crypsis aculeata* (L.) Ait.
*Crypsis alopecuroides* (Pill et Mitt) Schrad.
*Crypsis faktorovskii* Eig.
*Crypsis schoenoides* (L.) Lam.
*Crypsis turkestanica* Eig.
**Cryptocodon** Fed.
*Cryptocodon monocephalus* (Trautv.) Fed.
**Cryptogramma** R. Br.
*Cryptogramma stelleri* Prantl
**Cryptospora** Kar. et Kir.
*Cryptospora falcata* Kar. et Kir.
*Cryptospora omissa* Botsch
*Cryptospora trichocarpa* Botsch
**Cucubalus** L.
*Cucubalus baccifer* L.
**Cuminum** L.
*Cuminum borszcowii* (Rgl. Et Schmalh.) K.-Pol.
*Cuminum cyminum* L.
*Cuminum setifolium* (Boiss.)K.-Pol.
**Cuscuta** L.
*Cuscuta appoximata* Bab.
*Cuscuta babylonica* Auch. ex Choisy
*Cuscuta bucharica* Palib.
*Cuscuta callinema* Butk.
*Cuscuta campestris* Yunck.
*Cuscuta* cesatiana Bertol.
*Cuscuta chinensis* Lam.
*Cuscuta convallariiflora* Pavl.
*Cuscuta elpassiana* Pavl.
*Cuscuta engelmanii* Korsh.
*Cuscuta epilinum* Weihe
*Cuscuta epithymum* Murr.
*Cuscuta europaea* L.
*Cuscuta ferganensis* Butk.
*Cuscuta gigantea* Griff.
*Cuscuta karatavica* Pavl.
*Cuscuta kotschyana* Boiss.
*Cuscuta kotschii* DesMoul.
*Cuscuta lehmanniana* Bge.
*Cuscuta lop* hosepala Butk.
*Cuscuta lupuliformis* Krock.
*Cuscuta monogyna* Vahl
*Cuscuta pamirica* Butk.
*Cuscuta pedicellata* Ledeb.
*Cuscuta pellucida* Butk.
*Cuscuta planiflora* Ten.
*Cuscuta pulchella* Engelm.
*Cuscuta ruschanica* Junussov
*Cuscuta spapfiana* Palib.
*Cuscuta stenocalycina* Palib.

*Cuscuta suaveolens* Ser.
*Cuscuta tianschanica* Palib.
**Cydonia** Hill.
*Cydonia oblonga* Mill.
**Cylindrocarpa** Rgl.
*Cylindrocarpa sewerzowii* Rgl.
**Cymatocarpus** O. E. Schulz
*Cymatocarpus pilosissimus* (Trautv.) O. E. Schulz
*Cymatocarpus popovii* Botsch. et Vved.
**Cymbaria** L.
*Cymbaria dahurica* L.
**Cymbolaena** Smoljan.
*Cymbolaena griffithii* (A. Gray) Wagenitz
**Cynanchum** L.
*Cynanchum acutum* L.
*Cynanchum kashgaricum* Liou f.
*Cynanchum sibiricum* Willd.
**Cynodon** Rich.
*Cynodon dactylon* (L.) Pers.
**Cynoglossum** L.
*Cynoglossum capusii* (Franch.) Pazij
*Cynoglossum creticum* Mill.
*Cynoglossum macrocalycinum* Riedl.
*Cynoglossum officinale* L.
*Cynoglossum seravschanicum* (B. Fedtsch.)M. Pop.
*Cynoglossum viridiflorum* Pall. ex Lehm.
**Cynomorium** L.
*Cynomorium songaricum* Rupr.
**Cynosurus L.**
Cynosurus turcomanicus Proskurjakova
**Cyperus** L.
*Cyperus difformis* L.
*Cyperus fuscus* L.
*Cyperus glaber* L.
*Cyperus glomeratus* L.
*Cyperus iria* L.
*Cyperus longus* L.
*Cyperus rotundus* L.
*Cyperus tenuissicus* L.
*Cupripedium calceolus* L.
*Cypripedium guttatum* Sw.
*Cypripedium macranthum* Sw.
**Cysticorydalis** Fedde ex Ikonn.
*Cysticorydalis fedtschenkoana* (Rgl.) Fedde ex Ikonn.
**Cystopteris** Bernh.
*Cystopteris dickieana* R. Sim.
*Cystopteris fragilis* (L.) Bernh.
**Dactylis** L.
*Dactylis glomerata* L.
*Dactylis woronowii* Ovcz.
**x Dactyloglossum** P. F. Hunt et Summerhayes
*Dactyloglossum turcestanicum* (G. Keller et Soo) Soo
**Dactylorhiza** Newski
*Dactylorhiza baldshuanica* Czerniak. ex Aver.
*Dactylorhiza czerniakowskae* Aver.
*Dactylorhiza flavescens* (C. Koch) Holub
*Dactylorhiza incarnata* (L.) Soo
*Dactylorhiza kotschyi* (Reichenb. fil.) Soo
*Dactylorhiza kulikalonica* Czerniak. ex Aver.
*Dactylorhiza longifolia* (L. Neum.) Aver.
*Dactylorhiza salina* (Turcz. ex Lindl.) Soo
*Dactylorhiza umbrosa* (Kar. et Kir.) Nevski.
**Dahlia** Cav.
*Dahlia pinnata* Cav.
**Damasonium** Juss.
*Damasonium alisma* Mill.
**Daphne** L.
*Daphne altaica* Pall.
**Datisca** L.
*Datisca cannabina* L.
**Datura** L.
*Datura innoxia* Mill.
*Datura metel* L.
*Datura stramonium* L.
*Datura tatula* L.
**Delphinium** L.
*Delphinium aemulans* Nevski
*Delphinium albomarginatum* Simonova
*Delphinium batalinii* Huth
*Delphinium biternatum* Huth
*Delphinium brunonianum* Royle
*Delphinium bucharicum* M. Pop.
*Delphinium confusum* M. Pop.
*Delphinium connectens* Pachom.

*Delphinium cuneatum Stev.*
*Delphinium cyananthum* Nevski
*Delphinium dasyanthum* Kar. et Kir.
*Delphinium decoloratum* Ovcz. et Koczk.
*Delphinium dictyocarpum* DC.
*Delphinium elatum* L.
*Delphinium eglandulosun* C. Y. Yang et B. Wang
*Delphinium elatum* L.
*Delphinium iliense* Huth
*Delphinium inconspicuum* Serg.
*Delphinium inopinatum* Nevski
*Delphinium karategini* Korsh.
*Delphinium keminense* Pachom.
*Delphinium knorringianum* B. Fedtscb.
*Delphinium lacostei* Danguy
*Delphinium lipskyi* Korsh.
*Delphinium longipedunculatum* Rgl. et Schmalh.
*Delphinium minjanense* Rech. fil.
*Delphinium nikitinae* Pachom.
*Delphinium oreophilum* Huth
*Delphinium ovczinnikovii* R. Kam. et Pissjauk.
*Delphinium pavlovii* R. Kam.
*Delphinium poltoratzkii* Rupr.
*Delphinium popovii* Pachom.
*Delphinium propinquum* Nevski
*Delphinium pseudocyanatum* C. Y. Yang et B. Wang
*Delphinium puniceum* Pall.
*Delphinium raikovae* Pachom.
*Delphinium rotundifolium* Afan.
*Delphinium sauricum* Schischk.
*Delphinium semibarbatum* Bien. ex Boiss.
*Delphinium semiclavatum* Nevski
*Delphinium ternatum* Huth
*Delphinium tianschanicum* Pall.
*Delphinium turkestanicum* Huth
*Delphinium turkmenum* Lipsky
*Delphinium ukokense* Serg.
*Delphinium vvedenskyi* Pachom.
**Demavendia M. Pimen.**
*Demavendia pastinacifolia* (Boiss. et Hausskn.) M. Pimen.
**Dendranthema** (DC.) Des Moul.
*Dendranthema indicum* (L.) Des Moul.
*Dendranthema morifolium* (Ranat). Tzvel.
**Dendrostellera** (C. A. Mey.) Van-Tiegh.
*Dendrostellera ammodendron* (Kar. et Kir.) Botsch.
*Dendrostellera arenaria* Pobed.
*Dendrostellera linearifolia* Pobed.
*Dendrostellera macrorhachis* Pobed.
*Dendrostellera olgae* Pobed.
*Dendrostellera turkmenorum* Pobed.
**Deschampsia** Beauv.
*Deschampsia caespitosa* (L.) Beauv.
*Deschampsia koelerioides* Rgl.
*Deschampsia pamirica* Roshev.
**Descurainia** Webb et Berth.
*Descurainia sophia* (L.) Webb ex Prantl.
**Desideria** Pamp.
*Desideria pamirica* Suslova
**Dianthus** L.
*Dianthus acicularis* Fisch. ex Ledeb.
*Dianthus angrenicus* Vved.
*Dianthus attenuatus* V. Pavl.
*Dianthus angrenicus* Vved.
*Dianthus baldshuanicus* Lincz.
*Dianthus barbatus* L.
*Dianthus borbasii* Vand.
*Dianthus brevipetalus* Vved.
*Dianthus campestris* Bieb
*Dianthus chinensis* L.
*Dianthus cyri* Fisch. et C. A. Mey.
*Dianthus darvazicus* Lincz.
*Dianthus elatus* Ledeb.
*Dianthus helenae* Vved.
*Dianthus karataviensis* Pavl. ex Schischk.
*Dianthus kirghizicus* Schischk.
*Dianthus kuschakewiczii* Rgl. et Schmalh.
*Dianthus leptopetalus* Willd.
*Dianthus macronyx* Fenzl ex Schischk.
*Dianthus multisquameus* Bondar. et R. Vinogradova
*Dianthus orientalis* Adams
*Dianthus pallens* Sibth. et Sm.
*Dianthus pamiroalaicus* Lincz.

*Dianthus patentisquameus* Bondar. et R. Vinogradova
*Dianthus polylepis* Bien. ex Boiss.
*Dianthus ramosissimus* Pall. ex Poir.
*Dianthus rigidus* M. B.
*Dianthus semenovii* (Rgl. et Herd.) Vierh.
*Dianthus seravschanicus* Schischk.
*Dianthus soongoricus* Schischk.
*Dianthus squarrosus* M. B.
*Dianthus subscabridus* Lincz.
*Dianthus superbus* L.
*Dianthus tetralepis* Nevski
*Dianthus tianschanicus* Schischk.
*Dianthus turcomanicus* Schischk.
*Dianthus turkestanicus* Preobr.
*Dianthus ugamicus* Vved.
*Dianthus uzbekistanicus* Lincz.
*Dianthus versicolor* Fisch. ex Link
**Diaphanoptera** Rech. fil
*Diaphanoptera transhyrcana* (Preobr.) Rech. fil et. Schiman-Czeika
**Diarthron** Turcz.
*Diarthron vesiculosum* (Fisch. et Mey. ex Kar. et Kir.) C. A. Mey.
**Dichasianthus** Ovcz. et Junussov
*Dichasianthus subtilissimus* (M. Pop.) Ovcz. et Junussov
**Dichodon** (Bartl.) Reichenb.
*Dichodon cerastoides* (L.) Reichenb.
**Dichoglottis** Fisch et C. A. Mey.
*Dichoglottis alsinoides* (Bge.) Walp. *Dichoglottis linearifolia* Fisch et C. A. Mey.
**Dichostylis** Beauv. ex Lestib.
*Dichostylis micheliana* (L.) Nees
*Dichostylis pigmea* (Rottb.) Nees
**Dictamnus** L.
*Dictamnus angustifolius* G. Don fil. ex Sweet
*Dictamnus tadshikorurn* Vved.
**Didymophysa** Boiss.
*Didymophysa aucheri* Boiss.
*Didymophysa fedtschenkoana* Rgl.
*Didymophysa fedtschenkoana subsp. incisa* Junussov et R. Kam.
**Dielsiocharis** O. E. Schulz
*Dielsiocharis kotschyi* (Boiss.) O. E. Schulz
**Digitaria** Heist. ex Adans.
*Digitaria aegyptiaca* (Retz.) Willd.
*Digitaria asiatica* Tzvel.
*Digitaria ischaemum* (Schreb.) Muel
*Digitaria pectiniformis* (Henrard) Tzwel.
*Digitaria sanguinalis* (L.) Scop.
**Dilophia** Thoms.
*Dilophia salsa* Thoms.
**Dimorphosciadium M. Pimen.**
***Dimorphosciadium gayoides* (Rgl. et Schmalh.) M. Pimen.**
**Dimorphostemon** Kitag
*Dimorphostemon glandulosus* (Kar. et Kir.) Golubk.
**Dionysia** Fenzl
*Dionysia gandzhinae* R. Kam.
*Dionysia hissarica* Lipsky
*Dionysia involucrata* Zapr.
*Dionysia kossinskyi* Czerniak.
*Dionysia tapetodes* Bge.
**Diospyros** L.
*Diospyros kaki* Thunb.
*Diospyros lotus* L.
*Diospyros virginiana* L.
**Dipcadi** Medik.
*Dipcadi turkestanicum* Vved.
**Diphasiastrum** Holub
*Diphasiastrum alpinum* (L.) Holub
**Dipsacus** L.
*Dipsacus dipsacoides* (Kar et Kir.) Botsch.
*Dipsacus* gmelinii M. B.
*Dipsacus laciniatus* L.
*Dipsacus sativus*. (L.) Honck.
*Dipsacus strigosus* Willd. ex Roem. et Schult.
**Dipterocome** Fisch. et C. A. Mey.
*Dipterocome pusilla* Fisch. et C. A. Mey.
**Diptychocarpus** Trautv.
*Diptychocarpus strictus* (Fisch. ex Bieb.) Trautv.
**Dodartia** L.
*Dodartia orientalis* L.
**Dopatrium** Buck.-Ham.

*Dopatrium junceum* (Roxb.) Buch.-Ham.
**Dorema** D. Don
*Dorema aitchisonii* Korov.
*Dorema* badhysi M. Pimen.
*Dorema balchanorum* M. Pimen.
*Dorema hyrcanum* K.-Pol.
*Dorema karataviense* Korov.
*Dorema kopetdaghense* M. Pimen.
*Dorema microcarpum* Korov.
*Dorema sabulosum* Litv.
**Doronicum** L.
*Doronicum altaicum* Pall.
*Doronicum oblongifolium* DC.
*Doronicum tianschanicum* Z. X. An
*Doronicum turkestanicum* Cavill.
**Draba** L.
*Draba alajica* Litv.
*Draba alberti* Rgl. et Schmalh.
*Draba alpina* L.
*Draba altaica* (C. A. Mey.) Bge.
*Draba alticola* Kom.
*Draba arseniewii* (B. Fedtsch.) Gilg ex Tolm.
*Draba cana* Rydb.
*Draba darwasica* Lipsky
*Draba fedtschenkoi* (Pohle) Gilg ex Tolm.
*Draba fladnizensis* Wulf
*Draba hissarica* Lipsky
*Draba huetii* Boiss.
*Draba koeiei* Rech. fil.
*Draba korshinsky* (O. Fedtsch.) Pohle
*Draba kuramensis* Junussov
*Draba lasiophylla* Royle
*Draba lipskyi* Tolm.
*Draba melanopus* Kom.
*Draba* microcarpella A. Vassil. et Golosk
*Draba nemorosa* L.
*Draba ochroleuca* Bge.
*Draba odudiana* Lipsky
*Draba olgae* Rgl. et Schmalh.
*Draba oreades* Schrenk
*Draba* pamirica (O. Fedtsch.) Pohle
*Draba parviflora* (Rgl.) O. E. Schulz
*Draba physocarpa* Kom.
*Draba rosularis* Boiss.
*Draba sibirica* (Pall.) Thell.
*Draba stenocarpa* Hook f. et Thoms.
*Draba subamplexicaulis* C. A. Mey.
*Draba talassica* Pohle
*Draba tibetica* Hook. f. et Thoms.
*Draba turczaninovii* Pohle et N. Busch
*Draba vvedenskyi* Kovalevsk.
*Draba yunussovii* Tolm.
**Dracocephalum** L.
*Dracocephalum bipinnatum* Rupr.
*Dracocephalum bungeanum* Schischk. et Serg
*Dracocephalum diversifolium* Rupr.
*Dracocephalum formosum* Gontsch.
*Dracocephalum heterophyllum* Benth.
*Dracocephalum hoboksarensis* L. G. J. Liu
*Dracocephalum imberbe* Bge.
*Dracocephalum integrifolium* Bge.
*Dracocephalum karataviense* Pavl. et Roldug.
*Dracocephalum komarovii* Lipsky
*Dracocephalum moldavica* L.
*Dracocephalum nodulosum* Rupr.
*Dracocephalum nuratavicum* Adylov
*Dracocephalum nutans* L.
*Dracocephalum oblongifolium* Rgl.
*Dracocephalum origanoides* Steph.
*Dracocephalum paulsenii* Briq.
*Dracocephalum palmatoides* C. Y. Wu et B. T. Wang
*Dracocephalum pavlovii* Roldug
*Dracocephalum peregrinum* L.
*Dracocephalum ruyschiana* L.
*Dracocephalum schischkinii* Strizhova
*Dracocephalum scroliculatum* Rgl.
*Dracocephalum spinulosum* M. Pop.
*Dracocephalum stamineum* Kar. et Kir.
*Dracocephalum subcapiiatum* (Kuntze) Lipsky
*Dracocephalum thymiflorurn* L.
**Drepanocaryum** Pojark.
*Drepanocaryum sewerzowii* (Rgl.) Pojark.
**Drosera** L.
*Drosera rotundifolia* L.
**Dryopteris** Adans.

*Dryopteris barbigera* (Hook.) Kuntze
*Dryopteris filix-mas* (L.) Schott
*Dryopteris mindshelkensis* Pavl.
**Duchesnea** Smith
*Duchesnea indica* (Andr.) Focke
**Ecballium A. Rich.**
*Ecballium elaterium* (L.) A. Rich.
**Echinacea** Moench
*Echinacea purpurea* (L.) Moench
**Echinaria** Desf.
*Echinaria capitata* (L.) Desf.
**Echinochloa** Beauv.
*Echinochloa crusgalli* (L.) Roem. et Schult.
*Echinochloa frumentacea* Link
*Echinochloa occidentalis* (Wiegang) Rydb
*Echinochloa oryzoides* (Ard.) Fritsch.
*Echinochloa phyllopogon* (Stapf) Kossenko
*Echinochloa utilis* Ohwi et Yabuno
**Echinophora** L.
*Echinophora sibthorpiana* Guss.
**Echinops** L.
*Echinops abstersibilis* Iljin
*Echinops albicaulis* Kar. et Kir.
*Echinops babatagensis* Tscherneva
*Echinops brevipenicillatus* Tscherneva
*Echinops chantavicus* Trautv.
*Echinops chloroleucus* Rech. fil.
*Echinops chorzha-mumini* Rassulova et B. Scharipova
*Echinops cornigerus* DC.
*Echinops dasyanthus* Rgl. et Schmalh.
*Echinops dubjanskyi* Iljin
*Echinops fastigiatus* R. Kam. et Tcherneva
*Echinops fedtschenkoi* Iljin
*Echinops hissaricus* Rassulova et B. Scharipova
*Echinops integrifolius* Kar. et Kir.
*Echinops kafirniganus* Bobr.
*Echinops karatavicus* Rgl. et Schmalh.
*Echinops kasakorum* Pavl.
*Echinops knorringianus* Iljin
*Echinops leiopolyceras* Bornm.
*Echinops leucographus* Bge.
*Echinops lipskyi* Iljin
*Echinops macrophyllus* Boiss. et Hausskn.
*Echinops maracandicus* Bge.
*Echinops meyeri* (DC) Iljin
*Echinops multicaulis* Nevski
*Echinops nanus* Bge.
*Echinops nuratavicus* A. Li
*Echinops obliquilobus* Iljin
*Echinops praetermissus* Nevski
*Echinops pseudomaracandicus* Rassulova et B. Scharipova
*Echinops pubisquameus* Iljin
*Echinops ritrodes* Bge.
*Echinops rubromontanus* R. Kam.
*Echinops ruthenicus* Bieb.
*Echinops saissanicus* (B. Keller) Bobr.
*Echinops spiniger* Iljin ex Bobr.
*Echinops sphaerocephalus* L.
*Echinops spinger* Iljin ex Bobr.
*Echinops sylvicola* Shih.
*Echinops talassicus* Golosk.
*Echinops tianschanicus* Bobr.
*Echinops transcaspicus* Bornm.
*Echinops transiliensis* Golosk.
*Echinops tricholepis* Schrenk
*Echinops tschimganicus* B. Fedtsch.
*Echinops wakhanicum* Rech. fil.
**Echium** L.
*Echium biebersteinii* (Lacaita) Dobrocz.
*Echium vulgare* L.
**Elaeagnus** L.
*Elaeagnus argentea* Pursh
*Elaeagnus iliensis* (Musheg.) Musheg.
*Elaeagnus orientalis* L.
*Elaeagnus oxycarpa* Schlecht.
*Elaeagnus songarica* (Bernh. ex Schlecht.) Schlecht.
*Elaeagnus turcomanica* N. Kozl.
**Elaeosticta** Fenzl.
*Elaeosticta alaica* (Lipsky) Kljuykov, M. Pimen. et V. Tichomirov
*Elaeosticta alloides* (Rgl. et Schmalh.) Kljuykov, M. Pimen. et V. Tichomirov
*Elaeosticta bucharica* (Korov.) Kljuykov,

M. Pimen. et V. Tichomirov
*Elaeosticta conica* Korov.
*Elaeosticta ferganensis* (Lipsky) Kljuykov, M. Pimen. et V. Tichomirov
*Elaeosticta hirtula* (Rgl. et Schmalh.) Kljuykov, M. Pimen. et V. Tichomirov
*Elaeosticta knorringiana* (Korov. ) Korov.
*Elaeosticta korovinii* (Bobr.) Kljuykov, M. Pimen. et V. Tichomirov
*Elaeosticta lutea* (Hoffm.) Kljuykov, M. Pimen. et V. Tichomirov
*Elaeosticta paniculata* (Korov.) Kljuykov, M. Pimen.
*Elaeosticta platyphylla* (Korov.) Kljuykov, M. Pimen. et V. Tichomirov
*Elaeosticta polycarpa* ( Korov.) Kljuykov, M. Pimen. et V. Tichomirov
*Elaeosticta samarkandica* (Korov.) Kljuykov, M. Pimen. et V. Tichomirov
*Elaeosticta seravschanica* Kljuykov, Pimen.
*Kljuykov*, M. Pimen. et V. Tichomirov\
*Elaeosticta transcaspica* (Korov.) Kljuykov, M. Pimen. et V. Tichomirov
*Elaeosticta transitoria* (Korov.) Kljuykov, M. Pimen. et V. Tichomirov
*Elaeosticta tschimganica* (Korov.) Kljuykov, M. Pimen. et V. Tichomirov
*Elaeosticta transcaspica* Korov. Kljuykov, M. Pimen. et V. Tichomirov
*Elaeosticta ugamica* (Korov.) Korov.
*Elaeosticta vvedenskyi* (R. Kam.) Kljuykov, M. Pimen. et V. Tichomirov
**Elatine** L.
*Elatine alsinastrum* L.
*Elatine triandra* Schkuhr
**Eleocharis** R. Br.
*Eleocharis acicularis* (L.) Roem. et Schult
*Eleocharis argyrolepis* Kjer.
*Eleocharis atropurpurea* (Retz.) C. Presl
*Eleocharis klingei* (Meinsh.) B. Fedtsch.
*Eleocharis mamillata* Lindb. fil.
*Eleocharis meridionalis* Zinserl.
*Eleocharis mitracarpa* Steud.
*Eleocharis ovata* (Roth) Roem. et Schult.
*Eleocharis oxilepis* (Meinsch.) B. Fedtsch.
*Eleocharis palustris* (L.) Roem. et Schult
*Eleocharis parvula* (Roem. et Schult.) Bluff, Nees et Schauer
*Eleocharis tuvinica* Bubnova
*Eleocharis uniglumis* (Link) Schult
**Eleusine** Gaertn.
*Eleusine coracana* (L.) Gaertn.
*Eleusine indica* (L.) Gaertn.
**Elsholzia** Willd.
*Elsholzia densa* Benth.
x **Elyhordeum** Mansf. ex Cziczin et Petr.
*Elyhordeum boves-lionii* (Melderis) Melderis
*Elyhordeum pavlovii* (Nevski) Tzvel.
*Elyhordeum schmidii* (Melderis) Melderis
x **Elymostachys** Tzvel.
*Elymostachys badachschanica* Tzvel.
x **Elymotrigia** Hil
*Elymotrigia karakabinica* Kotuchov
*Elymotrigia kirgizica* Kotuchov
**Elymus** L.
*Elymus abolinii* (Drob.) Tzvel.
*Elymus arcuatus* (Golosk.) Tzvel.
*Elymus badachschanicus* (Tzvel.) Ikonn.
*Elymus besczetnovae* Kotukh.
*Elymus buchtarmensis* Kotukh.
*Elymus caninus* (L.) L.
*Elymus karakabiensis* Kotukh.
*Elymus caucasicus* (C. Koch) Tzvel.
*Elymus curvatiformis* (Nevski) Tzvel.
*Elymus x czilikensis* (Drob.) Tzvel.
*Elymus dahuricus* Turcz. ex Grisebach
*Elymus drobovii* (Nevski) Tzvel.
*Elymus fedtschenkovii* Tzvel.
*Elymus glaucissimus* Tzvel.
*Elymus gmelinii* (Ldb.) Tzvel.
*Elymus himalayanus* (Nevski) Tzvel.
*Elymus humilis* (Keng) S. L. Chen
*Elymus karakabinicus* Kotuchov
*Elymus komarovii* (Nevski) Tzvel.
*Elymus kronokensis* (Kom.) Tzvel.
*Elymus lachnophyllus* (Ovcz. et Sidor.) Tzvel.

*Elymus lineicus* Kotukh.
*Elymus longe-aristatus* (Boiss.) Tzvel.
*Elymus longe-aristatus subsp. canaliculatus* (Nevski) Tzvel.
*Elymus longe-aristatus subsp. flexuosissimus* (Nevski) Tzvel.
*Elymus longespicans* Kotukh
*Elymus macrochaetus* (Nevski) Tzvel.
*Elymus x macrolepis* (Drob.) Tzvel.
*Elymus marmoreus* Kotukh.
*Elymus mutabilis* (Drob.) Tzvel.
*Elymus nevskii* Tzvel.
*Elymus novae-angliae* (Scribn.) Tzvel.
*Elymus nutans* Griseb.
*Elymus pamiricus* Tzvel.
*Elymus macrochaetus* (Nevski) Tzvel.
*Elymus occidental-altaicus* Kotukh.
*Elymus platyphyllus* (Keng) A.
*Elymus praecaespitosum* (Nevski) Tzvel.
*Elymus praeruptis* Tzvel.
*Elymus sarymsaktensis* Kotukh.
*Elymus schrenkianus* (Fisch. et C. A. Mey.) Tzvel.
*Elymus schugnanjcus* (Nevski) Tzvel.
*Elymus sclerophyllus* (Nevski) Tzvel.
*Elymus sibiricus* L.
*Elymus tarbagataicus* Kotukh.
*Elymus tianschanigenus* Czer.
*Elymus transhyrcanus* (Nevski) Tzvel.
*Elymus tschimganicus* (Drob.) Tzvel.
*Elymus tzvelevii* Kotukh.
**Elytrigia** Desv.
*Elytrigia alaica* (Drob.) Nevski
*Elytrigia alatavica* (Drob.) Nevski
*Elytrigia batalinii* (Krassn.) Nevski
*Elytrigia caespitosa* (C. Koch.) Nevski
*Elytrigia cognata* (Hack.) Holub
*Elytrigia elongata* (Host) Nevski
*Elytrigia elongatiformis* (Drob.) Nevski
*Elytrigia elongata* (Host) Nevski
*Elytrigia gmelinii* (Trin.) Nevski
*Elytrigia intermedia* (Host) Nevski
*Elytrigia kasteki* (M. Pop.) Tzvel.
*Elytrigia psaeudocaesia* (Pacz.) Prokud.
*Elytrigia pulcherrima* (Grossh.) Nevski
*Elytrigia repens* (L.) Nevski
*Elytrigia repens* subsp. *longiaristata* N. R. Cui
*Elytrigia setulifera* Nevski
*Elytrigia trichophora* (Link.) Nevski
**Eminium** (Blume) Schott
*Eminium alberti* (Rgl.) Engl.
*Eminium lehmannii* (Bge.) Kuntze
**Empetrum** L.
*Empetrum nigrum* L.
**Enneapogon** Desv. ex Beauv.
*Enneapogon borealis* (Grieseb.) Honda
*Enneapogon persicus* Boiss.
**Ephedra** L.
*Ephedra aurantica* Takht. et Pachom.
*Ephedra botschantzevii* Pachom.
*Ephedra dahurica* Turcz.
*Ephedra distachia* L.
*Ephedra eleutherolepis* V. Nikit.
*Ephedra equisetina* Bge.
*Ephedra fedtschenkoa* Pauls.
*Ephedra gerardiana* Wall. ex Stapf.
*Ephedra glauca* Rgl.
*Ephedra intermedia* Schrenk et C. A. Mey.
*Ephedra kokanica* Rgl.
*Ephedra lomatolepis* Schrenk
*Ephedra przewalskii* Stapf.
*Ephedra regeliana* Florin
*Ephedra strobilacea* Bge.
*Ephedra vvedensky* Pachom.
**Epilasia** (Bge.) Benth. et Hook. f.
*Epilasia acrolasia* (Bge.) Clarke
*Epilasia hemilasia* (Bge.) Clarke
*Epilasia mirabilis* Lipsch.
**Epilobium** L.
*Epilobiumalpinum* L.
*Epilobiumconfusum* Hausskn.
*Epilobium cylindricum* D. Don.
*Epilobium glanduligerum* Pachom.
*Epilobiumhirsutum* L.
*Epilobium komarovii* Ovcz.
*Epilobium korshinskyi* Morozova
*Epilobium lipschitzii* Pachom.

*Epilobiumminutiflorum* Hausskn.
*Epilobiummodestum* Hausskn.
*Epilobiummontanum* L.
*Epilobiumnervosum* Boiss. et Buhse
*Epilobiumpalustre* L.
*Epilobiumparviflorum* Scbreb.
*Epilobiumsudalgidum* Hausskn.
*Epilobiumsudnivale* M. Pop. ex Pavl.
*Epilobium tetragonum* L.
*Epilobiumthermophilum* Pauls.
*Epilobium turkestanicum* Pazij et Vved.
**Epipactis** Adans.
*Epipactis atrorubens* (Hoffm. ex Bernh) Bess
*Epipactis helleborine* (L.) Crantz
*Epipactis palustris* (L.) Crantz
*Epipactis royleana* Lindl.
*Epipactis turcomanica* K. Pop. et Neshataeva
*Epipactis veratrifolia* Boiss. et Holub
**Equisetum** L.
*Equisetum arvense* L.
*Equisetumfluviatile* L.
*Equisetum hiemale* L.
*Equisetum palustre* L.
*Equisetum pratense* Ehrh.
*Equisetum ramosissimum* Desf.
*Equisetum sylvaticum* L.
**Eragrostis** N. M. Wolf
*Eragrostis barrelieri* Daveau
*Eragrostis cilianensis* (All.) Vign.-Lut. ex Janch.
*Eragrostis collina* Trin.
*Eragrostis curvula* (Schrad.) Nees
*Eragrostis minor* Host
*Eragrostis pilosa* (L.) Beauv.
*Eragrostis starosselskyi* Crossh.
*Eragrostis suaveolens* Beck. ex Claus
**Eremoblastis** Botsch.
*Eremoblastis caspicus* Botsch.
**Eremodaucus** Bge.
*Eremodaucus lehmannii* Bge.
**Eremogone** Fenzl
*Eremogone biebersteinii* (Schlecht.) Holub
*Eremogone ferganica* (Schischk.) Ikonn.
*Eremogone glaucescens* (H. Winkl.) Ikonn.
*Eremogone griffithii* (Boiss.) Ikonn.
*Eremogone insignis* (Litv.) Ikonn.
*Eremogone koriniana* (Fisch. ex Fenzl) Ikonn.
*Eremogone ladyginae* Ikonn.
*Eremogone litwinovii* (Schischk.) Ikonn.
*Eremogone longifolia* (Bieb.) Fenzl
*Eremogone meyeri* (Fenzl) Ikonn.
*Eremogone paulsenii* (H. Winkl.) Ikonn.
*Eremogone talassica* (Adylov.) Czer.
*Eremogone turlanica* (Adylov.) Czer.
**Eremolimon Lincz.**
*Eremolimon botschantzevii* Lincz.
*Eremolimon drepanostachium* (Ik.-Gal.) Lincz.
*Eremolimon faizievii* Lincz.
*Eremolimon jarmolenkoi* Lincz.
*Eremolimon kurgantjubense* Lincz.
*Eremolimon piptopodum* Lincz.
*Eremolimon sogdianum* Lincz.
**Eremopoa** Roshev.
*Eremopoa altaica* (Trin.) Roshev.
*Eremopoa oxyglumis* (Boiss.) Roshev.
*Eremopoa songarica* (Schrenk) Roshev.
**Eremopyrum(Ldb.)** Jaub. et Spach
*Eremopyrum bonaepartis* (Spreng.) Nevski
*Eremopyrum confusum* Melderis
*Eremopyrum distans* (C. Koch) Nevski
*Eremopyrum orientale* (L.) Jaub. et Spach
*Eremopyrum triticeum* (Caertn.) Nevski
**Eremosparton** Fisch. et Mey.
*Eremosparton aphyllum* (Pall.) Fisch. et Mey.
*Eremosparton flaccidum* Litw.
*Eremosparton songoricum* (Litv.) Vass.
**Eremostachys** Bge.
*Eremostachys affinis* Schrenk
*Eremostachys codonocalyx* Pazij et Vved.
*Eremostachys eriolarynx* Pazij et Vved.
*Eremostachys mogianica* M. Pop.
*Eremostachys moluccelloides* Bge.
*Eremostachys codonocalyx* Pazij et Vved.
*Eremostachys persimilis* Aitsch. et Hemst.
*Eremostachys rotata* (Schrenk) ex Fisch et C. A. Mey.
*Eremostachys tuberosa* (Pall.) Bge.

**Eremurus** M. B.
*Eremurus aitchisonii* Baker
*Eremurus alaicus* Chalkuziev
*Eremurus alberti* Rgl.
*Eremurus altaicus* (Pall.) Stav.
*Eremurus ambigens* Vved.
*Eremurus ammophylus* Vved.
*Eremurus angustifolius* Baker
*Eremurus anisopteris* (Kar. at Kir.) Rgl.
*Eremurus aurantiacus* Baker
*Eremurus baissunensis* O. Fedtsch.
*Eremurus brachistemon* Vved.
*Eremurus bucharicus* Rgl.
*Eremurus candidus* Vved.
*Eremurus chloranthus* M. Pop.
*Eremurus comosus* O. Fedtsch.
*Eremurus cristatus* Vved.
*Eremurus fuscus* (O. Fedtsch.) Vved.
*Eremurus hilariae* M. Pop. et Vved.
*Eremurus hissaricus* Vved.
*Eremurus iae* Vved.
*Eremurus inderiansis* (MB.) Rgl.
*Eremurus kaufmannii* Rgl.
*Eremurus kopetdaghensis* M. Pop. ex B. Fedtsch.
*Eremurus korolkowii* Rgl.
*Eremuruskorovinii* B. Fedtsch.
*Eremuruskorshinskii* O. Fedtsch.
*Eremurus lachnostegius* Vved.
*Eremurus* l *actiflorus* O. Fedtsch.
*Eremurus* x *ludmillae* Levichev et Priszter
*Eremurus luteus* Baker
*Eremurus micranthus* Vved.
*Eremurus nuratavicus* A. Khokhr.
*Eremurus olgae* Rgl.
*Eremurus parviflorus* Rgl.
*Eremurus pubescens* Vved.
*Eremurusregdhi* Vved.
*Eremurus robustus* Rgl.
*Eremurus ruseolus* Vved.
*Eremurus saprjagajevii* B. Fedtsch.
*Eremurus sogdianus* (Rgl) Benth. et Hook. f.
*Eremurus spcctabilis* M. B.
*Eremurus stenophyllus* (Boiss. et Buhse) Baker
*Eremurus subalbiflorus* Vved.
*Eremurus suworowii* Rgl.
*Eremurus tadshikorum* Vved.
*Eremurus tianschanicus* Pazij et Vved. ex Golosk.
*Eremurus turkestanicus* Rgl.
*Eremurus zenaidae* Vved.
*Eremurus zoae* Vved.
**Erianthus** Michx.
*Erianthus ravennae* (L.) Beauv.
**Erigeron** L.
*Erigeron acris* L.
*Erigeron alexeenkoi* (Krasch.) Botsch.
*Erigeron allochrous* Botsch.
*Erigeron altaicus* M. Pop.
*Erigeron amorphoglossus* Boiss
*Erigeron andryaloides* (DC) Benth.
*Erigeron aurantiacus* Rgl.
*Erigeron azureus* Rgl. ex M. Pop.
*Erigeron badachschanicus* Botsch.
*Erigeron bellirliformis* M. Pop.
*Erigeron biramosus* Botsch.
*Erigeron brachyspermus* Botsch.
*Erigeron cabulicus* (Boiss.) Botsch.
*Erigeron crispus* Pourr.
*Erigeron dolichostylus* Botsch.
*Erigeron heterochaeta* (Benth. ex Carke) Botsch.
*Erigeron heterchaeta* (Benth. ex Clarke) Botsch.
*Erigeron hissaricus* Botsch.
*Erigeron khorossanjcus* Boiss.
*Erigeron krylovii* Serg.
*Erigeron lachnocephalus* Botsch.
*Erigeron lonchophyllus* Hook.
*Erigeron nabidshonii* R. Kam.
*Erigeron nigromontanus* Boiss. et Buhse
*Erigeron olgae* Rgl. et Schmalh.
*Erigeron oreades* (Schrenk) Fisch. et Mey.
*Erigeron orientalis* Boiss.
*Erigeron pallidus* M. Pop.
*Erigeron pamiricus* Botsch. et Koczk.
*Erigeron petiolatis* Vierh.
*Erigeron petroiketes* Rech. f.
*Erigeron podolicus* Bess.
*Erigeron poncinsii* (Franch) Botsch.

*Erigeron popovii* Botseh.
*Erigeron primuloides* M. Pop.
*Erigeron pseuderigeron* (Bge.) M. Pop.
*Erigeron pseuderiocephalus* M. Pop.
*Erigeron pseudoneglectus* M. Pop.
*Erigeron pseudoseravschanieus* Botsch.
*Erigeron pyrami* Botsch.
*Erigeron schmalhausenii* M. Pop.
*Erigeron seravschanicus* M. Pop.
*Erigeron sogdianus* M. Pop.
*Erigeron songaricus* Y. Wei et Z. X. An
*Erigeron tianschanicus* Botsch.
*Erigeron trimorphopsis* Botsch.
*Erigeron umbrosus* (Kar. et Kir.) Boiss.
*Erigeron vicarius* Botsch.
*Erigeron violaceus* M. Pop.
**Eriocaulon** L.
*Eriocaulon cinereum* R. Br.
**Eriochloa** Kunth
*Eriochloa succincta* (Trin.) Kunth
**Eriophorum** L.
*Eriophorum altaicum* Meinsh.
*Eriophorum humile* Turcz. ex Steud.
*Eriophorum polystachion* L.
*Eriophorum scheuchzeri* Hoppe
*Eriophorum vaginatum* L.
**Eriosynaphe** *DC.*
*Eriosynaphe longifolia* (Fisch.) DC.
**Eritrichium** Schrad.
*Eritrichium aktonense* Lian et J. Q. Wang
*Eritrichium altaicum* Popov.
*Eritrichium confertiflorum* W. T. Wang
*Eritrichium deltodentum* Lian et J. Q. Wang
*Eritrichium dubium* O. Fedtsch.
*Eritrichium fetisovii* Rgl.
*Eritrichium kamelinii* Ovczinnikova
*Eritrichium kungejense* Bajt. et Kudabaeva
*Eritrichium latifolium* Kar. et Kir.
*Eritrichium oligocanthum* Lian et J. Q. Wang
*Eritrichium paniricum* B. Fedtsch.
*Eritrichium pendulifructum* Lian et J. Q. Wang
*Eritrichium pseudolatifolium* M. Pop.
*Eritrichium pseudostrictum* M. Pop.
*Eritrichium relictum* Kudabaeva
*Eritrichium sessilifructum* Lian et J. Q. Wang
*Eritrichium sinomicrocarpum* Lian et J. Q. Wang
*Eritrichium subjacquemontii* M. Pop.
*Eritrichium turkestanicum* Franch.
*Eritrichium villiosum* (Ledeb.) Bge.
**Erodium** L'Her.
*Erodium ciconium* (L.) L'Her.
*Erodium cicutarium* (L.) L'Her.
*Erodium hoefftianum* C. A. Mey.
*Erodium litvinovii* Woronov
*Erodium malacoides* (L.) L'Her.
*Erodium oxyrhynchum* Bieb
*Erodium ruthenicum* Bieb.
*Erodium stephanianum* Willd.
*Erodium strigosum* Kar. ex Ldb.
*Erodium turcmenum* (Litv.) Grossh.
**Erophila** DC.
*Erophila krockeri* Andrz.
*Erophila minima* C. A. Mey.
*Erophila praecox* (Stev.) DC.
*Erophila verna* (L.) Bess.
**Eruca** Hill.
*Eruca sativa* Mill.
**Eryngium** L.
**Erucastrum** C. Presl
*Erucastrum armoracioides* (Czern. ex Turcz) Cruchet
*Eryngium billardieri* Delaroche
*Eryngium bungei* Boiss.
*Eryngium caucasicum* Trautv.
*Eryngium karatavicum* Iljin
*Eryngium macrocalyx* Schrenk
*Eryngium octophyllum* Korov.
*Eryngium planum* L.
**Erysimum** L.
*Erysimum aksaricum* Pavl.
*Erysimum alaicum* Novopokr. ex E. Nikit.
*Erysimum babataghi* Korsh.
*Erysimum badghysi* (Korsh.) Lipsky
*Erysimum breviplim* Z. X. An
*Erysimum canescens* Roth
*Erysimum cheiranthoides* L.

*Erysimum chrysanthum* Botsch. et Vved.
*Erysimum clausoides* Botsch. et Vved.
*Erysimum croceum* M. Pop.
*Erysimum czernjajevii* N. Busch
*Erysimum ferganicum* Botsch. et Vved.
*Erysimum flavum* (Georgi.) Bobr.
*Erysimum gypsaceum* Botsch. et Vved.
*Erysimum hieracifolium* L.
*Erysimum humillimum* (C. A. Mey.) N. Busch
*Erysimum ischnostylum* Freyn et Sint.
*Erysimum kazachstanicum* Botsch.
*Erysimum kerbabaevii* Kurbanov et Gudkova
*Erysimum kotukhovii* Lub.
*Erysimum ledebourianum* Serg. et D. German
*Erysimum michaelis* Adylov
*Erysimum nabievii* Adylov
*Erysimum nuratense* M. Pop. ex Botsch. et Vved.
*Erysimum repandum* L.
*Erysimum sisymbrioides* C. A. Mey.
*Erysimum transiliense* M. Pop.
*Erysimum versicolor* (Bieb.) Andrz.
*Erysimum violascens* M. Pop.
*Erysimum vitellinum* M. Pop.
**Erythronium** L.
*Erythronium sibiricum* (Fisch. et Mey.) Kryl.
**Euclidium** R. Br.
*Euclidium syriacum* (L.) R. Br.
**Eucommia Oliv.**
*Eucommia ulmoides* Oliv.
**Eulophia** R. Br. ex Lindl.
*Eulophia turkestanica* (Litv.) Schlechter
**Euonymus** L.
*Euonymus japonica* Thumb.
*Euonymus koopmannii* Lauche
*Euonymus semenovii* Rgl. et Herd.
*Euonymus velutina* Fisch. et C. A. Mey.
**Eupatorium** L.
*Eupatorium cannabinum* L.
**Euphorbia** L.
*Euphorbia alaica* Prokh.
*Euphorbia alatavica* Boiss.
*Euphorbia andrachnoides* Schrenk
*Euphorbia anisopetala* Prokh.
*Euphorbia aserbajdzhanica Bordst.*
*Euphorbia aucheri* Boiss.
*Euphorbia blepharophylla* C. A. Mey.
*Euphorbia boissieriana* (Woronov) Prokh.
*Euphorbia buchtormensis* C. A. Mey.
*Euphorbia buhsei* Boiss.
*Euphorbia bungei* Boiss.
*Euphorbia canescens* L.
*Euphorbia cheirolepis* Fisch. et Mey ex Ldb.
*Euphorbia consanguinea* Schrenk
*Euphorbia cyrtophylla* Prokh.
*Euphorbia deltobracteata* Prokh.
*Euphorbia densa* Schrenk
*Euphorbia densa* subsp. *balghysi* Botsch.
*Euphorbia densiuscula* M. Pop.
*Euphorbia densiusculiformis* (Pazij) Botsch.
*Euphorbia falcata* L.
*Euphorbia ferganensis* B. Fedtsch.
*Euphorbia franchetii* B. Fedtsch.
*Euphorbia glomerulans* Prokh.
*Euphorbia guntensis* Prokh.
*Euphorbia helioscopia* L.
*Euphorbia heptapotamica* Golosk.
*Euphorbia humifusa* Schlecht.
*Euphorbia humilis* C. A. Mey.
*Euphorbia inderiensis* Less. ex Kar. et Kir.
*Euphorbia irgisensis* Litv.
*Euphorbia jaxartica* Prokh.
*Euphorbia kopetdaghi* Prokh.
*Euphorbia kudrjaschevii* (Pazij) Prokh.
*Euphorbia lamprocarpa* Prokh.
*Euphorbia latifolia* C. A. Mey.
*Euphorbia lipskyi* Prokh
*Euphorbia macrorrhiza* C. A. Mey.
*Euphorbia microcarpa* Prokh.
*Euphorbia microsphaera* Boiss.
*Euphorbia monocyathium* Prokh.
*Euphorbia monostyla* Prokh.
*Euphorbia mucronulata* Prokh.
*Euphorbia oidorhiza* Pojark.
*Euphorbia pachyrrhiza* Kar. et Kir.
*Euphorbia pamirica* Prokh.
*Euphorbia peploides* Gouan

*Euphorbia petiolata* Banks et Soland.
*Euphorbia pilosa* L.
*Euphorbia poecilophylla* Prokh.
*Euphorbia polytimetica* Prokh.
*Euphorbia popovii* Rotschild
*Euphorbia rapulum* Kar. et Kir.
*Euphorbia roschanica* (Ikonn.) Czer.
*Euphorbia rosularis* Al. Theod.
*Euphorbia sarawschanica* Rgl.
*Euphorbia saurica* Baikov
*Euphrasia schischkinii* Serg. ex Sumn.
*Euphorbia schugnanica* B. Fedtsch.
*Euphorbia sclerocyathium* Korov. et M. Pop.
*Euphorbia seguieriana* Neck.
*Euphorbia severtzovii* Herd.
*Euphorbia sogdiana* M. Pop.
*Euphorbia soongarica* Boiss.
*Euphorbia sororia* Schrenk
*Euphorbia spinidens* Bornm. ex Prokh.
*Euphorbia stocksiana* Boiss.
*Euphorbia stricta* L.
*Euphorbia subcordata* C. A. Mey.
*Euphorbia szovitsii* Fisch. et Mey.
*Euphorbia talastavica* Prokh.
*Euphorbia tianshanica* Prokh.
*Euphorbia tibetica* Boiss.
*Euphorbia transoxana* Prokh.
*Euphorbia tranzschelii* Prokh.
*Euphorbia triodonta* Prokh.
*Euphorbia turcomanica* Boiss.
*Euphorbia turczaninowii* Kar. et Kir.
*Euphorbia turkestanica* Rgl.
*Euphorbia undulata* M. B.
*Euphorbia uralensis* Fisch. ex Link
*Euphorbia virgata* Waldst. et Kit.
*Euphorbia yaroslavii* Poljak
**Euphrasia** L.
*Euphrasia bajankolica* Juz.
*Euphrasia cyclophyla* Juz.
*Euphrasia drosophylla* Juz.
*Euphrasia* fedtschenkoana Wettst. ex Juz.
*Euphrasia hirtella* Jord.
*Euphrasia karataviensis* Govor. ex Karmyscheva
*Euphrasia macrocalyx* Juz.
*Euphrasia macrodonta* Juz.
*Euphrasia pectinata* Ten.
*Euphrasia peduncularis* Juz.
*Euphrasia regelii* Wettst.
*Euphrasia schugnanica* Juz.
*Euphrasia tranzszelii* Juz.
**Eutrema** R. Br.
*Eutrema edwardsii* R. Br.
*Eutrema integrifolium* (DC.) Bge.
*Eutrema pseudocordifolium* M. Pop.
**Evax** Gaertn.
*Evax arenaria* Smoljan.
**Ewersmannia** Bge.
*Ewersmannia botschantzevii* Sarkisova
*Ewersmannia sarytavica* Sarkisova
*Ewersmannia sogdiana* Ovcz.
*Ewersmannia subspinosa* (Fisch.) B. Fedisch.
**Exochorda** Lindl.
*Exochorda korolkovii* Lavall.
*Exochorda tianschanica* Gontsch.
**Fagopyrum** Mill.
*Fagopyrum tataricum* (L.) Gaertn.
**Falcaria** Bernh.
*Falcaria vulgaris* Bernh.
**Fallopia** Adans
*Fallopia baldschuanica* (L.) Holub
*Fallopia convolvulus* (L.) A. Love
*Fallopia dumetorum* (Rgj.) Holub
**Fergania M. Pimen.**
*Fergania polyantha* M. Pimen.
**Ferula** L.
*Ferula akitschkensis* B. Fedtsch. ex K.-Pol.
*Ferula alaica* M. Pimen et Melibaev
*Ferula angreni* Korov.
*Ferula badrakema* K.-Pol.
*Ferula canescens* Ledeb.
*Ferula caspica* M. B.
*Ferula ceratophylla* Rgl. et Schmalh.
*Ferula clematidifolia* K.-Pol.
*Ferula conocaula* Korov.
*Ferula* czatkalensis M. Pimen.
*Ferula deccurens* Korov.

*Ferula dissecta* Ledeb.
*Ferula diversivittata* Rgl. et Schmalh.
*Ferula dshizakensis* Korov.
*Ferula dubjanskyi* Korov. et Pavl.
*Ferula equisetacea* K.-Pol.
*Ferula fedoroviorum* M. Pimen.
*Ferula fedtschenkoana* K.-Pol.
*Ferula ferganensis* Lipsky
*Ferula ferulaeoides* (Steud.) Korov.
*Ferula foetida* (Bunge) Rgl.
*Ferula foetidissima* Rgl. et Schmalh.
*Ferula fukangensis* K. M. Shen
*Ferula gigantea* B. Fedtsch.
*Ferula glaberrima* Korov.
*Ferula grigoriewii* B. Fedtsch.
*Ferula gumosa* Boiss.
*Ferula gypsacea* Korov.
*Ferula iliensis* Krasn.
*Ferula inciso-serrata* M. Pimen. et J. Baranova.
*Ferula juniperiana* Korov.
*Ferula* karakalensis Korov.
*Ferula karatavica* Rgl. et Schmalh.
*Ferula karataviensis* (Rgl. et Schmalh.) Korov.
*Ferula karelinii* Bge.
*Ferula kelifi* Korov.
*Ferula kelleri* K.-Pol.
*Ferula kirialovii* M. Pimen.
*Ferulakokanica* Rgl. et Schmalh.
*Ferula kopetdagensis* Korov.
*Ferula korshinskyi* Korov.
*Ferula koso-poljanskyi* Korov.
*Ferula krylovii* Korov.
*Ferula kuhistanica* Korov.
*Ferula kyzylkumica* Korov.
*Ferula lapidosa* Korov.
*Ferula latiloba* Korov.
*Ferula lehmannii* Boiss.
*Ferula leiophylla* (K.-Pol.) Korov.
*Ferula leucographa* Korov.
*Ferula linczevskii* Korov.
*Ferula lipskyi* Korov.
*Ferula litvinoviana* K.-Pol.
*Ferula malacophylla* M. Pimen. et J. Baranova
*Ferula mogoltavica* Lipsky
*Ferula mollis* Korov.
*Ferula nevskii* Korov.
*Ferula nuda* Spreng
*Ferula nuratavica* M. Pimen.
*Ferula oopoda* (Boiss. et Buhse) Boiss.
*Ferula ovczinnikovii* M. Pimen.
*Ferula ovina* Boiss.
*Ferula pachyphylla* Korov.
*Ferula pallida* Korov.
*Ferula penninervis* Rgl. et Schmalh.
*Ferula plurivittata* Korov.
*Ferulapotaninii* Korov. ex Pavl.
*Ferula prangifolia* Korov.
*Ferula pratovii* Khassanov et Malzsev
*Ferula renaldii* (Rgl et Schmalh.) M. Pimen.
*Ferula rubroarenosa* Korov.
*Ferula samarcandica* Korov.
*Ferula schtschurowskiana* Rgl. et Schmalh.
*Ferula seravshanica* M. Pimen.
*Ferula sibirica* Willd.
*Ferula sinkiangensis* K. M. Shen
*Ferula sjugantensis* Bajt.
*Ferula songorica* Pall. ex Schult.
*Ferula subtilis* Korov.
*Ferula sumbul* (Kauffm.) Hook fil.
*Ferula* syreitschikovii K.-Pol.
*Ferula szowitsiana* DC
*Ferula tatarica* Fisch.
*Ferula taucumica* Bajt.
*Ferula tenuisecta* Korov.
*Ferula teterrima* Kar. et Kir.
*Ferula transiliensis* (Herd.) Pimen.
*Ferula tschimganica* Lipsky
*Ferula tschuiliensis* Bajt.
*Ferula tuberifera* Korov.
*Ferula ugamica* Koxov.
*Ferula undulata* M. Pimen. et J. Baranova
*Ferula varia* (Schrenk) Trautv.
*Ferula vicaria* Korov.
*Ferula violacea* Korov.
*Ferula xeromorpha* Korov.
**Ferulago** Koch

*Ferulago subvelutina* Rech. fil.

**Festuca** L.

*Festuca alaica* Drob.

*Festuca alatavica* (St. _Yves) Roshev.

*Festuca altaica* Trin.

*Festuca altissima* All.

*Festuca amdlyodes* V. Krecz. et Bobr.

*Festuca beckeri* (Hack.) Trautv.

*Festuca borissovii* Reverd.

*Festuca brachyphylla* Schult. et Schult.

*Festuca coelestis* (St.-Yves) V. Krecz. et Bobr.

*Festuca gigantea* (L.) Vill.

*Festuca interrupta* Desf.

*Festuca karatavica* (Bge.) B. Fedtsch.

*Festuca kirgisorum* (Katsch. ex Tzvel.) E. Alexeev

*Festuca kryloviana* Reverd.

*Festuca musbelica* (Reverd.) Ikonn.

*Festuca olgae* (Regel) Krivot.

*Festuca pamirica* Tzvel.

*Festuca pratensi* s Huds.

*Festuca pseudodalmatica* Krajana

*Festuca pseudodalmatica* subsp. *asperrima* (Hack.) E. Alexeev

*Festuca pseudovina* Hack. ex Wiesb.

*Festuca regeliana* Pavl.

*Festuca richardsonii* Hook.

*Festuca rubra* L.

*Festuca rupicola* Heuff.

*Festuca saurica* E. Alexeev

*Festuca schischkinii* Krivot.

*Festuca skvortsovii* E. Alexeev

*Festuca tristis* Kryl. et Ivanitzk.

*Festuca tschatkalica* E. Alexeev

*Festuca valesiaca* Gaudin

**Fibigia** Medik.

*Fibigia suffruticosa* (Vent.) Sweet

**Ficaria** Dill.

*Ficaria fascicularis* C. Koch

*Ficaria verna* Huds.

**Ficus** L.

*Ficus afghanistanica* Warb.

*Ficus carica* L.

**Filaginella Opiz**

*Filaginella kasachstanica* (Kirp.) Tzvel.

*Filaginella rossica* (Kirp.) Tzvel.

**Filago** L.

*Filago arvensis* L.

*Filago desertorum* Pomel

*Filago filaginoides* (Kar. et Kir.) Wagenitz

*Filago hurdwarica* (DC) Wagenitz

*Filago lagopus* (Steph.) Parl.

*Filago montana* L.

*Filago paradoxa* Wagenitz

*Filago piramidata* L.

*Filago vulgaris* Lam.

**Filipendula** Adans.

*Filipendula ulmaria* (L.) Maxim.

**Fimbristylis** Vahl

*Fimbristylis bisumbellata* (Forrsk.) Bub.

*Fimbristylis maracandica* Zak.

*Fimbristylis quinquangularis* (Vahl) Kunth

*Fimbristylis turkrstanica* (Rgl.) B. Fedtsch.

*Foeniculum* Mill.

*Foeniculum vulgare* Mill.

**Fragaria** L.

*Fragaria bucharica* Losinsk.

*Fragaria bucharica subsp. darvasica* V. Zapr.

*Fragaria nubicola* (Lindl ex Hook fil.) Lacaita

*Fragaria vesca* L.

*Fragaria viridis* (Duch.) Weston

**Frangula H** ill.

*Frangula alnus* Mill.

**Frankenia** L.

*Frankenia buchanica* Basil.

*Frankenia hirsuta* L.

*Frankenia mironovii* Botsch.

*Frankenia pulverulenta* L.

*Frankenia transkaratavica* Botsch.

*Frankenia vvedenskyi* Botsch.

**Fraxinus** L.

*Fraxinus raibocarpa* Rgl.

*Fraxinus sogdiana* Bge.

*Fraxinus syriaca* Boiss.

**Fritillaria** L.

*Fritillaria eduardii* Rgl.

*Fritillaria ferganensis* Losinsk.

*Fritillaria karelinii* (Fisch.) Baker
*Fritillaria meleagroides* Patr. ex Schuit.
*Fritillaria olgae* Vved.
*Fritillaria pallidiflora* Schrenk
*Fritillaria raddeana* Rgl
*Fritillaria regelii* Losinsk.
*Fritillaria ruthenica* Wikstr.
*Fritillaria verticillata* Willd.
*Fritillaria walujevi* Rgl.
**Fumana** Spach
*Fumana procumbens* (Dunal) Gren. et Godr.
**Fumaria** L.
*Fumaria asepala* Boiss.
*Fumaria indica* (Hausskn.) Pugst.
*Fumaria micrantha* Lag.
*Fumaria parviflora* Lam.
*Fumaria schleicheri* Soy.-Willem.
*Fumaria vaillantii* Loisel.
**Fumariola** Korsh.
*Fumariola turkestanica* Korsh.
**Gagea** Salisb.
*Gagea* x *absurda* Levichev
*Gagea afghanica* Terr.
*Gagea alberti* Rgl.
*Gagea altaica* Schischk. et Sumn.
*Gagea angrenica* Levichev
*Gagea anisopoda* M. Popov
*Gagea azutavica* Kotukh.
*Gagea baschkyzylsaica* Levichev
*Gagea bergii* Litv.
*Gagea brevistolonifera* Levichev
*Gagea bulbifera* (Pall.) Roem. et Schult.
*Gagea caelestis* Levichev
*Gagea calantha* Levichev
*Gagea calyptrifolia* Levichev
*Gagea capillifolia* Vved.
*Gagea capusii* Terr.
*Gagea chlorantha* (M. B.) Roem. et Schult.
*Gagea chomutovae* Pasch.
*Gagea circumplexa* Vved.
*Gagea confusa* Terr.
*Gagea czatkalica* Levichev
*Gagea davlianidzeae* Levichev
*Gagea delicatula* Vved.
*Gagea divaricata* Rgl.
*Gagea dshungarica* Rgl.
*Gagea dubia* Terr.
*Gagea emarginata* Kar. et Kir.
*Gagea exilis* Vved.
*Gagea fedtschenkoana* Pasch.
*Gageaferganica* Levichev
*Gagea fibrosa* (Desf.) Schult.
*Gagea filiformis* (Ledeb.) Kunth
*Gagea fistulosa* (Ram.) Ker-Gawl.
*Gagea gageoides* (Zucc.) Vved.
*Gagea glaucescens* Levichev
*Gagea graminifolia* Vved.
*Gagea granulosa* Turcz.
*Gagea gymnopoda* Levichev
*Gagea gypsacea* Levichev
*Gagea hissarica* Lipsky
*Gagea holochiton* M. Pop.
*Gagea humicola* Levichev
*Gagea incrustata* Vved.
*Gagea kamelinii* Levichev
*Gagea kopetdagensis* Vved.
*Gagea kuraiensis* Levichev
*Gagea kuraminica* Levichev
*Gagea michaelis Golosk.*
*Gagea minutiflora* Rgl.
*Gagea minutissima* Vved.
*Gagea mirabilis* Grossh.
*Gagea nabievii* Levichev
*Gagea neo-popovii* Levichev
*Gagea nigra* L. Z. Shue
*Gagea olgae* Rgl.
*Gagea ova* Stapf
*Gagea paedophyla* Levichev
*Gagea pamirica* Grossh.
*Gagea paniculata* Levichev
*Gagea pedata* Levichev
*Gagea popovii* Vved.
*Gagea praemixta* Levichev
*Gagea pseudominutiflora* Levichev
*Gagea pseudoreticuiata* Vved.
*Gagea reticulata* (Pall.) Roem. et Schult.

*Gagea rufidula* Levichev
*Gagea rupicola* Levichev
*Gagea setifolia* Baker
*Gagea stepposa* L. Z. Shue
*Gagea stipitata* Merkel. ex Bge.
*Gagea subtilis* Vved.
*Gagea talassica* Levichev
*Gagea taschkentica* Levichev
*Gagea tenera* Pasch.
*Gagea tenuifolia* (Boiss.) Fomin
*Gagea toktogulii* Levichev
*Gagea x turanica* Levichev
*Gagea turkestanica* Levichev
*Gagea ugamica* Pavl.
*Gagea ulazsaica* Levichev
*Gagea x vaga* Levichev
*Gagea vvedenskyi* Grossh.
**Gaillardia Foug.**
*Gaillardia aristata* Purch
*Gaillardia pulchella* Foug.
**Galagania Lipsky**
*Galagania ferganensis* (Korov.) M. Vassil. et M. Pimen.
*Galagania fragrantissima* Lipsky
*Galagania gracilis* (R. Kam. et M. Pimen.) R. Kam. et M. Pimen.
*Galagania marginata* M. Pimen. et M. Vassil.
*Galagania neglecta* M. Vassil. et Kljuykov
*Galagania platypoda* (Aitch. et Hemsl.) M. Vassil. et M. Pimen.
*Galagania tenuisecta* (Rgl. et Schmalh.)
**Galatella** Cass.
*Galatella altaica* Tzvel.
*Galatella angustissima* (Tausch) Novopokr.
*Galatella biflora* (L.) Nees
*Galatella bogidaica* Y. Wei et Z. X. An
*Galatella chromopappus* Novopokr.
*Galatella coriacea* Novopokr.
*Galatella crinitoides* Novopokr.
*Galatella dahurica* DC.
*Galatella divaricata* (Fisch. ex Bieb.) Novopokr.
*Galatella fastigiiformis* Novopokr.
*Galatella hauptii* (Ledeb.) Lindl.
*Galatella hissarica* Novopokr.
*Galatella litvinovii* Novopokr.
*Galatella macrosciadia* Gand.
*Galatella polygaloides* Novopokr.
*Galatella punctata* (Waldst. et Kit.) Nees
*Galatella regelii* Tzvel.
*Galatella rossica* Novopokr.
*Galatella saxatilis* Novopokr.
*Galatella scoparia* (Kar. et Kir.) Novopokr.
*Galatella tatarica* (Less.) Novopokr.
*Galatella tianschanica* Novopokr.
*Galatella trinervifolia* (Less.) Novopokr.
*Galatella villosa* (L.) Reichenb.
*Galatella villosula* Novopokr.
**Galeopsis** L.
*Galeopsis bifida* Boenn.
*Galeopsis ladanum* L.
**Galinsoga** Ruiz et Pav.
*Galinsoga parviflora* Cav.
**Galitzkia** V. Boczantzeva
*Galitzkia spathulata* (Steph.) V. Boczantzeva
**Galium** L.
*Galium amblyophyllum* Schrenk
*Galium aparine* L.
*Galium ceratopodum* Boiss.
*Galium decaisnei* Boiss.
*Galium densiflorum* L.
*Galium ghilanicum* Stapf
*Galium humifusum* Bieb.
*Galium ibicinum* Boiss. et Hausskn.
*Galium insuave* (Pobed.) Pobed.
*Galium irinae* Pachom.
*Galium karakulense* Pobed.
*Galium kasachstanicum* Pachom.
*Galium krylovianum* (Serg.) Pobed.
*Galium mugodsharicum* Pobed.
*Galium nupercreatum* M. Pop.
*Galium octonarium* (Klok.) Soo
*Galium palustre* L.
*Galium pamiro-alaicum* Pobed.
*Galium physocarpum* Ldb.
*Galium pojarkovae* Pobed.
*Galium pseudorivale* Tzvel.

*Galium ruthenicum* Willd.
*Galium songaricum* Schrenk
*Galium spurium* L.
*Galium tenuissimum* M. B.
*Galium tianschanicum* M. Pop.
*Galium trichophorum* Kar. et Kir.
*Galium tricornutum* Dandy
*Galium trifidum* L.
*Galium turkestanicum* Pobed.
*Galium uliginosum* L.
*Galium vassilczenkoi* Pobed.
*Galium verticillatum* Danth.
*Galium verum* L.
**Galitzkia** V. Botschantzeva
*Galitzkia spathulata* (Steph.) V. Botschantzeva
**Gamanthus** Bge.
*Gamanthus commixtus* Bge.
*Gamanthus ferganicus* Iljin
*Gamanthus gamocarpus* (Moq.) Bge.
*Gamanthus leucophysus* Botsch.
*Gamanthus pilosus* (Pall.) Bge.
**Garhadiolus** Jaub. et Spach
*Garhadiolus angulosus* Jaub. et Spach
*Garhadiolus papposus* Boiss. et Buhse
**Gastrocotyle** Bge.
*Gastrocotyle hispida* (Forssk.) Bge.
**Gastrolychnis** (Fenzl) Reichenb.
*Gastrolychnis apetala* (L.) Tolm et Kozhanczikov
*Gastrolychnis brachypetala* (Hornem.) Tolm et Kozhanczikov
*Gastrolychnis gonosperma* (Rupr.) Czer.
*Gastrolychnis sordida* (Kar. et Kir.) Czer.
*Gastrolychnis tristis* (Bge.) Czer.
**Gaudinopsis** Eig
*Gaudinopsis macra* (Stev.) Eig
**Gentiana** L.
*Gentiana algida* Pall.
*Gentiana aquatica* L.
*Gentiana cruciata* L.
*Gentiana decumbens* L. f.
*Gentiana dschungarica* Rgl.
*Gentiana fetisowii* Rgl. et Winkl.
*Gentiana fischeri* Smirn.
*Gentiana grandiflora* Laxm.
*Gentiana karelinii* Griseb.
*Gentiana kaufrnanniana* Rgl. et Schmalh.
*Gentiana kirilowii* Turcz.
*Gentiana leucomelaena* Maxim.
*Gentiana olgae* Rgl. et Schmalh.
*Gentiana olivieri* Griseb.
*Gentiana prostrata* Haenke
*Gentiana riparia* Kar. et Kit.
*Gentiana squarrosa* Ledeb.
*Gentiana susamyrensis* Pachom.
*Gentiana uniflora* Georgi
*Gentiana walujewii* Rgl. et Schmalh.
**Gentianella** Moench
*Gentianella amarella* (L.) Boern.
*Gentianella azurea* (Bge.) Holub
*Gentianella junussovii* (Pachom. et Taidshan.) Czer.
*Gentianella lingulata* (Aghard) Pritchard
*Gentianella pygmaea* (Rgl. et Schmalh.) H. Smith
*Gentianella saposhnikovii* (Pachom.) Czer.
*Gentianella sibirica* (Kusn.) Holub
*Gentianella transalaica* (Pachom. et Taidshan.) Czer.
*Gentianella turkestanorum* (Gand.) Holub
**Gentianopsis** Ma
*Gentianopsis barbata* (Froel.) Ma
*Gentianopsis vvedenskyi* (Grossh.) Pissjauk.
**Geranium** L
*Geranium affine* Ledeb.
*Geranium albiflorum* Ledeb.
*Geranium baschkyzylsaicum* Nabiev
*Geranium charlesii* (Aitch. et Hemsi.) Vved. ex Nevski
*Geranium collinum* Steph.
*Geranium dissectum* L.
*Geranium divaricatum* Ehrh.
*Geranium ferganense* Bobr.
*Geranium himalayense* Klotzsch
*Geranium kotschyi* Boiss.
*Geranium lucidum* L.
*Geranium pamiricum* Ikonn.
*Geranium persicum* Schonbeck-Temesy

*Geranium pratense* L.

*Geranium pseudosibiricum* J. Mayer

*Geranium pusillum* L.

*Geranium rectum* Trautv.

*Geranium regelii* Nevski

*Geranium robertianum* L.

*Geranium rotundifolium* L.

*Geranium saxatile* Kar. et Kir.

*Geranium schrenkianum* Trautv. ex Pavl.

*Geranium sibiricum* L.

*Geranium sophiae* Fed.

*Geranium stepporum* P. H. Davis

*Geranium sylvaticum* L.

*Geranium transversale* (Kar. et Kir.) Vved.

**Geum** L.

*Geum aleppicum* Jacq.

x *Geum intermedium* Ehrh.

*Geum rivale* L.

*Geum urbanum* L.

**Girgensohnia** Bge.

*Girgensohnia diptera* Bge.

*Girgensohnia minima* Korov.

*Girgensohnia oppositiflora* (Pall.) Fenzl

**Gladiolus** L.

*Gladiolus atroviolaceus* Boiss.

*Gladiolus imbricatus* L.

*Gladiolus italicus* Mill.

*Gladiolus kotschyanus* Boiss.

**Glaucium** Adans.

*Glaucium bracteatum* M. Pop.

*Glaucium corniculatum* (L.) J. Rudolph.

*Glaucium elegans* Fisch. et C. A. Mey.

*Glaucium fimbrilligerum* Boiss

*Glaucium insigne* M. Pop.

*Glaucium oxylobum* Boiss. et Buhse

*Glaucium pulchrum* Stapf.

*Glaucium squamigerum* Kar. et Kir.

**Glaux** L.

*Glaux maritima* L.

**Glechoma** L.

*Glechoma hederacea* L.

**Gleditschia** L.

*Gleditschia triacanthos* L.

**Globularia** L.

*Globularia punctata* Lapeyr.

**Glyceria** R. Br.

*Glyceria notata* Chevall.

**Glycyrrhiza** L.

*Glycyrrhiza aspera* Pall.

*Glycyrrhiza echinata* L.

*Glycyrrhiza foetidissima* Tausch

*Glycyrrhiza glabra* L.

*Glycyrrhiza gontscharovil* Masl.

*Glycyrrhiza korshinskii* Grig.

*Glycyrrhiza shiheziensis* X. Y. Li

*Glycyrrhiza uralensis* Fisch

**Gnaphalium** L.

*Gnaphalium luteo-album* L.

**Goebelia** pachycarpa Bge.

*Goebelia pachycarpa* (C. A. Mey) Bge.

**Goldbachia** DC.

*Goldbachia laevigata* (Bieb.) DC.

*Goldbachia pendula* Botsch.

*Goldbachia tetragona* Ldb.

*Goldbachia torulosa* DC.

*Goldbachia verrucosa* Kom.

**Goniolimon** Boiss.

*Goniolimon callicomum* (C. A. Mey.) Boiss.

*Goniolimon cuspidatum* Gamajun.

*Goniolimon dschungaricum* (Rgl.) O. et B. Fedtsch.

*Goniolimon elatum* (Fisch.) Boiss.

*Goniolimon eximium* (Schrenk) Boiss.

*Goniolimon orthocladum* Rupr.

*Goniolimon rubellum* (S. C. Gmel.) Klok.

*Goniolimon severzovii* Herd.

*Goniolimon speciosum* (L.) Boiss.

**Gontscharovia** Boiss.

*Gontscharovia popovii* (B. Fedtsch. et Gontsch.) Boriss.

**Goodyera** R. Br.

*Goodyera repens* (L.) R. Br.

**Gossypium L.**

*Gossypium albescens* Raf.

*Gossypium figarei* Tod.

*Gossypium frutescens* Lastey.

*Gossypium herbaceum* L.
*Gossypium hirstum* L.
*Gossypium jumelianum* (Tod.) Prokh.
*Gossypium zaitzevii* Prokh.
**Graellsia** Boiss
*Graellsia graellsifolia* (Lipskii) Poulter
*Graellsia hissarica* Junussov
*Graellsia saxifragifolia* (DC.) Boiss
**Gratiola** L.
*Gratiola officinalis* L.
**Grindelia** Willd.
*Grindelia squarrosa* (Pursh) Dun.
**Grossularia** Hill.
*Grossularia acicularis* (Smith) Spach
**Gueldenstaedtia** Fisch
*Gueldenstaedtia stenophylla* Bge
**Gundelia** L.
*Gundelia tournefortii* L.
**Gymnarrhena** Desf.
*Gymnarrhena micrantha* Desf.
**Gymnocarpium** Newm.
*Gymnocarpium dryopteris* (L.)Newm.
*Gymnocarpium fedtschenkoanum* Pojark.
**Gymnocarpos**
*Gymnocarpos przewalskii* Maxim.
**Gymnospermium** Spach
*Gymnospermium alberti* (Rgl.) Takht.
*Gymnospermium altaicum* (Pall.) Spach.
*Gymnospermium darwasicum* (Rgl.) Takht.
*Gymnospermium vitellianum* M. Kral.
**Gynandriris** Pall.
*Gynandriris maricoides* (Rgl.) Nevski
**Gypsophila** L.
*Gypsophila altissima* L.
*Gypsophila antoninae* Schischk
*Gypsophila aretioides* Boiss.
*Gypsophila aulieatensis* B. Fedtsch.
*Gypsophila bicolor* (Freyn et Sint.) Grossh.
*Gypsophila capituliflora* Rupr.
*Gypsophila cephalotes* (Schrenk) Kom.
*Gypsophila diffusa* Fisch. et Mey. ex Rupr.
*Gypsophila elegans* M. B.
*Gypsophila herniarioides* Boiss.
*Gypsophila heteropoda* Freyn. et Sint.
*Gypsophila krascheninnikovii* Schischk.
*Gypsophila licentiana* Hand.-Mazz.
*Gypsophila microphylla* (Schrenk) Fenzl
*Gypsophila paniculata* L.
*Gypsophila patrinii* Ser.
*Gypsophila perfoliata* L.
*Gypsophila preobrashenskyi* Czernjak.
*Gypsophila rupestris* A. Kuprian.
*Gypsophila transalaica* Ikonn
*Gypsophila turkestanica* Schischk.
*Gypsophila vedeneevae* Lepesch.
**Hackelia** Opiz
*Hackelia deflexa* (Wahl.) Opiz
*Hackelia murgabica* Czuk.
*Hackelia popovii* Czuk.
**Halenia** Borkh.
*Halenia elliptica* D. Don
**Halerpestes** Greene.
*Halerpestes sarmentosa* (Adams) Kom.
**Halimione** Aell.
*Halimione pedunculata* (L.) Aell.
*Halimione verrucifera* (Bieb.) Aell.
**Halimocnemis** C. A. Mey.
*Halimocnemis aequipila* Iljin
*Halimocnemis beresinii* Iljin
*Halimocnemis glaberrima* Iljin
*Halimocnemis karelinii* Moq.
*Halimocnemis lasiantha* lljin
*Halimocnemis latifolia* lljin
*Halimocnemis longifolia* Bge.
*Halimocnemis macrantha* Bge.
*Halimocnemis mironovii* Botsch.
*Halimocnemis mollissima* Bge.
*Halimocnemis sclerosperma* (Pall.) C. A. Mey.
*Halimocnemis smirnovii* Bge.
*Halimocnemis villosa* Kar. et Kir.
**Halimodendron** Fisch.
*Halimodendron halodendron* (Pall.) Voss
**Halocharis** Moq.
*Halocharis gossipina* Korov et Kinzikaeva
*Halocharis hispida* (Schrenk) Bge.
*Halocharis lachnantha* Korov.

*Halocharis turcomanica* Iljin
**Halocnemum** M. B.
*Halocnemum strobilaceum* (Pall.) M. B.
**Halogeton** C. A. Mey.
*Halogeton glomeratus* C. A. Mey.
*Halogeton tibeticus* Bge.
**Halopeplis** Bge. ex Ung.-Sterbn.
*Halopeplis pygmaea* (Pall.) Bge. ex Ung.-Sterbn.
**Halostachys** C. A. Mey.
*Halostachbys belangeriana* (Moq.) Botsch.
**Halothamnus** Jaub. et Spach
*Halothamnus acutifolius* (Moq.) Botsch.
*Halothamnus auriculus* (Moq.) Botsch.
*Halothamnus babatagi* Botsch.
*Halothamnus ferganensis* Botsch.
*Halothamnus acutifolius* (Moq.) Botsch.
*Halothamnus glaucus* (Bieb.) Botsch.
*Halothamnus heptapotamicus* Botsch.
*Halothamnus hispidulus* (Bge.) Botsch.
*Halothamnus iliensis* (Lipsky) Botsch.
*Halothamnus moquinianus* (Jaub. et Spach) Botsch.
*Halothamnus oxianus* Botsch.
*Halothamnus psammophilus* Botsch.
*Halothamnus schurobi* Botsch.
*Halothamnus seravschanicus* Botsch.
*Halothamnus subaphylus* (C. A. Mey.) Botsch.
*Halothamnus tianschanicus* Botsch.
*Halothamnus turcomanicus* Botsch.
**Halotis** Bge.
*Halotis pilifera* (Moq.) Botsch.
**Haloxylon** Bge.
Haloxy *l* on *ammodendron* (C. A. Mey.) Bge.
*Haloxylon aphyllum* (Minkw.) Iljin
*Haloxylon persicum* Bge. ex Boiss. et Buhse.
**Hammada** Iljin
*Hammada eriantha* Botsch.
*Hammada leptoclada* (M. Pop. ex Iljin) Iljin
*Hammada wakhanica* (Pauls.) Iljin
**Handelia** Heimerl
*Handelia trichophylla* (Schrenk) Heimerl
**Haplophyllum** A. Juss.
*Haplophyllum acutifolium* (DC.) G. Don fil.
*Haplophyllum affine* (Aitch. et Hemsl.) Korov.
*Haplophyllum alberti-regelii* Korov.
*Haplophyllum bucharicum* Litv.
*Haplophyllum bungei* Trautv.
*Haplophyllum dshungaricum* N. Rubtz.
*Haplophyllum duhium* Korov.
*Haplophyllum eugenii-korovinii* Pavl.
*Haplophyllum ferganicum* Vved.
*Haplophyllum griffithianum* Boiss.
*Haplophyllum kovalensky* Stschegl.
*Haplophyllum latifolium* Kar. et Kir.
*Haplophyllum monadelphum* Afan.
*Haplophyllum multicaule* Vved.
*Haplophyllum obtusifolium* (Ledeb.) Ledeb.
*Haplophyllum pedicellatum* Bge.
*Haplophyllum perforatum* Kar. et Kir.
*Haplophyllum popovii* Korov.
*Haplophyllum ramosissimum* (Pauls.) Vved.
*Haplophyllum robustum* Bge.
*Haplophyllum schelkovnikovii* Grossh.
*Haplophyllum versicolor* Fisch. et C. A. Mey.
*Haplophyllum vvedenskyi* Nevski
**Hedinia** (Thoms.) Ostenf.
*Hedinia altaica* Pobed.
*Hedinia tibetica* (Thoms.) Ostenf.
**Hedysarum** L.
*Hedysarum acutifolium* Bajt.
*Hedysarum alaicum* B. Fedtsch.
*Hedysarum alpinum* L.
*Hedysarum amankutanicum* B. Fedtsch.
*Hedysarum angrenicum* Korotk.
*Hedysarum austrosibiricum* B. Fedtsch.
*Hedysarum baldshuanicum* B. Fedtsch.
*Hedysarum bectauatavicum* Bajt.
*Hedysarum bucharicum* B. Fedtsch.
*Hedysarum chaitocarpum* Rgl. et Schmalh.
*Hedysarum chantavicum* M. Pop. ex Bajt.
*Hedysarum cisdarvasicum* R. Kam. et Karimova
*Hedysarum cumuschtanicum* B. Sultanova
*Hedysarum daraut-kurganicum* B. Sultanova
*Hedysarum denticulatum* Rgl. et Schmalh.
*Hedysarum dmitrievae* Bajt.
*Hedysarum drobovii* Korotk.
*Hedysarum enaffae* B. Sultanova

*Hedysarum ferganense* Korsh.
*Hedysarum flavescense* Rgl. et Schmalh.
*Hedysarum gmelinii* Ldb.
*Hedysarum gypsaceum* Korotk.
*Hedysarum hemithamnoides* Korotk.
*Hedysarum iliense* B. Fedtsch.
*Hedysarum iomuticum* B. Fedtsch.
*Hedysarum jaxarticum* M. Pop.
*Hedysarum kamcziraki* Karimova
*Hedysarum karataviense* B. Fedtsch.
*Hedysarum kirghisorum* B. Fedtsch.
*Hedysarum kopetdaghi* Boriss.
*Hedysarum korshinskyanum* B. Fedtsch.
*Hedysarum krylovii* Sumn.
*Hedysarum latibracteatum* N. S. Pavlova
*Hedysarum lehmannianum* Bge.
*Hedysarum lipskianum* L. Vassil.
*Hedysarum macranthum* (Freyn et Sint.) Bornm.
*Hedysarum macrocarpum* Korotk. ex Kovalevsk
*Hedysarum magnificum* Kudr.
*Hedysarum mindshilkense* Bajt.
*Hedysarum minjanense* Rech. fil.
*Hedysarum mogianicum* (B. Fedtsch) B. Fedtsch.
*Hedysarum monophyllum* Boriss.
*Hedysarum narynense* E. Nikit.
*Hedysarum neglectum* Ledeb.
*Hedysarum nikolai* Kovalevsk.
*Hedysarum nuratense* M. Pop.
*Hedysarum olgae* B. Fedtsch.
*Hedysarum omissum* Korotk. ex Kovalevsk.
*Hedysarum ovczinnikovii* Karimova
*Hedysarum pallidiflorum* Pavl.
*Hedysarum parvum* B. Sultanova
*Hedysarum pavlovii* Bajt.
*Hedysarum plumosum* Boiss ei Hausskn.
*Hedysarum poncinsii* Franch.
*Hedysarum popovii* Korotk.
*Hedysarum pskemense* M. Pop.
*Hedysarum pulchrum* E. Nikit.
*Hedysarum santalaschi* B. Fedtsch.
*Hedysarum scoparium* Fisch. et C. A, Mej.
*Hedysarum semenovii* Rgl. et Herd.
*Hedysarum setosum* Vved.
*Hedysarum severzovii* Bge.
*Hedysarum songoricum* Bong.
*Hedysarum splendens* Fisch.
*Hedysarum talassicum* E. Nikit. et Sultanova
*Hedysarum taschkendicum* M. Pop.
*Hedysarum theinum* Krasnob.
*Hedysarum turkestanicum* Rgl. et Schmalh.
*Hedysarum wrightianum* Aitch. et Baker
**Helenium** L.
*Helenium autumnale* L.
*Helenium nudiflorum* Nutt.
*Heleochloa turkestanica* Litv.
**Helianthemum** Adans.
*Helianthemum ledifolium* (L.) Mill.
*Helianthemum salicifolium* (L.) Mill.
*Helianthemum songaricum* Schrenk
**Helianthus** L.
*Helianthus annuus* L.
*Helianthus atrorubens* L.
*Helianthus tuberosus* L.
**Helichrysum** Mill.
*Helichrysum arenarium* (L.) Moench
*Helichrysum maracandicum* M. Pop. ex Kirp.
*Helichrysum mussae* Nevski
*Helichrysum nuratavicum* Krasch.
*Helichrysum oocephalum* Boiss.
*Helichrysum thianschanicum* Rgl.
**Helictotrichon** Bess.
*Helictotrichon altaicum* Ttzvel.
*Helictotrichondesertorum* (Less.) Newski
*Helictotrichon fedtschenkoi* (Hack.) Henrard
*Helictotrichon hissaricum* (Roshev.) Henrard
*Helictotrichon hookeri* (Scribn.) Henrard
*Helictotrichon mongolicum* (Roshev.) Henrard
*Helictotrichonpubescens* (Huds.) Pilg.
*Helictotrichon schellianum* (Hack.) Kitag.
*Helictotrichon tianschuanicum* (Roshev.) Henrard
*Helictotrichon turcomanicum* Czopanov
**Heliotropium** L.
*Heliotropium acutiflorum* Kar. et Kir.
*Heliotropium arguzioides* Kar. et Kir.
*Heliotropium biannulatiforme* M. Pop.
*Heliotropium bogdanii* Czuk.

*Heliotropium bucharicum* B Fedtsch.
*Heliotropium chorassanicum* Bge.
*Heliotropium dasycarpum* Ledeb.
*Heliotropium ellipticum* Ledeb.
*Heliotropium fedtschenkoanum* M. Pop.
*Heliotropium grande* M. Pop.
*Heliotropium litvinovii* M. Pop.
*Heliotropium magistri* Raenko
*Heliotropium olgae* Bge.
*Heliotropium parvulum* M. Pop.
*Heliotropium supinum* L.
*Heliotropium pileiforme* Czuk.
*Heliotropium ramosissimum* (Lehm.) Sieb. ex DC.
*Heliotropium seravschanicum* M. Pop.
*Heliotropium supinum* L.
*Heliotropium transoxanum* Bge.
*Heliotropium tzvelevii* T. N. Pop.
**Helminthotheca** Zann
*Helminthotheca echioides* (L.) Holub.
**Henrardia** C. E. Hubb.
*Henrardia* (Nevski) Ovcz.
*Henrardia* (Boiss.) C. E. Hubb.
*Henrardia* (Bertol) C. E. Hubb.
**Hepatica** Hill.
*Hepatica falconeri* (Thoms.) Steward
**Heracleum** L.
*Heracleum dissectum* Ledeb.
*Heracleum lehmannianum* Bge.
**Herminium** Hill
*Herminium monorchis* (L.) R. Br.
**Herniaria** L.
*Herniaria caucasica* Rupr.
*Herniaria glabra* L.
*Herniaria hirsuta* L.
*Herniaria incana* Lam.
*Herniaria polygama* J. Gay
**Hesperis** L.
*Hesperis persica* Boiss.
*Hesperis sibirica* L.
**Heteracia** Fisch. et Mey.
*Heteracia szovitsii* Fisch. et Mey.
**Heteranthelium** Hochst.
*Heteranthelium piliferum* (Banks et Soland) Hochst.
**Heterocaryum** A. DC.
*Heterocaryum laevigatum* (Kar. et Kir.) A. DC.
*Heterocaryum macrocarpum* Zak.
*Heterocaryum rigidum* A. DC.
*Heterocaryum subsessile* Vatke
*Heterocaryum szovitsianum* (Fisch. et Mey.) A. DC.
**Heteroderis** (Bge.) Boiss.
*Heteroderis leucocephala* (Bge.) Leonova
*Heteroderis pusilla* (Boiss.) Boiss.
**Heteropappus** Less.
*Heteropappus altaicus* (Willd.) Novopokr.
*Heteropappus canescens* (Nees) Novopokr.
**Hibiscus** L.
*Hibiscus cannabinus* L.
*Hibiscus esculentus* L.
*Hibiscus rosa-sinensis* L.
*Hibiscus sabdariffa* L.
*Hibiscus syriacus* L.
*Hibiscus trionum* L.
Hieracium L.
*Hieracium aryslinense* (Zahn) Juxip.
*Hieracium asiaticum* (Naeg. et Peter) Juxip.
*Hieracium collinum* Gochn.
*Hieracium dublizkii* B. Fedtsch. et Nevski
*Hieracium echioides* Lumn.
*Hieracium* x *erythrocarpum* Peter.
*Hieracium kirghisorum* Juxip
*Hieracium korshinskyi* Zahn
*Hieracium krylovii* Nevski ex Schljak.
*Hieracium kumbelicum* B. Fedtsch. et Nevski
*Hieracium procerum* (Fries) Naeg. et Peter
*Hieracium regelianum* Zahn
*Hieracium* x *robustum* Fries
*Hieracium strictissimum* Froel.
*Hieracium turcomanicum* Gand.
*Hieracium turkestanicum* (Zahn) Juxip
*Hieracium umbellatum* L.
*Hieracium virosum* Pall.
**Hierochloe** R. Br.
*Hierochloe odorata* (L.) Beauv.
*Hierochloe repens* (Host.) Beauv.

*Hierochloe sibirica* (Tzvel.) Czer.
**Hippocrepis** L.
*Hippocrepis biflora* Spreng.
*Hippocrepis bisiliqua* Forssk.
**Hippolytia** Poljak.
*Hippolytia* (C. Winkl.) Poljak.
*Hippolytia herderi* (Rgl. et Schmalh.) Poljak.
*Hippolytia kaschgarica* (Krasch.) Poljak.
*Hippolytia megacephala* (Rupr.) Poljak.
**Hippophae** L.
*Hippophae rhamnoides* L.
**Hippuris** L.
*Hippuris vulgaris* L.
**Hirschfeldia** Moensch
*Hirschfeldia incana* (L.) Lagr.-Foss.
**Holosteum** L.
*Holosteum glutinosum* (M. B.) Fisch. et Mey.
*Holosteum polygamum* C. Koch
*Holosteum umbellatum* L.
**Horaninowia** Fisch. et Mey.
*Horaninowia anomala* (Mey.) Moq.
*Horaninowia excellens* Iljin.
*Horaninowia minor* Schrenk
*Horaninowia ulicina* Fisch. et Mey.
**Hordeum** L.
*Hordeum bogdanii* Wilenskii
*Hordeum brevisubulatum* (Trin.) Link
*Hordeum bulbosum* L.
*Hordeumdistichon* L.
*Hordeum geniculatum* All.
*Hordeum glaucum* Steud.
*Hordeum jubatum* L.
*Hordeum leporinum* Link
*Hordeum nevskianum* Bowden
*Hordeum roshevitzii* Bowden
*Hordeum spontaneum* C. Koch
*Hordeum turkestanicum* Nevski
*Hordeum vulgare* L.
**Hulthemia** Dum.
*Hulthemia berberifolia* (Pall.) Dum.
*Hulthemia persica* (Michx ex Juss.) Bornm.
x **Hulthemosa** Juz.
*Hulthemosa guzarica* Juz.
*Hulthemosa kopetdagensis* (Meff.) Juz.
**Humulus** L.
*Humulus lupulus* L.
**Huperzia** Bernh.
*Huperzia selago* (L.) Bernh. ex Schrank et C. Mart.
**Hyacintella** Schur
*Hyacintella litvinovii* (Czerniak.) M. Baranova
**Hyalea** (DC) Jaub. et Spach
*Hyalea pulchella* (Ledeb.) C. Koch
*Hyalea tadshicorum* (Tzvel.) Sojak
**Hyalolaena** Bge.
*Hyalolaena bupleuroides* (Schrenk) M. Pimen. et Kljuykov
*Hyalolaena depauperata* Korov.
*Hyalolaena intermedia* M. Pimen. et Kljuykov
*Hyalolaena issikkulensis* M. Pimen. et Kljuykov
*Hyalolaena jaxartica* Bge.
*Hyalolaena lipskyi* (Korov.) M. Pimen. et Kljuykov
*Hyalolaena melanorrhyza* M. Pimen. et Kljuykov
*Hyalolaena transcaspica* (Korov.) M. Pimen. et Kljuykov
*Hyalolaena trichophylla* (Schrenk.) M. Pimen. et Kljuykov
*Hyalolaena tschuiliensis* (Pavl. et Korov.) M. Pimen. et Kljuykov
*Hyalolaena viridiflora* Kljuykov
**Hydrocharis** L.
*Hydrocharis morsus-ranae* L.
**Hylotelephium** H. Ohba
*Hylotelephium ewersii* (Ledeb.) H. Ohba
*Hylotelephium mugodsharicum* (Boriss.) Grulich
*Hylotelephium triphyllum* (Haw.) Holub.
**Hymenocrater** Fisch. et Mey.
*Hymenocrater bituminosus* Fisch. et Mey.
*Hymenocrater incisidentatus* Boriss.
**Hymenolaena** DC.
*Hymenolaena badachschanica* Pissjauk.
*Hymenolaena nana* Rupr.
*Hymenolaena pimpinellifolia* Rupr.
**Hymenolobus** Nutt.
*Hymenolobus procumbens* (L.) Fourr.

**Hyoscyamus** L.
*Hyoscyamus kopetdaghi* Pojark.
*Hyoscyamusniger* L.
*Hyoscyamus pusillus* L.
*Hyoscyamus turckomanicus* Pojark.
**Hypacanthium** Juz.
*Hypacanthium echinopifolium* (Bornm.) Juz.
*Hypacanthium evidens* Tscherneva
**Hypecoum** L.
*Hypecoum erectum* L.
*Hypecoum lactiflorum* (Kar. et Kir.) Pazij
*Hypecoum leptocarpum* Hook. f. et Thoms.
*Hypecoum parviflorum* Kar. et Kir.
*Hypecoum pendutum* L.
*Hypecoum trilobum* Trautv.
**Hypericum** L.
*Hypericum apricum* Kar. et Kir.
*Hypericum ascyron* L.
*Hypericum elongatum* Ledeb.
*Hypericum elongatum* subsp. *racemosum* (O. Kuntze) N. Robson
*Hypericum gebleri* Ledeb.
*Hypericum helianthemoides* (Spach) Boiss.
*Hypericum perforatum* L.
*Hypericum scabrum* L.
**Hypogomphia** Bge.
*Hypogomphia bucharica* Vved.
*Hypogomphia purpurea* (Regel) Vved. ex Koczk.
*Hypogomphia turkestana* Bge
**Hypopitys** Hill.
*Hypopitys monotropa* Crantz
**Hyssopus** L.
*Hyssopus ambiguus* Iljin
*Hyssopus cuspidatus* Boriss.
*Hyssopus macranthus* Boriss.
*Hyssopus seravschanicus* (Dubjan) Pazij
**Iberidella** Boiss.
*Iberidella sagittata* Boiss.
**Iljinia** Korov.
*Iljinia regelii* (Bge.) Korov.
**Impatiens** L.
*Impatiens balsamina* L.
*Impatiens brachycentra* Kar. et Kir.
*Impatiens noli- tangere* L.
*Impatiens parviflora* DC.
**Imperata** Cyr.
*Imperata cylindnica* (L.) Raeusch.
*Imperata koenigii* (Retz) Beauv.
**Incarvillea** Juss.
*Incarvillea olgae* Rgl.
**Inula** L.
*Inula aspera* Poir.
*Inula britannica* L.
*Inula caspica* Blum. ex Ledeb.
*Inula decurrens* M. Pop.
*Inula germanica* L.
*Inula glauca* C. Wincl.
*Inula grombczewskii* C. Wincl.
*Inula helenium* L.
*Inula hirta* L.
*Inula hissarica* R. Nabiev
*Inula macrolepis* Bge.
*Inula macrophylla* Kar. et Kir.
*Inula multicaulis* Kar.
*Inula oculus christi* L.
*Inula rhizocephala* Schrenk
*Inula sabuletorum* Czern ex Lavr.
*Inula salicina* L.
*Inula schischkinii* Gorschk.
*Inula schmalhausenii* C. Winkl.
**Ipomoea** L.
*Ipomoea batatas* (L.) Lam.
*Ipomoea hispida* (Vahl) Roem. et Schult.
*Ipomoea purpurea* (L.) Roth
**Iridodictyum** Rodionenko
*Iridodictyum kolpakowskianum* (Rgl.) Rodionenko
*Iridodictyum winkleri* (Rgl.) Rodionenko
**Iris** L.
*Iris alberti* Rgl.
*Iris bloudovii* Ldb.
*Iris darvasica* Rgl.
*Iris ensata* Thunb.
*Iris ewbankiana* M. Foster
*Iris falcifolia* Bge.
*Iris graberana* Sealy
*Iris halophila* Pall.

*Iris hoogiana* Dykes
*Iris kamelinii* Alexeeva
*Iris korolkowii* Rgl.
*Iris lineata* M. Foster ex Rgl.
*Iris loczii* Kanitz
*Iris longiscapa* Ledeb.
*Iris ludwigii* Maxim.
*Iris pallasii Fisch*. ex Trev.
*Iris ruthenica* Ker=Gawl.
*Iris sogdiana* Bge.
*Iris songarica* Schrenk
*Iris stolonifera* Maxim.
*Iris tenuifolia* Pall.
**Isatis** L.
*Isatis arnoldiana* N. Busch
*Isatis boissieriana* Reichb. fil.
*Isatis costata* C. A Mey
*Isatis emarginata* Kar. et Kit.
*Isatis funebris* Fed.
*Isatis hirtocalyx* Franch.
*Isatis jacutensis* (N. Busch) N. Busch
*Isatis laevigata* Trautv.
*Isatis leuconeura* Boiss. et Buhse
*Isatis lusitanica* L.
*Isatis maxima* Pall.
*Isatis minima* Bge.
*Isatis praecox* Kit. ex Tratt.
*Isatis tinctoria* L.
*Isatis trachycarpa* Trautv.
*Isatis turcomanica* Korsch.
*Isatis violascens* Bge.
**Iskandera** N. Busch
*Iskandera alaica* (Korsch.) Botsch. et Vved.
*Iskandera hissarica* N. Busch
**Ixiolirion** Herb.
*Ixiolirion ferganicum* Kovalevsk. et Vved.
*Ixiolirion karateginum* Lipsky
*Ixiolirion tataricum* (Pall.) Schult. et Schult.
**Jasminum** L.
*Jasminum fruticans* L.
*Jasminum humile* L.
*Jasminum nudiflorum* Lindl.
**Johrenia** DC.
*Johreniaplatycarpa* Boiss.
**Joreniopsis** M. Pimen.
*Joreniopsis seseloides* (C. A. Mey.) M. Pimen.
**Juglans** L.
*Juglans biflorens* Tuicz.
*Juglans fallax* Dode
*Juglans pistaciformis* Tuicz.
*Juglans racemiformis* Tuicz.
*Juglans regia* L.
**Juncellus** (Griseb.) Clarke
*Juncellus distachyos* (All.) Turill
*Juncellus pannonicus* (Jacq.) Clarke
*Juncellus serotinus* (Rottb.) Clarke
**Juncus** L.
*Juncus aletaiensis* K. F. Wu
*Juncus ambiguus* Guss.
*Juncus arabicus* (Aschers. et Buchenau) Adamson
*Juncus articulatus* L.
*Juncus atratus* Krock.
*Juncus brachytepalus* V. Krecz. et Gontsch.
*Juncus bufonius* L.
*Juncus compressus* Jacq.
*Juncus equisetinus* Proskurjakova
*Juncus filiformis* L.
*Juncus gerardii* Loisel.
*Juncus gubanovii* V. Novik.
*Juncus heldreichianus* Marss. ex Parl.
*Juncus heptopotamicus* V. Krecz. et Gontsch.
*Juncus himalensis* Klottzsch
*Juncus inflexus* L.
*Juncus jaxaticus* V. Krecz. et Gontsch.
*Juncus kotschyi* Boiss.
*Juncus littoralis* C. A. Mey.
*Juncus macrantherus* V. Krecz. et Gontsch.
*Juncus maritimus* Lam.
*Juncus membranaceus* Royle
*Juncus minutulus* V. Krecz. et Gontsch.
*Juncus nastanthus* V. Krecz. et Gontsch.
*Juncus nevskii* V. Krecz. et Gontsch.
*Juncus rechingeri* Snogerup
*Juncus soranthus* Schrenk
*Juncus sphaerocarpus* Nees
*Juncus subglobosus* K. F. Wu

*Juncus subulatus* Forssk.
*Juncus thomsonii* Buchenau
*Juncus triceps* Rostk.
*Juncus triglumis* L.
*Juncus turkestanicus* V. Krecz. et Gontsch.
*Juncus vvedenskyi* V. Krecz. et Gontsch.
*Juncus woroschilovii* A. A. Neczajev et V. Novik.
**Juniperus** L.
*Juniperus centrasiatica* Kom.
*Juniperus communis* L.
*Juniperus jarkendensis* Kom.
*Juniperus x media* Dmitr.
*Juniperus polycarpos* C. Koch
*Juniperus pseudosabina* Fisch. et Mey.
*Juniperus sabina* L.
*Juniperus semiglobosa* Rgl
*Juniperus seravschanica* Kom.
*Juniperus sibirica* Burgsd.
*Juniperus* x *talassica* Lipsky
*Juniperus turcomanica* B. Fedtsch.
*Juniperus turkestanica* Kom.
*Juniperus virginiana* L.
**Juno** Tratt
*Juno almaatensis* Pavl.
*Juno bucharica* (M. Foster) Vved.
*Juno capnoides* Vved.
*Juno coerulea* Poljak.
*Juno drepanophylla* (Aitsch. et Baker) Rodionenko
*Juno fosteriana* (Aitsch. et Baker) Rodionenko
*Juno hippoliti* Vved.
*Juno inconspicua* Vved.
*Juno kopetdagensis* Vved.
*Juno kuschakewiczii* (B. Fedtsch.) Poljak.
*Juno leptorhiza* Vved.
*Juno linifolia* (Rgl.) Vved.
*Juno linifoliiformis* Chalkuziev
*Juno magnifica* (Vved.) Vved.
*Juno maracandica* Vved.
*Juno narbutii* (B. Fedtsch.) Vved.
*Juno narymensis* (B. Fedtsch.) Vved.
*Juno nicolai* Vved.
*Juno orchioides* (Carr.) Vved.
*Juno parvula* Vved.
*Juno popovii* Vved.
*Juno rosenbachiana* (Rgl.) Vved.
*Juno subdecolorata* (Vved.) Vved.
*Juno svetlanae* Vved.
*Juno tadshikorum* Vved.
*Juno tubergeniana* (M. Foster) Vved.
*Juno vicaria* Vved.
*Juno vvedenskyi* (Nevski ex Woronow) Nevski
*Juno warleyensis* (M. Foster) Vved.
*Juno willmottiana* (M. Foster) Vved.
*Juno zaprjagajevii* N. Abramov
*Juno zenaidae* Vved.
**Jurinea** Cass.
*Jurinea abolinii* Iljin
*Jurinea abramovii* Rgl. et Herd.
*Jurinea adenocarpa* Schrenk
*Jurinea albicaulis* Bge
*Jurinea algida* Iljin
*Jurinea almaatensis* Iljin
*Jurinea androssovii* Iljin
*Jurinea antoninae* Iljin
*Jurinea antonovii* C. Winkl.
*Jurinea arachnoidea* Bge
*Jurinea asperifolia* Iljin
*Jurinea atropurpurea* C. Winkl. ex Iljin
*Jurinea baissunensis* Iljin
*Jurinea baldschuanica* C. Winkl.
*Jurinea bipinnatifida* C. Winkl.
*Jurinea bobrovii* Iljin
*Jurinea botschantzevii* Iljin
*Jurinea bracteata* Rgl. et Schmalh.
*Jurinea bucharica* C. Winkl.
*Jurinea caespitosa* C. Winkl.
*Jurinea capusii* Franch.
*Jurinea carduiformis* (Jaub. et Spach) Boiss.
*Jurinea cephalopoda* Iljin
*Jurinea chaetocarpa* (Ledeb.) Ledeb.
*Jurinea czilikiniana* Iljin
*Jurinea darvasica* Iljin.
*Jurinea densisquamea* Iljin
*Jurinea derderioidas* C. Winkl.
*Jurinea dolomitica* Galushko
*Jurinea dshungarica* (N. Rubtz.) Iljin

*Jurinea eduardi-ragelii* Iljin
*Jurinea elegantissima* Iljin
*Jurinea eversmannii* Bge
*Jurinea eximia* Tec.
*Jurinea fedtschenkoana* Iljin
*Jurinea ferganica* (Iljin) Iljin
*Jurinea flaccida* Shin.
*Jurinea gracilis* Iljin
*Jurinea grumosa* Iljin
*Jurinea gracilis* Iljin
*Jurinea helichrysifolia* M. Pop.
*Jurinea grumosa* Iljin
*Jurinea hamulosa* N. Rubtz.
*Jurinea helichrysifolia* M. Pop. ex Iljin
*Jurinea impressinervis* Iljin
*Jurinea karabugasica* Iljin
*Jurinea karatavica* Iljin
*Jurinea kamelinii* Iljin
*Jurinea kapelkinii* O. Fedtsch.
*Jurinea karabugasica* Iljin
*Jurinea karatavica* Iljin
*Jurinea kasachstanica* Iljin
*Jurinea* kaschgarica Iljin
*Jurinea kirgisorum* Janisch.
*Jurinea knorringiana* Iljin
*Jurinea kokanica* Iljin
*Jurinea komarovi* i Iljin
*Jurinea korotkovae* Taraculov et Khassanov
*Jurinea krascheninnikovii* Iljin
*Jurinea kultiassovii* Iljin
*Jurinea kuraminensis* Iljin
*Jurinea lanipes* Rupr.
*Jurinea lasiopoda* Trautv.
*Jurinea ledebourii* Bge.
*Jurinea lipskyi* Iljin
*Jurinea lithophila* N. Rubtz.
*Jurinea ludmilae* Iljin
*Jurinea lidiae* Iljin
*Jurinea macranthodia* Iljin
*Jurinea margalensis* Iljin
*Jurinea mariae* Pavl.
*Jurinea maxima* C. Winkl.
*Jurinea modesti* Czer.
J *urinea monticola* Iljin
*Jurinea mugodsharica* Iljin
*Jurinea multiceps* Iljin
*Jurinea multiflora* (L.) B. Fedtsch.
*Jurinea multiloba* Iljin
*Jurinea nivea* C. Winkl.
*Jurinea olgae* Rgl. et Schmalh.
*Jurinea orientalis* Iljin
*Jurinea pamirica* Shih.
*Jurinea persimilis* Iljin
*Jurinea poacea* Iljin
*Jurinea polyclonos* (L.) DC.
*Jurinea popovii* Iljin
*Jurinea prokhanovii* Nemirova
*Jurinea propinqua* Iljin
*Jurinea psammophila* Iljin
*Jurinea pteroclada* Iljin
*Jurinea rhizomatoidea* Iljin
*Jurinea robusta* Schrenk
*Jurinea sangardensis* Iljin
*Jurinea scapiformis* Shin.
*Jurinea schachimardanica* Iljin
*Jurinea semenovii* (*Herd*) C. Winkl.
*Jurinea serratuloides* Iljin
*Jurinea sintenisii* Bornm.
*Jurinea spiridonovii* Iljin
*Jurinea spissa* Iljin
*Jurinea stenophylla* Iljin
*Jurinea suffruticosa* Rgl.
*Jurinea suldunensis* Korsh.
*Jurinea tadshikistanica* Iljin
*Jurinea tapetodes* Iljin
*Jurinea tenuiloba* Bge.
*Jurinea tianschanica* Rgl. et Schmalh.
*Jurinea tortisquamea* Iljin
*Jurinea transhyrcanica* Iljin
*Jurinea transuralensis* Iljin
*Jurinea trautvelteriana* Rgl. et Schmalh.
*Jurinea trifurcata* Iljin
*Jurinea winkleri* Iljin
*Jurinea xeranthemoides* Iljin
*Jurinea zakirovii* Iljin
**Kadenia** Lavrova et V. Tichomirov

*Kadenia dubia* (Schkuhr) Lavrova et Tichomirov
**Kafiringaria** R. Kam. et Kinz.
*Kafiringaria hissarica* (Korov.) R. Kam. et Kinz.
**Kalidium** Moq.
*Kalidium caspicum* (L.) Ung.-Sternb.
*Kalidium cuspidatum* (Ung.-Sternb.) Grub.
*Kalidium foliatum* (Pall.) Moq.
*Kalidium schrenkianum* Bge. ex Ung.-Sternb.
**Karatavia M. Pimen. et Lavrova**
*Karatavia kultiassovii* (Korov.) M. Pimen. et Lavrova
**Karelinia** Less.
*Karelinia caspia* (Pall.) Less.
**Kaschgaria** Poljak.
*Kaschgaria brachanthemoides* (C. Winkl.) Poljak.
*Kaschgaria komarowii* (Krasch. et N. Rubtz.) Poljak.
**Kaufmannia** Rgl.
*Kaufmannia semenovii* (Herd.) Rgl.
**Keyserlingia** Bge.
*Keyserlingia griffithi* (Stocks) Bge.
*Keyserlingia hortensis* (Boiss. et Buhse) Yakovl.
**Kirilowia** Bge.
*Kirilowia eriantha* Bge.
**Kitaibellia** Willd
*Kitaibellia vitifolia* Willd
**Knautia** L.
*Knautia arvensis* (L.) Coult.
**Knorringia** (Czuk.) Tzvel.
*Knorringia pamirica* (Korsh.) Tzvel.
*Knorringia sibirica* (Laxm.) Tzvel.
**Kobresia** Willd.
*Kobresia capiliformis* Ivanova
*Kobresia humilis* (C. A. Mey ex Trautv.) Serg.
*Kobresia myosuroides* (Vill.) Fiori
*Kobresia ovczinnikovii* Egor.
*Kobresia pamiroalaica* Ivanova
*Kobresia persica* Kuk. et Bornm.
*Kobresia smirnovii* Ivanova
*Kobresia stenocarpa* (Kar et Kir.) Steud.
**Kochia** Roth
*Kochia densiflora* (Moq.) Aell.
*Kochia iranica* Bornm.
*Kochia laniflora* (S. G. Gmel.) Borb.
*Kochia melanoptera* Bge.
*Kochia prostrata* (L.) Schrad.
*Kochia prostrata* subsp. *grisea* Pratov
*Kochia prostrata* subsp. *virescens* (Fenzl.) Pratov
*Kochia scoparia* (L.) Schrad.
*Kochia tianschanica* Pavl.
**Koeleria** Pers.
*Koeleria altaica* (Domin.) Kryl.
*Koeleria cristata* (L.) Pers.
*Koeleria ledebourii* Domin.
*Koeleria sabuletorum* (Domin.) Klok.
*Koeleria sclerophylla* P. Smirn.
*Koeleria transiliensis* Reverd. ex Gamajun.
**Koelpinia** Pall.
*Koelpinia linealis* Pall.
*Koelpinia macrantha* C. Winkl.
*Koelpinia tenussima* Pavl. et Lipsch.
*Koelpinia turanica* Vass.
**Koenigia** L.
*Koenigia islandica* L.
*Komaroffia* Kuntze
**Komarovia** Korov.
*Komarovia anisosperma* Korov.
**Korolkowia** Rgl.
*Korolkowia sewerzowii* Rgl.
**Korshinskya** Lipsky
*Korshinskya bupleuroides* Korov.
*Korshinskya kopetdaghensis* (Korov.) M. Pimen. et Kljuykov
*Korshinskya olgae* (Rgl. et Schiaalh.) Lipsky
**Kosopoljanskia** Korov.
*Kosopoljanskia hebecarpa* R. Kam. et M. Pimen.
*Kosopoljanskia turkestanica* Korov.
**Kotschyella** F. K. Mey.
*Kotschyella stenocarpa* (Boiss.) F. K. Mey.
**Kozlovia** Lipsky
*Kozlovia paleacea* Lipsky
**Krascheninnikovia** Gueldenst
*Krascheninnikovia arborescens* (Losinsk.) Cher.
*Krascheninnikovia ceratoides* (L.) Gueldenst.
*Krascheninnikovia ewersmanniana* (Stschegl. ex Losinsk.) Grub.

*Krascheninnikovia fruticulosa* (Pazij) Cher.
*Krascheninnikovia pungens* (M. Pop.) Cher.
**Krasnovia** M. Pop.
*Krasnovia loogiloba* (Kar. et Kir.) M. Pop.
**Kudrjaschevia** Pojark.
*Kudrjaschevia allotricha* Pojark.
*Kudrjaschevia grubovii* Koczk.
*Kudrjaschevia jarcubi* ( Lipsky) Pojark.
*Kudrjaschevia korshinskii* ( Lipsky) Pojark.
*Kudrjaschevia nadinae* ( Lipsky) Pojark.
*Kudrjaschevia pojarkkoviae* Ikonn.
**Kuhitangia** Ovcz.
*Kuhitangia knorringiana* (Schischk.) Bondar.
*Kuhitangia popovii* (Preobr.) Ovcz.
**Kuschakewiczia** Rgl. et Smirn.
*Kuschakewiczia turkestanica* Rgl. et Smirn.
**Laburnum** Medik.
*Laburnum anagyroides* Medik.
**Lachnoloma** Bge.
*Lachnoloma lehmannii* Bge.
**Lachnophyllum** Bge.
*Lachnophyllum gossypinum* Bge.
**Lactuca** L.
*Lactuca altaica* Fisch. et Mey.
*Lactuca dissecta* D. Don
*Lactuca georgica* Grossh.
*Lactuca glauciifolia* Boiss.
*Lactuca mira* Pav.
*Lactuca rosularis* Boiss.
*Lactuca saligna* L.
*Lactuca sativa* L.
*Lactuca serriola* L.
*Lactuca spinidens* Nevski
*Lactuca taraxacifolia* Chalkusiev
*Lactuca tatarica* (L.) C. A. Mey.
*Lactuca undulata* Ledeb.
*Lactuca winkleri* Kirp.
**Ladyginia** Lipsky
*Ladyginia bucharica* Lipsky
**Lagochilus** Bge.
*Lagochilus acutilobus* (Ledeb.) Fisch. et Mey.
*Lagochilus androssovii* Knorr.
*Lagochilus balchanicus* Czerniak.
*Lagochilus botschantzevii* R. Kam. et Zuckerwanik
*Lagochilus bungei* Benth.
*Lagochilus cabulicus* Benth.
*Lagochilus diacanthophyllus* (Pall.) Benth.
*Lagochilus drobovii* R. Kam. et Zuckerwanik
*Lagochilus gypsaceus* Vved.
*Lagochilus hirtusissimus* Vved.
*Lagochilus hirtus* Fisch. et Mey.
*Lagochilus inebrians* Bge.
*Lagochilus kaschgaricus* Rupr.
*Lagochilus knorringianus* Pavl.
*Lagochilus kschtutensis* Knorr.
*Lagochilus leiacanthus* Fisch. et Mey.
*Lagochilus lanatonodus* C. Y. Wu et Hsuan.
*Lagochilus longidentatus* Knorr.
*Lagochilus nevskii* Knorr.
*Lagochilus occultiflorus* Rupr.
*Lagochilus occultiflorus* subsp. *linearilobus* Zuckerwanik
*Lagochilus occultiflorus* subsp. *usunachmaticus* Zuckerwanik
*Lagochilus olgae* R. Kam.
*Lagochilus paulsenii* Briq.
*Lagochilus platyacanthus* Rupr.
*Lagochilus platycalyx* Schrenk
*Lagochilus proskorjakovii* Ikramov
*Lagochilus pubescens* Vved.
*Lagochilus pulcher* Knorr.
*Lagochilus pungens* Schrenk
*Lagochilus seravschanicu* s Knorr.
*Lagochilus setulosus* Vved.
*Lagochilus subhispidus* Knorr.
*Lagochilus taukumensis* Zuckerwanik
*Lagochilus turkestanicus* Knorr.
*Lagochilus vvedenskyi* R. Kam. et Zuckerwanik
*Lagochilus xinjiangensis* G. J. Liu
**Lagopsis** Bge
*Lagopsis flava* Kar. et Kir.
**Lagoseriopsis** Kirp.
*Lagoseriopsis popovii* (Krasch.)Kirp.
**Lagoseris** Bieb.
*Lagoseris aralensis* (Bge.) Boiss.
*Lagoseris macrantha* (Bge.) Iljin

*Lagoseris ovata* (Boiss. et Noe) Bornm.
*Lagoseris sancta* (L.) K. Maly
**Lagotis** Gaertn.
*Lagotis brachistachys* Maxim.
*Lagotis decumhen* s Rupr.
*Lagotis globosa* (Kurz) Hook. fil.
*Lagotis* i *konnikovii* Schischk.
*Lagotis integrifolia* (Willd.) Schischk.
*Lagotis korolkowii* (Rgl. et Schmalh.) Maxim.
**Lallemantia** Fisch. et Mey.
*Lallemantia baldshuanica* Gontsch.
*Lallemantia canescens* (L.) Fisch. et Mey.
*Lallemantia iberica* (Bieb.) Fisch. et Mey.
*Lallemantia kopetdagensis* Boriss.
*Lallemantia peltata* (L.) Fisch. et Mey.
*Lallemantia royleana* (Benth.) Benth.
**Lamium** L.
*Lamium album* L.
*Lamium amplexicaul* e L.
*Lamium crinitum* Montrb. et Auch. ex Benth.
*Lamium paczoskianum* Vorosch.
*Lamium turkestanicum* Kuprian.
**Lamyropappus** Knorr. et Tamamsch.
*Lamyropappus schakaptaricus* (B. Fedtsch.) Knorr. et Tamamsch.
**Lancea Hutch.**
*Lancea tibetica* Hook. f. et Thoms.
**Lappula** Gilib.
*Lappula akiavicnsis* M. Pop. et Zak.
*Lappula alatavica* Golosk.
*Lappula badachschanica* M. Pop. ex Ikonn.
*Lappula bajtenovii* Kudabaeva
*Lappula balchaschensis* M. Pop. ex Golosk.
*Lappula barbata* (M. B.) Gurke
*Lappula brachycentra* (Ledeb.) Gurke
*Lappula brachycentroides* M. Pop.
*Lappula ceratophora* (M. Pop.) M. Pop.
*Lappula consanguinea* (Fisch. et Mey.) Guerke
*Lappula coronifera* M. Pop.
*Lappula diploloma* (Schrenk) Guerke
*Lappula drobovii* (M. Pop.) M. Pop. ex Pavl.
*Lappula glabrata* M. Pop.
*Lappula heteromorpha* C. J. Wang
*Lappula ketmenica* Kudabaeva
*Lappula korshinskyi* M. Pop.
*Lappula kulikalonica* Zak.
*Lappula lasiocarpa* W. T. Wang
*Lappula lipschitzii* M. Pop.
*Lappula lipskyi* M. Pop.
*Lappula macra* M. Pop ex Golosk.
*Lappula microcarpa* (Ledeb.) Guerke
*Lappula mogoltavica* M. Pop. ex Czuk.
*Lappula monocarpa* C. J. Wang
*Lappula nevskii* Raenko
*Lappula nuratavica* Nabiev et Zak.
*Lappula occultata* M. Pop.
*Lappula parvula* Nabiev et Zak.
*Lappula patula* (Lehm.) Menyharth
*Lappula paulsenii* M. Pop.
*Lappula pavlovii* Golosk.
*Lappula physacantha* Golosk.
*Lappula popovii* Zak.
*Lappula ramulosa* C. J. Wang et X. D. Wang
*Lappula rupestris* (Schrenk) Guerke
*Lappula rupicola* Zak.
*Lappula saurica* Bajt. et Kudabaeva
*Lappula semialata* M. Pop.
*Lappula semiglabra* (Ledeb.) Guerke
*Lappula sericata* M. Pop.
*Lappula sessiliflora* (Boiss.) Guerke
*Lappula sinaica* (DC.) Aschers. ex Schweinf.
*Lappula spinocarpos* (Forssk.) Aschers.
*Lappula squarrosa* (Retz.) Dumort.
*Lappula stricta* (Ledeb.) Guerke
*Lappula subcaespitosa* M. Pop. ex Golosk.
*Lappula tadshikorum* M. Pop.
*Lappula tianschanica* M. Pop. et Zak.
*Lappula ulacholica* M. Pop.
**Lapsana** L.
*Lapsana communis* L.
**Larix** Mill.
*Larix sibirica* Ledeb.
**Lathyrus** L.
*Lathyrus annuus* L.
*Lathyrus aphaca* L.
*Lathyrus atropatanus* (Grossh.) Sirj.

*Lathyrus cicera* L.
*Lathyrus dominianus* Litv.
*Lathyrus gmelinii* Fritsch
*Lathyrus hirsutus* L.
*Lathyrus humilis* (Ser.) Spreng.
*Lathyrus inconspicuus* L.
*Lathyrus incurvus* (Roth) Roth
*Lathyrus mulkak* Lipsky
*Lathyrus palustris* L.
*Lathyrus pilosus* Cham.
*Lathyrus pisiformis* L.
*Lathyrus pratensis* L.
*Lathyrus sativus* L.
*Lathyrus sphaericus* Retz.
*Lathyrus tuberosus* L.
**Lavandula** L.
*Lavandula angustifolia Mill.*
**Lavatera** L.
*Lavatera cashemiriana* Cambess.
*Lavatera punctata* All.
*Lavatera thuringiaca* L.
**Ledebouriella** Wolff.
*Ledebouriella seseloides* (Hoffm.) Wolff
**Ledum** L.
*Ledum palustre* L
**Leersia** Sw.
*Leersia oryzoides* (L.) Sw.
**Legousia Durande**
*Legousia falcata* (Ten.) Fritsch
*Legousia skvortsovii* G. Proskuriakova
**Leibnitzia** Cass
*Leibnitzia knorringiana* (B. Fedtsch.) Pobed.
**Leiospora** (C. A. Mey.) Dvorak
*Leiospora bellidifolia* (Danguy) Botsch. et Pachom.
*Leiospora crassifolia* (Botsch et Vved.) A. Vassil.
*Leiospora excarpa* (C. A. Mey.) Dvorak
*Leiospora pamirica* (Botsch et Vved.) Botsch. et Pachom.
*Leiospora subscapigera* (Botsch et Vved.) Botsch. et Pachom.
**Lemna** L.
*Lemna minor* L.
*Lemna trisulca* L.
*Lemna turionifera* Landolt
**Lens** Mill.
*Lens culinaris* Medic.
*Lens cyanea* (Boiss. et Hohen) Alef.
*Lens orientali* s (Boiss.) Schmalh.
**Leontice** L.
*Leontice ewerarnanii* Bge.
*Leontice incerta* Pall.
**Leontodon** L.
*Leontodon asperrimus* (Willd.) Endl.
**Leontopodium(Pers.)** R. Br.
*Leontopodium brachyactis* Gand.
*Leontopodium fedtschenkoanum* Beauv.
*Leontopodium nanum* (Hook. f. et Thoms.) Hand. -Mazz.
*Leontopodium ochroleucum* Beauv.
**Leonurus** L.
*Leonurus glaucescens* Bge.
*Leonurus incanus* V. Krecz. et Kuprian.
*Leonurus panzerioides* M. Pop.
*Leonurus turkestanicus* V. Krecz. et Kuprian.
**Lepechiniella** M. Pop.
*Lepechiniella alaica* M. Pop.
*Lepechiniella arassanica* (B. Fedtsch.) M. Pop.
*Lepechiniella austrodshungarica* Golosk.
*Lepechiniella balchaschensis* M. Pop.
*Lepechiniella ferganensis* M. Pop.
*Lepechiniella korsbinskyi* M. Pop.
*Lepechiniella michaelis* Golosk.
*Lepechiniella minuta* (Lipski) M. Pop.
*Lepechiniella omphaloides* (Schrenk) M. Pop.
*Lepechiniella persica* (Boiss.) H. Redl
*Lepechiniella persica* subsp. *kopetdagemsis* R. Kam. et Raenko
*Lepechiniella saravschanica* (Lipsky) M. Pop.
*Lepechiniella transalaica* M. Pop.
**Lepidium** L.
*Lepidium affine* Ledeb.
*Lepidium amplexicaule* Willd.
*Lepidium auscheri* Boiss.
*Lepidium cartilagineum* (J. Majer) Thell.
*Lepidium cordatum* Willd. ex DC.

*Lepidium coronopifolium* Fisch. ex Ldb.
*Lepidium crassifolium* Waldst. et Kit.
*Lepidium densiflorum* Schrad.
*Lepidium deserti* Pavl.
*Lepidium ferganense* Korsh.
*Lepidium jarmolenkoi* Vinogradova
*Lepidium karataviense* Rgl. et Schmalh.
*Lepidium lacerum* C. A. Mey.
*Lepidium latifolium* L.
*Lepidium loulanicum* Z. X. An et G. L. Zhou
*Lepidium meyeri* Claus.
*Lepidium obtusum* Basin.
*Lepidium perfoliatum* L.
*Lepidium pinnatifidum* Ledeb.
*Lepidium rubtzovii* Vass.
*Lepidium ruderale* L.
*Lepidium sativum* L.
*Lepidium seravschanicum* Ovcz. et Junussov
*Lepidium songaricum* Schrenk
*Lepidium subcordatum* Botsch. et Vved.
**Lepidolopha** C. Winkl.
*Lepidolopha fedtschenkoana* Knorr.
*Lepidolopha gomolitzkii* Kovalevsk. et Safral
*Lepidolopha karatavica* Pavl.
*Lepidolopha komarowii* C. Winkl.
*Lepidolopha krascheninnikovii* Czil. ex Kovalevsk. et Safral.
*Lepidolopha mogoltavica* Krasch.
*Lepidolopha nuratavica* Krasch.
*Lepidolopha talassica* Kovalevsk. et Safral.
**Lepidolopsis** Poljak.
*Lepidolopsis turkestanica* (Rgl. et Schmalh.) Poljak.
**Lepidotheca** Nutt.
*Lepidotheca aurea* (L.) Kovalevsk.
*Lepidotheca suaveolens* Nutt.
**Leptaleum** DC.
*Leptaleum filifolium* (Willd.) DC.
**Leptorhabdos** Schrenk
*Leptorhabdos paryiflora* Benth.
**Leptunis** Stev.
*Leptunis trichodies* (J. Gay) Schischk.
**Lepyrodiclis** Fenzl
*Lepyrodiclis holosteoides* (C. A. Mey.) Fenzl
*Lepyrodiclis stellarioldes* Schrenk
**Leucanthemum** Mill.
*Leucanthemum ircutianum* (Turcz.) DC.
x **Leymostachys** Tzvel.
*Leymostachys korovinii* Tzvel.
x **Leymotrigia** Tzvel.
*Leymotrigia roshevitzii* Tzvel.
**Leymus** Hochst.
*Leymus aemulans* (Nevski.) Tzvel.
*Leymus akmolinense* (Drob.) Tzvel.
*Leymus alaicus* (Korsh.) Tzvel.
*Leymus angustum* (Tim.) Pilg.
*Leymus bruneostachyus* N. R. Cui et D. F. Cui
*Leymus dasystachys* (Trin.) Pilg.
*Leymus divaricatus* (Drob.) Tzvel.
*Leymus fasciculatus* (Roshcv.) Tzvel.
*Leymus* x *fedtschenkoi* Tzvel.
*Leymus flexilis* Nevski. Tzvel.
*Leymus karataviensis* (Roshev.) Tzvel.
*Leymus karelinii* (Turcz.) Tzvel.
*Leymus kopetdagensis* (Roshev.) Tzvel.
*Leymus lanatus* (Korsh.) Tzvel.
*Leymus latiglumis* Tzvel.
*Leymus multicauis* (Kar. et Kir.) Tzvel.
*Leymus nikitinii* (Scopanov) Tzvel.
*Leymus ovatus* (Trin.) Tzvel.
*Leymus paboanum* (Claus) Pilg.
*Leymus petraeus* (Ncvski.) Tzvel.
*Leymus pubescens* (O. Fedtsch.) Ikon.
*Leymus racemosus* (Lam.) Tzvel.
*Leymus racemosus* subsp. *crassinervius* (Kar. et Kir.) Tzvel.
*Leymus racemosus* subsp. *klokovii* Tzvel.
*Leymus racemosus* subsp. *sabulosus* (Bieb) Tzvel.
*Leymus ramosum* (Trin.) Tzvel.
*Leymus tianschanicus* (Drob.) Tzvel.
**Ligularia** Cass.
*Ligularia alpigena* Pojark.
*Ligularia altaica* DC.
*Ligularia altissima* Pojark.
*Ligularia hamilca* Z. X. An

*Ligularia heterophylla* Rupr.
*Ligularia karataviensis* (Lipsch.) Pojark.
*Ligularia kareliniana* Stschegl.
*Ligularia knorringiana* Pojark.
*Ligularia macrophylla* (Ledeb.) DC.
*Ligularia narynensis* (C. Winkl.) O. et B. Fedtscn.
*Ligularia pavlovii* (Lipsch.) Cretz.
*Ligularia schischkinii* Rubtz.
*Ligularia sibirica* (L.) Cass.
*Ligularia songarica* (Fisch.) Ling.
*Ligularia talassica* Pojark.
*Ligularia thomsonii* (Clarke) Pojark.
*Ligularia thyrsoidea* (Ledeb.) DC.
*Ligularia tulupanica* Z. X. An
**Ligustrum** L.
*Ligustrum vulgare* L.
**Lilium** L.
*Lilium martagon* L.
**Limbarda** Adans.
*Limbarda salsoloides* (Turcz.) Ikonn.
**Limnas**
*Limnas veresczaginii* Kryl. et Schischk
**Limonium** Mill.
*Limonium caspium* (Willd.) Gams.
*Limonium chordshamumynense* Lincz. et Czuk.
*Limonium chrysocomum* (Kar. et Kir.)
*Limonium congestum* (Ledeb.) O. Kuntze
*Limonium coralloides* (Tausch) Lincz.
*Limonium dichroanthum* (Rupr.) Ik. Gal.
*Limonium ferganense* Ik. -Gal.
*Limonium gmelinii* (Willd.) Kuutzc.
*Limonium hoeltzeri* (Rgl.) Ik. -Gal.
*Limonium kaschgaricum* (Rupr.) Ik. -Gal.
*Limonium leptolobum* (Rgl.) Kuntze.
*Limonium leptophyllum* (Schrenk) Kuntze.
*Limonium macrorrhizon* (Ledeb.) Kuntze.
*Limonium meyeri* (Boiss.) Kuntze.
*Limonium michelsonii* Lincz.
*Limonium myrianthum* (Schrenk) Kuntze.
*Limonium narynense* Lincz.
*Limonium otolepis* (Schrenk) Kuntze.
*Limonium ovczinnikovii* Lincz. et Czuk.
*Limonium popovii* Kubansk.
*Limonium reniforme* (Girard) Lincz.
*Limonium rezniczenkoanum* Lincz.
*Limonium sareptanum* (A. Beck.) Gams.
*Limonium semenovii* (Herd.) Kuntze.
*Limonium sogdianum* (M. Pop.) Ik. -Cal.
*Limonium suffruticosum* (L.) Kuntze.
*Limonium tianschanicum* Lincz.
*Limonium tomentellum* (Boiss.) Kuntze.
**Limosella** L.
*Limosella aquatica* L.
**Linaria** Mill.
*Linaria alaica* Junussov
*Linaria altaica* Fisch ex Kuprian.
*Linaria badachschanica* Junussov
*Linaria bektauatensis* Semiotr.
*Linaria brachiceras* (Bunge) Kuprian.
*Linaria cretacea* Fisch. ex Spreng.
*Linaria dmitrievae* Semiotr.
*Linaria dolichocarpa* Klok.
*Linaria dolichoceras* Kuprian.
*Linaria fedorovii* R. Kam.
*Linaria genistifolia* (L.) Mill.
*Linaria hepatica* Bge.
*Linaria incompleta* Kuprian.
*Linaria jaxartica* Levichev
*Linaria kokanica* Rgl.
*Linaria kulabensis* B. Fedtsch.
*Linaria leptoceras* Kuprian.
*Linaria longicalcarata* Hong.
*Linaria macrophylla* Kuprian.
*Linaria micrantha* (Cav.) Holfmg. et Link.
*Linaria pedicellata* Kuprian.
*Linaria popovii* Kuprian.
*Linaria piramidata* (Lam.) Spreng.
*Linaria quasisessilis* Levichev
*Linaria ramosa* (Kar. et Kir.) Kuprian.
*Linaria ruthenica* Blonski.
*Linaria saposhnikovii* E. Nikit.
*Linaria simplex* (Wilid.) DC.
*Linaria striatella* Kuprian.
*Linaria tianschanica* Semiotr
*Linaria transiliensis* Kuprian.

*Linaria vulgaris* Mill.
*Linaria zaissanica* Semiotr.
**Lindelofia** Lehm.
*Lindelofia macrostyla* (Bge.) M. Pop.
*Lindelofia olgae* (Rgl. et Smirn.) Brand
*Lindelofia stylosa* (Kar. et Kir.) Brand
*Lindelofia tschimganica* (Lipski) M. Pop ex Pazij
**Lindernia All**
*Lindernia procumbens* (Krock.) Bobr.
**Linnea L**
*Linnea borealis* L.
**Linum** L.
*Linum altaicum* Ldb. ex Juz.
*Linum atricalix* Juz.
*Linum corymbulosus* Reichenb
*Linum altaicum* Ldb. ex Juz.
*Linum heterosepalum* Rgl.
*Linum humile* Mill.
*Linum macrorhizum* Juz.
*Linum olgae* Juz.
*Linum pallescens* Bge.
*Linum turcomanicum* Juz.
*Linum uralense* Juz.
**Liparis** Rich.
*Liparis loeselii* (L.) Rich.
**Lippia** L.
*Lippia nodiflora* (L.) Michx.
**Lipskiella** Juz.
*Lipskiella* C. Wincl.) Juz.
**Listera** R. Br.
*Listera ovata* (L.) R. Br.
**Lithospermum** L.
*Lithospermum officinale* L.
**Littledalea** Hemsl.
*Littledalea alaica* (Korsh.) V. Petrov ex Nevski
**Litvinovia** Woronow
*Litvinovia tenuissima* (Pall.) Woronow ex Pall.
**Lloydia** Salisb.
*Lloydia serotina* (L.) Reichb.
**Loliolum** V. Krecz. et Bobr.
*Loliolum subulatum* (Banks et Soland.) Eig
**Lolium** L.
*Lolium cuneatum* Nevski
*Lolium loliaceum* (Bori et Chaub.) Hand.-Mazz.
*Lolium multiflorum* Lam.
*Lolium perenne* L.
*Lolium persicum* Boiss. et Hohen.
*Lolium rigidum* Gaudin
*Lolium temulentum* L.
**Lomatocarpa M. Pimen.**
*Lomatocarpa afganica* (Rech. fil.) M. Pimen.
*Lomatocarpa albomarginata* (Schrenk) M. Pimen. et Lavrova.
*Lomatocarpa korovinii* M. Pimen.
**Lomatogonium** A. Br.
*Lomatogonium carinthiacum* (Wulf.) Reichenb.
*Lomatogonium rotatum* (L.) Fries
**Londesia** Fisch. et Mey.
*Londesia eriantha* Fisch. et Mey.
**Lonicera** L.
*Lonicera alberti* Rgl.
*Lonicera altmannii* Rgl. et Schmalh.
*Lonicera asperifolia* Hook. f. et Thorns.
*Lonicera bracteolaris* Boiss. et Buhse
*Lonicera caerulea* L.
*Lonicera caprifolium* L.
*Lonicera floribunda* Boiss. et Buhse
*Lonicera heterotricha* Pojark.
*Lonicera hispida* Pall. ex Roem. et Schult.
*Lonicera humilis* Kar. et Kir.
*Lonicera iliensis* Pojark.
*Lonicera japonica* Thunb.
*Lonicera karelini* Bge. ex P. Kir.
*Lonicera korolkovii* Stapf
*Lonicera lanata* Pojark.
*Lonicera microphylla* Willd. ex Roem. et Schult.
*Lonicera nummulariifolia* Jaub. et Spach
*Lonicera olgae* Rgl. et Schmalh.
*Lonicera pamirica* Pojark.
*Lonicera paradoxa* Pojark.
*Lonicera s* emenovii Rgl.
*Lonicera simulatrix* Pojark.
*Lonicera sovetkinae* V. Tkachenko
*Lonicera stenantha* Pojark.
*Lonicera tatarica* L.
*Lonicera tianschanica* Pojark.

*Lonicera zeravschanica* (Rehd.) Pojark.
**Lophanthus** Adans.
*Lophanthus elegans* (Lipsky) Levin
*Lophanthus krylovii* Lipsky
*Lophanthus ouroumitanensis* (Franch.) Koczk.
*Lophanthus schrenkii* Levin
*Lophanthus schtschurowskianus* (Rgl.) Lipsky
*Lophanthus subnivalis* Lipsky
*Lophanthus tschimganicus* Lipsky
*Lophanthus varzobicus* Koczk.
*Lophanthus virescens* (Lipsky) Koczk.
**Lotus** L.
*Lotus burttii* Sz.-Borsos
*Lotus frondosus* (Freyn) Kuprian.
*Lotus krylovii* Schischk. et Serg.
*Lotus sergievskiae* R. Kam. et Kovalevsk.
*Lotus strictus* Fisch. et Mey.
*Lotus tenuis* Waldst. et Kit. ex Willd.
*Lotus ucrainicus* Klok.
**Louiseania** Carr.
*Louiseania triloba* (Lindl.) Pachom.
*Louiseania ulmiflora* (Franch.) Pachom.
**Ludwigia** L.
*Ludwigia perennis* L.
**Lupinaster** Fabr.
*Lupinaster albus* Link
*Lupinaster eximius* (Steph. ex Ser.) C. Presl
*Lupinaster pentaphyllus* Moench
**Luzula** DC.
*Luzula multiflora* (Ehr.) Lej.
*Luzula pallidula* Kirschner
*Luzula pilosa* Villd.
*Luzula sibirica* V. Krecz.
*Luzula spicata* (L.) DC.
*Luzula spicata* subsp. *mongolica* V. Novik.
**Lychnis** L.
*Lychnis chalcedonica* L.
**Lycium** L.
*Lycium barbarum* L.
*Lycium cylindricum* Kuang et A. M. Lu
*Lycium dasystemum* Pojark.
*Lycium depressum Stocs.*
*Lycium flexicaule* Pojark.
*Lycium kopetdaghi* Pojark.
*Lycium ruthenicum* Murr.
**Lycopodium** L.
*Lycopodium clavatum* L.
**Lycopsis** L.
*Lycopsis orientalis* L.
**Lycopus** L.
*Lycopus europaeus* L.
*Lycopus exaltatus* L.
**Lysiella** Rydb.
*Lysiella nevskii* Aver.
**Lysimachia** L.
*Lysimachia dubia* Soland.
*Lysimachia vulgaris* L.
**Lythrum** L.
*Lythrum hyssopifolia* L.
*Lythrum intermedium* Ledeb.
*Lythrum komarovii* Murav.
*Lythrum linifolium* Kar. et Kir.
*Lythrum nanum* Kar. et Kir.
*Lythrum silenoides* Boiss. et Noe
*Lythrum theodorii* Sosn.
*Lythrum thymifolia* L.
*Lythrum tribracteatum* Salzm ex Schpreng.
*Lythrum virgatum* L.
**Maclura** Nutt.
*Maclura pomifera* (Rafin.) Schneid.
**Macrocephalum Rgl et Schmalh.**
*Macrocephalum tetramerum* (Trautv.) Palanov
**Macropodium** R. Br.
*Macropodium nivale* (Pall.) R. Br.
**Macrotomia** DC.
*Macrotomia cana* Tzvel.
*Macrotomia euchroma* (Royle) Pauls.
*Macrotomia ugamensis* M. Pop.
**Majanthemum** Wigg.
*Majanthemum bifolium* (L.) Fr. Schmidt.
**Majorana** Moench.
*Majorana hortensis* Moench.
**Malacocarpus** Fisch. et Mey.
*Malacocarpus crithmifolius* (Retz.) C. A. Mey.
**Malus** Mill.
*Malus niedzwetzkyana* Dieck.

*Malus sieversii* (Ledeb. ) M. Roem.

**Malva** L.

*Malva bucharica* Iljin.

*Malva erecta* C. Presl.

*Malva excise* Reichenb.

*Malva jljinii* I. Riedl.

*Malva neglecta* Wallr.

*Malva nicaeensis* All.

*Malva pamiroalaica* Iljin

*Malva parviflora* L.

*Malva pusilla* Smith.

*Malva silvestris* L.

Malva *verticillata* L.

**Malvalthaea** Iljin

*Malvalthaea transcaucasica* (Sosn. ) Iljin

**Mandragora** L.

*Mandragora turcomanica* Mizg.

**Marrubium** L.

*Marrubium anisodon* C. Koch.

*Marrubium astracanicum* Jacq.

*Marrubium vulgare* L.

**Mariskus** Vahl

*Mariskus hamulosus* (Bieb. ) Hooper

**Marsilea** L.

*Marsilea aegyptiaca* Willd.

*Marsilea quadrifolia* L.

*Marsilea strigosa* Willd.

**Matricaria** L.

*Matricaria recutita* L.

**Matthiola** R. Br.

*Matthiola afghanica* Rech. fil. et Koie

*Matthiola alyssifolia* (DC. ) Bornm.

*Matthiola annua* (L. ) Sweet

*Matthiola bucharica* Czerniak.

*Matthiola chenopodiifolia* Fisch. et Mey.

*Matthiola czerniakowskae* Botsch et Vved.

*Matthiola farinosa* Bge.

*Matthiola fragrans* Bge.

*Matthiola integrifolia* Kom.

*Matthiola obovata* Bge.

*Matthiola robusta* Bge.

*Matthiola stoddartii* Bge.

*Matthiola tatarica* (Pall. ) DC.

*Matthiola tianschanica* Sarkisova

**Mausolea** (Bge. ) ex Podlech

*Mausolea eriocarpa* (Bge. ) Poljak. ex Podlech.

**Mazus** Lour.

*Mazus japonicus* (Thunb. ) Kuntze.

**Mediasia M. Pimen.**

*Mediasia macrophylla* M. Pimen.

**Medicago** L.

*Medicago agropyretoides Vass.*

*Medicago alatavica* Vass.

*Medicago caerulea* Less. ex Ledeb.

*Medicago caerulea* subsp. *infradagestanica* Sinsk.

*Medicago coronata* (L. ) Bartalini

*Medicago denticulata* Willd.

*Medicago difalcata* Sinsk.

*Medicago difalcata* subsp. *kazachstanica* Sinsk.

*Medicago falcata* L.

*Medicago komarovii* Vass.

*Medicago laciniata* (L. ) Mill.

*Medicago lanigera* C. Winkl. et B. Fedtsch.

*Medicago littoralis* Rohde ex Loisel.

*Medicago lupulina* L.

*Medicago meyeri* Grun.

*Medicago minima* (L. ) Bartalini

*Medicago ochroleuca* M. Kult.

*Medicago orbicularis* (L. ) Bartalini

*Medicago rigidula* (L. ) All.

*Medicago romanica* Prod.

*Medicago romanica* subsp. *revoluta* (Sumn. ) Vass.

*Medicago sativa* L.

*Medicago schischkinii* Sumn.

*Medicago sinskiae* Uljanova

*Medicago tianschanica* Vass.

*Medicago trautvetteri* Sumn.

*Medicago transoxana* Vass.

*Medicago trautvetteri* Sumn.

*Medicago truncatula* Gaertn

**Meehania** Britt.

*Meehania urticifolia* (Miq. ) Makino

**Megacarpaea** DC.

*Megacarpaea gigantea* Rgl.

*Megacarpaea gracilis* Lipsky.

*Megacarpaea iliensis* Golosk. et Vass.

*Megacarpaea megalocarpa* (Fisch. ex DC.) B. Fedtsch.
*Megacarpaea mugodzharica* Golosk. et Vass.
*Megacarpaea orbiculata* B. Fedtsch.
*Megacarpaea schugnanica* B. Fedtsch.
**Melampyrun** L.
*Melampyrun cristatum* L.
**Melandrium** Roehl.
*Melandrium album* (Mill.) Garcke
*Melandrium dioicum* (L.) Coss. et Germ.
*Melandrium eriocalicinum* Boiss.
*Melandrium glaberrimum* Bondar. et Vved.
*Melandrium persicum* (Boiss. et Buhse) Bohnm.
**Melia** L.
*Melia azedarach* L.
**Melica** L.
*Melica altissima* L.
*Melica atropatana* Schischk.
*Melica canescens* (Rgl.) Lavr.
*Melica hohenackeri* Boiss.
*Melica inaequiglumis* Boiss.
*Melica jacquemontii* Decne.
*Melica nutans* L.
*Melica persica* Kunth
*Melica schafkatii* Bondar.
*Melica secunda* Rgl.
*Melica taurica* C. Koch
*Melica transsilvanica* Schur
**Melilotoides** Heist. ex Fabr.
*Melilotoides adscendens* (Nevski) Sojak
*Melilotoides aristata* (Vass.) Sojak
*Melilotoides badachschanica* (Afan.) Sojak
*Melilotoides gontscharovii* (Vass.) Sojak
*Melilotoides iskanderi* (Vass.) Sojak
*Melilotoides kafirniganica* (Vass.) Sojak
*Melilotoides karkarensis* (Semen. ex Vass.) Sojak
*Melilotoides korovinii* (Vass.) Sojak
*Melilotoides laxiflora* (Aitch. et Baker) Sojak
*Melilotoides linczevskii* (Vass.) Sojak
*Melilotoides lipski* (Sirj.) Sojak
*Melilotoides pamirica* (Boriss.) Sojak
*Melilotoides platycarpos* (L.) Sojak
*Melilotoides popovii* (Korov.) Sojak
*Melilotoides schachimardanica* (Vass.) Sojak
*Melilotoides siunica* (Vass.) Sojak
*Melilotoides squarrosa* (Vass.) Czer.
*Melilotoides tianschanica* (Vass.) Sojak
*Melilotoides zaprjagaevii* (Afan. et Gontsch.) Sojak
**Melilotus** Hill.
*Melilotus albus* Medik.
*Melilotus dentatus* (Waldst et Kit.) Pers.
*Melilotus indicus* (L.) All.
*Melilotus officinalis* (L.) Pall.
*Melilotus polonicus* (L.) Pall.
*Melilotus suaveolens* Ldb.
*Melilotus wolgicus* Poir.
**Mellissa** L.
*Mellissa officinalis* L.
**Meniocus** Desv.
*Meniocus linifolius* (Steph.) DC.
**Mentha** L.
*Mentha alaica* Borriss.
*Mentha arvensis* L.
*Mentha asiatica* Boriss.
*Mentha crispa* L.
*Mentha darvasica* Boriss.
*Mentha micrantha* (Fisch. ex Benth.) Litv.
*Mentha pamiroalaica* Boriss.
*Mentha* x *piperita* L.
*Mentha pulegium* L.
*Mentha spicata* L.
*Mentha suaveolens* Ehrh.
**Menyanthes** L.
*Menyanthes trifoliata* L
**Merendera** Ramond
*Merendera hissarica* Rgl.
*Merendera jolantha* Czerniak.
*Merendera robusta* Bge.
*Merendera sobolifera* C. A. Mey.
**Meristotropis** Fisch. et Mey.
*Meristotropis bucharica* (Rgl.) Kruganova
*Meristotropis triphylla* (Fisch. et Mey.) Fisch. et Mey.
**Mertensia** Roth
*Mertensia dshagastanica* Rgl.

*Mertensia popovii* Rubtz.
*Mertensia tarbagataica* B. Fedtsch.
**Mesostemma** Vved.
*Mesostemma alexeenkoanum* (Schischk.) Ikonn.
*Mesostemma karatavicum* (Schischk.) Vved.
*Mesostemma kotschyanum* (Fenzl ex Boiss.) Vved.
*Mesostemma kotschyanum* subsp. *afganicum* Rech. fil.
*Mesostemma martjanovii* (Kryl.) Ikonn
*Mesostemma schugnanicum* (Schischk.) Ikonn.
**Mespilus** L.
*Mespilus germanica* L.
**Metastachydium** Airy Shaw ex C. Y. Wu et H. W. Li
*Metastachydium sagittatum* (Rgl.) C. Y. Wu et H. W. Li
**Microcephala** Pobed.
*Microcephala lamellata* (Bge.) Pobed.
*Microcephala subglobosa* (Krasch.) Pobed.
*Microcephala turcomanica* (C. Winkl.) Pobed.
**Microgynoecium** Hook. fil.
*Microgynoecium tibeticum* Hook. fil.
**Micropeplis** Bge.
*Micropeplis arachnoidea* (Moq.) Bge.
**Microphysa** Schrenk
*Microphysa elongata* (Schrenk) Pobed.
**Microsisymbrium** O. E. Schulz
*Microsisymbrium minutiflorum* (Hook. fil. et Thoms) O. E. Schulz
*Microsisymbrium murgabicum* Ikonn.
**Microthlaspi** F. K. Mey.
*Microthlaspi perfoliatum* (L.) F. K. Mey.
*Microthlaspi perfoliatum* (Stev.) F. K. Mey.
**Microula**
*Microula tibetica* Maxim.
**Milium** L.
*Milium effusum* L.
*Milium vernale* M. B.
**Minuartia** L.
*Minuartia arctica* (Stev. ex Ser.) Graebn.
*Minuartia biflora* (L.) Schinz et Thell.
*Minuartia hybrida* (Vill.) Schischk.
*Minuartia kryloviana* Schischk.
*Minuartia litvinovii* Schischk.
*Minuartia meyeri* (Boiss.) Bornm.
*Minuartia palyzanica* G. Proskuriakova
*Minuartia regeliana* (Trautv.) Mattf.
*Minuartia schischkinii* Adylov
*Minuartia sclerantha* (Fisch. et Mey.) Thell.
*Minuartia turcomanica* Schischk.
*Minuartia verna* (L.) Hiern
**Moehringia** L.
*Moehringia trinervia* (L.) Clairv.
*Moehringia umbrosa* (Bge.) Fenzl
**Mogoltavia** Korov.
*Mogoltavia narynensis* M. Pimen. et Kljuykov
*Mogoltavia sewerzowii* (Rgl.) Korov.
**Molinia** Schrank
*Molinia caerulea* (L.) Moench
**Mollugo** L.
*Mollugo cerviana* (L.) Ser.
**Molucella** L.
*Molucella laevis* L.
**Moneses** Salisb.
*Moneses uniflora* (L.) A. Gray
*Monolepis* Schrad.
*Monolepis litvinovii* Pauls.
**Morina** L.
*Morina coulteriana* Royle
*Morina kokanica* Rgl.
*Morina parviflora* Kar. et Kir.
*Morina persica* L.
**Morus** L.
*Morus alba* L.
*Morus nigra* L.
**Muelenbergia** Schreb.
*Muelenbergia huegelii* Trin.
**Mulgedium** Cass.
*Mulgedium alatolicum* Z. X. An
**Muscari** Hill.
*Muscari leucostomum* Woronow ex Czerniak.
**Myosotis** L
*Myosotis arvensis* (L.) Hill
*Myosotis asiatica* (Vestergren) Schischk. et Serg.
*Myosotis cespitosa* K. F. Schulz
*Myosotis imitata* Serg.
*Myosotis krylovii* Serg.

*Myosotis micrantha* Pall. ex Lehm.
*Myosotis propinqua* (Turcz.) A. DC.
*Myosotis refracta* Boiss.
*Myosotis refracta* subsp. *chitralica* Kazmi
*Myosotis sparsiflora Pohl.*
*Myosotis ucranica* Czern.
**Myosurus** L.
*Myosurus minimus* L.
**Myriactis** Less.
*Myriactis wallichii* Less.
**Myricaria** Desv.
*Myricaria bracteata* Royle
*Myricaria elegans* Royle.
*Myricaria pulcherrima* Batalin
*Myricaria schartii* Vass.
*Myricaria squamosa* Desv.
**Myriophyllum** L.
*Myriophyllum spicatum* L.
*Myriophyllum verticillatum* L.
**Najas** L.
*Najas major* All.
*Najas marina* L.
*Najas marina* subsp. *aculeolata* Tzvel.
*Najas marina* subsp. *brachycarpa* (Trautv.) Tzvel.
**Nanophyton** Less.
*Nanophyton botschantzevii* Pratov
*Nanophyton erinaceum* (Pall.) Bge.
*Nanophyton iliense* Pratov
*Nanophyton narynense* Pratov
*Nanophyton pulvinatum* Pratov
*Nanophyton saxatile* Botsch.
**Narcissus** L.
*Narcissus lacticolor* (Haw.)Steud.
*Narcissus poeticus* L.
*Narcissus tazetta* L.
**Nardurus** Reichb.
*Nardurus krausei* (Rgl.) V. Krecz. et Bobr.
**Nasturtium** R. Br.
*Nasturtium microphyllum* Boenn. ex Reichenb.
*Nasturtium officinale* R. Br.
**Nathaliella** B. Fedtsch.
*Nathaliella alaica* B. Fedtsch.
**Naumburgia** Moench.
*Naumburgia thyrsiflora* (L.) Reichb.
**Nelumbo Hill.**
*Nelumbo caspica* (DC.) Fisch.
**Neogaillonia** Lincz.
*Neogaillonia asperuliformis* (Lincz.) Lincz.
*Neogaillonia botschantzevii* Lincz.
*Neogaillonia bruguierii* (A. Rich. ex DC.) Lincz.
*Neogaillonia bucharica* (B. Fedtsch. et Desjat.) Lincz.
*Neogaillonia dubia* (Aitch. et Hemsl.) Lincz.
*Neogaillonia iljinii* Lincz.
*Neogaillonia inopinata* (Lincz.) Lincz.
*Neogaillonia mestscherjakovii* Lincz.
*Neogaillonia trichophylla* (M. Pop ex Tscherneva) Lincz.
*Neogaillonia vassilczenkoi* Lincz.
**Neogonscharovia Lincz.**
*Neogonscharovia mira*( Lincz.)Lincz.
*Neogonscharovia miranda*( Lincz.)Lincz.
**Neopallasia** Poljak.
*Neopallasia* (Pall.) Poljak.
**Neotorularia** Hedge et Leonard
*Neotorularia aculeolata* (Boiss.) Hedge et Leonard
*Neotorularia brachycarpa* (Vass.) Hedge et Leonard
*Neotorularia brevipes* (Kar. et Kir.) Hedge et Leonard
*Neotorularia contortuplicata* (Steph.) Hedge et Leonard
*Neotorularia dentata* (Freyn et Sint.) Hedge et Leonard
*Neotorularia humilis* (C. A. Mey.) Hedge et Leonard
*Neotorularia karatavica* (Myrsakulov et Bajt.) Czer.
*Neotorularia korolkovii* (Rgel. et Schmalh.) Hedge et Leonard
*Neotorularia rossica* (O. E. Schulz) Hedge et Leonard
*Neotorularia sulphurea* (Korsh.) Ikonn.
*Neotorularia torulosa* (Desf.) Hedge et Leonard

**Nepeta** L.
*Nepeta alatavica* Lipsky.
*Nepeta badachschanica* Kudr.
*Nepeta botschantzevii* Tscherneva
*Nepeta bracteata* Benth.
*Nepeta bucharica* Lipsky.
*Nepeta cataria* L.
*Nepeta consanguinea* Pojark.
*Nepeta daenensis* Boiss.
*Nepeta densiflora* Kar. et Kir.
*Nepeta floccosa* Benth.
*Nepeta formosa* Kudr.
*Nepeta globifera* Bge.
*Nepeta glutinosa* Benth.
*Nepeta gontscharovii* Kudr.
*Nepeta kokamirica* Rgl.
*Nepeta kokanica* Rgl.
*Nepeta kopetdaghensis* Pojark.
*Nepeta ladanolens* Lipsky.
*Nepeta lipskyi* Kudr.
*Nepeta longibracteata* Benth.
*Nepeta mariae* Rgl.
*Nepeta maussarifii* Lipsky.
*Nepeta micrantha* Bge.
*Nepeta odolifera* Lipsky.
*Nepeta olgae* Rgl.
*Nepeta pamirensis* Franch.
*Nepeta pannonica* L.
*Nepeta podostachys* Benth.
*Nepeta podostachys* subsp. *darwasica* A. Budantz.
*Nepeta pseudokokanica* Pojark.
*Nepeta pungens* (Bge.) Benth.
*Nepeta saccharata* Bge.
Nep *e* ta *santoana* M. Pop.
*Nepeta satureioides* Boiss.
*Nepeta schugnanica* Lipsky.
*Nepeta sibirica* L.
*Nepeta sintenisii* Bornm.
*Nepeta spathuliferae* Benth.
*Nepeta subhastata* Rgl.
*Nepeta subincisa* Benth.
*Nepeta transiliensis* Pojark.
*Nepeta tytthantha* Pojark. .
*Nepeta ucrainica* L.
*Nepeta vakhanica* Pojark.
**Neslia** Desv.
*Neslia apiculata* Fisch. et Mey.
*Neslia paniculata* (L.) Desv.
**Neurotropis** (DC.) F. K. Mey.
*Neurotropis kotschyana* (Boiss. et Hohen.) Czer.
**Nevskiella** V. Krecz. et Vved.
*Nevskiella gracillima* (Bunge) V. Krecz. et Vved.
**Nicandra** Adans.
*Nicandra physaloides* (L.) Caartn.
**Nicotiana** L.
*Nicotiana rustica* L.
*Nicotiana tabacum* L.
**Niedzwedskia** B. Fedtsch.
*Niedzwedskia semiretschenskia* B. Fedtsch.
**Nigella** L.
*Nigella arvensis* L.
*Nigella bucharica* Schipcz.
*Nigella glandulifera* Freyn et Sint.
*Nigella integrifolia* Rgl.
**Nikitinia** Iljin
*Nikitinia leptoclada* (Bornm. et Sint.) Iljin
**Nitraria** L.
*Nitraria komarovii* Iljin et Lava ex Bobr.
*Nitraria pamirica* L. Vassil.
*Nitraria schoberi* L.
*Nitraria sibirica* Pall.
**Noaea** Moq.
*Noaea mucronata* (Forssk.) Aschers. et Schweinf.
**Noccaea** Moench
*Noccaea cochleariformis* (DC.) A. et D. Love
*Noccaea ferganensis* (N. Busch) Czer.
**Nonea** Medik.
*Nonea calceolaris* Pazij
*Nonea caspica* (Willd.) G. Don.
*Nonea flavescens* (C. A. Mey.) Fisch. et C. A. Mey.
*Nonea macropoda* M. Pop.
*Nonea melanocarpa* Boiss.
*Nonea ovczinnikovii* Czuk.
*Nonea rossica* Stev.
*Nonea turcomanica* M. Pop.

**Nuphar** Smith
*Nuphar lutea* (L.) Smith
**Nymphaea L.**
*Nymphaea candida* J. Presl
**Nymphoides** Hill
*Nymphoides peltatum* (S. G. Gmel.) O. Kuntze
**Ocimum** L.
*Ocimum basilicum* L.
**Odontites** Linn.
*Odontites vulgaris* Moench
**Oedibasis** K. -Pol.
*Oedibasis apiculata* (Kar. at Kir.) K.. Pol.
*Oedibasis platycarpa* (Lipsky) K. Pol.
*Oedibasis tamerlanii* (Lipsky) Korov. ex Nevsky
**Oenanthe** L.
*Oenanthe aquatica* (L.) Pair
*Oenanthe fedtschenkoana* K-Pol.
*Oenanthe heterococca* Korov.
**Oenothera** L.
*Oenothera biennis* L.
**Ofaiston** Rafin.
*Ofaiston monandrum* (Pall.) Moq.
**Olea** L.
*Olea europaea* L.
**Olgaea** Iljin
*Olgaea baldschuanica* (C. Winki.) Iljin
*Olgaea chodshamuminensis* B. Scharipova
*Olgaea eriocephala* (C. Winki.) Iljin
*Olgaea lanipes* (C. Winkl) Iljin
*Olgaea longifolia* (C. Winkl.) Iljin
*Olgaea nidulans* (Rupr.) Ilji
*Olgaea nivea* (C. Winki.) Iljin
*Olgaea pectinata* Iljin
*Olgaea petri-primi* B. Scharipova
*Olgaea spinifera* Iljin
*Olgaea vvedenskyi* Iljin
**Oligochaeta** C. Koch
*Oligochaeta minima* (Boiss.) Briq.
**Omalotheca Cass.**
*Omalotheca norvegica* (Gunn.)Cass.
*Omalotheca supina* (L.) DC.
*Omalotheca sylvatica* (L.) Sch.
**Onobrychis** Hill.
*Onobrychis alatavica* Bajt.
*Onobrychis amoena* M. Pop. et Vved.
*Onobrychis arenaria* (Kit.) DC.
*Onobrychis baldshuanica* Sirj.
*Onobrychis chorassanica* Bge.
*Onobrychis cornuta* (L.) Desv.
*Onobrychis echidna* Lipsky.
*Onobrychis ferganica* (Sirj.) Grossh.
*Onobrychis gontscharovii* Vass.
*Onobrychis grandis* Lipsky.
*Onobrychis laxiflora* Baker
*Onobrychis megalobotrys* Aitch. et Hemsl.
*Onobrychis megaloptera* Kovalevsk.
*Onobrychis micrantha* Schrenk
*Onobrychis pulchella* Schrenk
*Onobrychis radiata* (Desf) M. B.
*Onobrychis saravschanica* B. Fedtsch.
*Onobrychis sibirica* (Sirj.) Turcz. ex Gross.
*Onobrychis sintenisii* Bornm.
*Onobrychis tavernierifolia* Stocks ex Boiss.
*Onobrychis teheranica* (Bornm.) Grossh.
*Onobrychis verae* Sirj.
**Ononis** L.
*Ononis afghanica* Sirj.
*Ononis antiquorum* L.
*Ononis arvensis* L.
**Onopordum L.**
*Onopordum acanthium* L.
*Onopordum cinereum* Gross.
*Onopordumleptolepis* DC.
*Onopordum prjachinii* Tamamsch.
**Onosma** L.
*Onosma albicaulis* M. Pop.
*Onosma apiculatum* Riedl.
*Onosma atrocyanea* Franch.
*Onosma azurea* Schipcz.
*Onosma baldshuanica* Lipsky.
*Onosma barsczewskii* Lipsky.
*Onosma brevipilosa* Schischk ex M. Pop.
*Onosma ferganensis* M. Pop.
*Onosma gmelinii* Ledeb.
*Onosma tricolor* Klok.
*Onosma irritans* M. Pop. ex Pavl.

*Onosma leucocarpa* M. Pop.
*Onosma livanovii* M. Pop.
*Onosma longiloba* Bge.
*Onosma macrorhiza* M. Pop.
*Onosma maracandica* Zak.
*Onosma sericea* Willd.
*Onosma simplicissima* L.
*Onosma staminea* Ledeb.
*Onosma trachycarpa* Levin
*Onosma zerizamina* Lipsky.
**Ophioglossum** L.
*Ophioglossum bucharicum* (O. et B. Fedtsch.) O. et B. Fedtsch.
*Ophioglossum vulgatum* L.
**Ophris** L.
*Ophris kopetdagensis* K. Pop. et Neshataeva
*Ophris transhyrcana* Czerniak.
**Orchis** L.
*Orchis fedtschenkoi* Czerniak.
*Orchis latifolia* L.
*Orchis laxiflora* Lam.
*Orchis militaris* L.
*Orchis palustris* Jacq.
*Orchis pseudolaxiflora* Czerniak.
*Orchis simia* Lam.
**Oreoblastus** Suslova
*Oreoblastus flabellatus* (Rgl.) Suslova
*Oreoblastus himalayensis* (Cambess.) Suslova
*Oreoblastus incanus* (Ovcz.) Suslova
*Oreoblastus linearis* (N. Busch) Suslova
*Oreoblastus saposhnikovii* (A. Vassil.) Czer.
**Origanum** L.
*Origanum kopetdagense* Boriss.
*Origanum tyttanthum* Gontsch.
*Origanum vulgare* L.
**Oriza** L.
*Oriza sativa* L.
**Ormopterum Schischk.**
*Ormopterum turcomanicum* (Korov.) Schischk.
**Ornithogalum** L.
*Ornithogalum arianum* Lipsky ex Vved.
*Ornithogalum fischerianum* Krasch.
**Orobanche** L.
*Orobanche alba* Steph.
*Orobanche alsatica* Kirschl.
*Orobanche amoena* C. A. Mey.
*Orobanche ariana* Contsch.
*Orobanche badchysensis* Novopokr. et V. V. Nikit.
*Orobanche bartlingii* Griseb.
*Orobanche brevidens* Novopokr.
*Orobanche camptolepis* Boiss. et Reut.
*Orobanche caryophyllacea* Smith
*Orobanche cernua* Loefl.
*Orobanche clarkei* Hook. fil.
*Orobanche coerulescens* Steph.
*Orobanche cumana* Wallr.
*Orobanche elatior* Sutt.
*Orobanche gigantea* (G. Beck) Contsch.
*Orobanche grigorjevii* Novopokr.
*Orobanche hansii* Kerner
*Orobanche kotschyi* Reut.
*Orobanche krylowii* G. Beck.
*Orobanche lutea* Baumg.
*Orobanche pachypoda* Butk.
*Orobanche pogonanthera* Reut.
*Orobanche rosea* Tzvel.
*Orobanche solenanthi* Novopokr. et Pissjauk.
*Orobanche sordida* C. A. Mey.
*Orobanche sulphurea* Contsch.
**Orobus** L.
*Orobus ledebourii* (Trautv.) Roldug.
**Orostachys** Kerner
*Orostachys spinosa* (L.) C. A. Mey.
*Orostachys thyrsiflora* Fisch.
**Orthanthella** Rauschert
*Orthanthella aucheri* (Boiss.) Rauschert
**Orthilia** Rafin.
*Orthilia kareliniana* (A. Skvorts.) Holub
*Orthilia obtusata* (Turcz.) Hara
**Orthurus** Juz.
*Orthurus heterocarpus* (Boiss.) Juz.
*Orthurus kokanicus* (Rgl. et Schmalh.) Juz.
**Osmorhiza** Raf.
*Osmorhiza aristata* (Thnnb.) Makino
**Ostrovskia** Rgl.
*Ostrowskia magnifica* Rgl.

**Otostegia** Benth.
*Otostegia bucharica* B. Fedtsch.
*Otostegia fedtschenkoana* Kudr.
*Otostegia glabricalix* Vved.
*Otostegia megastegia* Vved.
*Otostegia nikitinae* V. Scharaschova
*Otostegia olgae* (Rgl.) Korsh.
*Otostegia schennikovii* V. Scharaschova
*Otostegia sogdiana* Kudr.
**Oxalis** L.
*Oxalis acetosella* L.
**Oxybaphus** L'Her. ex Willd.
*Oxybaphus nyctagineus* (Michx.) Sweet.
**Oxicoccus** Hill.
*Oxicoccus microcarpus* Turcz. ex Rupr.
**Oxygraphis** Bge.
*Oxygraphis glacialis* (Fisch.) Bge.
**Oxyria** Hill.
*Oxyria digyna* (L.) Hill.
**Oxytropis** DC.
*Oxytropis aculeate* Korsh.
*Oxytropis adscendens* Gontsch.
*Oxytropis aequipetala* Bge.
*Oxytropis alajica* Drob.
*Oxytropis alberti-regelii* Vass.
*Oxytropis albovillosa* B. Fedtsch.
*Oxytropis almaatensis* Bajt.
*Oxytropis ampullata* (Pall.) Pers.
*Oxytropis anaulgensis* Pavl.
*Oxytropis arassanica* Gontsch.
*Oxytropis arbaevina* Vass.
*Oxytropis aristangalievii* Bait.
*Oxytropis aspera* Gontsch.
*Oxytropis assiensis* Vass.
*Oxytropis astragaloides* Boriss.
*Oxytropis atbaschi* Saposhn.
*Oxytropis aulieatensis* Vved.
*Oxytropis aurea* Vass.
*Oxytropis avis* Saposhn.
*Oxytropis babataghi* Abduss..
*Oxytropis baissunensis* Vass.
*Oxytropis bajtulinii* Kotuchov
*Oxytropis baldshuanica* B. Fedtsch.
*Oxytropis bella* B. Fedtsch.
*Oxytropis bobrovii* B. Fedtsch.
*Oxytropis bogdoshanica* Jurtz.
*Oxytropis boguschi* B. Fedtsch.
*Oxytropis bosculensis* Golosk.
*Oxytropis brachycarpa* Vass.
*Oxytropis brevicaulis* Ledeb.
*Oxytropis caespitulosa* Gontsch.
*Oxytropis cana* Bge.
*Oxytropis canopatula* Vass.
*Oxytropis capusii* Franch.
*Oxytropis chantengriensis* Vass.
*Oxytropis chesneyoides* Gontsch.
*Oxytropis chiliophylla* Royle.
*Oxytropis chionobia* Bge.
*Oxytropis chionophylla* Schrenk
*Oxytropis chorgossica* Vass.
*Oxytropis coelestis* Abduss.
*Oxytropis columbina* Vass.
*Oxytropis crassiuscula* Boriss.
*Oxytropis cuspidata* Bge.
*Oxytropis czapandaghi* B. Fedtsch.
*Oxytropis dichroantha* Schrenk.
*Oxytropis didymophysa* Bge.
*Oxytropis echidna* Vved.
*Oxytropis ervicarpa* Vved. ex Filimonova
*Oxytropis falkata* Bge.
*Oxytropis fedtschenkoana* Vass.
*Oxytropis ferganensis* Vass.
*Oxytropis fetisowii* Bge.
*Oxytropis floribunda* (Pall.) DC.
*Oxytropis frigida* Kar. et Kit.
*Oxytropis friticulosa* Bge.
*Oxytropis gebleriana* Schrenk
*Oxytropis glabra* (Lam.) DC.
*Oxytropis glareosa* Vass.
*Oxytropis globiflora* Bge.
Oxytro *p* is *gorbunovii* Boriss.
*Oxytropis guntensis* B. Fedtsch.
*Oxytropis gymnogyne* Bge.
*Oxytropis heteropoda* Bge.
*Oxytropis hirsuta* Bge.
*Oxytropis hirsutiuscula* Freyn

*Oxytropis humifusa* Kar. et Kit.
*Oxytropis hypoglottoides* (Baker) Ali
*Oxytropis hystrix* Schrenk
Oxytr *o* pis *immersa* (Baker) Bge. ex B. Fedtsch.
*Oxytropis incanescens* Freyn
*Oxytropis integripetala* Bge.
*Oxytropis iskanderica* B. Fedtsch.
*Oxytropis jucunda* Vved.
*Oxytropis kamrlinii* Vass.
*Oxytropis karataviensis* Pavl.
*Oxytropis ketmenica* Saposhn.
*Oxytropis kirgisensis* Abdulina
*Oxytropis kopetdagensis* Gontsch.
*Oxytropis krylovii* Schipcz.
*Oxytropis kuhistanica* Abduss.
*Oxytropis kuramensis* Abduss.
*Oxytropis kyziltalensis* Vass.
*Oxytropis lapponica* (Wahl.) J. Cay
Oxytr *o* pis *lasiocarpa* Gontsch.
*Oxytropis lehmannii* Bge.
*Oxytropis leptophysa* Bge.
*Oxytropis leucocyanea* Bge.
*Oxytropis linczevskii* Gontsch.
*Oxytropis lipskyi* Gontsch.
*Oxytropis lithophila* Vass.
*Oxytropis litvinovii* B. Fedltsch.
*Oxytropis longibracteata* Kar. et Kir.
*Oxytropis macrocarpa* Kar. et Kir.
*Oxytropis macrodonta* Gontsch.
*Oxytropis maidantalensis* B. Fedtsch.
*Oxytropis martjanovii* Kryl.
*Oxytropis masarensis* Vass.
*Oxytropis megalorrhyncha* Nevski
*Oxytropis meinshausenii* Schrenk
*Oxytropis melanotricha* Bge.
*Oxytropis merkensis* Bge.
*Oxytropis michelsonii* B. Fedtsch.
*Oxytropis microcanpa* Gontsch.
*Oxytropis microsphaera* Bge.
*Oxytropis mumynabadensis* B. Fedtsch.
*Oxytropis niedzweckiana* M. Pop.
*Oxytropis nikolai* Filimonova et Abduss.
*Oxytropis nutans* Bge.
*Oxytropis ochroleuca* Bge.
*Oxytropis oligantha* Bge.
*Oxytropis ornata* Vass.
*Oxytropis ovczinnikovii* Abduss.
*Oxytropis pamiroalaica* Abduss.
*Oxytropis pellita* Bge.
*Oxytropis penduliflora* Gontsch.
*Oxytropis piceetorum* Vass.
*Oxytropis pilosissima* Vved.
*Oxytropis platonychia* Bge.
*Oxytropis platysema* Schrenk
*Oxytropis podoloba* Kar. et Kir.
*Oxytropis proxima* Boriss.
*Oxytropis przewalskii* Kom.
*Oxytropis pseudofrigida* Saposhn.
*Oxytropis pseudoleptophysa* Boriss.
*Oxytropis pseudorosea* Filimonova
*Oxytropis puberula* Boriss.
*Oxytropis pulvinoides* Vass.
*Oxytropis pumila* Fisch. ex DC.
*Oxytropis recognita* Bge.
*Oxytropis rhynchophysa* Schrenk
*Oxytropis riparia* Litv.
*Oxytropis rosea* Bge.
*Oxytropis roseiformis* B. Fcdtsch.
*Oxytropis rostrata* Vass.
*Oxytropis rubriargillosa* Vass.
*Oxytropis ruebsaameni* B. Fedtsch.
*Oxytropis rupifraga* Bge.
*Oxytropis sarkandensis* Vass.
*Oxytropis satpaevii* Bajt.
*Oxytropis saurica* Saposhn.
*Oxytropis savellanica* Bge.
*Oxytropis scabrida* Gontsch.
*Oxytropis schachimardanica* Filimonova
*Oxytropis schrenkii* Trautv.
*Oxytropis semenovii* Bge.
*Oxytropis seravschanica* Gontsch.
*Oxytropis severzovii* Bge.
*Oxytropis siomensis* Abduss.
Oxytr *o* pis *songorica* (Pall.) DC.
*Oxytropis spinifer* Vass.
*Oxytropis stracheyana* Bge.

*Oxytropis suavis* Boriss.
*Oxytropis subcapitata* Contsch.
*Oxytropis submutica* Bge.
*Oxytropis subverticillaris* Ledeb.
*Oxytropis sumneviczii* Kryl.
*Oxytropis susamyrensis* B. Fedtsch.
*Oxytropis tachtensis* Franch.
*Oxytropis talassica* Gontsch.
*Oxytropis talgarica* M. Pop.
*Oxytropis terekensis* B. Fedtsch.
*Oxytropis tenuirostris* Boriss.
*Oxytropis tenuissima* Vass.
*Oxytropis terekensis* B. Fedtsch.
*Oxytropis teres* (Lam.) DC.
*Oxytropis tianschanica* Bge.
*Oxytropis tomentosa* Gontsch.
*Oxytropis trajectorum* B. Fedtsch.
*Oxytropis transalaica* Vass.
*Oxytropis trichocalycina* Bge.
*Oxytropis trichosphaera* Freyn
*Oxytropis tschatkalensis* L. Vassil.
*Oxytropis tschimganica* Gontsch.
*Oxytropis tyttantha* Gontsch.
*Oxytropis ugamensis* Vass.
*Oxytropis ugamica* Gontsch.
*Oxytropis vermicularis* Freyn
*Oxytropis vvedenskii* Filimonova
*Oxytropis zaprjagaevii* Abduss.
**Pachypleurum** Ledeb.
*Pachypleurum alpinum* Ledeb.
**Pachypterygium** Bge.
*Pachypterygium brevipes* Bge.
*Pachypterygium densiflorum* Bge.
*Pachypterygium multicaule* (Kar. et Kir.) Bge
**Padellus** Vass.
*Padellus mahaleb* Vass.
**Padus** Hill.
*Padus avium* Mill.
**Paeonia** L.
*Paeonia anomala* L.
*Paeonia hybrida* Pall.
*Paeonia intermedia* C. A. Mey.
*Paeonia intermedia* subsp. *pamiroalaica* Ovcz.
*Paeonia sinjiangensis* K. P.
**Palimbia** Bess.
*Palimbia turgaica* Lipsky ex Woronow.
**Paliurus** Mill.
*Paliurus spina-christi* Mill.
**Pallenis** Cass.
*Pallenis spinosa* (L.) Cass.
**Panderia** Fisch. et Mey.
*Panderia pilosa* Fisch. et Mey.
*Panderia turkestanica* Iljin
**Panicum** L.
*Panicum miliaceum* L.
*Panicum antidotale* Retz.
*Panicum virgatum* L.
**Papaver** L.
*Papaver canescens* Tolm.
*Papaver croceum* Ledeb.
*Papaver hybridum* L.
*Papaver involucratum* M. Pop.
*Papaver involucratum* subsp. *nigrescente-hirsutum* Tolm.
*Papaver litvinovii* Fedde ex Bornm.
*Papaver macrostomum* Boiss. et Huet.
*Papaver nudicaule* L.
*Papaver ocellatum* Woronow.
*Papaver pavoninum* Schrenk.
*Papaver somniferum* L.
*Papaver tianschanicum* M. Pop.
**Pappagrostis** Roshev.
*Pappagrostis pappophorea* (Hack.) Roshev.
**Paracaryum** (DC.) Boiss.
*Paracaryum bungei* (Boiss.) Brand
*Paracaryum crista-galli* (Rech. Fil. et H. Riedl) R. Kam. et Raenko
*Paracaryum himalayense* (Klotzsch) Clarke
*Paracaryum integerrimum* Myrzakulov
*Paracaryum intermedium* (Fresen.) Lipsky.
*Paracaryum intermedium* subsp. *papillosum* (A. DC.) R. Kam. et Raenko
*Paracaryum karataviense* Pavl. ex M. Pop.
*Paracaryum salsum* Boiss.
*Paracaryum turcomanicum* Bornm et Sint.
**Paracolpodium** (Tzvel.) Tzvel.

*Paracolpodium altaicum* (Trin.) Tzvel.
*Paracolpodium leucolepis* (Nevski) Tzvel.
**Paracynoglossum** M. Pop.
*Paracynoglossum glochidiatum* (Wall. ex Benth.) M. Pop. ex Czuk.
**Paraeremostachys** Adyl., R. Kam et Machmedov
*Paraeremostachys anisochila* (Pazij et Vved.) Adyl., R. Kam et Machmedov
*Paraeremostachys aralensis* (Bge.) Adyl., R. Kam et Machmedov
*Paraeremostachys desertorum* (Regel) Adyl., R. Kam et Machmedov
*Paraeremostachys dshungarica* (M. Pop.) Adyl., R. Kam et Machmedov
*Paraeremostachys karatavica* (Pavl.) Adyl., R. Kam et Machmedov
*Paraeremostachys paniculata* (Regel) Adyl., R. Kam et Machmedov
*Paraeremostachys phlomoides* (Bge.) Adyl., R. Kam et Machmedov
*Paraeremostachys sogdiana* (Pazij et Vved.) Adyl., R. Kam et Machmedov
*Paraeremostachys transoxana* (Bge.) Adyl., R. Kam et Machmedov
**Paraligusticum V. Tichomirov**
*Paraligusticum discolor* (Ledeb.) V. Tichomirov
**Paramicrorhynchus Kirp.**
*Paramicrorhynchus procumbens* (Roxb.) Kirp.
**Parapholis** C. E. Hubb.
*Parapholis incurva* C. E. Hubb.
*Parapholis longiflora* (Grossh.) Musajev
**Paraquilegia** J. Drumm. et Hutsch.
*Paraquilegia anemonoides* (Willd.) Ulbr.
*Paraquilegia caespitosa* (Boiss. et Hohen.) J. Drumm. et Hutsch.
*Paraquilegia scabrifolia* Pachom.
**Parasilaus Leute**
*Parasilaus asiaticus* (Korov.) M. Pimen.
**Parenticella Viv.**
*Parenticella flaviflora* (Boiss.) Nevski
**Parietaria** L.
*Parietaria alsinifolia* Delile
*Parietaria judaica* L.
*Parietaria micrantha* Ldb.
*Parietaria officinalis* L.
*Parietaria persica* Stapf
*Parietaria ruschanica* Jarm. ex Ikonn.
*Parietaria serbica* Panc.
**Parnassia** L.
*Parnassia bifolia* Necr.
*Parnassia laxmannii* Pall. ex Schult.
*Parnassia palustris* L.
*Parnassia viridiflora* Batal.
**Paropyrum** Ulbr.
*Paropyrum anemonoides* (Kar. et Kir.) Ulbr.
**Parthenium L.**
*Parthenium argentatum* A. Gray
**Pastinaca L.**
*Pastinaca clausii* (Ledeb.) M. Pimen.
**Pastinacopsis Golosk.**
*Pastinacopsis glacialis* Golosk.
**Patrinia** Juss.
*Patrinia intermedia* (Hornem.) Roem. et Schult
*Patrinia scabiosifolia* Fisch. ex Link
*Patrinia sibirica* (L.) Juss.
**Paulita Sojak**
*Paulita alaica* (M. Pimen. et Kljuykov) M. Pimen. et Kljuykov
*Paulita alpina* (Schisschk.) Sojak
*Paulita ovczinnikovii* (Korov.) Sojak
**Pedicularis** L.
*Pedicularis achilleifolia* Steph.
*Pedicularis* alaica A. Li
*Pedicularis alatauica* Stadlm. ex Vved.
*Pedicularis alberti* Rgl.
*Pedicularis allorrhampha* Vved.
*Pedicularis altaica* Steph. ex Stev.
*Pedicularis amoena* Adam ex Stav.
*Pedicularis breviflora* Regel et C. Winkl.
*Pedicularis cheilanthifolia* Schrenk.
*Pedicularis compacta* Steph.
*Pedicularis czuiliensis* Semiotr.
*Pedicularis dasystachys* Schrenk.
*Pedicularis dolichorrhiza* Schrenk.

*Pedicularis dubia* B. Fedtsch.
*Pedicularis elata* Willd.
*Pedicularis grigorjevii* Ivaninana
*Pedicularis gypsicola* Vved.
*Pedicularis interrupta* Steph. ex Willd.
*Pedicularis karatavica* Pavl.
*Pedicularis karoi* Freyn.
*Pedicularis kokpakensis* Semiotr.
*Pedicularis korolkovii* Rgl.
*Pedicularis krylovii* Bonati.
*Pedicularis kuljabensis* Ivanina
*Pedicularis kungeica* Bajt.
*Pedicularis ludwigii* Rgl.
*Pedicularis macrochila* Vved.
*Pedicularis mariae* Rgl.
*Pedicularis masalskyi* Semiotr.
*Pedicularis maximowiczii* Krassn.
*Pedicularis myriophylla* Pall.
*Pedicularis oederi* Vahl.
*Pedicularis olgae* Rgl.
*Pedicularis peduncularis* M. Pop.
*Pedicularis physocalyx* Bge.
*Pedicularis platyrrhycha* Schrenk.
*Pedicularis popovii* Vved.
*Pedicularis proboscidea* Stev.
*Pedicularis pubiflora* Vved.
*Pedicularis pulchra* Pauls.
Pedicularis pycnantha Boiss.
*Pedicularis resupinata* L.
*Pedicularis rhinanthoides* Schrenk.
*Pedicularis sarawschanica* Rgl.
*Pedicularis sceptrum-carolinum* L.
*Pedicularis schugnana* B. Fedtsch.
*Pedicularis semenovii* Rgl.
*Pedicularis songarica* Schrenk.
*Pedicularis talassica* Vved.
*Pedicularis tarbagataica* Semiotr.
*Pedicularis tianschanica* Rupr.
*Pedicularis transversa* Bajmuchambetova
*Pedicularis tristis* L.
*Pedicularis uliginosa* Bge.
*Pedicularis verae* Vved.
*Pedicularis violascens* Schrenk
*Pedicularis waldheimii* Bonati.
**Peganum** L.
Peganum harmala L.
**Peltaria** Jacq.
*Peltaria turkmena* Lipsky.
**Peltaroides** N. Busch
*Peltaroides planisiliqua* (Boiss.) N. Busch
**Pennisetum Rich.**
*Pennisetum americanum* (L.) Leeke
*Pennisetum centrasiaticum* Tzvel.
*Pennisetum flaccidum* Griseb.
*Pennisetum orientale* Rich.
**Pentanema** Cass.
*Pentanema albertoregelia* (C. Winkl.) Gorschk.
*Pentanema chodzhakasiani* Kinz.
*Pentanema discoideum* Nabiev
*Pentanema divaricatum* Cass.
*Pentanema glanduligerum* (Krasch.) Gorschk.
*Pentanema krascheninnikovii* (R. Kam.) Czer.
*Pentanema propincuum* Nevski
*Pentanema rupicola* (Krasch.) Gorschk.
*Pentanema varsobicum* R. Kam. et Kinz.
**Pentaphylloides** Hill.
*Pentaphylloides dryadanthoides* (Juz.) Sojak.
*Pentaphylloides fruticosa* (L.) O. Schwartz
*Pentaphylloides parviflora* (Fisch. ex Lehm.) Sojak.
*Pentaphylloides phyllocalix* (Juz.) Sojak.
**Peplis** L.
Peplis alternifolia M. B.
**Periploca** L.
*Periploca graeca* L.
**Perovskia** Kar.
*Perovskia abrotanoides* Kar.
*Perovskia angustifolia* Kudr.
*Perovskia botschantzevii* Kovalevsk. et Koczk.
Perovskia *kudrjaschevii* Gorschk. et Pjat.
*Perovskia linczevskii* Kudr.
*Perovskia scrophulariifolia* Bge.
*Perovskia virgata* Kudr.
**Perplexia Iljin**
*Perplexia microcephala* (Boiss.) Iljin
**Persica** Hill.

*Persica ferganensis* (Kostina et Rjab.) Kov. et Kostina.

*Persica vulgaris* Mill.

**Persicaria** Hill.

*Persicaria amphibia* (L.) S. F. Gray

*Persicaria hydropiper* (L.) Spach

*Persicaria lapathifolia* (L.) S. F. Gray

*Persicaria maculata* (Rafin.) A. et D. Love

*Persicaria minor* (Huds.) Opiz

*Persicaria scabra* (Moench) Mold.

**Petasites Hill**

*Petasites spurious* (Retz.) Reichenb.

**Petrorhagia** (Ser ex DC.) Link

*Petrorhagia alpina* (Habl) P. W. Ball et Heywood

*Petrorhagia cretica* (L.) P. W. Ball et Heywood

**Petrosimonia** Bge.

*Petrosimonia brachiata* (Pall.) Bge.

*Petrosimonia brachyphylla* (Bge.) Iljin

*Petrosimonia glauca* (Pall.) Bge.

*Petrosimonia glaucescens* (Bge.) Iljin

*Petrosimonia hirsutissima* (Bge.) Iljin

*Petrosimonia litvinovii* Korsh.

*Petrosimonia monandra* (Pall.) Bge.

*Petrosimonia oppositifolia* (Pall.) Bge.

*Petrosimonia sibirica* (Pall.) Bge.

*Petrosimonia squarrosa* (Schrenk) Bge.

*Petrosimonia triandra* (Pall.) Simonk.

**Peucedanum** L.

*Peucedanum morissonii* Bess.

**Phaeonychium** O. E. Schulz

*Phaeonychium abalakovii* Junussov

*Phaeonychium surculosum* (N. Busch) Botsch.

**Phagnalon** Cass.

*Phagnalon androssovii* B. Fedtsch.

*Phagnalon darwasicum* Krasch.

**Phalaris** L.

*Phalaris minor* Retz.

*Phalaris paradoxa* L.

**Phalaroides** N. M. Wolf

*Phalaroides arundinacea* (L.) Rauchert

**Phalacrachena Iljin**

*Phalacrachena calva* (Ledeb.) Iljin

**Phaseolus** L.

*Phaseolus coccineus* L.

*Phaseolus vulgaris* L.

**Phegopteris** (C. Presl) Fee

*Phegopteris connecticus* (Michx.) Watt.

**Phelipanche** Pomel

*Phelipanche aegyptiaca* (Pers.) Pomel

*Phelipanche androssovii* (Novopokr.) Sojak

*Phelipanche borissovae* (Novopokr.) Sojak

*Phelipanche brachypoda* (Novopokr.) Sojak

*Phelipanche coelestis* (Reut.) Sojak

*Phelipanche kelleri* (Novopokr.) Sojak

*Phelipanche laevis* (L.) Holub

*Phelipanche lanuginosa* (C. A. Mey.) Holub

*Phelipanche brachypoda* (Novopokr.) Sojak

*Phelipanche nikitae* Teryokhin

*Phelipanche oxyloba* (Reut.) Sojak

*Phelipanche sogdiana* (Novopokr.) Sojak

*Phelipanche uralensis* (G. Beck) Czer.

**Philadelphus** L.

*Philadelphus caucasicus* Koehne

*Philadelphus latifolius* Schrad. ex DC.

**Phleum** L.

*Phleum alpinum* L..

*Phleum himalaicum* Mez

*Phleum nodosum* L.

*Phleum paniculatum* Huds.

*Phleum phleoides* (L.) Karst

Phleum pratense L.

*Phleum roshevitzii* Pavl.

**Phlomidoschema** (Benth.) Vved.

*Phlomidoschema parviflorum* (Benth.) Vved.

**Phlomis** L.

*Phlomis betonicifolia* Rgl.

*Phlomis bucharica* Rgl.

*Phlomis cancellata* Bge.

*Phlomis chinghoensis* C. Y. Wu

*Phlomis cyclodon* Knorr.

*Phlomis drobovii* M. Pop. et Vved.

*Phlomis frucitetorum* Gontsch.

*Phlomis hypoleuca* Vved.

*Phlomis kopetdagensis* Knorr.

*Phlomis linearifolia* Zak.

*Phlomis nubilans* Zak.

*Phlomis olgae* Rgl.
*Phlomis pungens* Willd.
*Phlomis regelii* M. Pop.
*Phlomis salicifolia* Rgl.
*Phlomis sewerzovii* Rgl.
*Phlomis spinidens* Nevski
*Phlomis thapsoides* Bge.
**Phlomoides** Moench
*Phlomoides agraria* (Bge.) Adyl., R. Kam. et Machmedov
*Phlomoides alaica* (Knorr.) Adyl., R. Kam. et Machmedov
*Phlomoides albertii* (Rgl.) Adyl., R. Kam. et Machmedov
Phlomoides alpina (Rgl.) Adyl., R. Kam. et Machmedov
*Phlomoides ambiqua* (M. Pop. ex Pazij et Vved) Adyl., R. Kam. et Machmedov
*Phlomoides angreni* (M. Pop.) Adyl., R. Kam. et Machmedov
*Phlomoides arctiifolia* (M. Pop.) Adyl., R. Kam. et Machmedov
*Phlomoides baburii* (Adyl.) (Adyl.)
*Phlomoides s baissunensis* (M. Pop.) Adyl., R. Kam. et Machmedov
*Phlomoides baldschuanica* (Rgl.) Adyl., R. Kam. et Machmedov
*Phlomoides beckeri* (Rgl.)Adyl., R. Kam. et Machmedov
*Phlomoides boissieriana* (Rgl.)Adyl., R. Kam. et Machmedov
*Phlomoides botschantzevii* (Adyl.) Adyl.
*Phlomoides brachystegia* (Bge.) Adyl., R. Kam. et Machmedov
*Phlomoides canescens* (Rgl.) Adyl., R. Kam. et Machmedov
*Phlomoides cephalariifolia* (M. Pop.) Adyl., R. Kam. et Machmedov
*Phlomoides cordifolia* (Rgl.) Adyl., R. Kam. et Machmedov
*Phlomoides czuiliensis* (Golosk.) Adyl., R. Kam. et Machmedov
*Phlomoides dszumrutensis* (Afan.) Adyl., R. Kam. et Machmedov
*Phlomoides embracteolata* (M. Pop.) Adyl., R. Kam. et Machmedov
*Phlomoides eriocalyx* (Rgl.) Adyl., R. Kam. et Machmedov
*Phlomoides ferganensis* (M. Pop.) Adyl., R. Kam. et Machmedov
*Phlomoides fetissovii* (Rgl.) Adyl., R. Kam. et Machmedov
*Phlomoides fulgens* (Bge.) Adyl., R. Kam. et Machmedov
*Phlomoides gymnocalyx* (Schrenk) Adyl., R. Kam. et Machmedov
*Phlomoides gypsacea* (M. Pop.) Adyl., R. Kam. et Machmedov
*Phlomoides hissarica* (Rgl.) Adyl., R. Kam. et Machmedov
*Phlomoides iliensis* (Rgl.) Adyl., R. Kam. et Machmedov
*Phlomoides impressa* (Pazij et Vved.) Adyl., R. Kam. et Machmedov
*Phlomoides integrior* (Pazij et Vved.) Adyl., R. Kam. et Machmedov
*Phlomoides kaufmanniana* (Rgl.) Adyl., R. Kam. et Machmedov
*Phlomoides kirghisorum* Adyl., R. Kam. et Machmedov
*Phlomoides knorringiana* (M. Pop.) Adyl., R. Kam. et Machmedov
*Phlomoides korovinii* (M. Pop.) Adyl., R. Kam. et Machmedov
*Phlomoides labiosa* (Bge.) Adyl., R. Kam. et Machmedov
*Phlomoides labiosiformis* (M. Pop.) Adyl., R. Kam. et Machmedov
*Phlomoides labisiosissima* (Pazij et Vved) Adyl., R. Kam. et Machmedov
*Phlomoides laciniata* (L.) R. Kam. et Machmedov
*Phlomoides lanatifolia* Machmedov
*Phlomoides lehmanniana* (Bge.) Adyl., R. Kam. et Machmedov
*Phlomoides leiocalix* (Pazij et Vved.) Adyl., R. Kam. et Machmedov

*Phlomoides lyrata* (M. Pop.) Adyl.
*Phlomoides michaelis* Adyl., R. Kam. et Machmedov
*Phlomoides napuligera* (Franch.) Adyl., R. Kam. et Machmedov
*Phlomoides nuda* (Rgl.) Adyl., R. Kam. et Machmedov
*Phlomoides oreophila* (Kar. et Kir.) Adyl., R. Kam. et Machmedov
*Phlomoides s ostrovskiana* (Rgl.) Adyl., R. Kam. et Machmedov
*Phlomoides pauciflora* (O. Kuntze) Adyl., R. Kam. et Machmedov
*Phlomoides pectinata* (M. Pop.) Adyl., R. Kam. et Machmedov
*Phlomoides popovii* (Gontsch.)
*Phlomoides pratensis* (Kar. et Kir.) Adyl., R. Kam. et Machmedov
*Phlomoides puberula* (Kryl. et Serg.) Adyl., R. Kam. et Machmedov
*Phlomoides pulchra* (M. Pop.) Adyl., R. Kam. et Machmedov
*Phlomoides reg* e *liana* (Aitch. et Hemsl.) Adyl., R. Kam. et Machmedov
*Phlomoides sanglechensis* (Rech fil.) Adyl., R. Kam. et Machmedov
*Phlomoides sarawschanica* (Rgl.) Adyl., R. Kam. et Machmedov
*Phlomoides schugnanica* (M. Pop.) Adyl., R. Kam. et Machmedov
*Phlomoides septertrionalis* (M. Pop.) Adyl., R. Kam. et Machmedov
*Phlomoides speciosa* (Rupr.) Adyl., R. Kam. et Machmedov
*Phlomoides subspicata* (M. Pop.) Adyl., R. Kam. et Machmedov.
*Phlomoides tadschikistanica* (B. Fcdtsch.) Adyl., R. Kam. et Machmedov
*Phlomoides tianschanica* (M. Pop.) Adyl., R. Kam. et Machmedov
*Phlomoides tschimganica* (Vved.) Adyl., R. Kam. et Machmedov
*Phlomoides tuberosa* (L.) Moench
*Phlomoides tytthaster* (Vved.) Adyl., R. Kam. et Machmedov
*Phlomoides uniflora* (Rgl.) Adyl., R. Kam. et Machmedov
*Phlomoides urodonta* (M. Pop.) Adyl., R. Kam. et Machmedov
*Phlomoides vavilovii* (M. Pop.) Adyl., R. Kam. et Machmedov
*Phlomoides zenaidae* (M. Pop.) Adyl., R. Kam. et Machmedov
**Pholiurus** Trin
*Pholiurus pannonicus* (Host) Trin.
**Phragmites** Adans.
*Phragmites altissimus* (Benth.) Nabile
*Phragmites australis* (Cav.) Trin. ex Steud.
**Phyllitis Hill**
*Phyllitis scolopendrum* Hill
**Phyllodoce** Salisb
*Phyllodoce caerulea* (L.) Bab.
**Physalis** L.
*Physalis alkekengi* L.
*Physalis angulata* L.
*Physalis hermannii* Dun.
*Physalis praetermissa* Pojark.
**Physandra** halimocnemis Botsch.
*Physandra halimocnemis* (Botsch.) Botsch.
**Physocaulis** (DC.) Tausch
*Physocaulis nodosus* (L.) Koch
**Physochlaina** G. Don
*Physochlaina alaica* Korotk.
*Physochlaina orientalis* (M. B.) G. Don
*Physochlaina physaloides* (L.) G. Don
*Physochlaina semenowii* Rgl.
**Phytolacca** L.
*Phytolacca americana* L.
**Picea** Dietr.
*Picea obovata* Ledeb.
*Picea schrenkiana* Fisch. et Mey.
**Picnomon** Cass.
*Picnomon acarna* (L.) Cass.
**Picris** L.
*Picris davurica* Fisch.
*Picris hieracioides* L.

*Picris nuristanica* Bornm.
*Picris rigida* Ledeb. ex Spreng.
*Picris strigosa* M. B.
**Pilopleura** Schischk.
*Pilopleura goloskokovii* (Korov.) M. Pimen.
*Pilopleura tordyloides* (Korov.) M. Pimen.
**Pilostemon** Iljin
*Pilostemon filifolius* (C. Winkl.) Iljin
*Pilostemon karategini* (Lipsky) Iljin
**Pimpinella** L.
*Pimpinella anisactis* Rech.
*Pimpinella anisum* L.
*Pimpinella aurea* DC
*Pimpinella bobrovii* (Woronow ex Schischk.) Hiroe
*Pimpinella peregrina* L.
*Pimpinella* puberula (DC.) Boiss.
*Pimpinella turcomanica* Schischk.
**Pinus** L.
*Pinus sibirica* Du Tour
*Pinu* s *silvestris* L.
**Piptatherum** Beauv.
*Piptatherum aequiglume* (Hook. fil.) Roshev.
*Piptatherum alpestre* (Grig.) Roshev.
*Piptatherum angustifolium* (Regel) Munro ex Boiss.
*Piptatherum badachshanicum* (Tzvel.) Ikonn.
*Piptatherum fedtschenkoi* Roshev.
*Piptatherum ferganense* (Litv.) Roshev. ex E. Nikit.
*Piptatherum grigorjevii* Tzvel.
*Piptatherum hilariae* Pazii
*Piptatherum hissaricum* (Tzvel.) Czer.
*Piptatherum holciforme* (Bieb.) Roem. et Schult.
*Piptatherum kokanicum* (Regel) Nevski
*Piptatherum laterale* (Regel) Munro ex Nevski
*Piptatherum latifolium* (Roshev.) Nevski
*Piptatherum pamiroalaicum* (Grig.) Roshev. ex E. Nikit.
*Piptatherum platyanthum* Nevski
*Piptatherum purpurascens* (Hack.) Roshev.
*Piptatherum roshevitsianum* Tzvel.
*Piptatherum sogdianum* (Grig.) Roshev.
*Piptatherum songaricum* (Trin. et Rupr.) Roshev. et E. Nikit.
*Piptatherum vicarium* (Grig.) Roshev. et E. Nikit.
**Piptoptera** Bge.
*Piptoptera turkestana* Bge.
**Pistacia** L.
*Pistacia badghysi* M. Pop.
*Pistacia vera* L.
**Pisum** L.
*Pisum arvense* L.
*Pisum elatius* Bieb.
*Pisum sativum* L.
**Plagiobasis Schrenk**
*Plagiobasis centauroides* Schrenk
**Plantago** L.
*Plantago arachnoidea* Schrenk
*Plantago arenaria* Waldst. et Kit.
*Plantago cornuti* Gouan.
*Plantago coronopus* L.
*Plantago depressa* Schlecht.
*Plantago griffithii* Decne.
*Plantago intermedia* DC.
*Plantago komarovii* Pavl.
*Plantago lachnantha* Bge.
*Plantago lagocephala* Bge.
*Plantago lanceolata* L.
*Plantago lessingii* Fisch. et C. A. Mey.
*Plantago major* L.
*Plantago maxima* Juss. ex Jacq.
*Plantago media* L.
*Plantago minuta* Pall.
*Plantago ovata* Forssk.
*Plantago polysperma* Kar. et Kir.
*Plantago salsa* Pall.
*Plantago squalida Salisb.*
*Plantago tenuiflora* Waldst. et Kit.
*Plantago urvillei* Opiz
**Platanus** L.
*Platanus orientalis* L.
**Platycladus Spach**
*Platycladus orientalis* (L.) Franco
**Pleconax** Rafin.
*Pleconax conica* (L.) Sourkova

*Pleconax coniflora* (Nees ex Otth) Sourkova
*Pleconax conoidea* (L.) Sourkova
**Pleopeltis** Humb. et Bonpl. ex Willd.
*Pleopeltis clathrata* (Clarke) Czer.
**Pleurogynella** Ikonn.
*Pleurogynella brachyanthera* (Clarke) Ikonn.
*Pleurogynella thomsonii* (Clarke) Ikonn.
**Plumbagella** Spach
*Plumbagella micrantha* (Ledeb.) Spach
**Plumbago** L.
*Plumbago europaea* L.
**Poa** L.
*Poa aksuensis* (Tzvel.)Czer.
*Poa alberti* Rgl.
*Poa alpina* L.
*Poa angustifolia* L.
*Poa annua* L.
*Poa araratica* Trautv.
*Poa attenuata* Trin.
*Poa bactriana* Roshev.
*Poa bucharica* Roshev.
*Poa bulbosa* L.
*Poa calliopsis* Litv.
*Poa crispa* Thuill.
*Poa densa* Troitzk.
*Poa disiecta* Ovcz.
*Poa drobovii* (Txvel.) Czer.
*Poa dschungarica* Roshev.
*Poa fedtschenkoi* Roshev.
*Poa fragilis* Ovcz.
*Poa glabrifiora* Roshev. ex Ovcz.
*Poa glauca* Vahl
*Poa hissarica* Roshev.
*Poa infirma* Kunth
*Poa insignis* Litv.
*Poa karateginensis* Roshev.
*Poa koksuensis* Golosk.
*Poa korshunensis* Golosk.
*Poa lipskyi* Roshev.
*Poa litvinoviana* Ovcz.
*Poa nemoralis* L.
*Poa nevskii* Roshev.
*Poa palustris* L.
*Poa pratensis* L.
*Poa rangkulensis* Ovcz.
*Poa relaxa* Ovcz.
*Poa remota* Forsel.
*Poa sibirica* Roshev.
*Poa sinaica* Steud.
*Poa stepposa* (Kryl.) Roshev.
*Poa sylvicola* Guss.
*Poa supina* Schrad.
*Poa tianschanica* (Rgl.) Hack. ex Fedtsch.
*Poa tristis* Trin. ex Bge.
*Poa trivialis* L.
*Poa veresczaginii* Tzvel
*Poa vvedenskyi* Drob.
Poa zaprjagajevii Ovcz.
**Poacynum** Baill.
*Poacynum hendersonii* (Hook. f.) Woodson.
*Poacynum pictum* (Schrenk)Baill.
**Polychrysum(Tzvel.) Kovalevsk.**
*Polychrysum tadshicorum* (Kudr.) Kovalevsk.
**Polycnemum** L.
*Polycnemum arvense* L.
*Polycnemum majus* A. Br.
*Polycnemum perenne* Litv.
**Polygala** L.
*Polygala comosa* Schkuhr.
**Polygonatum** Adans.
*Polygonatum roseum* (Ledeb.) Kunth.
*Polygonatum sewerzovii* Rgl.
**Polygonum L.**
*Polygonum acerosum* Ledeb. ex Meisn.
*Polygonum acetosum* M. B.
*Polygonum arenastrum* Boreau
*Polygonum argyrocoleon* Steud.
*Polygonum arianum* Crig.
*Polygonum atraphaxiforme* Botsch.
*Polygonum aviculare* L.
*Polygonum biaristatum* Aitch. et Hemsl.
*Polygonum bornmülleri* Litv.
*Polygonum cognatum Meissn.*
*Polygonum corrigioloides* Jaub. et Spach
*Polygonum czukavinae* Sojak
*Polygonum fibrilliferum* Kom.

*Polygonum floribundum* Schlecht. ex Spreng.
*Polygonum glareosum* Schischk.
*Polygonum inflexum* Kom.
*Polygonum ivanovae* Tzvel.
*Polygonum mezianum* H. Gross.
*Polygonum molliiforme* Boiss.
*Polygonum myrtillifolium* Kom.
*Polygonum neglectum* Bess.
*Polygonum ovczinnikovii* Czuk.
*Polygonum paronychioides* C. A. Mey. ex Hohen
*Polygonum patulum* M. B.
*Polygonum persicaria* L.
*Polygonum polycnemoides* Jaub. et Spach
*Polygonum propinquum* Ledeb.
*Polygonum pseudoarenarium* Klok.
*Polygonum pulchellum* Loisel.
*Polygonum pulvinatum* Kom.
*Polygonum rottboellioides* Jaub. et Spach
*Polygonum salsugineum* Bieb.
*Polygonum schistosum* Czuk.
*Polygonum serpyllaceum* Jaub.
*Polygonum subaphyllum* Sumn.
*Poygonum thymifolium* Jaub. et Spach
*Polygonum turkestanicum* Sumn.
*Polygonum vvedenskyi* Sumn.
*Polygonum zakirovii* Czervinidi
**Polypodium** L.
*Polypodium vulgare* L.
**Polypogon** Desf.
*Polypogon fugax* Nees ex Steud.
*Polypogon maritimus* Willd.
*Polypogon monspeliensis* (L.) Desf.
*Polypogon viridis* (Gouan) Breistr.
**Polystichum** Roth
*Polystichum aculeatum* (L.) Roth
Polystichum lonchitis (L.) Roth
**Polytaxis** Bge.
*Polytaxis Lehmannii* Bge.
*Polytaxis pulchella* Rassulova et B. Scharipova
*Polytaxis wincleri* Iljin
**Populus** L.
*Populus afganica* (Aitch. et Hamsl.) Schneid.
*Populus alba* L.
*Populus ariana* Dode
*Populus berkarensis* Poljak.
*Populus candicans* Ait.
*Populus x canescens* Smith
*Populus cataracti* Kom.
*Populus deltoides* Marsh.
*Populus diversifolia* Schrenk
*Populus* x *glaucomans* Dode
*Populus jirtychensis* C. Y. Yang
*Populus italica* (DuRoi) Moench
*Populus x krauseana* Dode
*Populus laurifolia* Ledeb.
*Populus nigra* L.
*Populus pamirica* Kom.
*Populus pilosa* Rehd.
*Populus pruinosa* Schrenk
*Populus pyramidalis* Rozier
*Populus simonii* Carr.
*Populus talassica* Kom.
*Populus x tianschanica* V. Tkatschenko.
*Populus tremula* L.
**Portulaca** L.
Portulaca oleracea L.
**Popoviolimon Lincz.**
*Popoviolimon turcomanicum* (M. Pop. ex Lincz.) Lincz.
**Potamogeton** L.
*Potamogeton alpinus* Balb.
*Potamogeton berchtoldii* Fieb.
*Potamogeton biformis* Hagstr.
*Potamogeton compressus* L.
*Potamogeton crispus* L.
*Potamogeton filiformis* Pers.
*Potamogeton gramineus* L.
*Potamogeton lucens* L.
*Potamogeton natans* L.
*Potamogeton nodosus* Poir.
*Potamogeton obtusifolius* Mert. et Koch
*Potamogeton pamiricus* Baagoe
*Potamogeton pectinatus* L.
*Potamogeton perfoliatus* L.
*Potamogeton polygonifolius* Poarr.
*Potamogeton pusillus* L.

*Potamogeton sarmaticus* Maemets
*Potamogeton trichoides* Cham. et Schlecht.
*Potamogeton tubulatus* Hadstr.
**Potentilla** L.
*Potentilla agrimonioides* Bieb.
*Potentilla algida* Sojak
*Potentilla* x *angustiloba* Yu et C. Y. Li
*Potentilla anserina* L.
*Potentilla approximata* Bge.
*Potentilla arnavatensis* (Th. Wolf) Juz.
*Potentilla asiatica* (Th. Wolf) Juz.
*Potentilla biflora* Willd. ex Schlecht
*Potentilla borissi* Ovcz. ex Koczk.
*Potentilla botschantzeviana* Adylov
*Potentilla butkovii* Botsch.
Potentilla canescens Bess.
*Potentilla chrysantha* Trev.
*Potentilla conferta* Bge.
*Potentilla crantzii* (Crantz) Beck. ex Fritsch
*Potentilla darvasica* Juz. ex Botsch.
*Potentilla desertorum* Bge.
*Potentilla evestita* Th. Wolf
*Potentilla exuta* Sojak
Potentilla fedtschenkoana Siegfr. ex Th. Wolf
*Potentilla ferganensis* Sojak
*Potentilla flabellata* Rgl. et Schmalh.
*Potentilla gelida* C. A. Mey.
*Potentilla gelida* subsp. *boreo-asiatica* Jurtz. et R. Kam.
*Potentilla hololeuca* Boiss. ex Lehm.
*Potentilla humifusa* Willd. ex Schlecht.
*Potentilla imbricata* Kar. et Kir.
*Potentilla impolita* Wahl.
*Potentilla karatavica* Juz.
*Potentilla kasachstanica* R. Kam.
*Potentilla kulabensis* Th. Wolf
*Potentilla longifolia* Willd. ex Schlecht.
*Potentilla longipes* Ledeb.
*Potentilla mollissima* Lehm.
*Potentilla moorcroftii* Wall. ex Lehm.
*Potentilla multifida* L.
*Potentilla multifidiformis* Ikonn.
*Potentilla nervosa* Juz.
*Potentilla orientalis* Juz.
*Potentilla ornitopoda* Tausch.
*Potentilla pamirica* Th. Wolf
*Potentilla pamiroalaica* Juz.
*Potentilla pedata* Willd. ex Hornem.
*Potentilla penniphylla* Sojak
*Potentilla prostrata* Rottb.
*Potentilla prostrata* subsp. *floccosa* Sojak
*Potentilla regeliana* Th. Wolf
*Potentilla schugnanica* Juz. ex Adylov
*Potentilla sericea* L.
*Potentilla soongarica* Bge.
*Potentilla* x *subtrijuga* Juz. Th. Wolf
*Potentilla supina* L.
*Potentilla supina* subsp. *paradoxa* (Nutt. ex Torr. et Gray) Soyak
*Potentilla tephroleuca* (Th. Wolf) B. Fedtsch.
*Potentilla tianschanica* Th. Wolf
*Potentilla turczaninoviana* Stschegl.
*Potentilla turczaninoviana* subsp. *nephogena* Sojak
*Potentilla turczaninoviana* subsp. *turczaninoviana*
*Potentilla turgaica* Sojak
*Potentilla virgata* Lehm.
*Potentilla vvedenskii* Botsch.
**Poterium** L.
*Poterium lasiocarpum* Boiss. et Hausskn. ex Boiss.
*Poterium polygamum* Waldst. et Kit.
**Prangos** Lindl.
*Prangos ammophyla* (Bunge) M. Pimen.
*Prangos areanria* (Schischkin.) M. Pimen. et V. Tichomirov
*Prangos bucharica* B. Fedtsch.
*Prangos cachroides* (Schrenk) M. Pimen. et V. Tichomirov
*Prangos didima* (Rgl) M. Pimen. et V. Tichomirov
*Prangos dzhungarica* M. Pimen.
*Prangos equisetoides* Kuzmina
*Prangos fedtschenkoi* (Rgl. et Schmalh.) Korov.
*Prangos gyrocarpa* Kuzmina
*Prangos lachnantha* (Korov.) M. Pimen. et Kljuykov
*Prangos latiloba* Korov.

*Prangos ledebourii* Herrnst. et Heyn
*Prangos lipskyi* Korov.
*Prangos odontalgica* (Pall.) Herrnst. et Heyn
*Prangos ornata* Kuzmina
*Prangos pabularia* Lindl.
*Prangos pabularia* subsp. *cylindrocarpa* (Korov.) M. Pimen. et V. Tichomirov
*Prangos pabularia* subsp. *lamellata* (Korov.) M. Pimen. et V. Tichomirov
*Prangos tschimganica* B. Fedtsch.
*Prangos uloptera* DC.
**Primula** L.
*Primula botschantzevii* Czuk. et Kovalevsk.
*Primula bungeana* C. A. Mey.
*Primula capitellata* Boiss.
*Primula eugeniae* Fed.
*Primula farinosa* L.
*Primula fedtschenkoi* Rgl.
*Primula flexuosa* Turkev.
*Primula geranophylla* Kovalevsk.
*Primula iljinskii* Fed.
*Primula kaufmanniana* Rgl.
*Primula knorringiana* Fed.
*Primula lactiflora* Turkev.
*Primula longiscapa* Ledeb.
*Primula macrophylla* D. Don
*Primula minkwitziae* W. W. Smith
*Primula moorcroftiana* Wall. ex Klatt
*Primula nivalis* Pall.
*Primula olgae* Rgl.
*Primula pallasii* Lehm.
*Primula pamirica* Fed.
*Primula turkestanica* (Haage et Schmidt) E. A. White
*Primula valentinae* Fed.
*Primula warshenewskiana* B. Fedtsch.
*Primula woronowii* Losinsk.
*Primula xanthobasis* Fed.
**Prionotrichon** Botsch. et Vved.
*Prionotrichon erysimoides* (Kar. et Kir.) Botsch. et Vved.
*Prionotrichon gauadanense* (Litv.) Botsch.
*Prionotrichon pseudoparria* Botsch. et Vved.
**Proboscidea** Schmidel
*Proboscidea louisiana* (Mill.) Thell.
**Prunella** L.
*Prunella vulgaris* L.
**Prunus** L.
*Prunus cerasifera* Ehrh.
*Prunus cerasifera* subsp. *turcomanica* Luneva
*Prunus cerasifera* Ehrh.
*Prunus darvasica* Temberg
*Prunus divaricata* Ledeb.
*Prunus domestica* L.
x *Prunus ferganica* Lincz.
x *Prunus foveolata* Luneva
*Prunus salicina* Lindl.
*Prunus simonii* Carr.
*Prunus sogdiana* Vass.
*Prunus spinosa* L.
*Prunus tadzhikistanica* V. Zapr.
**Przewalskya**
*Przewalskya tangutica* Maxim.
**Psammophiliella** Ikonn.
*Psammophiliella filipes* (Boiss.) Ikonn.
*Psammophiliella floribunda* (Kar. et Kir..) Ikonn.
*Psammophiliella muralis* (L.) Ikonn.
*Psammophiliella steppposa* (Klok.) Ikonn.
**Psammogeton** Edgew.
*Psammogeton canescens* (DC.) Vatke
**Psathyrostachys** Nevski
*Psathyrostachys hyalantha* (Rupr.) Tzvel.
*Psathyrostachys juncea* (Fisch.) Nevski
*Psathyrostachys kronenburgii* (Hack.) Nevski
*Psathyrostachys juncea* (Fisch.) Tzvel.
*Psathyrostachys lanuginosus* (Trin.) Tzvel.
**Pseuderemostachys** M. Pop.
*Pseuderemostachys sewertzowii* (Herd.) M. Pop.
**Pseudoclausia** M. Pop.
*Pseudoclausia gracillima* (M. Pop. ex Botsch. et Vved.) A. Vassil.
*Pseudoclausia hispida* (Rgl.) M. Pop. ex A. Vassil.
*Pseudoclausia kuramensis* Ovcz. et Junussov
*Pseudoclausia mollissima* (Lipsky) A. Vassil.

*Pseudoclausia olgae* (Rgl et Schmalh.) Botsch.
*Pseudoclausia papillosa* (Vassil.) A. Vassil.
*Pseudoclausia sarawschanica* (Rgl et Schmalh.) Botsch.
*Pseudoclausia tschimganica* (M. Pop. ex Botsch. et Vved.) A. Vassil.
*Pseudoclausia turkestanica* (Lipsky) A. Vassil.
*Pseudoclausia vvedenskyi* Pachom.
**Pseudolinosyris** Novopokr.
*Pseudolinosyris grimmii* (RgI. et Schmalh.) Novopokr.
*Pseudolinosyris microcephala* (Novopokr.) Tamamsch.
*Pseudolinosyris sintenisii* (Bornm.) Tamamsch.
**Pseudomarrubium** M. Pop.
*Pseudomarrubium eremostachydioides* M. Pop.
**Pseudomertensia** H. Riedl
*Pseudomertensia rosulata* (Ovcz et Czuk.) Ovcz et Czuk.
**Pseudosaponaria** (F. Williams) Ikonn.
*Pseudosaponaria pilosa* (Huds.) Ikonn.
**Pseudosedum** (Boiss.) Berger
*Pseudosedum bucharicum* Boriss.
*Pseudosedum campanuliforum* Boriss.
*Pseudosedum condensatum* Boriss.
*Pseudosedum fedtschenkoanum* Boriss.
*Pseudosedum* ferganense Boriss.
*Pseudosedum kamelinii* Palanov
*Pseudosedum karatavicum* Boriss.
*Pseudosedum lievenii* (Ledeb.) Berger
*Pseudosedum longidentatum* Boriss.
*Pseudosedum multicaule* (Boiss. et Buhse) Boriss.
**Pseudosophora** (DC.) Sweet
Pseudosophora alopecuroides(L.) Sweet
**Psilurus** Trin.
*Psilurus incurvis* (Gouan) Schinz et Thell.
**Psoralea** L.
*Psoralea drupacea* Bge.
**Psylliostachys** (Jaub. et Spach) Nevski
*Psylliostachys anceps* (Rgl.) Roshk.
*Psylliostachys androssovii* Roshk.
*Psylliostachys leptostachya* (Boiss.) Roshk.
*Psylliostachys myosuroides* (RgI.) Roshk.
*Psylliostachys spicata* (Willd.) Nevski
*Psylliostachys suworowii* (Hgl.) Roshk. L.
**Pteridium** Gled. ex Scop.
*Pteridium aquilinum* (L.) Kuhn
**Pterigostemon** V. Boczantzeva
*Pterigostemon spathulatus* (Kar. et Kir.) V. Boczantzeva
**Pterocephalus** Adans.
Pterocephalus afghanicus (Aitch. et Hemsl.) Boiss.
*Pterocephalus fruticulosus* Korov.
*Pterocephalus plumosus* (L.) Coult.
**Pteropyrum** Jaub. et Spach
*Pteropyrum aucheri* Jaub. et Spach
**Ptilagrostis** Griseb.
*Ptilagrostis malyschevii* Tzvel.
*Ptilagrostis mongolica* (Turcz. ex Trin.) Griseb.
*Ptilagrostis schischkinii* (Tzvel.) Czer.
**Puccinellia Parl.**
*Puccinellia choresmica* V. Krecz.
*Puccinellia diffusa* V. Krecz.
*Puccinellia distans* (Jacq.) Parl.
*Puccinellia dolicholepis* V. Krecz.
*Puccinellia dolicholepis* subsp. *aksaica* Tzvel.
*Puccinellia florida* D. F. Cui
*Puccinellia fominii* Bilyk
*Puccinellia gigantea* (Crossh.) Crossh.
*Puccinellia glauca* (Rgl.) V. Krecz.
*Puccinellia hackehiana* V. Krecz.
*Puccinellia hauptiana* V. Krecz.
*Puccinellia humilis* Litv. ex V. Krecz.
*Puccinellia macropus* V. Krecz.
*Puccinellia nudiflora* (Hack.) Tzvel.
*Puccinellia pamirica* (Roshev.) V. Krecz.
*Puccinellia pauciramea* (Hack.) V. Krecz.
*Puccinellia poecilantha* (C. Koch) Gross.
*Puccinellia roshevitsiana* (Schischk.) Tzvel.
*Puccinellia schischkinii* Tzvel.
*Puccinellia subspicata* V. Krecz.
*Puccinellia tenuiflora* (Griseb.) Scribn.
*Puccinellia tenuissima* Litv. ex V. Krecz.
*Puccinellia tianschanica* (Tzvel.) Ikonn.
*Puccinellia vaschanica* Ovcz. et Czuk.

**Pueraria** DC.
*Pueraria lobata* (Willd.) Ohwii
Pulicaria Gaertn.
*Pulicaria arabica* (L.) Cass.
*Pulicaria dysenterica* (L.) Gaertn.
*Pulicaria gnaphalodes* (Vent.) Boiss.
*Pulicaria salviifolia* Bge.
*Pulicaria vulgaris* Gaertn.
**Pulmonaria** L.
*Pulmonaria molliss* Wulf. ex Hornem.
Pulsatilla Hill.
*Pulsatilla campanella* Fisch. ex Rgl. et Til.
*Pulsatilla kostyczewii* (Korsh.) Juz.
Punica L.
Punica granatum L.
**Pycreus** Beauv.
*Pycreus flavescens* (L.) Beauv. ex Reichb.
*Pycreus flavidus* (Retz.) T. Koyama
*Pycreus nilagiricus* (Hochst. ex Steud.) E. G. Camus
*Pycreus sanguinolentus* (Vahl) Nees
**Pyrethrum** Zinn.
*Pyrethrum abrotanifolium* Bge. ex Ledcb.
*Pyrethrum alatavicum* (Herd.) O. et B. Fedtsch.
*Pyrethrum arctodzhungaricum* Golosk.
*Pyrethrum cinerarifolium* Trev.
*Pyrethrum coccineum* (Willd.) Vorosch.
*Pyrethrum corymbiforme* Tzvel.
*Pyrethrum djilgense* (Franch.) Tzvcl.
*Pyrethrum galae* M. Pop.
*Pyrethrum grossheimii* Sosn.
*Pyrethrum hissaricum* Krasch.
*Pyrethrum karelinii* Krasch.
*Pyrethrum leontopodium* (C. Winkl.) Tzvel.
*Pyrethrum majus* (Desf.) Tzvel.
*Pyrethrum mikeschinii* Tzvel.
*Pyrethrum neglectum* Tzvel.
*Pyrethrum partenifolium* Willd.
*Pyrethrum partenium* (L.) Smith
*Pyrethrum semenovii* (Herdt.) C. Wincl. Ex O. Et B. Fedtsch.
*Pyrethrum sevanense* Sosn.
*Pyrethrum songaricum* Tzvel.
*Pyrethrum sovetkinae* Kovalevsk.
*Pyrethrum transiliense* (Herd.) Rgl. et Schmalh.
**Pyrola** L.
*Pyrola chouana* C. Y. Yang
*Pyrola xinjianggensis* Y. I. Chou et R. C. Zhou
*Pyrola minor* L.
*Pyrola rotundifolia L.*
*Pyrola virescens* Schweigg.
**Pyrus** L.
*Pyrus asiae-mediae* (M. Pop.) Maleev
*Pyrus boisseriana* Buhse
Pyrus bucharica Litv.
*Pyrus communis* L.
*Pyrus costata* Sumn.
*Pyrus ferganensis* Vass.
*Pyrus korshinskyi* Litv.
*Pyrus lindleyi* Rehd.
*Pyrus regelii* Rehd.
*Pyrus tadshikistanica* V. Zapr.
*Pyrus turcomanica* Maleev
Pyrus ussuriensis Maxim.
*Pyrus vavilovii* M. Pop.
**Quercus** L.
*Quercus castaneifolia* C. A. Mey.
*Quercus cerris* L.
*Quercus hartwissiana* Stev.
*Quercus iberica* Stev.
*Quercus macranthera* Fisch. et Mey. ex Hohen.
*Quercus robur* L.
**Queria** L.
*Queria hispanica* L.
**Rhabdotheca** Cass.
*Rhabdotheca korovinii* (M. Pop.) Kirp.
**Radiata** Medik.
*Radiata dasycarpa* Ser. Ovcz, Rasulova et Kinzikaeva
**Ranunculus** L.
*Ranunculus alajensis* Ostenf.
*Ranunculus alberti* Rgl. et Schmalh.
*Ranunculus alpigenus* Kom.
*Ranunculus altaicus* Laxm.
*Ranunculus arvensis* L.
*Ranunculus aureopetalus* Kom.

*Ranunculus badachschanicus* Ovcz. et Koczk.
*Ranunculus botschantzevii* Ovcz.
*Ranunculus brevirostris* Etgew.
*Ranunculus brotherusii* Freyn
*Ranunculus chaffanjonii* Danguy
*Ranunculus chinensis* Bge.
*Ranunculus chodzhamastonicus* Ovcz. et Junussov
*Ranunculus czimganicus* Ovcz.
*Ranunculus dilatatus* Ovcz.
*Ranunculus fraternus* Schrenk
*Ranunculus grandifolius* C. A. Mey.
*Ranunculus jazgulemicus* Ovcz.
*Ranunculus karelinii* Czer.
*Ranunculus komarovii* Freyn
*Ranunculus kotschyi* Boiss.
*Ranunculus krasnovii* Ovcz.
*Ranunculus linearilobus* Bge.
*Ranunculus lingua* L.
*Ranunculus longicaulis* C. A. Mey.
*Ranunculus longilobus* Ovcz.
*Ranunculus meinshausenii* Schrenk
*Ranunculus meyerianus* Rupr.
*Ranunculus michaelis* Kovalevsk.
*Ranunculus mindshelkensis* B. Fedtsch.
*Ranunculus mogoltavicus* (M. Pop.) Ovcz.
*Ranunculus monophyllus* Ovcz.
*Ranunculus muricatus* L.
*Ranunculus natans* C. A. Mey.
*Ranunculus olgae* Rgl.
*Ranunculus oligophyllus* Pissjauk.
*Ranunculus ovczinnikovii* Kovalevsk.
Ranunculus *oxyspermus* Willd.
Ranunculus *pamiri* Korsh.
*Ranunculus paucidentatus* Schrenk
*Ranunculus pedatus* Waldst. et Kit.
*Ranunculus pinnatisectus* M. Pop.
*Ranunculus platyspermus* Fisch ex DC.
*Ranunculus polyanthemos* L.
*Ranunculus polyrhisos* Steph.
*Ranunculus popovii* Ovcz.
*Ranunculus pskemensis* V. Pavl.
*Ranunculus pulsatillifolius* Litv.
*Ranunculus regelianus* Ovcz.
*Ranunculus rubrocalyx* Rgl. ex Kom.
*Ranunculus rufosepalus* Franch.
*Ranunculus sceleratus* L.
*Ranunculus schaftoanus* (Aitch. et Hemsl.) Boiss.
*Ranunculus sericeus* Banks et Soland.
*Ranunculus severzovii* Rgl.
*Ranunculus songaricus* Schrenk
*Ranunculus subrigescens* Ovcz.
*Ranunculus tenuilobus* Rgl. ex Kom.
*Ranunculus transalaicus* Tzvel
*Ranunculus transiliensis* M. Pop ex Gamajun.
*Ranunculus trautvetterianus* Rgl.
*Ranunculus turkestanicus* Franch.
*Ranunculus vvedenskyi* Ovcz.
**Raphanus** L.
*Raphanus raphanistrum* L.
*Raphanus sativus* L.
**Rhaphidophyton** Iljin
*Rhaphidophyton regelii* (Bge.) Iljin
**Rapistrum** Crantz
Rapistrum rugosum (L.) All.
**Razoumowskia** Hoffm.
*Razoumowskia oxycedri* (DC.) F. Schultz
**Reaumuria** L.
*Reaumuria babatagii* Botsch.
*Reaumuria badhysi* Korov.
*Reaumuria botschantzevii* Zuker et Kurbanov
*Reaumuria cistoides* Adam
*Reaumuria fruticosa* Bge. ex Boiss.
*Reaumuria kaschganica* Rupr.
*Reaumuria korovinii* Botsch. et Lincz.
*Reaumuria kuznetzovii* Sosn. et Manden.
*Reaumuria oxiana* (Ledeb.) Boiss.
*Reaumuria reflexa* Lipsky
*Reaumuria sogdiana* Kom.
*Reaumuria songorica* (Pall.) Maxim.
*Reaumuria tatarica* Jaub. et Spach
*Reaumuria turkestanica* Gorschk.
*Reaumuria turkestanica* subsp. *dentata* Botsch. et Zuker.
**Reseda** L.
*Reseda aucheri* Boiss.
*Reseda bucharica* Litv.

*Reseda dshebeli* Czerniak.
*Reseda lutea* L.
*Reseda luteola* L.
*Reseda odorata* L.
**Restella** Pobed.
Restella *alberti* (Rgl.) Pobed.
**Rhabdotheca** Cass.
*Rhabdotheca korovinii* (M. Pop.) Kirp.
**Rhammatophyllum** O. E. Schulz
*Rhammatophyllum frutex* Botsch. et Vved.
*Rhammatophyllum pachyrhizum* (Kar et Kir.) O. E. Schulz
**Rhamnus** L.
*Rhamnus baldschuanica* Grub.
*Rhamnus cathartica* L.
*Rhamnus coriacea* (Rgl.) Kom.
*Rhamnus dolichophylla* Gontsch.
*Rhamnus minuta* Grub.
*Rhamnus sintenisii* Rech. f.
*Rhamnus songorica* Gontsch.
**Rhaphidophyon** Iljin
*Rhaphidophyon regelii* (Bge.) Iljin
**Rheum** L.
*Rheum compactum* L.
Rheum *cordatum* Losinsk.
*Rheum darvasicom* Titov ex Losinsk.
*Rheum fedtschenkoi* Maxim. ex Rgl.
*Rheum hissaricum* Losinsk.
*Rheum lucidum* Losinsk.
*Rheum macrocarpum* Losinsk.
*Rheum maximowiczii* Losinsk.
*Rheum nanum* Siev.
*Rheum spiciforme* Royle
*Rheum* x *svetlanae* Krassovskaja
*Rheum turkestanicum* Janisch.
*Rheum wittrockii* Lundstr.
**Rhinactinidia** Novopokr.
*Rhinactinidia eremophila* (Bunge) Botsch.
*Rhinactinidia limoniifolia* (Less.) Botsch.
*Rhinactinidia novopokrovskii* (Krasch. et Iljin) Botsch.
*Rhinactinidia popovii* (Botsch.) Botsch.
**Rhinanthus** L.
*Rhinanthus* x pseudo *songaricus* Vass.
*Rhinanthus songaricus* (Sterneck) B. Fedtsch.
**Rhinopetalum** Fisch.
*Rhinopetalum bucharicum* (Rgl.) Losinsk.
*Rhinopetalum gibbosum* (Boiss.) Losinsk. et Vved.
*Rhinopetalum karelinii* Fisch.
*Rhinopetalum stenantherum* Rgl.
**Rhizocephalus** Boiss.
*Rhizocephalus orientalis* Boiss.
**Rhodiola** L.
*Rhodiola coccinea* (Royle) Boriss.
*Rhodiola gelida* Schrenk
*Rhodiola heterodonta* (Hook. at Thoms.) Boriss.
*Rhodiola kaschgarica* Boriss.
*Rhodiola kirilovii* Rgl. ex Maxim.
*Rhodiola linearifolia* Boriss.
*Rhodiola litwinowii* Boriss.
*Rhodiola pamiroalaica* Boriss.
*Rhodiola recticaulis* Boriss.
*Rhodiola rosea* L.
**Rhus** L.
*Rhus coriaria* L.
*Rhus typhina* L.
**Ribes** L.
*Ribes atropurpureum* C. A. Mey.
*Ribes heterotrichum* C. A. Mey.
*Ribes hispidulum* Pojark.
*Ribes janczewskii* A. Pojark.
*Ribes malvifolium* Pojark.
*Ribes meyeri* Maxim.
*Ribes nigrum* L.
*Ribes saxatile* Pall.
*Ribes turbinatum* Pojark.
*Ribes villosum* Wall.
**Ricinus** L.
Ricinus communis L.
**Rindera** Pall.
Rindera *austroechinata* M. Pop.
*Rindera bungei* (Boiss.) Guerke
*Rindera coechinata* M. Pop.
*Rindera cristulata* Lipsky
*Rindera echinata* Rgl.
*Rindera coechinata* M. Pop.

*Rindera ferganica* M. Pop.
*Rindera fornicata* Pazij
*Rindera glabrata* Pazij
*Rindera holochiton* M. Pop.
*Rindera korshinskyi* (Lipsky) Brand
*Rindera kuramensis* Turakulov
*Rindera ochroleuca* Kar. et Kir.
*Rindera oschensis* M. Pop.
*Rindera tetraspis* Pall.
*Rindera tianschanica* M. Pop.
*Rindera tschotkalensis* M. Pop.
**Robinia** L.
*Robinia hispida* L.
*Robinia neomexicana* A. Gray
*Robinia pseudacacia* L.
*Robinia viscosa* Vent.
**Roborowskia** Batal.
*Roborowskia mira* Batal.
**Rochelia** Rchb.
*Rochelia bungei* Trautv.
*Rochelia campanulata* M. Pop. et Zak.
*Rochelia cardiosepala* Bge.
*Rochelia claviculata* M. Pop. et Zak.
*Rochelia disperma* (L. fil.) C. Koch
*Rochelia jackabaghi* (Lipski) Pall.
*Rochelia leiocarpa* Ldb.
*Rochelia leiosperma* Golosk.
*Rochelia pamirica* Dengubenko
*Rochelia peduncularis* Boiss.
*Rochelia persica* Bge.
*Rochelia rectipes* Stoks
*Rochelia retorta* (Pall.) Lipsky.
**Roemeria** Medik.
*Roemeria hybrida* DC.
*Roemeria refracta* DC.
**Rorippa** Scop.
*Rorippa amphibia* (L.) Bess.
*Rorippa austriaca* (Crantz) Bess.
*Rorippa brachycarpa* (C. A. M.) Hayek
*Rorippa palustris* (L.) Bess.
**Rosa** L.
*Rosa achburensis* Chrshan.
*Rosa acicularis* Lindl.
*Rosa alabukensis* V. Tkaczenko
*Rosa alberti* Rgl.
*Rosa beggeriana* Schrenk
*Rosa bellicosa* Nevski
*Rosa blinovskiana* Kult.
*Rosa calcarea* Lipsch. et Sumn.
*Rosa canina* L.
*Rosa corymbifera* Borkh.
*Rosa damascena* Mill.
*Rosa dsharkenti* Chrshan.
*Rosa ecae* Aitch.
*Rosa fedtschenkoana* Rgl.
*Rosa fertilis* Kult.
*Rosa foetida* Herrm.
*Rosa geninae* Juz.
*Rosa hissarica* Slob.
*Rosa iberica* Stev. ex Bieb.
*Rosa jusepczukiana* Vass.
*Rosa karaalmensis* V. Tkaczenko
*Rosa caracalensis* Kult.
Rosa *kokanica* (Rgl.) Juz.
*Rosa kokijrimensis* V. Tkaczenko
*Rosa korshinskiana* Bouleng.
*Rosa kuhitangi* Nevski
*Rosa lacerans* Boiss. et Buhse
*Rosa laxa* Retz.
*Rosa lehmanniana* Bge.
*Rosa longisepala* Koczk.
*Rosa maracandica* Bge.
*Rosa nanothamnus* Bouleng.
*Rosa ovczinnikovii* Koczk.
*Rosa pavlovii* Chrshan.
*Rosa pimpinellifolia* L.
*Rosa piptacalyx* Juz.
*Rosa platyacantha* Schrenk
*Rosa platyacantha* subsp. *crassipes* (Vass.) Buzun.
*Rosa popovii* Chrshan.
*Rosa potentilliflora* Chrshan.
*Rosa rapinii* Boiss. et Bal.
*Rosa russanovii* V. Tkaczenko
*Rosa sassnovskyana* (Rgl.) Muscheg.
*Rosa schrenkiana* Crep.
*Rosa silverhjelmii* Schrenk

*Rosa sogdiana* V. Tkaczenko
*Rosa* x *sumneviczhii* Korotk.
*Rosa turkestanica* Rgl.
*Rosa vassiiczenkoi* V. Tkaczenko
*Rosa webbiana* Wall. ex Royle
**Rosularia** (DC.) Stapf
*Rosularia alpestris* (Kar. et Kir.) Boriss.
*Rosularia borissovae* Pratov
*Rosularia glabra* (Rgl. et C. Winkl.) Berger
*Rosularia hissarica* Boriss.
*Rosularia kokanica* (Rgl. et Schmalh.) Boriss.
*Rosularia lutea* Boriss.
*Rosularia paniculata* (Rgl. et Schmalh.) Berger
*Rosularia platyphylla* (Schrenk) Berger
*Rosularia schischkinii* Boriss.
*Rosularia subspicata* (Freyn) Boriss.
*Rosularia tadzhikistana* Boriss.
*Rosularia turkestanica* (Rgl. et C. Winkl.) Berger
*Rosularia vvedenslyi* Pratov
**Rotala** L.
*Rotala densiflora* (Roth) Koehne
*Rotala indica* (Willd.) Koehne
**Rubia** L.
*Rubia alaica* Pachom.
*Rubia chitralensis* Ehrend.
*Rubia cretacea* Pojark.
*Rubia deserticola* Pojark.
*Rubia dolichophylla* Schrenk
*Rubia florida* Boiss.
*Rubia komarovii* Pojark.
*Rubia krascheninnikovii* Pojark.
*Rubia laevissima* Tscherneva
*Rubia laxiflora* Gontsch.
*Rubia pavlovii* Bajt et Myrzakulov
*Rubia rechingerii* Ehrend.
*Rubia regelii* Pojark.
*Rubia rezniczenkoana* Litv.
*Rubia schugnanica* B. Fedtsch. et Pojark.
*Rubia tatarica* (Trev.) Fr. Schmidt
*Rubia tibetica* Hook. fil.
Rubia tinctorum L.
**Rubus** L.
*Rubus anatolicus* (Focke) Focke ex Hausskn.
*Rubus caesius* L.
*Rubus idaeus* L.
*Rubus* x *karakalensis* Freyn.
*Rubus saxatilis* L.
**Rudbeckia** L.
*Rudbeckia hirta* L.
*Rudbeckia laciniata* L.
**Rumex** L.
*Rumex acetosa* L.
*Rumex acetosella* L.
*Rumex aquaticus* L.
*Rumex chalepensis* Mill.
*Rumex confertus* Willd.
*Rumex conglomeratus* Murr.
*Rumex crispus* L.
*Rumex drobovii* Korov.
*Rumex fischeri* Rchb.
*Rumex halacsyi* Rech.
*Rumex kaschgaricus* C. Y. Yang
*Rumex maritimus* L.
*Rumex marschalianus* Rchb.
*Rumex nepalensis* Spreng.
*Rumex pamiricus* Rech.
*Rumex patientia* L.
*Rumex paulsenianus* Rech.
*Rumex popovii* Pachom.
*Rumex pseudonatronatus* Borb.
*Rumex rectinervis* Rech. fil.
*Rumex simulans* Rech. fil.
*Rumex songaricus* Schrenk
*Rumex stenophyllus* Ldb.
*Rumex thyrsiflorus* Fingerh.
*Rumex tianschanicus* Losinsk.
*Rumex ucranicus* Fisch.
**Ruppia** L.
*Ruppia brachypus* J. Gay
*Ruppia maritima* L.
**Russowia** C. Winkl.
*Russowia sogdiana* (Bge.) B. Fedtsch.
**Sageretia** Brongn.
*Sageretia thea* (*Osbeck*) *M. C. Jonst.*
*Sagina* L.
*Sagina intermedia* Fenzl. ex Ldb.

Sagina *saginoides* (L.) Karst.
**Sagittaria** L.
*Sagittania sagittifolia* L.
*Sagittania trifolia* L.
**Salicornia** L.
*Salicornia perennans* Willd.
**Salix** L.
*Salix acmophylla* Boiss.
*Salix acutifolia* Willd.
*Salix aegyptiaca* L.
*Salix alatavica* Kar. et Kir.
*Salix alba* L.
*Salix argyracea* E. Wolf
*Salix babylonica* L.
*Salix bebbiana* Sarg.
*Salix blakii* Görz
*Salix burqinensis* C. Y. Yang
*Salix caprea* L.
*Salix capusii* Franch.
*Salix caspica* Pall.
*Salix cinerea* Auct.
*Salix coesia* Vill.
*Salix dasyclados* Wimm.
*Salix excelsa* S. G. Gmel.
*Salix fedtscbenkoi* Görz
*Salix fragilis* L.
*Salix iliensis* Rgl.
*Salix karelinii* Turcz. ex Stschegl.
*Salix kirilowiana* Stschegl.
*Salix ledebouriana* Trautv.
*Salix macrostachya* E. Wolf
*Salix fedtschenkoi* Görz
*Salix metoglauca* C. Y. Yang
*Salix michelsonii* Görz
*Salix nedapponum* C. Y. Yang
*Salix niedzwieckii* Görz
*Salix olgae* Rgl.
*Salix paraphylicifolia* C. Y. Yang
*Salix pentandra* L.
*Salix purpurea* L.
*Salix pycnostachya* Anderss.
*Salix pyrolifolia* Ldb.
*Salix rosmarinifolia* L.
*Salix schugnanica* Goerz
*Salix songarica* Anderss.
*Salix spinidens* E. Wolf
*Salix tarbagataica* C. Y. Yang
*Salix tenuijulis* Ldb.
*Salix tianschanica* Rgl.
*Salix torulosa* Trautv.
*Salix triandra* L.
*Salix turanica* Nas.
*Salix vinogradovii* A. Skvorts.
*Salix wilhelmsiana* M. B.
**Salsola** L.
*Salsola androssovii* Litv.
*Salsola angusta* Botsch.
*Salsola aperta* Pauls.
*Salsola arbuscula* Pall.
*Salsola arbusculiformis* Drob.
*Salsola aucheri* (Moq.) Bge. ex Iljin
*Salsola australis* R. Br.
*Salsola badghysi* Botsch.
*Salsola baranovii* Iljin
*Salsola botschantzevii* Kurbanov
*Salsola bungeana* (Botsch.) Botsch.
*Salsola chiwensis* M. Pop.
*Salsola collina* Pall.
*Salsola dendroides* Pall.
*Salsola deserticola* Iljin
*Salsola drobovii* Botsch.
*Salsola dschungarica* Iljin
*Salsola euryphylla* Botsch.
*Salsola flexuosa* Botsch.
*Salsola foliosa* (L.) Schrad.
*Salsola forcipitata* Iljin
*Salsola futilis* Iljin
*Salsola gemmascens* Pall.
*Salsola gemmascens* subsp. *oreina* Botsch.
*Salsola glabella* Botsch.
*Salsola gossypina* Bge.
*Salsola huochensis* X. M. Pi et X. L. Pan
*Salsola iljinii* Botsch.
*Salsola implicata* Botsch.
*Salsola incanescens* C. A. Mey.
*Salsola junatovii* Botsch.

*Salsola kopertdagensis* (Botsch.) Botsch.
*Salsola kurbanovii* Botsch.
*Salsola laricifolia* Turcz. et Litv.
*Salsola laricina* Pall.
*Salsola leptoclada* Gand.
*Salsola lipschitzii* Botsch.
*Salsola micranthera* Botsch.
*Salsola montana* Litw.
*Salsola nitraria* Pall.
*Salsola oreophila* Botsch.
*Salsola orientalis* S. G. Gmel.
*Salsola pachyphylla* Botsch.
*Salsola paletzkiana* Litv.
*Salsola passerina* Bge.
*Salsola paulsenii* Litw.
*Salsola praecox* Litw.
*Salsola pulvinata* Botsch.
*Salsola richteri* (Moq.) Kar. ex Litv.
*Salsola rosacea* L.
*Salsola rosbevitzii* Iljin
*Salsola sclerantha* C. A. M.
*Salsola soda* L.
*Salsola sogdiana* Bge.
*Salsola stellulata* Korov.
*Salsola sukaczovii* (Botsch.) A. J. Li
*Salsola tamariscina* Pall.
*Salsola tianschanica* Botsch.
*Salsola titovii* Botsch.
*Salsola tomentosa* Botsch.
*Salsola tragus* L.
*Salsola transhyrcanica* Iljin
*Salsola turkestanica* Litv.
*Salsola vvedenskyí* Iljin et M. Pop.
**Salvia** L.
*Salvia aequidens* Botsch.
*Salvia aethiopis* L.
*Salvia ariana* Hedge
*Salvia baldshuanica* Lipsky
*Salvia bucharica* M. Pop.
*Salvia campylodonta* Botsch.
*Salvia chloroleuca* Rech. f. et Aell..
*Salvia drobovii* Botsch.
*Salvia glabricaulis* Pobed.
*Salvia gontscharovii* Kudr.
*Salvia insignis* Kudr.
*Salvia intercedens* Pobed.
*Salvia kamelinii* Machmedov
*Salvia komarovii* Pobed.
*Salvia kopetdaghensis* Kudr.
*Salvia korotkowii* Rgl. et Schmalh.
*Salvia lilacinocoerulea* Nevski
*Salvia limbata* C. A. Mey.
*Salvia linczeyskii* Kudr.
*Salvia macrosiphon* Boiss.
*Salvia margaritae* Botsch.
*Salvia nemorosa* L.
*Salvia sarawschanica* Rgl. et Schmalh.
*Salvia schmalhausenii* Rgl.
*Salvia sclarea* L.
*Salvia semilanata* Czerniak.
*Salvia spinosa* L.
*Salvia stepposa* Shost.
*Salvia submutica* Botsch. et Vved.
*Salvia tesquicola* Klok. et Pobed.
*Salvia tianschanica* Machmedov
*Salvia trautvetteri* Rgl.
*Salvia turcomanica* Pobed.
*Salvia verticillata* L.
*Salvia virgata* Jacq.
*Salvia vvedenskyi* E. Nikit.
Salvinia Seguier
Salvinia *natans* (L.) All.
**Sambucus** L.
Sambucus *ebulus* L.
*Sambucus sibirica* Nakai
**Sameraria** Desv.
*Sameraria armena* (L.) Desv.
**Samolus** L.
*Samolus valerandi* L.
**Sanguisorba** L.
Sanguisorba *alpina* Bge.
*Sanguisorba officinalis* L.
*Sanguisorba riparia* Juz.
**Sanicula L.**
*Sanicula europaea* L.
Saponaria L.

*Saponaria griffithiana* Boiss.

*Saponaria orientalis* L.

*Saponaria spathulifolia* (Fenzl) Vved.

*Saponaria tadzhikistanica* (Botsch.) V. A Schultz

*Saponaria viscosa* C. A. Mey.

**Satureja** L.

Satureja *hortensis* L.

*Satureja montana* L.

*Satureja mutica* Fisch. et Mey.

**Saussurea** DC.

*Saussurea aerjingensis* K. M. Shen

*Saussurea alberti* Regel et C. Winkl.

*Saussurea alpina* (L.) DC.

*Saussurea amara* (L.) DC.

*Saussurea asbukinii* Iljin

*Saussurea blanda* Schrenk

*Saussurea caespitans* Iljin

*Saussurea cana* Ldb.

*Saussurea canescens* C. Winkl.

*Saussurea caprifolia* Iljin et Zarp.

*Saussurea carduicephala* (Iljin) Iljin

*Saussurea chondrilloides* C. Winkl.

*Saussurea cinerea* Franch.

*Saussurea coronata* Schrenk

*Saussurea elata* Ldb.

*Saussurea elegans* Ldb.

*Saussurea faminziniana* Krasn.

*Saussurea frolovii* Ldb.

*Saussurea gilesii* Hemsl.

*Saussurea glacialis* Herd.

*Saussurea gnaphalodes* (Royle) Sch. Bip.

*Saussurea involucrata* (Kar. et Kir.) Sch. Bip.

*Saussurea ispajensis* Iljin

*Saussurea kabadiana* Rassulova et B. Scharipova

*Saussurea karaartscha* Saposhn.

*Saussurea kaschgarica* Rupr.

*Saussurea krylovii* Schischk. et Serg.

*Saussurea kuschakeviczii* C. Winkl.

*Saussurea laciniata* Ldb.

*Saussurea larionovii* C. Winkl.

*Saussurea latifolia* Ldb.

*Saussurea leucophylla* Schrenk

*Saussurea lipschitzi* Filat.

*Saussurea lomatolepis* Lipsch.

*Saussurea masarica* Lipski

*Saussurea mikeschinii* Iljin

*Saussurea mucronulata* Lipsch.

*Saussurea ninae* Iljin

*Saussurea ovata* Benth.

*Saussurea prostrata* C. Winkl.

*Saussurea pseudoblanda* Lipsch. ex Filat.

*Saussurea pseudochondrilloides* Rassulova et B. Scharipova

*Saussurea robusta* Ldb.

*Saussurea ruoqiangensis* K. M. Shen

*Saussurea salemannii* C. Winkl.

*Saussurea salsa* (Pall. ex Bieb.) Spreng.

*Saussurea saxosa* Lipsch.

*Saussurea schanginiana* (Wydl.) Fisch. ex Herd.

*Saussurea sordida* Kar. et Kir.

*Saussurea sulcata* Iljin

*Saussurea tadshicorum* Iljin et Gontsch.

*Saussurea tuolensis* K. M. Shen

*Saussurea turgaiensis* B. Fedtsch.

*Saussurea vvedenskyi* Lipsch.

**Saxifraga** L.

*Saxifraga aestivalis* Fisch. et C. A. Mey.

*Saxifraga albertii* Rgl. et Schmalh.

*Saxifraga asiatica* Hayek

*Saxifraga cernua* L.

*Saxifraga komarovii* Losinsk.

*Saxifraga macrocalyx* Tolm.

*Saxifraga prorepens* Fisch. ex Sternb.

*Saxifraga pulvinaria* H. Smith

*Saxifraga sibirica* L.

*Saxifraga stenophylla* Royle

*Saxifraga terektensis* Bge.

*Saxifraga tridactylites* L.

*Saxifraga vvedenskyi* Abdullaeva

**Scabiosa** L.

*Scabiosa alpestris* Kar. et Kir.

*Scabiosa austroaltaica* Bobr.

*Scabiosa columbaria* L.

*Scabiosa deserticola* Rech. fil.

*Scabiosa flavida* Boiss. et Hausskn.

*Scabiosa isetensis* L.
*Scabiosa micrantha* Desf.
*Scabiosa ochroleuca* L.
*Scabiosa olivieri* Coult.
*Scabiosa persica* Boiss.
*Scabiosa rhodantha* Kar. et Kir.
*Scabiosa rotata* Bieb.
*Scabiosa songarica* Schrenk.
*Scabiosa transcaspica* Rech. fil.
*Scabiosa ulugbekii* Zak.
**Scandix** L.
*Scandix aucheri* Boiss.
*Scandix pecten-veneris* L.
*Scandix stellata* Soland.
**Scariola** F. W. Schmidt.
*Scariola albertoregelia* (C. Winkl.) Kirp..
*Scariola orientalis* (Boiss.) Sojak.
*Scariola viminea* (L) F. W. Schmidt
**Schischkinia** Iljin
*Schischkinia albispina* (Bge.) Iljin
**Schismus** Beauv.
*Schismus arabicus* Nees.
*Schismus barbatus* (L.) Thell.
**Schmalhausenia** C. Winkl.
*Schmalhausenia nidulans* (Rgl.) Petrak
**Schoenoxiphium** Nees
*Schoenoxiphium hissaricum* Pissjauk
**Schoenus** L.
*Schoenus nigricans* L.
**Schrenkia** Fisch. et Mey.
*Schrenkia congesta* Korov.
*Schrenkia golickeana* (Rgl. et Schmalh.) B. Fedtsch.
Schrenkia *involucrata* Rgl. et Schmalh.
*Schrenkia kultiassovii* Korov.
*Schrenkia papillaris* Rgl. et Schmalh.
*Schrenkia pulverulenta* M. Pimen.
*Schrenkia pungens* Rgl. et Schmalh.
*Schrenkia ugamica* Korov.
*Schrenkia vaginata* (Ledeb.) Fisch. et Mey.
**Schtschurowskia Rgl et Schmalh.**
*Schtschurowskia margaritae* Korov.
*Schtschurowskia melifolia* Rgl et Schmalh.
**Schultzia** Spreng.
*Schultzia albiflora* (Kar. et Kir.) M. Pop.
*Schultzia prostrata* M. Pimen. et Kljuykov
**Schumeria** Iljin
*Schumeria latifolia* (Boiss) Iljin
*Schumeria litvinovii* (Iljin) Iljin
**Scilla** L.
*Scilla khorassanica Meikle*
*Scilla puschkinioides* Rgl.
*Scilla raevskiana* Rgl.
*Scilla vvedenskyi* Pasij
**Scirpoides** Seguier
*Scirpoides holoschoenus* (L.) Sojak
**Scirpus L.**
*Scirpus bucharicus* Roshev.
*Scirpus ehrenbergii* W. Boeck.
*Scirpus hippoliti* V. Krecz.
*Scirpus kasachstanicus* Dobroch.
*Scirpus lacustris* L.
*Scirpus lateriflorus* J. F. Gmel.
*Scirpus litoralis* Schrad.
*Scirpus melanospermus* C. A. Mey.
*Scirpus mucronatus* L.
*Scirpus roylei* (Nees) Parker
*Scirpus setaceus* L.
*Scirpus supinus* L.
*Scirpus sylvaticus* L.
*Scirpus tabernaemontani* C. C. Gmel.
*Scirpus triqueter* L.
*Scirpus triquetriformis* (V. Krecz.) Egor.
**Sclerochloa** Beauv.
*Sclerochloa dura* (L.) Beauv.
**Sclerocephalus** Boiss.
*Sclerocephalus arabicus* Boiss.
**Sclerotiaria** Korov.
*Sclerotiaria pentaceros* (Korov.) Korov.
**Scolochloa** Link.
*Scolochloa festucacea* Link.
**Scorzonera** L.
*Scorzonera acanthoclada* Franch.
*Scorzonera alaica* Lipsch.
*Scorzonera albertoregelia* C. Winkl.
*Scorzonera austriaca* Willd.

*Scorzonera baldshuanica* Lipsch.
*Scorzonera bracteosa* C. Winkl.
*Scorzonera bungei* Krasch. et Lipsch.
*Scorzonera cana* (C. A. Mey.) O. Hoffm.
*Scorzonera circumflexa* Krasch. et Lipsch.
*Scorzonera crassifolia* Krasch. et Lipsch.
*Scorzonera crispa* Bieb.
*Scorzonera dianthoides* (Lipsch. et Krasch.) Lipsch.
*Scorzonera elongata* Z. X. An et L. X. He
*Scorzonera ensifolia* Bieb.
*Scorzonera ferganica* Krach.
*Scorzonera franchetii* Lipsch.
*Scorzonera gageoides* Boiss.
*Scorzonera gracilis* Lipsch.
*Scorzonera hissarica* C. Winkl.
*Scorzonera inconspicua* Lipsch. ex Pavl.
*Scorzonera karataviensis* Kult.
*Scorzonera kuhistanica* M. Pop.
*Scorzonera laciniata* L.
*Scorzonera litvinovii* Krasch. et Lipsch.
*Scorzonera longipes* Kult.
*Scorzonera luntaiensis* Shih.
*Scorzonera mariae* Kult.
*Scorzonera mongolica* Maxim.
*Scorzonera ovata* Trautv.
*Scorzonera parviflora* Jacq.
*Scorzonera pseudodivaricata* Lipsch.
*Scorzonera pubescens* DC.
*Scorzonera purpurea* L.
*Scorzonera racemosa* Franch.
*Scorzonera raddeana* C. Winkl.
*Scorzonera radiata* Fisch. ex Ldb.
*Scorzonera rindak* Ovcz.
*Scorzonera sericeo-lanata* (Bge.) Krasch. et Lipsch.
*Scorzonera songorica* (Kar. et Kir.) Lipsch. et Vass.
*Scorzonera stricta* Hornem.
*Scorzonera subacaulis* Lipsch.
*Scorzonera tadshikorum* Krasch. et Lipsch.
*Scorzonera taurica* Bieb.
*Scorzonera tau-saghyz* Lipsch. et Bosse.
*Scorzonera tragopogonoides* Rgl. et Schmalh.
*Scorzonera transiliensis* M. Pop.
*Scorzonera tubcrosa* Pall.
*Scorzonera turkestanica* Franch.
*Scorzonera usbekistanica* Czevr. et Bondar.
*Scorzonera vavilovii* Kult.

**Scrophularia** L.

*Scrophularia altaica* Mut.
*Scrophularia badghysi* Botsch.
*Scrophularia botschanzevii* Turakulov
*Scrophularia* canescens Bong.
*Scrophularia czapandaghi* B. Fedtsch.
*Scrophularia czecrnjakowskiana* B. Fedisch.
*Scrophularia dshungarica* Golosk. et Tzagolova
*Scrophularia fedtschenkoi* Gorschk.
*Scrophularia frigida* Boiss.
*Scrophularia glabella* Botsch. et Junussov
*Scrophularia gontscharovii* Gorschk.
*Scrophularia griffithii* Benth.
*Scrophularia heucheriiflora* Schrenk.
*Scrophularia incisa* Weinm.
*Scrophularia integrifolia* Pavl.
*Scrophularia kabadianensis* B. Fedtsch.
*Scrophularia kiriloviana* Schischk.
*Scrophularia kjurendaghi* Botsch. et Kurbanov
*Scrophularia kurbanovii* Botsch.
*Scrophularia leucoclada* Bge.
*Scrophularia litwinowii* B. Fedtsch.
*Scrophularia nikitinii* Gorschk.
*Scrophularia nuraniae* Tzagolova
*Scrophularia pamirica* (O. Fedtsch.) Ivanina
*Scrophularia pamiro-alaica* Gorschk.
*Scrophularia regelii* Ivanina
*Scrophularia rosulata* Stiefelh.
*Scrophularia sangtodensis* B. Fedtsch.
*Scrophularia scabiosifolia* Benth.
*Scrophularia scoparia* Pennell
*Scrophularia striata* Boiss.
*Scrophularia strizhowiae* Abduss.
*Scrophularia tadshicorum* Gontsch.
*Scrophularia talassica* Tzagolova
*Scrophularia umbrosa* Dumort.
*Scrophularia verticillata* Gontsch. et Grig.

*Scrophularia vvedenskyi* Bondar. et Filat.
*Scrophularia xanthoglossa* Boiss.
**Scutellaria** L.
*Scutellaria adenostegia* Briq.
*Scutellaria adsurgens* M. Pop.
*Scutellaria alberti* Juz.
*Scutellaria alexeenkoi* Juz.
*Scutellaria andrachnoides* Vved.
*Scutellaria androssovii* Juz.
*Scutellaria baldshuanica* Nevski ex Juz.
*Scutellaria botschantzevii* Abdullajeva.
*Scutellaria chodschakasiani* R. Kam.
*Scutellaria colpodea* Nevski.
*Scutellaria comosa* Juz.
*Scutellaria cordifrons* Juz.
*Scutellaria cristata* M. Pop.
*Scutellaria dubia* Taliev et Sirj.
*Scutellaria fedtschenkoi* Bornm.
*Scutellaria filicaulis* Rgl.
*Scutellaria flabellulata* Juz.
*Scutellaria galericulata* L.
*Scutellaria glabrata* Vved.
*Scutellaria gontscharovii* Juz.
*Scutellaria guttata* Nevski ex Juz.
*Scutellaria haematochlora* Juz.
*Scutellaria haesitabunda* Juz ex Koczk.
*Scutellaria heterotricha* Juz. et Vved.
*Scutellaria hissarica* B. Fedtsch.
*Scutellaria holosericea* Gontsch. ex Juz.
*Scutellaria immaculata* Nevski ex Juz.
*Scutellaria intermedia* M. Pop.
*Scutellaria irregularis* Juz.
*Scutellaria iskanderi* Juz.
*Scutellaria jodudiana* B. Fedtsch.
*Scutellaria juzepczukii* Gontsch.
*Scutellaria karatavica* Juz.
*Scutellaria karatschaica* Charadze
*Scutellaria knorringiae* Juz.
*Scutellaria krylovii* Juz.
*Scutellaria kugarti* Juz.
*Scutellaria kurssanovii* Pavl.
*Scutellaria lanipes* Juss.
*Scutellaria leptosiphon* Nevski.
*Scutellaria linczewskii* Juz.
*Scutellaria lipskyi* Juz.
*Scutellaria litvinovii* Bornm. et Sint. ex Bornm.
*Scutellaria luteo-coerulea* Bornm. et Sint. ex Bornm.
*Scutellaria megalodontha* Juss.
*Scutellaria mesostegia* Juz.
*Scutellaria microdasys* Juz.
*Scutellaria microphysa* Juz.
*Scutellaria navicularis* Juz.
*Scutellaria nepetoides* M. Pop.
*Scutellaria nevskii* Juz. et Vved.
*Scutellaria ocellata* Juz.
*Scutellaria oligodonta* Juz.
*Scutellaria orbicularis* Bge.
*Scutellaria orthotricha* C. Y. Wu et H. W. Li
*Scutellaria oxystegia* Juz.
*Scutellaria paulsenii* Briq.
*Scutellaria phyllostachya* Juz.
*Scutellaria physocalyx* Rgl. et Schmalh.
*Scutellaria picta* Juss.
*Scutellaria poecilantha* Nevski ex Juss.
*Scutellaria polytricha* Juss.
*Scutellaria popovii* Vved.
*Scutellaria przewalskii* Juz.
*Scutellaria pycnoclada* Juz.
*Scutellaria ramosissima* M. Pop.
*Scutellaria rubromaculata* Juss. et Vved.
*Scutellaria schachrisianica* Juz.
*Scutellaria schugnanica* B. Fedtsch.
*Scutellaria sieversii* Bge.
*Scutellaria soongorica* Juz.
*Scutellaria squarrosa* Nevski
*Scutellaria striatella* Gontsch.
*Scutellaria subcaespitosa* Pavl.
*Scutellaria subcordata* Juz.
*Scutellaria supina* L.
*Scutellaria talassica* Juz.
*Scutellaria titovii* Juz.
*Scutellaria toguztoraviensis* Juz.
*Scutellaria transiliensis* Juz.
*Scutellaria turgaica* Juz.

*Scutellaria urticifolia* Juz. et Vved.
*Scutellaria velutina* Juz. et Vved.
*Scutellaria villosissima* Gontsch. ex Jus.
*Scutellaria zaprjagaevii* Koczk. et Zhogoleva
**Secale L.**
*Secale cereale* L.
*Secale segetale* (Zhuk.) Roshev.
*Secale silvestre* Host.
**Securigera** DC.
*Securigera varia* (L.) Lassen
*Securigera varia* subsp. *hirta* (Bge. ex Boiss.) Czer.
*Securigera varia* subsp. *orientalis* (Uhrova) Czer.
**Sedum** L.
*Sedum alberti* Rgl.
*Sedum berunii* Pratov
*Sedum bucharicum* Boriss.
*Sedum hybridum* L.
*Sedum mugodsharicum* A. Boriss.
*Sedum pentapetalum* A. Boriss.
**Seidlitzia** Bge.
*Seidlitzia rosmarinus* Bge.
**Semenovia Rgl et Herd.**
*Semenovia bucharica* (Schischk.) Manden.
*Semenovia dasicarpa* (Rgl et Schmalh.) Korov. ex Cser.
*Semenovia dichotoma* (Boiss.) Manden
*Semenovia furcata* Korov.
*Semenovia heterodonta* (Korov.) Manden
*Semenovia pamirica* (Lipsky) Manden
*Semenovia rubtzovii* (Schischk.) Manden
*Semenovia transiliensis* Rgl et Herd.
*Semenovia zaprjagaevii* Korov.
**Senecio** L.
*Senecio dubitabilis* C. Jeffrey et Y. L. Chen
*Senecio erucifolius* L.
*Senecio ferganensis* Schischk.
*Senecio fluviatilis* Wallr.
*Senecio franchetii* C. Winkl.
*Senecio grandidentatus* Ledeb.
*Senecio Ilinii* Schischk.
*Senecio jacobaea* L.
*Senecio karelinioides* C. Winkl.
*Senecio khorossanicus* Rech. fil. et Aell.
*Senecio korshinskyi* Krasch.
*Senecio krascheninnikovii* Schischk.
*Senecio nemorensis* L.
*Senecio noeanus* Rupr.
*Senecio nuraniae* Roldug.
*Senecio olgae* Rgl. et Schmalh.
*Senecio paucifolius* S. G.. Gmel.
*Senecio paulsenii* O. Hoffm.
*Senecio quinquiligulatus* C. Winkl.
*Senecio racemulifer* Pavl.
*Senecio renardii* C. Winkl.
*Senecio saposhnikovii* Krasch. et Schipcz.
*Senecio schvetzovii* Korsh.
*Senecio subdentatus* Ledeb.
*Senecio tianschanicus* Rgl. et Schmalh.
*Senecio vernalis* Waldst. et Kit.
*Senecio vulgaris* L.
**Sergia** Fed.
*Sergia regelii* (Trautv.) Fed.
*Sergia severzovii* (Rgl.) Fed.
**Serratula** L.
*Serratula alatavica* C. A. Mey.
*Serratula algida* Iljin.
*Serratula angulata* Kar. et Kir.
*Serratula aphyllopoda* Iljin
*Serratula cardunculus* (Pall.) Schischk.
*Serratula chartacea* C. Winkl.
*Serratula coronata* L.
*Serratula dissecta* Ledeb.
*Serratula dshungarica* Iljin
*Serratula erucifolia* (L.) Boriss.
*Serratula hastifolia* Kult. et Korov.
*Serratula kirghisorum* Iljin
*Serratula lancifolia* Zak.
*Serratula lyratifolia* Schrenk
*Serratula marginata* Tausch.
*Serratula modesti* Boriss.
*Serratula procumbens* Rgl.
*Serratula sogdiana* Bge.
*Serratula suffruticosa* Schrenk.
*Serratula tianschanica* Saposhn. et E. Nikit.
**Sesamum** L.

*Sesamum orientale* L.
**Seseli** L.
*Seseli abolinii* (Korov.) Schischk.
*Seseli aemulans* M. Pop.
*Seseli afganicum* M. Pop.
*Seseli alaicum* M. Pimen.
*Seseli asperulum* (Trautv.) Schischk.
*Seseli betpakdalense* Bajt.
*Seseli buchtormense* (Fisch. ex Hornem.) Koch.
*Seseli calycinum* (Korov.) M. Pimen. et Sdobnina.
*Seseli condensatum* (L.) Reichenb. fil.
*Seseli depauperatum* (Schischk.) V. Vinogradova
*Seseli desertorum* M. Pimen.
*Seseli eriocarpum* (Schrenk.) B. Fedtsch.
*Seseli eriocephalum* (Pall. ex Spreng.) Schischk.
*Seseli eringioides* (Korov.) M. Pimen. et V. Tichomirov
*Seseli fasciculatum* Korov.
*Seseli giganteum* Lispsky.
*Seseli glabratum* Willd.
*Seseli iliense* (Rgl. et Schmalh.) Lipsky.
*Seseli incanum* (Steph.) B. Fedtsch.
*Seseli jomuticum* Schischk.
*Seseli karateginum* Lipsky.
*Seseli kaschgaricum* M. Pimen. et Kljuykov
*Seseli korovinii* Schischk.
*Seseli korshinskyi* (Schischk.) M. Pimen.
*Seseli ledebourii* G. Don.
*Seseli lehmannianum* (Bge.) Boiss.
*Seseli libanotis* (L.) Koch
*Seseli luteum* M. Pimen.
*Seseli marginatum* (Korov.) M. Pimen.
*Seseli merkulowiczii* (Korov.) M. Pimen. et Sdobnina
*Seseli mironovii* (Korov.) M. Pimen. et Sdobnina
*Seseli mucronatum* (Schrenk) M. Pimen. et Sdobnina
*Seseli nemorosum* (Korov.) M. Pimen.
*Seseli nevskii* (Korov.) M. Pimen. et Sdobnina
*Seseli rimosum* M. Pimen.
*Seseli schrenkianum* (C. A. Mey. ex Schischk.) M. Pimen. et Sdobnina
*Seseli sclerophyllum* Korov.
*Seseli seravschanicum* M. Pimen. et Sdobnina
*Seseli sessiliflorum* Schrenk.
*Seseli setiferum* M. Pimen. et Sdobnina
*Seseli strictum* Ledeb.
*Seseli talassicum* (Korov.) M. Pimen. et Sdobnina
*Seseli tenellum* M. Pimen.
*Seseli tenuisectum* Rgl. et Schmaih.
*Seseli turbinatum* Korov.
*Seseli unicaule* (Korov.) M. Pimen.
*Seseli valentinae* M. Pop.
**Seselopsis** Schischk.
*Seselopsis pusilla* M. Pimen. et Lavrova
*Seselopsis tianschanica* Schischk.
**Setaria** Beauv.
*Setaria italica* Beauv.
*Setaria pumila* (Poir.) Schult.
*Setaria pycnocoma* (Steud.) Henrard ex Nakai
*Setaria verticillata* Beauv.
*Setaria verticilliformis* Dumort.
*Setaria viridis* (L.) Beauv.
**Sherardia** L.
*Sherardia arvensis* L.
**Shibateranthis** Nakai
*Shibateranthis longistipitata* (Rgl.) Nakai
**Sibbaldia** L.
*Sibbaldia olgae* Juz. et Ovcz.
*Sibbaldia procumbens* L.
**Sibbaldianthe** Juz.
*Sibbaldianthe adpressa* (Bge.) Juz.
**Sibiraea** Maxim.
*Sibiraea altiens is* (Laxm.) Schneider
*Sibiraea laevigata* (L.) Maxim
*Sibiraea tianschanica* (Krassn.)A. Pojark.
**Sideritis** L.
*Sideritis montana* L.
**Siebera** J. Gay
*Siebera pungens* (Lam.) DC.
**Siegesbeckia** L.
*Siegesbeckia orientalis* L.
**Silaum** ***Mill.***
*Silaum silaus* (L.) Schinz et Thell.
*Silaum saxatilis* Bait.
**Silene** L.

*Silene acutidentata* Bondar. et Vved.
*Silene adenopetala* Raik
*Silene adenophora* (Schischk.) Czer.
*Silene alexandrae* B. Keller.
*Silene altaica* Pers.
*Silene anisoloba* Schrenk.
*Silene apetala* Willd.
*Silene aucheriana* Boiss.
*Silene badachschanica* Ovcz.
*Silene balchaschensis* Schischk.
*Silene baldshuanica* B. Fedtsch.
*Silene baranovii* Ovcz. et Z. Kurbanbekov
*Silene betpakdalensis* Bajt.
*Silene bobrovii* Schischk.
*Silene brahuica* Boiss.
*Silene brahuica* subsp. *megacalyx* R. Kam.
*Silene bucharica* M. Pop.
*Silene bupleuroides* L.
*Silene bupleuroides* subsp. *ramosa* Chowdhuri
*Silene caudata* Ovcz.
*Silene chaetodonta* Boiss.
*Silene chlorantha* (Willd.) Ehrh.
*Silene claviformis* Litv.
*Silene conformifolia* (Preobr.) Preobr. ex Schischk.
*Silene cretacea* Fisch. ex Spreng.
*Silene crispans* Litw.
*Silene cyri* Schischk.
*Silene czopandanensis* Bondar.
*Silene densiflora* D'Urb.
*Silene erubescens* (Schischk.) Czer.
*Silene eviscosa* Bondar. et Vved.
*Silene excendens* Bondar. et Vved.
*Silene fedtschenkoi* Bondar. et Vved.
*Silene ferganica* Preobr.
*Silene fetissovii* Lazkov
*Silene gasimailikensis* B. Fedtsch.
*Silene gawrilowii* (Krasn.). M. Pop.
*Silene gebleriana* Schrenk.
*Silene glaucescens* Schischk.
*Silene graminifolia* Otth.
*Silene guntensis* B. Fedtsch.
*Silene gynodioica Ghazanfar* subsp. *glandulosa* Melzheimer
*Silene hellmannii* Claus.
*Silene holopetala* Bge.
S *ilene incurvifolia* Kar. et Kir.
*Silene indeprensa* Schischk.
*Silene italica* (L.) Pers.
*Silene jaxarctica* Pavl.
*Silene karaczukuri* B. Fedtsch.
*Silene karkalensis* A. Dmitr et. M. Pop.
*Silene kirgisensis* Bajt. et Nelina
*Silene korshinskyi* Schischk.
*Silene kudrjaschevii* Schischk.
*Silene kulabensis* B. Fedtsch.
*Silene kuschakeviczii* Rgl. et Schmalh.
*Silene ladyginae* Lazkov
*Silene lepidifera* Ovcz.
*Silene lithophila* Kar. et Kjr.
*Silene litvinovii* Schischk.
*Silene longicalicina* Kom.
S *ilene media* (Litw.) Kleop.
*Silene megalantha* Bondar. et Vved.
*Silene michelsonii* Preobr.
*Silene microphylla* Boiss.
*Silene monantha* Bondar. et Vved.
*Silene multiflora* (Ehrh.) Pers.
*Silene muslimii* Pavl.
*Silene nana* Kar. et Kir.
*Silene nevskii* Schischk.
*Silene noctiflora* L.
*Silene nuratavica* R. Kam.
*Silene obovata* Schischk.
*Silene obtusidentata* B. Fedtsch. et M. Pop.
*Silen* e *odoratissima* Bge.
*Silene oreina* Schischk.
*Silene ovalifolia* (Rgl. et Schmalh.) Melzheimer
*Silene paranadena* Bondar. et Vved.
*Silene plurifolia* Schischk.
*Silene popovii* Schischk.
*Silene praelonga* Ovcz.
*Silene praemixta* M. Pop.
*Silene pseudotenuis* Schischk.
*Silene pubicalyx* Bondar. et Vved.
*Silene pugionifolia* M. Pop.

*Silene quadriloba* Turcz. et Kar. et Kir.
*Silene repens* Patr.
*Silene ruinarum* M. Pop.
*Silene samarkandensis* Preobr.
*Silene sarawschanica* Rgl. et Schmalh.
*Silene scabrifolia* Kom.
*Silene schischkinii* (M. Pop.) Vved.
*Silene schugnanica* B. Fedtsch.
*Silene semenovii* Rgl. et Herd.
*Silene sibirica* (L.) Pers.
*Silene stenantha* Ovcz.
*Silene suaveolens* Kar. et Kir.
*Silene subadenophora* Ovcz.
*Silene suffrutescens* M. B.
*Silene supina* M. B.
*Silene swertiifolia* Boiss.
*Silene tachtensis* Franch.
*Silene tianschanica* Schischk.
*Silene tomentella* Schischk.
*Silenetrajectorum* Kom.
*Silene turkestanica* Rgl.
*Silene vachschii* Ovcz.
*Silene viscosa* (L.) Pers.
*Silene wolgensis* (Hornem.) Bess, ex Spreng.
**Silybum** Adans.
*Silybum marianum* (L.) Gaertn.
**Sinapis** L.
*Sinapis alba* L.
*Sinapis arvensis* L.
**Sisymbriopsis** Botsch. et Tzvel.
*Sisymbriopsis mollipila* (Maxim) Botsch.
*Sisymbriopsis schugnana* Botsch. et Tzvel.
**Sisymbrium** L.
*Sisymbrium altissimum* L.
*Sisymbrium bilobum* (C. Koch) Grossh.
*Sisymbrium brassiciforme* C. A. Mey.
*Sisymbrium irio* L.
*Sisymbrium isfarense* Vass.
*Sisymbrium loeselii* L.
*Sisymbrium officinale* (L.) Scop.
*Sisymbrium orientale* (L.) Scop.
*Sisymbrium polymorphum* (Murr.) Roth
*Sisymbrium runcinatum* Lag. ex DC.
*Sisymbrium septulatum* DC.
*Sisymbrium subspinescens* Bge.
**Sium** L.
*Sium latifolium* L.
*Sium medium* Fisch. et May.
*Sium sisaroideum* DC.
**Smelovskia** C. A. Mey.
*Smelovskia calycina* (Steph.) C. A. Mey.
*Smelovskia tianschanica* Veliczkin
**Smirnovia** Bge.
*Smirnovia turkestana* Bge.
**Solanum** L.
*Solanum asiae-mediae* Pojark.
*Solanum dulcamara* L.
*Solanum kitagawae* Schohbeck-Temesy
*Solanum melongena* L.
*Solanum nigrum* L.
*Solanum olgae* Pojark.
*Solanum persicum* Willd. ex Roem. et Schult.
*Solanum tuberosum* L.
*Solanum villosum* Mill.
**Solenanthus** Ledeb.
*Solenanthus albifloris* Czuk. et Meling
*Solenanthus circinnatus* Ledeb.
*Solenanthus hirsutus* Rgl.
*Solenanthus karateginus* Lipsky.
*Solenanthus kokanicus* Rgl.
*Solenanthus plantaginifolius* Lipsky.
*Solenanthus stamineus* (Desf.) Wettst.
**Solidago** L.
*Solidago canadensis* L.
*Solidago dahurica* Kitag.
*Solidago kuhistanica* M. Pop. ex Juz.
**Sonchus** L.
*Sonchus canadensis* L.
*Sonchus asper* (L.) Hill
*Sonchus nymanii* Tinko et Guss.
*Sonchus oleraceus* L.
*Sonchus palustris* L.
*Sonchus transcaspicus* Nevski
**Sophiopsis** O. E. Schulz
*Sophiopsis annua* (Rupr.) O. E. Schulz
*Sophiopsis flavissima* (Kar. et. Kir.)

O. E. Schulz
*Sophiopsis micrantha* Botsch. et Vved.
*Sophiopsis sisymbrioides* (Rgl. et. Herd.) O. E. Schulz
**Sorbaria** (Ser. ex DC.) A. Br.
*Sorbaria olgae* Zinserl.
*Sorbaria tomentosa* (Lindl.) Rehd.
**Sorbus** L.
*Sorbus domestica* L.
*Sorbus graeca* (Spach.) Lodd. ex Schauer
*Sorbus persica* Hedl.
*Sorbus tianschanica* Rupr.
*Sorbus turkestanica* (Franch.) Hedl.
**Sorghum** Moench
*Sorghum* x *almum* Parodi.
*Sorghum bicolor* (L.) Moench.
*Sorghum cernuum* (Ard.) Host.
*Sorghum durra* (Forssk.) Stapf.
*Sorghum halepense* (L.) Pers.
*Sorghum saccharatum* (L.) Moench.
*Sorghum sudanense* (Piper) Stapf.
**Sparganium** L.
*Sparganium emersum* Rehm.
*Sparganiummicrocarpum* (Neum.) Raunk.
*Sparganium neglectum* Beeby
*Sparganium stoloniferum* (Graebn.) Buch-Ham. ex Juz.
**Spartium** L.
*Spartium junceum* L.
**Spathipappus** Tzvel.
*Spathipappus griffithii* (Clarke) Tzvel.
**Spergularia(Pers.**) J. et C. Presl.
*Spergularia diandra* (Guss.) Heldr. et Sart.
*Spergularia maritima* (All.)Chiov.
*Spergularia microsperma* (Kindb.) Aschers.
*Spergularia rubra* (L.) J. et C. Presl.
*Spergularia salina* J. et C. Presl.
*Spergularia segetalis* (L.) G. Don fil.
*Spergularia sperguloides* (Lehm.) Heynh.
**Sphaenoclea** Gaertn.
*Sphaenoclea zeylanica* Gaertn.
**Sphaenolobium M. Pimen.**
*Sphaenolobium coriaceum* (Korov.) M. Pimen.
*Sphaenolobium tenuisectum* (Korov.) M. Pimen.
*Sphaenolobium tianschanicum* (Korov.) M. Pimen.
**Sphaerophysa** DC.
*Sphaerophysa salsula* (Pall.) DC.
**Sphaerossciadium M. Pimen. et Kljuykov**
*Sphaerossciadium denaense* (Schischk.) M. Pimen. et Kljuykov
**Sphenopus** Trin.
*Sphenopus divaricatus* (Couan) Reichenb.
**Spinacia** L.
*Spinacia oleracea* L.
*Spinacia turkestanica* Iljin
**Spiraea** L.
*Spiraea baldschuanica* B. Fedtsch.
*Spiraea chamaedrifolia* L.
*Spiraea crenata* L.
*Spiraea hypericifolia* L.
*Spiraea lasiocarpa* Kar. et Kir.
*Spiraea media* F. Schmidt.
*Spiraea pilosa* Franch.
*Spiraea tianschanica* A. Pojark.
*Spiraea trilobata* L.
**Sorbaria**
*Sorbaria vanhouttei* (Briot) Zab.
**Spiraeanthus** *Maxim.*
*Spiraeanthus schrenkianus* Maxim.
**Spirodela** Schleid.
*Spirodela polyrrhiza* (L.) Schleid.
**Spirorhynchus** Kar. et Kir.
*Spirorhynchus sabulosus* Kar. et Kir.
**Spirostegia** Ivanina.
*Spirostegia bucharica* (B. Fedtscb.) Ivanina.
**Spryginia** M. Pop.
*Spryginia crassifolia* (Botsch.) Botsch.
*Spryginia falcata* Botsch.
*Spryginia gracilis* Botsch.
*Spryginia pilosa* Botsch.
*Spryginia undulata* Botsch.
*Spryginia winkleri* (Rgl.) M. Pop.
*Spryginia winkleri* M. Pop.
**Stachyopsis** M. Pop. et Vved.
*Stachyopsis canescens* (Rgl.) Adyl. et Tuljaganova
*Stachyopsis lamiiflora* (Rupr.) M. Pop. et Vved.

*Stachyopsis marrubioides* (Rgl.) lk.-Gal.
*Stachyopsis oblongata* (Schrenk) M. Pop. et Vved.
**Stachys** L.
*Stachys betoniciflora* Rupr.
*Stachys hissarica* Rgl.
*Stachys iranica* Rech. f.
*Stachys lavandulifolia* Vahl.
*Stachys palustris* L.
*Stachys* x *sintenisii* Rech. f.
*Stachys sylvatica* L.
*Stachys trinervis* Aitch. et Hemsl.
*Stachys turcomanica* Trautv.
**Stellaria** L.
*Stellaria alatavica* M. Pop.
*Stellaria amblyosepala* Schrenk.
*Stellaria brachypetala* Bge.
*Stellaria cherleriae* (Fisch.) Will.
*Stellaria crassifolia* Ehrh.
*Stellaria darvasievii* R. Kam.
*Stellaria fontana* M. Pop.
*Stellaria graminea* L.
*Stellaria irrigua* Bge.
*Stellaria media* (L.) Cyr.
*Stellaria neglecta* Weihe.
*Stellaria pallida* (Dum.) Pire.
*Stellaria palustris* Ehrh.
*Stellaria petraea* Bge.
*Stellaria soongorica* Roshev.
*Stellaria turkestanica* Schischk.
*Stellaria winkleri* (Briq.) Schischk.
**Stelleropsis** Pobed.
*Stelleropsis altaica* (Thieb.) Pobed.
*Stelleropsis antoninae* Pobed.
*Stelleropsis issykkulensis* Pobed.
*Stelleropsis tarbagataica* Pobed.
*Stelleropsis tianschanica* Pobed.
*Stelleropsis turcomanica* (Czcrniak.) Pobed.
**Stemmacantha** Cass
*Stemmacantha aulieatense* (Iljin) M. Dittrich
*Stemmacantha carthamoides* (Willd.) M. Dittrich
*Stemmacantha integrifolium* (C. Winkl.) M. Dittrich
*Stemmacantha karatavica* (Rgl. et Schmalh.) M. Dittrich
*Stemmacantha lyrata* (C. Winkl. ex Iljin) M. Dittrich
*Stemmacantha namanganica* (Iljin) M. Dittrich
*Stemmacantha nana* (Lipsky) M. Dittrich
*Stemmacantha nitida* (Fisch.) M. Dittrich
*Stemmacantha serratuloides* (Georgi) M. Dittrich
**Stenocoelium** Ledeb.
*Stenocoelium popovii* V. Vinogr. et Fedoronczuk
*Stenocoelium trichocarpum* Schrenk.
**Stenotaenia Boiss**
*Stenotaenia iliensis* Bajt.
**Stephanocaryum** M. Pop.
*Stephanocaryum olgae* (B. Fedtsch.) M. Pop.
*Stephanocaryum popovii* R. Kam.
**Steptorhamphus** Bge.
*Steptorhamphus crambifolius* Bge.
*Steptorhamphus crassifolius* (Trautv.) Kirp.
*Steptorhamphus linczevskii* Kirp.
*Steptorhamphus persicus* (Boiss) O. et B. Fedtsch.
**Sterigmostemum** Bieb.
*Sterigmostemum ramosissimum* (O. E. Schulz) Rech. Fil
*Sterigmostemum schmakovii* R. Kam.
*Sterigmostemum tomentosum* (Willd.) Bieb.
**Steris Adans.**
*Steris viscaria* (L.) Rafin.
**Sternbergia** Watdst. et Kit.
*Sternbergia fiseheriana* (Herb.) Roem.
*Sternbergia lutea* (L.) Ker.-Gawl.
**Stipa** L.
*Stipa argillosa* Kotukh.
*Stipa aktauensis* Roshev.
*Stipa alaica* Pazij
*Stipa anomala* P. Smirn.
*Stipa arabica* Trin. et Rupr.
*Stipa azutavica* Kotukh.
*Stipa badachschanica* Roshev.
*Stipa breviflora* Griseb.
*Stipa bungeana* Trin. ex Bge.
*Stipa capillata* L.
*Stipa caspia* C. Koch
*Stipa caucasica* Schmalh.

*Stipa crassiculmis* P. Smirn.
*Stipa desertorum* (Roshev) Ikonn.
*Stipa drobovii* (Tzvel.) Czer.
*Stipa epilosa* Martinovsky
*Stipa glareosa* P. Smirn.
*Stipa gnezdilloi* Pazij
*Stipa gracilis* Roshev.
*Stipa heptapotamica* Golosk.
*Stipa hohenackeriana* Trin. et Rupr.
*Stipa hohenackeriana* subsp. *nachiczevanica* Tzvel.
*Stipa ikonnikovii* Tzvel.
*Stipa iskanderkulica* (Tzvel.) Czer.
*Stipa karakabica* Kotukh
*Stipa karataviensis* Roshev.
*Stipa kirghisorum* P. Smirn.
*Stipa kopetdagensis* Czopanov
*Stipa korshinskyi* Roshev.
*Stipa krascheninnikowii* Roshev.
*Stipa krylovii* Roshev.
*Stipa kuhitangi* Drob.
*Stipa kungeica* Golosk.
*Stipa lessingiana* Trin. et Rupr.
*Stipa lingua* Junge.
*Stipa lipskyi* Roshev.
*Stipa longiplumosa* Roshev.
*Stipa macroglossa* P. Smirn.
*Stipa magnifica* Junge
*Stipa margelanica* P. Smirn.
*Stipa okmirii* Dengubenko
*Stipa orientalis* Trin.
*Stipa ovczinnikovii* Roshev.
*Stipa pamirica* Roshev.
*Stipa pennata* L.
*Stipa prilipkoana* Grossg.
*Stipa pseudocapillata* Roshev.
*Stipa pulcherrima* C. Koch.
*Stipa purpurea* Griseb.
*Stipa regeliana* Hack.
*Stipa richteriana* Kar. et Kir.
*Stipa sareptana* A. Beck.
*Stipa sczerbakovii* Kotukh
*Stipa subsessiliflora* (Rupr.) Roshev.
*Stipa talassica* Pazij
*Stipa tianschanica* Roshev.
*Stipa tirsa* Stev.
*Stipa transcaucasica* Grossg.
*Stipa trichoides* P. Smirn.
*Stipa turcomanica* P. Smirn.
*Stipa turkestanica* Hack.
*Stipa tzvelevii* Ikonn.
*Stipa ucrainica* P. Smirn.
*Stipa zaissanica* Kotukh.
*Stipa zalesskii* Wilensky.
**Stipagrostis** Roshev. Tzvel. P. Smirn.
*Stipagrostis arachnoidea* (Litv.) de Winter
*Stipagrostis karelinii* (Trin. et Rupr.) Tzvel.
*Stipagrostis pennata* (Trin.) de Winter
*Stipagrostis pennata* subsp. *minor* (Litv.) Tzvel.
*Stipagrostis plumosa* (L.) Munro ex T. Anders
*Stipagrostis plumosa* subsp. *kyzylkumica* (Tzvel.) Tzvel.
*Stipagrostis plumosa* subsp. *szovitsiana* (Trin. ex Rupr.) Tzvel.
**Stizolophus** Cass.
*Stizolophus balsamita* (Lam.) Cass. ex Takht.
**Streptoloma** Bge.
*Streptoloma desertorum* Bge.
*Streptoloma sumbarense* (Lipski) Botsch.
**Strigosella** Boiss.
*Strigosella africana* (L.) Boiss.
*Strigosella brevipes* (Bge.) Boiss.
*Strigosella circinata* (Bge.) Boiss.
*Strigosella grandiflora* (Bge.) Boiss.
*Strigosella hispida* (Litv.) Boiss.
*Strigosella hyrcanica* (Freyn et Sint.) Boiss.
*Strigosella intermedia* (C. A. Mey.) Boiss.
*Strigosella latifolia* Bondar. et Boiss.
*Strigosella leptopoda* Bondar. et Boiss.
*Strigosella malacotricha* (Botsch. et Vved.) Botsch.
*Strigosella mursakovii* Bajt.
*Strigosella scorpioides* (Bge.) Boiss.
*Strigosella spryginoides* (Botsch. et Vved.) Botsch.
*Strigosella stenopetala* (Bernh. ex Fisch. et C. A. Mey) Botsch.

*Strigosella strigosa* (Boiss.) Botsch.
*Strigosella tadshikistanica* (Vass.) Botsch.
*Strigosella tenuissima* (Botsch.) Botsch.
*Strigosella trichocarpa* (Boiss. et Buhse) Botsch.
*Strigosella turkestanica* (Litv.) Botsch.
*Strigosella vvedenskyi* Bondar. et Botsch.
**Stroganovia** Kar. et Kir.
*Stroganovia angustifolia* Botsch. et Vved.
*Stroganovia brachyota* Kar. et Kir.
*Stroganovia bupleuroides* (Rech. fil.) Botsch.
*Stroganovia cardiophylla* Pavl.
*Stroganovia intermedia* Kar. et. Kir.
*Stroganovia litvinovii* Lipsky.
*Stroganovia longifolia* (Boiss.) Botsch. et Vved.
*Stroganovia minor* Botsch. et Vved.
*Stroganovia paniculata* Rgl. et Schmalh.
*Stroganovia robusta* Pavl.
*Stroganovia rubtzovii* Botsch.
*Stroganovia sagittata* Kar. et. Kir.
*Stroganovia saravschanica* Bulgacova
*Stroganovia subalpina* (Kom.) Thell. ex Pall.
*Stroganovia tianschanica* Botsch. et Vved.
*Stroganovia tolmaczovii* Junussov
*Stroganovia trautvetteri* Botsch.
**Stubendorffia** Schrenk.
*Stubendorffia aptera* Lipsky.
*Stubendorffia botschantzevii* R. Vinogradova
*Stubendorffia curvinervia* Botsch. et Vved.
*Stubendorffia gracilis* (Pavl.) Botsch.
*Stubendorffia lipskyi* N. Busch.
*Stubendorffia olgae* R. Vinogradova
*Stubendorffia orientalis* Schrenk.
*Stubendorffia pterocarpa* Botsch. et Vved.
*Stubendorffia orientalis* Schrenk.
**Styphnolobium** Schott
*Styphnolobium japonicus* (L.) Schott
**Suaeda** Forsk. ex Scop.
*Suaeda acuminata* (C. A. Mey.) Moq.
*Suaeda altissima* (L.) Pall.
*Suaeda arcuata* Bge.
*Suaeda baccifera* Pall.
*Suaeda confusa* Iljin.
*Suaeda corniculata* (C. A. Mey.) Bge.
*Suaeda crassifolia* Pall.
*Suaeda dendroides* (C. A. Mey.) Moq.
*Suaeda eltonica* Iljin
*Suaeda heterophylla* (Kar. et Kir.) Bge.
*Suaeda kossinskyi* Iljin
*Suaeda linifolia* Pall.
*Suaeda maritima* (L.) Dum.
*Suaeda microphylla* Pall.
*Suaeda microsperma* (C. A. Mey.) Fenzl
*Suaeda olufsenii* Pauls.
*Suaeda paradoxa* (Bge.) Bge.
*Suaeda physophora* Pall.
*Suaeda prostrata* Pall.
*Suaeda salsa* (L.) Pall.
*Suaeda turkestanica* Litv.
**Suchtelenia** Kar. ex Meissn.
*Suchtelenia calicina* (C. A. Mey.) A. DC.
**Sympegma** Bge.
*Sympegma regelii* Bge.
**Symphytum** *L.*
Symphytum officinale *L.*.
**Syreitschikovia** Pavl.
*Syreitschikovia spinulosa* (Franch.) Pavl.
*Syreitschikovia tenuis* (Bunge) Botsch..
**Syrenia** Andrz.
*Syrenia cana* (Pill. et Mitt.) Neilr.
*Syrenia macrocarpa* Vass.
*Syrenia montana* (Pall.) Klok.
*Syrenia siliculosa* (M. B.) Andrz.
**Syringa** L.
*Syringa persica* L.
*Syringa vulgaris* L.
**Swertia** L.
*Swertia connata* Schrenk
*Swertia fedtschenkoana* Pissjauk.
*Swertia gonczaroviana* Pissjauk.
*Swertia graciliflora* Gontsch.
*Swertia juzepczukii* Pissjauk.
*Swertia komarovii* Pissjauk.
*Swertia lactea* Bge.
*Swertia marginata* Schrenk
*Swertia obtusa* Ldb.
*Swertia pseudopetiolata* Pissjauk.

*Swertia schugnanica* Pissjauk.
*Swertia variabilis* Pissjauk.
*Swertia veratroidfs* Maxim. ex Kom.
**Swida Opis.**
*Swida meyeri* (Pojark.) Sojak.
*Swida sericea* (L.) Holub
**Taeniatherum** Nevski
*Taeniatherum asperum* (Simonk.) Nevski
*Taeniatherum crinitum* (Schreb.) Nevski
**Tagetes** L.
*Tagetes erecta* L.
*Tagetes patula* L.
*Tagetes tenuifolia* Cav.
**Taktajaniantha** Nasarova
*Taktajaniantha pusilla* (Pall.) Nasarova
**Tamarix** L
*Tamarix androssowii* Lity
*Tamarix aralensis* Bge.
*Tamarix arcenthoides* Bge.
*Tamarix brachyratchys* Bge.
*Tamarix bungei* Boiss
*Tamarix elongata* Ledeb
*Tamarix florida* Bge.
*Tamarix gracilis* Willd.
*Tamarix hispida* Villd
*Tamarix hohenackeri* Bge.
*Tamarix karelinii* Bge.
*Tamarix kasakhorum* Gorschk
*Tamarix komarovi* i Gorschk
*Tamarix korolkovii* Rgl. et Schmalh
*Tamarix kotschyi* Bge.
*Tamarix laxa* Willd
*Tamarix leptostachys* Bge.
*Tamarix litwinovii* Gorschk
*Tamarix meyeri* Boiss
*Tamarix passerinoides* Delile
*Tamarix ramosissima* Ledeb
*Tamarix sahuensis* P. Y. Zang et M. T. Liu
*Tamarix szowitsiana* Bge.
*Tamarix taklamakanensis* M. T. Liu
*Tamarix taremensis* M. T. Liu
**Tanacetopsis** (Tzvel.) Kovalevsk.
*Tanacetopsis botschantzevii* (Kovalevsk.) Kovalevsk.
*Tanacetopsis czukavina* (Kovalevsk.) et Junuss.
*Tanacetopsis ferganensis* (Kovalevsk.) Kovalevsk.
*Tanacetopsisgoloskokovii* (Poljak.) Karmyscheva
*Tanacetopsis handeliiformis* Kovalevsk.
*Tanacetopsis kamelinii* Kovalevsk.
*Tanacetopsiskarataviensis* (Kovalevsk.) Kovalevsk.
*Tanacetopsis kjurendaghi* Kurbanov
*Tanacetopsis korovinii* Kovalevsk.
*Tanacetopsis krascheninnikovii* (Nevski) Kovalevsk.
*Tanacetopsis mucronata* (Rgl. et Schmalh.) Kovalevsk.
*Tanacetopsis pamiralaica* (Kovalevsk.) Kovalevsk.
*Tanacetopsis paropamirica* (Krasch) Kovalevsk.
*Tanacetopsis pjataevae* (Kovalevsk.) Karmyscheva
*Tanacetopsis popovii* R. Kam. et Kovalevsk.
*Tanacetopsis santoana* (Krasch., M. Pop. et Vved.) Kovalevsk.
*Tanacetopsis setacea* (Rgl. et Schmalh.) Kovalevsk.
*Tanacetopsis submarginata* (Kovalevsk.) Kovalevsk.
*Tanacetopsis subsimilis* (Rech. fil.) Kovalevsk.
*Tanacetopsis urgutensis* (M. Pop.) Kovalevsk.
**Tanacetum** L.
*Tanacetum achilleifolium* (Bieb.) Sch. Bip.
*Tanacetum boreale* Fisch. ex DC.
*Tanacetum crassipes* (Stschegl.) Tzvel.
*Tanacetum heterophyllum* Boiss.
*Tanacetum karelinii* Tzvel.
*Tanacetum karelinii* Tzvel.
*Tanacetum kittarianum* (C. A. Mey.) Tzvel.
*Tanacetum kokanikum* Krasch.
*Tanacetum millefolium* (L.) Tzvel.
*Tanacetum mindshelkense* Kovalevsk.
*Tanacetum pseudoachillea* C. Winkl.
*Tanacetum santolina* C. Winkl.
*Tanacetum saxicola* (Krasch.) Tzvel.
*Tanacetum scopulorum* (Krasch.) Tzvel.
**Tanacetum** (Krasch.) Tzvel.
*Tanacetum tanacetoides* (DC.) Tzvel.
*Tanacetum turcomanicum* (Krasch.) Tzvel.
*Tanacetum turlanicum* (Pavl.) Tzvel.

*Tanacetum ulutavicum* Tzvel.
*Tanacetum uralense* (Krasch.) Tzvel.
*Tanacetum vulgare* L.
*Tanacetum walteri* (C. Winkl.) Tzvel.
**Taphrospermum** C. A. Mey.
*Taphrospermum altaicum* C. A. Mey.
*Taphrospermum platypetalum* C. A. Mey.
**Taraxacum** Wigg
*Taraxacum alaicum* Schischk.
*Taraxacum alatavicum* Schischk.
*Taraxacum almaatense* Schischk.
*Taraxacum alpigenum* Dshanaeva
*Taraxacum androssovii* Schischk.
*Taraxacum anzobicum* Schischk. et Veinberg
*Taraxacum arasanum* R. Doll
*Taraxacum atrans* Schischk.
*Taraxacum badachschanicum* Schischk.
*Taraxacum beckeri* Soest
*Taraxacum bessarabicum* (Hornem.) Hand. -Mazz.
*Taraxacum bicorne* Dahlst.
*Taraxacum botschantzevii* Schischk.
*Taraxacum brevicorniculatum* V. Korol.
*Taraxacum brevirostre* Hand. Mazz.
*Taraxacum butkovii* Kovalevsk.
*Taraxacum calcareum* V. Korol.
*Taraxacum comitans* Kovalevsk.
*Taraxacum contristans* Kovalevsk.
*Taraxacum darschajense* Orazova
*Taraxacum darvasicum* Vainberg
*Taraxacum distantilobum* Lindb. fil.
*Taraxacum ecornutum* Kovalevsk.
*Taraxacum elongatum* Kovalevsk.
*Taraxacum eriobasis* Kovalevsk.
*Taraxacum fedtschenkoi* Hand. -Mazz.
*Taraxacum glaucanthum* (Ledeb.) DC.
*Taraxacum glaucivirens* Schischk.
*Taraxacum gnezdilloi* Kovalevsk.
*Taraxacum goloskokovii* Schischk.
*Taraxacum grypodiforme* R. Doll
*Taraxacum guntense* Dengubenko
*Taraxacum* heptopotamicum Schischk.
*Taraxacum jaschilkuliensis* Vainberg
*Taraxacum* elongatum Kovalevsk.
*Taraxacum* juzepczukii Schischk.
*Taraxacum karakoricum* Soest.
*Taraxacum karatavicum* Pavl. ex Schischk..
*Taraxacum kasachiforme* R. Doll
*Taraxacum kasachum* R. Doll
*Taraxacum kirghizicum* Schischk.
*Taraxacum kok-saghyz* Rodin.
*Taraxacum krasnoborovii* Krasnikov
*Taraxacum leucanthum* (Ledeb.) Ledeb..
*Taraxacum lilacinum* Krasn. et Schischk.
*Taraxacum linczevskii* Schischk.
*Taraxacum longipyramidatum* Schischk.
*Taraxacum longirostre* Schischk.
*Taraxacum lugubriforme* R. Doll
*Taraxacum luridum* Hagl.
*Taraxacum macrochlamydeum* Kovalevsk..
*Taraxacum magnum* Kovalevsk.
*Taraxacum majus* Schischk.
*Taraxacum maracandicum* Kovalevsk.
*Taraxacum medeense* R. Doll
*Taraxacum microspermum* Schischk.
*Taraxacum minutilobum* M. Pop. ex Kovalevsk.
*Taraxacum monochlamydeum* Hand. -Mazz.
*Taraxacum montanum* (C. A. Mey.) DC.
*Taraxacum multiscaposum* Schischk.
*Taraxacum murgabicum* Vainberg.
*Taraxacum neolobatum* Soest.
*Taraxacum nikitinii* Schischk.
*Taraxacum nikolai* Vainberg.
*Taraxacum nuratavicum* Schischk.
*Taraxacum oschense* Schischk.
*Taraxacum ostenfeldii* Raunk.
*Taraxacum pavlovii* Orazova
*Taraxacum perpusillum* Schischk.
*Taraxacum petri-primi* Vainberg
*Taraxacum pingue* Schischk.
*Taraxacum popovii* Kovalevsk. ex Vainberg
*Taraxacum promontoriorum* Dshanaeva
*Taraxacum pseudoatratum* Orazova
*Taraxacum pseudobrevirostre* Vainberg
*Taraxacum pseudocalocephalum* Kovalevsk.
*Taraxacum pseudodissimile* Soest.
*Taraxacum pseudolugubre* R. Doll

*Taraxacum pseudominutilobum* S. Kovalevsk.
*Taraxacum pseudoroseum* Schischk.
*Taraxacum raikovae* Vainberg
*Taraxacum repandum* Pavl.
*Taraxacum rubudum* Schischk.
*Taraxacum saposhnikovii* Schischk.
*Taraxacum schischkinii* V. Korol. .
*Taraxacum schugnanikum* Schischk.
*Taraxacum seravschanicum* Schischk.
*Taraxacum songoricum* Schischk.
*Taraxacum stanjukoviczii* Schischk.
*Taraxacum strizhovae* Vainberg
*Taraxacum strobilocephalum* Kovalevsk.
*Taraxacum subglaciale* Schischk.
*Taraxacum sumneviczii* Schischk.
*Taraxacum svetlanae* Czer.
*Taraxacum syriacurn* Boiss.
*Taraxacum syrtorum* Dshanaeva
*Taraxacum tadshikorum* Ovcz. ex Schischk.
*Taraxacum taschkenticum* Orazova
*Taraxacum tianachanicurn* Pavl.
*Taraxacum tujuksuense* Orazova
*Taraxacum turgaica* Schischk.
*Taraxacum tzvelevii* Schischk.
*Taraxacum varsobicum* Schischk.
*Taraxacum vassilczenkoi* Schischk.
*Taraxacum violaceum* R. Doll
*Taraxacum vitalii* Orazova
**Tauscheria** Fisch. ex DC.
*Tauscheria lasiocarpa* Fisch. ex DC.
*Tauscheria oblonga* Vass.
**Telephium** L.
*Telephium orientale* Boiss.
**Teloxys** Moq.
*Teloxys aristata* (L.) Moq.
**Tephroseris(Reichenb.) Reichenb.**
*Tephroseris palustris* (L.) Reichenb.
*Tephroseris turczaninovii* (DC.) Holub
*Tephroseris veresczaginii* (Schischk. et Serg.) Holub
**Tetracme** Bge.
*Tetracme leptopoda* Pachom.
*Tetracme pamirica* Vass.
*Tetracme quadricornis* Bge.
*Tetracme recurvata* Bge.
**Tetracmidion** Korsh.
*Tetracmidion bucharicus* Korsh.
*Tetracmidion glochidiatum* Botsch. et Vved.
**Tetradiclis** Stev.
*Tetradiclis corniculata* Chalkuziev
*Tetradiclis tenella* (Ehrenb.) Litv.
**Tetraenium(DC.) Manden**
*Tetraenium olgae* (Rgl. et Schmalh.) Manden
**Teucrium** L.
*Teucrium excelsum* Juz.
*Teucrium polium* L.
*Teucrium polium* subsp. *capitatum* (L.) Arcang.
*Teucrium scordioides* Schreb.
*Teucrium scordium* L.
*Teucrium syspirense* C. Koch
**Thalictrum** L.
*Thalictrum alpinum* L.
*Thalictrum bykovii* Kotukh.
*Thalictrum flavum* L.
*Thalictrum flexuosum* Bernh. ex Reichenb.
*Thalictrum foetidum* L.
*Thalictrum isopyroides* C. A. Mey.
*Thalictrum kemense* (Fries) Koch
*Thalictrum kuhistanicum* Ovcz. et Koczk.
*Thalictrum macrophyllum* V. Boczantzeva
*Thalictrum minus* L.
*Thalictrum petaloideum* L.
*Thalictrum simplex* L.
*Thalictrum sultanabadense* Stapf
**Thellungiella** O. E. Schulz
*Thellungiella halophila* (C. A. Mey.) O. E. Schulz
*Thellungiella salsuginea* (Pall.) O. E. Schulz
**Thelypteris** Schmidel
*Thelypteris thelypteridoides* (Michx.) Holub
**Thermopsis** R. Br.
*Thermopsis alpina* (Pall.) Ldb.
*Thermopsis alterniflora* Rgl. et Schmalh.
*Thermopsis dolichocarpa* V. Nikit.
*Thermopsis kaxgarica* C. Y. Yang
*Thermopsis mongolica* Czfr.

*Thermopsis saurensis* C. Y. Yang
*Thermopsis turkestanica* Gand.
**Thesium** L.
*Thesium alatavicum* Kar. et Kir.
*Thesium arvense* Horvatovszky
*Thesium fcrganense* Bobr.
*Thesium gontscharovii* Bobr.
*Thesium kotschyanum* Boiss.
*Thesium minkwitzianum* B. Fcdtsch.
*Thesium multicaule* Ldb.
*Thesium ramosissimum* Bobr.
*Thesium refractum* C. A. Mey.
**Thevenotia DC.**
*Thevenotia scabra* (Boiss.) Boiss.
**Thlaspi** L.
*Thlaspi arvense* L.
*Thlaspi ceratocarpum* (Pall.) N. Busch
**Thuspeinantha** Durand
*Thuspeinantha persica* (Boiss.) Briq.
**Thylacospermum** Fenzl
*Thylacospermum caespitosum* (Chamb.) Schischk.
**Thymelaea** Mill.
*Thymelaea passerina* (L.) Cossn. et Germ.
**Thymus** Klok
*Thymus afganicus* Ronn.
*Thymus incertus* Klok.
*Thymus karatavicus* A. Dmitr. ex Gamajun.
*Thymus kirgisorum* Dub.
*Thymus magnificus* Klok.
*Thymus marschallianus* Willd.
*Thymus mongolicus* Klok. et Shost.
*Thymus mugodzharicus* Klok. et Schost.
*Thymus petraeus* Serg.
*Thymus proximus* Serg.
*Thymus rasitatus* Klok.
*Thymus roseus* Schipcz.
*Thymus schischkinii* Serg.
*Thymus seravschanicus* Klok.
*Thymus subnervosus* Vved. , Nabiev et Tuljaganova
*Thymus terskeicus* Klok.
*Thymus transcaspicus* Klok.
**Tianschaniella** B. Fedisch. ex M. Pop.
*Tianschaniella umbellifera* B. Fedtsch. ex M. Pop.
**Tillaea** L.
*Tillaea aquatica* L.
*Tillaea vailiantii* Willd. .
**Tordylium L.**
*Tordylium maximum* L.
**Torilis** Adans.
*Torilis arvensis* (Huds.) Link.
*Torilis arvensis* subsp. *turcomanica* Geldykhanov
*Torilis leptophylla* (L.) Retchb.
*Torilis nodosa* (L.) Gaertn.
*Torilis stocksiana* (Boiss.) Drude
**Toxicodendron Hill.**
*Toxicodendron vernicifluum* (Stokes) Lincz.
**Trachelanthus** Kuntze
*Trachelanthus hissaricus* Lipsky.
*Trachelanthuskorolkovii* Lipsky.
**Trachomitum** Woodson
*Trachomitum lancifolium* (Russan.) Pobed.
*Trachomitum scabrum* (Russan.) Pobed.
**Trachinia** Link
*Trachinia distachya* (L.) Link
**Trachyspermum** Link
*Trachyspermum ammi* (L.) Sprague
**Tragopogon** L.
*Tragopogon alaicus* S. Nikit.
*Tragopogon badachschanicus* Boriss.
*Tragopogon capitatus* S. Nikit.
*Tragopogon conduplicatus* S. Nikit.
*Tragopogon dubjanskyi* Krasch. et S. Nikitin
*Tragopogon elongatus* S. Nikit.
*Tragopogon gaudanicus* Boriss.
*Tragopogon gracilis* D. Don
*Tragopogon graminifolius* DC.
*Tragopogon karelinii* S. Nikit.
*Tragopogon kopetgagensis* Boriss.
*Tragopogon krascheninnikovii* S. Nikit.
*Tragopogon kultiassovii* M. Pop. ex S. Nikit.
*Tragopogon malikus* S. Nikit.
*Tragopogon marginifolius* Pavl.
*Tragopogon maturatus* Boriss.
*Tragopogon montanus* S. Nikit.
*Tragopogon paradoxus* S. Nikit.

*Tragopogon podolicus* (DC.) S. Nikit.
*Tragopogon pseudomajor* S. Nikit.
*Tragopogon pusillus* Bieb.
*Tragopogon ruber* S. G. Gmel.
*Tragopogon ruthenicus* Bess. ex Krasch.
*Tragopogon sabulosus* Krasch. et S. Nikit.
*Tragopogon scoparius* S. Nikit.
*Tragopogon serawschanicus* S. Nikit.
*Tragopogon songoricus* S. Nikit.
*Tragopogon subalpinus* S. Nikit.
*Tragopogon tomentosus* S. Nikit.
*Tragopogon heteropappus* Z. X. An
*Tragopogon turkestanicus* S. Nikt.
*Tragopogon vvedenskyi* M. Pop. ex Pavl.
*Tragopogon verrucosobracteatus* Z. X. An
**Tragus** Hall.
*Tragus racemosus* (L.) All.
**Trapa** L.
*Trapa natans* L.
*Trapa spryginii* V. Vassil
**Tribulus** L.
*Tribulus macropterus* Boiss.
*Tribulus terrestris* L.
**Trichanthemis** Rgl. et Schmalh.
*Trichanthemis aulieatensis* (B. Fedtsch.) Krasch.
*Trichanthemis aurea* Krasch.
*Trichanthemis butkovii* S. Kovaleysk.
*Trichanthemis karataviensis* Rgl. et Schmalh.
*Trichanthemis litwinowii* (Krasch,) Tzvel.
*Trichanthemis paradoxus* (C. Vinkl.) Tzvel.
*Trichanthemis radiata* Krasch. et Vved.
**Trichochitom** Kom.
*Trichochitom inconspicuum* Kom.
*Trichochitom umbrosum* (Kom.) Botsch. et Vved.
**Trichodesma** R. Br.
*Trichodesma incanum* (Bge.) A. DC.
**Tricholepis DC.**
*Tricholepis trichocephala* Lincz.
**Trigonotis** Stev.
*Trigonotis peduncularis* (Trev.) Benth. ex Baker et S. Moore
**Triglochin** L.
*Triglochin maritimum* L.
*Triglochin palustre* L.
**Trifolium** L
*Trifolium arvense* L.
*Trifolium borysthenicum* Grun.
*Trifolium lappaceum* L.
*Trifolium pratense* L.
*Trifolium sativum* (Schreb.) Crome
*Trifolium scabrum* L.
*Trifolium seravschanicum* Ovcz. ex Bobr.
**Trigonella** L.
*Trigonella arcuata* C. A. Mey.
*Trigonella astroides* Fisch. et C. A. Mey.
*Trigonella brahuica* Boiss.
*Trigonella caerulea* (L.) Ser.
*Trigonella calliceras* Fisch.
*Trigonella coerulescens* (Bieb.) Halacsy
*Trigonella foenum-graecum* L.
*Trigonella geminiflora* Bge.
*Trigonella grandiflora* Bge.
*Trigonella incisa* Benth.
*Trigonella monantha* C. A. Mey.
*Trigonella monspeliaca* L.
*Trigonella noeana* Boiss.
*Trigonella orthoceras* Kar. et Kir.
*Trigonella spruneriana* Boiss.
*Trigonella stellata* Forssk.
*Trigonella turkmena* M. Pop.
*Trigonella verae* Sirj.
**Tripleurospermum** Sch. Bip.
*Tripleurospermum ambiguum* (Ledeb.) Franch. et Savat.
*Tripleurospermum disciforme* (C. A. Mey.) Sch. Bip.
*Tripleurospermum parviflorum* (Willd.) Pobed.
*Tripleurospermum perforatum* (Merat) M. Lainz.
**Tripolium** Nees
*Tripolium pannonicum* (Jack.) Dobrocz..
**Trisetaria** Forssk.
*Trisetaria cavanillesii* (Trin.) Mairc
*Trisetaria cavanillesii* subsp. *sabulosa* Tzvel.
**Trisetum** Pers.
*Trisetum altaicum* Roshev.
*Trisetum flavescens* (L.) Beauv.

*Trisetum litvinowii* (Domin) Nevski
*Trisetum mongolicum* (Hult.) Peschkova
*Trisetum parvispiculatum* (Tzvel.) Probat.
*Trisetum seravschanicum* Roshev.
*Trisetum sibiricum* Rupr.
*Trisetum spicatum* (L.) Richt.
**Triticum** L.
*Triticum aesticum* L.
*Triticum* afganicum Kudr.
*Triticum armeniacum* (Stolet.) Nevski
*Triticum asiaticum* Kudr.
*Triticum asiaticum* subsp. *eligulatum* (Vav.) Kudr.
*Triticum asiaticum* subsp. *muticorigidum* Kudr.
*Triticum asiaticum* subsp. *rigidum* (Vav.) Kudr.
*Triticum asiaticum* subsp. *semiaristatum* Kudr.
*Triticum asiaticum* subsp. *speltiforme* (Vav.) Kudr.
*Triticum compactum Host*
*Triticum compactum* Host
*Triticum compactum* subsp. *multicocompactum* Kudr.
*Triticum compactum* subsp. *rigidocompactum* Kudr.
*Triticum compactum* subsp. *semiaristocompactum* Kudr.
*Triticum durum* Desf.
*Triticum inflatum* Kudr.
*Triticum petropavlovkskyi* Udach. et Migusch.
*Triticum polonicum* L.
*Triticum* spelta L.
*Triticum turanicum* Jakubz.
**Trollius** L.
*Trollius altaicus* C. A. Mey.
*Trollius asiaticus* L.
*Trollius dschungaricus* Rgl.
*Trollius komarovii* Pachom.
*Trollius lilacinus* Bge.
**Tulipa** L.
*Tulipa affinis* Z. Botsch.
*Tulipa alberti* Rgl.
*Tulipa altaica* Pall. ex Spreng.
*Tulipa anadroma* Z. Botsch.
*Tulipa anizophylla* Vved.
*Tulipa biebershteiniana* Schult. et Shult. fil.
*Tulipa behmiana* Rgl.
*Tulipa biflora* Pall.
*Tulipa bifloriformis* Vved.
*Tulipa binutans* Vved.
*Tulipa boettgeri* Rgl.
*Tulipa borszowii* Rgl.
*Tulipa botschantzevae* S. Abramova et Zakaljabina
*Tulipa brachystemon* Rgl.
*Tulipa buhseana* Boiss.
*Tulipa butkovii* Z. Botsch.
*Tulipa carinata* Vved.
*Tulipa dasystemon* Rgl.
*Tulipa dasystemonoides* Vved.
*Tulipa dubia* Vved.
*Tulipa ferganica* Vved.
*Tulipa fosteriana* Irving.
*Tulipa gesneriana* L.
*Tulipa greigii* Rgl.
*Tulipa heterophylla* (Rgl.) Baker.
*Tulipa hissarica* M. Pop. et Vved.
*Tulipa iliensis* Rgl.
*Tulipa ingens* Th. Hoog.
*Tulipa kaufmanniana* Rgl.
*Tulipa kolpakovskiana* Rgl.
*Tulipa kopetdagensis* B. Fedtsch.
*Tulipa korolkovii* Rgl.
*Tulipa korshinskyi* Vved.
*Tulipa krauseana* Rgl.
*Tulipa kuschkensis* B. Fedtsch.
*Tulipa lanata* Rgl.
*Tulipa lehmanniana* Merckl.
*Tulipa linifolia* Rgl.
*Tulipa anadroma* Z. Botsch.
*Tulipa maximowiczii* Rgl.
*Tulipa micheliana* Hoog.
*Tulipa mogoltavica* M. Pop. et Vved.
*Tulipa neustruevae* Pobed..
*Tulipa orithyioides* Vved.
*Tulipa ostrowskiana* Rgl.
*Tulipa platystemon* Vved.
*Tulipa praestans* Th. Hoog.

*Tulipa prolongata* Vved.
*Tulipa regelli* Krasn.
*Tuliparosea* Vved.
*Tulipa schmidtii* Fomin
*Tulipa sinkiangensis* Z. M. Mao
*Tulipa sogdiana* Bge.
*Tulipa subbiflora* Vved.
*Tulipa subpraestans* Vved.
*Tulipa subquinquefolia* Vved.
*Tulipa tarda* Slapf.
*Tulipa tetraphylla* Rgl.
*Tulipa tianschanica* Rgl.
*Tulipa tschingamica* Z. Botsch.
*Tulipa tubergeniana* Th. Hoog.
*Tulipa turcomanica* B. Fedtsch.
*Tulipa turkestanica* Rgl.
*Tulipa uniflora* (L.) Bess. ex Baker
*Tulipa uzbekistanica* Z. Botsch. et Schapirov
*Tulipa victoris* Vved. ex Z. Botsch.
*Tulipa vvedenskyi* Z. Botsch.
*Tulipa wilsoniana* Th. Hoog.
*Tulipa zenaidae* Vved.
**Turaniphytum** Poljak.
*Turaniphytum cordingtonii* (Rech. fil.) Podlech.
*Turaniphytum eranthemum* (Bge.) Poljak.
**Turgenia** Hoffm.
*Turgenia latifolia* (L.) Hoffm.
**Turritis** L.
*Turritis glabra* L.
**Tussilago** L.
*Tussilago farfara* L.
**Tylosperma** Botsch.
*Tylosperma lignosa* (Willd. ex Schlecht.) Botsch.
**Typha** L.
*Typha angustifolia* L.
*Typha domingensis* Pers.
*Typha elephantina* Roxb.
*Typha grossheimii* Pobed.
*Typha latifolia* L.
*Typha laxmannii* Lepech.
*Typha minima* Funck.
*Typha turcomanica* Pobed
**Tyttostemma Nevski**
*Tyttostemma alsinoides* (Boiss. et Buhse) Nevski
**Uechtritzia Freyn**
*Uechtritzia kokanica* (Regel et Schmalh) Pobed.
**Ugamia** Pavl.
*Ugamia angrenica* (Krasch.) Tzvel.
**Ulmus** L.
*Ulmus androssowii* Litv.
*Ulmus pumila* L.
**Ulugbekia Zak.**
*Ulugbekia tianschanica* (B. Fedtsch.) Zak.
*Ulugbekia tschingamica* (B. Fedtsch.) Zak.
**Ungernia** Bge.
*Ungernia badghysi* Botsch.
*Ungernia ferganica* Vved. ex Artjushenko
*Ungernia oligostroma* M. Pop. et Vved.
*Ungernia severtzovii* (Rgl.) B. Fedtsch.
*Ungernia spiralis* Proskorjakov
*Ungernia tadshicorum* Vved. ex Artjushenko
*Ungernia trisphera* Bunge
*Ungernia victoris* Vved. ex Artjushenko
*Ungernia vvedenskyi* Khamidsh.
**Urospermum** Scop.
*Urospermum picroides* (L.) Scop. ex F. W. Schmidt
**Urtica** L.
*Urtica cannabina* L.
*Urtica dioica* L.
*Urtica kunlunshanica* C. Y. Yang
*Urtica sondenii* (Simm.) Avror. ex Geltm.
*Urtica urens* L.
**Utricularia** L.
*Utricularia intermedia* Hayne.
*Utricularia minor* L.
*Utricularia vulgaris* L.
**Vaccaria N. M. Wolf**
*Vaccaria hispanica* (Mill.) Rauschert.
*Vaccaria oxyodonta* Boiss.
**Valeriana L.**
*Valeriana chionophila* M. Pop.
*Valeriana fedtschenkoi* Coincy
*Valeriana ficariifolia* Boiss.
*Valeriana kamelinii* B. Scharipova
*Valeriana kamelinii* subsp. *albiflora* B. Scharipova

*Valeriana martjanovii* Kryl.
*Valeriana minuta* Wendelbo
*Valeriana schachristanica* R. Kam.
*Valeriana sisibbriifolia* Vahl
*Valeriana tuberosa* L.
**Valerianella** Mill.
*Valerianella coronata* (L.) DC.
*Valerianella cymbocarpa* C. A. Mey.
*Valerianella dactylophylla* Boiss. et Hohen.
*Valerianella dentata* (L.) Poll.
*Valerianella diodon* Boiss.
*Valerianella dufresnia* Bge.
*Valerianella kulabensis* Lypsky ex Lincz.
*Valerianella leiocarpa* (C. Koch) O. Kunze
*Valerianella lipskyi* Lincz.
*Valerianella muricata* (Stev. ex Bieb.) J. W. Loud.
*Valerianella ovczinnikovii* B. Scharipova
*Valerianella oxyrrhyncha* Fisch. et Mey.
*Valerianella plagiostephana* Fisch. et Mey.
*Valerianella platycarpa* Trautv.
*Valerianella pumila* (L.) DC
*Valerianella sclerocarpa* Fisch. et Mey.
*Valerianella szovitsiana* Fisch. et Mey.
*Valerianella triplaris* Boiss. et Buhse
*Valerianella tuberculata* Boiss.
*Valerianella turkestanica* Rgl. et Schmalh.
*Valerianella uncinata* (M. B.) Dufr.
*Valerianella varsobica* B. Scharipova
*Valerianella vesicaria* (L.) Moench.
*Valerianella vvedenskyi* Lincz.
**Vallisneria** L.
*Vallisneria spiralis* L.
**Velezia** L.
*Velezia rigida* L.
**Veratrum** L.
*Veratrum lobelianum* Bernh.
*Veratrum nigrum* L.
**Verbascum** L.
*Verbascum agrimoniifolium* Gritzenko
*Verbascum blattaria* L.
*Verbascum cheiranthifolium* Boiss.
*Verbascum erianthum* Benth.
*Verbascum korovinii* Gritzenko
*Verbascum macrocarpum* Boiss.
*Verbascum marschallianum* Ivanina et Tzvel.
*Verbascum phlomoides* L.
*Verbascum phoeniceum* L.
*Verbascum songoricum* Schrenk ex Fisch. et Mey.
*Verbascum thapsus* L.
*Verbascum turcomanicum* Murb.
*Verbascum turkestanicum* Franch.
**Verbena** L.
*Verbena officinalis* L.
*Verbena supina* L.
**Veronica** L.
*Veronica agrestis* L.
*Veronica alatavica* M. Pop.
*Veronica amoena* Stev.
*Veronica anagallis-aquatica* L.
*Veronica anagalloides* Guss.
*Veronica arenosa* (Serg.) Boriss.
*Veronica arguteserrata* Rgl. et Schmalh.
*Veronica arvensis* L.
*Veronica beccabunga* L.
*Veronica beccabunga* subsp. muscosa (Kprsh.) A. Jelen.
*Veronica biloba* L.
*Veronica bucharica* B. Fedtsch.
*Veronica campylopoda* Boiss.
*Veronica capillipes* Nevski.
*Veronica cardiocarpa* (Kar. et Kir.) Walp.
*Veronica chamaedrys* L.
*Veronica ciliata* Fisch.
*Veronica connata* Rafin.
*Veronica czerniakowskiana* Monjuschko
*Veronica densiflora* Ledeb.
*Veronica dillenii* Crantz.
*Veronica fedtschenkoi* Boriss.
*Veronica ferganica* M. Pop.
*Veronica hederifolia* L.
*Veronica hispidula* Boiss. et Huet.
*Veronica humifusa* Dicks.
*Veronica incana* L.
*Veronica intercedens* Bornm.
*Veronica khorassanica* Czerniak.

*Veronica kopetdaghensis* B. Fedtsch. ex Boriss.
*Veronica krylovii* Schischk.
*Veronica kuljabensis* Ivanina
*Veronica laeta* Kar. et Kir.
*Veronica longifolia* L.
*Veronica lutkeana* Rupr.
*Veronica lysimachioides* Boiss.
*Veronica macrostemon* Bunge
*Veronica michauxii* Lam.
*Veronica montioides* Boiss.
*Veronica multifida* L.
*Veronica nanella* Vved.
*Veronica opaca* Fries.
*Veronica persica* Poir.
*Veronica pinnata* L.
*Veronica porphyriana* Pavl.
*Veronica ramosissima* Boriss.
*Veronica rubrifolia* Boiss.
*Veronica scutellata* L.
*Veronica serpyllifolia* L.
*Veronica sessilirlora* Bunge
*Veronica spicata* L.
*Veronica spuria* L.
*Veronica stylophora* M. Pop.
*Veronica tenuissima* Boriss.
*Veronica tianschanica* Lincz.
*Veronica verna* L.
**Viburnum** L.
*Viburnum opulus* L.
**Vicia** L.
*Vicia* anatolica Turill
*Vicia angustifolia* Reichard
*Vicia biensis* L.
*Vicia cinerea* Bieb.
*Vicia costata* Ledeb.
*Vicia cracca* L.
*Vicia ervilia* (L.) Willd.
*Vicia faba* L.
*Vicia fedtschenkoana* V. V. Nikit.
*Vicia gracilior* (M. Pop.) M. Pop.
*Vicia hirsuta* (L.) S. F. Gray
*Vicia hybrida* L.
*Vicia hyrcanica* Fisch. et Mey.
*Vicia iranica* Boiss.
*Vicia kokanica* Regel et Schmalh.
*Vicia megalotropis* Ledeb.
*Vicia michauxii* Spreng.
*Vicia narbonensis* L.
*Vicia peregrina* L.
*Vicia sativa* L.
*Vicia semenovii* (Regel et Herd.) B Fedtsch.
*Vicia sepium* L.
*Vicia subvillosa* (Ledeb.) Boiss.
*Vicia tenuifolia* Roth.
*Vicia tetrasperma* (L.) Schreb.
*Vicia venulosa* Boiss. et Hohen.
*Vicia villosa* Roth.
**Vigna** Savi
*Vigna radiata* (L.) Wilczek
*Vigna unguiculata* (L.) Walp.
**Vinca** L.
*Vinca erecta* Rgl. et Schmalh.
*Vinca herbacea* Waldst. et Kit.
*Vinca major* L.
*Vinca minor* L.
**Vincetoxicum N. M. Wolf**
*Vincetoxicum darvasicum* B. Fedtsch.
*Vincetoxicum mugodsharicum* Pobed.
*Vincetoxicum pumilum* Decne.
*Vincetoxicum sibiricum* (L.) Decne.
**Viola** L.
*Viola acutifolia* (Kar. et Kir.) W. Beck.
*Viola alaica* Vved.
*Viola alexejana* R. Kam.
*Viola allochroa* Botsch.
*Viola altaica* Ker-Gawl.
*Viola arvensis* Murr.
*Viola biflora* L.
*Viola collina* Bess.
*Viola dissecta* Ledeb.
*Viola dolichocentra* Botsch.
*Viola fedtschenkoana* W. Beck.
*Viola hirta* L.
*Viola hissarica* Juz.
*Viola isopetala* Juz.
*Viola karakalensis* Klok.

*Viola macroceras* Bge.
*Viola majchurensis* Pissjauc.
*Viola mirabilis* L.
*Viola modestula* Klok.
*Viola montana* L.
*Viola occulta* Lehm.
*Viola pumila* Chaix.
*Viola schachimardanica* Chalkuziev
*Viola suavis* Bieb.
*Viola tarbagataica* Klok.
*Viola tianschanica* Maxim.
*Viola turkestanica* Rgl. et Schmalh.
**Vitex** L.
*Vitex agnus-castus* L.
*Vitex pseudonegundo* (Hausskn. ex Bornm.) Hand.-Mazz.
**Vitis** L.
*Vitis silvestris* C. C. Gmel.
*Vitis vinifera* L.
**Vulpia** C. C. Gmel.
*Vulpia ciliata* Dumort.
*Vulpia hirtiglumis* Boiss. et Hausskn.
*Vulpia myuros* (L.) C. C. Gmel.
*Vulpia persica* (Boiss. et Buhse) V. Krecz. et Bobr.
**Waldheimia** Kar. et Kir.
*Waldheimia glabra* (Decne.) Rgl.
*Waldheimia stoliczkae* (Clarke) Ostenf.
*Waldheimia tomentosa* (Decne.) Rgl.
*Waldheimia transalaica* Tzvel.
*Waldheimia tridactylites* Kar. et Kir.
**Vassilczenkoana Lincz.**
*Vassilczenkoana sogdiana* (Lincz.) Lincz.
**Winklera** Rgl.
*Winklera patrinioides* Rgl.
*Winclera silaifolia* (Hook. fil et Thoms.) Korsh.
**Wisteria** Nutt.
*Wisteria sinensis* (Sims) Sweet
**Woodsia** R. Br.
*Woodsia ilvensis* (L.) R. Br.
**Xanthium** L.
*Xanthium albinum* (Willd.) H. Scholz
*Xanthium californicum* Greene
*Xanthium sibiricum* Patr.
*Xanthium spinosum* L.
*Xanthium strumarium* L.
**Xanthoceras**
*Xanthoceras sorbifolia* Bge.
**Xanthoxalis** Small
*Xanthoxalis corniculata* (L.) Small
**Xeranthemum** L.
*Xeranthemum longipapposum* Fisch. et Mey.
*Xeranthemum squarrosum* Boiss.
**Xylanthemum** Tzvel.
*Xylanthemum fischerae* (Aitch. et Hemsl.) Tzvel.
*Xylanthemum pamiricum* (O. Hoffm.) Tzvel.
*Xylanthemum polycladum* (Rech. fil.) *Tzvel.*
*Xylanthemum rupestre* (M. Pop. et Nevski) Tzvel.
*Xylanthemum tianschanicum* (Krasch.) Muradjan
**Youngia** Cass.
*Youngia altaica* (Babc. et Stebb.) Czer.
*Youngia diversifolia* (Ledeb.) Ledeb.
*Youngia* serawschanica (B. Fedtsch.) Babc. et Stebb.
*Youngia* tenuicaulis (Babc. et Stebb.) Czer.
**Zannichellia** L.
*Zannichellia major* Boenn.
*Zannichellia pedunculata* Reichb.
*Zannichellia repens* Boenn.
**Zea** L.
*Zea mays* L.
**Zeuxine** Lindl.
*Zeuxine strateumatica* (L.) Schlechter.
**Zinnia** L.
*Zinnia elegans* Jacq.
**Ziziphora** L.
*Ziziphora capitata* L.
*Ziziphora clinopodioides* Lam.
*Ziziphora galinae* Juz.
*Ziziphora interrupta* Juz.
*Ziziphora pamiroalaica* Juz.
*Ziziphora pedicellata* Pazij et Vved.
*Ziziphora persica* Bge.
*Ziziphora suffruticosa* Pazij et Vved.
*Ziziphora tenuior* L.
*Ziziphora vichodceviana* V. Tkatsch. ex

Tuljaganova
**Zizyphus** Mill.
*Zizyphus jujuba* Mill.
**Zoegea** L.
*Zoegea baldshuanica* C. Winkl.
*Zoegea purpurea* Fresen.
**Zygophyllum** L.
*Zygophyllum atriplicoides* Fisch.
*Zygophyllum balchaschense* Golosk. et Semiotr.
*Zygophyllum brachypetalum* Kar. et Kir.
*Zygophyllum bucharicum* B. Fedtsch.
*Zygophyllum cuspidatum* Boriss.
*Zygophyllum darvasicum* Boriss.
*Zygophyllum eichwaldi* i C. A. Mey.
*Zygophyllum eurypterum* Boiss.
*Zygophyllum fabago* L.
*Zygophyllum fabago* L. subsp. dolichocarpum M. Pop. ex Hadidi
*Zygophyllum fabago* L. subsp. orientale Boriss. ex Hadidi
*Zygophyllum fabagoides* M. Pop.
*Zygophyllum ferganense* (Drob.) Boriss.
*Zygophyllum furcatum* C. A. Mey.
*Zygophyllum gontsaharovii* Boriss.
*Zygophyllum iliense* M. Pop.
*Zygophyllum jaxarticum* M. Pop.
*Zygophyllum karatavicum* Boriss.
*Zygophyllum kaschgaricum* Boriss.
*Zygophyllum kegense* Boriss.
*Zygophyllum copalense* Boriss.
*Zygophyllum latifolium* Schrenk
*Zygophyllum lehmannianum* Bge.
*Zygophyllum macrophyllum* Rgl et Schmalh.
*Zygophyllum macropodum* Boriss.
*Zygophyllum megacarpum* Boriss.
*Zygophyllum microcarpum* Boriss.
*Zygophyllum miniatum* Cham. et Schlecht.
*Zygophyllum obliquum* M. Pop.
*Zygophyllum ovigerum* Fisch. et Mey.
*Zygophyllum oxianum* Boriss.
*Zygophyllum pinnatum* Cham.
*Zygophyllum potanini* Maxim.
*Zygophyllum pterocarpum* Bge.
*Zygophyllum rosowii* Bge.
*Zygophyllum sinkiangense* Liou f.
*Zygophyllum stenopterum* Schrenk
*Zygophyllum subtrijugum* C. A. Mey.
*Zygophyllum taldy-kurganicum* Boriss.
*Zygophyllum turcomanicum* Fisch. et Mey
**Zosima** Hoffm.
*Zosima orientalis* Hoffm.
**Zostera** L.
*Zostera noltii* Hornem.

# 附录Ⅱ：中亚植被图（不含新疆部分）

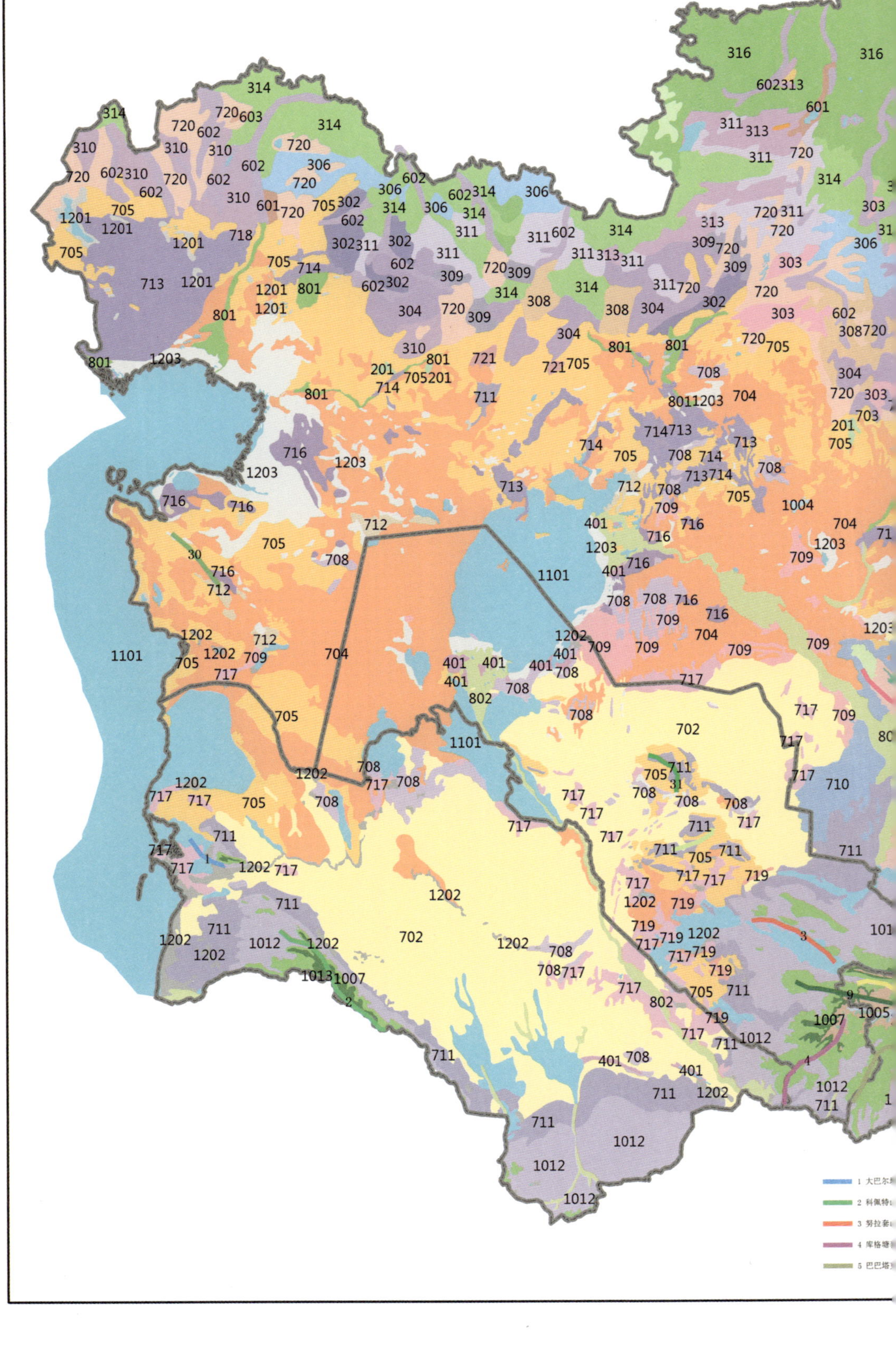